原剛著

明治期国土防衛史

錦正社史学叢書

目次

明治期国土防衛史

はじめに

本研究は、『幕末海防史の研究』（一九八八年、名著出版）に続く、日本における明治初期から日露戦争までの国土の防衛態勢がいかなるものであったか、その実態を明らかにすることを目的として研究したものである。本論でいう国土とは、戦前の旧植民地を除いた現在の日本領有地域を指している。

明治期に関する軍事史研究は、戦後、松下芳男氏をはじめ多くの研究者によってかなりの進展をみたが、それは制度史的な面の研究が主体であり、国土防衛のために陸海軍がどのようにして建設され、要塞などの防衛施設がどのように建造されたか、また国土防衛のための作戦計画などがどのようにして策定されたかについては、ほとんど究明されていないのが現状である。また、実際の戦争即ち日清戦争や日露戦争における朝鮮半島や満州（中国東北部）の戦闘については、それぞれ戦史として研究されているが、これらの戦争間、本土の防衛はどうであったかについても、ほとんど研究されていないのである。

本研究は、このような研究の空白を埋めることを狙いとするとともに、戦後、民主主義体制で再出発した日本の国土防衛を考える場合の歴史的示唆を得ることをも狙いとするものである。

まず第一章においては、徳川幕府を倒した明治新政府が、対外防衛よりも政権を安定化し、治安を維持することを重視した武力的基盤としての政府直属軍隊を編成していった経緯を明らかにするとともに、国土防衛のための海岸砲台等の建設計画の立案ならびに工事着工の経過を明らかにした。

政府直属軍隊の編成に当って新政府は、大久保利通らの藩兵主義と大村益次郎らの反藩兵主義の対立の中、その折衷策として、諸藩兵を逐次、東京皇居守備兵・御親兵・鎮台兵へと組み入れていき、それを基盤に新しい徴兵制軍隊を編成していくという方策を進めていったのである。その結果、徴兵制による六管鎮台制が概ね整ったのは明治九年末であり、その兵力は歩兵一六聯隊など約三万三千人であった。

一方海軍については、諸藩からの献納軍艦と外国からの購入軍艦によって直属海軍を編成したが、当時、政府内において陸軍を優先整備すべきか、海軍を優先整備すべきかについて意見が分かれていた。

対外防衛を考えた場合、理論的には、強大な海軍を建設し、日本近海の制海権を確保すれば、外国の侵略を防止することができるのであるが、当時においては、このような強大な海軍の建設は、財政的に不可能なことであり、さらには海軍を優先整備することにより、陸軍の改編が後回しになり、結局既存の封建的諸藩兵を温存し、新しい直属軍の編成が困難になるのであった。

従って、まず陸軍を優先整備しておけば、少なくとも敷居の内だけは守ることができるとして、陸軍を優先整備していったのである。その編成状況については、本文中に詳しく述べているところである。

このようにして成立した徴兵制軍隊は、西南戦争においてよく健闘し、士族兵に劣らないことを実地に証明したのである。

西南戦争という国内的一大危機を乗り切った政府は、国内の安定化とともに本来の対外防衛にも力を入れることになるが、これに拍車をかけたのが、朝鮮をめぐる日本と清国の対立であり、また朝鮮海峡をめぐるイギリスとロシアの対立であった。このような国内・国際情勢の影響により、西南戦争以後の明治十年代は、まさに日本にとって、対外防衛態勢を整備充実する一大転換期となったのであり、その経緯については、本文第二章において詳述した。

西南戦争後、陸軍にあっては、海岸防御取調委員を設け、全国的に見た防御地点の研究を行なって、明治十三年には東京湾口の砲台建設に着手した。明治二十年には対馬・下関海峡の砲台建設を開始し、同二十二年には紀淡海峡の砲台建設を開始するとともに、要塞砲兵部隊を逐次編成していったのである。

またこれまで、近衛兵二個聯隊・鎮台兵一四個聯隊などからなる総兵力を、近衛兵四個聯隊・鎮台兵二四個聯隊などに増強し、さらに鎮台制を師団制に改めて諸兵種部隊を編成し、師団を諸兵種編合の部隊、即ち野戦で独立して戦闘できる部隊とし、日清戦争前までに、近衛師団を含め七個師団体制を確立したのである。

一方、海軍においても、明治十六年から軍艦の計画的建造が開始されるが、軍艦の建造をめぐって、甲鉄艦を中心とする外洋艦隊を整備すべきとする軍事部の意見と、海防艦と水雷艇を中心とする海防艦隊を整備すべきとする主船局の意見が対立し、結局、フランスから招聘したベルダンの意見を採用して、両者の折衷案で艦隊を整備することになった。また、要港等の防備のため機雷（敷設水雷）・魚雷（魚形水雷）の購入・開発も進められ、さらには横須賀鎮守府に続いて、呉・佐世保鎮守府が設置され、これら鎮守府が全国の沿海を区分担当して防備することになった。さらに、軍艦の建造整備にともない常備艦隊を編成し、艦隊としての戦術行動の研究と訓練を進めていった。

かくして、日清戦争前までに、海軍の勢力は、軍艦三一隻、水雷艇二四隻、総排水量六一、三七三トンになったのである。

以上のような兵力増強を実施するとともに、陸海軍とも本土防衛のための作戦計画を研究・立案していったのである。

陸軍は、国土の重要地点に砲台を建設して、砲台の火力によって敵艦を撃破するということについては、既に明治の初期から研究し、明治十三年から砲台の建設に着手していたが、部隊を敵の上陸地点に集中して上陸軍を撃破することについては研究していなかった。上陸地点に部隊を集中して上陸軍を撃破する方法が研究され始めたのは、明治十八年ドイツから招聘したメッケル少佐の指導によるのである。

メッケルの指導を受けて参謀本部は研究を重ね、明治二十五年、最初の作戦計画ともいうべき「作戦計画要領」を作成したのである。これは、予想上陸地点に対する部隊の移動集中要領、全国緊要地点とそこに配備すべき兵力、特に監視すべき海岸地点などを示したものであった。

海軍は、沿岸要地の水雷防禦について、明治十六年から本格的に取り組み、逐次、横須賀・呉・佐世保に水雷隊を設置して、それぞれの防備計画を作成していった。また、明治二十一年には、アメリカから帰朝した斉藤実大尉が、海軍の作戦計画の研究についての意見を提出しているが、これが実際にどの程度採用されたかは、史料がなく不明である。

第三章においては、日清戦争時における本土の防衛の概要と東京湾、大阪湾、呉軍港・広島湾、下関海峡、佐世保軍港・長崎港、対馬など要地の防備の実態を明らかにした。当時、陸海軍は朝鮮半島・遼東半島など大陸への進攻作戦にのみ専念していたのではなく、本土防衛にも力を入れていたことが分かるのである。

第四章は、日清戦争後から日露戦争までの戦間期において、国土の防衛態勢がいかに整備充実されたかについて述べたものである。日清戦争後のいわゆる露・独・仏の三国干渉の結果、日本はロシアを明確な仮想敵国として陸海軍備を拡張していった。その経緯などについては、これまでの研究においてその概要が明らかにされているが、国土の防衛態勢について特に要塞の建設、海岸監視態勢、守勢作戦計画などに関しては、ほとんど研究されていないのである。

陸軍は、参謀本部次長川上操六を中心にして軍備拡張計画が立案され、これに従い第八〜第十二師団が新設され、一三個師団体制に拡張された。

海軍は、軍務局長山本権兵衛の六・六艦隊建設計画に従い、軍艦が建造され、明治三十五年にはこの六・六艦隊が完成した。この他水雷艇が六〇余隻建造され、各軍港・要港などに配備された。

また、陸軍は本土防衛強化のため、重要地区にさらに要塞を増設し要塞砲兵部隊を設置したのである。即ち北から函館要塞・舞鶴要塞・鳴門要塞・芸予要塞・呉要塞・佐世保要塞・長崎要塞などが増設され、既存の東京湾要塞・由良要塞・下関要塞・対馬要塞も砲台が増築された。

日本陸軍は日清戦争前から大陸進攻の計画準備をしていたといわれることがあるが、参謀本部が計画した作戦計画面から見る限り、そのような説は成立しない。日清戦争後においても、参謀本部が作成した作戦計画は、「守勢作戦計画」であり、本土での防衛作戦を計画準備していたのである。陸軍が大陸進攻作戦を本格的に研究し始めたのは、明治三十三年以降であり、これも研究であり、陸軍の作戦計画として正式に決定されたものではなかった。

第五章においては、日露戦争間における本土の防衛態勢即ち沿岸監視態勢と要地の防備態勢について述べた。全国沿岸の主要地点に、陸軍は海岸監視哨を、海軍は海軍望楼を設置し、沿岸の監視にあたった。主要防備地の東京湾、函館・小樽港、紀淡海峡・鳴門海峡、芸予海峡、呉軍港・広島湾、下関海峡、佐世保軍港・長崎港、対馬などにおいて陸海軍がそれぞれ防備を担当したが、その実態がいかなるものであったかについて述べ、さらに一般に余り知られていない沿海防備上の諸問題についても述べたものである。

日露戦争における陸海軍の作戦・戦闘に関しては、いずれも数多くの文献が出版されているが、本土の防衛について書かれたものは、海軍軍令部編纂の『極秘明治三十七八年海戦史』第四部のみである。参謀本部編纂の『明治三十七八年日露戦史』は、全一〇巻合計八、一三一頁中に、僅かに三頁だけ海岸防御について書かれているに過ぎないのである。

終章では、日露戦争の結果獲得した大陸の利権を守り、さらにこれを発展させるために、国防方針としてこれまでの守勢作戦を捨て攻勢作戦を採用したことについて述べた。この攻勢作戦によって国防を全うしようとした国防方針が、その後の軍備拡張の推進役となり、ついには大東亜戦争へと突き進んだのである。

本研究が、これまでの研究の空白を埋めるとともに、国土防衛を考える場合の歴史的示唆を得る上において、なんらかの参考になることを願っている。

本書は、防衛研研究所戦史部における研究成果として印刷配布された「国土防衛史その2～明治初期から日清戦争まで」及び「国土防衛史その3～日露戦争まで」を加筆修正して出版するものである。

第一章　国内治安重視期の国土防衛

一　政府直属陸海軍の創設

(一)　直属陸軍の創設

鳥羽伏見の戦いにおいて勝利を得た新政府は、政権保障の武力的基盤としての政府直属軍隊の編成を急がねばならなかった。徳川幕府を倒した新政府にとっては、対外防衛よりも政権を安定化し治安を維持することがなによりも急務であった。

当時、鳥羽伏見・上野などで戦った朝廷側の兵力（官軍）のほとんどは、諸藩兵であり、従って戦乱終結とともに自動的にそれぞれ帰藩するのであって、いわゆる政府直属の常備軍というものではなかった。

そこで、新政府の軍務官は、明治元年閏四月二十四日、政府直属の軍隊を編成するために、諸藩に対して一万石につき一〇人（当分の間三人）の徴兵を、五月一日までに（在京の兵隊がいない藩は七月中に）軍務官に差し出すよう命じた。(1) 在京の鹿児島・熊本・岡山藩など二〇数個藩は、期限の五月一日にそれぞれ藩兵を差し出した。(2) その他の藩も逐次差し出し、これらの諸藩兵は、逐次、番隊に編成され、三二番隊までが編成された。(3) これらの番隊のほとんどは、京都諸門の警備を担当し、一部は越後方面などへ出兵した。(4)

その後八月、これらの各番隊は、逐次第一〜第七大隊に改編されていったが、(5) 東北が平定された後の二年二月二十七日、兵制一定の詮議が行なわれているため、一先ず帰休するよう命ぜられ、さらに三月十七日には、以後徴兵差出しに及ばずと達せられ、(6) ここに諸藩の徴兵は解散させられてしまったのである。

これらの徴兵とは別に、政府は明治元年四月、十津川郷士をもって第一親兵、同六月黒谷浪士をもって二番親兵を編成し北越へ出兵させた。(7) 第一親兵は、翌二年十二月十九日に帰休を命ぜられ、二番親兵は、二年四月第二遊軍隊に改称された。(8) また、明治元年二月二十七日、参与兼親兵掛鷲尾隆聚の率いる兵を二条城に置き、これを親兵（いわゆる二条城親兵）としたが、(9) これも翌二年三月解隊して府藩県に引き渡された。(10) さらに、明治元年（月不明）、十津川郷士らをもって第一・第二大隊を編成して京都の伏見に置き、(11) 同年八月には、旧徳川歩兵をもって第三・第四大隊などを編成して東京に置いた。(12)

また、徴兵解隊の際、なお存続していた第七大隊（草莽隊である赤報隊をもって編成したもの）は、明治二年三月八日、第一遊軍隊と改称された。(13) 同年十二月七日、水原県兵（越後に来着した草莽隊の金華隊・居之隊・北辰隊をもって編成されたもの）を、兵部省管轄とし、翌三年二月二十五日、第三遊軍隊と改称した(14)。

以上の部隊が、政府の直属軍隊であったが、当時、直属軍隊の編成について、大村益次郎を中心とする反藩兵主義派と、大久保利通ら鹿児島藩士を中心とする藩兵主義派の対立があり、統一した方針は確立せず、鎮台制が発足し、さらに徴兵令が公布される明治六年まで、両者の折衷混合策が採られていったのである。

大村益次郎の兵制に関する考えは、明治二年七月兵部大輔に就任後、右大臣三条実美に提出したと思われる「朝廷之兵制永敏愚案」に次のように述べられている(15)。

「既往皇国之兵制一般ナラサルハ、薩ノ名兵アリ、土ノ名兵アリ、長ノ名兵アリ、之ヲ廃スル能ハス。依テ兵制一般ナル事能ハス。然ルニ、朝廷ハ兵ナシ無刀ナリ。是レ永敏昨年二月、軍務官ノ召ニ応スル所以ナリ。然ル処、朝廷已ニ無刀ニアラス、十津川兵アリ、二条城兵アリ、亦東下之後歩兵アリ、浪士隊アリテ、兵制之害ヲ成ス事諸藩ト一般ナリ。依テ今日迄十津川、浪士、歩兵之三種ヲ精撰シ、人員ヲ限リ、漸ク其害ノ根ヲ限レリ」と、前述したような直属軍の編成経緯を述べ、続いて「朝廷軍務前途之荒目途」として「朝廷軍務江御分配高之内十分ノ六ヲ以海陸軍ヲ建成シ、十分ノ四ヲ兵器貯蓄並ニ積金トス。故ニ兵数ヲ定ムルノ後会計ノ高ヲ定ムル目途ナシ。兵数ハ定限ナシ。亦皇国中軍務ニ分配之高ヲ定ムル難シ。故ニ皇国ノ兵員定限スルコト能ハス」と軍事費が決定されないと兵数は決定されないことを指摘し、「軍務所為順序」として「軍務配当金定マル時ハ、海陸軍兵学校ヲ建成ス」、陸軍は「来午年正月ヨリ陸兵ヲ募ル、三年ノ後陸軍常備兵ノ形相就ル、五年ノ後陸軍士官成ル。初テ兵制相整フ」、海軍は「来巳年ヨリ毎年軍艦一艘ヲ仕立ル。或ハ西洋江アツラヘ、或ハ自国ニテ制作ヲ始ム、三年ノ後海軍ノ形相成ル、五年ノ後士官成ル」と。

従って「自今三ケ年之際ハ、朝廷ノ軍務御休ミ、依テ三ケ年之際ハ十津川、浪士、歩兵三種ノ兵隊六大［隊］ヲ錬磨シ、規則ヲ立テ之ヲ用ヒ、不足スル処ハ高割ヲ以テ出兵、都府県ノ警衛ヲ成ス。海軍モ又唯今有合ノ諸艦ノ改正ヲ成シ之ヲ用ユ」と、今後三〜五年間の軍備整備方針を述べた。

さらに、「皇国兵制一般ニ成ル目途」として「前件之廉々五年之後ニ成就致ス時ハ、諸藩追々兵制ノ主意相分リ、朝廷ノ兵制皇国純粋之兵制トナリ核実トナリ、暫ヲ以テ一藩毎ニ必ス朝廷ノ兵制ニ效〔倣〕ラヒ、遂ニ皇国兵制数年ノ後必ス一般ナルヘシ。然ルヲ成功ヲ急キ遽ニ姑息ノ兵制ヲ建テ候時ハ、害有ルトモ益勿ルヘシ。亦タ薩長目今強シト雖、薩長ノ兵制ニ従フモノナシ、肥前土州ノ兵制精シト雖、目今肥土ノ兵制ニ頼ルモノ勿ルヘシ。永敏見込是ヨリ他ナシ。唯々此上ハ前件ノ手段可否ノ御評決ヲ願フノミ」と述べている。

このように大村は、薩長などの藩兵を直属軍に組み込むことを完全に否定し、国民徴募による直属の常備軍を編成することを基本方針にしていた。このため、まず兵学校を設立して士官を養成し、それまでの間は、既に直属軍になっている十津川・浪士・歩兵などを錬成して当座の軍備とすることとし、直属の常備軍ができれば、諸藩もこれに倣い、やがて全国の兵制が統一されるというのである。廃藩置県が実施されていない当時においては、一つの卓見であったといえよう。

以上のような大村の考えから判断すると、これまで大村の意見として『大村益次郎先生伝』（村田峰次郎）・『公爵山県有朋伝』中巻（徳富猪一郎編）・『基礎資料皇軍建設史』（渡辺幾治郎）・『近代軍制の創始者大村益次郎』（田中惣五郎）など[16]に紹介されている「諸道現兵」をもって「親兵」を編成するという意見、及び『陸軍省沿革史』・『明治軍制史論』上巻（松下芳男）・『日本の軍国主義Ⅰ』（井上清）など[17]に引用されている「兵部省前途之大綱」（明治二年十一月二十四日）は、いずれも藩兵主義の考えであり、反藩兵主義の大村の意見とは考えられない[18]。

一方、大久保派はその藩兵主義を貫くため、薩長土肥四藩でもって東京皇居守備兵を編成するよう主張した。政府はこの意見を採用し、明治二年四月、鹿児島・山口・高知・佐賀の四藩に、東京皇居守備兵として各一個大隊の差出しを命じた。[19] この四藩への藩兵差出しは、大久保の留守中に中止となるが、その後論議の結果、六月二十三日再度、鹿児島・山口・高知三藩の藩兵差出しが決定され、各藩へそれぞれ一個大隊の差出しが命ぜられ、翌三年二月佐賀藩にも一個大隊差出しが命ぜられた。[20]

この四藩による東京皇居守備兵は、政府直属軍ではなく政府の指揮に入った藩兵であり、従って藩毎の大隊編成であった。

当時における両派の兵制論議の一端は、『大久保利通日記』[21] から窺い知ることができる。即ち、明治二年六月に次のように記されている。

「廿一日、無休日十字参朝、今日兵制一条ニ付大村被召段々御評議有之、且長土薩三藩精兵被召候義及大議論候」「廿三日、十字参朝、大井〔大村・吉井〕出仕種々及議論、三藩兵隊御召ハ御決定ニ候、兵制之御治定甚六可敷候」「廿四日、今朝副島入来十字参朝、兵制一条大議論有之、断然建論いたし候」「廿五日、(中略)十二字参朝、今日も兵制一条議有之、藩兵を外にし農兵を募親兵とする之軍務官見込、決而不安心ニ付、有名之者被召議論被聞召候様申上候、凡相決候」

このような対立を背景にして、前述した直属軍と東京皇居守備兵が誕生した。当時(明治二年十一月)の兵員数(藩自体の守備兵力を除く)は次のとおりであった。[22]

○政府直属軍

◇伏見屯所大隊　第一・第二・第五・第六大隊　一、三八〇人余(内四五〇人十津川)

◇辰ノ口大隊　第三・第四大隊　一、二〇〇人

計　二、五八〇人

※他に政府直属軍として遊軍隊があったので合計約三、〇〇〇人になる。

〇政府指揮下の諸藩兵

◇東京皇居守備兵　鹿児島藩徴兵（銃隊・砲隊）　七七八人
山口藩徴兵（銃隊）　四七五人
高知藩徴兵（銃隊・砲隊）　五九三人
（計一、八四六人）
［鹿児島藩は別に予備兵四八九人を置いていた］

◇東京諸門諸見付市中守備　五、三七六人

◇西京諸門口守衛　四、九六〇人

◇三陸両羽北越諸県戍守　約一、〇〇〇人

◇大阪並びに海岸守衛　二五四人余

計　一三、九二五人余

これによって政府直属軍が僅か三、〇〇〇人程であったことが分かる。

直属軍としての遊軍隊は、いずれも戊辰戦争に活躍した浪士・草莽からなり、その革新的エネルギーは、倒幕維新には役立ったが、新政府の支配体制の確立するには、かえって障害となってきた。また、後述する「徴兵規則」に基づく直属軍隊の編成用の財源の確保が必要となってきたことから、これらの部隊は解隊されることになり、まず第三遊軍隊が、三年七月十九日に、第一・第二遊軍隊が、同年十二月に解隊された(23)。さらに、三年三月に元一橋・田安管兵をもって編成した第五・第六大隊も、十二月二十四日解隊復籍し、東京府へ引き渡された(24)。
以上の各部隊の編成・解隊状況を、整理すると表一—一—一のとおりである。

表一—一—一　政府直属軍の編成状況

［12：月、×：解隊］

以上のような新政府軍の創設過程にあって、その中心人物であった大村益次郎は、大阪を根拠地とする新陸軍の建設計画に着手した折の明治二年九月四日、凶刃に倒れ遂に志ならず十一月五日に没してしまった。山田顕義・曽我祐準・船越衛らのいわゆる大村遺策派は、大村の遺志を実行しようとしたが、明治三年八月欧州から帰国し、大久保派との妥協策を採る山県有朋が主導権を握り、以後陸軍軍制を整備していくことになったのである。

政府は、大村遺策派の意見などを取り入れて三年十月二日、兵制を陸軍は仏国式、海軍は英国式に一定し[25]、さらに、同年十一月十三日「徴兵規則」を定め、「士族卒庶人ニ不拘」身分制を脱却した四民の徴兵を、翌四年から全国的に実施することにした[26]。これが、後の徴兵令の先駆をなすものであった。

しかし、この徴兵は四年春、第一次差出しの畿内などから一、二〇〇人大阪兵部省に差し出されたが、身体検査に不合格のものが三〇〇余人あり、さらに三〇〇余人を徴集した[27]段階で、後は差出し延期となり、五月二十三日遂に中止されてしまった[28]。

これら大阪召集の徴兵は、先に改編されていた第一聯隊・第二聯隊・第三聯隊第一大隊に続いて、第三聯隊第二大隊及び第四聯隊第一大隊に編成された[29]。

この聯隊編制は、兵制の仏式採用決定にともなうもので、まず三年十月、十津川郷士らからなる第一・第二大隊を第一聯隊に改編し、翌四年一月十七日、旧徳川歩兵からなる第三・第四大隊を第二聯隊に改編し、さらに同月、大阪派遣の山口藩兵をもって第三聯隊第一大隊を編成した[30]。さらに、前述の大阪召集の徴兵をもって、同年一月二十八日、第三聯隊第二大隊、八月二日、第四聯隊第一大隊を編成した[31]。

このような四民からの徴兵によって編成される聯隊の創出も、次に述べる三藩御親兵が編成され、さらには、鎮台への旧藩壮兵召集方針が打ち出されたため、中断せざるをえなくなったのである。

かねてから、大久保・山県らは、政府の存立を脅かしかねない鹿児島藩の兵力を、いかにして政府軍に組み入れるかに苦慮していたが、明治三年十二月、勅使岩倉とともに鹿児島を訪ね、この件について西郷と会談した結果、薩・長・土三藩による御親兵の編成と西郷の引き出しについて合意が成立した。(32)その後、山口・高知両藩の合意を得て、翌四年二月十日、三藩による御親兵の設置が朝議で決定され、十三日には、三藩に対しそれぞれ次のように兵隊差出しが命ぜられた。(33)

・鹿児島藩　　歩兵四大隊・砲兵四隊
・山口藩　　歩兵三大隊
・高知藩　　歩兵二大隊・騎兵二小隊・砲兵二隊

鹿児島藩は、早速一大隊を三月十一日、残り三大隊などを四月十五日にそれぞれ汽船にて鹿児島を出発させた。(34)山口藩は、大阪へ差出し中の一大隊（既に第三聯隊第一大隊に改編されていた大隊）及び、先に東京皇居守備兵として派遣していた一大隊を、御親兵とするとともに、五月二十六日、山口より一大隊を東京へ派遣した。(35)高知藩は、銃隊一大隊を五月十八日品川に到着させ、騎兵二小隊・砲隊二隊・土工兵二小隊を五月二十八日に、残りの銃隊一大隊を六月八日にそれぞれ着京させた。(36)

かくして御親兵が編成されたが、部隊番号は既に四月二十八日次のように達せられていたのである。(37)

一番〜四番大隊　　鹿児島藩差出しの歩兵
五番〜七番大隊　　山口藩差出しの歩兵
八番〜九番大隊　　高知藩差出しの歩兵

一番～四番砲隊　　鹿児島藩差出しの砲兵
五番～六番砲隊　　高知藩差出しの砲兵

騎兵については、六月三日、御親兵騎兵隊と称えると達せられた(38)。

当時、政府直属軍は五個大隊であったが、この御親兵が加わることにより、政府の武力的基盤は一段と強化されたのである。政府は、この武力的基盤を背景にして、七月廃藩置県を断行した。

鎮台制が設置される明治四年までにおける、政府直属軍隊の編成状況をまとめると表一―一―二のとおりである（第一～第五番大隊の編成については、次項②で述べる）。

表一―一―二　政府直属軍隊（歩兵）の編成状況　［8：月、×：解隊］

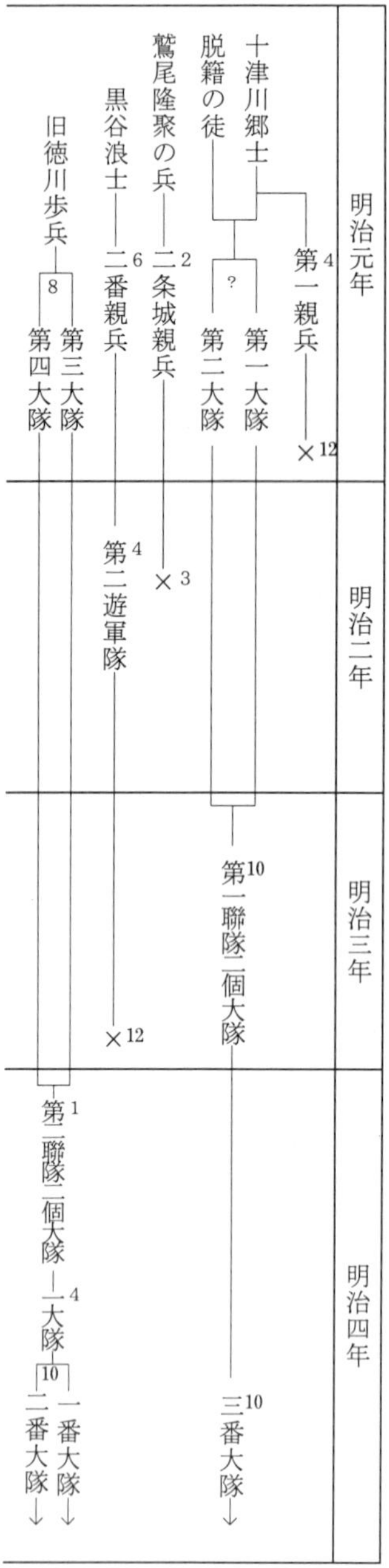

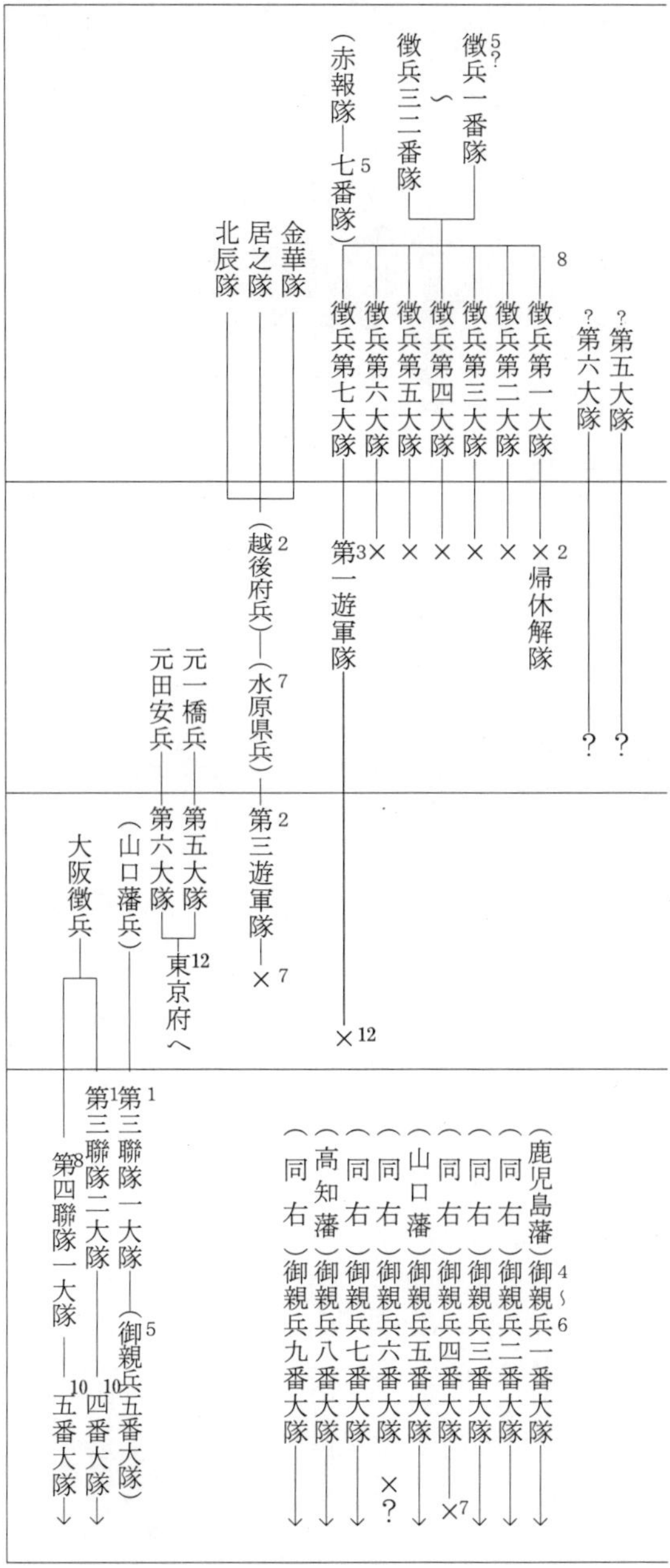

(二)　直属海軍の創設

戊辰戦争が開始されるや新政府は、鹿児島・山口・福岡・佐賀・熊本・広島・久留米藩などから軍艦を徴用して諸藩連合海軍を編成し、さらに、幕府から、「朝陽」・「翔鶴」・「観光」・「富士山」の四艦を接収、その後「摂津」・「和泉」・「河内」・「武蔵」の四艦を購入するなど海軍戦力の充実に努め、遂に勝利を収めることができた。

明治二年五月箱館が平定されるや、徴用軍艦は各藩に復帰し、購入軍艦の「摂津」・「和泉」・「河内」は、財政的理由から広島・久留米・岡山藩に分属となり、「翔鶴」・「武蔵」は沈没・焼失し、結局二年末における政府直属の軍艦は、幕府から接収した「富士山」、米国から購入した「甲鉄」、箱館征討で拿捕した「千代田形」の三隻という状況であった(39)（表一―一―三　海軍軍艦表参照）。

当時、政府内において、陸軍を優先整備すべきか、海軍を優先整備すべきかについて、意見が分かれていた。即ち、大村派は陸軍優先論を主張し、大久保派は海軍優先論を主張していたのである。

対外防衛を考えた場合、理論的には、強大な海軍を建設し、日本近海の制海権を確保していれば、外国の侵略を防止することができるのである。しかし、当時においては、このような海軍の建設は、財政的に不可能なことであった。また、海軍を優先整備することになると、陸軍の改編が後回しになり、結局、既存の封建的諸藩兵を温存し、新しい直属陸軍の編成が困難になる。

大村は、海軍拡張の必要性を認めながらも、「先に陸軍を整備するのが目下の急務である。先ず陸軍の方に国力を注いで陸軍の整備が出来れば、一朝海内に事有るの時に当っても、譬へて言えば敷居の内丈は守ることが出来る」という考えで、陸軍の優先整備を進めたのであった(40)。その結果が、前述したように明治二年末における直属軍艦は三隻という状況であった。

兵部省は、三年五月、兵部少丞佐野常民が起草して省議決定した「至急ニ海軍ヲ創立シ善ク陸軍ヲ整備シテ護国ノ躰勢ヲ立ツベキノ議」を建白し、その別冊として「大ニ海軍ヲ創立スベキノ議」を提出した(41)。

この「大ニ海軍ヲ創立スベキノ議」は、まず世界列強の海軍整備の状況を述べ、日本の地勢的特質を「海中ニ独立シ四囲船艦ノ航スヘカラサルナシ殊ニ数島分断シ気脈ノ相通スル唯々水路ニ依ルノミ」とし、したがって「海軍ノ厳備ヲ要スルヤ英国ニモ勝レリ」と海軍整備の必要性を強調し、具体的には、二〇年間で次のごとく整備しようというものであった(42)。

〇軍艦大小　二〇〇隻　内　蒸気厚鉄艦大小　五〇隻
　　　　　　　　　　　　　同木鉄両製艦同　七〇隻
　　　　　　　　　　　　　同大砲船　同　六〇隻
　　　　　　　　　　　　　同護送船　同　二〇隻
　　　　　　　　　これらを一〇艦隊に編成する

〇常備人員　二万五千人

このような膨大な計画は、当時においては、財政的に到底実現できるものではなかった。日本海軍が、実際に二〇〇隻の艦艇を持つようになったのは、明治四十年のことであった(43)。

前述のような海軍興隆の気運が高まる折、明治三年四～六月にかけ、鹿児島・山口・佐賀・熊本藩が自藩所有の軍艦を献上した。これにより、政府直属軍艦は九隻になった。即ち、鹿児島藩は「春日」・「乾行」、山口藩は「第一丁卯」「第二丁卯」、佐賀藩は「日進」、熊本藩は「龍驤」をそれぞれ政府に献上したのである(44)。

このような諸藩の献上艦によって、直属軍艦が増強された後の七月二十五日、新政府は、普仏戦争における局外中立の態度をとったため、開港場及び沿海の警備を実施することになり、同月二十八日、新政権になって初めて、次のように小艦隊を編成してそれぞれの警備を命じた(45)。

・横浜港及び東海海岸　「甲鉄」「乾行」　（小艦隊指揮　中島四郎）
・兵庫港及び山陽・南海海岸　「春日」「富士」「摂津」　（小艦隊指揮　赤塚源六）
・長崎港及び西海海岸　「龍驤」「電流」「延年」　（小艦隊指揮　中牟田倉之助）
（「電流」「延年」は佐賀藩所有である）
・箱館港　「日進」
・品海予備　「第二丁卯」「千代田形」

八月九日、「乾行」・「富士」・「龍驤」・「日進」は、諸準備を整え品川を出港してそれぞれの警備港へ向かったが、「甲鉄」は、故障が発生したため出発は見送りとなった(46)。このため品海予備の「第二丁卯」を横浜港警備に充当した(47)。横浜港の警備を重視した兵部省は九月、長崎港の警備に就いていた「龍驤」を回航し、横浜港の警備に充てた(48)。兵庫港警備の命を受けていた「春日」は、故障修理が長引き一旦長崎港警備に変更されたが、十一月故障修理終わって品川に到着し、十一月三十日横浜港警備及び諸港応援を命ぜられた(49)。広島藩預かり中の「摂津」は、八月十七日兵庫港へ回航し、翌十八日から警備の任務に就いたが、十一月二十八日夜中、小豆島沖で故障した(50)。このため、代って「第一丁卯」が兵庫港警備に就いた(51)。また、佐賀藩の「延年」と「電流」は、交互に長崎港の警備を担当した(52)。以上のように、故障などのために警備の任に就けなかった艦があり、このため当初の予定が変更され、実際に警備配置に就いた艦は、次のとおりであった。

・横浜港　「乾行」「龍驤」「第二丁卯」「春日」
・兵庫港　「富士」「摂津」「第一丁卯」

・長崎港　「龍驤」（途中で横浜港へ）「延年」「電流」
・箱館港　「日進」

一方、兵庫港の小艦隊指揮を命ぜられた赤塚源六は、「春日」の艦長として鹿児島において同艦の修理中であったので、九月に、長崎港の小艦隊指揮中牟田倉之助とその任を交代するよう達せられた(53)。しかし、「春日」の修理が長引き、この命令は実行されず、また、中牟田も十一月に上京の命を受け、十二月東京に帰った(54)。結局、実際に最後まで小艦隊を指揮したのは、横浜港警備の小艦隊指揮中島四郎だけであった。翌四年二月、普国より普仏戦争終決の届けがあったので、三月七日、諸港警備を解き、小艦隊を解隊した(55)。当時の直属軍艦の状況をまとめると、表一―一―三のとおりである。

表一―一―三　海軍軍艦表

［4：月を示す］

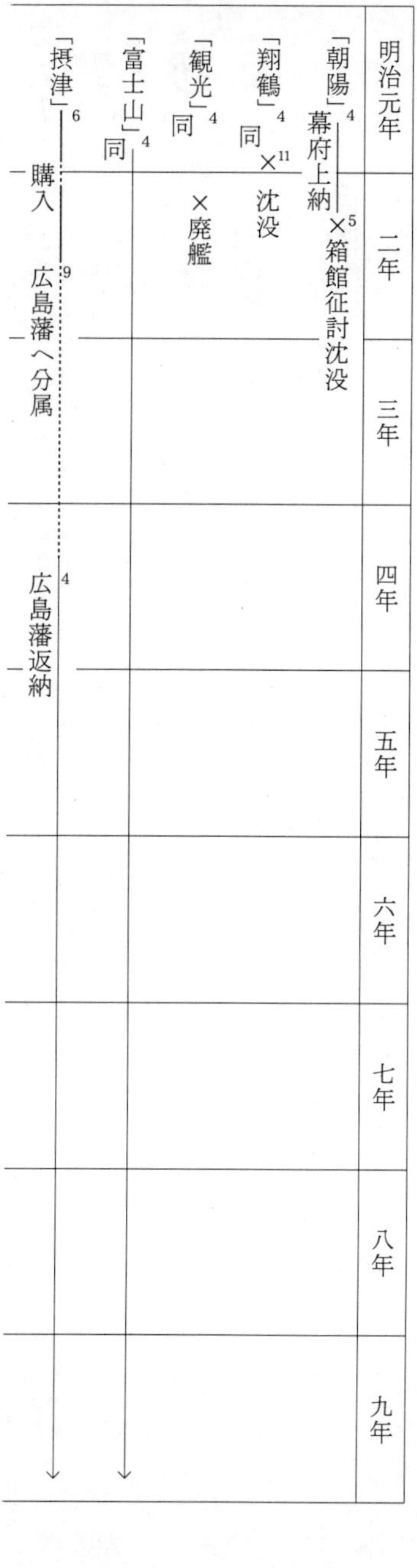

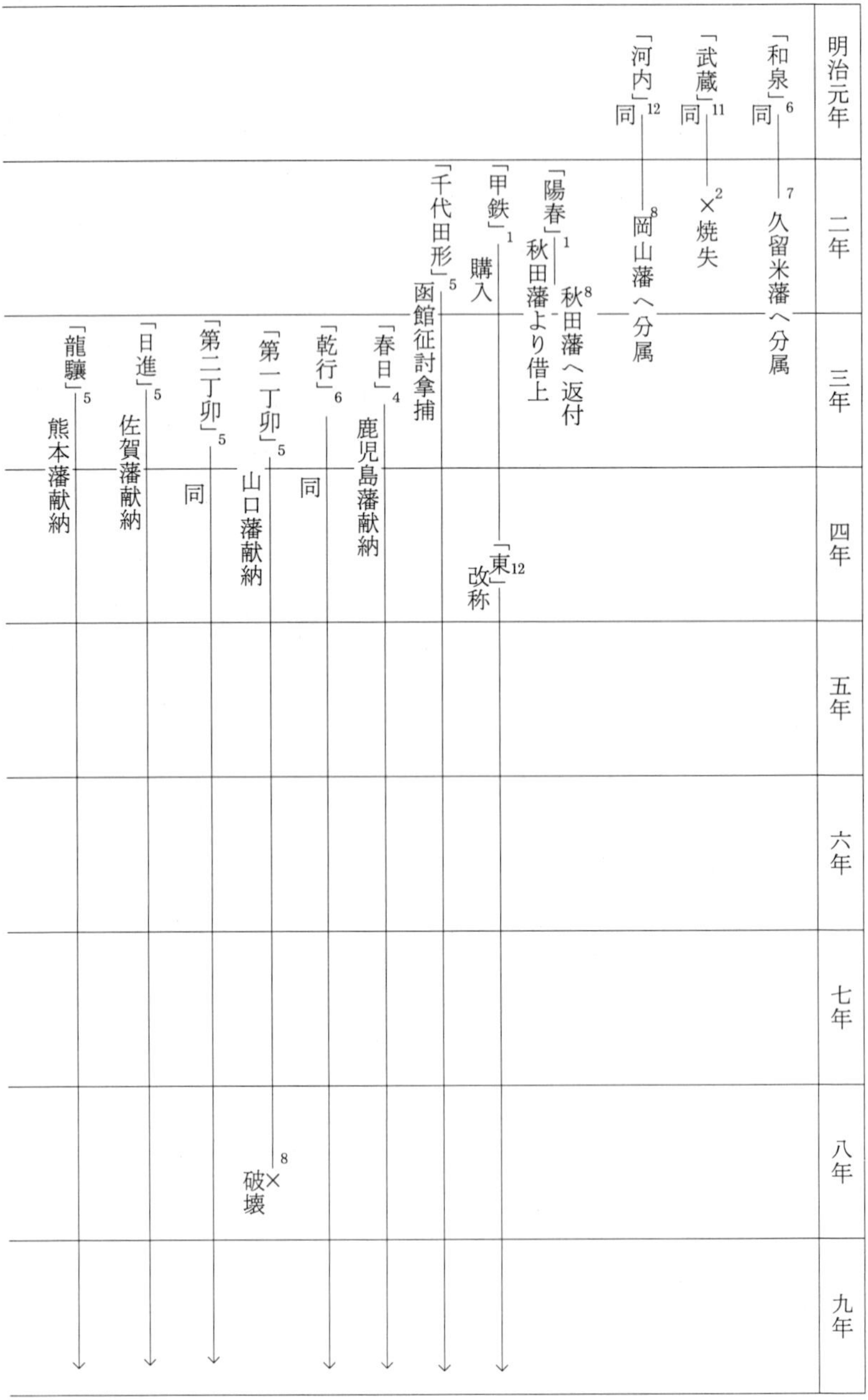
明治元年
二年
三年
四年
五年
六年
七年
八年
九年
「和泉」6 同
7 久留米藩へ分属
「武蔵」11 同
2 ×焼失
「河内」12 同
8 岡山藩へ分属
「陽春」1 秋田藩より借上
8 秋田藩へ返付
「甲鉄」1 購入
「東」12 改称
「千代田形」5 函館征討拿捕
「春日」4 鹿児島藩献納
「乾行」6 同
「第一丁卯」5 山口藩献納
8 破×壊
「第二丁卯」5 同
「日進」5 佐賀藩献納
「龍驤」5 熊本藩献納

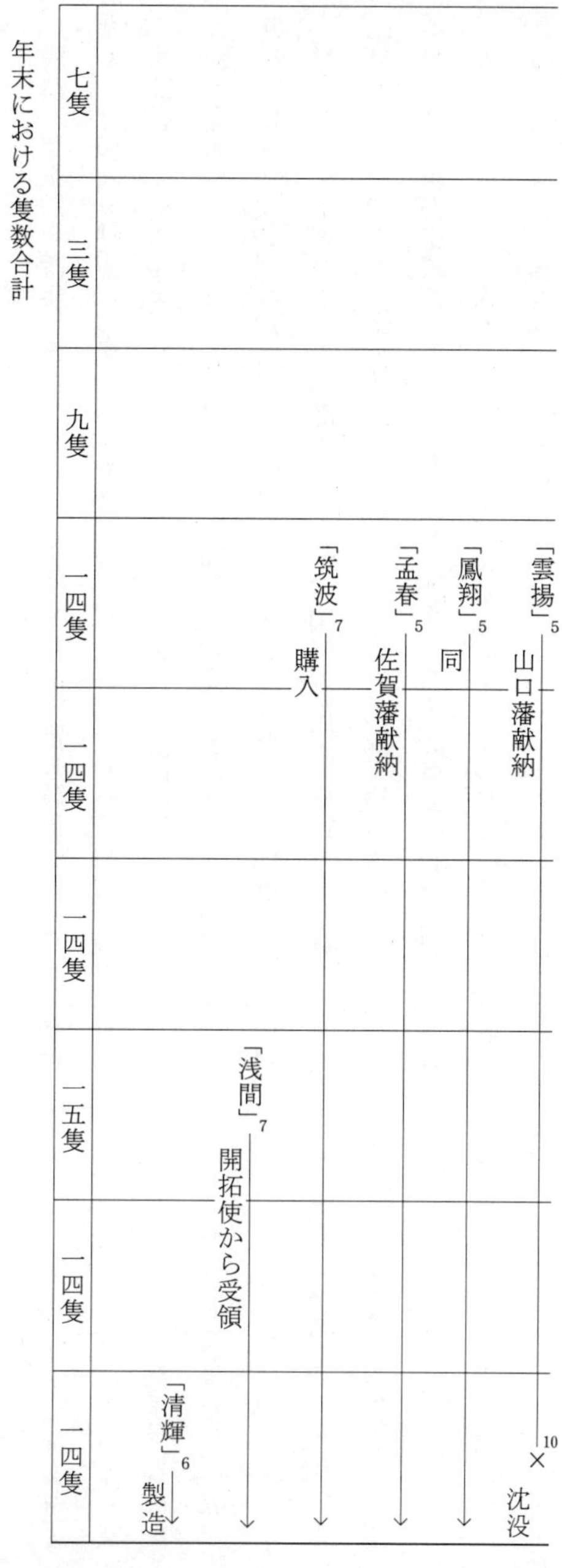

年末における隻数合計
七隻
三隻
九隻
一四隻
一四隻
一四隻
一五隻
一四隻
一四隻
「雲揚」5
山口藩献納
「鳳翔」5
同
「孟春」5
佐賀藩献納
「筑波」7
購入
「浅間」7
開拓使から受領
「清輝」6
製造
10
×
沈没

二　鎮台制軍隊の創設

(一)　鎮台の設置

明治三年末から四年にかけて、日田・松代・福島の農民騒動など、不穏な情勢が全国的に広まり、これに対処するため、守備兵を地方に配備する必要性が生じ、ここにいわゆる鎮台が設置されることになった。

兵部省は、明治四年四月十七日、次のごとく鎮台設置の伺いを出した。(1)「諸道ニ鎮台ヲ布置シ、以テ地方ヲ警守シ万民ヲ保護スル之制ハ、治国之緊務ニ候間、即近先ツ東北並鎮西之両処へ鎮台ヲ被建置、是ヨリシテ漸次各道ニ及ス基礎ト相成様致シ度ニ付右両処之儀早々御裁決之旨被仰出候様仕度此段申進候也」と。

対外防衛を本務とすべき兵部省が、まず、国内の治安を維持しなければならないという当時の情勢を、この伺い書に見ることができる。鎮台設置は、同月二十二日の朝議で決定され、(2)翌二十三日、東山道鎮台（本営：石巻、分営：福島・盛岡）と西海道鎮台（本営：小倉、分営：博多・日田）設置の太政官布告が出された。(3)

西海道鎮台へは、熊本・佐賀・豊津藩兵の派遣が命ぜられ、小倉に熊本藩兵一個大隊、博多に佐賀藩兵一個大隊、日田に豊津藩兵一個大隊が配置された。(4)

東山道鎮台には部隊は配置されなかったとする説があるが[5]、実際には同年六月、第二聯隊第一大隊の右半大隊（四小隊）が、白石に派遣され駐屯したのである[6]。

この頃、前述したように御親兵が編成され、政府はこれを後ろ盾にして廃藩置県を断行した。続いて、八月二十日、諸藩の常備兵を解隊して内外警備のため次のごとく四鎮台を設置すると達した[7]。

		（兵力）	（管　地）
○東京鎮台	直管	歩兵一〇大隊	武蔵・上野・下野・常陸・下総・上総・安房・相模・伊豆・甲斐・駿河
第一分営	新潟	歩兵一大隊	越後・羽前・越中・佐渡
第二分営	上田	歩兵二小隊	信濃
第三分営	名古屋	歩兵一大隊	尾張・伊勢・伊賀・志摩・遠江・三河・美濃・飛驒
○大阪鎮台	直管	歩兵五大隊	山城・大和・河内・和泉・摂津・紀伊・丹波・播磨・備前・美作
第一分営	小浜	歩兵一大隊	若狭・近江・越前・加賀・能登・丹後・但馬・因幡・伯耆
第二分営	高松	歩兵一大隊	讃岐・阿波・土佐・伊予・淡路
○鎮西鎮台	直管（小倉当分熊本）	歩兵二大隊	豊前・豊後・筑前・筑後・肥前・肥後・壱岐・対馬
第一分営	広島	歩兵一大隊	安芸・備中・備後・出雲・石見・周防・長門・隠岐
第二分営	鹿児島	歩兵四小隊	薩摩・日向・大隅
○東北鎮台	直管	歩兵一大隊	磐城・岩代・陸前・陸中

（石巻当分仙台）

第一分営　青森　歩兵四小隊　陸奥・羽後

これら鎮台の常備兵合計二三大隊と一〇小隊は、主として元諸藩の常備兵を召集して充てることになった。

当時、御親兵以外の政府直轄軍としては、東京に歩兵第二聯隊第一大隊（右半大隊は東北の白石に派遣中）、京都伏見に歩兵第一聯隊第一・第二大隊、大阪に歩兵第三聯隊第二大隊・歩兵第四聯隊第一大隊がいたが、十月、部隊番号を改称するとともに、新たに召集した旧藩兵をもって新番号の大隊を次のとおり編成した。(8)

・第二聯隊第一大隊左半大隊→一番大隊　・大垣・名古屋・津藩召集兵　→六番大隊
・第二聯隊第一大隊右半大隊→二番大隊　・名古屋藩召集兵　→七番大隊
・第一聯隊第一・第二大隊　→三番大隊　・庄内・新発田・富山藩召集兵→八番大隊
・第三聯隊第二大隊　→四番大隊　・佐賀藩召集兵　→九番大隊
・第四聯隊第一大隊　→五番大隊　・和歌山・松山藩召集兵　→一〇番大隊

十一月に、東京鎮台第一分営を新潟から新発田に、十二月には、大阪鎮台第一分営を小浜から彦根にそれぞれ変更した。(9)

明治四年末における部隊の配備状況は、図一―二―一のとおりである。このうち広島・熊本・鹿児島の一九小隊は、旧藩兵を召集したものの、未だ大隊編成をとっていないものである。これらの人数の総計は、表一―二―一のごとく一四、二四九人であった。(10)

図１—二—１　部隊配置図（明治四年末）

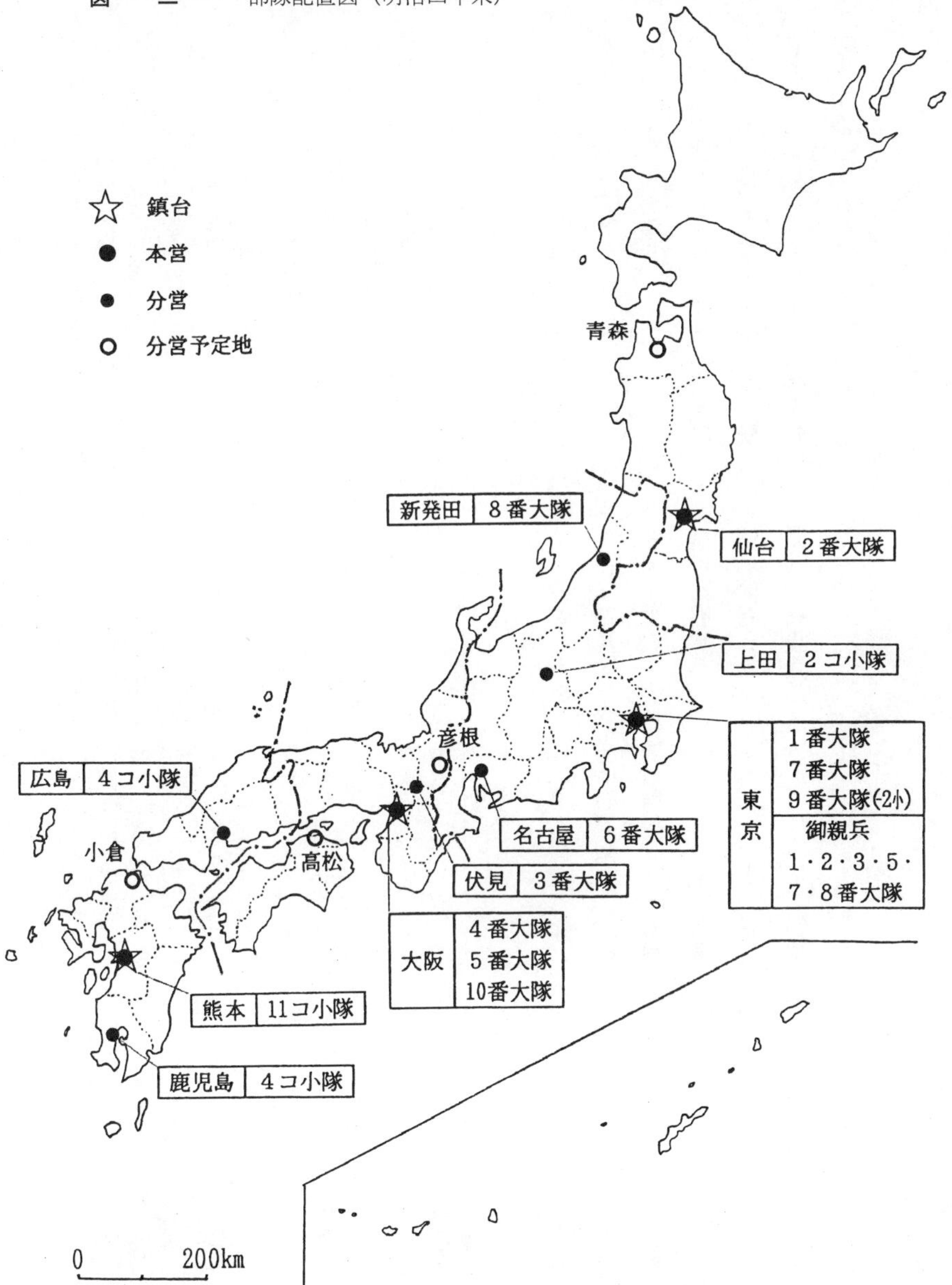

表一—二—一　明治四年末の陸軍部隊兵員数

	歩兵	騎兵	砲兵	造築隊	計
御親兵	七大隊 五、六四九人	二小隊 八七人	四隊 五三九人	—	六、二七五人
鎮台兵	一〇大隊 一九小隊 七、六〇六人	—	二隊 二四八人	一隊 一二〇人	七、九七四人
計	一七大隊 一九小隊 一三、二五五人	二小隊 八七人	六隊 七八七人	一隊 一二〇人	一四、二四九人

さらに翌五年正月〜四月の間、旧藩兵を召集し、次のとおり一〇大隊を編成した(11)。

・佐賀・中津・柳川・大村・平戸藩召集兵→一一番大隊
・豊津藩召集兵→一二番大隊
・金沢・熊本藩召集兵→一三番大隊
・鳥取藩召集兵→一四番大隊
・和歌山藩召集兵→一五番大隊
・岡山・徳島・宇和島藩召集兵→一六番大隊
・弘前・米沢・広島藩召集兵→一七番大隊
・金沢藩召集兵→一八番大隊
・徳島藩召集兵→一九番大隊
・弘前藩召集兵→二〇番大隊

明治五年四月頃における各鎮台の部隊配備は次のとおりである。[12]

○東京鎮台　東京　一番・七番・九番・一三番・一四番・一五番・一七番大隊
第一分営　新発田　八番大隊
第二分営　上田　九番大隊の二小隊
第三分営　名古屋　六番大隊
○大阪鎮台　大阪　四番・一〇番・一九番大隊
　伏見　三番大隊
第一分営　彦根　一八番大隊
第二分営　高松　一六番大隊
○鎮西鎮台　熊本　一一番・一二番大隊
第一分営　広島　四小隊
第二分営　鹿児島　四小隊
○東北鎮台　仙台　二番大隊
第一分営　弘前　二〇番大隊　※兵学寮　五番大隊

明治四年十二月二十四日、兵部大輔山県有朋・兵部少輔川村純義・同西郷従道は連名をもって、内地の守備・沿海の防御などについて建議し、軍備についての基本的な考えを述べた。[13]

この要点は、「兵部即近ノ目途ハ内ニ在リ、将来ノ目途ハ外ニ在リ」と、まず対内的軍備を充実しながら対外的に備えるのであるが、現状においては「親兵ハ其実聖体ヲ保護シ禁闕ヲ守衛スルニ過ス、四管鎮台ノ兵総テ二十余大隊、是内国ヲ鎮圧スルノ具ニシテ外ニ備フル所以ニ非ス、海軍ノ如キハ数隻ノ戦艦モ未タ盡ク完備ニ至ラス、是亦果シテ外ニ備フルニ足ンヤ」と軍備の充実を強調している。このためには、徴兵によって内地の守備を充実し、戦艦を造り海岸砲台を築き沿海の防御を固めることが必要であり、さもなければ北門の強敵ロシアに対処できないというのである。

以後このような方針で軍備の充実整備が進められていくのである。

(二)　六鎮台に拡張

徴兵令の制定（後述）に並行して、明治六年一月四日、陸軍大輔山県有朋は「六管鎮台募兵順序」を奏上した[14]。これによると、全国を六管に分けてそれぞれに一鎮台を置き、東京鎮台より逐次徴兵による召集兵を入れて充実し、これが整えば「内ハ以テ草賊ヲ鎮圧シ、外ハ以テ対峙ノ勢ヲ張ルニ足ル」ものとなり、「民之ニ頼テ安ク、法之ニ頼テ立チ、国之ニ頼テ無事」となるというのである。

政府はこの建議を採用して、四日後の同月九日、全国鎮台配置を表一―二―二のごとく改正し、これまでの四鎮台を廃止し、新たに東京・仙台・名古屋・大阪・広島・熊本の六鎮台を設置することにした[15]。

この六鎮台制は、歩兵一四聯隊（四二大隊）を中核として、騎兵・砲兵・工兵・輜重・海岸砲兵などの諸兵種を設け、平時人員三一、六八〇人、戦時人員四六、三五〇人という兵備で、当時においてはかなり画期的なものであった。

表一―二―二　六管鎮台表

軍管	鎮台	営所	営所予定地	常備諸兵（歩兵）	常備諸兵（その他）	海岸砲	管府県
第一軍管	東　京	東京	小田原 静岡 甲府	歩第一聯隊	騎第一大隊 騎第二大隊 砲第一小隊 砲第二小隊 工第一小隊 輜重一隊 (予備)　砲二小隊 工二小隊	品川一隊 横浜一隊 新潟一隊	東京・神奈川 埼玉・入間・足柄 静岡・山梨
		佐倉	木更津 水戸 宇都宮	歩第二聯隊			印旛・木更津 新治・茨城 宇都宮
		新潟	高田 高崎	歩第三聯隊			新潟・柏崎・群馬 栃木・長野・相川
第二軍管	仙台城	仙台	福島・水沢 若松	歩第四聯隊	騎第三大隊 砲第三小隊 砲第四小隊 工第二小隊 輜重一隊	函館一隊	宮城・磐前・福島 水沢・若松
		青森	盛岡・秋田 山形	歩第五聯隊			青森・岩手・秋田 酒田・山形・置賜
第三軍管	名古屋城	名古屋	豊橋・岐阜 松本	歩第六聯隊	砲第五小隊 砲第六小隊 工第三小隊 輜重一隊		岐阜・額田・浜松 愛知・筑摩
		金沢	七尾 福井	歩第七聯隊			石川・新川・足羽
第四軍管	大阪城	大阪	西京・兵庫 和歌山	歩第八聯隊	砲第七小隊 砲第八小隊 工第四小隊 輜重一隊 (予備)　砲二小隊 工一小隊	川口一隊 兵庫一隊	大阪・堺・和歌山 兵庫・奈良・京都
		大津	敦賀 津	歩第九聯隊			滋賀・敦賀・三重 度会
		姫路	豊岡・鳥取 岡山	歩第一〇聯隊			飾磨・豊岡・鳥取 北条・岡山

	第五軍管		第六軍管		総計	備考
	広島城		熊本城		鎮台　六　歩兵一四聯隊　騎兵三大隊　輜重六隊 営所一四　（四二大隊）　砲兵一八小隊　海岸砲九隊 工兵一〇小隊 人員　平時　三一、六八〇人 戦時　四六、三五〇人	・諸兵ノ配合之ヲ各国ニ比スレハ工兵多キニ過キ騎兵少キニ過ルカ如キモノハ我国ノ地勢平坦稀ニ山嶮多キヲ以テナリ ・営所ノ下ニ掲ル地名ハ他日兵備盛大ニ及ヒ漸次ヲ以テ営所トスヘキ地位ヲ示ス ・海岸砲ノ備付ハ追漸盛大ノ見込ニシテ目今ハ山野砲ヲ以テ之ニ充ツ ・北海道ノ兵備ハ追テ確定スヘシ
	広島	丸亀	熊本	小倉		
	松江・浜田 山口	徳島 須崎浦 宇和島	千歳・飫肥 鹿児島 琉球	福岡・長崎 対馬		
	歩第一一聯隊	歩第一二聯隊	歩第一三聯隊	歩第一四聯隊		
	砲第九小隊 砲第一〇小隊 工第五小隊 輜重一隊		砲第一一小隊 砲第一二小隊 工第六小隊 輜重一隊 (予備)　砲二小隊 工一小隊			
	下関一隊		鹿児島一隊 長崎一隊			
	広島・小田・島根 浜田・山口	香川・名東・高知 神山・石鉄	白川・八代 鹿児島・都城 美々津・大分	小倉・福岡・三潴 佐賀・長崎		

即ち、①歩兵以外の諸兵種を設けた、②これまでの東京・大阪重点配備を改め全国平均的配備にした、③兵力を倍増した、ということである。

六鎮台の設置にともない、同年七月十九日、鎮台条例を改定整備し鎮台兵の任務を明確に規定したのである。[16] 即ち、その条例第六条に「其台下ニハ各歩騎砲工輜重ノ常備諸軍隊ヲ置キ以テ不虞ヲ警メ緩急ニ応シ四出円転シテ方面ノ寇賊ニ禦ルノ備ヘヲナサシム」と対外防衛の任務を付し、第七条には「凡ソ師管ノ営所ニハ唯歩兵一聯隊ヲ置キ以テ管内ヲ鎮圧シ方面ノ草賊ニ備ヘシム」と対内防衛（治安維持）の任務を付しているのである。

しかしながら、鎮台兵の任務を対外・対内両面に備えるとしたものの、現実としては、対外防衛に当るには、兵力的にも部隊編成においても、極めて不十分な状態であった。なかでも対外防衛戦を行なうには、砲兵その他の諸兵種が少なく、海岸砲隊に至っては幕末に築かれた砲台を利用した函館砲隊・長崎砲隊が置かれたに過ぎなかった。

明治六年末における兵力は、表一―二―三のとおりである(17)。

表一―二―三　明治六年末の陸軍部隊兵員数

	歩兵	騎兵	砲兵	工兵	輜重	計
近衛兵	四大隊 二、三四八人	一大隊 九九人	一大隊 二六四人	—	—	二、七一一人
鎮台兵	一九大隊 一二、四五〇人	一大隊 九七人	二大隊 三隊 六八七人	二小隊 三〇〇人	一小隊 二三人	一三、五五七人
計	二三大隊 一四、七九八人	二大隊 一九六人	三大隊 三隊 九五一人	二小隊 三〇〇人	一小隊 二三人	一六、二六八人

表一―二―四　歩兵部隊の編成状況

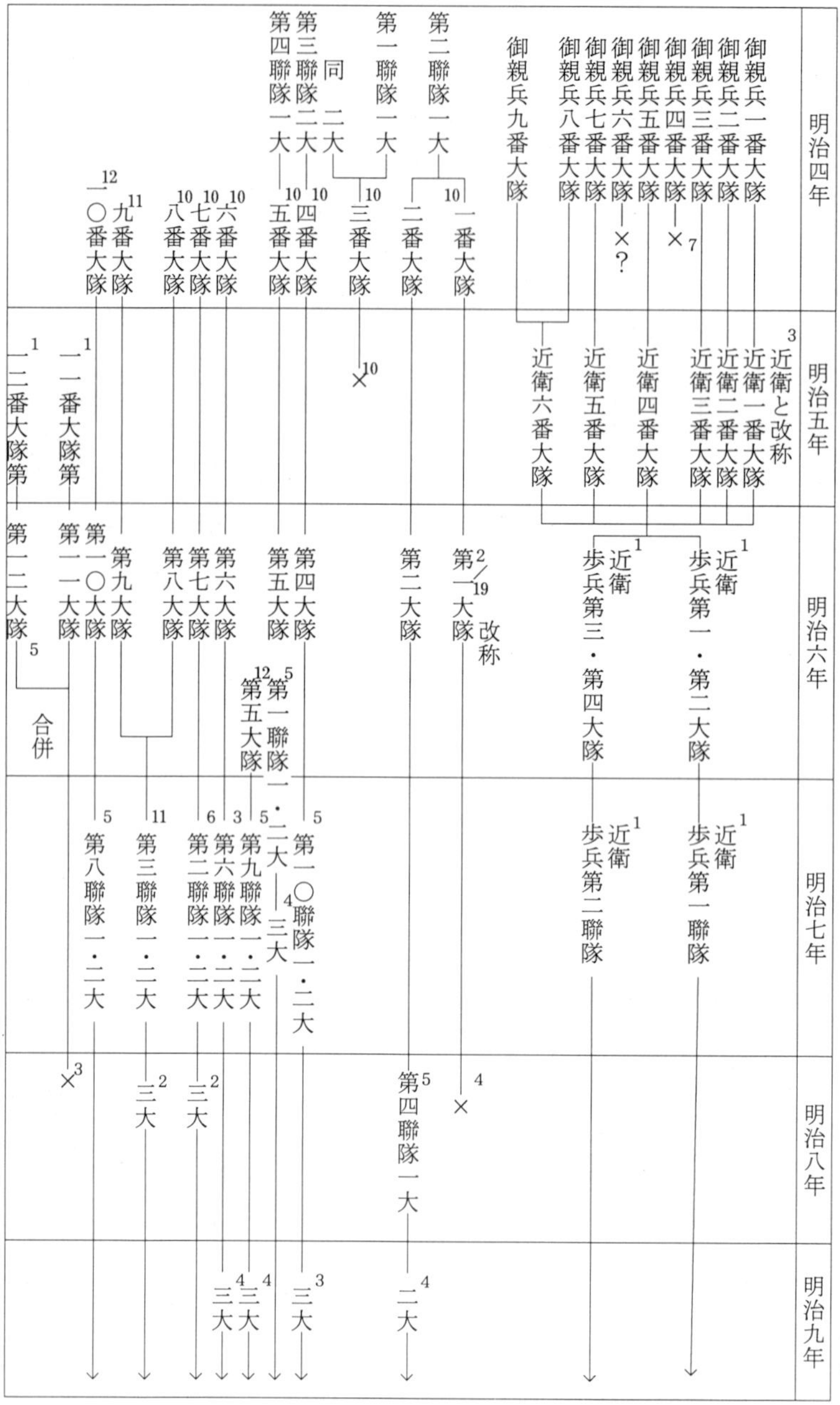

〔3：月、×：解隊、三大：第三大隊の新設〕

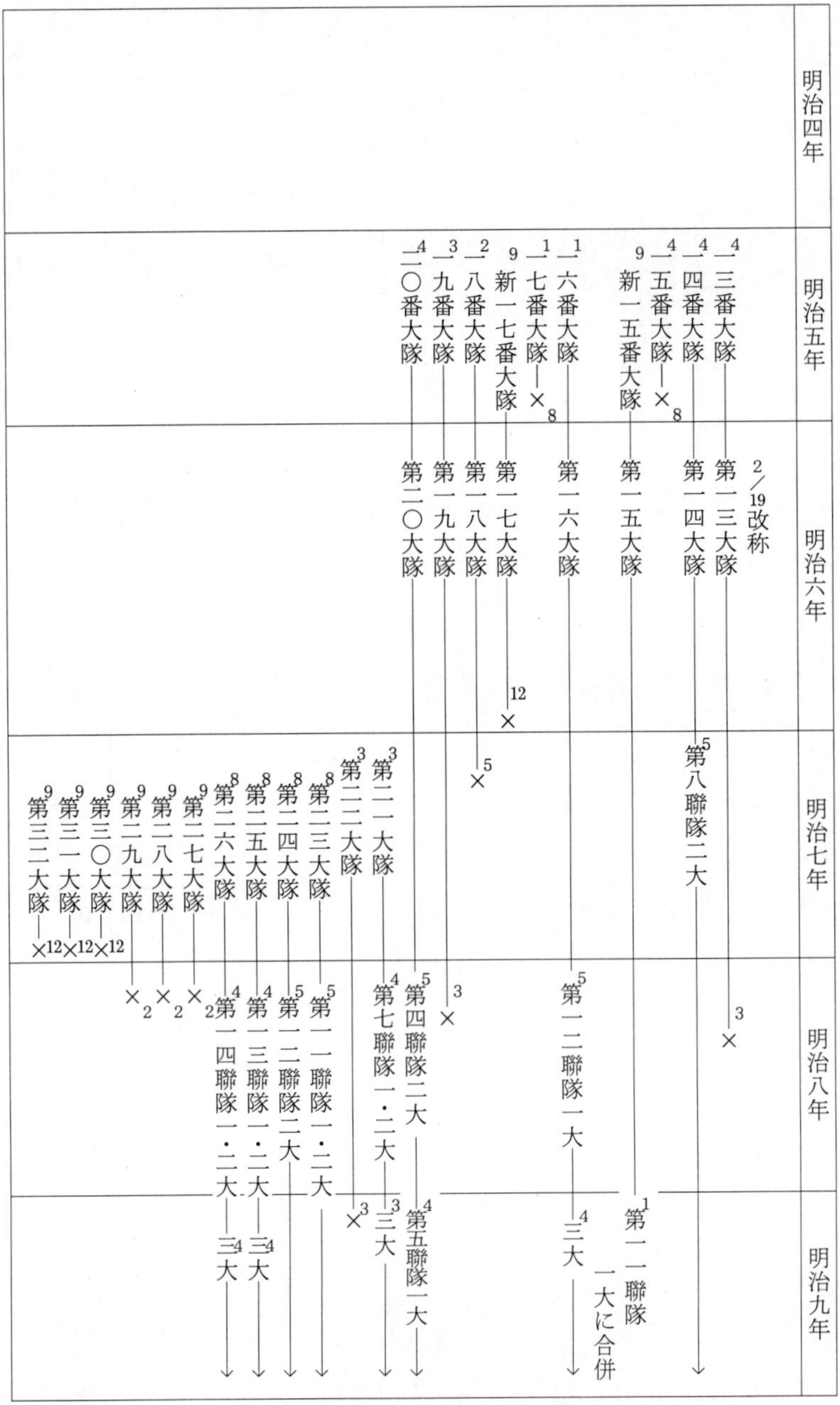
明治四年
明治五年
明治六年
明治七年
明治八年
明治九年
一三番大隊
一四番大隊
一五番大隊
新一五番大隊
一六番大隊
一七番大隊
新一七番大隊
一八番大隊
一九番大隊
二〇番大隊
2/19改称
第一三大隊
第一四大隊
第一五大隊
第一六大隊
第一七大隊
第一八大隊
第一九大隊
第二〇大隊
第八聯隊二大
第二一大隊
第二二大隊
第二三大隊
第二四大隊
第二五大隊
第二六大隊
第二七大隊
第二八大隊
第二九大隊
第三〇大隊
第三一大隊
第三二大隊
第一二聯隊一大
第四聯隊二大
第七聯隊一・二大
第一一聯隊一・二大
第一二聯隊二大
第一三聯隊一・二大
第一四聯隊一・二大
第一一聯隊
一大に合併
三大
第五聯隊一大
三大
三大
三大

表一—二—五　明治九年末の兵力

	近衛兵	鎮台兵 東京	鎮台兵 仙台	鎮台兵 名古屋	鎮台兵 大阪	鎮台兵 広島	鎮台兵 熊本	鎮台兵 計	合計
歩兵	二聯隊（四大隊） 三、〇八三人	三聯隊（九大隊） 六、一六八人	二聯隊（三大隊） 二、三一四人	二聯隊（六大隊） 四、二八五人	三聯隊（九大隊） 六、二六一人	二聯隊（六大隊） 四、二五八人	二聯隊（六大隊） 四、一五二人	一四聯隊 （三九大隊） 二七、四三八人	一六聯隊 （四三大隊） 三〇、五二一人
騎兵	一大隊 二二八人	一大隊 二四二人	—	—	—	—	—	一大隊 二四二人	二大隊 四七〇人
砲兵	一大隊 二九七人	二大隊 五二九人	一隊 五七人	—	二大隊 四四八人	—	一大隊 三五四人	六大隊 一隊 一、三八八人	七大隊 一隊 一、六八五人
工兵	一小隊 一八四人	一大隊 三二二人	—	—	一大隊 一八二人	—	一小隊 九九人	二大隊 一小隊 六〇三人	二大隊 二小隊 七八七人
輜重兵	—	一中隊 一五二人	—	—	一小隊 三五人	—	—	一中隊 一小隊 一八七人	一中隊 一小隊 一八七人
計	三、七九二人	七、四一三人	二、三七一人	四、二八五人	六、九二六人	四、二五八人	四、六〇五人	二九、八五八人	三三、六五〇人

図一—二—二　部隊配置図（明治九年末）

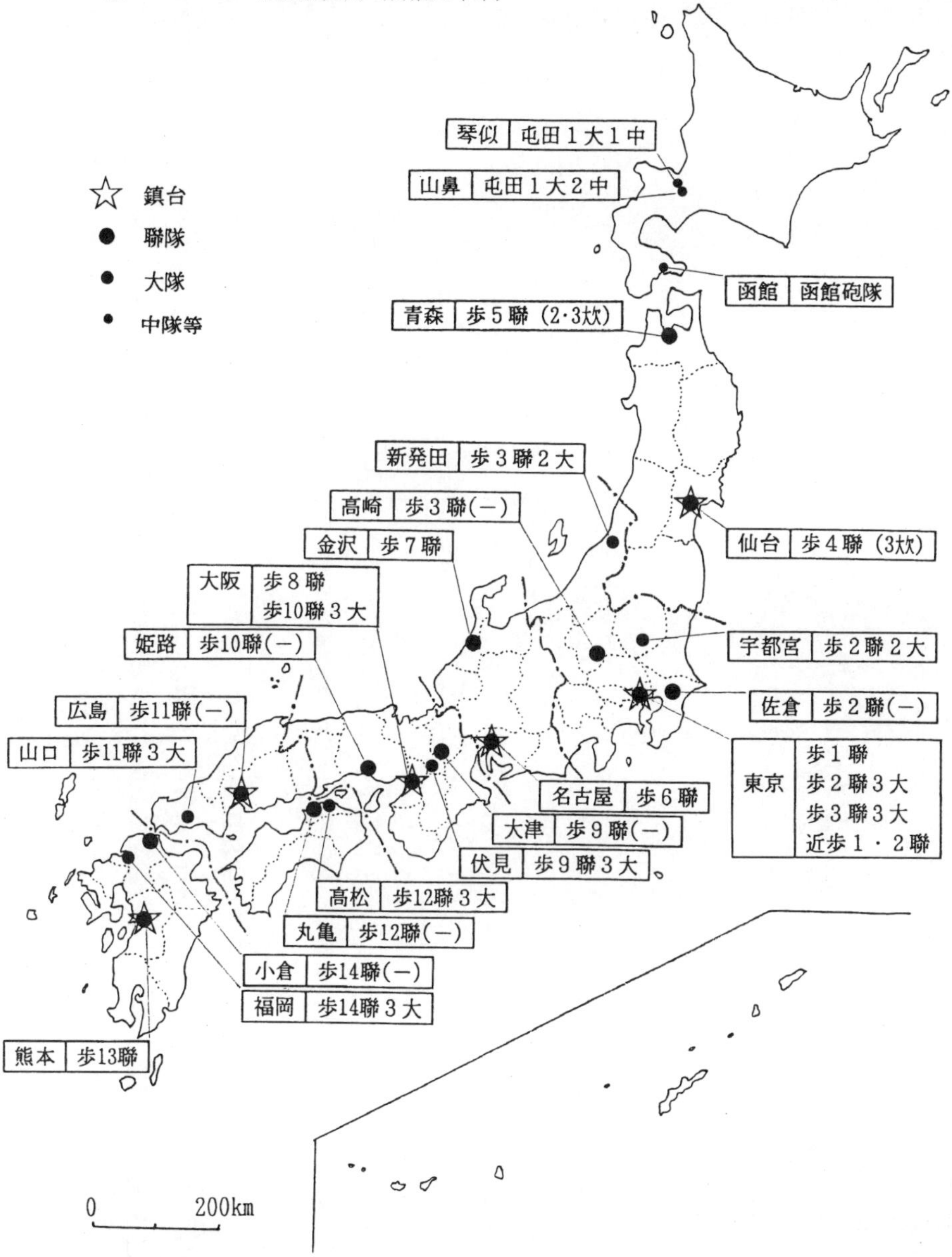
☆ 鎮台
● 聯隊
● 大隊
• 中隊等
琴似 屯田1大1中
山鼻 屯田1大2中
函館 函館砲隊
青森 歩5聯（2・3大欠）
新発田 歩3聯2大
高崎 歩3聯(−)
金沢 歩7聯
仙台 歩4聯（3大欠）
大阪 歩8聯 歩10聯3大
姫路 歩10聯(−)
宇都宮 歩2聯2大
佐倉 歩2聯(−)
広島 歩11聯(−)
山口 歩11聯3大
東京 歩1聯 歩2聯3大 歩3聯3大 近歩1・2聯
名古屋 歩6聯
大津 歩9聯(−)
伏見 歩9聯3大
高松 歩12聯3大
丸亀 歩12聯(−)
小倉 歩14聯(−)
福岡 歩14聯3大
熊本 歩13聯
0 200km

六年五月以降逐次、歩兵の大隊編成を新しい聯隊編成に改編していった。
また、七年三月には、歩兵の第二一・第二二大隊を新たに編成し、さらに同年七月、台湾処分問題で清国との開戦を決意したため、これに備えて八月に、第二三大隊～第二六大隊、九月に第二七大隊～第三二大隊を編成した。[18] 第二七～第三二大隊の六個大隊は、台湾処分問題が解決した後解隊された。[19] 当時の歩兵部隊の編成状況は、表一―二―四のとおりである。

このように、逐次鎮台兵の編成改編が進められ、概ね六管鎮台表のように部隊が整備されたのは、明治九年末であった。明治九年末の兵力[20]及び部隊の配備状況[21]は、それぞれ表一―二―五及び図一―二―二のとおりである。

三　徴兵制軍隊の成立と治安出兵

(一)　徴兵令の制定

国民皆兵主義の徴兵制度は、陸軍創設に当り大村益次郎が、既に企図していたことは明らかである。しかし、後に山県有朋が「初メ明治二年、大村益次郎ノ参与ヲ以テ、兵部大輔ヲ兼ヌルニ方リ、欧州ノ制ニ倣ヒテ我邦亦四民平等ニ、賦兵ヲ徴召セムトノ企画アリシモ、因襲ノ久シキ為メ、遽カニ武士ノ常識ヲ解キ、兵農合一ノ古制ニ復スルハ、固ヨリ容易ノ事ニ非ス」(1)と述べているように、当時においては、徴兵制の採用は困難な状況であった。

大村の意思を継いだいわゆる大村遺策派は、フランスなどの徴兵制を研究して、山県らに徴兵制の採用を進言した。(2)この進言は採用され、明治三年十一月、徴兵令の先駆ともいえる「徴兵規則」が定められ、畿内において一部実施された。しかし、当時の情勢に合わず中止になったことは、既に一の(一)で述べたところである。

明治四年七月に廃藩置県を断行した政府は、徴兵制軍備の必要を認め、山県らを中心にしてその実現をめざしていった。即ち、二の(一)で述べたように、山県らは同年十二月二十四日の建議書で、徴兵制による軍備の充実を強調し、翌五年には徴兵令草案ともいうべき「論主一賦兵」を起案し、曽我祐準・大島貞薫・宮本信順らの意見を聴取し、(3)これらを基礎にして、「徴兵令」案を作成し朝議に提議したのである。

かくして、徴兵令制定が決定され、明治五年十一月二十八日、全国徴兵の詔勅が渙発され同時に太政官より「徴兵告諭」が公布され、引き続き翌六年一月十日、「徴兵令」が発布されたのである。(4)

徴兵令は、その制定に参画した西周が「兵賦論」の中で「本邦ノ徴兵法ハ、西欧仏独ノ法ヲ折中シ、参スルニ本邦現今ノ時宜ヲ以テ為タレバ、所謂酌例ノ法ニ出デタルコト明カニシテ」(5)と述べているように、ドイツとフランスの兵役法を採り入れ、これに日本の家族制度などの特性を加味して制定されたのであった。(6)

政府が、徴兵制を採用したのは、次のような理由からであった。(7)

① 封建の旧習を打破し維新を貫徹する。
② 将来多数の壮健な兵士を得ることができる。
③ 財政上の負担が軽い。
④ 国民に護国の念を広め高めることができる。

徴兵令は、まさにこのような役割を十分に果たし、その後の軍備充実の大きな基盤となったのである。

この徴兵令制定に際して、また制定後においても、かなりの反対意見があったことについては周知のことであるが、山県有朋が、自分のめざす徴兵制の趣旨に反する、士族中心の軍隊建設論を主張する「四民論」を、「徴兵令」案とともに太政官へ提出し、太政官の権威によって、この「四民論」を葬り去ったことについては、余り知られていない。(8)

「四民論」の起草者は不明であるが、士族中心の軍隊建設を主張していることから判断すると、山県らの四民平等を建前とする徴兵制へ、急激に移行することに反対する者が起草したものと考えられる。

即ち「四民論」は、「方今郡県ノ古ニ復シ、殆ント士農ノ分工商ノ別ナク、四民同視ノ令ヲ布キ、一般兵役ニ服セシムルハ、固ヨリ生ヲ此世ニ稟ル者ノ分ト謂フ可シ。然レトモ今急ニ之ヲ行ント欲セハ、却テ兵制ノ大本治安ノ要道ヲ害スルノ患アラン」なぜならば「士農ハ工商ニ比スレハ最兵役ニ服シ易シトス。工商ハ之ト異ナリ、其業タル概子市街紛華ノ地ニ住居シ、筋力ヲ労セス暖衣美食安居遊蕩、足嶮峻ノ地ヲ踏マス、身百斤ノ重ニ狃レス、豈能ク兵役ニ勝ンヤ、強テ之ヲ課スルモ、強兵ノ道ニ益ナク、却テ冗費ニ属ス。故ニ農ニ比スレハ最兵役ニ服シ難シトス。」従って、「暫ク四民ノ情実ニ注意シ、四民服役ノ方法ヲ定メテ、将来ノ幼年ハ四民同視ノ実ヲ踏ミ、幼齢文ヲ学ヒ、壮年兵役ニ服シ、斉ク国家ヲ護セシムルヲ肝要トス」と述べている。

さらに具体的には、皇族は一〇年、華族は五年猶予し、僧徒は免役とし、農民は一年分の食料を蓄えている者を徴兵の対象とし、工商の内豪商・中商は免役金を出すか兵役に就くかを選択し、下商は免役し、士族・卒は本人・嫡子にかかわらず徴募するというものである。

従って、この「四民論」が採用されるならば、士族・卒中心の軍隊が編成されることになるのである。

太政官の左院は、提出された「四民論」を、徴兵制の趣旨である四民平等・貴賤公平に反するとして、これを退け、太政官正院は、この左院の答議を受けて、山県らの「徴兵令」案を採択したのであった(9)。山県は、自分の決断によって、この「四民論」を退けることなく、自分の起草した「徴兵令」案とともに太政官に提出し、太政官の判断によって「四民論」を退けたのであった。当時、陸軍内において、山県への反発がかなり存在していた情況を考えると、この山県の処置は誠に巧妙であったといえる。

一方、板垣退助は、義勇兵論の立場から反対し(10)、山田顕義は、徴兵制度そのものには反対ではなく、まず徴兵令実施の基盤を確立してから実施すべきであると、即時実施に反対した(11)。桐野利秋は反対の急先鋒で「土百姓等を衆めて人形を作る果して何の益あらんや」と高言し[12]、士族から徴兵になった兵士達は「土百姓・素町人ノ輩、安ンソ戦フニ堪フヘケンヤ」と豪語していた[13]。

在英中の寺島宗則も、徴兵令の布告を見て「此徴兵之規則ハ孛流ニ本ケルヨフニ見ユレトモ、孛ニテハ多年来農商間、学問行届、幼年ヨリ校中ニテ兵ノ運動ヲ習ヒ、稍長シテ愛国ノ心ヲ教フル事ナレハ、戦場ニ出テヽ廉恥不忘、故ニ敵ニ後ロヲ向ケス。然ルニ本邦ニテ、同様ノ下地モ未タ不調、国民ヲシテ所謂自由ノ権ヲ有タシメンカ為ニ、農商ヨリ不廉恥ノ者ヲ取ルトキハ、臨戦不可用ノミナラス、生来君臣ノ義ヲ教ラレ、死戦スル士分ノ廉恥ヲ併セテ失ヒ可申候」と、士族以外の農民や商人から兵を徴募することに危惧の念を表明している[14]。

このような士族側からの反対の他に、農民の間には、「徴兵告諭」中の「血税」という言葉に対する無理解と、兵隊になることへの不安感から、いわゆる「血税騒動」が発生したことは周知のことである。

しかし、明治十年の西南戦争において、この徴兵軍はよく健闘し、このような反対論・軽侮論を一掃したのである。

(二) 治安出兵

維新の変革は、士族ばかりか農民の間にも、改革に対する不満や生活不安感を醸成し、全国各地において騒擾などが発生したが、それぞれの藩兵によって鎮定された。

鎮台制が敷かれた後においても、租税問題・徴兵令問題などが原因で、農民などの騒擾が各地に生起し、また、新政府の改革に不平をもつ士族などによって、佐賀の乱をはじめとする反乱事件が発生した。政府及び地方官憲は、これらの騒擾の鎮定に当ったが、そのうち鎮台兵が出動した農民などの騒擾は表一—三—一のとおりである[15]。

表一—三—一　鎮台兵が出動して鎮定した農民などの騒擾

発生年月日（鎮定年月日）	原因または要求事項	発生県（現在県）	発生区域	参加人員	出動兵力
五・五・六（五・五・十一）	藩札価格の復旧要求	三潴県（福岡県）	三潴県下	数百人	鎮西鎮台日田支営
五・八・八（五・八・十八）	旧税法の存続要求	山梨県	山梨郡周辺	数千人	東京鎮台上田分営九番大隊一小隊
六・三・四（六・三・十五）	耶蘇教反対一向宗擁護	敦賀県（福井県）	大野・今立・坂井三郡	一〇、〇〇〇人	名古屋鎮台本営第六大隊二小隊
六・五・六（六・六・二十四）	海産物一割課税反対	北海道	爾志・福山・檜山三郡	一、〇〇〇人	函館砲兵・仙台鎮台青森営所第二〇大隊二小隊
六・五・二十六（六・五・三十一）	徴兵令反対	北条県（岡山県）	美作一帯	数万人	大阪鎮台二小隊
六・六・十八（六・七・五）	米価騰貴	福岡県	嘉麻・穂波等県下	三〇〇、〇〇〇人	熊本鎮台三小隊
六・六・十九（六・六・二十三）	徴兵令反対	鳥取県	会見郡	一二、〇〇〇人	大阪鎮台二隊
六・六・二十七（六・七・六）	徴兵令反対	名東県（香川県）	豊田・三野郡等西讃岐	二〇、〇〇〇人	広島鎮台高松営所第一六大隊二小隊
六・七・二十三（六・七・二十八）	徴兵令反対	京都府	何鹿郡	二、〇〇〇人	大阪鎮台伏水分営第一八大隊一中隊
九・五・六（九・五・十七）	貢納米価引下等要求	和歌山県	那賀郡粉川村外一六カ村	四〇〇人	大阪鎮台本営歩兵一中隊
九・十一・二十七（九・十二・二）	貢納米価引下等要求	茨城県	真壁郡飯塚村外数村	五〇〇人	東京鎮台宇都宮営所歩第二聯隊第二大隊一中隊
九・十二・十九（九・十二・二十三）	貢納米価引下等要求	三重・愛知・岐阜・堺県	同上四県	数万人	名古屋鎮台本営五中隊 大阪鎮台大津営所一中隊
十・二・七（十・二・七）	小作人負担の軽減要求	石川県（富山県）	砺波郡	三〜四、〇〇〇人	名古屋鎮台金沢営所二中隊

鎮台兵が出動した騒擾は、以上のとおりであるが、これらのうちそのほとんどは、各地方官が士族を募集して士族隊を編成し、その士族隊が主役になって騒擾を鎮定したのであった(16)。政府は、地方長官が独自に士族を徴募するのは兵権の統一を乱すものとして、明治六年八月八日、地方長官に対し次のように達した(17)。

「各地方ニ於テ、頑民暴動ノ節鎮圧ノ為メ、各管轄庁ニテ貫属士族等相募リ、隊伍組立兵士ノ名目ヲ下シ、為致防禦候向モ往々有之、右ハ陸軍ノ権限ヲ犯シ、甚不都合ニ付、以来決シテ不相成候。勿論鎮台隔絶ノ場所等ニテ、情形不得止一時ノ権宜ヲ以テ致従事候儀ニハ可有之候ヘ共、一昨辛未八月諸県解兵発令後ハ、鎮台ヲ除ノ外、兵隊ノ名義無之筈ニ付、心得違無之様可致、此旨相達候事」

しかし、このような達しにもかかわらず、現実には窮余の策として、士族を募集して騒擾に対処したのであった。これは、警察力の整備不十分もさることながら、鎮台兵に対する不信感が根底にあったことも大きく影響したものと考えられる。

一方、士族などの反乱による鎮台兵などの出動状況は、表一―三―二のとおりである(18)。

これら士族の反乱の鎮定は、農民などの騒擾と違って、鎮台兵がその主役を果たしたのであった。山県陸軍卿は、明治十年一月四日、これらの乱に出動した鎮台の徴兵について「各隊兵気凛然、戦ニ臨テ少シモ屈撓スルナキヲ知ルニ足レリ、自今益軍紀ヲ厳粛シ、士気ヲ振作セハ、軍事ノ進歩蓋障碍ナカルヘシ」と奏上し、徴兵令制定の責任者としての期待感を表明している(19)。

しかし、徴兵制に基づく鎮台兵に対する不信感は、未だに払拭されたとはいえず、次の西南戦争において、その真価が問われたのであった。

表一―三―二　士族など反乱時の出兵状況

反乱名	発生年月日 （鎮定年月日）	首謀者 参加勢力	出動兵力
佐賀の乱	七・二・一 （七・三・一）	江藤新平 島　義勇 約六、〇〇〇人	東京鎮台　第三砲隊 大阪鎮台　第四大隊・第一〇大隊 熊本鎮台　第一一大隊・第一九大隊一小隊 ※出動したが戦いに関与しなかった部隊 近衛　歩兵第二聯隊 東京鎮台　一中隊 大阪鎮台　第一八大隊・砲兵第七大隊一小隊 広島鎮台　第一五大隊三中隊
熊本神風連の乱	九・十・二十四 （九・十・二十五）	太田黒伴雄 一七〇余人	熊本鎮台　歩兵第一三聯隊 砲兵第六大隊
秋月の乱	九・十・二十七 （九・十一・十四）	宮崎車之助 今村百八郎 二三〇～二四〇人	熊本鎮台　歩兵第一四聯隊第一大隊二中隊 同　第三大隊二中隊
萩の乱	九・十・二十八 （九・十二・八）	前原一誠 二〇〇余人	大阪鎮台　歩兵第八聯隊第三大隊 砲兵一小隊 広島鎮台　歩兵第一一聯隊 広島警備　歩兵第一二聯隊一大隊 馬関警備　歩兵第一四聯隊第二大隊一小隊

表一―三―三　西南戦争における出動部隊

	出動部隊（歩兵）	出動部隊（その他）	残留部隊
近衛	近衛歩兵第一聯隊 近衛歩兵第二聯隊	近衛砲兵第一大隊 近衛工兵第一小隊	近衛騎兵第一大隊
東　京	歩兵第一聯隊 歩兵第二聯隊 歩兵第三聯隊（欠一大隊）	騎兵第一大隊 砲兵第一大隊 予備砲兵第一大隊 工兵第一大隊 輜重兵第一中隊	歩兵第三聯隊第二大隊
仙　台	歩第四聯隊二大隊（欠二中） 歩第五聯隊一大隊（欠二中）		歩兵第四聯隊第二大隊第一・二中隊 歩兵第五聯隊第一大隊第一・二中隊
名古屋	歩兵第六聯隊 歩兵第七聯隊（欠一大隊）		歩兵第七聯隊第三大隊
大　阪	歩兵第八聯隊 歩兵第九聯隊 歩兵第一〇聯隊	砲兵第四大隊 予備砲兵第二大隊 工兵第二大隊 輜重兵第四小隊	
広島	歩兵第一一聯隊 歩兵第一二聯隊		
熊　本	歩兵第一三聯隊 歩兵第一四聯隊	砲兵第六大隊 予備砲兵第三大隊 工兵第六小隊	
	屯田兵第一大隊		

西南戦争は、全軍を挙げての戦いであり、ほとんどの部隊が出動した。その状況は表一―三―三のとおりである。[20]

このように、常備兵の歩兵四三個大隊のうち三個大隊と騎兵二個大隊のうち一個大隊を警備のため残し、他は全て九州へ出動したのであった。それでも兵力が足りず、警視隊を編成して出動させ、さらに壮兵を募集したのであった。

この西南戦争において、百姓・町人の兵隊といわれた徴兵は、よく戦い士族兵に劣らないことを証明し、徴兵に対する不信感を一掃したのであった。ここに初めて、徴兵制度の基盤が確立したのである。

四　屯田兵の設置

(一)　屯田兵設置の背景

明治二年五月十八日、榎本武揚ら旧幕府軍の降伏によって、蝦夷地は新政府の支配下になった。政府は、同年七月八日太政官制の改正とともに、開拓使を設置し、続いて二年八月十五日太政官布告第七三四号によって、蝦夷地を北海道と改称した。

北海道は、幕末以来ロシアの脅威にさらされてきただけに、新政府にとっても、その防備をいかにするかは重大問題であった。人口希薄な寒冷北辺の地ということで、内地と同様の兵備を置くことは、極めて困難なことであった。そこで考え出されたのが、開拓と防備を兼ねた屯田兵制度であった。

この屯田兵制は、既に幕末期に一部実施されていた。即ち、寛政十一年（一七九九年）に八王子千人同心が、白糠に五〇人、鵡川に五〇人移住した例と、安政三年（一八五六年）以降石狩以南の地に、旗本御家人の次男・三男・その他陪臣・浪人らが一一六人（文久二年現在）土着した例がある。[(1)]

明治元年、榎本武揚も箱館へ脱走時、「北地ニ渉リ開拓ノ業ヲナシ」「北門ノ鎖鑰相堅メ」と、開拓と防備に務める

ことを主張していた。(2)

開拓使が設置された当時、北海道の兵備は箱館府兵一中隊だけであった。開拓使はこれを引き継ぎ、函館隊と改称し、四年六月には護衛兵と改称した。(3)この部隊は、弁天砲台の祝砲と函館市中の警備を担当するに過ぎないものであった。

この頃樺太では、日露雑居のため紛争が絶えなかったが、新政府は有効な対策をとることができなかった。これに対し、ロシアの南下に関心のあるイギリス公使パークスは、二年八月寺島外務大輔に、日本政府の無策を批判し、このままでは樺太はロシア領になると警告し、さらに十月には、沢外務卿に対し、イギリス艦の現地調査報告書を手交し、樺太をロシアに売り渡すか別の土地と交換し、北海道の開拓に力を入れるべきであると勧告した。(4)

政府は、実情調査のため丸山外務大丞を樺太に派遣した。丸山は、現状を調査して十一月に建言書を送付し、陸奥の鎮守府を樺太に移し「奥羽ノ降伏人ヲ農兵ニ取立テ軍団ヲ置」き、樺太の兵備を強化すべきであると述べた。(5)これに対し、兵部大丞黒田清隆は、内地の兵備も整わない状況において「唯一時ノ意ヲ強フセント欲シテ不足ノ財ヲ費シ守ニ足ラサルノ造築ヲ為ス最モ下策トナス」と反対した。(6)

このような状況において、開拓使は三年五月、「開拓見込大略」を定め、その中で「海陸軍ヲ置テ防備ヲ厚クスヘキ事」とし、十月三日には、「今後目途ノ概略」を上申し、札幌郡へ常備兵一小隊を置くこと、軍艦二隻を海防のため北海道全島樺太に回航することを伺い出たが、詮議の上追って沙汰すると、結論は先送りされた。(7)

また、開拓次官となった黒田清隆は、十月二十日、樺太・北海道西岸を視察して帰り北方経営について建言し、開拓の積極的推進を強調したものの、兵備については何ら触れるところがなかった。(8)乏しい財政で、開拓の推進と兵備の充実は両立しないと判断したのであろう。

その後、開拓使は明治三年十一月、東京府貫属の士卒族一二〇戸を札幌郡に移住させ、一中隊編成の屯田常備兵を設置する案を上申したが、東京府との間で調整がつかず実現するに至らなかった(9)。

翌四年八月、黒田開拓次官は、大蔵卿大久保利通に書簡を送り、御親兵約一万人を半減し、その経費で斗南藩士族等を「蝦夷地へ屯田同様之振合ニテ植民仕候得は、矢張非常之際ニおいてハ御親兵同様之御奉公は不疑務メウル積ニ御座候」と、屯田兵設置論を主張し始めた(10)。

この頃、西郷隆盛も北海道屯田兵設置に意欲を持っていた。黒田清隆が、明治十六年十月、郷土の後輩に対し、奮起を促すために出した書簡(11)に、西郷の北海道屯田兵設置についての考えが、次のように述べられている。

「故西郷等北海道ニ鎮台ヲ置キ、辺防ニ備ヘントスルノ説ヲ主張」したが、財政上無理なため、京師屯在の二大隊を「北海道ニ土着セシメ、粗古軍団ノ制ニ拠リ、有事ニ臨デハ且戦且耕ノ法ヲ設ケ、桐野利秋ヲモ首長ニ任ズ」べしとの議があった。桐野は北海道巡視の命を受け、四年八月十一日「庚午丸」に乗り東京を出発、十八日函館に着き、陸路札幌に至り、岩村判官と近傍の地形を偵察し、真駒内を鎮台営地と定め、十月十日東京に帰着した。しかし、この議は五年正月中止となった。七月、西郷は樺太におけるロシアの暴行を憤り「北海道ニ鎮台ヲ置キ樺太ニ分営ヲ設ケ、隆盛自ラ鎮台ノ首長ニ任ジ、篠原ヲ樺太分営ノ長トシ、桐野・辺見・渕辺・別府等ヲ始メ同志ト共ニ北海道ニ移住セバ、他ノ有志ノ徒従テ移住スル者亦必ズ多カラン」と決意の程を述べ「北海道ハ屯田法ヲ以テ開拓セザル可ラズ」と黒田次官に謀った。西郷は「六年春、再ビ上京ノ際、開墾ノ要具・鋸・鐇・斧等ヲ携来リ、猶北海道移住ノ前議ヲ主張」したが、征韓論争に敗れ鹿児島に帰ったため、遂に実現に至らなかった。

屯田兵設置についての西郷隆盛のこのような考えは、黒田清隆自身がこの書簡の中で述べているように、黒田らの関係者に引き継がれていったのである。

また、開拓使大判官松本十郎も、その回想録[12]で、屯田兵を企図したのは西郷氏であり、同氏が、明治四年の廃藩置県による失業士族を北海道へ移して屯田兵となし「北門の守衛」と「開墾」に従事させれば一挙両得であり、まず鹿児島士族がその模範となるべきであるとして、桐野利秋を北海道視察に派遣したと述べている。

西郷の屯田兵設置論は、北海道の防備、失業士族の救済、北海道の開拓という三つの面から考えられたもので、当時の情勢によく適合した論であったといえよう。

このような折の明治六年五〜六月、渡島国の福山・江差付近の漁民が海産物一割課税に反対して蜂起した、いゆる福山・江差騒動が発生した。開拓使は、函館砲兵・邏卒を動員し、さらに青森営所から二小隊の応援を得て六月末漸く鎮定した。黒田次官も東京から現地に赴き、騒動の鎮定処理にあたった[13]。この事件は、北海道の兵備問題に深刻な影響を与え、その後の屯田兵設置の推進役を果したのであった。

一方、樺太ではロシア人との紛争が悪化し、黒田次官は六年五月、苦慮の末遂に樺太放棄論を建言した[14]。現状では樺太開拓に成算はなく「樺太ノ如キハ姑ク忍ンテ之ヲ棄テ」「速ニ北海道ヲ経理スル者今日開拓ノ一大急務」であると主張した。またその直後の六月、樺太在勤開拓幹事堀基の現地報告と出兵要請を受けた際も、隠忍自重するよう指令した。ところがその後の安田定則の調査報告を聞き、黒田次官は、九月急に樺太出兵論を建議した[15]。しかし、この出兵論は征韓派を牽制し、北方への関心を高めるための政治的なものであることは、開拓次官就任以来の黒田の言動を見れば明らかである。

いずれにせよ、この樺太問題は、ロシアに対する警戒心を高め、北海道に屯田兵を設置する重要要因となったのである。

(二) 屯田兵設置の決定

樺太問題、福山・江差騒動の影響で、北海道の兵備が重要課題となってきた。ここにおいて、開拓使七等出仕安田定則・同時任為基・大主典永山盛弘・八等出仕永山武四郎は連名で、明治六年十一月十四日、北海道の兵備についての建白書を右大臣岩倉具視に提出した(16)。この建白書は、現状では「外寇ヲ禦ク能ハサルノミナラス土寇鎮スル亦或ハ足ラサルナリ」従って「願クハ更ニ特旨ヲ以テ開拓次官黒田清隆ニ命シ兵務ヲ兼管セシメ、当使貫属等ノ中ヨリ兵卒ヲ徴集シ隊伍ヲ編成シ便宜処分スルヲ得セシメン事ヲ。若シ然ラハ即土着ノ兵ニシテ、且守リ且食シ、上下両便ヲ得、一朝事アレハ禍其親族ニ及フヲ以テ防禦ノ力必ス他ニ十倍セン。封彊ノ守リヲ固フシ、人民ノ安ヲ保セン事必セリ」と述べ、「外寇」と「土寇」に備え「土着の兵」即ち屯田兵を設置し、これを開拓次官黒田清隆に指揮させるよう建白したものである。

次いで同月、黒田次官は、岩倉右大臣に屯田兵設置を建議した(17)。この建議は、経費・募集要領などを記したこれまでにない具体的なものであった。

即ち、人民の保護のため鎮台を設けるべきであるが、財政上無理であるので「屯田ノ制ニ倣ヒ民ヲ移シテ之ニ充テ、且耕シ且守ルトキハ、開拓ノ業封彊ノ守リ両ナカラ其便ヲ得ン」依って「旧館県及ヒ青森・酒田・宮城県等士族ノ貧窮ナル者ニ就テ、強壮ニシテ兵役ニ堪ユヘキ者ヲ精撰シ、挙家移住スルヲ許シ、札幌及ヒ小樽・室蘭・函館等ノ処ニ於テ家屋ヲ授ケ、金穀支給シテ産業ヲ資クル」こととし、非常の際は「之ヲ募テ兵ト為ス」というものである。別紙として「移住民諸費概算」を付け、男女三、〇〇〇人、七五〇戸を移住させ、五年間の補助金六八万円と予定した。[18]その後十二月に、五、〇〇〇人、三年間、六〇万円と修正され[19]、最終的には、男女六、〇〇〇人、一、五〇〇戸を移住させ、三年間の補助金六八万円と訂正された。[20]

また、この建議書は、軍艦一隻を外国より購入して海軍省に渡し、北海道の警備に充てたいと述べている。

以上のような建議に対し、海軍省は、屯田の制は至当であるとし、北海警備のために軍艦二隻を差し回すとの意見を提出した。陸軍省は、これまで兵備のないところへ急に兵備を置くのは、ロシアを刺激することになるとしながらも、陸軍省としての意見を次のように述べた。[21]

日本の地理的特性上「本邦防禦ノ策、其大体ハ能ク中心要衝ノ地ニ厚ウシテ而後ニ四末ノ地ニ及ボスニ在リ、今北海道ハ北門ノ鎖鑰ニシテ頭頂ノ要衝タリト雖モ、地勢遠ク東北ニ斗出ス、之ヲ腹背ニ較スレハ抑亦末ナリ」と内地重点主義を述べ、北海道の兵備は「赫々ノ名ヲ輝カス事ナクシテ、隠然ノ功ヲ収ムルニ在リ」とし、北海道の地形・人口希少等を考えれば「正々ノ陣、堂々ノ軍、啻ニ徒為ニ属スルノミニアラス却テ禍害ヲ醸スニ足ラン」と意義付け、具体策として「僅少ノ軍ヲ置キ、養フニ屯田漁猟ノ法ヲ以テシ、習ハシムルニ小戦山闘ノ術ヲ以テシ、一旦有警ノ日ニ方テハ、敵来ルモ我必ス戦ハス、引テ以テ山壑ノ間ニ蟄シ、敵去レハ其翼ヲ撃チ、其尾ヲ踵ミ、以テ其遺利ヲ制シ、勉メテ持久ノ計ヲナサシメン、如此キハ倉卒ノ際其変ヲ制スルニ足リ、以テ内地応援ノ兵ヲ待ン」と、いわゆる「ゲリラ戦法」を採用すべきであると主張している。

要するに、北海道には少数の兵を置き、外敵が侵攻してきた場合は、ゲリラ戦法で持久戦を行ない、内地からの援軍を待つというのである。当時は、内地においてさえ、兵備が整備されていない状況にあって、陸軍としては、このような防御戦法を採らざるをえなかったものと考えられる。

さらに、屯田兵の募集と運営方法について具体案を提示した。要約すると次のとおりである。

①　一七歳以上五〇歳までの内地貧困の士民を募り、当初は歩兵のみの四〇〇人程の一大隊を編成し、これを一〇〇人毎の四個小隊とし、札幌・室蘭・小樽・函館などに分置する。
②　将校・下士官は陸軍省で任命し、大隊中小隊の長は開拓使官員を兼ねてもよい。
③　演習は、鎮台もしくは屯田地等で実施するが、開拓使委員と協議して定める。
④　兵器・弾薬は、陸軍省が支給するが、経費は開拓使の負担とする。
⑤　屯田の法は、すべて開拓使の担当とする。
⑥　正規の軍隊が配置された後は、後備軍とする。

要するに、軍事関係は陸軍省、開拓関係は開拓使の担当という分掌制を提示したのである。

これらの意見を参考にして、太政大臣三条実美は同年十二月二十五日、「其使管轄北海道へ招募移住之儀見込通聞届候条、屯田演武之法等ハ都テ陸軍省商議之上尚可伺出」と黒田次官の建議を承認すると達した(22)。ここに屯田兵の設置が決定された。

(三)　屯田憲兵として設置

屯田兵の設置は決定されたが、その統轄権をめぐって問題が生じてきた。開拓使幹事安田定則と同大主典永山盛弘が、翌七年三月、先に建議していた黒田次官の軍務兼管が未決定であるので、これを実現するため再度建議したのであった(23)。

安田らは、陸軍省と開拓使が分掌していては精練な屯田兵を育成することはできない、従って「清隆ヲシテ軍務ヲ摂セシメハ、陸軍省官員派出ノ煩労ヲ省キ、本使官員中能否ヲ察シ其閑劇ヲ量リ、武官ノ事務ヲ兼ネ、権宜ノ処置ヲナサハ豈便ナラスヤ」と主張したのである。

ところが、屯田兵設置の噂を聞いたロシア公使オラロースキーが、四月十一日付けの書簡で、日本政府は兵隊六、〇〇〇人を北海道に送り、そのうち二、〇〇〇人を樺太に屯営させようとしているそうだが、その真偽はどうかと寺島外務卿に問い合わせてきた。寺島外務卿は、開拓使が希望者を募り移植させようとしているが、そのうちおよそ四、五〇〇人を土着の兵にするけれど、樺太へ送ることはないと回答した。(24) このことからも、当時ロシアが、北海道・樺太への兵備について、神経をとがらしていたことが分かるのである。ロシア自身は、雑居条件を口実にして、樺太へどんどんと兵隊を送り込んでいながら、日本側の兵備に対しては過敏な反応を示すという、過剰な防衛意識を持っていたのであった。

このような情勢にあって、陸軍省は、五月十日陸軍卿代理津田出の名で、次のような意見を提出した。(25) 北海道は隣と好を持たねばならないが、紛争も生じやすいので、尋常の屯田兵を置くよりも、「屯田憲兵」を置くべきである。なぜならば、人民が掠奪された場合、憲兵が捕らえても問題はないが、通常の兵隊が捕らえると、紛争拡大の口実になりかねないからである。しかし、憲兵といっても唯名のみで「実地ハ屯田移住ノ人民ニ、時ヲ以テ銃砲操練ヲ為致置、以テ辺警ニ備へ」るのである。そして、屯田兵は黒田開拓次官に指揮させるべきであると主張した。

この陸軍省の意見が認められ、六月二十三日黒田は陸軍中将兼開拓次官に任命され、北海道屯田憲兵事務総理を命ぜられた。八月二日黒田は、明治四年十月以来これまで空席であった開拓長官に任命され、名実ともに開拓使の実権を握ることになった。

以上のように、屯田兵が、名目上とはいえ「屯田憲兵」として設置されることになったのは、対ロシア関係を配慮したものであったことが分かるのである。屯田憲兵の設立が決定されるや、開拓使は陸軍省と協議しながら具体案の作成に着手し、十月屯田憲兵例則案を起草して伺出、これが承認され、十月三十日、「屯田憲兵例則」が制定された[26]。

この例則は、緒言において「屯田ノ制ニ倣ヒ新タニ人民ヲ召募シ、兵隊ニ編入シ、永世其土地ノ保護ヲ為サシム、凡其撰ニ充ル者、専ラ力ヲ耕稼ニ尽シ、有事ノ日ニ方テ其長官ノ指揮ヲ稟シ、兵役ニ従事ス可シ、故ニ平日農隙ヲ以テ調練ヲ為シ極テ欠失ナキヲ要ス」とその基本を規定し、編制において「屯田兵ハ徒歩憲兵ニ編制シ、有事ニ際シテ速カニ戦列兵ニ転スルヲ要ス」とし、伍（五人）・分隊（三三人）・小隊（一三七人）・中隊（二七六人）・大隊（五五七人）・聯隊（一、六七二人）の編制を定めた。その他勤務要領・給助についても具体的に規定された。

翌八年三月四日、開拓使に准陸軍大佐から准陸軍伍長までの官が置かれることになり、まず、准陸軍大佐に大山重、准陸軍中佐に永山盛弘、准陸軍少佐に永山武四郎らが任命され、さらに同月十五日、開拓使中に屯田事務局が設置された[27]。

同年一月旧館県と青森・宮城・酒田県の士民を募集し、五月に一九八戸、男女九六五人を琴似村に移住させ、翌九年五月には青森・秋田・鶴岡・宮城・岩手の五県及び道内有珠郡から士民二七五戸、男女一、一七四人を召募し、二四〇戸を山鼻村へ、残りを琴似村と発寒村へ移住させた。そこで、琴似・発寒村は、前年の移住者らと併せ一中隊とし、これを第一大隊第一中隊とし、山鼻村を第一大隊第二中隊とした[28]。ここに、屯田兵が部隊編成をもって発足することになったのである。

この屯田兵第一大隊は、明治十年の西南戦争に参加し、別動第二旅団に編入されて各地を転戦、戦列兵としての役割を果たしたのである。

以後の発展については、後述する。

ところで、この屯田兵の設置を「広さ約八万九千平方粁の一大島を、僅か二中隊の屯田兵で警備することは、殆んど何等の意味もないものである」[29]という説もあるが、前述したロシアの過剰な反応振りから判断すると、たとえ二個中隊でも、北海道へ兵備を置いたこと自体に、十分防衛上の意義があったものと考えられる。即ち、屯田兵は、ロシアに対する抑止力になっていたといえるのである。

五　艦隊の編成と沿海警備

(一)　艦隊の編成

普仏戦争終決後、諸港及び沿海警備の小艦隊が解隊されたことについては、一の(二)で述べたが、明治四年五月八日、伊東祐麿中佐は「龍驤」・「富士」・「第一丁卯」の指揮を、真木長義中佐は「日進」・「甲鉄」・「乾行」・「第二丁卯」の指揮をそれぞれ命ぜられた(1)。さらに、七月二十八日、両者は「孟春」及び「鳳翔」を、それぞれ指揮するよう命ぜられた(2)。

これらの命令には、小艦隊と明示されていないが、実質は先に設置・解隊された小艦隊と同じ小艦隊を意味していると考えられる。『海軍制度沿革』も小艦隊と記しているのである(3)。なお『近世帝国海軍史要』は、第一常備艦隊・第二常備艦隊と記しているが(4)、根拠不明でありこれは採用できない。「常備艦隊」という名称が公式に使用されるのは、後述するように明治十八年である。

いずれにせよ、今回の小艦隊設置は、平時において艦隊が常置された最初であるといえるのである。

「艦隊」という名称が、最初に公文で規定されたのは、明治四年七月の「兵部省職員令」である(5)。同令は、要港に海軍提督府を設置し、各提督府に「大中小艦隊」を置くと規定した。しかし、この規定は実現しなかった。

同年十月二十八日制定の「海軍規則」は、「艦隊ハ軍艦十二隻ヲ以テ大艦隊トナシ、八隻ヲ以テ中艦隊トナシ、四隻ヲ以テ小艦隊トナスヘキ事」と規定した(6)。この「海軍規則」により、先に設置された小艦隊は、法的に追認されることになった。

明治五年五月十八日、これら二個の小艦隊を合併して中艦隊とした(7)。これが、日本海軍として、最初の中艦隊の編成である。中艦隊指揮官には、伊東祐麿大佐が任命された(8)。

明治六年一月、海軍省は左院の諮問に対し、次のような建艦計画を提議した(9)。

○平時の常備軍艦を左記（表一―五―一）のように各提督府に配置する。

表一―五―一　海軍省建艦計画

提督府	大艦	中艦	小艦	運送船	計
東京・横浜	二	四	二	二	一〇
厚岸	―	二	二	一	五
小樽	一	二	一	一	五
山陽道　三原	二	四	二	二	一〇
南海道　由良	―	二	一	―	三
西海道　長崎・鹿児島	四	四	二	二	一二
山陰道　浜田・敦賀・小浜	一	四	二	―	七
予備	四	一〇	四	―	一八
合計	一四	三二	一六	八	七〇

この他練習船二隻、帆前運送船六隻、合計七八隻。人員一二、四二〇人。

○戦時の備えとして、さらに甲鉄艦二六隻、人員五、二〇〇人を整備する。

総計すると次のようになり、これらを一八年間で整備するという計画である。

・甲鉄艦　二六隻　・運送船　八隻
・大　艦　一四隻　・練習船　二隻
・中　艦　三二隻　・帆前運送船　六隻
・小　艦　一六隻　合計　一〇四隻、人員　一七、六二〇人

この建艦計画は、明治三年に建議した建艦数を約半分に縮小し、整備期間を二年短縮したものであったが、財政的には実現困難なものであった。

左院は、海軍卿の提議を受け、これをさらに修正して、六年二月十二日、表一―五―二のような海軍拡張案を建議した。(10)

表一―五―二　左院の海軍拡張案

提督府	位置	艦隊	大艦	中艦	小艦	運送船	甲鉄艦	計	
第一提督府	横須賀	大艦隊	二	六	四	二	二	一六	二八
第一軍港	紀伊由良	一分隊		二	二	二		六	
第二軍港	石巻	一分隊		二	二	二		六	
第二提督府	鹿児島	中艦隊	二	二	四	二	二	一二	二四
第三軍港	長崎	一分隊		二	二	二	一	七	

第四軍港	三原	一分隊		一	二	二		五	
第三提督府 第五軍港	七尾 敦賀・小浜	中艦隊 一分隊	一	二 一	四 二	二 二	一	一〇 五	一五
第四提督府 第六軍港	青森 室蘭・小樽	中艦隊 一分隊	二	二 三	四 二	二 二	二	一二 七	一九
合計			七	二三	二八	二〇	八		八六

〇乗組総員　一〇、七六〇人　〇製造費　二、〇五一万円　一〇年間で整備

この建議も、当時の財政力から見て到底実現困難なものであった。しかし、この建議は、日本の沿海を四つの提督府に分割担当させようとするもので、しかも、提督府の位置とその管下の軍港を具体的に指定し、それらに配置すべき艦隊の規模を具体的に示した点で、画期的なものであった。その後の海軍建設経緯を見ると、この建議案が、海軍建設計画の下敷きになったものと考えられるのである。また、この建議は、艦隊を日本沿海の要地に分散配置するもので、狙いはあくまでも、要港の防備・沿海の警備にあったものと考えられる。

(二) 沿海警備重視の編成

沿海及び諸港の警備のために海軍提督府を設置するということは、明治四年七月の「兵部省職員令」に規定され、また、五年十月の「海軍省条例」にも規定されていたが、同年十一月二十七日、横須賀に設置と決定された際、その任務は、沿海警備を除いた単なる海軍の補給・修理基地とされたのである。(11)

しかし、提督府の横須賀設置は実現せず、六年一月十九日、漸く諸工水火夫掛勤場に仮設され、さらに六年三月十三日、海軍省内の仮庁舎に移り、任務も後の海軍人事部のようなものに縮小されてしまった。(12)提督府が、設置後、どのように機能したかは、不明である。その後、大津村・鹿児島・対馬などに設置することが上請されたが、いずれも実現しなかった。

提督府に艦隊を置くという当初案は実現しなかったので、明治六年二月十三日、次のごとく諸港に軍艦を配置し、二カ月で各港交代し、交代順は別命すると達した。(13)

○品川港　「第二丁卯」　○横浜港　「東」「日進」
○兵庫港　「春日」「鳳翔」　○長崎港　「龍驤」「雲揚」

その後、「第二丁卯」と「日進」を修理することになり、四月二十二日、「東」を品川港へ、「雲揚」を横浜港へ配置した。(14)また、「龍驤」も「筑波」とともに、三月副島種臣全権大を乗せ清国へ派遣されたが、(15)これらに伴う交代配置の指令が見当らないことから、爾後は、諸港への軍艦の配置は中止されたものと考えられる。

その後、沿海警備に係わる軍艦の行動は、次のとおりである。(16)

・明治六年六月　「日進」　福岡へ回航
・同　年九月　「日進」　北海道・樺太へ回航
・同　年十一月　「春日」　支那海回航
・同　年十一月　「筑波」　北海道回航
・明治七年二月　「東」「雲揚」　九州回航
・同　年三月　「龍驤」「鳳翔」　佐賀征討へ

・同　年四月　「日進」　台湾回航
・同　年四月　「孟春」　清国諸港回航
・同　年八月　「龍驤」　大久保利通全権弁理大臣を乗せ清国へ
・同　年八月　「東」　「龍驤」に同行したが、長崎で暴風のため故障し同行中止
・同　年十月　「筑波」　九州回航
・明治八年五月　「雲揚」「第二丁卯」　対馬・朝鮮海回航
・同　年六月　「浅間」　北海道回航
・同　年八月　「日進」　樺太回航

このように沿海警備は、北海道方面と九州方面が主体であったので、八年十月、海軍省は、日本沿海を東部・西部に二分し、艦船も二分して、東部は東京湾を根拠地にし、西部は長崎港を根拠地にして、それぞれ海上を警備し、航路を測量することを上請し承認を得た。よって十月二十八日、東部指揮官に伊東祐麿少将を、西部指揮官に中牟田倉之助少将をそれぞれ任命し、各指揮官は、横浜出張所及び長崎出張所でそれぞれ指揮するものとし、さらに中艦隊を解いて、各艦船を次のように分属した(17)。

○東部指揮官指揮　「龍驤」「東」「鳳翔」「雲揚」「富士山」「摂津」「高雄」「大阪」
○西部指揮官指揮　「日進」「春日」「浅間」「第二丁卯」「孟春」「千代田」「肇敏」「快風」

東部指揮官と西部指揮官の担当区域の境界を、潮岬と能登岬とし、それ以東・北海道及び諸島を東部、それ以西・

四国・九州海を西部指揮官の担当区域とした[18]。

このように日本沿海を東西に二分して、警備を担当させたことは、後に設定される海軍区の嚆矢となったのである。

この頃の軍艦の警備に係わる行動は、次のとおりである[19]。

・明治八年十月　「孟春」　在留人民保護のため朝鮮釜山浦回航
・同　年十一月　「第二丁卯」　在留人民保護のため朝鮮釜山浦回航
・同　年十一月　「鳳翔」　在留人民保護のため朝鮮釜山浦回航
・明治九年一月　「日進」「孟春」　黒田清隆特命全権弁理大臣護衛のため朝鮮へ
・同　年二月　「第二丁卯」　朝鮮釜山浦・順天浦回航
・同　年四月　「龍驤」　ウラジオストック・ポシェット港・朝鮮回航
・同　年七月　「浅間」　朝鮮江華島回航

沿海警備を重視したこのような東西両部指揮官指揮の艦隊編成を、制度的に確立するため、川村海軍大輔は八年十二月、提督府を鎮守府に改め、東海鎮守府を横須賀に、西海鎮守府を長崎に設置することを上請したが、法制局から鎮守府の名称について異議があり、これに対し翌九年五月再度上陳し「今般当省ヨリ伺出候趣意ハ、東海鎮守府西海鎮守府ト唱ヘ、逐日盛大ニ相成候半ハ、南北海鎮守府被設置、全国ノ四海ヲ鎮定セラレ度心得ニ有之」原案のとおり鎮守府と定められたいと主張した[20]。

この意見は認められ、九年八月三十一日太政官より、東海及び西海鎮守府の設置が令された[21]。これに基づき九月、東海鎮守府を横浜に仮設し、伊東祐麿少将を東海鎮守府司令長官に任命した[22]。中牟田少将は、これより先の七月十三日、西部指揮官を免ぜられたが[23]、後任者は任命されず、西海鎮守府も設置されなかった。

その後の熊本神風連の乱、萩の乱、西南戦争などにおける、軍艦の動員状況は、次のとおりである[24]。

・明治九年十月　「春日」「孟春」　熊本県下暴動のため九州・中国回航
・同　年十月　「浅間」　山口県下暴動のため中国回航
・同　年十月　「雲揚」　紀州阿田和浦で暴風のため破壊
・同　年十月　「鳳翔」　熊本・山口県下暴動のため九州・中国回航
・明治十年二月　「孟春」「鳳翔」　鹿児島不穏につき神戸へ回航
・同　年二月　「龍驤」　長崎へ回航
・同　年二月　「春日」「清輝」　鹿児島へ回航
・同　年二月　「第二丁卯」「東」「日進」「浅間」「筑波」　神戸へ回航

西南戦争間、これらの軍艦は、部隊の輸送などに縦横に活動した。

ところが先に、東海鎮守府が仮設された際、艦隊は編成されず、明治十五年十月、中艦隊が編成されるまで、名目上艦隊は存在しない状態が続いた。しかし、実質は東海鎮守府司令長官が、統轄して艦船を運用したのである。

六　国土防衛（海防）対策への着手

(一)　東京湾防衛策の具申

徳川幕府を倒した新政府にとっては、政権を安定化し、治安を維持するための政府直属軍の編成が、何よりも急務であった。従って、当時は、対外防衛についての具体策を講ずるだけの余裕はなく、もっぱら政府直属軍の編成に努力したのであった。

外敵に対する防衛策について、最初に論じられたのは、明治三年六月、兵部省が提出した「皇城之体裁ヲ定メ海軍場ヲ起スノ議」(1)である。この議は、東京の防衛について述べたもので、全国的規模について述べたものではない。もともとこの議は、東京・横浜間の鉄道敷設による浜御殿・築地停車場設置案に対する反対意見として提出されたもので、停車場の設置は、東京の防備上及び築地付近への海軍所設置の障害になるというものであった。

この議は、東京の防衛について「観音崎ト富津崎トニ対応セル至牢至堅ノ砲台ヲ築造シ、多ク重大ノ大砲ヲ備へ、用テ内海ノ咽喉ヲ緊扼シ、品川台場ヲ改正増築シテ内港ノ厳備トシ、更ニ品海ニ強大ノ海軍ヲ盛備シテ内外港ヲ厳守シ、且枢要ノ所ニハ水地雷火ヲ装置スルノ方ヲ予備シ、厳ニ海陸双備スルノ方策ヲ画定シ置カハ、魯・英ノ強国連合シテ襲来スルモ、容易ニ我京城ニ攻メ近ツク可カラス」と具体策を提示しているのである。当時においては、国土全般について考えるだけの余裕がなく、まず政治の中心地である東京の防衛が第一であると考え、兵部省においてもその方策を検討していたのであった。

明治四年十二月二十四日、山県兵部大輔・川村・西郷兵部少輔が、内地の守備・沿海の防御について建議し、沿海の防御については、戦艦を造り海岸砲台を築くという基本方針を明示した(2)。以後この方針に従い、海岸砲台建設の具体策が検討されていくことになるのである。

これより先、政府は兵制・学術・兵器製造などについて学ぶため、フランス陸軍教師団を招くことを交渉中であったが、交渉が成立し、明治五年四月十一日、マルクリー中佐以下一六人の教師団が到着した。陸軍省は、マルクリー中佐に沿海防御の方策を諮問した。マルクリー中佐は、陸軍省の諮問に対し、翌六年八月二十五日、海岸防禦方案を提出した(3)。

マルクリー中佐は、まず「日本帝国ノ海岸ハ延亘数千里悉ク之カ防備ヲ設クルハ到底望ムヘカラサルナリ、仮令之ヲ実行スルモ亦無益ノ業ニ属ス」と述べ、地勢上、首都東京及び良港のある南部海岸を重視すべきで、東部・北部海岸は重要な地点も少なく、海面荒く良港も少ないので恐れるに足らないとし、敵国の日本侵攻方策として次の二策が考えられるとした。

① 敵国ノ軍艦ハ東京湾ニ侵入シ、東京城ヲ砲撃シ、其奪略ヲ謀ルコト

② 日本ノ船艦ヲ毀壊又ハ奪略シ、沿海枢要ノ都会ヲ焼毀破壊スルコト

このような行動に対処するためには、次の地点に兵備を設けることが必要であると述べた。

① 東京湾口・品川湾・横浜・横須賀湾

② 内海ノ諸海峡・神戸・大阪湾
③ 鹿児島・長崎・仙台ノ如キ諸要点

中でも東京湾の防御を最も重要視して「東京湾口ノ最狭部ハ観音崎及富津岬ノ間トス、即砲台ヲ築造スヘキ要点ナリ、然リト雖トモ此二所未タ全ク湾口ヲ扼スルニ足ラス、宜シク猿島ニ砲台ヲ設ケ、富津州中ニ海堡ヲ築起シ、以テ其兵備ヲ堅固ナラシム可シ、夫レ此ノ如ク砲台ヲ設ケ水雷ヲ設置スルモ、海峡ノ広闊ナル確然敵艦ノ強航ヲ扼止シ得ルヤ否ヤヲ保スル能ハス、是レ東京・横須賀ノ直接防禦ヲ要スル所以ナリ」と述べ、東京湾口を以上のように防備するとともに、東京・横浜・横須賀も砲台と水雷で防備すべきであるとその具体案を提示したのである。しかし、その他の防御地点については、現地を見ていないためか、具体案を提示しなかった。

続いて同年十二月、陸軍省第六局（後の参謀局）長鳥尾小弥太少将は、「国家命脈ノ関スル所」である東京を守るための東京湾海防策[4]を建議し、次のような六つの方略を提示した。

① 品川砲台を改造して強力な砲を据え、羽田の岬に一大砲台を築き、さらに羽田から北品川までの間に一〇数個の砲台を築く。
② 本牧岬に一大砲台を築き、既存の神奈川砲台と連携して横浜を守る。
③ 横須賀の岬と猿島に砲台を築き、横須賀を守る。
④ 富津岬の暗州に砲台を築き、猿島の砲台と対峙して湾口を制す。
⑤ 甲府に兵を置き、八王子に砲塁を築き、東京の背面を防御する。
⑥ 東京の周囲数里の所に防御線を敷き、一〇数堡塁を設け、常備兵を置く。

この案は、海上からの攻撃に対する防御策ばかりでなく、陸上からの攻撃に対する防御策についても述べたところに特色があった。

東京湾防衛について、当時の情勢上最も実行可能な案を具申したのは、黒田久孝少佐・牧野毅少佐であった。黒田・牧野両少佐は明治七年十二月二十七日、東京湾防禦案(5)を上申した。その要点は、次のとおりである。

東京湾の防禦は、観音崎海峡地区で重点的に実施すべきであるとし「若シ此海門ノ守備完カラサレハ、仮令品海・横浜等渺漠守リ難キノ海岸ニ、強テ盛大ナル数個ノ砲台ヲ建築シ、水柵水雷等諸種ノ補ヲ用ヰ、兵備ヲ厳ニシテ敵艦ノ侵襲ニ予備シ、都府ノ砲撃ヲ免レント欲スルモ、敵艦若シ一タヒ湾中ニ進入スルニ及ハハ、開闊ノ湾中其行ク処ニ任セサルナク、朝ニ東西ヲ衝キ、暮ニ南北ヲ撃チ、変化出没、彼ノ勢ハ専ラニシテ、我ノ力ハ分ル、分レタル兵力ヲ以テ、専ラナル敵勢ニ膺ル、勝敗ノ算既ニ明カナリ」従って「宜シク各処ニ建設スヘキ砲台諸種ノ費用ヲ集メテ、観音崎ノ海峡ニ投シ、各処ヲ防禦スヘキ兵力ヲ合セテ、観音崎ノ海峡ヲ守ルニ如カサルナリ」と主張したのである。

具体的には、富津岬の先方の州中に二層ないし三層の鋼製覆塁を築き、約六〇門の砲を据え、富津岬にも砲台を築いて両者を連携させ、観音崎・走水・猿島にも、砲台を築き、それぞれ一〇～二〇門の砲を据え、さらに水雷・障害物を設置し、「猶五六隻ノ軍艦ヲ備ヘ、進ンテ海門ノ火力ヲ救ケ、退イテ脱入ノ敵艦ヲ撃砕セハ、海門ノ兵備始メテ完全ナルヲ得ヘシ」というのであった。

以上のような各種の具申に対し、東京湾口の砲台建設計画が具体化するのは、後述するように明治九年になってである。

(二)　砲台建設計画の具体化

日本国土を全般的に観て、防禦すべき地点を明示したのは、前述のマルクリー中佐の海岸防御方案が最初であった。しかし、マルクリー中佐は、図上で概略の砲台建設位置を判定したのであって、現地調査をして判定したのではなかった。交通手段の未発達な当時における現地調査は、多大の時間と労力を要し困難なものであった。

明治七年一月、山県陸軍卿は、士官養成・全国防禦線の画定の急務を奏上したが、佐賀の乱、台湾征討などのため計画は具体化せず、漸く翌八年一月四日、再度、沿海要所に砲台を築造すべきことを上奏した(6)。

即ち「長崎・鹿児島・下関ノ如ク、豊予及ヒ紀淡ノ海峡、石巻・函館等ノ如キ皆当サニ大ニ砲台ヲ設ケ、多ク利器ヲ備フ可シ、而シテ又此ヨリ急ナル者アリ、近海ノ固メ是ナリ、請フ先ツ相州観音崎・総州富津岬等ノ数所ニ於テ堅牢ノ砲楨ヲ築キ、万一事アルノ日ニ当リ、輦下枕ヲ高スルノ安キアラシメン」と述べ、ここに初めて陸軍として、砲台の建設位置を具体的に示したのであった。

教師長マルクリー中佐に代って、明治七年五月に来日したミュニエー中佐は、ジョルダン大尉らとともに積極的に日本各地を巡視し、次々と以下のような防御法案を陸軍卿に提出した(7)。

○「日本国南部海岸防禦法案」

第一編　総論（砲台に関する一般論）

(提出年月日)	(提出者)
明治八年一月十五日	ミュニエー ジョルダン ルボン

第二編　長崎街衢海湾ノ防御法	同　二月十五日	同右
第三編　東京湾並ニ横須賀武庫ノ防御	同　七月三十一日	ジョルダン ルボン
第四編　内海通航路及大阪街衢防御法 第一部　淡路海峡の防御 （和泉海峡・鳴門海峡・明石海峡）	同　十一月二十日	ミュニエー ジョルダン
第二部　下関海峡防御法	明治九年二月一日	ミュニエー ジョルダン ルボン
第三部　豊後海峡ノ防御（広島避難港）	同　五月四日	同右
第四部　備後海峡ノ防御	同　五月十五日	同右
第五編　鹿児島湾防御法	同　七月十二日	同右

○「日本北部海岸防御方策」　（提出年月日）　（提出者）

第一編　函館港及ヒ其府ニ係ハル防御	明治十年二月二十三日	ジョルダン
第二編　新潟港及ヒ新潟府ノ防御	同　四月十八日	ミュニエー
第三編　七尾港ノ防御	同　五月三日	ジョルダン
第四編　敦賀港ノ防御	同　六月八日	同右
第五編　宮津港ノ防御	同　七月二十日	ミュニエー

○「萩・浜田及松江港防禦策」　明治十三年五月八日　ミュニエー

ミュニエー中佐らは、これらの復命書で、各防御地区に築くべき砲台の位置及び各砲台に備えるべき砲数を表一―六―一のように提示した。

表一―六―一　ミュニエー中佐らの海岸防御法案（砲台位置及び砲数）

防御地区		砲台位置及び砲数（　）	砲合計
東京湾		観音崎(9)・富津(9)・猿島(8)・勝力(1)・波島(2)・箱崎(3)・夏島(2)・ノコ川（中川）(3)・品川第一砲台(3)・品川第二砲台(4)・品川第三砲台(2)・八つ山(2)・ヲマ川（浜川）(3)・品川(5)	五六
淡路海峡	和泉海峡	生石山(4)・由良砲台(5)・成山(5)・苫ケ島甲(7)・同乙(2)・熊ケ崎(3)・滑良崎(3)・丸山崎(4)・飽良崎(3)・城ケ崎(2)・男良崎(4)・菖蒲谷(2)	四四
	鳴門海峡	鳴門崎(6)・孫崎(9)・飛島(2)	一七
	明石海峡	明石(2)・大蔵谷(4)・舞子甲(3)・舞子乙(3)・松帆崎甲(5)・同乙(3)・同丙(4)	二四
備後海峡	布刈海峡	北部海岸北西(4)・同北東(3)・南部海岸南西(3)・同南東(5)	一五
	クルマ海峡	岩城島(4)・赤穂根島(2)・ミシマ(3)・神崎(4)	一三
	佳列海峡	伯方島南部(3)・大島(2)・野島(4)・宇島(2)	一一
	来島海峡	ムシ島（武志島）(2)・中戸島(5)・馬島甲(4)・馬島乙(2)・来島(2)・鼠島（小島）(3)・ヲシヤマ(3)	二一
豊後海峡（広島避難港）		イツクシマ（厳島）(3)・小島（絵の島）(2)・奈沙美島(4)・岸根(4)・東能美島(4)・倉橋島南部(4)	二一
下関海峡		日の山(3)・壇ノ浦(6)・丸山崎(1)・下関(3)・門司崎甲(10)・同乙(3)・貴船(6)・赤台場(2)・弟子侍(6)・大里甲(3)・同乙(4)・同丙(3)・同丁(2)	五二
長崎		男神(6)・女神(8)・神ノ島(7)・高鉾(4)・影ノ尾(8)・四郎島(6)・沖ノ島(8)	四七

鹿児島	燃島(2)・沖ノ小島(4)・芝立松(5)・烏島(2)・神瀬(12)・砂揚場(3)・南部袴腰(3)・北部袴腰(3)・州崎(2)・風月亭(5)・明石山(2)・瀬戸村(3)・咲花平(3)（瀬戸村海峡）	四九
函館港	高森(4)・陣屋(3)・汐見町(4)・南岬(3)・二軒屋(3)・弁天台場(5)・矢不来(5)	二七
新潟港	山ノ下(6)・船見山(4)・砂丘第一(3)・同第二(3)・砂丘堡障(2)	一八
七尾港	恒崎(4)・小泉崎(3)・新崎(4)・与三(1)	一二
敦賀港	牛ノ鼻(4)・丸山(3)・マギラ山(7)	一四
宮津港	妙見山(2)・石地蔵(5)・潟島(4)・獅子崎(4)	一五
松江港	境旧砲台(10)・境の対岸(2)・江隅旧砲台(6)	一八
浜田港	浜田北(10)・浜田西(10)	二〇
萩港	鶴江台(10)・物見山(12)	二二

ミュニエー中佐らは、このような復命案を逐次提出していったが、その途中において、原田一道大佐・牧野毅少佐・黒田久孝少佐が連名で、明治八年十月四日、山県陸軍卿に、全国の防御法案について意見を上申した(8)。

原田大佐らは、ミュニエー中佐らの防御法案が、各地の個々の防御法を述べただけで、全国的見地から述べられていないと批判し、全国的防御の在り方と砲台建設の優先順序について次のような意見を述べたのである。

「本邦ハ四面環海ノ国ニシテ、延線数千里、敵船ノ到ル処沿海皆然リ、到ル処防御ヲ設ケ、到ル処戍兵ヲ置ク、富国五州ニ冠タルノ国タリトモ猶是ヲ難ス、況ヤ我邦ニ於テオヤ、夫レ兵ヲ分ツ多ケレハ力孤ナリ、塁ヲ築ク遍ケレハ守疎ナリ、是レ防禦ノ通患ナリ、須ラク緊要海口ノ各地ヲ撰ヒ、力ヲ萃メテ砲台ヲ築キ、厳ニ兵備ヲ設ケ、敵ヲシテ我内海ヲ窺ヒ我都府ニ近クヲ得サラシムヘシ」と、まず日本の地勢的特性とそれに応じた防御の方針を述べ、このために築く海岸砲台の役目は、次の四つに集約できるとした。

① 敵艦通航ノ防禦
② 敵艦ノ利スル所並ニ碇泊スル処ノ防禦
③ 上陸兵ノ防禦
④ 都府並ニ製造所其他緊要地ノ防禦

この内最も急務とするのは、①と④である。また、防禦すべき緊要な地区は、次の五地区であるとした。

① 東京湾口
② 紀淡海峡
③ 下関海峡
④ 豊予海峡
⑤ 鳴門海峡

これらの地区に築造すべき砲台は、全国の防御法を基礎に、その緩急軽重・国力に応じて、次の四種に区分され、それらを順次築造すべきであるとした。

・第一種　従来設置セル旧砲台
・第二種　海峡或ハ港口等最モ緊要地ノ土塁砲台
・第三種　有事ノ日ノ臨時砲台
・第四種　鉄版砲台或ハ鋼鉄製輪転砲塔及ヒ大結構ノ砲台

工事の着手順序は、第一種の砲台を先ず整備して当座の防備とし、次いで第二種の砲台を緊要地に築造し、有事の際に第三種の臨時砲台を築き、最後に、第四種の砲台を、国力の充実に応じて、最も緊要の地に最も堅牢に築造するというのである。

以上のような方針によって、全国の防御地に築造すべき砲台の着手順序を概定すると、表一―六―二のようになるが、「其着手ノ次第及ヒ防御線ノ測量製図全備ニ至ルヲ要スルニハ、各部ニ若干ノ人員ヲ派出シ、之ニ分任セシムヘシ、之ヲ防御委員ト云フ、本省ニハ防御会議ヲ興シ、常ニ海軍省ト往復協議シ、其方法ヲ概定シ、委員ニ命シテ実地ニ其図ヲ製セシメ、然ル後決議着手スルヲ希望ス」と具申したのである。

この原田大佐らの具申案は、ミュニエー中佐らの復命した案とともに、以後の要塞建設計画の基本ベースとなり、要塞建設が進められていくのである。

表一―六―二　砲台着手順序

防御地区	第一着手砲台	第二着手砲台	第三着手砲台	第四着手砲台
東京湾	品川砲台	観音崎 走水 猿島	勝力・波島・箱崎 夏島・ 浜川砲台・八ツ山	観音崎・猿島 富津・サラトガ 鮫津
紀淡海峡		虎島 丸山 男良崎	成山・苫ケ島灯台 オソコヘノタカ 城ケ崎・滑良	生石山 由良砲台 苫ケ島灯台 熊ケ崎・飽良崎
鳴門海峡		鳴門岬	孫崎	
播淡海峡	松帆崎 舞子浜		松帆崎	松帆崎 舞子浜

芸予海峡	布刈瀬戸			大下台場・木作花 泉水山砲台	
	岩城瀬戸			海老ケ鼻・丸串 姥ケ浦・小物ケ串 神崎	
	佳例瀬戸			船折ノ丘・見近崎 長鼻・野島 佳例山東端	
	来島瀬戸			中戸島・小島 神山及西州ケ崎 糸山・来島	
	大下瀬戸			柏島・鶏島 岩城山・鷲巣山 大奈淵	
豊予海峡			御崎ノ鼻 高島・地蔵岬		御崎ノ鼻 高島・地蔵岬
下関海峡			門司崎 壇ノ浦	門司崎・八軒家 出島津・赤台場	門司崎・大里浜 赤台場
長崎			男神 女神	高鉾島・神島 陰ノ尾・神島裏手	高鉾島・神島 陰ノ尾・四郎島 馬篭山
鹿児島湾		燃崎砲台 砂揚場砲台 風月亭砲台 弁天波戸砲台		沖ノ小島 袴腰 咲花平 瀬戸村	沖ノ小島 神瀬・袴腰 涙橋上台地 脇田村上台地 咲花平・瀬戸村
計		七	一四	四八	三〇

また、この原田大佐らの具申案に述べられた防御委員・防御会議は、後述するように、後に海岸防御取調委員として実現されていくのである。

明治九年十二月現在における海岸砲台の状況は表一―六―三のとおりであった。(9)

表一―六―三　明治九年十二月現在の海岸砲台

砲台＼砲種	八〇斤	六〇斤	二四斤	一八斤	一二斤	一二斤ア	一八斤フ	守備兵
神奈川砲台			一四	三	二			東京鎮台砲兵一分隊
函館砲台	一		二	一				函館砲隊（一中隊）
目標山砲台	三		一二					大阪鎮台砲兵一分隊
神戸石堡塔						二	五	大阪鎮台砲兵一小隊
長崎砲台	五	三						熊本鎮台砲兵一小隊

ア：アームストロング　フ：フレゲット（艦載砲）

これらの砲台は、いずれも幕府時代に築かれた砲台であり、主として礼砲のために利用されていたにすぎない。

函館砲隊は、開拓使の所管であった函館砲兵を、明治六年五月陸軍省所管（仙台鎮台管轄）とし、函館砲隊と改称した部隊であって、函館港入口の弁天砲台を守備していた。(10)

長崎には、振遠隊を解隊して編成した長崎県砲兵がいたが、明治五年五月、これを陸軍省所管（熊本鎮台管轄）の長崎砲隊とした。長崎砲隊は、九年六月十五日解隊され、長崎砲台には、熊本鎮台砲兵が分遣されることになった。(11)

陸軍省は、このような礼砲用の砲台とは別の本格的砲台の建設を研究し、その具体的計画を進めていたが、明治九年一月四日、東京湾入口の観音崎・富津・猿島の三砲台の図面と建設経費見積書を上程した。(12)続いて四月十三日、これら三砲台の建設経費の別途下付を上申したが、建設経費の別途下付は認められず、陸軍省の経費を充用すべしとの指令を受け(13)、結局陸軍省の経費でもって、まず観音崎地区の砲台用地の買収に着手したのである。(14)

しかし、明治十年の西南戦争のため一時中断となった。西南戦争が終わった翌十一年から、再び砲台用地の測量・買収に着手し、十三年五月二十六日、まず観音崎第二砲台の建設工事を開始し、続いて六月五日、観音崎第一砲台の工事にも着工した。(15)

これが日本における、要塞砲台建設の嚆矢となったのである。

第一章　註

一　政府直属陸海軍の創設

（1）『法令全書』明治元年、第三四三（軍務官）

（2）「軍務官諸達留」明治元年五～十二月、M元－17（防衛研究所蔵）

（3）同右
「長崎県史料」二三　島原藩史稿（国立公文書館蔵）
松島秀太郎「戊辰徴兵大隊覚書」（『軍事史学』第二三巻第二号、一九八七年十月）

（4）前掲「軍務官諸達留」明治元年五～十二月、M元－17

（5）竹崖生「明治元年に於ける一徴兵の日記」（『新旧時代』第二年第二冊、一九二六年五月）
『法令全書』明治二年、第二一四で第一～第七大隊に帰休が命ぜられた。

（6）同右、第二一四、第一五〇、第二八四

（7）「十津川郷兵出張事録」（国立公文書館蔵）
東京大学史料編纂所編『復古記』第一三冊（内外書籍、一九三〇年）五八一頁

（8）前掲「十津川郷兵出張事録」
「第一第二遊撃隊日誌略」（国立公文書館蔵）

（9）前掲『復古記』第二冊、五四四頁

（10）「岩倉家蔵書類」明治二年雑件、二六八―八（国立国会図書館憲政資料室蔵）

（11）高橋茂夫「伏見練兵場」（『日本歴史』第二〇六号、一九六五年七月）

（12）東京大学史料編纂所編『維新史料綱要』巻九、三一七頁

（13）『法令全書』明治二年、第二七二

(14)『法令全書』明治三年、第一二七
(15)「三条家文書」四八―一（国立国会図書館憲政資料室蔵）
(16)村田峰次郎『大村益次郎先生伝』（稲垣常三郎・堀田道貫、一八九二年）三二～三四頁
徳富猪一郎編『公爵山県有朋伝』中巻（原書房、一九六九年復刻）一四九～一五〇頁
田中惣五郎『近代軍制の創始者大村益次郎』（千倉書房、一九三八年）二九七～二九八頁
渡辺幾治郎『基礎資料皇軍建設史』（共立出版、一九四四年）五四頁
大村益次郎先生伝記刊行会編『大村益次郎』（肇書房、一九四四年）七六五～七六六頁
井上清『日本の軍国主義』Ⅰ（東京大学出版会、一九五三年）一八三頁
松下芳男『明治軍制史論』上巻（有斐閣、一九五六年）四六～四七頁
これらはすべて大村益次郎の意見として紹介している。
(17)陸軍省編『陸軍省沿革史』（一九〇五年）四三頁
前掲『近代軍制の創始者大村益次郎』三〇四～三〇五頁
前掲『大村益次郎』七六七～七六八頁
前掲『日本の軍国主義』Ⅰ、一九一頁
前掲『明治軍制史論』上巻、四七～四八頁
これらはすべて、「兵部省前途之大綱」を大村益次郎の意見として紹介している。
(18)千田稔『維新政権の直属軍隊』（開明書院、一九七八年）九一～九二頁では「故大村益次郎兵部大輔軍務ノ大綱」に対抗する大久保派の意見であるとされている。
(19)「太政類典」第一編第八八巻二九号（国立公文書館蔵）
(20)石井良助編『太政官日誌』第三巻（東京堂出版、一九八〇年）二三二頁
日本史籍協会編『大久保利通日記』二（東京大学出版会、一九六九年）四七頁
前掲『維新史料綱要』巻一〇、八四頁、一七八頁
内閣記録局編『法規分類大全』兵制門三（原書房、一九七七年）五八一頁

(21) 前掲『大久保利通日記』二、四六〜四七頁
(22) 海軍省「公文類纂拾遺」明治二年、兵部省書類抄録、M2−2−4（防衛研究所蔵）
前掲「太政類典」第一編第一〇九巻一二号
(23) 『法令全書』明治三年、第一二七の欄外、第一〇三〇
(24) 同右、第二四九、第二五〇、第一〇〇〇、第一〇〇一
(25) 同右、第六四九（太政官布）
(26) 同右、第八二六（太政官沙）
(27) 堀内北溟纂述『撰兵論』巻之一（一八七一年、国立国会図書館蔵）
これが、飯島茂『日本撰兵史』（開発社、一九四三年）三五八頁に引用されている。
(28) 『法令全書』明治四年、第二五三（太政官達）
(29) 『陸軍省第一年報』明治八年七月〜九年六月、兵制沿革
(30) 同右
『法令全書』明治四年、兵部省第四、第六
(31) 前掲『陸軍省第一年報』兵制沿革
(32) 山県有朋談「徴兵制度及自治制度確立ノ沿革」五〜六頁（国家学会編『明治憲政経済史論』一九一九年）
(33) 前掲『大久保利通日記』二、一五三頁
前掲『太政官日誌』第五巻、四〇頁
前掲「太政類典」第一編第一〇八巻三八号
(34) 末松謙澄『防長回天史』下巻（柏書房、一九六七年）一七〇六頁
(35) 同右、一七〇三頁、一七〇六頁
(36) 『山内家史料幕末維新』第一三編（山内神社宝物資料館、一九八八年）七二四頁
(37) 前掲「太政類典」第一編第一〇八巻四〇号
前掲『法規分類大全』兵制門一、四四頁

(38) 同右
(39) 海軍大臣官房編『海軍軍備沿革』付録（一九三四年）八〜九頁
海軍省「公文類纂」明治二年、全（防衛研究所蔵）
(40) 船越衛「大村兵部大輔の兵制改革及逸事」（『名家談叢』第一号、一八九五年九月）
(41) この「大ニ海軍ヲ創立スヘキノ議」については、一般に、この議が独立して建議されたものとして紹介されているが、独立したものではなく、「至急大ニ海軍ヲ創立シ善ク陸軍ヲ整備シテ護国ノ躰勢ヲ立ツヘキノ議」の別冊として「英仏其外七ケ国々力並軍備表」とともに提出されたものであることが、本文をよく読むと分かるのである。
また、妻木忠太『前原一誠伝』（一九三四年、積文館刊を一九八五年、マツノ書店が復刻）八一一〜八一二頁に、この議は兵部大輔前原一誠が起草して、久我通久（兵部少輔）・船越衛（兵部権大丞）らに商議したとあるが、これは、当時海軍に精通していた兵部少丞佐野常民が起草したものである［佐野常民「大に海軍を創立すべきの議」（『国光』第二巻第七〜第八号、一八九一年二〜三月、国光社)］。
(42) 「海軍御創立ニ付諸取調並建白」明治三年、兵－海軍創立－M3－1（防衛研究所蔵）
まったく同じものが、兵－海軍創立－M3－2として所蔵されている。
(43) 海軍大臣官房編刊『昭和六年海軍省年報』（昭和九年）二六〜二七頁
前掲「公文類纂」明治三年、巻一、制度
(44) 「海軍省報告書」明治元年正月〜同九年六月、記録材料 1451（国立公文書館蔵）
海軍省編『海軍制度沿革』巻八（原書房、一九七一年復刻）一〜二頁
(45) 『法令全書』明治三年、第二七三
前掲『太政官日誌』第四巻、一五三頁
前掲「公文類纂」明治三年、巻四、黜陟二
(46) 「公文録」庚午八月、兵部省、2A－9－公－345（国立公文書館蔵）
前掲「公文類纂」明治三年、巻一〇、艦船三
(47) 同右、巻九、艦船二

(48) 同右、巻四、黜陟二。同右、巻九、艦船二
(49) 同右、巻九、艦船二。同右、巻一〇、艦船三
前掲『太政官日誌』第四巻、三二二頁
(50) 前掲「公文類纂」明治三年、巻九、艦船二
同右、巻一四、外事二
(51) 同右、明治四年、巻三六、外事
(52) 同右、明治三年、巻一四、外事二
(53) 同右、巻四、黜陟二
(54) 中村孝也『中牟田倉之助伝』（中牟田武信、一九一九年）四七〇頁
(55) 前掲「公文類纂」明治四年、巻三六、外事

二　鎮台制軍隊の創設

(1) 前掲「公文録」辛未四月、兵部省、2A−9−公−474
前掲『法規分類大全』兵制門三、二五三頁
(2) 前掲『大久保利通日記』二、一六三頁
(3) 前掲「公文録」辛未四月、兵部省、2A−9−公−474
『法令全書』明治四年、太政官第二〇〇（布）
前掲『法規分類大全』兵制門三、二五二〜二五三頁
(4) 同右、兵制門三、二五四頁
(5) 前掲『明治軍制史論』上巻、八五頁
(6) 前掲「公文録」辛未六月、兵部省、2A−9−公−476
帝国聯隊史刊行会編刊『歩兵第四聯隊史』（一九一九年）一二頁
(7) 『法令全書』明治四年、兵部省第七三

（8）旧参謀局「日記」明治四年七〜十二月、M4−9（防衛研究所蔵）
前掲『陸軍省第一年報』兵制沿革
（9）前掲『法規分類大全』兵制門三、二六〇頁
（10）陸軍省編刊『陸軍沿革要覧』（一八九〇年）四五〜四六頁
（11）前掲『陸軍省第一年報』兵制沿革
（12）前掲『法規分類大全』兵制門三、五九五頁
帝国聯隊史刊行会編刊『歩兵第一聯隊史』（一九二三年）一五頁
同編刊『歩兵第四聯隊史』（一九一九年）一二〜一三頁
同編刊『歩兵第五聯隊史』（一九一八年）一四頁
同編刊『歩兵第六聯隊史』（一九一八年）一一〜一二頁
同編刊『歩兵第八聯隊史』（一九一八年）一一頁
同編刊『歩兵第十三聯隊史』（一九二三年）一頁
歩兵第十二聯隊編『歩兵第十二聯隊歴史』第一号（写、防衛研究所蔵）
「陸軍省日誌」明治四年、明治五年（防衛研究所蔵）
前掲『陸軍沿革要覧』四七頁
黒木勇吉『乃木希典』（講談社、一九七八年）七一〇頁
（13）前掲『法規分類大全』兵制門一、四九〜五一頁
（14）前掲『陸軍省沿革史』七〇〜七三頁
（15）前掲『法規分類大全』兵制門一、五八頁
（16）『法令全書』明治六年、太政官第四号（布）
（17）同右、太政官第二五五号（布）
（18）前掲『陸軍沿革要覧』四九〜五〇頁
同右、五一〜五二頁

前掲『陸軍省第一年報』兵制沿革
(19) 前掲『陸軍沿革要覧』五二頁
(20) 同右、五五〜五六頁
(21) 陸軍省編刊『陸軍省第二年報』明治九年七月〜明治十年六月
帝国聯隊史刊行会編刊『近衛歩兵第一聯隊史』(一九一八年) 二〇頁
同編刊『近衛歩兵第二聯隊史』(一九一九年) 一九頁
同編刊『歩兵第一聯隊史』(一九二三年) 一六頁
同編刊『歩兵第二聯隊史』(一九一八年) 一二頁
同編刊『歩兵第三聯隊史』(一九一七年) 一一頁
前掲『歩兵第四聯隊史』一五頁
前掲『歩兵第五聯隊史』一五頁
前掲『歩兵第六聯隊史』一二〜一三頁
帝国聯隊史刊行会編刊『歩兵第七聯隊史』(一九一八年) 一四頁
前掲『歩兵第八聯隊史』一八頁
帝国聯隊史刊行会編刊『歩兵第九聯隊史』(一九一八年) 一三頁
同編刊『歩兵第十聯隊史』(一九二〇年) 一三〜一四頁
帝国在郷軍人会本部編『歩兵第十一聯隊史』(軍人会館事業部、一九三二年) 五頁
前掲『歩兵第十二聯隊歴史』第一号
前掲『歩兵第十三聯隊史』四頁
帝国聯隊史刊行会編刊『歩兵第十四聯隊史』(一九二三年) 一五頁

三　徴兵制軍隊の成立と治安出兵

(1) 前掲山県有朋談「徴兵制度及自治制度確立ノ沿革」

（2）安保清康『男爵安保清康自叙伝』（安保清種、一九一九年）三一〜三三頁
曽我祐準『曽我祐準翁自叙伝』（曽我祐準翁自叙伝刊行会、一九三〇年）二〇七頁
（3）前掲『陸軍省沿革史』八七〜九四頁
（4）『法令全書』明治五年、太政官第三七九号（布）、明治六年、太政官無号
（5）大久保利謙編『西周全集』第三巻（宗高書房、一九七三年）六九頁
（6）梅溪昇『増補明治前期政治史の研究』（未来社、一九七八年）四三五〜四三六頁
（7）前掲山県有朋談「徴兵制度及自治制度確立ノ沿革」
日本史籍協会編『大隈伯昔日譚』二（東京大学出版会、一九八一年）五九〇頁
（8）「四民論」に関する先行研究は、藤村道生「徴兵令の制定」（『歴史学研究』第四二八号、一九七六年一月）と前掲梅溪昇『増補明治前期政治史の研究』の補論がある。藤村道生「徴兵令の制定」は、この「四民論」を、山県有朋を中心とする陸軍省の案と決め付けて、論を展開しているところに問題がある。
「四民論」は、前掲「公文録」壬申十一月、陸軍省、2A−9−公−666の二一号文書「徴兵令並近衛兵編成兵額等伺」の中にある。
（9）前掲「公文録」壬申十一月、陸軍省、2A−9−公−666
（10）前掲『大隈伯昔日譚』二、五九〇〜五九一頁
（11）「山田顕義建白書」（吉野作造編『明治文化全集』第二三巻、軍事・交通篇、日本評論社、一九三〇年。一九六七年の第二版は第二六巻となっている）
（12）日本史籍協会編『谷干城遺稿』一（東京大学出版会、一九七五年）二三九頁
（13）前掲山県有朋談「徴兵制度及自治制度確立ノ沿革」
（14）日本史籍協会編『大久保利通文書』四（東京大学出版会、一九六八年）五〇五〜五〇六頁
（15）土屋喬雄・小野道雄編『明治初期農民騒擾録』（勁草書房、一九五三年）を基礎にして、以下の史料によって補足した。
前掲「公文録」明治六年六月、陸軍省、2A−9−公−761
同右、明治六年七月、陸軍省、2A−9−公−762

(16) 同右、明治九年五月、陸軍省、2A―9―公―1755
(17) 同右、明治九年十二月、陸軍省、2A―9―公―1760
(18) 同右、明治十年一・二月、陸軍省、2A―10―公―2090
(16) 前掲『明治初期農民騒擾録』記載の各騒擾のほとんどは、地方官が士族・貫族を徴募して鎮定している。
(17) 『法令全書』明治六年、陸軍省第三一五（布第三五号）
(18) 「佐賀征討日誌」陸軍省、M7―158（防衛研究所蔵）
黒龍会本部編『西南記伝』上巻二（黒龍会本部、一九〇八年）五〇九頁
(19) 前掲『歩兵第八聯隊史』、『歩兵第十二聯隊歴史』、『歩兵第十三聯隊史』、及び『歩兵第十四聯隊史』
前掲『法規分類大全』兵制門一、七二頁
(20) 参謀本部編『征西戦記稿付録』諸旅団編成一覧表
前掲の各歩兵聯隊史

四　屯田兵の設置

(1) 北海道庁編『新撰北海道史』第二巻（北海道庁、一九三七年）四一七～四一八頁、六五〇頁
(2) 外務省編『日本外交文書』第一巻第二冊（日本外交文書頒布会、一九五七年）七二一頁
(3) 大蔵省編刊『開拓使事業報告』第五編（一八八五年、北海道出版企画センター、一九八一年復刻）二～四頁
(4) 前掲『日本外交文書』第二巻第二冊、四五六～四五九頁。第二巻第三冊、一九五～一九六頁
(5) 同右、第二巻第三冊、四一八～四二二頁
(6) 「黒田清隆履歴書案」（「黒田清隆文書」国立国会図書館憲政資料室蔵）
井黒弥太郎編『黒田清隆履歴書案』北海道郷土資料第一一（北海道郷土資料研究会、一九六三年）として刊行されている。
(7) 前掲「公文録」庚午二～六月、開拓使、2A―9―公―424
同右、庚午七～十二月、開拓使、2A―9―公―425
(8) 同右、庚午辛未、樺太開拓使、2A―9―公―426

（9）前掲「黒田清隆履歴書案」
（10）前掲『新撰北海道史』第三巻、三六六～三六七頁
（11）立教大学日本史研究会編『大久保利通関係文書』三（吉川弘文館、一九六八年）五頁
「建言雑聚」（写本、北海道立図書館蔵）
「黒田清隆建言雑聚」（写本、北海道大学図書館北方資料室蔵）
（12）「松本系譜」（写本、北海道大学図書館北方資料室蔵）
（13）「開拓使日誌」（北海道編『新北海道史』第七巻史料一、一九六九年）九三一～九三二頁
（14）前掲「公文録」明治六年五月、開拓使、2A－9－公－928
前掲「黒田清隆履歴書案」
（15）前掲『日本外交文書』第六巻、三四一～三四二頁
前掲「黒田清隆履歴書案」
（16）「上書建白書」諸建白書、明治六年二月～十二月、2A－31－8－建－16（国立公文書館蔵）
（17）前掲「公文録」明治六年十～十二月、開拓使、2A－9－公－933
（18）同右
（19）前掲『大久保利通文書』五、二二〇頁
（20）前掲「公文録」明治六年十～十二月、開拓使、2A－9－公－933
屯田兵司令部「屯田兵沿革」（一八八三年、陸上自衛隊旭川駐屯地北鎮記念館蔵。写、防衛研究所蔵）三丁
（21）前掲「公文録」明治六年十～十二月、開拓使、2A－9－公－933
陸軍省「密事日記」卿官房、明治六年三月、M6－29（防衛研究所蔵）
（22）前掲「公文録」明治六年十～十二月、開拓使、2A－9－公－933
同右、明治七年六月、開拓使、2A－9－公－1259
（23）前掲「密事日記」明治六年三月、陸軍省卿官房、M6－29
前掲『法規分類大全』兵制門三、七五八頁

（24） 前掲「公文録」明治七年六月、開拓使、2A－9－公－1259
（25） 前掲『日本外交文書』第七巻、四二四～四二五頁
（26） 前掲「公文録」明治七年六月、開拓使、2A－9－公－1259
前掲『法規分類大全』兵制門三、七五九～七六〇頁
前掲『公文録』明治七年九～十二月、開拓使、2A－9－公－1261
前掲『法規分類大全』兵制門三、七六一～七六五頁
（27） 前掲『太政官日誌』第七巻、三五六頁
前掲「開拓使日誌」一〇二七頁
（28） 前掲『開拓使事業報告』第五編、八頁
（29） 前掲『明治軍制史論』上巻、三三九頁

五　艦隊の編成と沿海警備

（1） 前掲『太政官日誌』第五巻、一五八頁
前掲「公文類纂」明治四年、巻五、黜陟二。巻一一、黜陟八
（2） 同右、巻一一、黜陟八
（3） 前掲『海軍制度沿革』巻三(2)、一四三三頁
（4） 広瀬彦太編『近世帝国海軍史要』（海軍有終会、一九三八年）四二二頁
（5） 『法令全書』明治四年、兵部省第五七
（6） 同右、海軍省第一二九
（7） 前掲『海軍制度沿革』巻三(2)、一四三二頁
（8） 前掲「公文類纂」明治五年、巻六、黜陟二
（9） 同右、明治六年、巻一五、艦船一
（10） 前掲『法規分類大全』兵制門一、五八～六九頁

（11）『法令全書』明治四年、兵部省第五七
同右、明治五年、海軍省無号
同右、海軍省乙第三〇五号
（12）同右、海軍省甲第二三号。海軍省甲第七〇号
（13）前掲「公文類纂」明治六年、巻一五、艦船一
（14）同右
（15）「海軍省報告書」明治元年正月～同九年六月、記録材料 1451（国立公文書館蔵）
（16）同右
（17）前掲「太政類典」第二編第二二一巻
前掲『太政官日誌』第七巻、五八三頁
（18）『法令全書』明治八年、海軍省号外
（19）前掲「海軍省報告書」明治元年正月～同九年六月、記録材料1451
（20）前掲「公文録」明治九年七～九月、海軍省、2A－9－公－1765
前掲『法規分類大全』兵制門六、八～九頁
（21）『法令全書』明治九年、太政官達第八三号
（22）同右、海軍省丙第一二号
前掲『太政官日誌』第八巻、一四九頁
（23）同右、一二八～一二九頁
（24）前掲「海軍省報告書」明治元年正月～同九年六月、記録材料1451

六　国土防衛（海防）対策への着手

（1）「海軍御創立ニ付諸取調並建白」明治三年五～十二月、海軍掛、兵－海軍創立－M3－1（防衛研究所蔵）
前掲『前原一誠伝』八六三～八七一頁に、この議が紹介され、前原一誠が起草したとされている。

（2）前掲『陸軍省沿革史』七〇〜七三頁
前掲『法規分類大全』兵制門一、四九〜五一頁
大山梓編『山県有朋意見書』（原書房、一九六六年）四三〜四六頁
（3）篠原宏『陸軍創設史』（リブロポート、一九八三年）三二六頁
前掲『陸軍省沿革史』一一〇頁
陸軍築城部本部編「現代本邦築城史」第一部第一巻、築城沿革付録（国立国会図書館古典籍室蔵。写、防衛研究所蔵）
（4）同右、築城沿革付録
（5）同右、築城沿革付録
前掲『陸軍省沿革史』一一一〜一一六頁
（6）同右、一一六頁
前掲『法規分類大全』兵制門一、七〇頁
前掲『山県有朋意見書』六五頁
（7）史談会採集史料「日本海岸防禦法考案」一、二（東京大学史料編纂所蔵）
前掲「現代本邦築城史」第一部第一巻、築城沿革付録
前掲「陸軍省沿革史」は、それぞれの案を提出したことのみを記しているが、具体的内容については記していない。
（8）前掲「現代本邦築城史」第一部第一巻、築城沿革付録
前掲『陸軍省沿革史』一二一〜一二六頁
（9）陸軍省編刊『兵器沿革史』第一輯（一九一三年）一四〜一五頁
（10）前掲『開拓使事業報告』第五編、六頁
前掲『陸軍沿革要覧』四九頁
（11）前掲『陸軍沿革要覧』四七頁
「陸軍省日誌」明治九年六月十五日（防衛研究所蔵）
（12）前掲『法規分類大全』兵制門一、七一頁

前掲『山県有朋意見書』六七頁
前掲「現代本邦築城史」第一部第一巻、築城沿革付録

（13）前掲「公文録」明治九年七〜八月、陸軍省、2A−9−公−1756
前掲「現代本邦築城史」第一部第一巻、築城沿革付録

（14）前掲「公文録」明治九年十二月、陸軍省、2A−9−公−1760
参謀局「指令済綴」明治九年、M9−68（防衛研究所蔵）

（15）東京湾要塞司令部「東京湾要塞歴史」第一号（写、防衛研究所蔵）

第二章　国内治安重視から国土防衛重視への転換

一　要塞建設

(一)　海岸防禦取調委員の設置

西南戦争という国内的一大危機を乗り切った政府は、国内の安定化とともに本来の対外防衛に力を入れることになるが、これに拍車をかけたのが、朝鮮をめぐる日本と清国の対立であり、また朝鮮海峡をめぐるイギリスとロシアの対立であった。

このような国内・国際情勢の影響により、西南戦争以後の明治十年代は、まさに日本にとって、対外防衛体勢を整備充実する一大転換期となったのである。

そこで、かつて、フランス教師団ミュニエー中佐らや原田一道大佐らによって提出されていた海岸防禦法案の具体化が急務となり、陸軍省は、これを担当する官職として、明治十一年七月三十日、参謀局の管轄下に海岸防禦取調委員を設置し、牧野毅少佐・浅井道博中佐・黒田久孝少佐らをその委員に任命した(1)。

海岸防禦取調委員は、早速活動を開始し、東京湾海口の砲台建設地の調査などに着手した。ところが、同年十二月五日参謀本部が設立されると、海岸防禦取調委員が陸軍省に属するのか、参謀本部に属するのか曖昧になり、その活動も自然休止状態になったので、十二月二十八日、陸軍卿と参謀本部長が協議し、海岸防禦取調委員は参謀本部の管轄と決定され(2)、海岸防禦取調委員の活動が再開されたのである。

海岸防禦に関しては、かつて明治四年七月、兵部省陸軍部内条例の省内別局条例によって警備使会議を置き「警備使ハ警衛防禦向ノ事ヲ主管シ、総テ地勢水利ヲ審カニシ、攻守ノ宜キヲ察シテ、城堡ヲ設ケ砲楨ヲ置ク等ノ事ヨリ他事ノ是ト相関渉スルモノヲ議定スル」と定められたが(3)、警備使に関する記録が見当らないことから、警備使は実現せず、規定だけに終わったものと判断される。

また、明治八年九月二十二日には、陸軍卿山県有朋と海軍大輔川村純義が連名で、陸海軍省の間に、海岸防禦を担当する海防局を設置すべきであると、次のような伺いを提出していたのである(4)。

「皇国ノ兵備ニ於ル、陸海相協テ其用ヲ倣シ候儀ニ有之、今一二ヲ挙テ之レヲ云ンニ、海岸ニ砲台ヲ置クヤ、則軍艦ノ備無ル可ラス、水雷ヲ設クルヤ則、陸上ノ技術ト雖モ海軍モ亦之レニ関セサルヘカラス、凡ソ事ノ両軍ニ渉ル如斯有ル時ハ、必ス陸海相協テ始テ其方策ヲ立ルヲ得ヘシ、依テ陸海両省ノ際ニ於テ別ニ一局ヲ設ケ、之レヲ海防局トナシ、以テ砲台ノ位置、艦船ノ配布、水雷ノ設備ヨリ都テ海防ノ目的予メ相立、将来ノ事業ヲシテ漸次此目的ニ適合セシムヘキ方法取調度」云々と。

十月七日、太政官は「伺ノ通」と指令したが[5]、陸海軍とも朝鮮半島の情勢や国内情勢の対応に追われ、また両者の意見の相違もあり、結局この案は実現しなかったのである。

この海防局案は実現しなかったが、陸海軍に分かれて以後、最初の陸海軍統合の機関として提示されたという点に重要な意義がある。陸海軍統合機関設置については、その後も問題になるのであるが、この海防局案が、その先駆けとなったのである。

新設された海岸防御取調委員は、その後、表二―一―一のように増員充実されていったが[6]、各委員は海岸防御地点の調査のため現地を廻り、明治十二年九月十七日、海岸防御結構着手順序について意見を提出した[7]。即ち、全国海岸のうち重要な防御地点は、第一に東京湾海門、第二に大阪湾・紀淡海峡、第三に下関海門であるが、これら三地点同時に砲台工事を起こすことは、財政上困難であるので、最も重要な東京湾海門からまず着手すべきであるとし、さらに東京湾海門の中でも、第一に観音崎、第二に猿島、第三に富津岬の順で着工すべきであると主張した。かくして、前章六の(二)で述べたように、明治十三年五月二十六日、観音崎第二砲台の工事が開始されたのである。

海岸防御取調委員の構成員を見ると、参謀本部の管東局長・管西局長心得・工兵局長・測量課長・地図課長、陸軍省の官房長心得・会計局副長など陸軍の要職の者が委員になっている。このことからも、海岸防御（要塞砲台の建設）が、当時いかに重視されていたかが分かるのである。

表二―一―一　海岸防禦取調委員

氏名	階級	職務	十一年	十二年	十三年	十四年	十五年
牧野毅	少佐	砲兵本廠検査局長	7──	──3			
浅井道博	中佐	官房長心得	7──	────	────	────	────
黒田久孝	少佐	士官学校学科副提理	7──	────	────	────	────
長嶺譲	少佐	測量課長	8──	────	──1		
桂太郎	少佐	管西局長心得	8─9	7──	────	────	────
高橋維則	大尉	管西局	──	────	────	──6	
渡部当次	中尉	測量課	──	────	────	────	────
早川省義	中尉	測量課	──	────	────	────	────
堀江芳介	大佐	管東局長		7──	────	────	────
小菅智淵	少佐	測量課長		7──	────	────	────
入江祐晟	中尉	(専任)		7──	────	────	──1 海防局へ
今井兼利	大佐	工兵局長		11──	────	────	──3 海防局長
西田明則	少佐	(専任)			1──	────	──2 海防局へ
岡本兵四郎	大佐	中部監軍部参謀			3──	────	────
矢吹秀一	大尉	(専任)			1──12		8 海防局へ
川崎祐名	会計監督	会計局副長			──	──11	
迫水周一	中尉	(専任)			──	────	──1 海防局へ
熊丸義直	大尉	(専任)				5──	──1 海防局へ
村井寛温	少佐	地図課長				6──	────
小坂千尋	大尉	伝令使				6──	────
宇津宮剛	大尉	士官学校教官				6──	──5
柴恒房	中尉	(専任)				6──	──1 海防局へ
小国盤	中尉	士官学校教官				6──	────
渡瀬昌邦	中尉	士官学校教官				6──	────
牟田敬九郎	少尉	(専任)				6──	──1 海防局へ
中村重遠	大佐	工兵第一方面提理				7──	────

（二）海防局の設置とその活動

前述した海岸防御取調委員は、あくまでも委員であり、参謀本部の部局ではなかった。そこで明治十五年一月十六日、参謀本部条例を改正し、参謀本部に海岸防御を専任とする海防局を設置し、同年六月十四日「参謀本部海防局服務概則」を制定した(8)。

改正の参謀本部条例第一四条に「海防局ハ海岸防禦ノ方法ヲ調査シ、海防会議ノ議案ヲ製シ、且ツ砲台ノ築設ヲ監視スルヲ司ル」と規定し、さらに参謀本部海防局服務概則の第五条に「海防局ハ全国海岸ノ要地ヲ選定シ、防禦ノ方法ヲ調査シ、砲台ノ築設ヲ監視ス」と規定し、これまで海岸防御取調委員の担当していた事務を、海防局に引き継がせたのである。

海防局員には、表二―一―一のように、専任であった海岸防御取調委員がそのまま任命され、その他の委員は、引き続き諮問委員として残留した。海防局長には、海岸防御取調委員の今井兼利大佐が任命された(9)。

海防局が設置されると、自然とこれまでの海岸防御取調委員の存在価値が減少し、遂に明治十六年九月十日、海岸防御取調委員は廃止された(10)。

朝鮮半島が不穏な情勢になる明治十五年七月、海防局長今井大佐は、全国の要地に臨時堡塁を築き、在来の砲を据え防備を固めるよう、参謀本部長に次のような意見を提出した(11)。

「現今、国家内外ノ形勢ヲ案スルニ、突然外国ト兵端ヲ開クノ虞ナシト言フ可カラス、然ルニ今ヤ我首府ノ咽喉タル東京湾スラ、尚且敵艦ノ来襲ヲ扼スルヲ得ス、殊ニ全国海岸ノ要地ニ至テハ更ニ防備ヲ施ス所ナシ、護国上危機ノ至リト言フヘキナリ」と述べ、内海の紀淡海峡・鳴門海峡・芸予海峡・広島湾・下関海峡に防備を設け、東京湾の要点に防備を増加充足することが急務であり、これらに臨時築城の方式で堡塁を築き、在来の火砲を据えるべきであると主張したのである。

この意見を受け、山県参謀本部長も、翌八月十六日、大山陸軍卿にこの件について協議した[12]。しかし、後述する軍備拡張問題との関連で、この件は実現するに至らなかった。なお当時使用可能な在来砲は、表二—一—二のとおりであった[13]。

表二—一—二　在来砲数と弾丸数（明治十五年七月）

砲種	砲数	弾丸数	砲種	砲数	弾丸数
十六珊克虜伯砲	三	○	二十拇臼砲	六四	四三一
百五十斤青銅施条砲	一	○	七珊ブドトエル野砲	四	三、〇三四
二十四斤青銅滑腔砲	二九	○	底装七珊アルムストロング野砲	五	三、一六七
十六斤青銅滑腔砲	一八	○	口装　同	四	一、〇九二
二十九拇臼砲	二二	二七〇	十二斤拿破崙加農砲	一三	二、七五二

（砲合計　一六三門）

これらの砲は、いずれも幕末か明治初期に、製造または輸入した砲であり、当時の要塞砲としては、十分機能しえないような砲であった。従って、新式砲の輸入・製造が急がれるわけである。

今井海防局長は、続いて十五年九月、紀淡海峡など内海四海峡の防御方策を、山県参謀本部長に上申した。(14) これをまとめると、表二―一―三のようになる。

表二―一―三　紀淡海峡などの防御方策

防御地区		砲台位置及び砲数	砲計	守備兵力
広島湾	厳島西海峡	若干の臨時砲台	―	歩兵二中隊
	厳島東海峡	岸根(3)・飯浜浦(2)・鷹巣(2)・小奈沙美島(2)・大奈沙美島間庁岬(2)・同下当(2)・同福浦(2)	一五	歩兵一中隊
	早瀬海峡	早瀬浦鳥首(3)・同北瀬先(2)・同下南雨浦(2)・大君村王泊(2)・同明地山(2)	一一	歩兵二中隊
	音戸海峡	若干の臨時砲台	―	歩兵分遣隊
紀淡海峡		海髪崎(2)・城ケ崎(2)・男良崎(4)・菖蒲谷(2)・丸山崎(3)・滑良崎(3)・保古良(2)・熊ケ崎(2)・沖ノ友島第一～第五(一〇数門)・高崎(10)・成山(一〇数門)・生石山(7)	六〇数門	加太・友ケ島・淡路島に各歩兵二中隊
鳴門海峡		蛇ノ鰭(3)・苅藻大園島(2)・鳴門崎(3)・孫崎(10)	一八	歩兵小部隊
芸予海峡	臼島海峡	キサンガ鼻(4)・太郎ケ鼻(2)・臼島(7)	一三	歩兵二中隊
	大下海峡	野賀鼻(6)・鶏島(4)・網代崎(2)・柏島(2)	一四	歩兵一中隊
	佳例海峡	見近崎(3)・長鼻(2)・野島(2)・馬神(2)	九	歩兵一中隊
	来島海峡	下田水(4)・虫島(2)・中戸(2)・馬島第一(3)・馬島第二(2)・糸山(3)・来島(2)・小島(4)	二二	歩兵二中隊半

この防御方策は、これまでの諸案の中で最も詳しく具体的に書かれたものであり、後に実際に築造された砲台に比

較的近いものであった。

続いて同年十月、海防局員矢吹秀一少佐・迫水周一中尉・河井瓢中尉は、左記の防御要領書を提出した(15)。

○肥前国唐津及呼子港防御要領

○長崎港湾防御法案変更要領

○対馬島防御要領

唐津及呼子港の防御は、当時海軍燃料のほとんどを生産していた唐津炭坑を守るために立案されたものである。

対馬島の防御は、幕末以来日本の懸案事項であったが、今回朝鮮半島の情勢上、初めて具体的な防御計画が立案されたのであった。矢吹少佐らが作成したこの案は、対馬の価値を次のように述べている。

「魯英ハ勿論其他ノ各国、常ニ此地ニ垂涎スル者ハ何ソヤ、則チ浅海浦アルヲ以テナリ、浅海浦ハ島ノ中央ヘ西海岸ヨリ突入シテ、殆ント全島ヲ両断スル所ノ湊港ニシテ（中略）山丘四周ヲ抱擁シ、数十隻ノ巨艦、風波ヲ掩蔽シテ安全ニ繋泊スルヲ得ルニ足リ、実ニ天下無二ノ良港タリ、何レノ国ニテモ、若シ此湾ニ其艦隊ヲ整頓スルヲ得ハ、我日本海ハ勿論東海黄海等ノ海権ヲ左右スルヲ得ヘキノミナラス、兵略ニ関シ皇国朝鮮ヲ攻撃スルニ便利甚タ多シ、是レ各国ノ対馬ニ垂涎スル所以ナリ」と。

浅海湾の直接防御のため、湾の南岸の五百松・田ノ浦・犬ノ頸・芋崎、北岸の江ノ内・多田越に砲台を築き、これら砲台の背面防御のため、鶏知・亀坂（上見坂）・今里・白岳・仁位・佐保・濃部・唐州などに歩兵部隊などを配置し、浅海湾の東側の鴨居瀬港（三浦湾）の防御として、黒島・モド浦・クン崎（国崎）に砲台を築き、大船越・鴨居瀬に歩兵部隊を配置するとした。

さらに、厳原の防御として、厳原港入口の野良山・旧船倉脇に砲台を築き、厳原周辺の各峠越と豆酘に歩兵部隊を配置し、また、対馬北部の防御のため、仁田・船志・佐須奈に歩兵部隊などを配置するというものであった。

この案は、後の砲台建設の基礎案となったが、歩兵部隊などについては、全国の部隊配置上実現は困難であり、後に小規模の対馬警備隊が置かれたにすぎなかった。

その後、海防局は以下のように防御法案を作成し、参謀本部長に提出した(16)。

防御法案	提出年月
播淡海峡（明石海峡）防御法案	明治十六年八月
下関市街後方防御法案	同　年八月
長崎港防御法案	同　年十二月
東京湾海岸防御方案	明治十七年八月
東京湾防御第二期策案	同　年十一月
下関防御方案	同　年十一月
東京湾第二期防御法改正案	明治十八年四月
防予海峡防御要領	同　年四月
伊勢湾口調査復命書	同　年四月
大阪湾局地防御法調査復命書	同　年五月
神戸・兵庫両港局地防御法調査復命書	同　年六月
紀淡海峡防御要領	同　年七月

これらのうち、播淡海峡防御法案・長崎港防御法案・下関防御方案・紀淡海峡防御要領は、これまでの計画案を修正してさらに具体化したものである。

下関市街後方防禦法案は、下関北方海岸に上陸した敵に対処するために、市街地後方の要地に堡塁を建設すべきであるというものである。

防予海峡防禦要領は、瀬戸内海の防護及び広島湾に設置予定の海軍軍港の防護のために、今回初めて立案されたもので、これまでの計画案である広島湾防禦法案・芸予海峡防禦法案の防禦線を、さらに前進させて、周防〜伊予の諸海峡で防禦しようとするものである。諸海峡とは、西より大畠海峡・情島海峡・室島海峡・津和地島海峡・クタゴ海峡・釣島海峡・興居島海峡であり、これらの海峡防禦のため、砲台を建設するというものである。

伊勢湾口調査復命書は、伊勢湾の防御について調査した結果、湾口が広く、水深も深く、しかも潮流も激しいため、防禦工事は困難で且つ巨額の費用を要し、その得失相償わないので、防備を施すに適さないというものである。

大阪港及び神戸・兵庫両港局地防禦法調査復命書は、紀淡海峡や明石海峡防禦に要する費用を節約して、大阪港及び神戸・兵庫両港の周辺に砲台を築き、これらの港を直接防禦しようというものである。しかしながら、十分効果的な直接防禦を行なうためには、海中に数個の海堡を築かねばならず、そのため巨額の費用を必要とすることになり、かえって、紀淡海峡や明石海峡に防御を施す方が有利になるとも主張しているのである。

東京湾の防御法案は、次のような経緯で提出されたものである。

明治十六年七月、陸軍省は、東京湾砲台建築顧問として、オランダからワンスケランベック工兵大尉を招き、早速同大尉に東京湾防御についての意見を求めた。同大尉は同年十二月二十六日、東京湾巡視復命書を陸軍卿に提出し、東京湾防御について次のような意見を述べた[17]。

東京湾口を防御するには、湾口の広さと砲の射程上、海中に石造堰堤を築くか、もしくは数個の海堡を築かなければならない。ところがこの両方法とも、莫大な経費を必要とし、しかもその効果は十分とはいえない。従って、湾口の防御を放棄して、横須賀及び東京の直接防禦を行なうべきである。横須賀の防禦のためには、横須賀湾口に二個の海堡を築き、水雷を設置し、さらに猿島・馬堀・夏島・勝力に砲台を築くべきであり、また、東京の防御のためには、海中に二個の海堡を築き、水雷を設置して市街地に対する砲撃を妨げるべきであると。

このワンスケランベック大尉の意見に対し、海防局長は、明治十七年三月、東京湾の防禦は横須賀・東京の局地防御によるのではなく、あくまで湾口で防禦すべきであると次のような反対意見を提出した(18)。

「海門ヲ鎖扼セスシテ局地ノ防禦ノミヲ以テセハ、敵ノ艦隊ハ之ニ属スル運送船ノ如キモ、容易ニ湾内ニ入ルコトヲ得ヘクシテ、敢テ防禦ノ地ニ関係セス、全湾其蹂躙スル所トナラン、此ノ如キ形勢ニ陥没セハ、我艦隊ハ何レノ地ニ於テカ集合養成シテ敵兵ト戦フヤ、陸兵ハ何レノ地ヨリ之ヲ援助スルヤ、一モ其策アルコトナカルヘシ、是ニ於テ敵ハ東京横浜ノ要地ヲ撰ンテ砲撃上陸ヲ企テ、以テ我交通ヲ断チ、海陸相連絡シテ帝都ヲ攻撃セン事瞭々タリ、果シテ斯ノ如キ目的ヲ遂クルニ至ラハ、品海横須賀両局地ノ防禦ニ幾千万ノ巨額ヲ費スモ、悉ク水泡ニ属シ毫モ其効ナキ事顕然タリ、実ニ我海軍ノ困難言フヘカラサルヲ察セサルヘカラス、是ヲ以テ之ヲ観レハ、全湾必ス占有セサルヘカラス、即チ海門ヲ鎖ササル可カラサルハ理ノ当然ナリ」

そして海中に堰堤と海堡を築き、水雷を布設し、砲台と艦隊がこれに連携して敵艦を攻撃すれば、十分湾口を防御できると主張したのである。

また、ワンスケランベック大尉が、東京の防御は、一八一二年のモスコーのように防御すればよいというのに対し、海防局長は「首都ヲ焼キ、数百万ノ府民ヲ路頭ニ迷ハシムルカ如キ事アラハ、国家何ノ不幸カ之ニ過キン」と、断固反対した。

このようにワンスケランベック大尉の湾内局地防御論と、海防局の湾口防御論とが対立したため、参謀本部長は、とりあえず富津の海堡の規模を縮小するという妥協案を陸軍卿に協議し、陸軍卿はこれを砲兵会議に諮問しその同意を得た(19)。

以上のような状況において、なお海防局が、海堡と堰堤を築き湾口防御を重視すべきであると主張したものが、前記の東京湾防禦法案である。

海防局は、このように海岸防御に関して積極的に活動したが、明治十九年三月十八日、参謀本部条例の改正により、第三局と改称され、さらに二十一年五月十二日、参軍官制の設置により、第三局は廃止され、海岸防御については、第二局が国防及び作戦の一環として管掌することになった(20)。

(三) 砲台の建設

東京湾口の観音崎第二及び第一砲台の工事が、それぞれ明治十三年五月二十六日及び六月五日に開始されたことについては、既に前章六の(二)で述べたところである。

この工事は、明治十二年度の陸軍省定額残金をもって実施されたのであるが、その後の工事費について、明治十四年五月、陸軍卿と参謀本部長は連署して「東京湾防禦線砲台建築費ノ件」を上申した(21)。

即ち「東京湾ノ如キハ、近クハ皇城並政府所在ノ一大都府ニ接シ、遠クハ東国諸州ノ咽喉ヲ占メ、第一要衝ノ地ニ位スルヲ以テ、先般皇上ニモ行幸、右砲台天覧被為在其節閣下ヲ始メ諸大臣ニモ御熟覧有之、此地夙ニ海岸防禦ノ兵備無之ニ於テハ、他日不幸有事ノ際、幾ント之ヲ防禦スルノ術無ク、国内ノ騒擾社稷ノ禍害、実ニ測ル可カラサル儀ニ付、該湾口砲台築設ノ儀ハ、瞬時モ緩慢ニ附ス可カラサル義ト存シ候」と東京湾口の防御の重要性を述べ、さらに観音崎の外、猿島・富津嘴州海堡・富津元州・勝力・波島・箱崎・夏島などの砲台建築費として、二四五万五、八二二円八一銭二厘を一〇年間で割り一カ年二四万五、五八二円二八銭一厘当て、別途下付されたいというものであった。この上申は認められ、十四年度から一〇年間、一カ年二四万円を別途下付されることになった。(22)

ここに、明治十四年八月、富津嘴州海堡（第一海堡）の工事、続いて十一月、猿島砲台の工事が開始されたのである。さらに翌十五年一月に富津元州砲台、八月に観音崎第三砲台の工事が開始された。以後日清戦争までの間に建設された東京湾要塞の砲台をまとめると、表二―一―四のとおりである。(23)

この間において、明治十八年十二月の内閣制度発足にともない、行政刷新のため財政は窮乏化し、砲台工事も一時休止の状態になった。加えてその頃、イギリスとロシアの対立が、朝鮮海峡にまで波及し、海峡周辺は緊迫した状況になってきた。

即ち、明治十八年四月、イギリスは中央アジアへのロシアの進出を牽制するため、朝鮮海峡の巨文島を占領し、ロシアはこれに対抗して、朝鮮半島の一角を占領しようと画策するなど、朝鮮海峡周辺は不穏な情勢になってきたのである。

このため政府は、同年七月急遽歩兵一個中隊を対馬に分遣し、翌十九年十二月には対馬の防衛・警備を専任とする対馬警備隊を編成して、分遣隊と交代させた。(24)

このような内外情勢にあって、参謀本部長熾仁親王は明治十九年九月三日、対馬国防禦方案（浅海湾防禦）を陸軍大臣及び海軍大臣に提出して協議し、続いて十二月二十八日、対馬国浅海湾の防御について、実地調査結果に基づく意見書を陸軍大臣に提出した。(25)

表二―一―四　東京湾要塞砲台起工・竣工一覧　（付図―一参照）

砲台	起工年月	竣工年月
観音崎第二砲台	十三年五月	十七年六月
観音崎第一砲台	十三年六月	十七年六月
第一海堡	十四年八月	二十三年十二月
猿島砲台	十四年十一月	十七年六月
富津元州砲台	十五年一月	十七年六月
観音崎第三砲台	十五年八月	十七年六月
走水低砲台	十八年四月	十九年四月
観音崎第四砲台	十九年十一月	二十年五月
夏島砲台	二十一年八月	二十二年十一月
笹山砲台	二十一年八月	二十二年八月
箱崎高砲台	二十一年九月	二十二年九月
箱崎低砲台	二十二年六月	二十三年八月
波島砲台	二十二年七月	二十三年七月
米ケ浜砲台	二十三年四月	二十四年十月
花立台砲台	二十五年十月	二十七年十二月
観音崎南門砲台	二十五年十一月	二十六年八月
走水高砲台	二十五年十一月	二十七年二月
小原台堡塁	二十五年十二月	二十七年九月
千代ケ崎砲台	二十五年十二月	二十八年二月
三軒家砲台	二十七年十二月	二十九年十二月
大浦堡塁	二十八年五月	二十九年七月
腰越堡塁	二十八年五月	二十九年三月

また、参謀本部長熾仁親王は、同年九月二十八日、「海岸防禦ノ速成ヲ要スル意見」を陸軍大臣に提出し、閣議で十分詮議されることを要請した[26]。

この意見書は、当時の世界情勢について「輓近仏ハ安南ヲ略シ、英ハ緬甸ヲ取リ、尚巨文島ノ事アリ、魯ハ将ニ朝鮮近海ニ不凍港ヲ覓《もと》メントシ、独モ亦他ニ為ス所アラントスルカ如シ、欧州強大ノ敵国ヲ咫尺ノ海上ニ現出ス、東洋ノ厄運モ亦迫レリト謂フヘシ」と述べ、さらに、世界の列強は皆海岸防禦に力をいれているにかかわらず、日本はただ東京湾に砲台を二、三築いているにすぎないと、海防の不備を指摘し、日本の沿海において、東京湾はもちろん、大阪湾・内海・馬関・長崎・佐世保の五個所に、速やかに防禦をなすべきであると主張している。最後に「東洋ノ厄運正ニ今日ニ迫レリ、我邦幸ニ未タ直接ノ利害ヲ来サヽルモ、風生スレハ塵起リ、一葉落テ秋ヲ知ル、殷鑑巳ニ隣邦ニ在リ、警戒セスンハアラサルナリ」と警告したのである。

続いて、明治二十年一月十七日、参謀本部長と陸軍大臣は連署して、対州防禦砲台建設之件について、次のごとく上奏し允裁を受けた(27)。

「対州ハ西海ノ一孤島ノミ、然レトモ其位置東部亜細亜ノ咽喉ヲ扼ス、故ニ之ヲ保有スルト否トハ実ニ大ニ国威ノ伸縮ニ関スル者トス、欧州諸強国ノ涎ヲ此地ニ垂ルル者、亦此故ニ外ナラス、而シテ其之ヲ占領セント欲スルハ、主トシテ浅海湾ノ良港アルニ由ル」ので、対馬の防御は浅海湾が第一であり、次いで浅海湾の背面にある三浦湾と高浜湾が重要である。従って、差し当たりまず浅海湾の防御工事を計画のとおり実施したいと上奏したのである。

ここに、浅海湾北岸の嵯峨村南方と貝口山上、及び南岸の昼ケ浦東岸と芋崎山上の四個所の砲台建設が決定されたのである。陸軍大臣は、即日、臨時砲台建築部長に工事着手を指令した(28)。

かくして、明治二十年四月、対馬の浅海湾防護のため砲台の建設工事が開始され、湾内の四個所に表二—一—五のごとく砲台が築かれた(29)。この砲台建設は、東京湾に次ぐ、日本で二番目のもので、当時いかに対馬が重視されていたかがよく分かるのである。この砲台工事は、日清戦争後の明治三十年代の工事と区分して、対馬における第一期工事と称されている。

表二―一―五　対馬要塞砲台起工・竣工一覧　（付図―七参照）

砲台	起工年月	竣工年月	砲台	起工年月	竣工年月
大平砲台	二十年四月	二十一年十月	芋崎砲台	二十年四月	二十一年十月
温江砲台	二十年四月	二十一年八月	大石浦砲台	二十年九月	二十一年十月

対馬の砲台工事の着手が指令された翌日の一月十八日、参謀本部長は、陸軍大臣に対し、紀淡海峡・防予海峡・広島湾・下関海峡・長崎湾の防御要領一覧及び射圏図を提出し、防御実施について協議した(30)。

また、同年三月十二日、内閣総理大臣伊藤博文は、天皇に海防の急務を上奏するとともに、かってイタリアのカヴール首相が、国境砲台建設のため、皇帝に内帑金《ないどきん》の下賜を奏請し、これによって国民の愛国心を喚起して献金を勧奨し、遂にオーストリーの侵攻を防ぎ、イタリー統一を成し遂げたという史実を言上したのである(31)。

伊藤首相の奏請を受け、天皇は三月十四日、海防費として内帑金三〇万円を下賜され、次の勅諭を下された(32)。

「朕惟フニ、立国ノ務ニ於テ、防海ノ備一日モ緩クスヘカラス、而国庫歳入未タ遽カニ其鉅費ヲ弁シ易カラス、朕之カ為ニ軫念シ、玆ニ宮禁ノ儲余三十万円ヲ出シ、聊其費ヲ助ク、閣臣旨ヲ體セヨ」

伊藤首相は、早速同月二十三日地方長官を集めこの勅諭を伝えるとともに、海防の急務を説き、海防費の献金を勧奨したのである(33)。即ち「今日ノ国是トスル所ハ、則チ万国公法ノ範囲ニ生活スル各邦ノ班列ニ就キ、相互交際ノ間、応ニ得ヘキノ権利ヲ得、応ニ尽スヘキノ義務ヲ尽シ、邦国ノ體ニ於テ卓然独立ノ地位ヲ占メント欲スルニ在リ」と述べ、さらに「古人云フ、兵ハ兇器ナリト、然リト雖モ、今日ノ兵備ハ翻テ平和ヲ保持スルノ要具ニシテ、兼テ義務ヲ決行スルノ実権ナリ、一国若シ軍備ノ充実スルナクンハ、何ニ頼テ以テ自立ヲ図ルヲ得ン、我国ハ四方環海到ル所沿海防線ノ地ニ非サルハナシ、故ニ自衛ノ道ニ於テ海防ヲ厳ニスルハ、之ヲ焼眉ノ急ニ譬フヘシ」と海防の急務を説き、全国の有志に海防費の献金を勧奨するよう訓示したのである。

これに応えて、全国の有志から左記のように二〇三万円余が集まり、この献金は、御下賜金とともに、砲台備付の海岸砲製造費に充当された(34)。

・一般士民　一六九万二、七〇〇円　・官　吏　一〇万五、八二四円二二銭一厘
・華　族　二四万〇、〇〇〇円　合　計　二〇三万八、五二四円二二銭一厘

表二—一—六　下関要塞砲台起工・竣工一覧　（付図—四参照）

砲台	起工年月	竣工年月
田ノ首砲台	二十年九月	二十一年十二月
田向山砲台	二十年九月	二十二年三月
笹尾山砲台	二十年十月	二十二年九月
老ノ山砲台	二十年十月	二十三年一月
火ノ山第一砲台	二十一年一月	二十四年二月
火ノ山第二砲台	同右	同右
火ノ山第三砲台	同右	同右
火ノ山第四砲台	同右	同右
古城山砲台	二十一年二月	二十三年六月
筋山砲台	二十一年四月	二十二年八月
金比羅山堡塁	二十三年六月	二十六年四月
戦場ケ野堡塁	二十四年四月	二十五年十月
富野堡塁	二十六年三月	二十八年十月
門司砲台	二十六年十一月	二十八年七月
古城山堡塁	二十七年十月	二十八年十月
矢筈山堡塁	二十八年八月	三十一年三月
一里山堡塁	二十八年十月	三十年七月

この年の一月十八日、参謀本部長から協議のあった紀淡海峡等五個所の防御要領について、四月二十日陸軍大臣は、参謀本部長に異存のない旨を回答するとともに、臨時砲台建築部長に対し、下関海峡の砲台工事に着手するよう命じた。[35] その後、五月と七月に防御要領の改正があったが、九月に下関要塞の砲台工事が開始され、表二―一―六のごとく各砲台が建設された。[36]

続いて明治二十一年五月、参軍（明治二十一年五月参軍官制となり参謀本部長熾仁親王が参軍に任命された）は、紀淡海峡防御要領改正要領について陸軍大臣に協議した。陸軍大臣は、臨時砲台建築部長に対し工事実施差支えの有無及び工事費の細部調査を命じ、その回答を得て、翌二十二年二月、紀淡海峡の砲台工事実施を命じた。[37] ここに翌三月、

表二―一―七　由良要塞砲台起工・竣工一覧　（付図―二参照）

砲台	起工年月	竣工年月
生石山第三砲台	二十二年三月	二十三年十月
生石山第四砲台	二十二年四月	二十三年五月
生石山第一砲台	二十二年五月	二十三年七月
生石山第二砲台	二十二年八月	二十三年八月
友ケ島第一砲台	二十二年九月	二十三年十一月
成山第一砲台	二十三年八月	二十四年九月
成山第二砲台	二十三年八月	二十四年九月
友ケ島第三砲台	二十三年十月	二十五年五月
友ケ島第四砲台	二十三年十一月	二十五年五月
深山第二砲台	二十五年一月	二十六年十月
深山第一砲台	二十五年七月	三十年九月
赤松山堡塁	二十六年一月	二十七年三月
伊張山堡塁	二十六年五月	二十七年八月
友ケ島第二砲台	二十七年八月	三十一年四月
虎島砲台	二十八年十月	三十年二月
生石山堡塁	二十八年十二月	三十年三月

紀淡海峡の由良要塞の砲台工事が開始され、表二―一―七のごとく各砲台が建設された[38]。

明治二十三年十一月、参謀本部は「海岸防御計画大要」を作成し、海岸防備を施すべき地点とそれらの地点に備えるべき兵備（火砲の種類と数）を定めた[39]。

この「海岸防禦計画大要」は、冒頭に「我国ハ四面環海ナルヲ以テ、海岸防備ヲ施スヘキノ地点ヲ繹スレハ、其数実ニ枚挙ニ遑アラス、然レトモ今此夥多ノ地点ニ就キ一々防備ヲ施サントスレハ、国力ニ際限アリ、勢ヒ薄弱ニ陥ルハ敗ノ免カレサル処ナリ、夥多ノ防備ニシテ薄弱ナランヨリハ、寧ロ寡少地点ニ就テ堅牢不抜ノ防備ヲ施サン事、最モ緊要ナリ」と述べ、防御地点として二二地点を選定し、その重要度に応じて次のように三等に区分した。

・第一等　東京湾口・横須賀・下関海峡・紀淡海峡・広島湾（呉港共）・鳴門海峡・芸予海峡・佐世保・舞鶴・室蘭・対馬

・第二等　長崎・函館・七尾・敦賀・鳥羽・和歌浦付近・小樽・女川

・第三等　清水・宇和島・鹿児島

翌二十四年九月十五日、参謀総長（明治二十二年三月参軍を廃し参謀総長を置く）は、前記の「海岸防御計画大要」に沿って、陸軍大臣に海岸防御地点選定の件について協議し、東京湾口・下関海峡・紀淡海峡・横須賀・対馬浅海湾の五個所は、既に裁定の上、工事着手中であるが、芸予海峡他一六地点も重要地点であるので、防御地点として選定したいと提議した。陸軍大臣は、十七日に異存なしと回答した[40]。

よって、参謀総長代理川上操六参謀次長は、十月三日、允裁を仰ぎ、ここに海岸防御地点として二二地点が決定された[41]。しかしながら、実際に日清戦争頃までに築かれたのは、東京湾・対馬・下関・由良の四要塞であった。

明治六年のマルクリーの海岸防御方案以後、多くの防御方案が提議されたが、それらをまとめると表二―一―八の

表二—一—八　海岸防御地点決定経緯

防御地点選定者／防御地点	明治六年九月 マルクリー	同八年一月 山県有朋	同八年十月 原田大佐ら	フランス教師団 明治八〜九年 南部	フランス教師団 明治十年 北部	フランス教師団 明治十三年五月 山陰	明治十二年九月 海防委員	同十五年九月 海防局長	同十五年十月 矢吹少佐ら	同十六〜十八年 海防局	同十八年 ワンスケランベック	同二十年一〜三月 メッケル	同二十年一月 参謀本部長	同二十三年十一月 海防計画大要	同二十四年十月 防御地点選定	要塞建設着工年月
東　京	○		○							○	○					
横　浜	○															
横須賀	○		○	○						○	○	○		○	○	● 13.5
東京湾口	○	○	○	○			○			○		○		○	○	
清　水														○	○	
鳥　羽														○	○	
和歌浦														○	○	
紀淡海峡	○	○	○	○			○	○		○	○	○	○	○	○	● 22.3
鳴門海峡	○		○	○				○			○	○	○	○	○	◎ 30.3
明石海峡	○		○	○						○		○				
備讃海峡	○															
芸予海峡	○		○	○			○	○			○	○		○	○	◎ 30.3
広島湾・呉				○				○				○	○	○	○	◎ 30.3
防予海峡										○			○			
豊予海峡		○	○													◇ T10.7
宇和島														○	○	
下関海峡	○	○	○	○			○			○	○	○	○	○	○	● 20.9
鹿児島		○	○	○										○	○	
長　崎		○	○	○					○	○			○	○	○	◎ 31.4
佐世保														○	○	◎ 30.9
唐津・呼子									○							
対　馬									○			○		○	○	● 20.4
萩・浜田・松江						○										
宮　津					○											
舞　鶴														○	○	◎ 30.11
敦　賀					○									○	○	
七　尾					○							○		○	○	
新　潟					○											
函　館		○			○							○		○	○	◎ 31.6
小　樽														○	○	
室　蘭												○		○	○	
女　川														○	○	
石　巻		○														

ようになる。[42] これを見ると、陸軍の要求と財政のバランスが、このような結果に落ち着いたものと判断されるのである。

(四) 海岸砲の制式決定

東京湾を始めとする全国の要地に、砲台を建設する計画が立案されていったが、その際、これらの砲台にどのような砲を据え付けるかは、防御能力を高める上で重大な問題であった。

当時においては、大砲製造施設も不備であり、製造技術も未熟であったため、砲台に据え付ける海岸砲(要塞砲)は、外国製品に依存せざるをえない状況であった。従って、砲台建設計画も、外国製の二七珊(糎)加農砲・二四珊加農砲・一九珊加農砲などを据え付ける予定として立案されていたのである。

ミュニエー中佐らフランス教師団の提出した各地の防御法案は、二七珊加農砲と二四珊加農砲を据えることにしており、海岸防御取調委員及び海防局員の計画した防御法案も、外国製の一五~三〇珊加農砲を予定していた。

ところが、明治十六年十一月、海防局長(浅井博道大佐)は、世界の軍艦の装甲と海岸砲の威力の趨勢から判断して、海岸砲には臼砲を専用すべきであると、次のような意見を建議した。[43]

欧州列強の戦艦の装甲は、五〇~七五センチとなり、これに対し口径四〇~四五センチ加農砲をもってしても、その侵徹力は十分とはいえない。しかし、臼砲をもって、装甲の薄弱な甲板を射撃すれば、これを撃破できる。しかも臼砲は廉価であり、数多く製造できる。このような点から、海岸砲として臼砲を専用すべきであると述べ、さらに「本邦ニテ鋼製ノ巨大ナル海岸砲ヲ造ル未タ期シ難シト雖モ、二十一珊青銅臼砲及副防禦ニ用ユル十五珊以下ノ青銅加農砲ハ、今日ニモ製造スルヲ得ヘク、既ニ海防ニ備フ可キ海岸砲ヲ、自国ニ於テ造リ得ハ、我陸軍ハ全ク兵器製造ノ独立ヲ得タル者ニシテ、海岸防禦ノ完成ハ日ヲ期シテ待ツヘク」と主張したのである。

これより先の明治十三年末から十四年初めの頃、フランス陸軍将校ブリュネから大山巌陸軍卿宛に、日本の大砲製造についての書簡が寄せられた(44)。ブリュネは、幕末にフランス軍事顧問団の一員として来日し、戊辰戦争時には、榎本軍に加わり箱館で新政府軍と戦い、最後には捕われて日本から追放され、本国へ帰っていた人物である。ブリュネは書簡の中で「兵器の独立は軍国必須の条件である。万一日本にして鋼製火砲を採用せんか、平時は兎も角も、戦時は如何にして之を補充し得るか、これ実に貴国の為に寒心に耐えない所である。要するに貴国は其の産額豊富なる銅を以て火砲を製造すべきである。而して之が為には、伊国の制式たる青銅七糎野・山砲を採用するを以て最も適当なりと信ず。余は切に之が採用を貴卿に慫慂する次第である」と述べて来たのである。

兵器に知悉し、それ故に兵器独立の必要を痛感していた大山陸軍卿は、ブリュネの提言をいれ、明治十四年六月、砲兵大尉太田徳三郎を青銅砲製造技術習得のため、イタリーなどへ派遣した。太田砲兵大尉は、翌十五年六月帰国して大阪砲兵工廠に復帰した。そこで大阪砲兵工廠は、本格的に青銅砲（鋼銅砲または熕銅砲ともいう）の製造に取り組み始めたのである(45)。

このような情勢にあって、陸軍はイタリーから造兵技術者を招聘することに決し、明治十七年四月二日、イタリー陸軍砲兵少佐ポンペオ・グリロと技手長ガルベロリオを招き、大阪砲兵工廠において大砲製造の技術指導に当らせた。ガルベロリオは病気のため五月に解雇となり、代って九月に工師アントニオ・フォルネルスと職工長ジャコモ・ビッソが招聘され、グリロ少佐の助手として技術指導に当たった(46)。

グリロ少佐が到着するや、大山陸軍卿は早速海岸砲の製造について諮問し、これに対してグリロ少佐は、二四糎・

一九糎・一二糎加農砲、二八糎榴弾砲、二四糎・一五糎臼砲を製造することを覆申した[47]。大阪砲兵工廠は、グリロ少佐の指導のもとでこれらの製造に着手し、表二—一—九のように各砲を完成させていった[48]。

表二—一—九　海岸砲創製一覧

海岸砲名称	創製年月
※一二糎鋼銅加農砲	明治十六年六月
一九糎装箍鋳鉄加農砲	十八年一月
二八糎装箍鋳鉄榴弾砲	十八年八月
二四糎装箍鋳鉄臼砲	十八年十二月
二四糎装箍鋳鉄加農砲	十九年二月
一五糎鋼銅加農砲	十九年五月
一五糎鋼銅臼砲	十九年五月
二四糎鋼銅臼砲	十九年七月
九糎鋼銅加農砲	二十五年三月
九糎鋼銅速射加農砲	二十五年三月
九糎鋼銅臼砲	二十七年六月

※一二糎鋼銅加農砲はグリロ少佐招聘以前

このように逐次海岸砲が製造されていく状況にあって、明治二十年四月二十日、海岸砲制式審査委員（委員長陸軍少将大築尚志、委員砲兵大佐牧野毅以下八名）は、本邦に備えるべき海岸砲の制式について、次のような意見を陸軍大臣に提出した[49]。

軍艦に対する射撃には平射と擲射があるが、最近の軍艦は装甲が厚いので平射によって装甲を射貫することは困難である。しかし「擲射ニ在テハ事之ニ反シ、甲板ヲ貫キ機関ヲ砕キ薬庫ヲ破リ、救済ス可ラサル大破孔ヲ船底ニ穿ツヲ以テ、一弾ノ命中克ク全艦ヲ齏《せい》粉轟沈セシムルニ足ル者ナリ、之擲射特有ノ性能ニシテ、之ヲ平射ニ比スレハ効力ノ差霄壌モ啻ナラサルナリ」と擲射の優れていること、さらに敵艦の姿勢に関係なく射撃できること、高地に位置するので観測容易で精確な射撃ができること、間接射法なので敵弾に対し砲の掩護ができること、製造費が低廉であること等擲射の利点をあげ、我国の海岸砲としては二四糎綫臼砲と二八糎榴弾砲を主砲として選定すると述べた。また地形上擲射のできない場合、比較的装甲の薄い軍艦に対する場合のため、平射砲として二七糎加農砲・二四糎加農砲・一二糎加農砲を選定すると述べた。

同月二十七日、陸軍大臣は参謀本部長にこの件について意見を求めた。翌月二日参謀本部長は、同意の旨陸軍大臣に回答し、陸軍大臣は五月七日、海岸砲制式委員の具申のとおり決定するが、この他一九糎加農砲その他特殊の砲も場合により使用することがあると達した(50)。ここに、次の砲が制式の海岸砲として採用されたのである。

・二八糎榴弾砲　　・二四糎綫《せん》臼砲　　・二七糎鋳鉄装箍《こ》加農砲
・二四糎鋳鉄装箍加農砲　　・一二糎鋼銅加農砲

このうち二七糎加農砲は、日本の製造技術が追い付かないため、当分外国製のものを輸入することになった。

海岸砲制式審査委員が、海岸砲は擲射砲を主砲とすべきであるとの意見を述べた背景には、先の海防局長の臼砲専用論や、委員である有坂成章砲兵大尉の二八糎榴弾砲主砲論などがあったことは間違いない。有坂大尉の意見は次のようなものである(51)。

「我が海岸を依託し得べきものは二八糎榴弾砲なり、其の一発の命中弾は、能く敵艦の甲板を射透し、彼の生命を断つを得べし、加農の如きは、要撃等特殊の場合に用ふべきも、之を以て確実に敵艦の甲帯を射貫することは得て望むべからざる也」

二八糎榴弾砲は、前述したようにイタリーのグリロ少佐の指導のもとに大阪砲兵工廠で製造されたが、明治二十年三月、観音崎砲台において、試験射撃を実施した結果良好な成果を得たのであった。即ち、観音崎第三砲台（明治二十六年に廃止された旧第三砲台）に二八糎榴弾砲を据え、約八、〇〇〇メートル先の第一海堡に縄張りをして軍艦の目標を設定して射撃をした。一二発射撃した結果、九発が命中、三発が目標外に落ちた。命中した弾はほとんどが中心から一～二間離れたところに落ちるという好結果であった。(52)当時、八、〇〇〇メートルという長距離で射撃したことがない状況で、これだけの好結果を得たことは、関係者に大きな自信をもたらし、この好結果が海岸砲制式審査委員の意見に大きな影響を及ぼしたのであった。

陸軍大臣が海岸砲の制式決定を達した後の明治二十年十二月十七日、臨時砲台建築部長山県有朋は、海岸砲制式審査委員が擲射砲をもって海岸防御用の主砲と定めて陸軍大臣に復命したことに対し、この復命意見は擲射砲を偏重しすぎるものであると次のような意見を建議した。(53)

大口径の榴弾砲や綫臼砲は、遠距離において甲鉄艦を射撃するには有利であるが、疾航中あるいは砲台近くを通る戦艦に対しては、命中不確実で、発射速度も遅いため却って不利である。擲射砲の製造費は平射砲に比し廉価であるが、射撃精度の関係で数多く備えねばならず、このため多くの砲台建築費と多数の砲兵を必要とする故、必ずしも擲射砲を備える方が廉価であるとも言えない。また、列強の強甲鉄艦は遠洋航海に適しないので軽装快捷の戦艦を撰用しているので、これに抗戦することを考え砲種を選定すべきであると述べ、結論として「各地防禦ノ目的、海岸ノ形勢及水路ノ景況ニ応シ、全体ノ配合調和宜シキヲ得セシムヘシ、是レ即チ海防策ノ要訣ニシテ、夫ノ何レノ場合ヲ問ハス、擲射砲ヲ以テ我海防ノ主砲トナス若キハ、頗ル偏僻ノ意見ト謂フヘシ」と主張したのである。

この建議がどの程度影響したかは明確でないが、当時の海岸砲製造能力と外国製海岸砲の購入費負担能力から、やはり擲射砲を主体にしていたことは明確である。

明治二十年～二十五年の間、前述した海防献金をもって、大阪砲兵工廠において製造した海岸砲は表二―一―一〇のとおりである。(54)

表二―一―一〇　海防献金による製砲数

砲種	員数	砲種	員数
二七糎加農砲	二	二八糎榴弾砲	一一〇
二四糎加農砲	二八	二四糎臼砲	三四
一九糎加農砲	二	一五糎臼砲	一一
一二糎加農砲	二五	合計	二一二

その後も引き続き、大阪砲兵工廠においてこれらの砲が製造され、日清戦争までに東京湾・対馬・下関などの砲台に据え付けられたのである。

(五)　要塞砲兵部隊の編成

東京湾・対馬等の海岸砲台建設が逐次進捗し、また(四)で述べたように海岸砲の制式も決定されるという状況にあって、これらを運用する要塞砲兵の設置が必要不可欠になってきた。

明治二十年九月十六日、参謀本部長熾仁親王は、次のように要塞砲兵の設置について上奏し允裁を受けた。(55)

「東京湾其他各所海岸砲台之儀逐年着手目下工事中に候処、右砲台整理の上は、更に要塞砲兵を設置、守備に可被相充計画に付、該砲兵編制の儀は、取調追て可仰裁定候得共、右要塞砲兵に要する幹部人員に存ては、予め養成せされは其期に至り俄に任用を得難く、此節より養成方準備之順序も有之候に付、要塞砲兵設置之儀、従今御裁定相成度候事」。

ここに、要塞砲兵の設置が決定され、その準備にとりかかり、漸く明治二十二年三月二十七日、「要塞砲兵幹部練習所条例」（勅令第四二号）が制定され、要塞砲兵の将校及び下士官を養成する要塞砲兵幹部練習所が、千葉県国府台の教導団構内に開設された。(56)

要塞砲兵幹部練習所（初代所長太田徳三郎中佐）は、練習員と生徒の教育を実施した。練習員は、全国の砲兵科将校から適任者が選ばれ、約一年間要塞砲兵の教育を受けた後、要塞砲兵部隊の基幹要員に配置されるものであり、生徒は、全国の志願者の中から検査合格した者が採用され、約一年九カ月間の教育を受け、卒業の後要塞砲兵部隊の下士官に任命されるものである。(57)

同年七月要塞砲兵幹部練習所は、浦賀の海軍水兵屯営跡に移転し、明治二十九年五月要塞砲兵射撃学校と改称、翌三十年六月馬堀（浦賀の北）の新築営所に移転した。(58)

同所における第一期練習員として、砲兵大尉八人・中尉一〇人・少尉一二人が教育を受け、同二十三年五月に教育修了し、後述する要塞砲兵第一聯隊（東京湾）・同第二聯隊（下関）及び対馬警備隊の基幹要員となった。翌年三月第二期練習員の大尉四人・中尉六人・少尉一五人が教育修了し、それぞれ第一期練習員と同様の部隊に配置された。また第一期の生徒は一一二人で、練習員と同様の部隊に配置された。(59)

第一期練習員の教育が修了する前の三月二十九日、平時の要塞砲兵聯隊編制表が、陸達第五九号によって決定された。これを図示すると図二―一―一のようである。

図二―一―一　要塞砲兵聯隊の編制

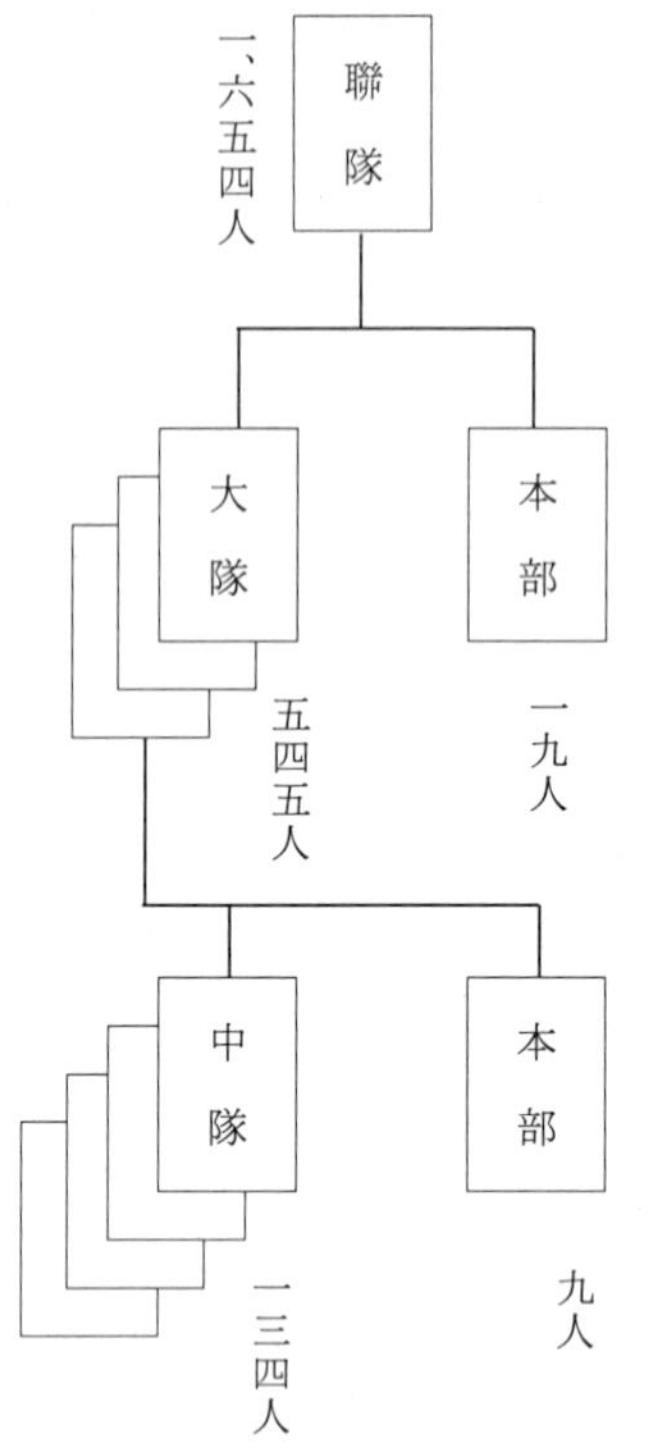

続いて五月十六日、勅令第七九号により要塞砲兵配備表が表二―一―一のとおり決定された。

さらに翌十七日、陸達第九九号で表二―一―二のように要塞砲兵聯隊設置表が定められた。

この陸達に基づき、要塞砲兵第一聯隊の第一大隊（三個中隊）と要塞砲兵第四聯隊第一大隊（三個中隊）が、まず明治二十三年に編成され、続いて翌二十四年、要塞砲兵第一聯隊の聯隊本部・第二大隊（三個中隊）及び要塞砲兵第四聯隊の第一大隊第四中隊が編成された。

さらに二十五年には、明治二十三年十二月二十七日制定の陸達第二二七号に基づき、要塞砲兵第一聯隊の第四中隊と第八中隊が編成された。

表二―一―一　要塞砲兵配備表

師管	聯隊番号	防禦管区	衛戍地
第一	第一聯隊	東京湾	横須賀
第四	第二聯隊	紀淡海峡	由良
第五	第三聯隊	―	―
第六	第四聯隊	下関海峡	赤間関
備考	第三聯隊ノ防禦管区及其衛戍地ハ追テ之ヲ定ム		

表二―一―二　要塞砲兵聯隊設置表

隊号	明治二十三年新設	明治二十四年増設
要塞砲兵第一聯隊	一大隊本部及三中隊	聯隊本部・一大隊本部及三中隊
要塞砲兵第四聯隊	一大隊本部及三中隊	一中隊

ところが、紀淡海峡の要塞砲兵第二聯隊は設置が決定されながら、いまだに編成着手に至らないため、同二十五年九月二十六日参謀次長川上操六は、紀淡海峡の砲台が二十六年にその三分の二竣工し、備砲も二十七年に終わるというのに、砲兵は二十七年度に漸く一中隊の三分の一約四〇人を置くという陸軍省の計画に対し、次のような意見を陸

軍次官に提出し、これを改正し早急に要塞砲兵聯隊を編成するよう要望した。(60)

「少クモ一千名ヲ要スル砲台ニ、僅々四十名即百分ノ四ナル兵ヲ置ク、果シテ何ノ用ヲカ為サン、若シ此ノ如クニシテ止ムトキハ、多年辛苦経営シタル砲台モ其効果ヲ見ル能ハス、豈遺憾ノ至ナラスヤ、故ニ以為ラク、此ノ如キノ設計即チ砲台及備砲ノ完成ニ伴ハサル要塞砲兵隊ノ増設順序ハ、甚タ其宜ヲ得サルモノニシテ、速ニ改正修補セサル可ラサルナリ」と述べ、さらに「苟モ之ヲ使用スル兵ナケレハ、砲台ト備砲トハ虚飾玩具タルノ誹リヲ免カレサルヘシ、之カ為我帝国ノ国威上ニ関係スル事モ亦甚タ大ナリ」と述べた。

しかし、この計画は変更されず、要塞砲兵第二聯隊は、二十七年から逐次編成されていったのである。

対馬警備隊の砲兵隊は、明治二十年の編成当初は、一ケ小隊程度の四六人であったが、明治二十一年四月二十七日の陸達第九四号によって一二二人に、明治二十二年十二月六日の陸達第一七六号によって二四九人に増員された。

(六) 砲台の種類・構造と備付弾薬

砲台とは、火砲を据え付けた砲座（狭義の砲台）及び弾薬庫・観測所・電灯所・掩蔽部（兵舎）・その他付属設備を総称したものである。(61)

砲台はその任務によって、砲戦砲台・要撃砲台・側防砲台などに分類される。砲戦砲台は、長時間にわたって敵艦艇と砲戦を継続する砲台であって、このため射界の広い所に設けられ、射程が大きく砲弾威力の大きい大口径砲が据え付けられる。要撃砲台は、海峡・湾口などの狭隘な水路を通過する敵艦艇を射撃する砲台であって、水路に面する低地に設けられ、一般に射界が狭くなるので、命中精度良好にして発射速度の大きい加農砲が据え付けられる。側防砲台は、湾口・水道などに布設された水雷（機雷）を掩護するため、あるいは隣の砲台の死角を射撃するために設けられた砲台で、中小口径の加農砲が用いられる[62]。

また、砲台のうち、背面防御（上陸して砲台の背面から攻撃する敵を防御する）の任務を持つものを堡塁と称し、海正面の敵艦船を砲撃する任務を持つものを単に砲台もしくは海岸砲台と称し、陸正面・海正面両方に対処する任務を持つものを堡塁砲台と称した。堡塁砲台は、単に堡塁とも称した。

海岸砲台は、敵艦船を砲撃するので大口径の火砲を据え、堡塁は、海岸砲台の背面から攻撃してくる敵上陸部隊を砲撃するので、一般に小口径の火砲を据え、堡塁砲台は、陸海両正面に対処するので、大口径と小口径の両火砲を据え付けたのである。

砲台は、砲台に据え付けられた火砲の種類によって、加農砲砲台・榴弾砲砲台・臼砲砲台に分類される。加農砲は、平射弾道で艦船の舷側を射撃するので、その砲台は比較的低い所に設けられた。榴弾砲及び臼砲は、曲射弾道で艦船の甲板を射撃するので、砲弾の落下速度の増加を考慮し、その砲台は一般に高い山頂や丘陵に設けられたのである。

砲台は掩護構造によって、露天砲台・隠顕砲台・砲塔砲台に分類されるが、明治期の砲台は、すべて露天砲台である。

露天砲台は、図二―一―二のように砲座の前方に切石・煉瓦・コンクリートなどの胸墻を設け、砲座と砲座の間には切石・煉瓦などの横墻を設けて、火砲及び兵員を掩護している。

砲座には、火砲一門を据えたものと、二門据えたものがある。口径二七糎加農砲・二四糎加農砲・二一糎加農砲・一九糎加農砲は一門砲座であり、その他の火砲の二八糎榴弾砲・一五糎加農砲・一二糎加農砲・九糎加農砲・二四糎臼砲・一五糎臼砲・九糎臼砲などは二門砲座である。

図二―一―二　砲台の構造（赤星直忠『三浦半島城郭史』）

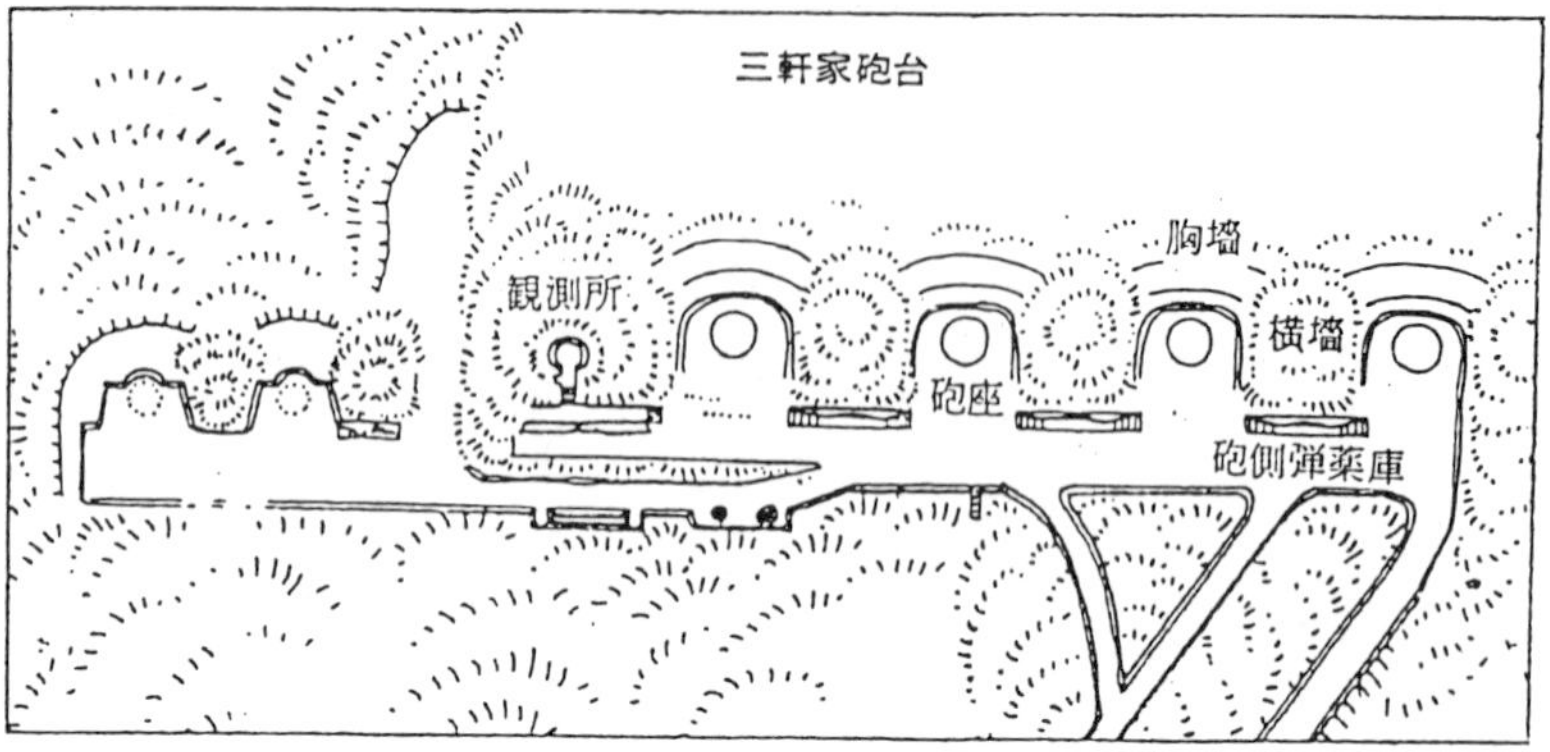

横墻の下には通常砲側弾薬庫（砲側庫）を設ける。砲側庫の天井は半円形のアーチとし、煉瓦・コンクリートまれに切石を用い、脚壁は通常煉瓦を用いる。明治中期以降の砲台の砲側庫アーチは、ほとんどがコンクリートである。

兵員用の掩蔽部（兵舎）は、概ね砲側庫に準じて造られた。

東京湾・対馬・下関・紀淡海峡などに逐次砲台が建設されていく過程において、砲台に備え付ける弾薬量をどの程度にするかが問題となり、明治二十三年十二月参謀総長は、「要塞弾薬備付法案」を作成し、陸軍大臣及び監軍に協議した。翌年四月陸軍大臣は一部修正意見を提示し、参謀総長もこれを了承し、ここに「要塞弾薬備付法案」が決定され、九月四日、陸軍大臣からその旨達せられた[63]。

続いて十一月十九日、参謀総長は、この「要塞弾薬備付法案」に基づく「各要塞備付弾薬数規定表」を作成し、各要塞に備え付ける弾薬数を達したのである[64]。

「要塞弾薬備付法案」によると、海防砲台を次のように六種に分け、それぞれについて表二―一―一三のように備付弾薬数を定めている。

・第一種　砲戦砲台　・第二種　砲戦を兼ねる縦・横射砲台
・第三種　縦射砲台　・第四種　横射砲台
・第五種　要撃砲台　・第六種　上陸及要塞防御砲台

表二―一―一三　海防砲台備付弾薬

	二七糎加農	二四糎加農	二八糎榴	二四糎臼砲	軽　砲	機関砲
第一種	一六〇（二〇〇）	一六〇（二〇〇）	一六〇（二〇〇）		—	—
第二種	一四〇（一七五）	一四〇（一七五）	一四〇（一七五）		—	—
第三種	—	—	一二〇（一五〇）	一〇〇（一二五）	—	—
第四種	六〇（七五）	六〇（七五）	—	—	—	—
第五種	二〇（二五）		—	—	—	—
第六種	—	—	—	—	二〇〇（二五〇）	一〇、〇〇〇（一二、五〇〇）

軽砲とは口径一五糎以下の砲。（　）は補給困難にして重要な砲台の備付数。

これらの数は、砲一門当りの備付弾薬数である。これらの弾薬の貯蔵の割合は、第一種～第四種の砲台は、弾薬本庫（その要塞内の各砲台の弾薬を貯蔵する弾薬庫）に四割、補給庫（各砲台内の弾薬庫）に六割貯蔵し、第五種の砲台は、全数を補給庫に貯蔵し、第六種の砲台は、弾薬本庫に二割、補給庫に八割貯蔵するように規定されている。しかし、孤島・海堡及び至高砲台などで、弾薬本庫よりの補給が極めて困難な砲台は、上記にかかわらず八割を補給庫に貯蔵するよう定められている。

一方、陸防堡塁については、堡塁を次の四種に分け、表二―一―一四のようにそれぞれの備付弾薬を定めている。

・甲　囲郭と分派堡帯を有するか又は単囲郭にして、長期間正攻に抵抗する堡塁
・乙　阻絶堡
・丙　単囲郭で攻城砲の砲撃に抵抗する堡塁
・丁　単囲郭で野戦砲の砲撃に抵抗する堡塁

表二―一―一四　陸防堡塁備付弾薬

	甲	乙	丙	丁
重加農	五〇〇	四〇〇	三五〇	三〇〇
軽加農	六〇〇	四八〇	四二〇	三六〇
重臼砲	四〇〇	三二〇	二八〇	二四〇
軽臼砲	四〇〇	三二〇	二八〇	二四〇
滑腔臼砲	三〇〇	二四〇	二一〇	一八〇
側防軽砲	二〇〇	一六〇	一四〇	一二〇
側防機関砲	一〇、〇〇〇	一〇、〇〇〇	六、〇〇〇	六、〇〇〇
壕底側防軽砲	六〇	六〇	六〇	六〇
同機関砲	三、〇〇〇	三、〇〇〇	三、〇〇〇	三、〇〇〇

口径一二糎以上を重砲、九糎以下を軽砲とする。

これらの弾薬の貯蔵は、弾薬本庫に四割、弾薬支庫（独立した堡塁用の弾薬を貯蔵する弾薬庫）に三割、補給庫に三割と規定されている。

なお警備弾薬として、海防砲台にあっては、重砲二〇発・軽砲五〇発、陸防堡塁にあっては、補給庫貯蔵弾薬の三分の一を、それぞれ平時より完成弾として補給庫に準備し非常に備えるよう定められている。

また、明治二十四年八月、「要塞補助建造物ノ規定」が制定され、これによって要塞に備えるべき糧食の貯蔵量が定められた(65)。

即ち、要塞には糧食本庫と糧食支庫を設けて食料を貯蔵するものとし、糧食本庫には、戦時の要塞守備兵全員の食料を貯蔵し、その貯蔵量は、要塞の位置・食料調達の便否・交通の難易により、甲額六カ月分・乙額四カ月分・丙額二カ月分に区分して定められる。糧食支庫は、隔離する堡塁・砲台・海堡のために設置し、糧食本庫の食料の一部を分置するもので、その貯蔵量は補給の便否により、い額二月分・ろ額一カ月分・は額二週間分に区分して定められた。糧食本庫は、有事の時急遽充足が確実な場所においても、常に半額以上を貯蔵し、確実を期せない場所においては、全額を貯蔵する。糧食支庫は、特に指定する場所の他は、まさに戒厳に移らんとする時に充足するものと規定された。

以上のように要塞砲台は、砲台の建設、火砲の備付、要塞砲兵の配置、弾薬・食料の準備などができて、初めてその機能を果たすものである。我が国の要塞が、その機能を果たせるようになったのは、日清戦争直前であった。

二　陸軍部隊の増設と師団制への改編

(一)　陸軍部隊の増設

西南戦争の後、国内は小康状態を保ったが、明治十三年十一月三十日参謀本部長山県有朋は、この小康に安住することなく世界の情勢に着目すべきであると、「隣邦兵備略」を奉呈するとともに、我が国の防備の必要性を説いた上奏文を奉呈した(1)。

「隣邦兵備略」は、清国の兵備を詳細に述べ、その他西比利亜・英領印度・蘭領印度の兵備の概要を述べたものである。

上奏文は、「上隣邦兵備略表」または「進隣邦兵備略表」といわれるもので、当時の参謀本部長山県有朋の国防に関する考えが表明されている。冒頭に「方今万国対峙シ、各其疆域ヲ画シテ自ヲ守ル、兵強カラサレハ以テ独立ス可カラス」と述べ、欧州列強の東方進出を警告し、このような情勢にあって我が国は「国内小醜ノ蜂起スル者アリシモ、立地ニ剿滅シ稍小康ニ就クカ如シ、然ルニ是皆国内ノ小事ニシテ、他邦ト抗衡スルノ大事ニ非ス」と指摘し、「安ソ目今ノ小康ヲ以テ今後ノ大事ヲ不察ニ付スルヲ得ンヤ、況ンヤ守成ノ難キ、創業ニ過キ、外侵ヲ防遏スルノ難キ、内乱ヲ戡定スルノ比ニ非サルヲヤ」と対外防衛が容易なものではないことを強調した。

続いて、「此書ハ隣邦現今ノ兵備ヲ摘載スル者ナリ、夫レ彼ヲ知リ己ヲ知ルハ兵法ノ要訣、今隣邦ト交戦スルノ素意ニ非スト雖モ、此ト連衡シ彼ト合縦シ、若クハ厳ニ中立ヲ守ル時勢ノ変予メ期ス可カラサル者アリ、故ニ其地理兵備ニ於テハ詳カニ究討セサルヲ得ス」と「隣邦兵備略」編纂の趣旨を述べ、さらに、清国の兵備が昔日の面影を一新して充実していることを説き、これに対し我が国の防備の不備を指摘し、早急に防備を充実することの必要を述べたのである。

約一年後の明治十五年一月六日、山県参謀本部長は、常備兵の充実について大山陸軍卿に次のような意見を提示した。(2) 即ち、常備兵四万有余を配置することになっているが、未だに充足されず、仙台鎮台の歩兵二大隊・砲兵工兵各一中隊、名古屋・広島両鎮台の砲兵・工兵各一中隊が欠員になっている状態であり、これを明治十六年の募集期限より年々徴募充足すべきであると述べたのである。

このような折の同年七月、朝鮮において日本公使館が焼き討ちされ、親日派要人が殺害されるという反日派のクーデター（壬午事変）が発生した。この事変は、軍備増強の引き金的役割を果たすことになった。

この事変直後の八月十五日、参事院議長山県有朋は、軍備拡張に関する財政上申を行ない、次のように軍備増強を主張した。(3)

「若シ今ニ及ソンテ我邦尚武ノ遺風ヲ快復シ、陸海軍ヲ拡張シ、我帝国ヲ以テ一大鉄艦ニ擬シ、力ヲ四面ニ展ヘ、剛毅勇敢ノ精神ヲ以テ之ヲ運転セスンハ、則チ我ノ嘗テ軽侮セル直接付近ノ外患、必ス将ニ我弊ニ乗セントス、座シテ此極ニ至ラハ、我帝国復誰ト倶ニ其独立ヲ維持シ、誰ト倶ニ其富強ヲ語ラン、故ニ曰ク、陸海軍ノ拡張ヲ謀ルハ方今ノ急務ニシテ、政府ノ宜シク此ニ孜々タルヘキ所ナリ」と軍備増強の必要性を述べ、海軍にあっては少なくとも軍艦四八隻と運漕船若干を備え、陸軍にあっては常備兵四万人をまず充足することが必要であり、このための財政処置を断行すべきであると主張したのである。

右大臣岩倉具視も、同年九月、非常収税による海軍拡張意見を、閣僚に提示した。続いて十一月十九日には、内閣に対し、増税による海軍拡張方針を閣議で決定し、陛下の聖裁を奉じ、地方官にその必行を示すべきであるとの意見を提出した(4)。

この岩倉の意見に沿って、内閣は増税を決定し、地方長官を東京に召集して政府の方針を明示したのである。即ち、十一月二十四日地方長官を宮中に集め、天皇は軍備拡張について次のように親諭した(5)。

「朕祖宗ノ遺烈ヲ承ケ国家ノ長計ヲ慮リ、宇内ノ大勢ヲ通観シテ、戎備ノ益皇張スヘキコトヲ惟フ、茲ニ廷臣ト謀リ緩急ヲ酌量シ、時ニ措クノ宜キヲ定ム、爾等地方ノ任ニ居ル、朕カ意ヲ奉體シテ施行愆ルコト勿レ」

太政大臣三条実美は、直ちにその趣旨を敷衍し、地方長官に奨諭して、次のように述べた。「今日勅諭ノ儀ハ、深ク将来ノ形勢ヲ洞察国ヲ保護スルニ必用タルヲ以テ、陸海軍備一層拡張ノ御趣意ニ候、右ハ巨額ノ入費ヲ要セサル可ラサル事ニ付、増税ノ廟議ニ有之、然ルニ尤民心ニ関スル儀ニ付、聖意ヲ奉體シ、能ク人民ニ貫通候様、厚ク尽力可有之、猶委細ノ儀ハ、内務大蔵両卿ヨリ追テ伝達可有之候事(6)」

続いて天皇は、諸省長官及び諸院庁長官に対しても同様に親諭し、三条太政大臣も同様のことを奨諭した(7)。次いで十一月二十六日、内務卿山田顕義・大蔵卿松方正義は地方長官を芝離宮に招宴し、左右大臣・参議ら参席のもと、軍備拡張のための増税について説明し、また参席した参事院議長山県有朋は、席上軍備拡張と増税について次のような意見を述べた(8)。

即ち、国民の生命財産の保護及び国の発展のためには、兵力の充実が必要であると冒頭に述べ、「然ルニ現今我国ノ陸海軍ハ、果シテ我国ヲ十分保護スルニ足ルカ、我国ノ独立ヲ永遠ニ維持スルニ足ルカ、看ヨ、海軍ハ纔《わずか》ニ十隻ノ軍艦ヲ有スルニ過キス、陸軍ハ僅ニ三萬余ヲ数フルノミナルニアラスヤ、而シテ此両軍ヲシテ卒然不測ノ変ニ応シ、我国威ヲ墜ササラシメント望ム、豈得ヘケンヤ、更ニ眼ヲ転シテ亜細亜ノ大局面ヲ視レハ、纔ニ一葦帯水ヲ隔ツル隣強ノ兵備ハ日一日、年一年、益々盛大充実ヲ極ム、豈懼レサルヘケンヤ、戒メサルヘケンヤ、故ニ今日我国ノ兵備ヲ興張スルノ一点ハ、実ニ焦眉ノ急ト謂フ可シ」と軍備拡張を強調し、その財源について「夫レ兵員ノ増加ニハ巨大ノ費用必ス之ニ伴ハサル可ラス、此レ天雨鬼輸ニアラス、之ヲ得ル課税ノ外蓋シ他ニ求ムルノ方法アラス、故ニ煙草酒類等ニ課シテ以テ陸海二軍興張ノ経費ニ充テントス」と述べ、これに対して必ず反対もあるであろうが、他に良策もないので、この増税を断行しないと「座シテ国家ノ滅亡ヲ待ツヨリ外ナカラン」と増税の必要を強調したのである。

さらに十二月二十二日、天皇は、将来不慮の変に備えるための軍備充実の順序・方法を閣議において尽くすよう、三条太政大臣に次のような勅語を下された(9)。

「東洋全局ノ太平ヲ保全スルハ、朕カ切望スル所ナリ、然ルニ今度朝鮮ノ依頼アルニ由リ、隣交ノ好誼ヲ以テ其ノ自守ノ実力ヲ幇助シ、各国ヲシテ、其ノ独立国タルヲ認定セシムルノ政略ニ渉リ、而シテ直接ニ我カ国益ヲ将来ニ保護セント欲スルノ閣議ハ、其ノ当ヲ得タルモノノ如シ、然シテ隣国ノ感触ヨリ、或ハ不慮ノ変アルニ備ユル為メ、武備ヲ充実スルノ議ハ、尤国ヲ護スルノ要点タリ、但シ海軍拡張ノ如キハ、其ノ理論ヲ定ムル易クシテ、其ノ実効ヲ収ムルヲ難シトス、其ノ経費ヲ永遠ニ支給スルノ計画ハ如何、又海軍現時ノ規制之ヲ外国ニ比照シテ完備ナル歟、士卒ノ訓練之ヲ実戦ニ用テ欠クル所ナキ歟、其ノ拡張ノ順序着手ノ方法、更ニ閣議ヲ尽シ、以テ朕カ意ヲ安ンセヨ」

三条太政大臣は十二月二十五日、この聖旨を奉じ諸省卿に次の御沙汰を伝えた(10)。

「戊辰以来民力ヲ休養シ、根本ヲ培殖シ、偏ニ内政之急ヲ被思食候儀ニ有之候処、方今宇内之形勢ニ於テ、陸海軍之整備ハ、実ニ不得已之事宜ニ有之、因テ此際時ニ措クノ宜キヲ酌定シ、国家之長計ヲ誤ラサル様、精々廟議ヲ竭《つく》スヘキ旨御沙汰候事」

以上のような増税による軍備拡張要請気運の中、陸海軍両卿は、十六年度から二十三年度に至る八年間の軍備拡張計画を太政大臣に提出し、これを受けて、大蔵卿松方正義は十二月二十六日、増税による軍備拡張費の支出案を太政大臣に上申した。その概算は表二―二―一のとおりである[11]。

表二―二―一　陸海軍拡張費支出概算表

（明治十五年十二月調）（単位万円）

陸海軍拡張費目	十六年度	十七年度	十八年度	十九年度	二十年度	二十一年度	二十二年度	二十三年度
新艦製造費	三〇〇	三〇〇	三〇〇	三〇〇	三〇〇	三〇〇	三〇〇	三〇〇
軍艦維持費	五〇	一〇〇	二〇〇	一五〇	二五〇	三〇〇	三五〇	四〇〇
陸軍兵員増加費	一五〇	一五〇	一五〇	一五〇	一五〇	一五〇	一五〇	一五〇
東京湾砲台建築費	二四	二四	二四	二四	二四	二四	二四	二四
同砲台備付品費	―	―	六〇	六〇	六〇	六〇	六〇	六〇
合　計	五二四	五七四	六八四	七三四	七八四	八三四	八八四	九三四
増税金額　七五〇万円との差引	二二六 残余	一七六 残余	六六 残余	一六 残余	三四 不足	八四 不足	一三四 不足	一八四 不足

これによると酒・煙草などの増税による年間収入七五〇万円をもって、軍艦製造費毎年三〇〇万円、陸軍兵員増加費毎年一五〇万円、その他軍艦維持費・砲台建築費などを支弁しようとするもので、この案は閣議で承認され、三条太政大臣は十二月三十日、陸海軍卿に対しその支弁を内達した。陸軍卿に対する内達は次のとおりである。[12]

「軍備皇張ノ儀被仰出候ニ付、差向常備兵員ヲ定数迄ニ増加可致、右費用ノ儀ハ、明治十六年度以降、年額通貨百五拾万円ヲ目途トシテ着手致シ、年々増加スヘキ兵員及之ニ係ル費用ノ予算取調可申出、尤東京湾砲台建築ノ費用ハ、右ノ外ニ年額弐拾四万円ツツ可相渡、此旨及内達候事。但年額ニ余贏アルトキハ、大蔵省ニ於テ之ヲ軍備金ニ組入置候筈ニ付、此旨相心得ヘシ」

この内達により、陸軍は兵備拡張に着手するのであるが、当時（明治十五年末）における陸軍の兵力は、表二―二のとおりであった。[13] 陸軍はこの表に示す常備定員未充足分をまず充足することとし、前記の一五〇万円支弁の内達を受けるや、早速これらの部隊の編成に着手したのである。即ち陸軍卿は明治十六年一月十日、仙台・名古屋・広島鎮台に対し、それぞれ次の部隊の編成設置を命じたのである。[14]

○仙台鎮台　・歩兵第四聯隊第三大隊　・歩兵第五聯隊第三大隊
　　　　　　・山砲兵第二大隊第二中隊　・工兵第一中隊
○名古屋鎮台　・山砲兵第三大隊第二中隊　・工兵第二中隊
○広島鎮台　・山砲兵第五大隊第二中隊　・工兵第三中隊

この結果六管鎮台は、騎兵と海岸砲隊を除いてほぼ完全に充足されたのである。

表二―二―二　明治十五年末の兵力

		歩兵	騎兵	砲兵	工兵	輜重	計
近衛兵		二聯隊(四大隊) 三、〇二六人	一中隊 一七三人	一大隊 三〇七人	一中隊 一八四人	—	三、六九〇人
鎮台兵	東京	三聯隊(九大隊) 六、九五六人	一大隊 三四一人	二大隊 六三三人	一大隊 三五二人	一中隊 二二七人	八、五〇九人
	仙台	二聯隊*(四大隊) 二、九六五人	—	一大隊*(一中隊) 一砲隊 二三二人	欠	一小隊 一四八人	三、三四五人
	名古屋	二聯隊(六大隊) 四、九五六人	—	一大隊*(一中隊) 一六二人	欠	一小隊 一四八人	五、二六六人
	大阪	三聯隊(九大隊) 六、五七二人	—	二大隊 六一五人	一大隊 三三五人	一小隊 一四三人	七、六六五人
	広島	二聯隊(六大隊) 五、五九五人	—	一大隊*(一中隊) 一五六人	欠	一小隊 一六六人	五、九一七人
	熊本	二聯隊(六大隊) 四、六五四人	—	二大隊 六〇九人	一大隊 三四五人	一小隊 一四七人	五、七五五人
	計	一四聯隊(四〇大隊) 三一、六九八人	一大隊 三四一人	九大隊 一砲隊 二、四〇七人	三大隊 一、〇三二人	一中隊 五小隊 九七九人	三六、四五七人
合計		一六聯隊(四四大隊) 三四、七二四人	一大隊 一中隊 五一四人	一〇大隊 一砲隊 二、七一四人	三大隊 一中隊 一、二一六人	一中隊 五小隊 九七九人	四〇、一四七人

*は常備定員未充足を示す。

陸軍は、前述の常備定員の充足に満足することなく、さらに部隊の新設を含む軍備拡張を要求し、遂にその要求が認められ、同十六年一月二十二日と五月三十日の二回に亘って、軍備拡張予算の内達を得たのである。

即ち一月二十二日、三条太政大臣は、陸軍省に対し次のように達した。[15]「軍備皇張ノ儀被仰出候ニ付、差向常備定数迄ニ増加致旨及内達置候処、猶来ル明治十八年ヨリ兵隊増置、去ル十二月廿五日御沙汰相成候御旨趣貫徹候様致可筈ニ付、同年度以降、年額通貨二百万円ヲ目途トシ、年々増加スヘキ兵員及之ニ係ル費用ノ予算取調可申出此旨内達候事」。この内達で、十八年度から毎年二〇〇万円の軍備拡張費が追加されることになった。

また、五月三十日には「軍備皇張費トシテ、十六年度以降年額通貨百五十万円宛相渡候積相達置候処、尚詮議ノ上、来ル十七年度ヨリ通貨五十万円増加、都合二百万円宛下付スヘク候条、右金額ヲ目途トシ施設可致、此旨内達候事。但十八年度ヨリ二百万円別段増加ノ儀ハ、本年一月廿二日達ノ通心得ヘシ」と内達された。[16]この五〇万円追加の内達により、陸軍の軍備拡張予算は、十六年度は一五〇万円、十七年度は二〇〇万円、十八年度以降は四〇〇万円となったのである。

この軍備拡張予算に基づき、陸軍は明治十七年五月二十四日、「諸兵配備表」（表二―二―三）を決定し、[17]この配備表に沿って部隊を整備することにしたのである。

また同日、表二―二―四のような「七軍管兵備表」を決定し布達した。[18]

諸兵配備表に基づく兵備の拡張は、まず歩兵及び砲兵から着手されていった。歩兵は、二聯隊をもって一旅団とし、各鎮台に二旅団四聯隊を配備し合計二四聯隊とした。このため一〇個聯隊を新設することになった。砲兵は、野砲兵二大隊と山砲兵一大隊をもって一聯隊とし、野砲兵大隊・山砲兵大隊とも二中隊をもって一大隊された。

新設の歩兵一〇個聯隊は、第一五から第二四聯隊とされ、まず明治十七年五月二十四日、各鎮台に対して、十七年

表二―二―三　諸兵配備表

軍管	旅団	本部	歩兵 聯隊	歩兵 屯営	騎兵 聯隊	砲兵 聯隊	工兵 大隊	輜重兵 大隊	屯営
第一	第一	東京	第一	東京	第一	第一	第一	第一	東京
			第一五	高崎					
	第二	佐倉	第二	佐倉					
			第三	東京					
第二	第三	仙台	第四	仙台	第二	第二	第二	第二	仙台
			第一六	新発田					
	第四	青森	第五	青森					
			第一七	仙台					
第三	第五	名古屋	第六	名古屋	第三	第三	第三	第三	名古屋
			第一八	豊橋					
	第六	金沢	第七	金沢					
			第一九	名古屋					
第四	第七	大阪	第八	大阪	第四	第四	第四	第四	大阪
			第九	大津					
	第八	姫路	第一〇	姫路					
			第二〇	大阪					
第五	第九	広島	第一一	広島	第五	第五	第五	第五	広島
			第二一	広島					
	第一〇	松山	第二二	松山					
			第一二	丸亀					
第六	第一一	熊本	第一三	熊本	第六	第六	第六	第六	熊本
			第二三	熊本					
	第一二	小倉	第一四	小倉					
			第二四	福岡					

表二—二—四　七軍管兵備表

軍管	師管	常備軍								常備軍					後備軍					
		戦列隊								補充隊										
		歩兵		騎兵	砲兵	工兵	要塞砲兵	輜重兵		歩兵	騎兵	砲兵	工兵	輜重兵	歩兵	騎兵	砲兵	工兵	要塞砲兵	輜重兵
第一	第一	第一旅団	第一聯隊 第十五聯隊	第一聯隊	第一聯隊	第一大隊		第一大隊		一大隊 一大隊	一中隊	一中隊	一中隊	一中隊	第一聯隊 第十五聯隊	第一聯隊	第一聯隊	第一大隊		第一大隊
	第二	第二旅団	第二聯隊 第三聯隊							一大隊 一大隊					第二聯隊 第三聯隊					
第二	第三	第三旅団	第四聯隊 第十六聯隊	第二聯隊	第二聯隊	第二大隊		第二大隊		一大隊 一大隊	一中隊	一中隊	一中隊	一中隊	第四聯隊 第十六聯隊	第二聯隊	第二聯隊	第二大隊		第二大隊
	第四	第四旅団	第五聯隊 第十七聯隊							一大隊 一大隊					第五聯隊 第十七聯隊					
第三	第五	第五旅団	第六聯隊 第十八聯隊	第三聯隊	第三聯隊	第三大隊		第三大隊		一大隊 一大隊	一中隊	一中隊	一中隊	一中隊	第六聯隊 第十八聯隊	第三聯隊	第三聯隊	第三大隊		第三大隊
	第六	第六旅団	第七聯隊 第十九聯隊							一大隊 一大隊					第七聯隊 第十九聯隊					
第四	第七	第七旅団	第八聯隊 第九聯隊	第四聯隊	第四聯隊	第四大隊		第四大隊		一大隊 一大隊	一中隊	一中隊	一中隊	一中隊	第八聯隊 第九聯隊	第四聯隊	第四聯隊	第四大隊		第四大隊
	第八	第八旅団	第十聯隊 第二十聯隊							一大隊 一大隊					第十聯隊 第二十聯隊					
第五	第九	第九旅団	第十一聯隊 第二十一聯隊	第五聯隊	第五聯隊	第五大隊		第五大隊		一大隊 一大隊	一中隊	一中隊	一中隊	一中隊	第十一聯隊 第二十一聯隊	第五聯隊	第五聯隊	第五大隊		第五大隊
	第十	第十旅団	第十二聯隊 第二十二聯隊							一大隊 一大隊					第十二聯隊 第二十二聯隊					
第六	第十一	第十一旅団	第十三聯隊 第二十三聯隊	第六聯隊	第六聯隊	第六大隊		第六大隊		一大隊 一大隊	一中隊	一中隊	一中隊	一中隊	第十三聯隊 第二十三聯隊	第六聯隊	第六聯隊	第六大隊		第六大隊
	第十二	第十二旅団	第十四聯隊 第二十四聯隊							一大隊 一大隊					第十四聯隊 第二十四聯隊					
第七																				
計		十二旅団	二十四聯隊	六聯隊	六聯隊	六大隊		六大隊		二十四大隊	六中隊	六中隊	六中隊	六中隊	二十四聯隊	六聯隊	六聯隊	六大隊		六大隊
備考	1．要塞砲兵ハ其編制未タ確定セサルヲ以テ姑ク之ヲ欠闕ク 1．補充隊ノ隊号ハ基本隊ノ称ニ従フヲ以テ略シテ示サス 1．此外尚憲兵及ヒ函館砲隊アリト雖モ之ヲ省ク 1．第七軍管ノ兵備ハ未タ確定セサルヲ以テ之ヲ記セス																			

度新設聯隊を次のように達した(19)。

○東京鎮台　・歩兵第一五聯隊第一大隊
○仙台鎮台　・歩兵第一六聯隊
○名古屋鎮台　・歩兵第一八聯隊
○大阪鎮台　・歩兵第二〇聯隊第一大隊
○広島鎮台　・歩兵第二一聯隊第一大隊　・歩兵第二二聯隊第一大隊
○熊本鎮台　・歩兵第二三聯隊第一大隊　・歩兵第二四聯隊第一大隊

以後逐次、表二—二—五のように新設歩兵聯隊が編成され、明治二十一年度をもって歩兵聯隊の増設は終了したのである(20)。

明治二十一年における歩兵聯隊の配置は、図二—二—一のとおりである。

砲兵についても、明治十七年五月二十四日、各鎮台に対し、次のような砲兵聯隊の編成を命じるとともに、既設の野砲兵大隊及び山砲兵大隊は、それぞれの聯隊の第一大隊及び第三大隊と改称するよう達した(21)。

○東京鎮台　・砲兵第一聯隊　○仙台鎮台　・砲兵第二聯隊
○名古屋鎮台　・砲兵第三聯隊　○大阪鎮台　・砲兵第四聯隊
○広島鎮台　・砲兵第五聯隊　○熊本鎮台　・砲兵第六聯隊

明治十七年度以降の砲兵の編成状況は、表二—二—六のとおりである(22)。

表二―二―五 新設歩兵聯隊の編成状況

聯隊		明治十七年	明治十八年	明治十九年	明治二十年	明治二十一年
近衛	第三聯隊		第一・二大隊			
	第四聯隊			第一大隊	第二大隊	
第一五聯隊		第一大隊	第二大隊 第一中・二中隊	第二大隊 第三中・四中隊	第三大隊	
第一六聯隊		第一・第二・第三大隊				
第一七聯隊			第一大隊	第二大隊	第三大隊	
第一八聯隊		第一・第二・第三大隊				
第一九聯隊			第一大隊	第二大隊	第三大隊	
第二〇聯隊		第一大隊	第二大隊 第一中・二中隊	第二大隊 第三中・四中隊	第三大隊	
第二一聯隊		第一大隊		第二大隊 第一中・二中隊	第二大隊 第三中・四中隊	第三大隊
第二二聯隊		第一大隊		第二大隊 第一中・二中隊	第二大隊 第三中・四中隊	第三大隊
第二三聯隊		第一大隊		第二大隊 第一中・二中隊	第二大隊 第三中・四中隊	第三大隊
第二四聯隊		第一大隊		第二大隊 第一中・二中隊	第二大隊 第三中・四中隊	第三大隊

図二―二――　歩兵聯隊配置図（明治二十一年）

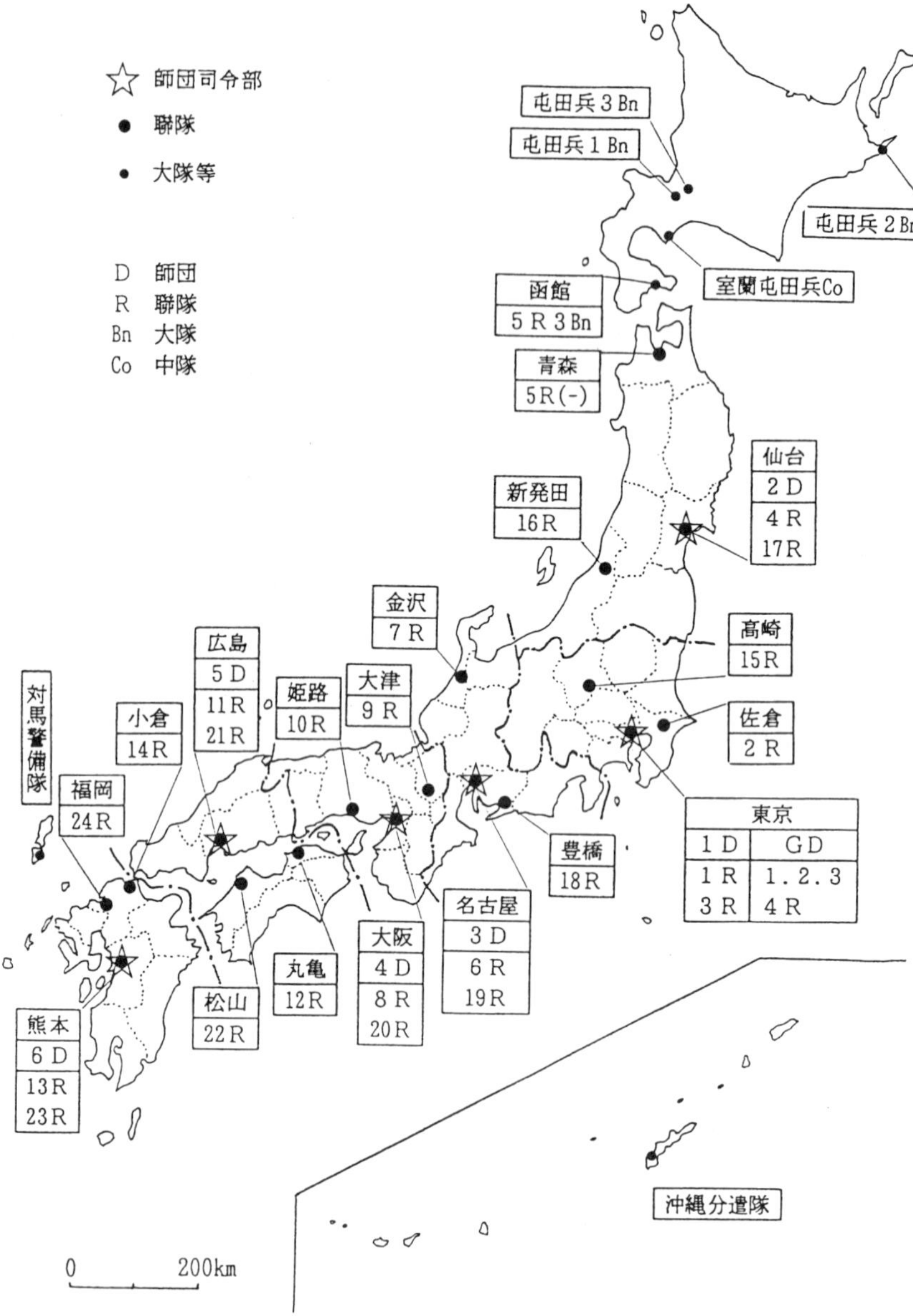
☆ 師団司令部
● 聯隊
• 大隊等
D 師団
R 聯隊
Bn 大隊
Co 中隊
屯田兵3Bn
屯田兵1Bn
屯田兵2Bn
室蘭屯田兵Co
函館
5R3Bn
青森
5R(-)
仙台
2D
4R
17R
新発田
16R
金沢
7R
高崎
15R
佐倉
2R
東京
1D
GD
1R
1.2.3
3R
4R
豊橋
18R
名古屋
3D
6R
19R
大津
9R
姫路
10R
大阪
4D
8R
20R
丸亀
12R
広島
5D
11R
21R
松山
22R
小倉
14R
福岡
24R
対馬警備隊
熊本
6D
13R
23R
沖縄分遣隊
0
200km

表二―二―六　砲兵聯隊の増設状況

聯隊	既設大隊（改称）	明治十七年	明治十八年	明治十九年	明治二十年
近衛砲兵聯隊	近衛砲兵大隊（第一大隊）		第二大隊 第一中・二中一小隊	第二大隊 第二中二小隊	第二大隊 第二中三小隊
第一聯隊（東京）	野砲第一大隊（第一大隊） 山砲第一大隊（第三大隊）	第二大隊			
第二聯隊（仙台）	山砲第二大隊（第三大隊）	第一大隊 第一中隊	第一大隊 第二中隊	第二大隊 第一中隊	第二大隊 第二中隊
第三聯隊（名古屋）	山砲第三大隊（第三大隊）	第一大隊 第一中隊	第一大隊 第二中隊	第二大隊 第一中隊	第二大隊 第二中隊
第四聯隊（大阪）	野砲第二大隊（第一大隊） 山砲第四大隊（第三大隊）	第二大隊			
第五聯隊（広島）	山砲第五大隊（第三大隊）	第一大隊 第一中隊	第一大隊 第二中隊	第二大隊 第一中隊	第二大隊 第二中隊
第六聯隊（熊本）	野砲第三大隊（第一大隊） 山砲第六大隊（第三大隊）	第二大隊			

輜重兵大隊は同十九年から編成に着手し、その編成状況は表二―二―七のとおりである。[23]

表二―二―七　輜重兵大隊の編成状況

大隊	明治十九年	明治二十年	明治二十一年	明治二十二年	明治二十五年	明治二十六年
近衛輜重兵聯隊					第一中隊	第二中隊
第一大隊（東京）	第一中隊 第一〜三小隊	第二中隊 第一〜三小隊	第一中隊第四小隊 第二中隊第四小隊			
第二大隊（仙台）	第一中隊 第一〜三小隊	第一中隊 第四小隊		第二中隊 第一〜四小隊		
第三大隊（名古屋）	第一中隊 第一〜三小隊	第一中隊 第四小隊		第二中隊 第一〜四小隊		
第四大隊（大阪）	第一中隊 第一〜三小隊	第二中隊 第一〜三小隊	第一中隊第四小隊 第二中隊第四小隊			
第五大隊（広島）	第一中隊第一〜二小隊 第二中隊第一〜二小隊		第一中隊第三小隊 第二中隊第三小隊	第一中隊第四小隊 第二中隊第四小隊		
第六大隊（熊本）	第一中隊第一〜二小隊 第二中隊第一〜二小隊		第一中隊第三小隊 第二中隊第三小隊	第一中隊第四小隊 第二中隊第四小隊		

また、工兵大隊は明治二十一年から編成に着手し、その編成状況は、表二―二―八のとおりである。[24]

表二―二―八　工兵大隊の編成状況

大隊	既設大隊中隊（改称）	明治二十一年	明治二十二年	明治二十五年	明治二十六年
近衛工兵大隊	近衛工兵中隊（第一中隊）			大隊本部	第二中隊
第一大隊（東京）	工兵第一大隊（第一中隊）（第二中隊）	第三中隊			
第二大隊（仙台）	工兵第一中隊（第一中隊）	大隊本部 第二中隊	第三中隊		
第三大隊（名古屋）	工兵第二中隊（第一中隊）	大隊本部 第二中隊	第三中隊		
第四大隊（大阪）	工兵第二大隊（第一中隊）（第二中隊）	第三中隊			
第五大隊（広島）	工兵第三中隊（第一中隊）	大隊本部 第二中隊	第三中隊		
第六大隊（熊本）	工兵第三大隊（第一中隊）（第二中隊）	第二中隊			

騎兵は、明治十七年の諸兵配備表で、聯隊編制とされていたが、同二十年十二月の平時編制表により、大隊編制をとることになり、明治二十二年から騎兵大隊の編成に着手した。その編成状況は、表二―二―九のとおりである(25)。

表二―二―九　騎兵大隊の編成状況

大隊	既設大隊	明治二十二年	明治二十三年	明治二十四年	明治二十五年	明治二十六年
近衛騎兵大隊	近衛騎兵大隊					
第一大隊（東京）	騎兵第一大隊					
第二大隊（仙台）			第一中隊第一～三小隊	第二中隊第一小隊	第二中隊第二～三小隊	第一中隊第四小隊 第二中隊第四小隊
第三大隊（名古屋）				第一中隊第一～二小隊 第二中隊第一～二小隊	第一中隊第三小隊 第二中隊第三小隊	第一中隊第四小隊 第二中隊第四小隊
第四大隊（大阪）		第一中隊第一～三小隊	第二中隊第一小隊	第二中隊第二～三小隊	第一中隊第四小隊 第二中隊第四小隊	
第五大隊（広島）			第一中隊第一～三小隊	第二中隊第一小隊	第二中隊第二～三小隊	第一中隊第四小隊 第二中隊第四小隊
第六大隊（熊本）		第一中隊第一～三小隊	第二中隊第一小隊	第二中隊第二～三小隊	第一中隊第四小隊 第二中隊第四小隊	

以上のように、明治十六年から始まった軍備拡張は、明治二十一年五月の師団への改編を経て、一応明治二十六年に完了した（師団への改編及び屯田兵の増設については、後述する）。軍備拡張後の明治二十六年末における陸軍各部隊の人員は、表二―二―一〇のとおりである。(26)

表二―二―一〇　陸軍諸部隊人員（明治二十六年末）

師団	歩兵聯隊					騎兵大隊	砲兵聯隊	工兵大隊	輜重兵大隊	軍楽隊	合計
					計						
近衛（人）	近歩一 一、五九一	近歩二 一、五八八	近歩三 一、五六六	近歩四 一、五六八	六、三一三	三四二	四六八	二三四	二二八	五二	七、六三七
第一（人）	歩一 一、六〇二	歩一五 一、五九一	歩二 一、五九二	歩三 一、五九〇	六、三七五	三一〇	六六五	三六九	三六〇	―	八、〇七九
第二（人）	歩四 一、六〇六	歩一六 一、六〇三	歩五 一、五九〇	歩一七 一、五九二	六、三九一	三一二	六八二	三七三	三六五	―	八、一二三
第三（人）	歩六 一、六一六	歩一八 一、六〇九	歩七 一、五九九	歩一九 一、六〇八	六、四三二	三一六	六八〇	三七〇	三六一	―	八、一五九
第四（人）	歩八 一、六〇六	歩九 一、五九二	歩一〇 一、六〇二	歩二〇 一、六〇一	六、四〇一	三二三	六七四	三七八	三六三	五〇	八、一八九
第五（人）	歩一一 一、六一三	歩二一 一、五九四	歩一二 一、六一七	歩二二 一、六一三	六、四三七	三一六	六八二	三七四	三五八	―	八、一六七
第六（人）	歩一三 一、六〇一	歩二三 一、六〇四	歩一四 一、六〇〇	歩二四 一、五九八	六、四〇三	三一二	六六八	三七二	三六三	―	八、一一八
合計（人）	四四、七五二					二、二三一	四、五一九	二、四七〇	二、三九八	一〇二	五六、四七二

また、その他の諸部隊の人員は、次のとおりである。

・要塞砲兵　一、六〇二人　・屯田兵　四、〇一二人

・対馬警備隊　二三三人　・憲兵隊　一、〇四九人
これらを総計すると、陸軍諸部隊の人員は、六三、三六八人となる。

表二―二―一　兵力増員状況（各年十二月末の現員数）

		明治四年（人）	明治九年（人）	明治十五年（人）	明治二十六年（人）	対十五年比
師団（鎮台）	歩兵	一三、二五五	三〇、五二一	三四、七二四	四四、七五二	一・二九
	騎兵	八七	四七〇	五一四	二、二三一	四・三四
	砲兵	七八七	一、六八五	二、七一四	四、五一九	一・六七
	工兵	一二〇	七八七	一、二一六	二、四七〇	二・〇三
	輜重兵	―	一八七	九七九	二、三九八	二・四五
要塞砲兵		―	―	―	一、六〇二	―
対馬警備隊		―	―	―	二三三	―
屯田兵		―	四七三	五一〇	四、〇一二	七・八七
計		一四、二四九	三四、一二三	四〇、六五七	六二、二一七	一・五三
軍楽隊		―	―	―	一〇二	―
憲兵隊		―	―	一、二二〇	一、〇四九	〇・八六
総計		一四、二四九	三四、一二三	四一、八七七	六三、三六八	一・五一

明治四年以降の兵力増強状況を整理すると、表二―二―一のとおりである。この表からも分かるように、明治十五年に比べると約二万人の増員であるばかりでなく、騎兵・砲兵・工兵・輜重兵などが充実され、総合戦力は飛躍的に増大したのである。

また要塞砲兵が新設され、要地の防衛力も備わったのである。

日本陸軍は、日清戦争をこのような態勢で迎えたのであった。

(二)　師団制への改編

世界の陸軍において、師団を最初に編成したのは、フランス革命前のフランス陸軍であった。フランス革命後、カルノーがこれをさらに整備して師団制を確立した。その後ナポレオンがこれを引き継ぎ、一時期ヨーロッパを制覇したのであった[27]。

日本の陸軍において、最初に師団という用語を公文に規定したのは、明治六年十一月に制定された「幕僚参謀服務綱領」であり、同綱領第九に「後来台下一軍団ノ兵員ヲ増置シ、数師団ニ分ツ時ハ師団ノ将官毎ニ幕僚参謀部ヲ置ク」と規定された[28]。しかし、これは将来を予測して規定されたものに過ぎなかった。

明治八年五月には、この「幕僚参謀服務綱領」は廃止され、新たに幕僚参謀条例が制定されたが、この条例には師団という語は規定されなかった[29]。

しかし、同年十二月に陸軍省が、陸軍の制度をまとめた「軍制綱領[30]」の第二編第二には、「抑軍団ハ之ヲ大将ニ、師団ハ之ヲ中将ニ、旅団ハ之ヲ少将ニ統率スルハ、軍隊編制ノ法自カラ然ラシムル所ナリ。其平時常備ノ兵員ハ三万乃至四万、戦時ニ在テハ五万乃至六万余ニシテ大概二軍団ノ兵員ナリ。而シテ現今備フル所ノ軍隊ヲ以テ出征行軍ノ期ニ臨ム時ハ、広島ヲ熊本ニ、名古屋ヲ大阪ニ、仙台ヲ東京ニ統ヘ、二管ノ兵ヲ合シ各一師団ト為シ、之ニ近衛一師団ヲ加ヘ、以テ全国四師団ノ兵員ト為シ、四出円転ス可シ。」と規定し、二個鎮台をもって一個師団を編成するとともに、近衛を師団に編成することを明確にしている。

また、明治九年一月十九日、陸軍卿山県有朋と陸軍大輔鳥尾小弥太が連名で、朝鮮との開戦に備えての陸軍の編制について意見を上申したが、その中で出征第一師団・第二師団を編成すべきであると述べている(31)。

このように、当時の陸軍においては、出征の際には師団を編成するものと考えられていたが、これを明文化した条例はなかった。師団の編成を明文化したのは、明治十一年十二月十三日に制定された監軍本部条例であった。

この監軍本部条例により、新たに東部・中部・西部の三監軍部長が設置され、これらの監軍部長が有事には師団を編成して師団司令長官になることになった。同条例第四条に「此三部ノ監軍部長ハ、皆師団司令長官即チ中将ニシテ、有事ノ日ニ在リテハ、旅団司令長官即チ鎮台司令長官ノ統轄スル常備現役ノ二旅団、並其管域二軍管内ノ第一後備軍ヲ統率シテ、敵衝ニ当ルヲ任トス」と規定された(32)。

即ち、鎮台司令長官は、有事に隷下の歩兵聯隊その他の諸隊をもって旅団を編成して旅団司令長官となり、監軍部長は、管下の二旅団と二後備軍をもって師団を編成して師団司令長官になるわけである。従って当時は、旅団が諸兵種編合の基本部隊であり、師団は軍団的性格のものであったといえる。

明治十二年九月十五日、鎮台条例を改正し、有事には鎮台司令官は旅団長となり、監軍中将の師団長に隷することとした。この結果、明治十三年十二月二十七日、監軍本部条例に規定されていた師団司令長官・旅団司令長官の名称が師団長・旅団長に改正され、呼称が統一された(33)。

戦時（有事）における師団及び旅団の編制は、前記の監軍本部条例と鎮台条例によって間接的に規定されていたが、明治十四年五月十九日、「戦時編制概則」を制定し、戦時における軍団・師団・旅団の編制を明確に規定した[34]。

これらの編制を図示すると、図二―二―二のとおりである。

図二―二―二　軍団・師団・旅団の戦時編制

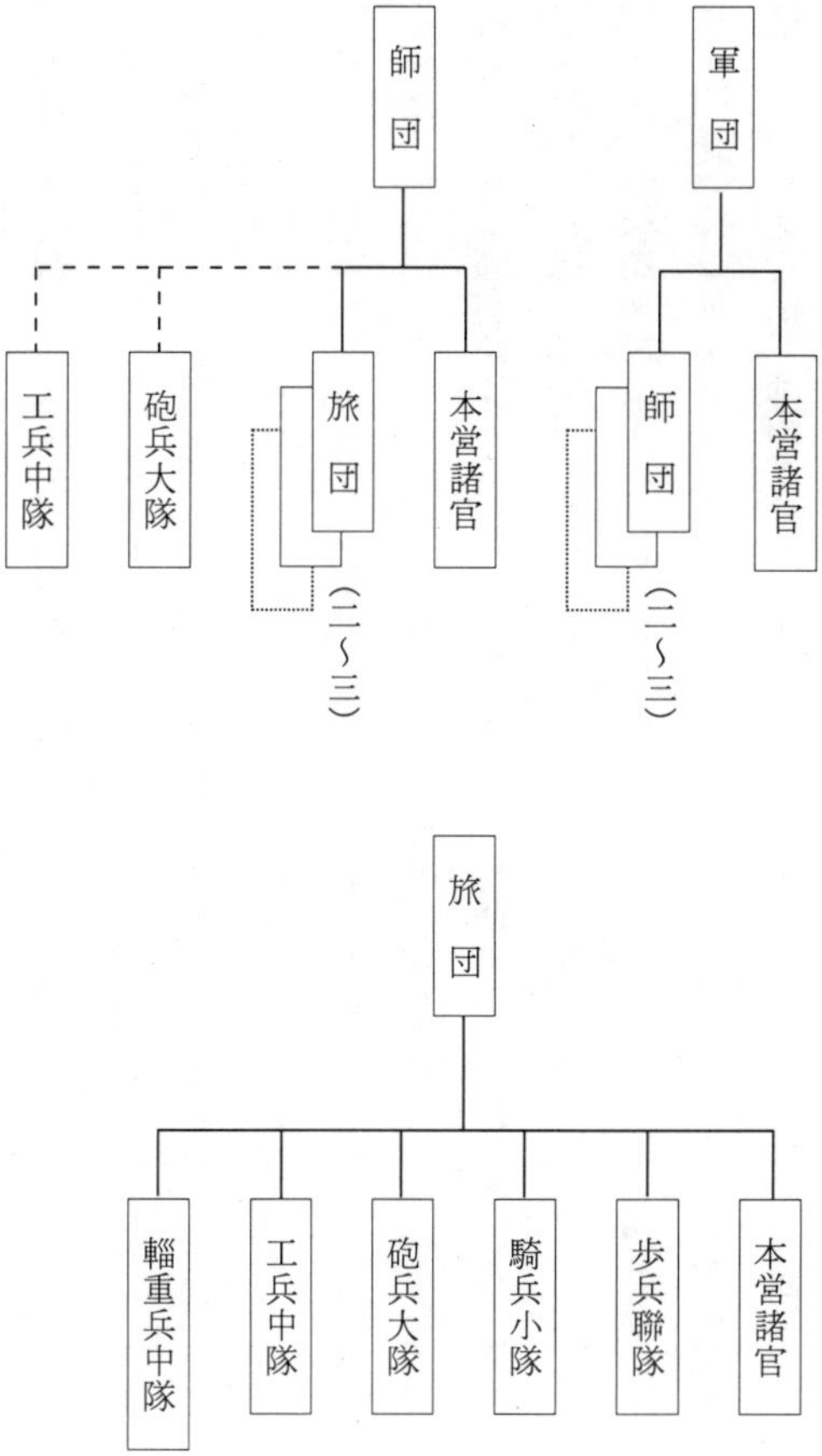

この戦時編制を見ると、諸兵種編合の基本部隊が旅団であるということが分かる。当時東京・大阪鎮台が三個歩兵聯隊、他の鎮台は二個歩兵聯隊であったため、これらの鎮台を、戦時に師団に編成するには戦力的にやや小さく、旅

団に編成せざるをえなかったものと考えられる。また、この戦時編制は、諸兵種部隊を旅団に編合しているが、当時このような諸兵種部隊が編成されていたのは東京鎮台のみであった。仙台・名古屋・広島鎮台は騎兵・工兵部隊が未編成であり、大阪・熊本鎮台は騎兵部隊が未編成であった。

戦時編制は、平時編制の部隊が基幹となるのであって、その基幹となる平時編制部隊がなくては、戦時編制は成り立たないのである。従って、この戦時編制は、各鎮台に諸兵種部隊が整備されることを前提にして制定されたのであった。

明治十七年五月、諸兵配備表が制定され、各鎮台は歩兵四聯隊と騎兵・砲兵・工兵・輜重兵各一聯（大）隊を編成配備することになった。この結果、明治十八年五月十八日、鎮台条例及び監軍本部条例が改正され[35]、有事には鎮台を師団に編成し、二個師団をもって軍団とし、鎮台司令官・監軍（監軍部長は監軍と改称）がそれぞれ師団長・軍団長になるとされた。旧条例では、鎮台司令官が旅団長になり、監軍部長が師団長になるとされていたのであるが、改正条例では鎮台司令官は師団長に、監軍は軍団長にそれぞれ格上げされたのである。軍備拡張計画により、各鎮台には歩兵三聯隊と諸兵種部隊が編成されることになったからである。

即ち、改正の鎮台条例第五条に「鎮台司令官即チ師団長ハ、出師ノ日ニ方リ定制ノ節度ニ従ヒ師団ヲ編成シ、所管監軍即チ軍団長ニ属シ征戦ノ事ニ任ス」と規定され、また、改正の監軍部条例第三条には「有事ノ日監軍ハ、軍団長ノ職ヲ帯ヒ、管下ノ常備二師団ヲ統率シテ、方面ノ敵衝ニ禦ルヲ任トス」と規定された[35]。

さらに、明治十九年一月十四日、戦時編成概則を改正し、師団を諸兵種編合の基本部隊とし、二〜三個師団をもって軍団を編成し、旅団は歩兵旅団とし、時機により騎兵・砲兵・工兵・輜重兵を加えた混成旅団を編成するとしたのである[36]。

これを図示すると、図二―二―三のようである。

図二—二—三　軍団・師団・混成旅団の戦時編制

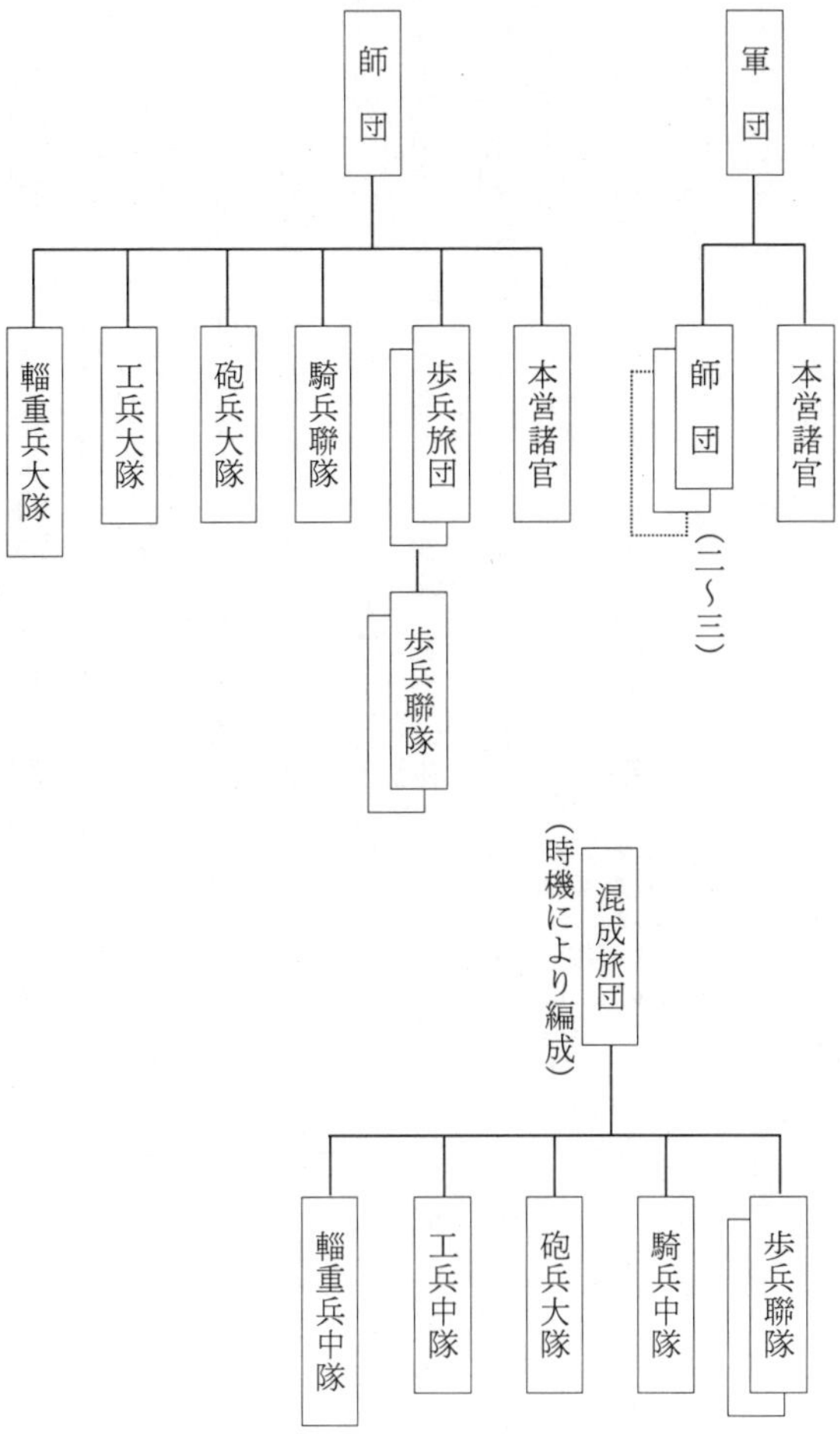

このように、師団を諸兵種編合の基本部隊に改正したことについて、ドイツから招聘したメッケル少佐の意見が大きな影響を及ぼしたいわれているが[37]、メッケル少佐は、日本陸軍が軍団制を採用することに反対したのであって、日本独特の鎮台を基盤にした師団を編成することについては積極的に賛成し、その実現を支援したに過ぎないのである。

師団の編制は、前述したように明治八年以来、日本陸軍が西欧の軍制を参考にしながら、日本独自の鎮台制を基盤にして考えたものであって、メッケル少佐の意見によるものではないのである。

メッケル少佐は、明治十八年五月の監軍部条例・鎮台条例の改正によって、軍団が編成され監軍が軍団長になり、鎮台司令官が師団を編成して師団長になるとされたことに対し、「日本陸軍高等司令官司建制論」を提示し、日本陸軍の軍団制採用反対論を次のように述べた(38)。

「過般ノ新編制ニ係ル所ノ師団タルヤ、日本ノ陸軍ニ在テハ欧州諸強国ノ陸軍ニ於ケルヨリモ一層ノ重要ナル所アリ。蓋シ独逸国師団ノ如キ、平時ニ在テハ単ニ歩兵ト騎兵トヲ以テ編制シ、戦時ニ在テハ都テノ兵科ヲ以テ編制スト雖ドモ、砲兵之ニ属スルモノ稍ヤ僅少ニシテ、其主部ハ軍団本部ニ属シ、輜重兵及ビ諸縦列(弾薬隊ヲ云フ)ノ如キモ都テ軍団本部ノ直轄タリ。之ニ反シテ日本ノ師団ハ平時ニ在テモ一軍須要ノ比例ニ準拠シ、都テノ兵種ヲ以テ編制スルモノ［三］シテ、師管ハ即チ徴兵上出師準備上全然タル一団ノ営区タリ。又師団長ハ即チ管下ニ在テ管地方面ノ首長ニシテ、管内ノ諸隊悉ク之ニ隷属シ、独リ軍事上ノ秩序ヲ維持スルノ責任アルノミナラズ、敵寇ニ方リ方面ノ守禦ヲ為スノ重任アリ。又出師準備ニ方リテヤ、輜重諸縦列ヲ統轄シ、以テ師団ヲシテ独立ノ動作ヲ為サシムルノ制ナリ。然ルニ独逸・仏蘭西・魯西・伊多利・墺地等ノ諸軍ニ在テハ、都テ是等ノ事ヲ大抵軍団若クハ軍団本部ノ統轄ニ属スルヲ以テ、日本師団ノ其陸軍ニ於ケルハ宛モ欧州軍団ノ其陸軍ニ於ケルガ如ク、之ヲ一小軍団ト云フモ不可ナカルベシ」と、欧州の師団に対する日本の師団の特性を述べ、続いて、日本陸軍の兵力はドイツ陸軍の五分の一に過ぎないので、五倍も大きいドイツ陸軍に倣って軍団を編成する必要はないのであって、大きい人には大きい手足が必要であるが、小さい人には小さい四肢が適当であると主張した。

さらに、軍団もしくは監軍というものは、平時は師団の業務と重複して繁多となり、戦時は内地の防禦・海上輸送に当り軍団を分割しなければならないので、師団の方が兵力運用上便利であるので、軍団あるいは監軍を置く必要はないと主張した。

陸軍省総務局長桂太郎も、このメッケルの意見を取り入れ、軍事行政改革意見の中で「本邦ノ師団ハ、其兵員ノ多寡ヨリ見ルトキハ、欧州諸強国ノ歩兵師団ト殆ント同一ナリト雖モ、其編制組織、及ヒ団長権限ノ如キハ、之ヲ小軍団ト称スルモ不可ナルコトナシ。鎮台条例第三条ニ拠ルニ、軍管内ノ軍令ヲ董督シ、軍政ヲ総理スルハ、団長乃チ鎮台司令官ノ担任スル所ナレハ、其職権恰モ欧州諸強国ノ軍団長ニ異ナラス。故ニ現在ノ師団ヲ以テ戦略ノ単位ト為シ、若シ数師団ヲ合セテ出師スルコトアレハ、其時ニ臨ミテ之ヲ統帥スルノ一司令部ヲ置クモ、敢テ支障ナカランカ」と、日本独自の師団制を堅持することを主張したのである。[39]

以上のように、師団制の採用は、日本陸軍が西欧の兵制を参考にして、日本独自の師団制を考え出した結果であった。メッケルが日本の師団制採用について、主導的役割を果たしたのではなく、日本独自の師団制に理論的妥当性を与えたのであった。ただし、軍団の編成を規定していた監軍部条例は、メッケルの意見を取り入れ明治十九年七月二十四日、閣令第二七号によって廃止された。

戦時編制概則が改正された直後の明治十九年一月二十八日、陸軍省達乙第一〇号によって、有事に命ずべき師団番号が、次のように決定された。[40]

・東京鎮台　第一師団　　・仙台鎮台　第二師団　　・名古屋鎮台　第三師団
・大阪鎮台　第四師団　　・広島鎮台　第五師団　　・熊本鎮台　第六師団

このような師団番号の決定により、平時の演習においても、この師団番号が使用されることになった。この経緯は、明治十八年十月二十一日、参謀本部第一局長代理（第一課長比志島義輝中佐）が、参謀本部長代理川上操六少将（参謀本部次長）に次のような意見を上申し、これを受けて川上次長と大山陸軍大臣が連署して允裁を仰いだものである。[41]

上申意見は、「師団番号ノ儀ハ、従来該団編成令ト同時ニ下令可相成御内規ニ有之候」であるが、現今団隊編成の基礎も確立したので「此際予メ有事ノ日ニ方リ命スヘキ師団ノ番号ヲ下達シ置キ、平時ノ演習等ニテモ師団ヲ編成セシトキニ於テハ、矢張リ其番号ヲ命シ、師団番号ハ平戦両時ニ論ナク、一定不変ノモノトナストキハ、予メ戦時ニ於ケル団隊編成ノ実況ヲ熟知セシムルノミナラス、出師発令百事蒼卒ノ場合ニ臨ミ、初メテ下令スル等ノ煩ヲ省キ、尤モ出師準備ノ旨趣ニモ相協候」と述べ、平時から有事に備えることの重要性を主張したのであった。

明治十七年以降着手されていた新設歩兵聯隊一〇個聯隊の編成及び各鎮台の砲兵聯隊の編成がほぼ完了した明治二十一年五月十二日、従来の鎮台制を廃止して平時から師団制を採用することになり、鎮台条例などを廃し、新たに師団司令部条例・旅団司令部条例などを制定した。(42) ここに、初めて平戦両時の建制が一致することになったのである。同日、勅令第三一号によって陸軍常備団隊配備表が制定され、東京・仙台・名古屋・大阪・広島・熊本の各鎮台は、それぞれ第一から第六師団と改称された。

また、明治二十一年七月二十日、師団戦時整備表を制定し、戦時において整備する部隊を表二―二―一二のごとく定めた。(43)

この結果、師団の戦時出動体勢ができたのである。

各師団の諸兵種部隊も前述したように逐次編成され、明治二十六年までに図二―二―四のような平時における師団の編制を完成したのである。

この師団制への改編をもって、大陸進攻作戦への転換とみなす論があるが、この論は、日清・日露戦争以後の大陸進攻という結果に結びつけるための我田引水的な論である。師団への改編は、要塞による固定的な防禦とあいまって師団を機動的に運用して国土を防衛しようとするものであった。この点に関しては、本章及び第四章で述べる事実からも明らかである。

表二―二―一二　師団戦時整備表

野戦師団	野戦予備隊	留守官衙及諸隊
師団司令部及属部		留守師団司令部 留守旅団司令部二
歩兵二旅団	後備歩兵二聯隊	歩兵補充四大隊 後備歩兵補充二大隊
騎兵一大隊	後備騎兵二小隊	騎兵補充一中隊
砲兵一聯隊		砲兵補充一中隊
工兵一大隊・大小架橋縦列各一個	後備工兵二中隊	工兵補充一中隊
弾薬縦列一大隊（歩兵弾薬縦列二個　砲兵弾薬縦列三個）	砲廠監視隊一隊	
輜重兵一大隊（糧食縦列五個　馬廠一個）	兵站糧食縦列一個 輜重監視隊一隊	輜重兵補充一中隊 輜重廠
衛生部（衛生隊一隊　野戦病院六個）	衛生部予備（衛生員　材料廠）	
野戦電信隊一隊		
備考	野戦電信隊ハ軍ヲ編制スルニ方リ、軍司令部ノ指揮ニ属ス	

図二—二—四　師団の編制

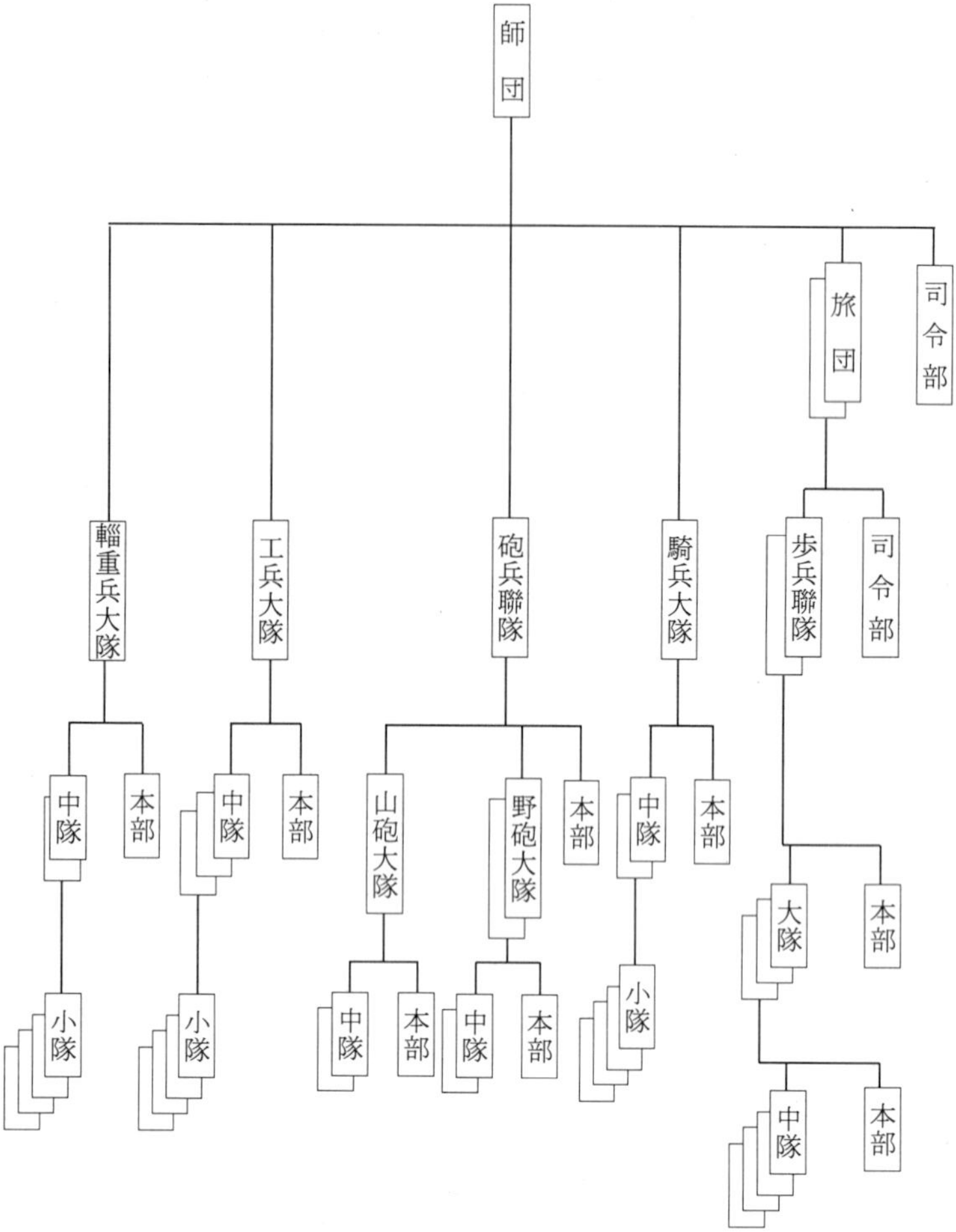
師団
輜重兵大隊
中隊
本部
小隊
工兵大隊
中隊
本部
小隊
砲兵聯隊
山砲大隊
野砲大隊
本部
中隊
本部
中隊
本部
騎兵大隊
中隊
本部
小隊
旅団
司令部
歩兵聯隊
司令部
大隊
本部
中隊
本部

三　対馬・沖縄・北海道の兵備

(一)　対馬警備隊の設置

対馬は、日本本土と朝鮮半島、日本海と東支那海を結ぶ位置にあって、戦略的に極めて重要な意義を有する島である。

幕末期の文久元年（一八六一）二月、ロシアの軍艦「ポサドニック」が、対馬の中央部にある浅海湾に進入し、イギリスによるロシアの南下封止策に対抗するため、湾内の芋崎を占拠するという事件が起こった。当時の対馬藩も幕府も、ロシアの軍艦を退去させるだけの実力がなく、既成事実を黙認せざるをえなかった。この状況を見たイギリスは戦略上これを放置しておけず、七月軍艦二隻を対馬に派遣し、ロシア軍艦に退去を迫った。ロシア軍艦は八月、遂に六カ月間占拠していた芋崎を退去した(1)。

このように、対馬はイギリスとロシアが垂涎する重要な地点であった。

明治維新により、新政府は対馬藩兵を廃止し、明治五年八月十日、熊本の鎮西鎮台に歩兵二個小隊を対馬に分遣するよう命じた。歩兵二個小隊は、九月十二日厳原に到着し、旧城内に駐屯した(2)。

以後この対馬分遣隊は、半年交代で熊本鎮台（鎮西鎮台は同六年一月熊本鎮台となる）の歩兵第一一大隊、第一二大隊及び第一九大隊から一個中隊が派遣されたが、明治七年六月、台湾征討参加のため、歩兵第一九大隊の一個中隊が引き揚げてしまい、その後約一〇年間は交代兵は派遣されなかった(3)。このため、対馬は防衛上空白状態になったのである。

ところが、明治十八年四月、中央アジアへのロシアの進出を牽制するため、イギリスが朝鮮海峡の巨文島を占領し、これに対抗してロシアが、朝鮮半島の一部を占領することを朝鮮に要求するという事件が発生し、朝鮮海峡は緊迫した情勢になってきたのである。

このため陸軍卿大山巖は、同年六月二十七日太政大臣三条実美に対し、対馬への陸軍兵派遣について次のように上申した(4)。

「長崎県下対馬国之儀ハ、朝鮮国ニ接近シ最緊要之地ニシテ、殊ニ孤立之姿ニ付、往々若干之警備無之而ハ不相成候処、未タ着手之順序ニ難相運、然ルニ現時東洋之形勢不穏之事態モ有之候付、追而警備之方法相立候迄、当分広島鎮台歩兵之内一中隊同国へ分遣被成候様致度、此段及上申候也」と。

この上申に対し、太政官は七月二日、広島鎮台歩兵一中隊を対馬に分遣するよう陸軍省に達した。このため七月十一日、歩兵第一二聯隊第一大隊第一中隊（丸亀駐屯）が、対馬警備のため厳原に派遣された(5)。

翌十九年一月以後は、熊本鎮台から再び歩兵一個中隊が半年交代で派遣されることになり、まず、歩兵第一三聯隊第一大隊第一中隊が派遣され、次いで同年六月歩兵第一四聯隊第二大隊第一中隊が派遣された(6)。

このように対馬分遣隊が派遣されるに当って、明治十八年八月十七日、参謀本部第一局長児玉源太郎は本部長山県有朋に、次のような対馬の兵備案を提出した(7)。

即ち、対馬は政略上・戦略上の要点であるので兵備の実施は急務であるが「一般兵備ノ法ニ従ヒ、本営熊本鎮台ノ一聯隊ヨリ兵隊ヲ分派セン歟、距離遼遠ニシテ且波涛ノ険アリ、平時ハ軍令及経理上尤モ不便ニシテ、戦時ハ応援分合ニ利アラス、故ニ対州駐屯ノ兵隊ハ、稍独立ノ勢ヲナシ、緩急ノ際外援ヲ待ツ事ナクシテ、扞禦ノ任ニ堪ユル事ヲ得セシム可シ」と述べ、このためには「島内ニ於テ年々所要ノ兵ヲ徴シテ駐防ノ隊ヲ編シ、予備・後備ノ制ニ拠テ、全島ノ士民ヲ訓練シ、有事ノ日速ニ多数ノ兵ヲ聚合シ得ル」ことが必要であるが、島内の人口・産業などの状況を考えると、一時に多数の兵を徴し、長期間在営させるべきではないので、現役の兵員を減じて、予備・後備の編制で兵備を完全にすればよいと、いわば郷士防衛隊のようなものの設置を主張したのである。

このような兵備を設けるならば、「全島皆兵ニシテ、恰モ堡砦ノ海中ニ屹立スル如ク、平時ハ課役苛ナラスシテ以テ不慮ニ備ユルニ足リ、戦時ハ急ニ兵員ヲ増加シ以テ郷土ヲ護ルニ足ルヘシ、夫レ護郷ノ念ハ人情自然ナルヲ以テ、島中ノ士民皆ナ喜ンテ事ニ従フヘシ、其死生ヲ以テ島ノ存亡ト共ニスルハ、固ヨリ島民ノ本分ナリ」という離島防衛体勢ができるというのであった。

具体案として、歩兵と砲兵から成る警備隊を設け、在営期間を一年、後の二年は帰休を命じ生業に就かせるということを提示した。この児玉第一局長の案が基になり、後に対馬警備隊が設置されることになったのである。

対馬へ分遣隊が派遣された後の明治十八年八月六日、児玉第一局長は山県本部長に対し、離島に分営を設置するよう次のような意見を上申した(8)。

「沿海諸島ノ防備ニ至ツテハ、曽テ決定シタル分営ノ設置モ之レ無キ処、客歳英魯ノ間一タヒ紛議ヲ生シテヨリ、英艦ハ遂ニ朝鮮ノ巨文島ヲ占領シ、魯国又之ニ応シテ益々南下ノ計ヲ為ス等、我西海ノ景況実ニ静穏ナラス、沿海諸島ノ警備一日モ忽諸ニ付ス可ラサルニ至レリ、是レ今般対馬ニ警備兵ヲ分遣セラレタル所以ナリ、然リ而シテ目下ノ事情ニ因リ将来ヲ推スモ、独リ対馬而已ナラス、今日沿海諸島ノ警備ヲ論定スル決シテ早計ニ非サルヲ信ス、爰ニ於テ諸島ニ特別ナル警備兵ヲ配置シ、各自護郷ノ任ヲ尽サシメ、各島ノ兵備ハ稍々独立ノ体ヲ供ヘシメント欲ス、殷鑑遠カラス彼ノ巨文島ニアリ」と離島の兵備の必要を説き、次の六島に分営を設置すべきであると主張した。

・対馬　・大島　・琉球　・隠岐　・佐渡　・小笠原

児玉第一局長は、さらに同年十二月九日、これらの分営に司令部を設置して軍令権を付与すべきであると、次のような意見を川上次長に上申した(9)。

「鎮台ト隔絶シテ交通不便ナル地ノ分営ニ在テハ、司令部ヲ設置シテ、軍令ニ関スル職権ヲ付与スルニ非サレハ、事変ニ際会スルモ其兵ヲ動カスヲ得ス」従って「鎮台ト隔絶シテ交通不便ナル地ノ分営ニ限リ、特ニ司令官以下ノ官僚ヲ置キ、之ニ適当ノ軍令権ヲ与ヘテ、臨機応分ノ処置ヲ為サシメ得ヘク様致度」と述べた。

兵を出動させる権限は、当時は、監軍部条例及び鎮台条例に規定されているように、監軍と鎮台司令官と営所司令官にあって、分営司令官にはなかったのである。このため、離島に設置される分営司令官にも、兵を出動させる権限を付与しようというものであった。

このような案は、陸軍省側に協議されて、明治十九年六月陸軍大臣は、警備隊条例の制定及び対馬に警備隊を設置する件を上奏した(10)。

かくして、同年十一月三十日、勅令第七五号により警備隊条例が制定されるとともに、閣令第三二号によって対馬に警備隊が設置されることになった。

当時の『ウラジオストック毎週新聞』は、イギリスの巨文島占領に対抗するため、永興湾か済州島か対馬のいずれかを占領して艦隊根拠地にすべきであり、中でも対馬が根拠地として最も適していると主張している。(11)

また、ロシア陸軍の参謀ラリオノフは、『対馬島の未来』という小冊子の中で、対馬島は海軍根拠地として得難い良港であるので、これを占領して、日本海を「東露海」と改名すべきであり、そうすることによって、労少なくして朝鮮半島から満州一帯までをロシアの主権下に置くことが可能であり、バルチック海や黒海の苦い経験から考えても、対馬島を占領することこそ、東露海における自由を収め得る道であると主張しているのである。(12)

このように、当時のロシアが、隙あれば対馬を占領しようという野望を持っていたことは、十分考えられることであった。

また、この頃日本政府首脳が、対馬を視察し実際に自分の目で、対馬の重要性を確認しているのである。即ち、明治十九年三月に内務大臣山県有朋、同年十二月に総理大臣伊藤博文・陸軍大臣兼海軍大臣大山巌・司法大臣山田顕義らがそれぞれ対馬を視察したのである。(13)

沖縄・対馬を視察した山県は、その復命書の中で対馬について、次のように述べている。(14)「方今宇内ノ形勢ヲ洞察スルニ、東方最モ多事ノ日ト謂フヘシ。曩ニ清国朝鮮ニ於テ多少ノ事故ヲ生シ、又清仏ノ争戦、英露ノ葛藤アリシモ、幸ニシテ能ク調停シ、我沿海地方ニ於テ砲烟弾雨ノ害ヲ被ムルニ至ラス」というものの、「唯一時ノ苟安ヲ望ムアラハ、他日ノ患害予期ノ外ニ劇発スルハ必然勢ナリ。然レハ沖縄ハ我南門、対馬ハ我西門ニシテ、最要衝ノ地ナレハ、此ノ諸島要港ノ保護警備、豈抛棄シテ之ヲ不問ニ付スヘケンヤ」と対馬の重要性を述べた。

以上のような背景において制定された警備隊条例の第一条には、小笠原島・佐渡・隠岐・大島・沖縄・対馬に漸次警備隊を置くと定められた。しかし、当時の軍備拡張と要塞建設などのため、財政的にこれらの諸島に警備隊を設置することは困難であり、結局、対馬に警備隊が設置されただけで、他の島には遂に警備隊は設置されなかったのである。沖縄には、後述するように、熊本鎮台から交代で歩兵一個中隊が分遣されていたが、独立した警備隊を設置するに至らなかった。

警備隊の兵員について、警備隊条例第三条に「警備隊ノ兵卒ハ、該島嶼ヨリ徴兵適齢ノ者ヲ徴集シ、毎年両度ニ其半数宛ヲ入営セシメ、在営一箇年ニシテ帰休ヲ命ス」と規定され、一般の徴兵と異なった一年在営・二年帰休という特例が採用されたのであった。

また、同条例第八条には、「警備隊司令官ハ、管内騒擾ノ警アル時ハ、先ツ情状ヲ鎮台司令官ニ申報シテ、其区処ヲ承ク可シ。但事火急ニシテ兵力ヲ要シ、地方長官ヨリ出兵ヲ要求スル時ハ之ニ応シ、状ヲ具シテ鎮台司令官ニ急報ス可シ。其事外国ニ関渉スルモノハ、出兵スルモ守勢ノ戦備ヲ取ル可シ」と出兵の手順を定め、外国に対する場合は、守勢の戦備をとるべしと、警備隊司令官の攻勢への逸脱を明確に禁じたのであった。もっともこの条項は、鎮台条例の第九条「軍管内騒擾ノ警アルモ、其事外国ニ関渉スルモノハ、天皇宣戦ノ権ニ係ルヲ以テ、漫リニ一卒ヲモ動カスヲ許サス。但事火急ニシテ之ニ応セサルヲ得サル時ハ、守勢ノ戦備ヲ取リ、状ヲ具シテ急速監軍ニ申報ス可シ」を踏襲したものであった。

当時、対外戦について極めて慎重であったことが、これらの条文からも、十分知ることができるのである。

さて、対馬警備隊の設置が決定されるや、続いて翌十二月三日、対馬警備隊編制表が定められた。(15) 即ち、司令官（少佐）以下、歩兵一中隊（三小隊一一七人）、砲兵一隊（四六人）、軍医・軍吏・書記など一一人、合計一七五人の編制であった。

十二月十八日、初代の警備隊司令官に水野勝毅歩兵少佐が任命されるとともに、同日、中小隊長などが次のとおり任命された[16]。

・歩兵中隊長　歩兵大尉　森田　邦　　・歩兵小隊長　歩兵中尉　竹中謙輔
・歩兵小隊長　歩兵中尉　荘司平三郎　　・歩兵小隊長　歩兵少尉　北山　登
・砲兵隊長　砲兵中尉　石原寅次郎

対馬警備隊は、翌二十年一月二十日、熊本鎮台内に警備隊仮事務所を開設して事務を開始し、同月二十七日熊本を出発、三十日厳原に着き、翌二月一日、分遣隊の歩兵第一四聯隊第二大隊第一中隊と交代し、旧城内に駐屯し、以後対馬警備の任に就いたのである[17]。

その後対馬警備隊は、明治二十一年四月二十七日編制改正により、警備隊本部が設置され、さらに、二十二年十二月六日には、本部は司令部と改称されるとともに、砲兵隊が増強された。また、二十三年十一月一日と二十六年九月五日にそれぞれ編制改正があった。これらをまとめると表二―三―一のとおりである[18]。

明治二十二年十二月六日の編制改正によって砲兵が増強されたのは、既に要塞建設の項で述べたように、浅海湾防備のために、大平・芋崎・温江・大石浦の四砲台が建設され、その守備兵として要塞砲兵が増員されたものである。

これらの砲台には、表二―三―二のように要塞砲が据えられた[19]。

表二―三―一　対馬警備隊編制の変遷

改正年月日	本部（司令部）	歩兵隊	砲兵隊	総員
当初の編制	一二	一一七	四六	一七五
明治二十一年四月二十七日	一九	一一三	六九	二〇一
二十二年十二月六日	二五	一〇二	一二二	二四九
二十三年十一月一日	三七	一〇二	一二二	二六一
二十六年九月五日	三六	一一一	九七	二四四

表二―三―二　対馬要塞砲台の備砲

砲台	砲種	門数
大平砲台	一二糎加農砲	四
芋崎砲台	二八糎榴弾砲	四
温江砲台	一二糎加農砲	四
大石浦砲台	二八糎榴弾砲	六

(二)　沖縄分遣隊の派遣

琉球は、慶長十四年(一六〇九)薩摩の征討以来、日支両属関係を維持してきたが、明治五年九月十四日、明治政府は、琉球国王尚泰を藩王に封じ華族に列せしむるとともに、琉球藩を設置し、同月二十八日外務省の管轄とした。[20]明治七年七月十二日、琉球藩の管轄が外務省から内務省に変更され、[21]内務省は琉球藩の廃藩置県いわゆる琉球処分の準備に着手したのである。

これに伴い、琉球藩に熊本鎮台の分営が設置されることになったが、沖縄に兵備を設けることを最初に論じたのは、明治五年五月三十日井上馨外務大輔が、琉球の日支両属関係を断って版籍を収め、完全に我が所轄にすべきことを建議したことに対する左院の答議であった。左院は、この答議の中で次のように述べている。[22]

「琉球ハ従来島津氏ヨリ仕官ヲ遣シ鎮撫シタレハ、其例ニ循テ九州ノ鎮台ヨリ番兵ヲ出張セシムヘシ、我同盟ノ東西洋各国ニ於テ、我ヨリ信義ヲ以テ公然タル交際スレハ、彼モ又其信義ヲ毀リテ我カ所属タル土地ヲ犯スヘキノ道ナシ、故ニ番兵ハ、外寇ヲ禦クノ備ニアラス、琉球国内ヲ鎮撫センカ為メナレハ、必シモ多人数ヲ要セサルヘシ」と。

この左院の意見は、沖縄の兵備を対外防衛のためではなく、対内警備のためのものと位置付けているのである。このような対内警備としての兵備を置くという考えは、その後の琉球処分において、政府が実際に採用していったものである。

前述したように、同じ離島の対馬の場合は、対外防衛のための兵備として設置されたのに対し、沖縄の兵備は、日支両属を断ち、いわゆる琉球処分を断行する後ろ盾として設置されたところに大きな特色がある。

明治七年十二月十五日、内務卿大久保利通は、琉球処分の方法を太政大臣三条実美に伺い出た際、鎮台支営を那覇港内に設置すべきであると述べ、さらに、翌八年三月十日の琉球藩処分法上申において、「那覇港内へ鎮台支営被建置候事ハ、速ニ不相運候テハ不都合ニ付、御評決ノ上、陸軍省へ御達有之度」と、鎮台支営設置は事情もあり急いで決定すべきではないと主張したのである。(23)

これを受け、太政官で検討した結果、約二カ月後の五月七日、分遣隊派遣が決定された。即ち、同日三条太政大臣は、琉球藩に対して「其藩内保護ノ為、第六軍管熊本鎮台分遣隊被置候条此旨相達候事」と達し、陸軍省に対しても「琉球藩内江熊本鎮台分遣隊被置候儀、別紙之通同藩江相達候条、実地検査ノ上着手可致此旨相達候事」と達したのである。(24)

続いて五月十三日、琉球処分着手のため、内務大丞松田道之を琉球へ派遣することが決定され、翌月十二日、松田らに同行して、陸軍省から長嶺讓少佐・宮村正俊大尉らが分営建築調査のため琉球に派遣された。(25)

七月十日那覇に到着した松田処分官は、早速七月十四日、琉球処分に関する政府の御達書を琉球藩に渡し、その際の処分条件の説明において、鎮台分営設置につき次のように述べている。(26)

「此件ハ既ニ御達ニ相成タル部ニ属セリ、抑モ政府ノ国内ヲ経営スルニ当テハ、其要地所在ニ鎮台又ハ分営ヲ散置シテ、以テ其地方ノ変ニ備フ、是政府国土人民ノ安寧ヲ保護スルノ本分義務ニシテ、他ヨリ之ヲ拒ミ得ルノ権利ナシ、是断然御達ニ相成タル所以也」と分営設置の名分を述べた後、さらに、藩内の姑息の者は「夫レ琉球ハ南海ノ一孤島、如何ナル兵備ヲ為シ如何ナル方策ヲ設クルトモ、以テ他ノ敵国外患ニ当ルヘキ力ナシ、此小国ニシテ兵アリ力アルノ形ヲ示サハ、却テ求テ敵国外患ヲ招ク基トナリ、国遂ニ危シ、寧ロ兵ナク力ナク惟礼儀柔順以テ外ニ対シ、所謂柔能制剛ヲ以テ国ヲ保ツニ如ス」と言うが、この論は、琉球を一つの独立国と見なすものであって、このような論は誤っていると、分営設置反対論を排斥しているのである。

政府の琉球処分法を伝えた松田は、九月に帰京し、三条太政大臣に、日支両属を廃して、速やかに司法・行政・軍務の三事を実行すべきであると、要旨次のような建言をした[27]。

即ち、日支両属などということは、「世界ノ道理ニ於テ為ス可ラサルモノニシテ、之ヲ措テ問ハサルトキハ、我独立国タル体面ヲ毀損シ、万国公法上ニ於テ大ニ障碍ヲ来スコトアリ」と述べ、この両属関係を廃して、まず次の三事を実行すべきであると主張した。三事とは、「司法以テ当藩王違制ノ罪ヲ処断シ、行政以テ当藩王ニ命シテ土地人民ヲ奉還セシメ、遂ニ琉球藩ヲ廃シ沖縄県ヲ置キ、軍務以テ既ニ決定シタル所ノ分遣隊入琉ノ期限ヲ早クシテ、地方ノ暴挙ヲ予防スルナリ」ということである。

この松田の建言は採用され、明治九年五月二十四日、琉球藩警備のため歩兵一分隊の派遣が発令された[28]。これを受け、同年七月一日、熊本鎮台の歩兵第一三聯隊の一分隊（橋本謙作少尉以下二五名）が琉球に派遣された。この分遣隊は、半年交代とされ、海の平穏な十～十一月と三～四月に交代するものとされた[29]。

兵営は当初、那覇西村に賃借していたが、同年八月三十一日古波蔵の兵営が完成し、九月三日に新兵舎に移転した[30]。

このような分遣隊の派遣駐屯は、琉球処分に備えての対内警備のためのものであったが、一面では、諸外国に対し、琉球が日本の統治権下にあることを明確に示すためのものでもあったと考えられる。分遣隊が、対外防衛のために派遣されるのであるならば、その勢力は最小限一大隊は必要である。一分隊程度の兵力では、組織的な戦闘はできないのである。この点からも、分遣隊は、対外防衛というよりも、対内警備と統治権の明示のためのものであったといえるのである。

しかし、当時諸外国の中で、琉球を領有しようという考えも一部にはあったのである。前述した明治八年七月十四日の御達書説明において、松田大丞が「殊ニ琉球ノ地ハ良キ独立ノ形ニ似タルヲ以テ、亜細亜航海ノ便宜ノ為、此地ヲ以テ修船場トナサンコトヲ企望スル国モ往々アル由ナレハ、我カ日本政府ノ版図タルコトヲ判然表章セサレハ、前途当藩ノ存亡ニ関係スルノ恐レナキ能ハス」と警告しているように、イギリス人バルフォールは、一八七六年（明治九）ロンドン発行の東洋雑誌に、琉球領有の考えを次のように論じているのである。(31)

「実ニ琉球ノ如キ其地位至便ヲ占ルノ群島ヲ有スルハ、一旦事アルノ日、大国ノ為メ極メテ其便益タルハ論ヲ待サル処ニシテ、今設シ我英国ニ於テ如此キ群島ヲ得、戍兵ヲ置キ、以テ太平海中屯箚ノ所トセハ、東洋ニ於ケル英国ノ地位ハ、尚幾歩ヲ進ルヲ知ルヘカラス」と述べ、さらに「我英国ハ太平海中第二ノ馬耳達《マルタ》トスヘキ一島ヲ得、戍兵ヲ置キ、一旦事アルトキハ、則チ数日ヲ出スシテ直チニ上海ニ繰込ムノ便ヲ得ルニ至ラサレハ、其ノ東洋ニ於ケルノ地位未タ確固タリト云ヘカラス、故ニ設シ琉球ヲ以テ英国ノ有ニ帰セシメハ、之ヲ有用トシ、以テ其実益ヲ収ムルヲ得ヘキニ、日本ノ如キハ琉球ヲ領シテ、之ヲ有用トナス能ハス」と、琉球を領有して太平洋のマルタ島となすべきことを論じているのである。しかし、この意見は実際には採用されなかったのである。

明治十一年十一月、内務大書記官松田道之は、命により琉球処分案を起草し、内務卿伊藤博文に提出した。その中で松田は、兵備について次のように述べている。(32)

琉球処分に当っては「厳威ヲ示シ実力ヲ備ヘテ、以テ兇暴ヲ予防シ、安寧ヲ保護セサル可ラサルニ付、相応ノ戍兵ヲ要ス、然レトモ廃藩置県ノ発令ト同時ニ兵ヲ送ルトキハ、討伐ノ処置ト誤認シ、無謂動揺ヲ招クヘシ、故ニ発令ヨリ以前ニ於テ、若干ノ増兵ヲ該地ノ分営ニ送ルヘシ」と述べ、さらに、処分方法の第一条に「処分発令ノ以前ニ於テ藩地ノ分営ニ若干ノ兵員ヲ増スヘシ」と記し、第八条第七に「処分ヲナスニ当リ、士人狼狽騒擾スルハ必然ニ付、可成説諭スヘシト雖モ、若シ兇暴反人ノ所為ニ及フト視認ルトキハ、分営ニ謀リ兵威ヲ示シテ鎮撫スルモ苦シカラス」と記しているのである。

翌十二年一月八日、松田は第二回目の琉球処分交渉のため琉球に派遣され、二月十三日に帰京したが、兵備に関する考えは、この交渉によっても何ら変わらなかった。

政府は松田の復命を聴いた上で、二月十五日増員兵の派遣を内決した。陸軍省は、直ちに熊本鎮台司令官曽我祐準少将に、「琉球藩主朝命ヲ奉セサルニ付、此度鹿児島分遣隊ノ中右半大隊、大隊長引率出張仰付ラルル御内決ニ付、至急右準備アルヘシ、委細ハ明日郵便ニ而申入ル」と派遣準備の電報指令を発した(33)。

続いて二月十七日、陸軍卿代理小澤武雄少将（陸軍省第一局長）は、熊本鎮台司令官曽我少将に、次のような準備事項を指示した(34)。

①　大隊付計官・医官共付属出張ノ事
②　鍬兵器具持越ノ事
③　小銃ハ十分ノ二ヲ予備トシ、付属具及背嚢予備ハ見込次第ノ事
④　弾薬ハ携帯ノ外一名五百発ノ事
⑤　季候温暖ニ付夏服持越、食料モ此ニ注意シテ準備ノ事
⑥　食料其他諸物品成ル丈鹿児島ニテ相弁シ、凡三十日分船積用意ノ事
⑦　右ケ条ノ内不足品等アラハ、直ク申出ヘシ

さらに、陸軍省官房長心得浅井道博中佐は、曽我少将に「鹿児島屯在隊出張ハ出征ニ非サル故、出征手当ハ勿論賜

ハラス。出発日限未定ナリ、決定次第申進スヘシ。携帯ノ外ノ弾薬ハ、当地ヨリ廻ス船ニ積テ送ル方都合ナラン、御考如何」との電報を打った[35]。琉球への派遣が、いわゆる出征即ち戦うための派兵ではないことを、はっきりと示したのであった。

翌二月十八日、琉球への増員派遣が正式に決定され、陸軍卿代理小澤少将は、宮中に召され、「琉球藩分遣隊為増員鹿児島分遣兵之中半大隊同藩へ出張之事」との勅命を受け、また、三条太政大臣からも「琉球藩分遣隊増員被仰付候間、運搬其外之儀内務省へ打合可取計、此旨相達候事」との御達があった[36]。

陸軍省浅井中佐は、二月二十日内務大書記官松田道之に、琉球派遣人員を次のとおりであると通知した[37]。

・歩兵半大隊　三八〇人　内将校　一四人、下士　四六人、卒　三二〇人

・その他　　将校　一人、下士　一人、出仕　一人

小澤陸軍卿代理は、二月二十八日曽我熊本鎮台司令官に、先に三十日分準備を指令したが、さらに三十日分合わせて二カ月分準備するよう指令し、続いて三月一日には、鹿児島屯在の残り半大隊も、何時出張の命があるかも分からないので、先に達した準備品で不足の品があれば申し出るよう指令した[38]。

明治十二年三月二十一日、琉球処分官松田道之に伴って、鹿児島に分遣中の歩兵第一四聯隊第三大隊の半大隊（大隊長波多野義次少佐率いる第一・第二中隊）は、鹿児島を出帆し、琉球に向かった。一行は同月二十五日那覇港に着いた。波多野少佐は同月三十一日、部隊を率いて首里城に入城して同城を受け取り、一中隊を駐屯させた[39]。

松田処分官は、これらの兵力を背景にして、三月二十七日琉球藩を廃し沖縄県を設置することを達した[40]。政府は、四月四日正式に沖縄県設置を布告した。このように政府は、琉球処分に当っての事態の紛糾を恐れ、陸軍部隊と警察官を派遣したのであるが、処分は平穏に終始した。

このため、六月十三日、波多野少佐以下の部隊は沖縄を引き揚げ、交代として同聯隊第二大隊第二中隊が派遣された。以後、歩兵第一四聯隊の一個中隊が半年交代で派遣され、沖縄の警備に任じた[41]。

明治十三年七月、分遣隊は古波蔵の兵営を引き払い、首里城に駐屯することになった[42]。翌十四年六月分遣隊の交代期をこれまでの半年から一年に変更した[43]。

また、明治十九年五月には、歩兵第一四聯隊に代って、歩兵第一三聯隊の一個中隊が派遣されることになり[44]、二十二年五月には、歩兵第二三聯隊の担当となり、さらに二十五年五月には、再び歩兵第一三聯隊の担当になったが、日清戦争後の明治二十九年三月、歩兵第二四聯隊の担当となった[45]。これら沖縄分遣隊の交代状況をまとめると、表二―三のようになる。

この間の明治十九年二月二十六日、内務大臣山県有朋は、沖縄・五島・対馬の視察のため横浜を出帆した。三月三日那覇に着き、那覇・首里・島尻を巡視し、三月七日那覇を出帆し宮古に向かった。以後、宮古・石垣・西表を視察して、三月十一日西表を出帆、五島・対馬を視察して、三月三十一日横浜に帰った[46]。山県は、この巡視の復命書において、軍備の整備・教育の振興・旧慣の存続・産業の振興などについて述べているが、中でも軍備の整備については最も力点を置いて、次のように述べている[47]。

「沖縄ハ我南門、対馬ハ我西門ニシテ最要衝ノ地ナレハ、此ノ諸島要港ノ保護警備豈拋棄シテ之ヲ不問ニ付スヘケンヤ。琉球ノ国ヲ建ルヤ、絶テ寸兵尺鉄ヲ用キス守礼ヲ以テ自カラ居レリ、廃藩置県ノ後初テ一中隊ノ分遣兵ヲ置クモ、固ヨリ以テ南海海防ノ用ニ供スルノ目的ニ非ス。畢境士族ノ情状従来日清両属ノ病ヲ抱キ、置県ノ一挙ヲ非議シ、人心ヲ慫慂煽動シ、一時騒然タル情況ヲ喚起セシヲ以テ、本県ノ民心ヲ鎮撫スルカ為、若干ノ兵ヲ派遣セシモ、一旦事アルニ当リ如此寡少ノ兵、豈能ク事ヲ弁スルニ足ランヤ。宜シク南海諸島常備軍隊ノ制ヲ確定シ、電線ヲ布設シ其

表二—三—三　沖縄分遣隊の交代状況

交代時期	分遣隊	交代時期	分遣隊
明治十二年三月	歩第一四聯第三大隊第一・二中隊	明治二十年五月	歩第一三聯第三大隊第一中隊
十二年六月	同　第二大隊第二中隊	二十一年五月	同　第一大隊第二中隊
十二年十二月	同　第二大隊第三中隊	二十二年五月	歩兵第二三聯隊第四中隊
十三年六月	同　第二大隊第四中隊	二十三年五月	同　第八中隊
十三年十二月	同　第二大隊第一中隊	二十四年五月	同　第一二中隊
十四年六月	同　第一大隊第一中隊	二十五年五月	歩兵第一三聯隊第?中隊
十五年五月	同　第一大隊第二中隊	二十六年五月	同　第六中隊
十六年五月	同　第一大隊第三中隊	二十七年五月	同　第三中隊
十七年五月	同　第一大隊第四中隊	（二十七年八月）	（沖縄分遣中隊と改称）
十八年五月	同　第三大隊第一中隊	二十九年三月	歩兵第二四聯隊第一二中隊
十九年五月	歩第一三聯第一大隊第一中隊	同年七月	分遣隊廃止帰還

通信ヲ便ナラシメ、益々人心ヲ撫安シ、以テ外寇防禦ニ充ツヘシ」と、分遣隊派遣の由来と常備軍隊の必要を述べ、さらに常備軍隊設置の方法について次のように述べている。

「沖縄ノ如キハ彊土褊小ノ一王国ニシテ、数百年来ノ習慣依然トシテ置県ノ今日ニ存セリ。而シテ其士人ノ心術情状ヲ察スルニ、維新ノ恩典ヲ顧ミス両属ノ念頑然猶絶エス、其病根深ク骨髄ニ入リ、一モ敢為ノ気力アル事ナシ。甚シキニ至テハ旧門閥ノ者数十人脱シテ清国ニ入リ、甘ンシテ其奴隷ト為リ、福州ノ館舎ニ於テ彼レカ保護ヲ受クルモノアリト。此ノ如キ人民ヲシテ我要地タル南門ノ守護タラシメントスルハ、方今ニ在テ決シテ行フ可カラサルハ論ヲ竢タス。然レトモ土人ノ骨格強健ニシテ忍耐ノ性ヲ具セリ、故ニ其丁年者ハ漸ヲ以テ徴兵ノ招集ニ応セシメ、各隊ニ編入スルノ法ヲ設ケ、常ニ各鎮台ニ分派シ、我内地ノ制度風俗及ヒ兵制ノ大要ヲ領知セシメ、新陳交換シテ以テ星霜ヲ経ハ、其愛国ノ気象自カラ振作勃興シ、彼ノ病根ヲ医スルモ亦難カラサルヘシ。然ル後漸次其島人ヲシテ、一団隊ノ常備兵ヲ編制セシムルノ目的ヲ以テセハ、兵制ノ基礎ヲ鞏固ナラシメ、且其費用モ頗ル節減スルヲ得ヘキナリ」と、沖縄の特性に応じた兵備の設置方法を提示した。

また、農商務省取調主任田代安定は、西村沖縄県令の命を受けて八重山群島を調査し、その調査結果を明治十九年八月、「八重山群島急務意見書」として提出し、八重山群島の兵備について次のように述べている。(48)

「八重山ノ群島タル我カ版図ノ南門ニ当リ、直ニ隣敵ニ臨ムノ地ナレバ、今日ノ急務ハ兵営ヲ設置シテ其鎖鑰ヲ固フシ、一ハ以テ外寇ノ予防ニ備ヘ、一ハ以テ島民ノ方向ヲ鎮定スルニ在リ。而シテ此兵営ハ沖縄分営ト共ニ熊本鎮台ノ所轄ニ属シ、其員数ノ如キハ自ラ陸軍省ノ定規アルベシト雖モ、先ツ砲兵一坐ト工兵一組ト歩兵若干隊トヲ要ス」として、その兵営を石垣に置き、「海南第一ト称スヘキ良港」の西表島舟浮港には砲台を築き、軍艦一、二隻を繋泊し、これに水雷艇と小飛脚船若干艘を付けて非常に備えるべしと主張した。

このような沖縄の兵備強化意見のある中において、明治二十年十一月八日、総理大臣伊藤博文は、陸軍大臣大山巌・海軍参謀本部次長仁礼景範らを伴って、沖縄などの巡視のため横浜を出帆した。伊藤総理大臣一行は、沖縄巡視の後、鎮守府予定地である佐世保・呉を視察して、十二月十七日帰京した。(49)

伊藤総理大臣が、沖縄巡視の結果、沖縄の兵備についてどのような意見を提示したかは明らかでない。しかし、前述した山県・田代らの沖縄の兵備強化意見は、当時の全般の戦略態勢上さらには国家財政上採用されるに至らなかったばかりか、日清戦争の結果、台湾を領有することになったため、沖縄への分遣隊も廃止されることになったのである。

即ち、明治二十九年五月二十五日、沖縄分遣隊の召還が決定され、同年六月二十四日、陸軍大臣は第六師団長に対し沖縄分遣隊の召還を命じ、分遣隊は同年七月二十三日帰還したのである。(50)

以後沖縄には、大東亜戦争開始直前の昭和十六年九月に、沖縄本島の中城湾と西表島の船浮に臨時要塞が建設され、要塞司令部と要塞重砲兵聯隊が配備されるまで、陸海軍の部隊は置かれなかったのである。

(三) 北海道の兵備

北海道における屯田兵の設置経緯については、第一章四で述べたとおりである。屯田兵の移住は、西南戦争によって一時中断され、その後の募集も成果があがらず、明治十一年には一七戸・五六人、同十四年には二〇戸・八一人が移住したに過ぎなかった。(51)

明治十五年二月八日には開拓使が廃止され、屯田兵は陸軍省の管轄となった。これに伴い、同年三月二十八日、北海道は第二軍管管轄とされた。(52) 翌十六年七月陸軍大臣は、警備のため歩兵第五聯隊第三大隊の函館分屯を発令し、同大隊は十一月第一・第二中隊を函館に移転、翌十七年八月第三・第四中隊を移転した。(53)

この函館分屯隊は、その後屯田兵が逐次増強されたため、また教育・補充・作戦の不便を解消するため、明治二十四年八月、聯隊主力のいる青森に復営した。(54)

屯田兵は、第一章四で述べたように当初一、五〇〇戸・六、〇〇〇人の移住が計画されていたが、陸軍省へ移管された明治十五年の時点では、約五〇〇戸・二、二〇〇人と計画の三分の一に過ぎない状況であった。(55)

政府は明治十七年三月、士族授産の一環として十七年度から六年間、毎年一四七、六八七円五〇銭合計八八六、一二五円を国庫から支出して士族を募り、屯田兵として北海道へ移住させることを決定し、細部の計画立案を陸軍省に指令した。(56)

同年七月一日及び十一月二十八日に、年度別支出の割合が一部変更された（総額八八六、一二五円は変更なし）(57)が、陸軍省は「各府県士族北海道移住屯田兵編組方法」を立案し、一八歳以上三五歳以下の身体強壮な者を、次のように募集すると上申した。(58)

・明治十七年度	一九三戸	七七二人	・明治十八年度	三四五戸	一、三八〇人
・明治十九年度	二五六戸	一、〇二四人	・明治二十年度	一四七戸	五八八人
・明治二十一年度	一〇〇戸	四〇〇人	合計	一、〇四一戸	四、一六四人

陸軍省はさらに検討した結果、年齢制限を一七歳以上三〇歳以下に変更し、募集年を一年遅らせて十八年より五年間とするとして、翌十八年二月四日各府県（北海道三県と沖縄県を除く）に「屯田兵志願者心得書」を達し、各府県士族から屯田兵を募集した。(59)

ところが、応募した者が予定の約三倍近くもあったので、永山屯田事務局長は大山陸軍卿に、これらの応募者を屯田兵に採用し、このための金額を増加するよう次のように建議したのである。(60)

今回の応募者は四、〇九二人（戸）あり、検査による不合格を一割と見積もっても、なお三、六八三人あり、予定の一、〇四〇人を採用しても、二、六四三人が残ることになる。これらの者の中には困窮者もいるが「自ラ奮ッテ国事ニ尽ス志操ノ者モ可有之、政略上ヨリ見ルトキハ、其有志者ハ之ヲ養成シ、貧困者ハ之ヲ撫恤セサルヘカラス、何レモ皆難黙視情実ノ者ニシテ、願意ヲ許可シ屯田兵ニ編入セハ、士気ノ養成、窮民ノ撫恤ヲ兼ネ、併セテ北海国境ノ兵備ヲ足シ、荒廃ノ地ヲ開拓シテ物産ヲ興スコトヲ得ヘク」国家のために緊要のこと故、徴募費額一、六一六、七三一円二銭九厘を本年以降五年間に割って特別下付願いたいと。

根室・札幌・函館県も同年五月、「開拓ノ要」「警備ノ急」のために、屯田兵を増員してこれらの志願者を採用されたいと、内務・大蔵・農商務卿に上申し、翌六月には東京府以下二八府県知事も連名で、屯田兵の増員を内務・陸軍・農商務卿に建議したのである。(61)

しかし、これらの意見は採用されず、予定数が召募されたに過ぎなかった。その理由は、当時内地の軍備拡張を重視していたため、屯田兵を増員するだけの余裕がなかったものと判断される。

この結果、十八年度には二一三戸が野幌（江別村）に配置され、以後十九年度に三四五戸が野幌・江別・東和田に、二十年度に二五六戸が輪西・琴似・新琴似に、二十一年度に一九四戸が琴似・新琴似・西和田にそれぞれ配置された。(62)

このような情勢にあって、永山本部長（明治十八年五月屯田事務局を屯田兵本部と改称した、陸軍省達甲第二二号）は、明治二十年三月アメリカ・ロシア・清国へ出張した。その目的は「米国開拓植民ノ実際ヲ見聞シ、露国哈薩克兵編制・給養ノ方法ヲ観察シ、清国満州沍寒ノ地ノ農業ヲ目撃シ、我北海道開拓植民ノ業ヲ図ルニ於テ参考ニ供セントスルニ在リ」というものであった。(63)

永山本部長一行は、アメリカにおいて開拓移民と民兵の状況を視察し、ロシアに渡り黒海沿岸のドン・コサック、シベリアのザ・バイカル・コサック、黒竜コサックなどを視察して清国に入り、満州から天津付近までの屯田兵営と沍寒《ごかん》地の農業を視察して、二十一年二月帰国した。(64)

永山本部長は、帰国後の六月北海道庁長官に就任するとともに、屯田兵本部長を兼摂し、米・露・清国視察で得た知識をもって、屯田兵制度の改革と拡張に取り組んだのである。

まず、二十一年十一月十七日、黒田内閣総理大臣に「屯田兵増殖ノ儀ニ付上申」を提出し、次のように述べた。(65)

「爾来当庁事業施設ノ緩急ヲ考覈スルニ、屯田兵ハ開拓使以来多年ノ経験ニ拠ルニ拓地植民上ノ最要務、其増殖ノ結果ハ直ニ当道ノ進歩ニ影響ヲ及ホシ候ニ付、他ノ諸費ヲ節約シ、来明治二十二年度ヨリ二十六年度迄、従前陸軍省ニ於テ計画ノ外、二十中隊増殖ノ計画致候条別記添此段及上申候也」と。

二〇個中隊の増殖計画は、二十二年に一個中隊、二十三年に四個中隊、二十四〜二十六年に各五個中隊というものであった。この大幅な拡張計画は政府の承認するところとなり、実現することとなったのである。その背景には、屯田兵創設時の開拓長官黒田清隆が内閣総理大臣であったことが大きく影響していたものと考えられる。

かくして、これまで札幌周辺にのみ設置されていた屯田兵村が、明治十九年以降、逐次太平洋岸の根室・厚岸・室蘭、内陸部の滝川・上川などにも設置されていったのである。これらのうち専ら防衛上の見地から設置されたのは、根室の防衛としての東和田と西和田、厚岸の防衛としての南太田と北太田、室蘭の防衛としての輪西などの諸兵村であった。

その後、空知・上川地方に増設され、日清戦争後も雨竜・北見・湧別・士別に増設された。これらの増設状況は、表二―三―四、図二―三―一、表二―三―五のとおりである。(66)

以上のように、屯田兵が逐次増殖されていく過程において、屯田兵制度も逐次改正されていった。

まず明治十八年五月五日、勅令第八号によって屯田兵条例が制定され、これまでの屯田兵例則が廃止された。この

表二―三―四　屯田兵移住戸数及び人数

年次	移住戸数（戸）	移住人数（人）	移住兵村
明治八	一九八	九六五	琴似
九	二七五	一、一七四	琴似・山鼻
十	―	―	
十一	一七	五六	江別
十二	―	―	
十三	―	―	
十四	二〇	八一一	江別
十五	―	―	
十六	―	―	
十七	七六	三四五	江別
十八	二一三	一、一五〇	野幌
十九	三四五	一、八八八	野幌・江別・東和田
二十	二五六	一、二五一	輪西・琴似・新琴似
二十一	一九四	九三六	琴似・新琴似・西和田
二十二	五二二	二、四一八	輪西・篠路・南滝川・西和田
二十三	七八八	三、七五八	南滝川・北滝川・南太田・北太田

二十四	五〇〇	二、五六八	高志内・美唄・茶志内・西永山・東永山
二十五	五〇〇	二、九一四	下東旭川・上東旭川
二十六	五〇〇	二、八六七	西当麻・東当麻
二十七	五〇〇	二、九五六	高志内・美唄・茶志内・南江別乙・北江別乙
二十八	五〇〇	三、〇七九	西秩父・東秩父・北一已・南一已・納内
二十九	五〇〇	二、八〇四	
三十	四九九	三、一二九	下野付牛・中野付牛・上野付牛・南湧別・北湧別
三十一	五〇〇	二、九六七	
三十二	四三四	二、六〇九	南剣淵・北剣淵・士別
合計	七、三三七	三九、九一一	三七個兵村

屯田兵条例によって屯田兵は「屯田憲兵」から「陸軍兵の一部」に変更されたのである。即ち、大山陸軍卿は十八年三月二十六日「屯田兵例則改正ノ儀」を三条太政大臣に提出し、屯田兵は「従前兵科ノ定メモ無之、準陸軍武官トシテ陸軍武官々等表ノ外ニ相立居、取扱上往々差支ノ儀モ不少、且現行例規ニテハ不都合ノ廉モ有之、旁以此際職課ノ分任進級ノ方法其他夫是改正ヲ加ヘ、且陸軍各兵中孰レノ兵科ニ歟相定度、種々考索仕候ヘ共、元来該兵ノ儀ハ、召募ノ方法、平常ノ勤務其他服役ノ年限、兵役相続ノ約束等、全ク他兵ト其性質ヲ異ニスルヲ以テ、現在ノ兵種中ヘ組入候義ハ到底難被行候間、特別ノ方法ヲ被設候ヨリ外ニ致方無之、仍テ陸軍兵科中ニ屯田兵ノ一科ヲ置キ、其服務等略憲兵ノ制ニ倣ヒ、特別ノ条例ヲ以テ検束致シ候ハヽ、稍々体裁モ相立可申ト存候」と述べた。

表二—三—五　屯田兵配備状況

NO	兵村	戸数(戸)	移住年
1	輪西	二二〇	明治二十・二十二年
2	山鼻	二四〇	九年
3	琴似	二四〇	八・九・二十・二十一年
4	新琴似	二四〇	二十・二十一年
5	篠路	二二〇	二十二年
6	野幌	二二〇	十八・十九年
7	江別	二二五	十一・十四・十七・十九年
8	高志内	一二〇	二十四・二十七年
9	美唄	一六〇	二十四・二十七年
10	茶志内	一二〇	二十四・二十七年
11	南滝川	二二二	二十二・二十三年
12	北滝川	二一八	二十三年
13	南江別乙	二〇〇	二十七年
14	北江別乙	二〇〇	二十七年
15	西秩父	二〇〇	二十八・二十九年
16	東秩父	二〇〇	二十八・二十九年
17	北一已	二〇〇	二十八・二十九年
18	南一已	二〇〇	二十八・二十九年
19	納内	二〇〇	二十八・二十九年
20	西永山	二〇〇	明治二十四年
21	東永山	二〇〇	二十四年
22	下東旭川	二〇〇	二十五年
23	上東旭川	二〇〇	二十五年
24	西当麻	二〇〇	二十六年
25	東当麻	二〇〇	二十六年
26	南剣淵	一六九	三十二年
27	北剣淵	一六八	三十二年
28	士別	九九	三十二年
29	南太田	二二〇	二十三年
30	北太田	二二〇	二十三年
31	西和田	二〇〇	二十一・二十二年
32	東和田	二二〇	十九年
33	下野付牛	二〇〇	三十・三十一年
34	中野付牛	一九八	三十・三十一年
35	上野付牛	一九九	三十・三十一年
36	南湧別	二〇〇	三十・三十一年
37	北湧別	一九九	三十・三十一年
合計		七、三三七戸	

これを受けて参事院は、屯田兵を「現在ノ五種兵中ニ組入ルコト能ハサルカ故ニ、新ニ屯田兵科トノ名称ヲ設ケントスルハ、稍ヤ其当ヲ失スルカ如シ。何トナレハ他兵科ト権衡ヲ失スレハナリ。依テ屯田兵ハ陸軍兵科ノ一部ニ位シト明言セスシテ、唯屯田兵ハ陸軍兵ノ一部ト云フテ足レリト考フ」と答議し、ここに屯田兵条例第一条「屯田兵ハ陸軍兵ノ一部ニシテ北海道枢要ノ地ニ配置シ本道ノ警備ニ充ツ」との規定となったのである(67)。

同時に、太政官達第一七号によって、准陸軍大佐以下の官名は、屯田兵大佐以下と改称された。さらに五月七日、陸軍省達乙第五二号により、屯田事務局は屯田兵本部と改称された(68)。

明治二十二年三月十四日永山本部長は、官衙組織の屯田兵本部を、軍隊組織の屯田兵司令部とし、本部長を司令官とするなどの屯田兵条例改正意見を大山陸軍大臣に提出した。この意見が閣議で承認され、勅令第一〇二号によって、屯田兵本部は屯田兵司令部に改編され、本部長は司令官と改称された(69)。

続いて翌二十三年四月十四日、永山屯田兵司令官は「屯田兵制変更ノ儀」を大山陸軍大臣に提出し、屯田兵の服役期限を現役三年、予備役四年、後備役一三年として新陳交代させ、新たに騎兵・砲兵・工兵を設置することなどを建議した。これを受け、大山陸軍大臣は次のように屯田兵条例改正案などを内閣総理大臣に請議した(70)。

屯田兵はその設置以来逐次拡張され成果をあげてきたが「屯田兵従来ノ制ハ、永久服役ニシテ、即子孫其兵役ヲ相続スルカ為メ、漸次兵員ヲ増殖スルニ随ヒ、許多ノ将校下士ヲ要シ、限リアルノ経費ヲ以テ限リナキノ業ニ充ルヲ得ス。故ニ此制ヲ改メ、兵役期限及其区分ヲ定メ、新陳交換ノ法ニ依リ服役セシムルコトト為シ、且各部ノ組織ヲ改メ、其基礎ヲ鞏固ニシテ、一ハ以テ北海道ノ警備ニ充テ、一ハ以テ荒地開拓ノ功ヲ収ムルノ外他策無シ」よって屯田兵条例を改正し、さらに屯田兵司令部条例などを制定することを閣議に請うたのである。

ここに明治二十三年八月二十三日勅令第一八一号によって屯田兵条例が改正され、その第一条に「屯田兵ハ屯田歩

図二—三—一　屯田兵村配置図

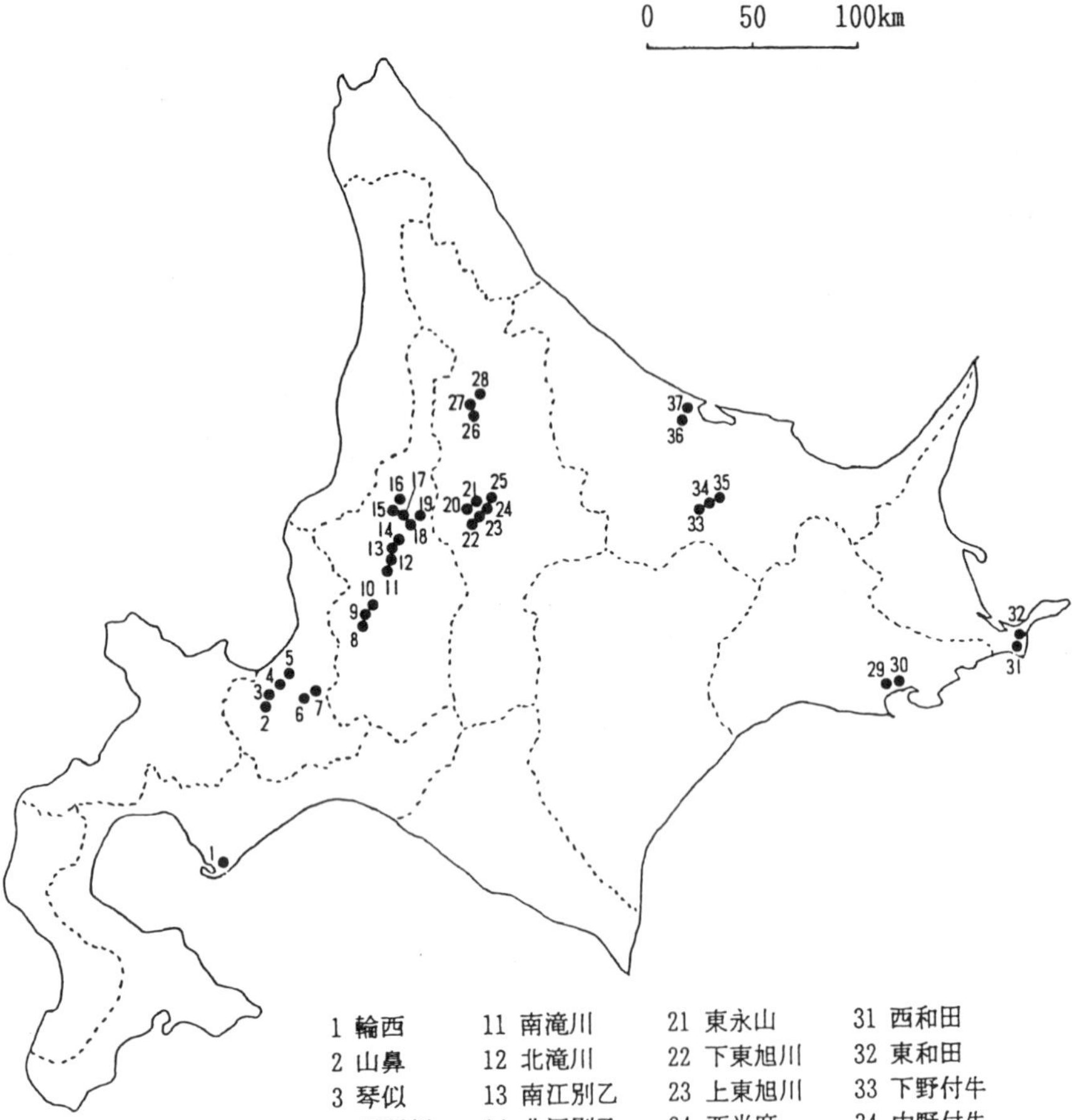

1 輪西	11 南滝川	21 東永山	31 西和田
2 山鼻	12 北滝川	22 下東旭川	32 東和田
3 琴似	13 南江別乙	23 上東旭川	33 下野付牛
4 新琴似	14 北江別乙	24 西当麻	34 中野付牛
5 篠路	15 西秩父	25 東当麻	35 上野付牛
6 野幌	16 東秩父	26 南剣淵	36 南湧別
7 江別	17 北一已	27 北剣淵	37 北湧別
8 高志内	18 南一已	28 士別	
9 美唄	19 納内	29 南太田	
10 茶志内	20 西永山	30 北太田	

兵・屯田騎兵・屯田砲兵・屯田工兵ヲ以テ編制シ、北海道枢要ノ地ニ配置シテ其警備ニ充ツ」と規定され、歩兵の他に騎兵・砲兵・工兵が新設されることになり、これらの兵は翌二十四年以降、空知の美唄に騎兵、高志内に砲兵、茶志内に工兵がそれぞれ配置されたのである。(71)

また同勅令第四条に「屯田兵ノ服役期間ハ二十箇年ニシテ、現役三箇年、予備役四箇年、後備役十三箇年トス」と定められ、これまで「屯田兵卒ノ服役期限ハ之ヲ定メス。但シ服役者死亡スルカ、若クハ事故アリテ免役スルトキ、又ハ年齢四十歳ニ至ルトキハ、其子弟ヲシテ兵役ヲ相続セシム」と世襲制をとっていたのを、服役期限二〇年に改正されたのである。

同日、勅令第一八二号によって「屯田兵司令部条例」が制定され、屯田兵司令官は天皇直隷となり、師団長と同等の権限を持つことになった。

さらに同年十月二十五日陸軍省告示第一〇号により、従来士族からの募集であったものを平民からも募集することとした。これがいわゆる「平民屯田」である。

明治二十四年二月十四日陸軍省達第八号によって「屯田兵配備表」が改定され、表二―三―六のように配置されることになった。(72)

以上のように屯田兵制度は、明治十七年から二十四年にかけて、大幅な拡張、服役期限の改正、平民屯田への転換、屯田司令部の軍隊組織化、屯田司令官の天皇直隷などの改革が実施され、ここに屯田兵制度は確立したといえるのである。

その後は、前掲の表二―三―四のように増設されていったのである。

この間にあって、明治二十六年十一月八日、陸軍大臣は参謀総長と協議の上「屯田兵移植地撰定内規」を制定し、

表二—三—六　屯田兵配備表

兵種		配置地名	隊数
歩兵	第一大隊	札幌・室蘭	五中隊
	第二大隊	江別・空知	四中隊
	第三大隊	上川	六中隊
	第四大隊	根室・厚岸	四中隊
騎兵隊		空知	一隊
砲兵隊		空知	一隊
工兵隊		空知	一隊

屯田兵司令官に内達した[73]。この内規は、「従来移植地ノ選択ハ屯田兵司令官専ラ之ニ任シ、陸軍大臣ニ稟申シ、大臣之ヲ参謀総長ニ移牒シ、裁可ヲ経テ告達スルノ慣例」であったのを、「之カ撰択ハ主トシテ国防計画ニ基カサルヘカラス、故ニ其地ノ撰択ニ関シテハ、参謀総長ノ責任ニ属シ、之ニ兵ヲ移住セシムル為メノ設計ニ関シテハ、陸軍大臣ノ責任ニ属ス」が故に、移植地の選定は参謀総長が陸軍大臣と内務大臣に協議して決定し、屯田兵配備表として裁可を経るというものである[74]。

日清戦争後に増設された兵村は、この内規に基づき決定されたものであった。

日清戦争時、屯田兵の出征が論議されたが、明治二十八年三月四日、臨時第七師団の編成下令があり、屯田兵は東京に到着し出征を待った。しかし、清国の講和申し入れによって、復員することとなり、六月北海道に帰還、臨時第七師団は解散となった。

四　国土防衛計画の策定

(一)　国防会議の設置

明治八年十月、陸海軍省の間に海岸防御を担当する海防局を設置することが決定されていたが、朝鮮半島の情勢や国内情勢の対応に追われ、また陸海軍の意見の相違もあって、この海防局設置が実現しなかったことについては、本章一(一)で既に述べたとおりである。

明治十五年以後、朝鮮半島をめぐる情勢が緊迫してくるや、国土防衛計画を策定する陸海軍共同の機関を設置すべきであるとの気運が盛り上がってきた。東京湾をはじめ全国主要な地に砲台建設計画を進めていた参謀本部は、この件に関し最も関心を持っていた。

明治十六年三月十五日、参謀本部長代理参謀本部次長曽我祐準は、陸軍卿大山巌に防国会議の設立について次のように協議した(1)。

「一国ノ防禦ハ彊場ノ形勢ニ応スヘク、我邦ノ若キ四面環海ノ地ニ在リテハ、第一線ノ防禦ハ海上ニテ、第二ハ海岸、第三ハ陸地ニ在リ。海上ノ防禦ハ海軍ノ専任ニシテ、陸地ノ防禦ハ陸軍ノ主管タリト雖モ、一般ノ籌策ヲ奉シ彼是応援、意気投合セサル可ラサルハ勿論、殊ニ海岸ニ在リテハ海陸両軍密接連合協同従事セサレハ、到底其目的ヲ達シ難ク、海軍港・避難港・造船場等モ、陸地ノ防禦無之テハ、海軍ノ根拠尤モ危ク、海軍ノ砲台モ、海軍敵ノ航路ヲ壅塞セサルトキハ、無数ノ巨砲モ遂ニ敵艦ヲ覆没スル能ハサル事、其例不少、故ニ両軍各主任アリト雖モ、一途ノ籌策略ニ基キ防禦ノ術ヲ施ササル時ハ、彼是利害相反シ、目的齟齬シ、平素経営ノ事業啻ニ無効ニ属スル而已ナラス、却テ大害ヲ起スニ至ル。［中略］目今両軍ノ計画ヲ統一スルモノ無之、彼是方略矛盾ノ恐アリ。就テハ此際陸海両軍老練ノ将校ヲ以テ、防国会議建設相成、防国一般ノ籌策ヲ討議シ、議決ノ事件ハ親裁ノ後、主任官衙ニ下シテ調査セシメラレ、主任官衙ニ於テ之ヲ統轄致候様相成候得ハ、両軍ノ防禦法相連絡シ、防国ノ基礎鞏固ニ相立可申ト存候間、右会議開設相成度、仍テ此段及御協議候也」

続いて同年三月二十七日、参謀本部の海岸防禦取調委員・海防局長などを歴任し、砲台建設に尽力してきた工兵会議議長今井兼利少将は、大山陸軍卿に「国地防禦会議設立ヲ要スル建議」を提出し、次のように述べた(2)。

「我国ノ如キ環海ノ国土ヲ防禦スルノ法ハ、陸海ノ両軍相輔ケ相依テ、其宜ヲ計画セサレハ完全ヲ得難キハ、喋々ノ論議ヲ俟タスシテ明カナリ」とまず陸海軍協同の必要を述べ、「陸海両軍相待テ、全国ヲ防禦スル方策ノ要領ヲ定ムルハ本ニシテ、海岸砲台要塞ノ築設、艦隊ノ配布、水雷ノ布設等ヲ調査考察スルハ末ナリ。本ヲ定メ末ニ及フハ、事業ヲ完備ナラシムルノ道ニシテ、本ヲ捨テ末ニ趨レハ、彼是齟齬重複ノ弊害相生シ、其業ヲ完全ナラシムル事甚タ難キハ悟リ易ク看易キノ理ナリ」と陸海統一の防禦法策定の必要を強調し、「今日ニ至リ未タ陸海両軍ニ関渉スル防国ノ要領ヲ審査計画スヘキ委員或ハ会議ヲ、御設置相成ラサルハ一大欠典ニシテ、本ヲ捨テ末ニ趨ルノ歎ヲ免カレス。依テ願クハ、速ニ会議御設立ニ相成リ、此会議ニテ陸海両軍ニ関スル防国法ノ要領ヲ審査決定セシメ、親裁ノ上、陸下ヨリ陸軍ノ分任ニ係ル事項ハ陸軍ニ勅シ、海軍ノ分掌ニ属スル者ハ海軍ニ下シ給ヒ、陸海両省ニ於テハ、其要領ノ旨趣ニ従ヒ、精査調理セシメハ、所謂本ヨリ末ニ及フノ理ニシテ、陸海ノ計画一途ニ出テ、彼是齟齬違算ノ失策ナク、機ニ臨ミ変ニ応シ、守禦完整シ、且事業完備ニ至ルノ日モ亦速ナラン」と主張したのである。

さらに最後に、これまで海岸防禦事業に携わり、一層この会議の必要を痛感したと述べ、参考として国地防禦会議条例案と独・仏・英国の国地防禦会議に関する資料を提出した。

この意見及び参考資料から判断すると、先の参謀本部から陸軍省への防国会議設立の協議案も、おそらく、この二月まで参謀本部の海防局長をしていた今井少将が立案したものと考えられる。

明治十六年二月に、イギリスの駐在武官から帰国した海軍中佐黒岡帯刀も、イギリスなどの外国の状況を知悉した上で、次のような「海陸軍共同海防委員設置ノ主意説明」を川村海軍卿に提出した。(3)

即ち、我国のような海国が、戦争において勝利を得る道は、敵の艦隊を攻撃し、海港を封鎖し、通商路を絶ち、陸軍の進軍を保護することであるが、敵の同盟国艦隊によって我が海港が侵される恐れもあると述べ、「凡ソ世界中ノ各国ニ於テ、海軍ノミヲ以テ海岸防禦ノ責任ニ堪ルモノ非ス。況ンヤ我カ幼稚ノ海軍ニ於テヲヤ。故ニ敵艦ノ我カ海境ニ攻撃スルヲ防禦セン為、海岸砲台ヲ築設シ、及ヒ水雷ヲ沈布シテ、之ニ備エサル可カラス。故ニ海陸軍共同海防委員ヲ任命セラレ、海防ノ方法及ヒ砲台建築ノ位置等ヲ審定セラレン事ヲ奏請ス。海防者砲台、海防軍艦、水雷艇、諸水雷及ヒ海中沈置ノ障柵等ヲ以テ使用施行スルモノニシテ、即海陸共行ノ事業ニ属ス。故ニ宜シク海陸ノ将校ヨリ其方法ヲ協議審定ス可キモノナリ」と海陸共同機関の設置を主張したのである。

海軍側にもこのような考えがあったため、陸軍卿から国地防御会議設立について協議があるや、川村純義海軍卿は、明治十七年一月二十四日、次のように異存なしと回答したのである。(4)

「国地防御会議条例ノ儀ニ付、兼テ御協議ノ趣有之候処、右ハ同条例草案ノ通ニテ聊異存無之候、依テ別紙御返却、此段申進候也」

このように陸海軍で意見の一致を見たのであるが、太政官への設立上申は遅れ、漸く明治十七年十一月八日、陸軍卿・海軍卿連名で、国防会議の設立について、国防会議条例案を添え、次のように太政官へ上申した(5)。

上申書は、まず冒頭で我国のような四面環海の国土を防御するには、陸海軍の共同が必要であると述べ、続いて以下のように述べた。「我邦防国ノ基礎ヲ鞏固ナラシムルノ途ハ、陸海両軍ヲシテ協同審議シテ、其計画ヲ一轍ニ帰セシムルヨリ急且要ナルハ莫シ。若シ両軍ノ協同審議ヲ経サルトキハ、彼是齟齬重複ノ弊害相生シ、其事業ヲ完全ナラシムルコト甚タ難シ。先年来陸軍ニ於テハ、東京湾口ノ防御ニ着手シ、参謀本部ニ海防局ヲ被設、全国海岸防御ノ法ヲ研究シ、海軍ニ於テハ鎮守府等ヲ設立シ、其他水雷火等総テ海中ノ防御ニ係ル材料ヲ調整シ、海防ノ要点ヲ審査スト雖モ、未タ両軍ノ計画ヲ統一スルモノ無之候付、此際陸海両軍老練ノ将官ヲ以テ、国防会議ヲ被設、防国任務ノ要領ヲ審議計画セシメラレ候得ハ、前陳ノ如キ齟齬重複ノ弊害ヲ防キ、其事業一途ニ出テ両軍ノ防御法相連絡シ、防国ノ基礎鞏固ニ相立チ可申ト存候。尤此会議ノ義ハ重大ノ事件ニ渉ルヲ以テ、其議案ハ陸海軍卿ヨリ致奏請、陛下ノ親裁ヲ以テ御下付有之度、且議長ハ必皇族ノ内ヲ以テ御特選相成候様致度、仍テ尚ホ欧州各国之例ヲモ参酌シ、国防会議条例草案、別冊之通取調候条、至急御裁定相成度此段及上申候也」と。

これに対し参事院は、三月二十三日、「方今東洋ノ形勢太平無事ノ秋ニアラス。既ニ仏清交戦ノ端緒ヲ開クニ際ス。今後ノ形勢孰レニ変換スルモ測リ難シ。今ニ於テ本邦防御ノ事務ニ注意著手セスンハ、如何ナル禍患ヲ生スルモ亦測ルヘカラス。此尤モ国防会議設置ノ急且要ナル時機ト思惟ス」と答議し、ここに四月十日、国防会議条例が制定され、国防会議の設置が決定されたのである(6)。

国防会議は、皇族を議長とし、陸海軍将官の議員をもって構成され、国地防御に関して次の事項を審議するものとされた。

① 全国防禦線ノ計画
② 鎮台・営所・鎮守府及軍港等ノ位置
③ 要塞・城郭・堡塁・砲台等永久築城ニ係ルモノノ設立若クハ廃棄
④ 鉄道・電信・道路・河港ノ新設改築等国地防御ニ関スル重大ノ事件
⑤ 前諸項ノ事件ニ付発布セラルヽ法律規則

このような国防会議は、当時においては陸海軍の国土防衛方策を統一するための画期的な組織であった。しかし、この国防会議は、①決定機関ではなく審議機関であること、②陸軍卿・海軍卿及び参謀本部長らがこの会議の構成員でないことなどの問題点をもっていた。ここに組織の弱点があったのである。

しかも、この国防会議の議長及び議員の任命が遅れ、荏苒《じんぜん》時を過ごすばかりであり、漸く四カ月過ぎた八月二十二日、議員として陸軍将官一五人、海軍将官一〇人が表二―四―一のように任命された(7)。しかし、議長の任命が行なわれた形跡はない。当時、議長となるべき皇族は、有栖川宮熾仁親王をおいてほかになかったのであるが、熾仁親王が議長に任命された記録は見当らないのである(8)。

このようなわけで、国防会議は遂に一度も開催されなかったのである(9)。

国防会議が可動しなかったのは、同年八月、行政整理の一環として、陸海軍合併の参謀本部、即ち陸海軍統合参謀本部を設置すべきであるとの意見が、外務卿井上馨から出され、これが政府と陸海軍間の重大問題となり(10)、この統合参謀本部設置問題をまず解決する必要があったためである。

統合参謀本部は、伊藤博文・井上馨の主導により(11)、その設置が決定され、明治十九年三月十八日勅令無号により、新しい「参謀本部条例」が制定され、発足することになったのである。

かくして、国防会議は遂に一度も開かれることなく、明治十九月十二月二十二日、先に参謀本部に陸海軍両部が置かれたという理由で廃止されてしまった(12)。

しかし、この新設の参謀本部も、形の上では確かに陸海軍統合化されたものではあったが、実態は皇族の参謀本部長の下に陸海軍部を並立させたものに過ぎなかったのである。この組織でもって陸海軍の緊密な協同と国土防衛策の統一を図ろうとするならば、参謀本部長の強力なリーダシップが必要であり、当時において、皇族の参謀本部長にこれを期待することは困難であった。

むしろ、国防会議のような審議機関を活用して、陸海軍の調整を図る方が、当時においては、より現実的であったと考えられる。

表二—四—一　国防会議議員（明治十八年八月二十二日任命）

	階級	氏名	現職
1	陸軍中将	山県有朋	参議・内務卿・参謀本部長
2	同	西郷従道	参議
3	同	黒田清隆	内閣顧問
4	同	鳥尾小弥太	内閣統計院長
5	同	山田顕義	参議・司法卿
6	同	三浦梧楼	東京鎮台司令官

7	同	三好重臣	熊本鎮台司令官
8	同	曽我祐準	仙台鎮台司令官
9	同	高島鞆之助	大阪鎮台司令官
10	同	黒川通軌	名古屋鎮台司令官
11	同	野津道貫	広島鎮台司令官
12	陸軍少将	原田一道	砲兵会議議長
13	同	品川氏章	工兵会議議長
14	同	川上操六	参謀本部次長
15	同	桂　太郎	陸軍省総務局長
16	海軍中将	中牟田倉之助	横須賀鎮守府建築委員長
17	同	伊東祐麿	海軍兵学校校長
18	同	樺山資紀	海軍大輔
19	同	仁礼景範	海軍省軍事部長
20	同	真木長義	海軍機関学校長
21	海軍少将	赤松則良	海軍省主船局長
22	同	林　清康	参事院議官
23	同	柳　楢悦	海軍省水路局長
24	同	松村淳蔵	中艦隊司令官
25	同	伊藤雋吉	横須賀造船所長

(二)　陸海軍の国土防衛策研究

国土防衛策として、陸軍が東京湾等の重要地区に砲台の建設を進めていたことについては、既に本章の一で述べたとおりである。一方海軍も建設途上にあって、その防衛策は、軍港などの防御に限定されたものであった。

陸軍が、砲台による局地防御を含め全国的な防御方策を研究し始めたのは、明治二十年の初めに、招聘中のメッケル少佐が、『日本国防論』[13]を著したのがきっかけであった。

当時における国土防衛は、海岸防御が主体であった。海岸防御には、国土の重要地点に砲台を建設して、砲台の火力によって敵艦を撃破する固定防御法と、敵の上陸地点に部隊を集中して上陸軍を撃破する方法がある。陸軍は、砲台による固定防御については、既に述べたように明治の初期から研究し、明治十三年から砲台建設に着手していたのである。

しかし、部隊を上陸地点に集中して上陸軍を撃破することについては、ほとんど研究されていなかった。もともと陸軍は、治安警備を重視した鎮台制をもって発足したものであり、地域の治安警備が主任務で、当時の交通事情からして、国内の部隊を、北に南に、東に西にと縦横に移動させることを前提にして編成されたものではなかった。上陸地点に部隊を移動させ、上陸軍を撃破する方法が研究され始めたのは、メッケル少佐が『日本国防論』を提示した以降のことである。

この『日本国防論』は、日本の防衛策を考える場合、まず次のようなことを前提にしなければならないという。即ち、日本は島国であるという地理的特性から、当然強大な艦隊を備えなければならないのであるが、現在のような幼稚な艦隊では、「敵ハ日本ノ本島ニ上陸スルニ先ンジ、我ガ海軍ヲ殲滅《ジクメツ》シ、或ハ永ク日本海ヨリ我ガ艦隊ヲ遠ケ、若クハ之ヲ堅塁設置ニ逃避所ニ閉鎖シ得ル」ということである。このことを前提にすると、敵の侵攻様相は次のようであると述べた。

「良湊又ハ其近傍ニ上陸シ、勉メテ迅速且充分ニ該湊守禦ノ備ヲ設ケ、其運送船ハ増兵ヲ運送スル為メ速ニ旧地ニ帰リ、而シテ陸続来着スル所ノ増兵ヲ以テ其兵力ヲ大ナラシメ、其度ニ応ジ兵ヲ以テ其基地ヲ拡張シ以テ其近傍地方ノ資源ヲ略シ、然ル後決戦及ビ兵站警備ノ為メ充分ノ団隊並ニ永ク戦役ヲ為スガ為メ軍用材料ヲ上陸セシムルニ至リ、始メテ内国ニ於テ真ニ攻撃ヲ為サントス」(14)

従って、日本軍は「敵兵上陸スルトキハ之ニ対シ勉メテ迅速ニ我ガ兵ヲ集合」し、敵が「大ニ其兵力ヲ増加スルニ先ンジ、彼ニ優ルノ兵力ヲ以テ之ヲ攻撃」しなければ勝ち目はないのであるが、そのためには、次の三条件を整えることが不可欠であるという。(15)

① 出師準備ノ際大ナル迅速ト整頓

② 全国ノ諸部隊大ナル運動自由

③ 鉄道及ビ街道網（街道縦横ニ通ジ恰モ網ノ目ニ於ケルガ如キヲ云フ）ノ大ナル供用力

この三条件整備の具体策は、下関海峡、瀬戸内海の要所、東京湾等に堡塁を築き、青森から下関に通じる日本縦貫鉄道、及びこの縦貫鉄道から太平洋岸と日本海岸に通じる横断鉄道を敷設し、道路網と通信網を整備し、部隊の戦時編制を確定し、戦時のための兵器・弾薬・被服・装具・地図を整え、予備・後備将校を養成することなどであると述べた。(16)

さらに、国防において緊要な準備の一つは「師団ハ意ヲ注テ其管内ノコトヲ熟知シ、平時既ニ地形ノ偵察ヲ為シ、以テ敵ノ上陸ニ最モ便ナルノ点ヲ視定シ、其上陸スルニ当リ該師団ノ動作ニ係ル考案ヲ調整シ、並ニ諸種ノ筆記ニ係ル事務及ビ堡塁、街道、鉄道等ヲ開設スルノ位置ニ係ル考案ヲ具ヘ、毎年参謀長ニ呈出スル」ことであると述べた[17]。

以上のようなメッケルの指摘は、当時の日本の防衛態勢がいかに不備であったかを物語るものであった。

メッケルは、引き続き二十年三〜四月、大阪地方で実施した第二回の参謀官参謀旅行（参謀本部課長・課員・鎮台参謀などに対する現地戦術教育）において、上陸軍と防衛軍という想定を初めて設定し、上陸軍に対する防衛策の研究の必要を喚起したのである[18]。

二十年十一月、沼津・甲府付近で実施された第三回参謀官参謀旅行においても、メッケルは、上陸軍・防衛軍という想定により、日本の対外防衛策の不備を、参加の専修員である参謀らに自覚させたのであった[19]。

この参謀旅行に西軍の専修員として参加した参謀本部陸軍部第二局課員歩兵少佐中村覚は、参加所感を次のように述べ、日本の防衛態勢の不備を慨嘆している[20]。

「一般方略ノ各項ハ概シテ云ヘハ、一字一句トシテ大ニ感情ヲ牽カサルモノナク、我愛国心ノ至情ヨリ切言スレハ、此ノ如キ文字ハ、一字トシテ血涙ニ咽ンテ読ミ下ス事能ハサルモノナリ。殊ニ第六師団ノ殲滅、援助ノ無効、全国諸島交通ノ遮断、我艦隊ノ遁入、敵艦ヨリノ封鎖云々ハ、一々我輩ノ陳述ヲ待タスシテ、諸君ニ於テモ御同感ナラント察ス。［中略］元来此一般方略ハ、参謀旅行ノ為ニ仮リニ設ケタル空想ナリト云ヘハ夫迄ナリト雖モ、我輩ハ之ヲ一片ノ空想ニ附シ去リ難キヲ如何セン、実ニ残念千万ナカラ、我国今日ノ兵備ハ猶ホ未タ完備ノ域ニ至ラス」と、統裁官メッケルが指摘した日本の防衛対策の弱点不備を、痛恨の思いで、これを認めざるをえないと述べている。さらに、「海門ノ守備、海軍ノ威力、並ニ陸地ニ於テ鉄道運搬等ノ事ハ、夙ニ其筋ニ於テ考案モアルヘク、又計画モアルヘキ筈ノ事ニテ、遠カラス目下ノ不都合ヲ除キ去テ、軍団ノ目的ニ適フ次第ニ立至ルヘシト雖モ、今日只今ノ所ニテハ、誠ニ慨カハシキ次第ニテ、国家ノ危急ニ迫リナカラモ、見ル見ル敵軍ノ跋扈スルニ任ササルヘカラサルノ時節ナリトス」と述べ、国土防衛態勢整備の急務を訴えた。

メッケルも「此ノ一般方略ハ日本ノ為ニ悲シムベク憂フベキ次第ナリ。然レドモ余ノ想像ニテハ、日本現今ノ景況ニテ国防物ナク、殊ニ海ト陸トニ交通ナクシテ、将来モシ事変起ルアルニハ、或ハコノ方策ノ如キコトナキニシモアラズ。」と、当時における日本の防衛態勢には、防衛施設の不備及び交通網の未整備という欠陥があると指摘しているのである。(21)

メッケルが指摘したように、確かに当時における日本の防衛態勢は不備であった。海岸砲台は、本章の一で述べたように、東京湾要塞の観音崎・走水・猿島・富津だけしか完成していなかった。対馬要塞と下関要塞の砲台は着工したばかりであった。鉄道は、本章の六で述べるように、東京~郡山、東京~高崎~横川、東京~横浜~国府津、武豊~名古屋~敦賀、大津~大阪~神戸、小樽~札幌~岩見沢が完成していただけであった。

メッケルの、『日本国防論』及び参謀官参謀旅行における、日本の防衛態勢の不備の指摘は、参加した中堅の参謀官達に大きな刺激を与え、ここに陸軍は、いよいよ国土防衛策の研究に着手することになったのである。即ち、参謀本部長有栖川宮熾仁親王は、二十年八月二十日、監軍部・近衛・各鎮台の参謀長に対し、国土防衛策案として次の事項を研究して、十一月中に提出するよう指令したのである。(22)

作戦計画　其一　防禦策案

第一　国土防禦ニ関シ本邦ノ位置並ニ地形ノ判断

第二　外敵ノ我国ニ対スル戦略ノ判断

第三　国土防禦全体ノ画策

第四　前項ノ画策ニ於テ撰定シタル策源策線交通線ノ理解
第五　我兵力ヲ以テ防禦シ得ル敵ノ兵力並ニ其作戦経過ノ判断

この研究事項に対して、各参謀長がどのような案を提出したかは、史料がなく不明であるが、翌二十一年一月十日、各参謀長を参謀本部に召集して、これらの事項について研究されたことは間違いない[23]。

引き続きこの研究の一環として、九州参謀旅行をメッケルの統裁によって実施することとし、同月、表二—四—二のような各参謀長らを参謀本部に召集し事前研究を行ない、続いて二月十一日～三月四日の間、下関・小倉・福岡などにおいて本番の現地研究を実施したのである[24]。

この参謀旅行参加者は、これまでの参加者とは異なって、陸軍の中枢にある主要な人物であった。それだけに、当時の陸軍の真剣さが現われているのである。

この研究内容は、『九州参謀旅行記事』上陸軍之部、国防軍之部[25]に記されているように、概ね日本陸軍の現配置を基準にして、動員を完了した国防軍と、九州北部に侵攻した上陸軍との作戦を、現地において研究するもので、主として上陸軍第一師団と国防軍第六師団の行軍・宿営・前哨・攻撃・防禦・追撃・退却などに関する戦術問題であった。

当時、参謀本部は、日本への侵攻兵力を概ね二～三万と見積もっており、これに対し全国各地に駐屯する五個師団を、いかに速く敵の上陸地点に輸送するかが大きな問題であった[26]。

監軍山県有朋も、明治二十一年一月に書いた「軍事意見書」の中で、「夫レ外敵ノ我邦ニ来寇スルハ船艦ノ資ニ因ラサルヲ得ス。船艦ノ数ハ自ラ限リアルヲ以テ海軍ニ富ムノ強国ト雖モ、航海運送ニ於テ上陸セシメ得ルハ、二師団ノ兵ヲ最上限ト見做スヲ得ヘシ。我ノ以テ之ニ応スルノ策ハ、他ナシ。即チ能ク彼ニ先チテ二師団或ハ三師団ヲ集合シ、以テ彼ノ後援未タ来着セサルニ先タチ衆ヲ以テ寡ヲ撃ツニ在リ」と述べているのである[27]。

表二―四―二　九州参謀旅行専修将校

階級	氏名	現職
歩兵大佐	西寛二郎	参謀本部陸軍部第一局長
同	小川又次	同　第二局長
砲兵大佐	黒田久孝	東京砲兵工廠提理兼参謀本部陸軍部第三局長
歩兵中佐	真鍋　斌	陸軍省総務局第三課長
軍医監	石坂惟寛	同　医務局第一課長
歩兵大佐	児玉源太郎	監軍部参謀長兼陸軍大学校長
同	大島義昌	東京鎮台参謀長
同	高島信茂	仙台鎮台参謀長
同	坂元純熙	名古屋鎮台参謀長
同	山根信成	大阪鎮台参謀長
砲兵大佐	塩屋方圀	広島鎮台参謀長
歩兵大佐	川村景明	熊本鎮台参謀長
軍医監	横井信之	東京鎮台軍医長
二等監督	中村宗則	大阪鎮台監督部長
同	柴　直言	広島鎮台監督部長

※近衛参謀長歩兵大佐山口素臣は、米国出張のため参加しなかった。

九州参謀旅行においても、広島の第五師団、大阪の第四師団、名古屋の第三師団をいかに速く九州に輸送するかが研究された。この時メッケル少佐は、青森から本州中央部を縦断して馬関（下関）に通じる複線鉄道の布設が、日本の国防上欠かせないものであることを強調した。(28)

かくして、陸軍としての国土防衛策が立案されていくことになるのである。また、本章の六で述べるように、鉄道・通信施設の整備が急がれることになるのである。

一方、海軍は、本章の五の(四)において述べるように、明治十六年から水雷防御地点の調査などを実施し、水雷防御計画を立案していったのである。明治二十年十月には、東京湾・紀淡海峡・鳴門海峡・明石海峡・釣島方面諸海峡・佐賀ノ関海峡・下ノ関海峡・奄美大島・対馬・青森海峡・長崎・五島・隠岐・山川・紀州大島・七尾・敦賀・尾州湾・女川湾・壱岐・八代湾など二一個所の水雷防御地点を計画し、東京湾口・横須賀軍港・対馬・呉軍港・佐世保軍港などに逐次水雷防御準備を実施していった。

参軍官制のもと陸・海軍参謀本部が設置された後、即ち明治二十一年五月以後、海軍参謀本部は、海軍としての作戦計画について研究し始めた。アメリカから帰朝した斉藤実大尉は、作戦計画の作成のため「作戦計画材料ノ統計簿ヲ作ル事」「参謀将校ニ作戦案ヲ作ラシムル事」という意見書を提出した。(29)

前者において、隣邦及び列強の東洋艦隊の状況、上陸点・港湾の状況、沿岸の砲台・水雷防御施設、船舶・交通通信施設、出師準備などに関する統計簿を作成することの重要性を述べ、後者においては、毎年一度参謀将校を軍艦に乗組ませて、軍港その他の要所に回航して、攻撃・防御の作戦案を研究させることを提案している。

しかし、これらの意見が実際にどの程度採用されたかは不明である。

なお、海軍軍事部鮫島員規少佐が、京城事変（甲申事変）前後の明治十七〜十八年頃作成したと判断される「対清作戦計画」*があるが、これは清国が対馬・五島さらには九州に侵攻してくる恐れがあるに対し、戦闘艦隊・巡洋艦隊・防御艦隊を編成して、清国天津と朝鮮国南陽湾（牙山湾）との連絡を断ち、対馬・五島の近海を警護し、対馬に援軍を送り、九州沿岸の要衝を防御し、下関・神戸・横須賀港の警備を厳戒にするという艦隊を中心にした作戦案を計画したものである。これが、海軍の公式の作戦計画とされた形跡はない。

＊「故海軍大将男爵鮫島員規氏ノ海軍大佐時代の自筆案稿」（防衛研究所所蔵⑦学校－1－71）及び「天城艦長海軍少佐山本権兵衛ノ参謀本部海軍部第二局長海軍大佐鮫島員規氏ニ宛テタル消息」（防衛研究所所蔵②日清戦争－7）

これらの史料は、市来崎慶一少将が昭和十六年に筆写し、明治二十年代日清戦争前に作成されたものと註記して、海軍大学校及び同氏が保存していたものであるが、計画の内容特に、明治十七年に進水し翌年清国に廻航された「定遠」・「鎮遠」が清国艦隊に入っていないこと、明治十八年竣工の「天竜」が日本艦隊に入っていないことから、この計画は明治二十年代ではなく明治十七〜十八年頃に作成されたものと判断する。

(三)　国防に関する施設の方針・作戦計画要領の策定

陸軍が明治二十四年十月三日、海岸防御地点として、東京湾口以下二二地点を決定したことについては、既に本章一の項(三)で述べたところである。これらの防御地点は、いわゆる砲台を築き、砲台の火力によって敵艦及び上陸部隊を撃破するという固定防御法を採用するものである。

しかし、砲台建設には莫大な経費を要し、全国各地の主要地点に砲台を建設することは、財政的に不可能なことである。そこで、部隊を上陸点に移動して、上陸軍を撃破することが必要になってくるのである。

前述したように、参謀本部は明治二十年八月頃から、部隊を機動運用しての防御方策について研究を開始したのである。しかし、その具体的成果を示す史料は残されていない。また、その後、明治二十四年まで、これらに関する具体的な史料は、現在のところ見当らないのである。

明治二十四年になると、当時参謀総長であった有栖川宮熾仁親王の日記（『熾仁親王日記』）に、これらに関する記述が見られるのである。即ち、同二十四年九月三日の項に「川上参謀次長ヨリ作戦計画・作戦方略之弁付国防計画作戦計画之別・騎兵操典、右本月一日発書状到達之事(30)」、翌二十五年二月八日の項に「作戦計画要領草案壱冊、国防ニ関スル施設ノ方針壱冊(31)」、同年二月二十五日の項に「午前十時二十五分参謀本部江出勤、作戦計画要領・国防ニ関スル施設ノ方針、第一・第二局長及両局員等会議(32)」、同年三月八日の項に「午前十一時参朝、特別大演習調査ノ件、並作戦計画要領壱冊・国防ニ関スル施設ノ方針壱冊、拝謁上奏(33)」と記されている。

これから判断すると、明治二十四年九月一日の時点で、参謀次長川上操六は、国土防衛のための国防計画・作戦計画案を立て、この案についての説明の書状を、舞子で静養中の参謀総長熾仁親王に出したということである。さらに、翌二十五年二月八日には、「作戦計画要領草案」と「国防ニ関スル施設ノ方針」が出来上がり、同月二十五日に、参謀総長以下第一・第二局長及び局員でこれらを審議し、三月八日に、参謀総長熾仁親王が、正式に「作戦計画要領」「国防ニ関スル施設ノ方針」として天皇に上奏したのである。

このようにして「作戦計画要領」と「国防ニ関スル施設ノ方針」が決定されたのであるが、その全容は史料がなく不明である。しかし、明治二十六年三〜四月の間に、陸軍次官児玉源太郎と参謀次長川上操六が交わした文書によって、その概要は推測できるのである。

明治二十六年三月三十日、児玉陸軍次官は、かつて内議のあった「国防ニ関スル施設ノ方針」と「作戦計画要領」について、将来の予算措置のため参謀次長の意見を聞きたいと、川上参謀次長に質問書を出した(34)。

この質問書によると、「国防ニ関スル施設ノ方針」は、海防施設と部隊の配置が主な内容であったと判断できる。即ち、海防施設の必要な地点を、第一期工事地点と第二期工事地点に分け、第一期工事地点には、既に着手している東京湾・紀淡海峡・下関海峡・対馬浅海湾の他に、芸予海峡・佐世保軍港・呉軍港・鳴門海峡が指定され、第二期工事地点には、舞鶴軍港・室蘭軍港・函館・敦賀・小樽・長崎・七尾・鳥羽・和歌山・女川・清水・宇和島・鹿児島が指定されていたのである。これらの地点は、本章の一の(三)で述べた、明治二十四年十月三日決定の海岸防御地点と同一である（横須賀は東京湾の一部として考えられている）。

部隊の配置については、将来の部隊の増設などが記されていたものと判断される。児玉次官は、質問書第一項で「国防ニ関スル施設ノ方針第五款中、屯田兵ノ数額ヲ増加シ以テ第一ノ敵衝ニ当ルヲ得ヘカラシム云々トアリ、是レ蓋シ北海道ノ人口繁殖スルノ日ニ至ラハ、内地同一ノ一師団ヲ置クノ方針ニシテ、夫迄ノ間ハ漸次屯田兵ノ数額ヲ増加シ、少クモ第一ノ敵衝ニ当ルニ足ラシメントノ考察ナラン。果シテ然ラハ、其増加スヘキ屯田兵ノ兵額ハ概ネ幾何ヲ要スルヤ」と北海道の屯田兵の増員数について質問し、第二項では「同書第六款其三ニ、四国ニハ別ニ独立混成旅団ヲ編成セサルヘカラストアリ、其諸兵ノ配合及ヒ隊数ハ如何スヘキヤ、又其位置ハ何レニ選定スヘキヤ」と質問した。

これに対して川上次長は、次のように回答した(35)。

即ち、第一項の質問に対しては「目下ノ形勢ニ於テ北海道第一着ノ防禦ヲシテ稍々完カラシメンニハ、少クモ歩兵三十二中隊・騎兵二中隊・山砲兵四中隊・工兵二中隊・輜重兵一中隊ヲ要ス。然ルニ本年度ノ終ニ於テハ、歩兵十九中隊・騎兵一隊・砲兵一隊及工兵一隊ノ編成完結スルノ予定ナルヲ以テ、尚将来増設ヲ要スルモノハ歩兵十三中隊・

騎兵一中隊・山砲兵三中隊・工兵一中隊・輜重兵一中隊ナリトス」と答え、第二項の質問に対しては「四国ニ於テ将来編成ス可キ独立混成旅団ハ、大凡左ノ如キ配合及隊数ヲ以テ適当トスルモノノ如シ。歩兵二聯隊・騎兵一中隊・山砲兵二中隊・工兵一中隊・輜重兵一中隊。此旅団ハ其首力（旅団司令部・歩兵一聯隊・騎兵一中隊・山砲兵二中隊・工兵一中隊・輜重兵一中隊）ヲ丸亀ニ、歩兵一聯隊ヲ松山ニ置クヲ可トス」と答えた。

以上のように「国防ニ関スル施設ノ方針」には、現在及び将来にわたっての海防施設即ち砲台を建設すべき地点と、部隊の配置及び増設予定が記されていたといえるのである。

また、「作戦計画要領」には、恐らく予想上陸地点に対する部隊の移動集中要領・緊要地点とそこに配備すべき兵力・特に監視を要する地点などが記されていたものと判断される。

児玉次官は、先の質問書第三項で「作戦計画要領第十三ニ、緊要地点ニ配置スヘキ部隊ハ、時機ニ依リ野戦師団ノ一部ヲ割テ之ニ充ツルノ必要アルヘシト雖モ、成ルヘク此守備ニハ後備軍隊ノ幾分ヲ以テ、之ニ充ツル事ヲ勉ムヘシ云々トアリ。其各師団及ヒ屯田兵ノ守備兵ヲ配置スヘキ緊要地点ヲ枚挙セハ、各師管内ニ於テ三乃至五ケ所ニシテ、又特ニ監視ヲ要スヘキ地点ハ、五乃至十九ケ所ナリ。之ニ要スル兵員ハ、現行野戦予備隊ノ編制ニ在テハ不足ヲ訴フルナルヘシ。果シテ然ラハ野戦予備隊ノ編制ハ、将来ニ於テ大ニ改正ヲ要スヘキモノナルヤ」と問い、さらに、第四項では「同書同項ニ、緊要地点ニ配置スヘキ部隊ハ、将来要塞ヲ設置スルニ至レハ、別ニ守備兵ヲ要セサル事勿論ナリトアリ。此要塞落成後ニ於ル各地ノ該兵数額ハ、概ネ幾何ヲ要スヘキヤ」と質問した。(36)

川上次長は、第三項の質問に対し「戦時、野戦予備隊ハ、要塞及緊要地点ノ守備ニ任スル等、其用途頗ル多般ナルヲ以テ、各師団ニ於テ概ネ十二大隊ノ後備軍隊ヲ備フル事必要ナリ。故ニ将来常備兵額ヲ増加スル能ハサレハ、後備役ノ年限ヲ増スカ、或ハ独逸ノ如ク補充予備隊徴兵ノ制ヲ採ルカ、何レニシテモ将来野戦予備隊ノ編制ハ大ニ改正ヲ

表二―四―三　全国緊要地点に配備すべき兵力

担当師団	配置地点	兵力
第一師団	沼津	一中隊
	鎌倉付近	一中隊
	館山	一大隊
	水戸	一中隊
第二師団	石巻	一中隊
	青森	半大隊
	新潟	一中隊
第三師団	半田	一中隊
	四日市	一中隊
第四師団	和歌山	一中隊
第五師団	徳島	一中隊
	高知	半大隊
第六師団	中津	一中隊
	唐津	一中隊
合計		四大隊三中隊

要スルモノナリト信ス」と答え、第四項の質問に対しては「国防ニ関スル施設ノ方針中ニ予定スル所ノ海岸諸要塞完成スルノ暁ニ至レハ、全国緊要地点ニ配置スヘキ守備兵ノ数額ハ左ノ如シ」と回答したのである。(37)この全国緊要地点に配置すべき兵力とは、表二―四―三のとおりである。

この「作戦計画要領」第十三項より前の項には、前述した参謀本部での研究や参謀旅行などにおける研究などで、最も重要問題であった上陸地点への部隊の移動集中要領が示されていたと判断される。

この「作戦計画要領」が、各師団の作戦計画の準拠として、各師団長に送達されたことは、明治二十六年二月二十八日、在京各参謀長に対する参謀総長熾仁親王の「作戦計画要領」についての次のような訓示の中に明示されているのである。(38)

「曩ニ付与シタル作戦計画要領ハ、必要ニ従ヒ時ヲ以テ改正修補スヘキモノナルニ依リ、是カ改修ニ関スル意見アラハ、参考ノ為メ、本年末迄ニ呈出ス可シ」と、作戦計画要領に対する意見提出を求め、さらに「作戦計画要領ハ準備計画ノ大体ヲ示スモノニシテ、各師団ニ在テハ、此要領ニ基キ、要ニ詳細ナル師団ノ作戦準備計画ナカル可ラス。其師団ノ計画ハ、後日下問スル事アル可キヲ以テ、予メ充分ニ研究ヲ遂ケ、判断ヲ凝シ、下問ニ際シ成可ク速ニ呈出セン事ヲ要ス」と、作戦計画要領に基づき、各師団としてのさらに詳細な作戦計画を作成することを指示したのである。

この参謀総長の指示に対し、各師団長がどのような意見を提出し、どのような作戦計画を作成したかは、史料がなく不明である。日清戦争のため、これらのことが実施できなかったのかも知れない。

この「国防ニ関スル施設ノ方針」と「作戦計画要領」に示された海岸防備計画を図示すると、図二―四―一のようになる。

図二―四―一　海岸防備計画（明治二十六年）

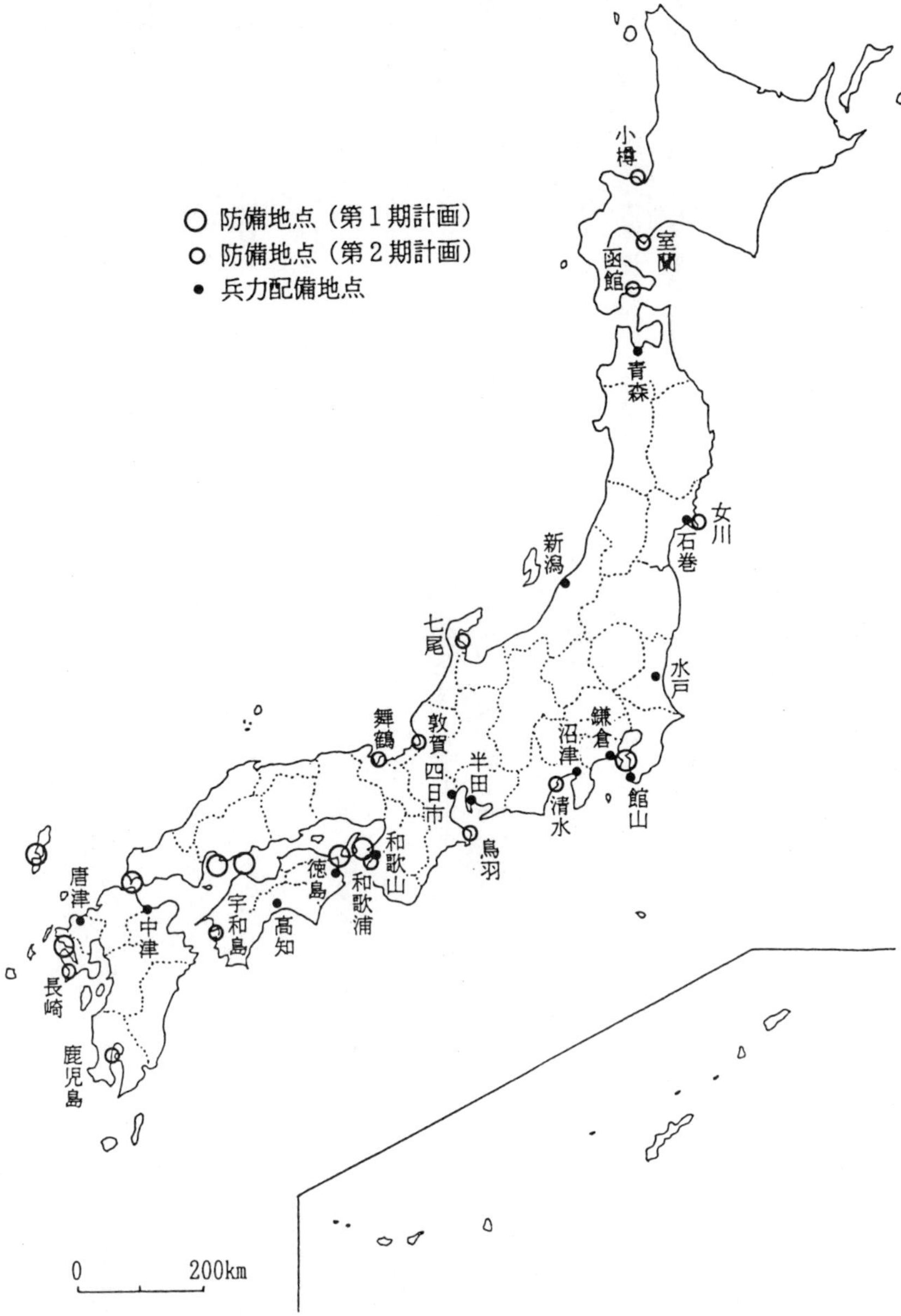

以上のことから、次のように結論付けられるのである。

①　明治二十五年二月に参謀本部は、「国防ニ関スル施設ノ方針」と「作戦計画要領」を策定し、翌三月に天皇に上奏した。

②　「国防ニ関スル施設ノ方針」は、東京湾以下の海岸防御地点（砲台を建設する地点）を決定し、これに第一期工事、第二期工事地点としての優先順位を付け、砲台建設の方針を示し、また、将来の部隊増設方針などを示すものであった。

③　「作戦計画要領」は、敵の上陸に対し、全国の部隊の移動集中要領、緊要地点への兵力配置、さらには、特に監視すべき地点などを示すものであった。

④　各師団は、この「作戦計画要領」に基づき、師団としての詳細な作戦計画を作成することになっていた。

⑤　この「作戦計画要領」は、参謀本部が作成した最初の作戦計画であった。

このように、陸軍は日清戦争前までに、漸く国土の防衛作戦について具体的計画を策定するようになったのであり、対清国作戦としての大陸進攻作戦を計画準備するまでには至っていなかったのである。清国と戦うための大陸進攻作戦を策定したのは、日清戦争開戦直前であった。(39)

五　海軍の増強

(一)　軍艦の製造

西南戦争以後、海軍が本格的な軍艦建造計画を立てたのは、明治十四年であった。明治十四年十二月二十日、海軍卿川村純義は「軍艦製造及造船所建築ノ義ニ付上申[1]」を太政大臣三条実美に提出し、明治十五年以降毎年三隻の軍艦を製造し、二〇カ年で六〇隻の軍艦を完成することを上申した。

この川村海軍卿の上申は、主船局長赤松則良海軍少将の意見を基にして作成されたものと考えられる。赤松主船局長は、明治十四年十二月十日、川村海軍卿に「至急西部ニ造船所一ケ所増設セラレンヲ要スル建議[2]」とともに、今後整備すべき艦数について意見を提出し、次のように述べた[3]。

「辺海警備ニ要スル艦船ノ数並ニ其種類ヲ確定シ、之ヲ整頓スヘキ年期及ヒ其費用ヲ予算シテ着手スヘキハ、当今ノ最モ急ニスヘキノ事ナリ。凡ソ艦船ノ数並ニ其種類ヲ定ムルハ、海陸連合シタル海防ノ法ヲ規画スルニ非レハ、完全ノ者ト云フヘカラストイヘトモ、大略其目的トスルハ敵国ノ軍情・本邦ニ侵入スヘキ敵ノ兵力及ヒ軍資ノ如何ヲ考究シテ、然ル後之ニ対抗スヘキ海軍ヲ備ヘ、且ツ海防ノ策ヲ設クヘシ。其敵トスヘキハ、英国ナルカ将タ仏国ナルカ、或ハ魯清ナルヤ、未知ルヲ得スト雖モ、予メ画策スルニハ、海軍ノ最モ強盛ナル他国ヲ以テ仮ニ敵ト見做シテ、防御ノ法ヲ研究スヘキナリ」と海軍軍備の整備拡張の必要性を述べたが、現実に英国などと優劣を競うのは、国費の面から架空に近いことなので「我海軍艦船ノ数ヲ定ムルハ、之ヲ製造購求維持スヘキ資力ヲ目的トシテ、始メテ確定スヘシ。然ルニ歳入ノ幾分ヲ以テ自今海軍ノ経費ニ充テラルルヤヲ予知セサルヲ以テ、今暫ク現今ノ海軍兵員ヲ目途トシ、自今整備スヘキ艦数ヲ定ムル」として、表二―五―一のような数を示した。

表二―五―一　自今整備すべき艦数

	艦数	士官	下士卒
東海艦隊	一二隻	九六人	一、八二〇人
西海艦隊	一二隻	九六人	一、八二〇人
練習艦	四隻	四〇人	一、二〇〇人
解任予備艦	一二隻	―	―
計	四〇隻	二三二人	四、八四〇人
辺防水雷砲艦	一八隻	―	―

総計　五八隻

これらの艦船は「経済ノ道ヨリスルモ、軍略ノ点ヨリスルモ常ニ補充ヲ要スレハ、外国ヨリ購求スルハ得策ニアラズ、必ス内国ニ於テ漸次製造、多年ヲ経スシテ全備スル事ヲ欲ス」と述べ、現在の横須賀造船所の他に西海の要地に造船所を新設し、一一年間で三二隻の軍艦を製造し、現在の軍艦八隻を加えて四〇隻とすべきであると主張したのである。この赤松主船局長の意見は、その後の海軍拡張の基本路線となっていったのである。

前記の川村海軍卿の上申は、この赤松主船局長の意見をさらに拡大修正して、二〇年で六〇隻建造の計画としたのであった。川村海軍卿は、この上申書において「国家ヲ維持シ皇威ヲ発輝スルハ、海軍ヲ拡張スルニ外ナラス。今ニシテ海軍拡張ノ策ヲ施ササレハ、後チ臍ヲ噬ムモ尚及ハサルノ憂ヒナキヲ不可保ナリ。其之ヲ拡張スルハ他ナシ。唯堅艦ヲ増製スルニ在ルノミ」と海軍拡張の急務を論じたのであるが、採用されるに至らなかったのである。(4)

なお、当時の日本海軍の主力艦は、表二―五―二のとおりであった。(5)

この他に、艦齢一〇年以上の旧式艦として、「富士山」・「摂津」・「東」・「千代田形」・「春日」・「丁卯」・「日進」・「龍驤」・「鳳翔」・「孟春」・「筑波」・「浅間」・「雷電」があった。(6)

表二―五―二　海軍主力艦（明治十四年）

艦名	排水量(トン)	竣工年
清輝	八九七	明治九年(横須賀製造)
扶桑	三、七一七	明治十一年(英国製造)
金剛	二、二四八	明治十一年(英国製造)
比叡	二、二四八	明治十一年(英国製造)
天城	九三六	明治十一年(横須賀製造)
磐城	六五六	明治十三年(横須賀製造)
迅鯨	一、四五〇	明治十四年(横須賀製造)

※「扶桑」・「金剛」・「比叡」は英国に注文製造した。

翌十五年十一月十五日、川村海軍卿は再度「軍艦製造ノ儀ニ付再度上申」を三条太政大臣に提出した(7)。

上申書は、まず支那とロシアの状況について「支那ノ近況ヲ見ルニ、力ヲ軍備ニ尽シ、海軍ヲ整備スル実ニ前日ノ比ニ非ラス、彼ノ今日備フル所ノ大小軍艦、既ニ六十余隻ニ至ルモ、尚内外国ニテ製造中ノ軍艦砲船水雷船等許多ニシテ、又伯林シェワルコッフ会社ニハ魚形水雷弐百個ヲ約定セリト聞ク、其志何処ニ在ルヤ察セサルヘカラス。又魯国ノ北海ニ志ヲ得ント欲スル、一朝ノ事ニ非ス、実ニ我環海孤立ノ国、片時モ警戒ヲ忽ニスヘカラス」と、その脅威を述べ、これに対して「我海軍ノ現況ヲ顧ルニ、軍艦ノ実用ニ適スルモノ、僅カニ数隻ニ過キス。即チ昨年ノ上申ニ詳細セルカ如シ。其他ハ皆数年ヲ出テスシテ廃船ニ属スルモノ而已。一朝事有ルニ臨テハ、何ヲ以テ国権ヲ維持スヘキ哉」と、海軍の現況を憂い、「東洋今日ノ形勢既ニ一変シ、事機切迫シ、海軍ノ警備瞬時モ猶予スヘキ時ニ非ラス。依テ断然経費支出ノ途ヲ計画セラレ、遅クモ此八ケ年ニ、先ツ新艦四十八隻ヲ整備セラレ度、其余十二隻ノ如キハ、現時ノ軍艦ノ中チ尚ホ存スルモノ有ルヘキカ故ニ、先ツ之ヲ予備トシ、八ケ年後ニ至テ製造セラルルモ、敢テ遅キニ非ラサルヘシ」と主張し、さらに、この両三年は最も警戒を要する時機であり、「戦ニ臨ミ老年衰廃ノ兵ヲ用キルト、少壮強健ナル兵ヲ用キルト、又堅牢迅速ナル新艦ヲ用キルト、軟弱遅緩ナル古艦ヲ用キルト、孰レカ利アリ、孰レカ功ヲ奏スル、固ヨリ論ヲ俟タサルナリ」故に、この両三年間に二四隻だけは是非とも建造するよう切望したのである。

この上申の趣旨は、閣議で認めるところとなり、本章の二の(一)で述べたように、酒・煙草などの増税による年間増収七五〇〇万円のうち三〇〇〇万円が毎年軍艦製造費として、十六年度以降八年間支弁されることが閣議決定された。

これを受け、翌十六年の二月六日、海軍卿は次のように申し出た。

即ち、今回決定の新艦製造費三〇〇〇万円と海軍省定額の造船費三三万円の合計三三三万円をもって製造できる軍艦は、一艦平均の製造費八三万二、五〇〇円とすると、一年に四隻製造でき、八年で三二隻製造できることになるが、軍艦の製造は起工から竣工までに二年を要するので、三二隻を完成するには、一〇年を要することになり、これでは清国の海軍増強に対応できないので、八年を四年に短縮して繰上支給し、五年間で三二隻の軍艦を製造するように裁定されたいと申し出たが、この儀は認められなかったので、海軍卿は二月二十四日に、当初の予定どおり八年間で三二隻製造すべき艦種とその数を、表二―五―三のとおり稟議し裁可を得た。[8]

表二―五―三　建艦八カ年計画

艦種	隻数	通貨
大艦	五隻	七五〇万円
中艦	八隻	七八〇万円
小艦	七隻	二五二万円
水雷砲艦	一二隻	八八二万円
合計	三二隻	二、六六四万円

この八カ年計画が、軍艦製造の計画的実施の始まりとなったのである。この製造計画に基づき、明治十六～十八年度において、製造もしくは製造に着手し、または購入した艦は表二―五―四のとおりである。[9]

この八カ年計画の実施中に、軍艦の建造をめぐって、甲鉄艦を中心とする外洋艦隊を整備すべきであるという海軍軍事部の意見と、海防艦と水雷艇を中心とする海防艦隊を整備すべきであるという主船局の意見が対立した。

軍事部長の仁礼景範海軍少将は、明治十七年十月三十一日、川村海軍卿に「今日本邦微弱ノ海軍ヲ以テ護国ノ責ヲ尽サントスルニハ、敵国艦隊ノ本国海岸ニ達スルヲ待タズ進ンテ之ヲ海洋ニ要撃シ、其拠リテ以テ策源ト為サントス

表二—五—四　明治十六～十八年度製造（着手）購入軍艦

艦種	隻数	艦名
大艦	三隻	浪速・高千穂・畝傍
中艦	五隻	筑紫・葛城・大和・武蔵・高雄
小艦	三隻	摩耶・鳥海・愛宕
計	一一隻	

ルノ地（多分対馬五島大隅大島ノ辺ニ在リ）ヲ得ル能ハサラシムルニ在リ、又不幸ニシテ隣国敵国ト為ル時ハ、彼ノ来寇ヲ待タズ進ンテ彼海岸ヲ衝キ、其海軍ヲ挫折シテ、然ル後封港又ハ要港ヲ攻ムルヲ得策トス」と述べ、最初から退守守勢をとれば敵艦に主導権を奪われ防禦はできないので「洋外ニ戦フ目的ヲ以テ艦船構造ノ計画ヲ為ササルヘカラズ」との意見書を提出し、守勢的艦隊運用を採るべきではなく、攻勢的な運用を採るべきであり、それが可能な軍艦を製造すべきであると主張したのである。(10)

これに対して、主船局長赤松則良は、翌十八年二月二十一日、巡洋戦艦と水雷船からなる艦隊編成意見を上申し、「近今、水雷船ノ制、日ニ増々其精巧ヲ競ヒ其価格モ僅ニ十数万円ニ過キスシテ、甲鉄艦一艘ニ対シテ凡二十五艘ヲ得ヘク、甲鉄艦四艘ヲ製造スル費用ヲ以テ、水雷船百艘ヲ得ヘシ、然ルニ此僅四艘ノ甲鉄艦ヲ以テ我海軍ノ強盛ヲ誇ルヲ得ヘキカ、決シテ非ラス、反テ水雷船ハ甲鉄艦ノ最モ恐懼スルモノナルヲ以テ、水雷船百艘ノ備アラハ、宇内強盛ノ海軍国ト雖モ、皇国海軍ヲ軽視スルヲ得サルヘシト存候」と述べ、外洋に出て戦う艦隊よりも、水雷船を多数備えた海防艦隊を整備すべきであると主張した。(11)

このような対立する意見上申を受け、川村海軍卿は、世界列国海軍の著しい進歩の状況と両者の意見を勘案し、同年、三条太政大臣に「軍艦製造費之義ニ付上申」を行ない新鋭軍艦の整備を主張した(12)。

即ち「今ヤ海外各国ニ於テ戦艦ノ構造著大ノ改良進歩ヲ来シ、為メニ艦隊ノ編制ヲ一変シ、巨大ニシテ厚キ鉄甲ノ甲鉄艦トヲ配合シ編制スルニ非ザレハ、海戦ノ用ニ適セザルモノノ如シ」と述べ、英国・仏国・伊国の新鋭軍艦は、排水量一万数千トン、装甲一六吋以上もあるが「扶桑艦ノ如キハ我海軍ノ最大ナルモ、其排水量僅ニ三千八百噸、甲鉄ノ厚サ最厚ノ部ト雖モ僅ニ九吋ニ過ギズ。十五拇ノ砲弾能ク之ヲ洞貫スルヲ得ベシ。況ヤ其他ノ軍艦ニ於テヲヤ。此ヲ以テ艦隊中ニ必ズ前陣各国甲鉄艦ニ匹敵スベキ甲鉄艦無ルベカラズ」と、我海軍の劣勢を指摘し、目下の情勢において、表二―五―五のような艦艇を整備すべきであると上申したのである。

しかし、当時の財政事情は、このような計画はもちろん、継続中の八カ年計画の十九年度以降の軍艦製造費一、六

表二―五―五　艦艇整備計画（明治十八年）

艦種	計画隻数	現有艦	新造隻数
甲鉄艦	八隻		八隻
一等巡洋艦	一六隻	扶桑・浪速・高千穂・畝傍	一二隻
二等巡洋艦	一二隻	比叡・金剛・海門・天竜・葛城・大和・武蔵	五隻
砲艦	二四隻	磐城・筑紫・摩耶・鳥海・愛宕	一九隻
水雷運輸船	四隻		四隻
一等水雷艇	一二隻		一二隻
二等水雷艇	三二隻		三二隻
計	一〇八隻	一六隻	九二隻

七三万余円すら支出できない状態であったので、政府は十九年度以降の軍艦製造費を、一、七〇〇万円の海軍公債を起こしてその財源とすることにした[13]。

この頃海軍は、世界的水準の国産艦を建造するため、欧州一流の造船家ベルダンをフランスより招き、艦隊整備について意見を求めた。ベルダンは、明治十九年一月に来日、早速二月二十日、「艦隊組織ノ計画」を作成し、軍事部と主船局の折衷案的な表二—五—六のような艦船新造計画を提示し、「余ノ計画幸ニ今日ニ採用セラレテ、斯ノ如キ艦隊ヲ日本海上ニ見ルニ至ラハ、海軍ノ基礎始メテ鞏固ナルヲ得、且ツ諸外国ヲシテ日本ノ国力ヲ畏敬セシム可キニ庶幾カラン乎」と述べた[14]。

海軍省は、このベルダンの意見を全面的に採用して、表二—五—七のような第一期軍備拡張計画としたのである[15]。

海軍公債証書条例は、明治十九年六月十二日に勅令第四七号として制定され、その第一条に「海軍公債証書ハ、海軍軍備ノ費途ニ充ツル為メ、壱千七百万円ヲ限リ、三箇年間ニ漸次之ヲ発行スルモノトス」と規定されているように、明治十九年度・二十年度・二十一年度の海軍整備に使用されることになった。

この海軍公債による特別費で、製造に着手した艦艇は表二—五—八のとおりである[16]。

その後明治二十一年二月、海軍大臣西郷従道は、第二期軍備拡張計画として、海防艦・巡洋艦・砲艦など一六隻二八、七三二屯、水雷艇三〇隻の製造を伊藤総理大臣に提議したが、財政上その一部が認められただけであった[17]。

海軍省はその後も、樺山資紀海軍大臣が、明治二十三年九月に七カ年計画、二十四年七月に九カ年計画を上申し、続いて仁礼景範海軍大臣が、明治二十五年十月、一六カ年計画の軍艦製造を上申した[18]。

それらの概要は表二—五—九のとおりである。

表二—五—六　ベルダンの艦船新造計画

艦船の種類・等級	隻数	合算吃水量（トン）	緩急の順序
海防艦　一等	二隻	一、二〇〇	第四
海防艦　二等	四隻	一六、〇〇〇	第一
甲鉄艦　一等	一隻	九、〇〇〇	第七甲
甲鉄警湾艦	—	—	第七乙
巡洋艦　一等	一隻	六、〇〇〇	第五
巡洋艦　二等	一隻	四、〇〇〇	第八
巡洋艦　装帆	二隻	五、〇〇〇	第九
報知艦　一等	二隻	三、五〇〇	第三
報知艦　二等	四隻	五、〇〇〇	第六
砲艦　一等	二隻	一、六〇〇	第一〇
砲艦　二等	六隻	三、〇〇〇	第一一
水雷艇　一等	一六隻	九〇〇	第二
水雷艇　二等	一二隻	三〇〇	第二
総　計	五三隻	六七、三〇〇	

表二―五―七　第一期軍備拡張計画

艦艇	隻数	合計（トン）	艦艇	隻数	合計（トン）
一等海防艦	二隻	一二、〇〇〇	一等報知艦	二隻	三、五〇〇
一等海防艦	四隻	一六、〇〇〇	二等報知艦	四隻	五、〇〇〇
一等甲鉄艦	―	九、〇〇〇	一等砲艦	二隻	一、六〇〇
海岸用甲鉄艦	一隻	―	二等砲艦	六隻	三、〇〇〇
一等巡洋艦	一隻	六、〇〇〇	一等水雷艇	一六隻	九〇〇
二等巡洋艦	一隻	四、〇〇〇	二等水雷艇	一二隻	三〇〇
三等巡洋艦	二隻	五、〇〇〇	計	五四隻	六六、三〇〇

表二―五―八　特別費で製造着手した艦艇

艦種	艦名
二等海防艦	厳島・松島・橋立
一等報知艦	八重山
二等報知艦	千島
砲艦	赤城
一等水雷艇	一六隻

表二―五―九　軍艦製造計画（明治二十三〜二十五年）

艦種	明治二十三年九月計画	明治二十四年七月計画	明治二十五年十月計画
甲鉄艦	五隻　三七、〇〇〇トン	四隻	四隻　四五、六〇〇トン
巡洋艦	九隻　二四、五〇〇トン	六隻	一〇隻　三五、九九〇トン
報知艦	―	一隻	二隻　三、六〇〇トン
水雷艦	一一隻　七、五〇〇トン	―	三隻　二、六一〇トン
計	二五隻　六九、〇〇〇トン	一一隻　七三、九〇〇トン	一九隻　八七、八〇〇トン
水雷艇	二六隻　二、一八〇トン	六〇隻	―
練習艦等	二隻　四、五〇〇トン	―	―
製造費	七年計画　五、八五五万円	九年計画　五、八五五万円	一六年計画　五、九一九万円

これらの計画は、一部認められ実行されたが、海軍としては不満足であった。

海軍は、明治二十三年十二月十六日樺山海軍大臣の衆議院における演説にもあるように、最小限一二万屯の軍艦を必要とすると考えていた[19]。樺山海軍大臣はこの演説で「我海軍力ハ軍艦七十五隻、之ヲ噸数ニスレバ二十万噸ノ実力ヲ具フルニアリ。然レトモ今日ノ国力之ヲ許ササルヲ以テ、此計画ハ後日ニ譲リ、最少限ノ十二万屯ヲ七箇年間ニ整備スル計画ヲ建テタリ」と述べ、前表の計画艦艇が製造されるならば、一二万トン体制は完成すると主張した。

この一二万トン体制は、その後の仁礼海軍大臣も堅持し、明治二十六年一月十日の衆議院において、次のように述べた[20]。

「軍艦製造ニ関スル我海軍ノ方針ハ、過大ノ艦船ヲ造リ諸強国ニ均シキ艦隊ヲ編成シテ、漫リニ艦数噸数上ノ権衡

表二―五―一〇　明治十一～二十七年（日清戦争前まで）軍艦製造購入一覧

年	艦名	種別	排水量（トン）	起工年月	竣工年月	製造地	備考
明治十一年	扶桑	軍艦	三、七一七	八年九月	十一年一月	英国	
	金剛	軍艦	二、二四八	八年九月	十一年一月	英国	
	比叡	軍艦	二、二四八	八年九月	十一年二月	英国	
	天城	軍艦	九三六	八年九月	十一年四月	横須賀	
明治十三年	磐城	軍艦	六五六	十年二月	十三年七月	横須賀	
明治十四年	迅鯨	軍艦	一、四五〇	六年九月	十四年八月	横須賀	
明治十六年	筑紫	巡洋艦	一、三五〇	―	十三年	英国	十六年購入
明治十七年	海門	巡洋艦	一、三五〇	十年九月	十七年三月	横須賀	
明治十八年	天竜	巡洋艦	一、五四七	十一年二月	十八年三月	横須賀	
明治十九年	浪速	巡洋艦	三、六五〇	十七年三月	十九年二月	英国	
	高千穂	巡洋艦	三、六五〇	十七年三月	十九年四月	英国	
	畝傍	巡洋艦	三、六一五	十七年五月	十九年	仏国	回航中没
明治二十年	葛城	巡洋艦	一、四八〇	十五年十二月	二十年十一月	横須賀	
	大和	巡洋艦	一、四八〇	十六年二月	二十年十一月	小野浜	
明治二十一年	武蔵	巡洋艦	一、四八〇	十七年十月	二十一年二月	横須賀	
	摩耶	砲艦	六一四	十八年六月	二十一年一月	小野浜	
	鳥海	砲艦	六一四	十九年一月	二十一年十二月	石川島	
明治二十二年	愛宕	砲艦	六一四	十九年七月	二十二年三月	横須賀	
	高雄	巡洋艦	一、七七四	十九年十月	二十二年十一月	横須賀	

明治二十三年	八重山	通報艦	一、六〇九	二十年六月	二十三年三月	横須賀	
	赤城	砲艦	六一四	十九年七月	二十三年八月	小野浜	
明治二十四年	厳島	海防艦	四、二一〇	二十一年一月	二十四年九月	仏国	
	千代田	巡洋艦	二、四三九	二十一年十二月	二十四年一月	英国	
明治二十五年	千島	砲艦	七五〇	二十三年一月	二十五年四月	仏国	
	大島	砲艦	六四〇	二十二年八月	二十五年三月	小野浜	
	松島	海防艦	四、二一〇	二十一年二月	二十五年四月	仏国	
明治二十六年	吉野	巡洋艦	四、一六〇	二十五年三月	二十六年九月	英国	
明治二十七年	橋立	海防艦	四、二一六	二十一年八月	二十七年六月	横須賀	
	秋津州	巡洋艦	三、一七二	二十三年三月	二十七年三月	横須賀	
	龍田	水雷艦	八五〇	二十六年四月	二十七年七月	英国	

ヲ得ントスルモノニアラス。帝国ノ地位ト宇内ノ情勢トヲ観察シ、国防上ノ必要ニ考へ、少クモ一二万噸ノ実力アル軍艦ヲ要スト云フニアリ」と述べ、二十六年度予算で甲鉄艦二隻・巡洋艦一隻・報知艦一隻の製造を要請した。

この軍艦製造費は、議会で認められず事態は紛糾したが、天皇の詔勅によって解決した。即ち、二月十日天皇は「国家軍防ノ事ニ至リテハ、苟モ一日ヲ緩クスルトキハ或ハ百年ノ悔ヲ遺サム。朕茲ニ内廷ノ費ヲ省キ、六年ノ間毎歳三十万円ヲ下付シ、又文武ノ官僚ニ命シ、特別ノ情状アル者ヲ除ク外、同年月間其俸給十分一ヲ納レ、以テ製艦費ノ補足ニ充テシム」の詔勅を賜った(21)。

これを受け、二月十五日勅令第五号が制定され、その第一条に「文武官及雇員ノ俸給ハ、本令施行ノ日ヨリ六箇年間、其ノ十分一ヲ国庫ニ納付セシム。但シ納付ノ手続ハ大蔵大臣ノ定ムル所ニ依ル」と定められ、四月一日から施行されることになったのである[22]（この勅令は、明治三十一年三月九日勅令第三九号によって、同年三月三十一日限り廃止された）。

以上のような経過を経て、日清戦争直前までに製造（購入）された軍艦は、表二—五—一〇のとおりであり[23]、海軍の勢力は、軍艦三一隻、水雷艇二四隻、総排水量六一、三七三トンとなった[24]。

(二) 艦隊の編成と海軍戦術

明治八年十月、中艦隊を解いて東部・西部指揮官に艦船を分属したため、形式上は日本海軍に艦隊が存在しないことになったが、実質はその後に設置された東海鎮守府司令長官が統括運用していたことについては、前章の五の(二)で既に述べたとおりである。明治初期の艦隊は、むしろ行政的組織の役割をもつもので、戦術的運用ができるまでの水準には達していなかった。単艦としての行動はできても、いわゆる艦隊として運動するには、未だ訓練が不十分であったのである。

そこで海軍は、明治九年十一月、イギリスから海軍中佐ウィルランを招聘し、艦隊運動などの指導に当らせることにした。ウィルランは指導のかたわら、次のような兵術書を編纂し、日本海軍に艦隊運動（戦術）の基本原則を最初に導入し教育したのである[25]。

・『艦隊運動規範』（海軍軍務局訳、明治十二年十月刊[26]）
・『海軍兵法要略』（海軍軍務局訳、明治十二年十一月刊[27]）
・『艦隊運動指引』（海軍軍務局訳、明治十四年七月刊[28]）
・『艦隊運動規範続篇』（海軍軍務局訳、明治十五年十一月刊[29]）

『艦隊運動規範』は、A五判、三二九頁で、艦隊の定義に始まり、艦隊の隊形、運動の基本原則を述べたものである。軍務局はその序において「艦隊ノ操錬ハ海軍ノ基礎ニシテ国家有事ノ際偉勲ヲ奏スルノ枢機ナリ」と記し、海軍士官の勉励を促しているのである。

『海軍兵法要略』は、A五判、九九頁の小冊子で、艦隊戦術の基本原則を述べたものであって、艦隊司令長官の必携書として編纂されたものである。

『艦隊運動指引』は、A五判、一四一頁で、艦隊の各艦長としての艦隊運動の訓練要領を記したものである。

『艦隊運動規範続篇』は、艦隊の基礎単位である群隊（二艦もしくは三艦で編制しその嚮導艦の指揮の下、あたかも一艦のごとく運動する艦隊の単位）の運動について述べたものである。

ウィルランの編纂したこのような兵術書に基づき、逐次艦隊としての教育訓練が進む中、明治十五年十月十二日、中艦隊が編成され、「扶桑」・「金剛」・「比叡」・「龍驤」・「日進」・「清輝」・「天城」・「磐城」・「孟春」・「第二丁卯」・「筑波」が中艦隊に編入された。中艦隊司令官には仁礼景範少将が任命された[30]。ここに、明治九年以来設置されていなかった艦隊が、再び設置され、以後終戦まで常備されることになったのである。

以上のような情勢の中、海軍は、明治十五年十一月、日本海軍としての独自の艦隊運動教範の編纂を軍務局に命じるとともに、東海鎮守府・中艦隊・兵学校へそれぞれ一名の取調べ委員を差し出すよう命じた。早速、東海鎮守府の成松明賢中佐、中艦隊の荒井久要中尉、兵学校の遠藤喜太郎大尉、軍務局の井上良智大尉・大藤三等属らが委員に任命されて編纂に従事し、明治十七年一月、その編纂が完成し『海軍艦隊運動程式』として印刷、東海鎮守府に七六部、中艦隊に三七部、兵学校に一〇部、機関学校に二部、海軍省に八部をそれぞれ配布したのである[31]。

この『海軍艦隊運動程式』は、明治二十一年十二月に改正され、海軍参謀部から『大日本海軍艦隊運動程式』第二版として印刷配布された[32]。その後この教範は、何回かの改正を経ながら、海軍の艦隊運動の教範として、昭和の海軍まで連綿と生き続けたのである。

明治十七年十月一日、「艦隊編制例」及び「艦隊職員条例」が制定され、艦隊に関する基本的事項が規定された[33]。

この「艦隊編制例」第一条には、「凡ソ艦隊ハ三艘以上ノ軍艦ヲ以テ之ヲ編制シ」その勢力に応じて、大艦隊・中艦隊・小艦隊の三種を編制すると規定され、第二条には、艦隊は常備しまたは臨時に編制すると規定された。これにより、明治六年制定の「海軍概則」の、大艦隊は軍艦一二隻、中艦隊は八隻、小艦隊は四隻をもって編制するという、数の規定を廃止するとともに、艦隊の常備を明確にしたのである。

明治十八年十二月二十八日、中艦隊を廃止し、新たに「扶桑」・「金剛」・「比叡」・「海門」・「筑紫」・「清輝」・「磐城」・「孟春」をもって「常備小艦隊」を編制し、相浦紀道少将が司令官に任命された[34]。

明治二十二年七月二十九日、常備小艦隊は、「常備艦隊」と改称された[35]。この常備艦隊は、日露戦争直前の明治三十六年十二月二十八日に廃止され、新たに第一・第二・第三艦隊が編制された。

このように艦隊の編制が進展する中にあって、艦隊の戦術行動についても、研究と訓練が進められていった。

明治十九年四月、参謀本部海軍部第一局課員となった島村速雄中尉（同年七月に大尉）は、アメリカ海軍少佐ベインブリッジ・ホーフの著書を抄訳し、それにその他の翻訳資料も加えて『海軍戦術一斑』を編纂したが、同書は、翌二十年一月、海軍戦術研究のため海軍部内に印刷・配布され、先の『海軍兵法要略』に代る戦術参考書として利用された[36]。

同二十年三月、島村大尉の提唱により参謀本部長熾仁親王は、艦隊司令官を委員長とする艦隊戦闘方法取調委員による研究会及び実験を実施するよう次のように海軍大臣大山巖に協議した[37]。

「従来我海軍ニ於テ、艦隊対戦演習法即チ艦ノ単独ナルト艦隊ナルトニ別ナク、戦闘法諸般ノ機変ニ応シ彼我相対シ、巧ミニ銃砲・水雷・機関及舵柄等ヲ使用スルノ方法制定無之、付テハ此際、各艦船ヲシテ清水港若クハ他ノ便宜ノ場所ニ之ヲ艤集セシメ、海軍戦術一班（過日本部ニ於テ刊行セシ者）及海軍戦闘信号法・艦隊対戦信号法（現時本部ニ於テ編纂中追テ刊行スヘキ者）等由リ、各艦長・副長及参謀将校等ヨリ成ル委員ヲ設ケ、司令官ヲシテ其ノ委員長タラシメ、以テ右ノ方法ヲ討議シ、随テ一事ヲ議了スレハ、随而之ヲ実地ニ試行セシメ、凡ソ四五ケ月ノ見込ヲ以テ、右演習法取調、海軍演習軌典トモ称スヘキ者ヲ制定致度（中略）可成速ニ施行相成様致度此段及御協議候也」と。

これを受け同年六月から約三カ月間にわたって清水港において研究と実験が実施されることになり、常備小艦隊の「扶桑」・「高千穂」・「浪速」・「海門」・「筑紫」と下記の委員がこれに参加した[38]。

常備小艦隊
　司令官　伊東祐亨少将
　参謀長兼「扶桑」艦長　山崎景則大佐
　参謀　島崎好忠少佐
　「海門」艦長　新井有貫中佐
　「筑紫」艦長　尾形惟善中佐
　「浪速」艦分隊長　坂元八太郎大尉
　「高千穂」艦砲術長　向山慎吉大尉
参謀本部海軍部　諸岡頼之少佐・坂田次郎少佐・山田彦八大尉
　島村速雄大尉・栗田伸樹大尉・吉松茂太郎大尉

佐々木広勝大尉
海軍省　法規課　植村永孚大尉・外記康昌大尉

この研究の成果は、翌二十一年七月『海戦演習教範』として、海軍参謀本部から出版され、海軍省達第六六号により「海戦ノ儀ハ海軍参謀本部出版海戦演習教範ニ依リ施行スヘシ」と達せられた[39]。

この『海戦演習教範』は、その後の日本海軍の戦術教範の魁となるものであった。即ち、この『海戦演習教範』は、明治二十五年三月の『海軍戦闘教範草按』を経て、明治三十四年二月の『海戦要務令』へと発展していったのである[40]。

海軍参謀本部は、明治二十一年十二月、前述した『大日本海軍艦隊運動程式』第二版を印刷・配布し、艦隊運動はこれに基づき実施するよう達した[41]。

海軍は、これらの教範類に基づき訓練を重ねていったが、明治二十二年三月、最初の海軍大演習を東京湾口において実施した[42]。この演習は、横須賀鎮守府所轄艦船及び諸兵を防御部、常備小艦隊及びその付属諸船を攻撃部として、東京湾口の攻防要領について実地研究し、あわせて出師準備の一部を試行するものであった。続いて翌二十三年二～三月、伊勢湾地区において陸海軍聯合大演習を実施した[43]。

さらに、明治二十五年春、第二回海軍大演習を、九州西南地域で実施し、艦隊としての錬度を向上させていったのである[44]。

また、明治二十年十月、イギリス海軍のジョン・イングルス大佐を招聘し、海軍大学校の教官として、海軍戦術の講義を担当させた。イングルスは、明治二十六年まで同校で海軍戦術の講義をし、海軍戦術の普及に貢献したのである[45]。

このようにして、艦隊運動・海軍戦術を学ぶとともに訓練を重ねた結果、その後の日清戦争における海戦で勝利を獲得することができたのである。

(三) 呉・佐世保鎮守府の設置

東海鎮守府は明治九年九月横浜に仮設されたが、西海鎮守府は設置されなかったことについて、第一章の五の(二)で述べたところである。

この横浜に仮設された東海鎮守府は、明治十七年十二月十五日横須賀に移転し、横須賀鎮守府と改称した。(46)

西海鎮守府は、設置が決定されながらその位置が決まらず、呉・三原・佐世保・伊万里などがその候補地として検討されていた。明治十七年七月、樺山資紀海軍大輔は、軍事部長仁礼景範少将とともに呉付近を検分、続いて九月伊万里・佐世保を検分し、川村海軍卿も自ら呉港を巡視した。(47)

樺山海軍大輔と仁礼海軍軍事部長は、同年十二月、「西海鎮守府及艦隊屯集場ヲ設置スヘキ意見書」と「巡視諸要地ニ対スル意見書」を海軍卿に提出し、前者で次の四項目について意見を述べ、「以上、四項目ハ今回沿海巡視ノ際ノ小官等ノ査察シ以テ急務トスル所ニ御座候条、至急御詮議之上、御着手有之度候也」と、これらの急務を主張した。(48)

一　安芸国呉港ヲ鎮守府設置ノ地ト定ムヘキ事

二　奄美大島焼内湾ニ石炭庫ヲ設クヘキ事

三　肥前佐世保港ヲ艦隊屯集場ト定ムル事

四　海防艦屯駐場ヲ佐伯及橘浦ニ設クヘキ事

この意見書の第一項において、「鎮守府ノ位置タル、港内安全ニシテ数十艘ノ大小艦ヲ泊スルニ足リ、港口狭隘ニ過ス又広漠ニ失セス、艦船ノ航通自在ニシテ、防禦ヲ設クルモ亦容易ナルヘキ天険ノ良港ヲ要ス。而シテ陸地ニハ工場・船渠・倉庫・武庫・病院・兵営等ヲ置クヘキ余地アリテ、風土モ悪カラス、飲料水ニ不足ナク、又背後ニハ、防禦ニ充ツヘキ険要ヲ有シ、随テ陸地運輸モ不便ナルコトナク、又以テ陸軍鎮台営所ト交通連絡ヲ得ヘキハ最モ必要ナリトス」と、鎮守府設置条件を挙げ、呉港はこれらの条件を満たす「無上ノ良港」であり、また呉港の西方の江田港は「港口五百ヤードノ距離ニシテ、稍狭隘ニ過キ、港内ハ恰モ湖水ノ如ク安全ニシテ、頗ル良港、其形勢甚タ美ナレトモ、内地ト隔絶スルヲ以テ、平時運輸ノ不便、戦時陸軍ノ交通ヲ得ルニ不便ナル」が故に、「断然呉港ヲ鎮守府設置ノ地ト御決定」されたいと述べたのである。

また、同意見書の第三項では、佐世保港を艦隊屯集場と定めるよう次のように述べた。即ち、対馬・五島・沖縄諸島及び九州沿岸を守るには「強大ノ艦隊ヲ備フルヲ要ス。此艦隊ハ敵艦隊ヲシテ、対馬海峡及大隅海峡ヲ通過スルヲ得サラシメ、沖縄・五島等ヲ窺フ敵艦ヲ掃攘スルヲ要スルモノナルカ故、其根拠ハ安全ナル港ニシテ、軍艦ニ小修理ヲ加フルニ適シ、適当ノ防備ヲ有シ、且前諸島ヲ警備スルニ便宜ナル位置ヲ要ス。此目的ニ適当ナルハ肥前国佐世保ヲ以テ第一トス」と述べ、従来候補に挙がっていた伊万里は「佐世保ニ比スレハ、港内安穏ナラス、冬季ハ波涛ヲ起シ、物品ノ積卸ニ不便、且逐年浅州ノ広延スルノ患アリ」と、その欠陥を指摘し、艦隊の屯集場は佐世保に決定されたいと述べたのである。

この巡視意見書に基づき、翌十八年三月十八日、川村海軍卿は、西海鎮守府及び造船所の位置を、呉港もしくは江田港に決定し、その建築費を別途支給されたいと太政大臣に上申した(49)。

これに対し、太政大臣は、海軍省において両所のうちいずれかに決定して、再度上申するよう達したのである(50)。

海軍省では軍事部が中心になって検討し、その結果を、翌十九年一月二十八日、軍事部長仁礼景範が、「鎮守府及艦隊寄泊所基地倉庫等ノ設置ニ関スル意見書」として、海軍大臣西郷従道に提出した(51)。

この意見書は、鎮守府を東西南北の四位置に設置し、これに応じて海岸を四区分して、それぞれの鎮守府に担当させることとし、西海鎮守府を呉港とし、佐世保港は艦隊寄泊所とするというものであった。

この意見書を受けて同年三月十日、海軍将官会議が開催され、これを検討した結果、将官会議は「沿海区画並鎮守府設置意見」として、次のような決議をした(52)。

① 日本海岸を五海軍区に区画する。

② 各海軍区に鎮守府を設置する。

③ 鎮守府の管掌事項。

④ 鎮守府設置順序（横須賀には既に設置されているので）　第一：呉・佐世保、第二：室蘭、第三：舞鶴もしくは小浜

以上のような経緯により、明治十九年五月四日勅令第三九号によって、呉港と佐世保港が鎮守府位置と決定された。また、呉港と佐世保港が鎮守府位置と決定された直前の四月二十二日には、「海軍条例」（勅令第二四号）が制定され、その第六条において「帝国ノ海岸及海面ヲ分チテ五海軍区トナスコト左ノ如シ」と、次のように定められた(53)。

○第一海軍区　陸中・陸奥の国界から紀伊国南牟婁・東牟婁郡界に至る海岸海面及び小笠原島の海岸海面

○第二海軍区　紀伊国南牟婁・東牟婁郡界から石見・長門国界に至り、また筑前国遠賀・宗像郡界から九州東海岸に沿い、日向・大隅国界に至る海岸海面及び四国の海岸海面ならびに内海

○第三海軍区　筑前国遠賀・宗像郡界から九州西海岸に沿い、日向・大隅国界に至る海岸海面及び壱岐・対馬・

　　　　　沖縄諸島の海岸海面

○第四海軍区　石見・長門国界から羽後・陸奥国界に至る海岸海面及び隠岐・佐渡の海岸海面

○第五海軍区　北海道・陸奥の海岸海面及び津軽海峡

これを図示すると、図二―五―一のようになる。

また、第七条に「各海軍区ノ軍港ニ鎮守府ヲ置キ、其軍区ヲ管轄セシム。鎮守府ノ名称ハ、其所在ノ地名ニ依ル」と、将来五鎮守府を設置することを予定して、このように規定された。しかし、後述するように、呉・佐世保鎮守府に続いて、舞鶴鎮守府が設置されたが、第五海軍区に設置予定の室蘭には、ついに鎮守府は設置されなかったのである。

この海軍区は、明治二十二年五月二十八日「鎮守府条例」（勅令第七二号）第三条によって、次のように改正された[54]。

・第一海軍区と第五海軍区の境界

　　陸中・陸奥の国界→陸中国南九戸・北閉伊郡界

・第二海軍区と第三海軍区の境界

　　筑前国遠賀・宗像郡界→筑前・豊前国界

　　日向・大隅国界→日向国南那珂・南諸県郡界

（図二―五―一参照）

海軍区は、その後明治二十六年五月十九日勅令第三八号「海軍区ニ関スル件」によって、規定されることになったが、境界は変更されなかった。

明治十九年五月勅令第三九号によって、第二海軍区の鎮守府は呉港、第三海軍区の鎮守府は佐世保港と定められ、

図二―五―一　海軍区（第一〜第五）

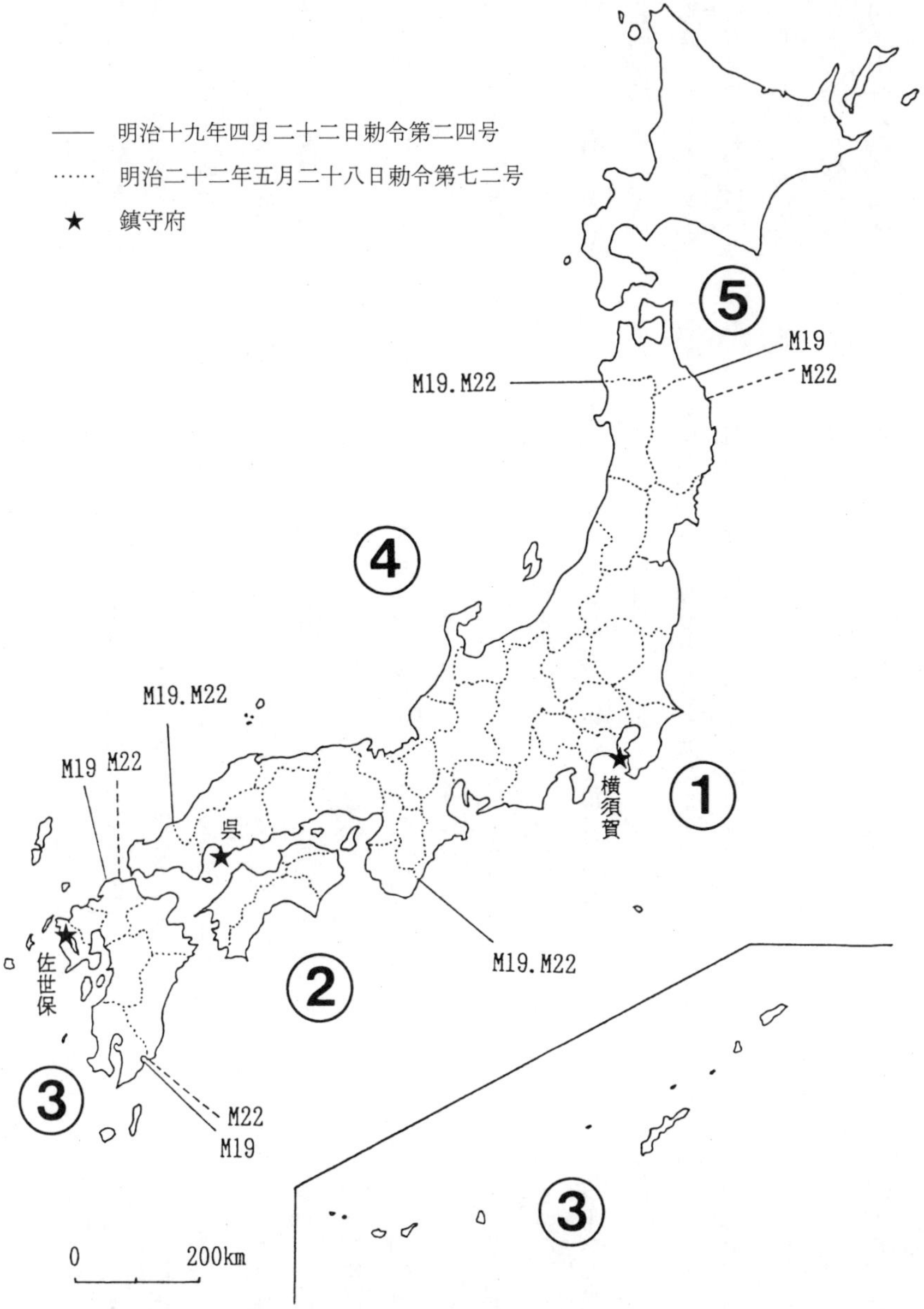

両鎮守府は、明治二十二年七月一日開庁した(55)。

海軍省は、第四・第五海軍区の鎮守府の位置についても検討していたが、明治二十二年五月二十八日勅令第七二号「海軍条例」によって、第四海軍区の鎮守府を舞鶴と定め、第五海軍区の鎮守府は別に定めるとした。続いて、明治二十三年二月三日勅令第七号によって、先に未定であった第五海軍区の鎮守府の位置を室蘭港と定めた(56)。

舞鶴及び室蘭鎮守府の位置決定の理由は、明治二十二年五月舞鶴鎮守府の位置が決定された時に上申されたと考えられる「鎮守府配置ノ理由及目的(57)」の中に、明確に述べられている。即ち、「舞鶴・室蘭ノ両港ハ、将来等シク鎮守府ノ設置ヲ要スル所ニシテ、其必要ハ即チ主トシテ露国ニ対スルノ戦略上ニ在リ。若シ此両港ノ設ナクンバ、露国艦隊ハ浦塩斯徳港ニ拠リ、我日本海ヲ蹂躙スル、決シテ難キニアラズ。而シテ彼ノ策ノ出ル所ヲ想像スルニ、津軽海峡ヲ遮断スルニアラズンバ、則チ若狭湾ニ侵入スルヲ以テ目的トスルヤ必然ナルベシ。現今ノ実況ヨリ見ルモ已ニ然リトナス。況ンヤ彼ノ西比利亜鉄道完成ヲ告グルノ日ハ、彼レノ運動上ニ於テ幾層ノ利便ヲ増スト同時ニ、我ニ室蘭舞鶴軍港ノ設ケナカリセバ、遠ク退キテ佐世保若クハ横須賀軍港ニ休養セザルヲ得ズ。豈我ガ作戦上ノ大不利益ニアラズヤ」と対露国戦略上を強調し、「苟モ皇国ノ安寧ヲ維持シ、我北陸及北海ノ地ヲシテ敵ノ蹂躙ヲ免レシメントスルニハ、此両軍港ヲ設ケテ以テ防衛スルニアラズンバ、他ニ施スベキ策アルヲ見ズ。若シ此地ノ防禦ヲ捨テ顧ミズンバ、露国艦隊ハ若狭湾ヨリ上陸シテ我本州ヲ中断シ、若クハ津軽海峡ヲ遮断シテ、本州ト北海道トノ連絡ヲ絶ツノ不幸ヲ見ルモ復タ如何トモスベカラザルナリ。是即チ舞鶴室蘭ノ二ケ所ヲ軍港ニ選択シ、以テ鎮守府ヲ設置スルノ必要アル所以ナリ」と述べているのである。

しかし、当時は露国よりも清国に対する戦備が重視されていたため、舞鶴鎮守府の設置は遅れ、日清戦争後の明治三十四年十月に漸く開庁した(58)。また、室蘭鎮守府の設置予定は、明治三十六年一月の勅令第五号によって、四海軍区制になったため、自動的に消滅したのである。

(四) 水雷隊の設置

水雷とは、動的な魚形水雷（torpedo）と静的な敷設水雷（mine）を総称するものであるが[59]、その兵器としての起源は敷設水雷が先であった。電気発火によって爆薬の水中爆発が可能になったため、これを水雷と称し、水中に敷設して、防御兵器として利用するようになったのである。クリミヤ戦争（一八五四～一八五六年）及び南北戦争（一八六一～一八六五年）においては、港湾に敷設された水雷が、防御兵器として極めて有効であることが証明された。日本においても鹿児島藩が、薩英戦争（一八六三年）において三個の水雷を敷設したが、イギリス艦が敷設面を通過しなかったため奏功しなかった[60]。

その後列国は、競ってこれを港湾などの防御兵器として採用していった。当時の敷設水雷は、陸岸より発火用電纜で連接し、敵艦が敷設水雷の上を通過する時、これを陸岸から視察して発火させるという、管制式視発水雷であった。

日本海軍も水雷についての関心を持っていたので、明治七年、招聘中のイギリス海軍軍事顧問団の団長ダグラス中佐から、福村周義少佐・小林翹大尉・柴山矢八中尉・肥後技手に敷設水雷の伝習を受けさせた[61]。

その後明治十一年、イギリス海軍の掌砲長ジェ・パールを招聘し、「扶桑」・「摂津」・「龍驤」などにおいて水雷術の伝習を実施した。翌十二年八月水雷術練習掛を設置し、九月にはこれを水雷練習所と改め、海軍大尉柴山矢八を所長とし、士官・下士官に水雷の教育を計画的に実施していった[62]。

当時イギリスにおいては、既に魚形水雷を採用していたが、日本海軍は専ら敷設水雷の研究開発・訓練を進めており、明治十四年漸く魚形水雷の研究に着手した。

このように水雷に関する研究・教育訓練が進む中にあって、明治十五年八月、海軍卿川村純義は、水雷の布設管理等一切を海軍省に委任されるよう次のように上申し、太政大臣の承認を得た[63]。

「凡ソ港湾海峡河口等防禦ノ為海中ニ布設スヘキ水雷及其布設方使用管理ノ事ハ、海防策中最モ緊要ニシテ且ツ急務ナル処、今日ニ至迄其主管海陸軍衙ノ孰レニ属スルカ未タ御確定之レ無シ、是レ実ニ欠典ト云ハサルヲ得ス、惟ルニ海岸砲台ノ如キハ陸地ニ在ルヲ以テ陸軍ノ主管タル固ヨリ当然ナリト雖モ、海中ノ事ニ於ルヤ其施術自ラ陸上ト相異ルアリ、此ヲ以テ之ヲ参謀本部御用取扱山県中将ト商議スルニ固ヨリ異議ナシ、依テ港湾海峡河口等水中ニ布伏スヘキ水雷及其布設方使用管理方等其防禦ニ係ル事項ハ、自今一切海軍省ニ御委任相成度此旨上申仕候也」と。

ここにおいて海軍は、本格的に水雷防御に取り組むことになり、翌明治十六年二月、水雷練習所を廃止して水雷局を設置し、水雷に関する一切のことを担当させることにして、水雷局長に柴山矢八中佐を任命した[64]。

柴山中佐は、早速、お雇い教師ジェ・パール、遠藤増蔵大尉、餅原平二中尉、中村清一通訳らを従えて、関西の沿岸を巡視し、沿岸の地形の観察、海の深さ・潮流の測定を行ない、水雷敷設線・水雷敷設数・水雷衛所の位置などを計画し、その経費として二〇〇万円を要するという意見書を、明治十六年九月に提出した。この意見が認められて、明治十九年に、漸く海防費として一二〇万円を三年間に分けて支出されることになり、東京湾・下関・佐世保・長崎・大島の五個所の水雷防御準備に着手することになった[65]。

しかし、明治十八年以降政府全般の行政整理のため、さらには水雷術の教育・訓練を効率化するために、明治十九年一月、基礎教育機関としての水雷術練習艦と訓練機関としての水雷営を設置し、水雷局は廃止された[66]。

これまで水雷局の所掌であった沿岸防御水雷に関する業務は、新たに設置された海防水雷調査委員に引き継がれ、その委員長に柴山矢八大佐が就任した。柴山海防水雷調査委員長は、同年五月、「東京湾以下海防水雷敷設線ノ位置裁定相成度意見書」を海軍大臣西郷従道に提出し、次のように述べた。(67)

「曽テ鄙官ノ海防水雷準備ニ関スル予算書ヲ提出セシ時ト今日トハ時勢ノ変更少ナカラス、假令ハ広島湾内ノ防御ノ如キ、当時ハ第一着ニ置カザリシモ、今日ニ於テハ第二海軍区鎮守府ノ所在地ト定メラレ、已ニ工事着手ノ運ニ至リシ以上ハ、第一着中ニ之ヲ置カザルヲ得ザル等ノ場合アリ、故ニ防御水雷敷設ノ個所及其ノ着手ノ順序ニ関シ、更ニ意見具申候間至急御決定相成度候也」と述べ、その着手順序を以下のように具申した。

第一着　東京湾口
第二着　広島湾口
第三着　佐世保湾口
第四着　長崎港
第五着　長州下関海峡
第六着　対州竹敷港
第七着　沖縄県大島奄美港
第八着　室蘭港
第九着　小浜或ハ舞鶴
第十着　敦賀港
第十一着　函館港

さらにこのほか、佐賀関海峡・伊予伍巨島より周防大島に至る海峡及び紀淡海峡も必要な防禦線であるが、水雷を敷設するに適さないので、他の防禦材料を整備すべきであると述べた。

明治二十年十月、参謀本部長熾仁親王は、柴山大佐の意見に基づき、早急に水雷防御準備に着手するよう、海軍大臣に次のような要望書を送った(68)。

「抑本邦ノ地形タル東洋ニ孤立シ四面環海、従テ港湾多ク沿岸到ル処艦船ノ錨地ニ適シ、苟モ之ガ防守ノ備エ一日モ勿ルベカラザルハ論ヲ俟タズ、然リ而シテ海岸ノ防禦ハ戦艦・砲台・水雷ノ三ニ拠リテ以テ防守ノ主要トス、就中本邦ノ如キハ水雷ヲ以テ其ノ防守ノ急務ト為サザルヲ得ズ、然リト雖、今多数ノ港湾悉ク之ガ防禦ヲ為スニ於テハ、財用足ラズ、兵力モ亦従ツテ薄弱ニ至ラン、因テ先ヅ緊要ナル東京湾外二十一個所ノ港湾ヲ厳守シ、以テ敵ノ志望ヲ征スルニ如カザルベシト思惟候条、防御水雷ノ設置方調査並ニ海岸防禦意見書及東京湾外十図相添及御回付候間、御異存無之候得者逐次御着手有之候様致度此段及御照会候也」と述べ、着手順序を次のように提示したのである。

第一着　東京湾・内海（紀淡海峡・鳴門海峡・明石海峡・釣島方面諸海峡・佐賀ノ関海峡・下ノ関海峡）・奄美大島・対州・青森海峡・長崎

第二着　五島・隠岐・山川・紀州大島

第三着　七尾・敦賀・尾州湾・女川湾・壱岐・八代湾

しかし、このような要地の水雷防禦準備は、東京湾口・横須賀軍港、対馬、呉軍港・佐世保軍港が逐次実施されたが、その他の要地はほとんど実施に至らなかったのである。

このように水雷防御計画が検討されている中、明治十七年、初めてドイツより魚形水雷を購入し、朱式八四式と命名して、実験と訓練を開始した(69)。

これより先イギリスに注文し横須賀造船所において組み立てた水雷艇第一号は、明治十四年五月に竣工し、第二・

第三・第四水雷艇も明治十七年に竣工した(70)。これらの水雷艇は、艇首に外装水雷を装備し、敵艦に接近して投下するというものであったが、前述の魚形水雷の購入によりこれを装備するようになった。また、「扶桑」・「比叡」・「金剛」などにも魚形水雷を装備した。

さらに、明治十九年には、イギリスから、発射管を装備した「浪速」・「高千穂」を購入し、明治二十一年には、水雷発射管を装備した水雷艇「小鷹」（イギリスに注文し横須賀造船所で組み立て）が竣工した(71)。

以上のように、敷設水雷の教育・訓練と魚形水雷の装備、さらには水雷防御計画が進む中で、海軍は明治二十二年四月、水雷隊条例を制定し、その第一条に「軍港要港ニ漸次水雷隊ヲ置ク」と規定し、軍港要港の防備のため逐次水雷隊を設置することにした。同年五月まず横須賀水雷隊敷設部と対馬水雷隊敷設部の定員を定めて、横須賀・対馬にそれぞれ水雷隊敷設部を設置した(72)。

続いて翌二十三年八月十九日、勅令第一七九号により、水雷隊配備表を表二―五―一一のごとく定めて、水雷隊攻撃部に水雷艇を配備することにした。

これらの水雷隊は、水雷艇の整備とともに逐次編成され、日清戦争までに次のように設置された(73)。

明治二十二年五月　横須賀水雷隊・対馬水雷隊

二十三年三月　佐世保水雷隊

二十七年六月　呉水雷隊

水雷艇は、前述した第一号艇から第四号艇及び小鷹が、イギリスに注文し横須賀造船所で組み立てられたが、その後は、フランスとドイツからの購入及び国内建造によって整備していったのである。その数は表二―五―一二の

表二―五―一一　水雷隊配備表

所管鎮守府	防御管区	名称	敷設部	攻撃部	位置
横須賀	東京湾口及横須賀軍港	横須賀水雷隊	二隊	水雷艇一三隻	横須賀軍港内長浦
呉	呉軍港	呉水雷隊		四隻	
	馬関海峡	馬関水雷隊			未定
佐世保	佐世保軍港	佐世保水雷隊	一隊	五隻	佐世保
	対馬国竹敷近海	対馬水雷隊	二隊	二隻	対馬国竹敷

表二―五―一二　水雷艇整備一覧表

年度	水雷艇名	隻数
明治十四年	第一水雷艇	一
明治十七年	第二〜第四水雷艇	三
明治二十一年	小鷹	一
明治二十五年	第五〜第一〇号水雷艇	六
明治二十六年	第一二〜第一八、第二〇、第二二〜二三号水雷艇	一〇
明治二十七年	第一一、第一九、第二一号	三
計		二四

とおりである。[74]

これらの水雷艇は、逐次前記の水雷隊に配備され、日清戦争時には後述するようにこれらの二四隻がそれぞれ活躍したのである。

(五) 海軍軍令機関の独立

陸軍においては、既に明治十一年十二月、軍令機関としての参謀本部が、陸軍省から独立したが、海軍においては、海軍省の軍務局及びその後身の軍事部が、依然として軍令事項を管掌していた。

海軍軍令機関が、海軍省から最初に独立したのは、本章の四の(一)で述べたように、明治十九年十二月、陸海統合の参謀本部が設置された時であった。しかし、明治二十二年三月七日制定の勅令第三〇号によって、再び海軍大臣の下に海軍参謀部が置かれ、独立形態は消滅した。

しかし、海軍軍令機関独立論は、これより以前の明治十三年に既に提起されていたのである。[75]

明治十三年海軍卿を辞任した川村純義参議は、「海軍職制改正の儀」を太政大臣に上申し、海軍参謀本部設立の必要を述べた。[76]

川村はこの上申書で「陸海軍の相並んで国家を保護するは、猶ほ車の両輪に於けるが如く、其の責任の軽重なきこと固より論を待たず」と、まず陸海軍対等であるべきことを述べ、陸軍は既に参謀本部を設置しているが「海軍は依然として海軍卿の管下に属し、其兵権と行政権とを委任せらる。抑陸軍海軍相並んで国家を保護し、其責任に於て、共に軽重なきものにして、一は陛下に直隷し、一は之を行政官吏たる海軍省の管下に属せしめ、即ち其兵権をも併せて之に委任せらる。是に因て之を観れば、陸海軍の間に於て甲乙の差異あるに似たり。是現今の海軍職制の充当ならざるものなりとす。今にして其改正を行ひ、以て兵権と行政権とを分たざれば、海軍の人心にも関し、又海軍改良進歩の支障とも相成、且将来政体上に於ても、大なる弊害を醸成するの患あるも量る可からず」と、陸海軍職制の不均衡と将来における弊害を指摘し、従って「海軍も亦天皇陛下に直隷し而して海軍機謀の参画を掌るべき者無かるべからざるものとせば、海軍参謀本部を設け、之に長を置き、其機謀の参画を掌どらしめ、幸に海上攻守の戦略、艦隊艦船の部署進退の法、港湾防御の方法等、総て海軍の謀略を考究せしめ、以て兵権と行政権とを分たるるときは、初めて陸海軍其権衡を一にす。是れ海軍改良進歩の一にして、且つ政体上に於て弊害を来すの後患なかるべし」と、海軍参謀本部の設置の必要を主張したのである。

この上申は、職制上陸海軍の権衡平等を図るとともに、軍令権を行政権から分離独立させ軍事的合理性を貫こうとするものであったと考えられる。

当時海軍部内において、艦長らが同様の意見を榎本武揚海軍卿に建議し、さらに彼らを代表して、伊藤雋吉《としよし》海軍大佐（「金剛」艦長）と松村淳蔵海軍大佐（「扶桑」艦長）が、同十三年十一月六日、三条太政大臣に海軍参謀本部設立を建言した。(77)

両大佐はこの建言において、海軍更張の必要を述べ、現状の海軍省では事務煩多のためこれを研究し計画する余裕がないので、海軍にも「参謀本部ヲ設立セラレ、乃チ海軍省ノ職制ヲ分画シ、省内諸般ノ事務ハ海軍卿之ヲ総理シ、参謀本部長ノ責任タル処ハ、陛下ノ帷幄ニ参シテ機謀ヲ計画シ、且毎ニ戦艦節制ノ良否、辺警海備ノ挙措ヲ討覈シ、或ハ時ニ将校議会ヲ開キ衆議ヲ取捨シテ之ヲ献替シ、以テ確乎タル規律法令ヲ制定シテ、実備現行ニ凝滞無ラシムレハ、海軍更張ノ正鵠ヲ失ズシテ、彼ノ高遠ナル要点モ漸々達ス可シ」と、参謀本部設立を強調し、このことは、「現時ノ艦長営長ノ任ヲ奉スル諸士ノ素志一ニ茲ニ相帰シ、深ク渇望スル処ニシテ、自ラ緘黙スル能ハザル」ところである と述べたのである。

このような海軍部内の大勢に押され、榎本海軍卿は明治十四年三月二十四日、三条太政大臣に「海軍参謀本部設立之義」を上請した。(78)

この上請文に、当時の海軍部内の状況の一端が述べられている。即ち、「艦長等大抵以為ラク、陸軍ハ本省ノ外更ニ参謀本部ノ設ケアリ、而シテ其部長、我皇上ノ帷幕中ニ在ツテ軍務ヲ賛画スルノ特権ヲ有シ、其器模甚タ盛大ナリ、海軍モ亦須ラク参謀本部ヲ設立セラレ、以テ本省中ノ職務ヲ分割シ、軍務ハ挙テ参謀本部ニ画策セシメ、事務ハ本省ニ於テ施行セシメハ、法政相分レ繁簡其宜ヲ得ベシト。由是昨年該議案ヲ上請アラン事ヲ望メリ。然ルニ拙官ニ於テハ、本案ニ付其所見ヲ異ニスルヲ以テ、其議ヲ賛成セズシテ、其前ニ建言セシ海軍会議所一案ノ許可アラン事ヲ待チ居ル旨ヲ説キ、以テ艦長等ノ請ヲ拒ミシヨリ、遂ニ艦長等連署シテ意見ヲ太政大臣ニ建白スルニ至レリ」と、艦長らが太政大臣に前述のような建言をした経緯が述べられている。

さらに榎本海軍卿は、この上請文を出すに至った経緯を、次のように述べている。

「爾来物議次第ニ紛起シ、遂ニ将官等モ過半本案ヲ賛成スル者アルニ至レリ」状況にあって「只ニ自家ノ意見ヲ固執シ、群衆ノ一和ヲ破リ候ハ、職掌上ニ於テ深ク省ミベキ事タル而已ナラス、前案ノ利害当否ハ内閣ノ議ニヨッテ決定セラルベキ件ニ属スルヲ以テ、右海軍参謀本部ノ設立一案ハ、諸艦長並ニ将官等過半ノ同論ニ対シ、今般改テ上請仕、只管廟議ヲ仰キ候」

以上のように、榎本海軍卿は、自分は海軍参謀本部設立に反対であったが、艦長や将官らの大半が、海軍参謀本部設立の意見であったので、その大勢に反対できず、海軍参謀本部設立の上請をしたと述べているのである。

当時、海軍部内で大勢を占めた海軍参謀本部設立論は、職制上陸海軍対等を図り、軍令機関の独立という軍事的合理性を追求しようとするものであったことは確かであるが、その隠れた背景には、海軍部内の派閥的内紛があったのである。

この内紛は、明治十三年二月二十八日の太政官機構の改正により、各参議の省卿兼任が廃止されたため、参議川村純義の海軍卿兼任が免ぜられ、代って海軍中将榎本武揚が海軍卿に就任したことに、その遠因があったのである。

榎本は参議黒田清隆の推薦によって海軍卿に就任したのであるが、海軍卿になって初めて「東」に乗艦の折、「士官ニモ碌々礼モ述ベザル中ニ、当艦ヲ函館ニテ撃チタル場所ハ何処、如何相成哉ト、功名顔ニ声高ニ申シタルニ、士官中大ニ不平ニテ、必境、朝敵ト成ッテ撃チタルヲ、自分ガ敵艦ヲ乗リ取タル心得ニテ大言ヲ吐ク、今日ハ朝恩ノ厚キヲ以テ高官ニ登リテハ、大ニ昔時ヲ顧リミ謹慎アル筈ナルニ、一体無礼千万也〔中略〕如此人物ノ下ニ立チテ指揮ヲ受ル事、甚ダ不愉快也ト、大ニ憤怒セル由ナリ」という有様であり、また、御用船に自分の愛妓を同船させるなど、その振舞いは海軍部内の不評・反発を買った(79)。

このようなことから、「今日、陸軍ハ大山ニテ格別ノ事ナク、海軍省ハ薩人多ク、河村〔川村〕参議ニハ服スレドモ、榎本ニハ不服ノ者多ク有之趣ニテ、只今ノ向ニテモ折合悪シク候由(80)」、「海軍省ニテハ、榎本ノ海軍卿ニハ不服、是モ薩人多キ故ナリ、夫レ故、海軍士官ノ重立チタルヲ薩ノ参議説諭シ、又長ノ参議ヨリモ説諭シテ、漸ク鎮マル形ナレ共、決シテ心服セズ、今以テゴタゞゞ致シ候由(81)」というような内紛が続いたのである。

この内紛解決策として、海軍参謀本部設立論が上申されという裏面の事情があったのである。即ち、「海軍ニモ参謀本部ヲ設置シテ、川村ヲ参謀長ニ被任、海軍ノ実権ハ悉皆川村ニ掌握サセ、榎本ハ俗務ノ方ニ遣ヒ候様ノ策略ニ出テタ」[82]のである。

以上のように、海軍参謀本部設立論は、建前としては、職制上の陸海軍平等と、軍令機関の独立という軍事的合理性を狙ったものであったが、裏面には、旧幕臣の榎本海軍卿に俗務の軍事行政を担当させ、川村を海軍参謀本部長にして、薩派が海軍の実権を掌握しようとするものであった。

当時の主要な海軍武官は、表二—五—一三のとおりである。[83]

表二—五—一三　主要海軍武官出身別表

出身別	中将	少将	大佐	中佐
鹿児島	川村純義 伊東祐麿	仁礼景範	松村淳蔵	伊東祐亨 井上良馨 遠武英行
佐賀	中牟田倉之助	真木長義		相浦紀道 沢野種鉄 山崎景則
山口				有地品之允
静岡	榎本武揚	赤松則良		本山　漸
その他		安保清康(大阪) 柳　楢悦(三重)	伊藤雋吉(京都) 福島敬典(福井)	山口正定(東京) 成松明賢(熊本)
計	四人	五人	三人	一〇人

海軍参謀本部設立論に対し、陸軍側は、明治十三年十二月二十一日、参議山県有朋・西郷従道が連名で、「海軍参謀本部不要論」を主張した[84]。海軍参謀本部不要の理由は、①「陸軍は主兵ナリ、海軍は応用支策ノ兵ナリ。今本議ノ如ク主兵モ支兵モ同シク、参謀長ヲ帷幄ノ中ニ置キ、以テ機務ヲ画策セシメハ、軍議二途ニ分レ」戦略が一定しないこと、②「陸戦ハ知略ノ戦場ニシテ、海戦ハ錬磨ノ戦場」であるので、各国とも海軍に参謀官を置いていないこと等である、と述べている。

海軍士官らは、さらに、左大臣有栖川宮にも海軍参謀本部設置の必要を申し出たが、「英国ノ如キ海軍盛大ノ国ニモ海軍ニ本部ナシ、況ンヤ日本ニテハ決シテ無用ナルベシ」と断られ、結局、この海軍参謀本部設立論は、政府に採用されなかった[85]。

このようにして、海軍参謀本部設立論をめぐる内紛は、明治十四年四月七日、榎本海軍卿が辞任し、川村純義が海軍卿に復帰することで決着したのである。

しかし、内紛は解決したものの、職制上の陸海軍平等と軍令機関の独立を求める考えは依然として残り、川村海軍卿は、明治十六年十二月、再び海軍参謀本部の設置を三条太政大臣に建議した[86]。

川村は、海軍においては別に参謀本部等が設置されていないため、陸軍に比較して、陸軍は軍機軍令に関するものは、直ちに天皇陛下に奏聞するの権を有するが、海軍は行政官の手を経なければ奏聞することができない状態で、これは天皇陛下に直隷する陸海二軍の権衡を失するもりである故、海軍にも参謀本部を設置し、軍機軍令と行政事務を分けるべきであると主張した。川村の建議は、採用されず、結局明治十七年二月、海軍省に軍事部を設置することで決着した。

その後、前述したように、明治十九年三月十八日、陸海軍統合の参謀本部設立が決定され、三月二十二日、海軍軍令機関が初めて海軍省から独立したのである。参謀本部長には有栖川宮熾仁親王、陸軍部の本部次長に陸軍中将曽我祐準、海軍部の本部次長に海軍中将仁礼景範が就任した。明治二十一年五月十二日、参軍官制が制定され、参軍の下に陸軍参謀本部と海軍参謀本部が並立することになった。

しかし、明治二十二年三月七日、参軍官制は廃止され、陸軍は参謀本部条例、海軍は海軍参謀部条例を制定し、それぞれが分離し、海軍は海軍大臣の下に海軍参謀部を置いて、軍令機関独立を廃止したのである。

ところが、明治二十五年十一月十八日、海軍大臣仁礼景範は、内閣総理大臣伊藤博文に、次のような海軍参謀本部設立の建議をし閣議を請うたのである。(87)

即ち「軍事ノ計画ヲ海軍大臣ニ属セシメシハ、当時一ニ行政上ノ至便ヲ図ルニ出ツルト雖モ、抑軍事ノ性質トシテ軍機戦略ニ関スルコトハ、実ニ特異ノ規画ヲ要ス。之ヲ不羈独立ノ位地に置キ、確乎一定ノ軌道ニ由ラシメサレハ、啻ニ軍勢兵力ノ一致ヲ傷フノミナラス、軍事行政ノ基礎モ鞏固ナル能ハス。況ヤ軍事日ニ複雑ニ赴クノ今日ニ至テハ、宜シク一歩ヲ進メ、軍事計画ノ職ヲ分テ独立機関ト為シ、其職権ヲ増スト同時ニ責任ヲ尽サシメ、省務ト相須テ軍務ノ基礎ヲ鞏固ナラシムヘキ方針ヲ取ルハ、実ニ目下ノ急務ナリト信ス」と、海軍参謀本部設立の理由を述べた。

内閣はこの件を上奏して勅裁を仰いだが、天皇は陸海両統帥部長の戦時における任務が競合することを懸念され、参謀総長有栖川宮熾仁親王に意見を求めた。熾仁親王は、戦時において陸海軍の作戦を計画するのは参謀総長の任であるべきであると奉答した。(88)

天皇は、さらに参謀総長・参謀次長・陸軍大臣・陸軍次官・海軍大臣・海軍次官及び山県大将に対し合同協議するよう命じた。合同協議の結果「別ニ戦時大本営条例ヲ創定シ、之ニ其参謀長ハ参謀総長ナル旨ヲ規定シ置カハ可ナラン」と奉答した。(89)

ここにおいて、明治二十六年三月十六日、海軍大臣西郷従道は「海軍参謀部ヲ廃シ海軍軍令部条例制定に関スル件」を内閣総理大臣に提出した。同年五月十九日勅令第三七号によって海軍軍令部条例が制定され、海軍軍令部が設置された。これにより、海軍も陸軍と同様に軍令機関が独立することになったのである。

六　国土防衛基盤の整備

(一) 鉄道の敷設

明治新政府が、初めて鉄道敷設を決定したのは、明治二年十一月十日であった。即ちこの日、東京～京都～神戸、東京～横浜、琵琶湖～敦賀の三路線の敷設が決定されたのである。(1)

東京～横浜間の路線は、翌三年三月二十五日測量が開始され、同年四月十二日工事開始、同五年五月品川～横浜間が開通し、続いて同年九月新橋～品川間が開通、同年九月十二日、新橋～横浜間の開業式が行なわれた。(2) これが日本における最初の鉄道開業であった。

大阪～神戸間は、明治三年八月測量を開始し、同年十一月着工、同七年五月十一日に開業した。大阪～京都間は、明治六年十二月に着工して、同十年二月に開通したので、京都～大阪～神戸間の開業式が、同年二月五日に実施された。(3)

以後逐次重要路線から敷設されていくのであるが、国土防衛の観点から、鉄道敷設の重要性を最初に主張したのは、佐野常民であった。元老院議官佐野常民は、明治八年七月三条太政大臣に「鉄路布置ノ目的報告書」を提出し、鉄道は経済上ばかりでなく、軍事上も必要であると、次のように主張したのである。(4)

即ち、鉄道は「経済ノ利ニ基クヘシト雖モ、猶一事ノ忽カセニスヘカラサルモノアリ、曰ク何ソ軍用ノ便是ナリ、鉄路ノ神速ナル、終朝ナラスシテ能ク大軍ヲ数百里ノ外ニ輸スヘク、其攻守ニ大干係アル、猶経済上ニ於ケルニ異ラス、故ニ鉄路ヲ築ク、必ス又軍用ノ便ヲ兼ネ察セサルヘカラス、孛国ノ如キハ、夙ニ此理ヲ悟リ、予メ之ニ適スルノ制規ヲ定ム、其仏ヲ破レル実ニ之ニ頼ルモノ少カラストス」と。

また、わが国は「四面海ニ接シ、海軍未タ振ハス、万一外寇アル、彼兵艦ヲ以テ我航路ヲ断タハ、四方ノ応援守禦、期機ヲ失フナキヲ保シ難シ、実ニ憂フヘキノ至ニシテ、鉄路ノ我ニ必要ナル所以、ソノ最要者ヨリ速ニ建築ヲ起スヘキノ理ナリ」と述べて、具体的には、まず東京より北は青森まで、西は京阪までの縦貫鉄道を建設し、京阪以西は内海航路を利用し、次いで新潟・敦賀などの重要港・都市に通じる横断鉄道を敷設すべきであると主張した。

しかし、当時の陸軍省も工部省もこのような意見を聞き入れるだけの余裕がなく、折角の先見性ある意見も、顧みられなかった。

明治十六年六月、参議山県有朋は、鉄道の敷設が、文化・経済の発展ばかりか、軍事上の観点からも急務であると、「幹線鉄道布設ノ件」を太政大臣に建議した。山県参議は、幹線鉄道の必要を次のように述べた(5)。

即ち、「国ノ富強ヲ進ムルノ道、四境交通ノ便ヲ図ルヨリ急ナルハ莫シ、而シテ交通ノ便ヲ起スニ最緊要トスル所ノ者ハ、鉄道布設ニ若ク者ナシ。鉄道已ニ布設セハ、人智ノ開明由テ以テ望ム可ク、国産ノ蕃殖従テ生ス可シ、且一旦緩急アル、日子ヲ費ヤサスシテ能ク多数ノ軍隊ヲ千里ノ遠キニ達スヘシ。鉄道ヲ布設シテ直接ニ収ムル所ノ利益ハ、其費ス所ヲ償フニ足ラサルモ、間接ノ利益ニ至テハ、挙テ算ス可ラス。故ニ我邦ノ今日ニ在テ、鉄道ヲ布設スルハ実ニ第一ノ急務ナリ」と述べ、日本は海に囲まれた細長い地形であるので、欧米諸国のように長大な鉄道路線は必要でなく、「唯国ノ中央ヲ画シテ一幹線ヲ置ケハ足レリトス、即チ先ス東西二京ノ間ニ一ノ幹線ヲ布キ、左右ニ枝線ヲ延キ、以テ東西ノ海港ヲ連接セシメハ、事業全ク卒ル者トス」と、日本の中央縦断幹線と横断枝線の必要を説いた。具体的には図面で、東京～高崎～小諸～松本～鳥居峠～木曽谷～加納（岐阜）～長浜～大津～京都～大阪～神戸に通じる縦貫路線と、横断路線として、①千曲川・信濃川に沿って新潟へ通じる路線、②加納から名古屋に通じる路線、③長浜から敦賀に通じる路線の三路線を示した。

政府はこの山県参議の意見をいれて、同年八月六日、中山道経由で高崎～大垣間の鉄道建設方針を決定した。(6)これが契機となって、三条太政大臣は、明治十七年二月十五日、工部省に対し、鉄道路線は軍事上も重要であるので、その決定・変更に際して、工部省と陸軍省はよく協議するようにと次のように達した。「鉄道ノ布設変換ハ、軍事ニ関係有之候条、処分方詮議ノ節、陸軍省へ協議可致、此旨相達候事」と。(7)ここに、陸軍省と工部省の間で、鉄道の布設・変更に関する協議体勢ができたのである。

この頃、朝鮮半島の情勢緊迫化に伴い、本章の二と五で述べたように、陸海軍の増強が始まったのであるが、当時（明治十八年十二月）、既に開通していた路線は、手宮（小樽）～札幌～幌内、上野～大宮～高崎～横川、大宮～宇都宮、横浜～品川～新橋、品川～新宿～赤羽、大垣～敦賀、大津～京都～大阪～神戸という、ごく限られた路線に過ぎなかった(8)（図二―六―一参照）。

軍事上の必要性から、鉄道の敷設が要求された路線は、横須賀線が最初であった。明治十九年六月二十二日、海軍大臣西郷従道と陸軍大臣大山巌は、連名で内閣総理大臣伊藤博文に対し、横須賀線敷設の件を、次のように上請した。(9)

「相州横須賀ハ第一海軍区ノ軍港ニシテ、造船所・武庫・倉庫、其他病院・兵営・練習艦等ヲ置キ、鎮守府之ヲ管

図二—六—一　鉄道敷設状況

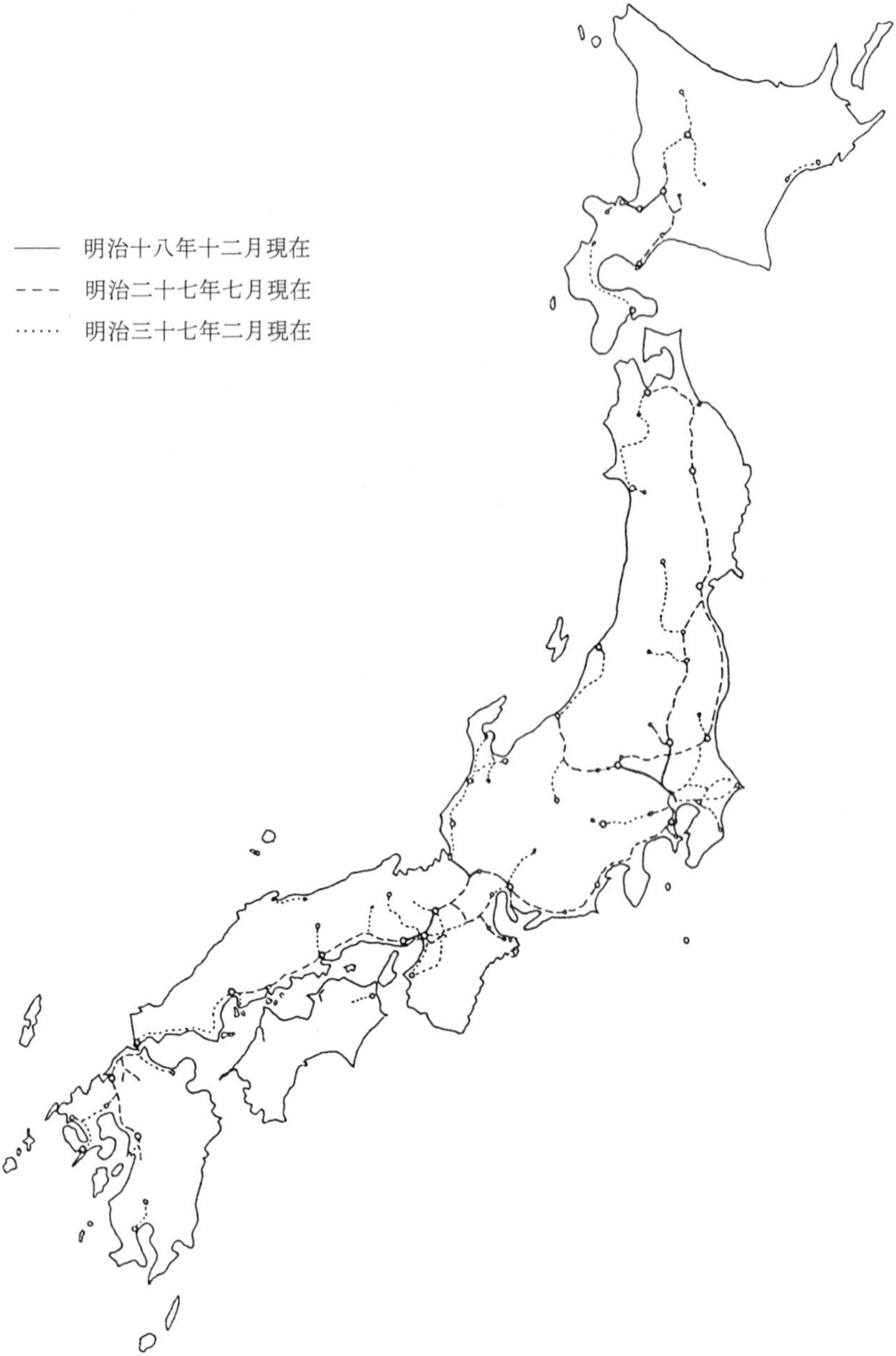
—— 明治十八年十二月現在
- - - 明治二十七年七月現在
…… 明治三十七年二月現在

轄シ、艦船ノ製造・修繕、兵員ノ補充ヨリ兵器弾薬・被服・糧食等ノ供給ニ至ルマデ、海軍艦船ニアリテハ、之ヲ此港ニ仰カサルヲ得ス。又観音崎ハ東京湾口ニ斗出スル岬角ニシテ、砲台ヲ置キ其防禦ニ充テ、実ニ東京湾防禦ノ要路ニ当ルノミナラス、其背面ニアル長井湾ノ如キハ、敵兵上陸要衝ノ地ナルヲ以テ、是亦陸軍ニ於テ最大枢要ノ地トス。然リ而シテ東京ヨリ横須賀・観音崎ヘハ、独リ海運ノ便アルノミ。神奈川或ハ横浜ヨリハ連岡其間ヲ隔テ、峻坂嶮路車馬ヲ通セス、陸運ノ便ナキヲ以テ、平時ト雖モ風波ノ為メ、輙〔輒〕モスレハ運輸ノ途全ク断絶シ困難ヲ生スルコト尠カラス。況ンヤ一朝事アルニ際シテハ、兵器・食糧ヲ横須賀ニ運輸シ、陸軍軍隊ヲ長井湾地方ニ派遣シテ敵兵ヲ防禦セントスルモ、運輸ノ途ナキ為メ、軍機ヲ失スルコトナキヲ保スヘカラサルニ於テヲヤ。故ニ此際汽車鉄道ヲ、神奈川若クハ横浜ヨリ横須賀又ハ観音崎近傍便宜ノ地ヘ布設スルハ、陸海両軍軍略上最モ緊要擱クヘカラサルノ事業ニシテ、大ニ両軍勝敗ノ関係スル所ニ有之候条、汽車鉄道布設ノ義至急御詮議有之度、此段請閣議候也」

この上請書は、将に軍事上から観た横須賀線の必要性を、十分言い尽くしている。翌二十年四月、閣議は横須賀線の敷設を決定した。同路線は、二十一年一月に工事が開始され、二十二年六月に開通した。[10]

先に、東西両京を結ぶ幹線は中山道と決定されたため、同路線工事が一部開始されたが、工事は前途多難の情勢となってきた。このため井上勝鉄道局長官は、明治十九年七月、中山道を東海道に変更するよう上申し、閣議はこれを承認し、同月十九日閣令第二四号でその旨を布告した。[11] 中山道は、地形急峻で難工事が予想され、これに対し東海道は、箱根と大井川の難所の他は平坦で、工事が比較的容易であるので、早く完成させることができるというのである。事実、東海道線は、三年後の明治二十二年七月一日、東京〜神戸間が全線開通したのである。[12]

このように鉄道が逐次敷設されていく中にあって、鉄道の軍事的価値についての認識を一層高めたのは、本章の四の(二)で述べたように、ドイツから招聘したメッケル少佐であった。メッケルは、日本の防衛策は、敵が上陸した付近に迅速に兵力を集中し、敵兵力の増大に先立ちこれを撃破することであると説き、そのためには、日本縦断鉄道と横断鉄道を整備することが不可欠であると主張したのである。

この影響を受け、参謀本部陸軍部第三局長黒田久孝大佐は、明治二十年三月、「鉄道ハ軍略上ノ目的ヲ以テ架設スヘキ理由」を参謀本部長有栖川宮熾仁親王に上申し、次のように述べた(13)。

「抑モ陸地交通線中最モ好良便利ナルモノハ鉄道ニ若クハナシ。鉄道ヲ以テ人員馬匹材料ヲ運搬スルトキハ、其速度ハ尋常道路ニ比シテ、二十四ト一ノ比例ニ居リ、鉄道ニシテ一時間ヲ要スル者ヲ尋常道路ヨリスルトキハ、其二十四倍即チ二十四時間ヲ消費スベシ。又一列車ノ積載量ハ六馬ヲ駕スル運搬車二百五十輛ノ積載量ニ匹敵シ、又其須要ノ力量ヲ比較スレハ、最上道路ヲ運転スル尋常車輛ニ在テハ、積載量ノ三十分一ノ曳力ヲ要スルモ、鉄道ニ在テハ其百分ノ二乃至一千分ノ五ニテ足レリト云フ」と、陸上輸送の中で鉄道輸送が最も優れていることを述べ、さらに「鉄道ハ独リ大陸諸国ニ於テノミ軍事上ニ枢要ノ関係ヲ有スル者ニアラサルヘシ。四面環海我国ノ如キ者ト雖モ、軍隊ノ集中運搬ニ鉄道ノ要用ナルヤ固ヨリ明ナリ。何トナレバ敵ノ来襲スル地点ヲ予メ確定スルハ一大難事ニシテ、良シヤ之ヲ予メ探知スルヲ得ルモ、其地点頗ル多ク、然ルニ其諸点ニ始終有威ノ兵力ヲ屯在セシムルハ、一国ノ兵力能ク堪ユル所ニアラス。然リト雖モ電信線及鉄道線ノ布設適宜完全ナルニ当テハ、首尾互ニ相応援スルヲ得ヘク、出没極リナキノ一勁敵ト雖モ、能ク其恣欲ヲ逞フスル事能ハズ、終ニ軍ヲ撤スルニ至ラシムベシ」と、日本の地勢的特性に応じた軍略上から見た鉄道の価値を論じた。

続いて、外国における鉄道路線などの決定状況について「独逸国参謀少佐メッケル氏曰ク、鉄道ハ固ヨリ軍事ニ利便ヲ与フヘキ義務ヲ有スルモノナリ。故ニ若シ鉄道ヲ構造スルニ方リ、兵略上不利ナルモノハ、官設民設ヲ問ハス、其敷設ヲ禁止スト。又仏国参謀少佐ベルトー氏ノ説ニ依レハ、官設ハ勿論一会社ノ構造ニ係ル者モ、陸軍官憲ノ干渉スル所ニシテ、国内一般ノ鉄道線路ハ、皆能ク敵ニ対シテ充分之ヲ防護シ、首トシテ動員集中ノ目的ニ適スルノ方法ヲ以テ経始スヘシト」と述べ、「我国ニ於テモ鉄道ノ工事、日一日ニ進歩シ、両都ハ素ヨリ東西ノ両端ヲ連接シ、枝線国内ニ蔓延スルノ日モ亦期シテ待ツヘシ。今ニシテ其経始及ヒ車両ノ幅員・軌鉄ノ大小間隔等ヲ、陸軍官憲即チ参謀本部ニ於テ審査規定シ、私設ノ者ト雖、之ニ干渉シ会社ト討議ヲ尽シ、然ル後其敷設ヲ允可セサルトキハ、他日ニ及ンテ臍ヲ噬ムモ尚ホ及ハサル用兵上ノ大損害、即チ国家ノ存亡ニモ関係スヘキ意外ノ事変ニ遭遇スヘシ。依テ向来新設ノ鉄道路線ノ位置方向ハ勿論其材料ニ至迄、参謀本部陸軍部ト討議ノ後、布設構造セラレンコトヲ、国家ノ為希望ニ堪ヘザルナリ」と、鉄道路線等の決定に際しては、参謀本部が関与すべきであると主張したのである。

この黒田大佐の意見は、軍事上の要求に基づき、陸軍が、鉄道敷設路線のみならず鉄道の構造、車両の構造などについても、発言権を得ようとするものであった。

黒田大佐は、同年五月、再度参謀本部長に「鉄道改良ノ儀ニ付意見」を上申し、鉄道が軍事上極めて重要であるので、軍事上の要求に合致するよう、現在の鉄道を改良する必要があると、要旨次のように主張した(14)。

鉄道は、戦時において、迅速に軍隊を集中・転送し、さらには軍需品を輸送することができるものである。日本のような四方環海の国は、敵が何処に上陸してくるか分からないので、迅速な運動によってこれに対応しなければならない。もし制海権を敵が有した時は、我軍の輸送は鉄道によらなければならない。このように鉄道は護国の要具である。しかるに「本邦現在ノ鉄道ヲ審査スルニ、速力遅緩、曳力乏ク殆ト軍事上ノ用ヲ為ササルモノ」である。例えば第一師団を上野から黒磯まで輸送するのに七九時間を要し、第三師団を名古屋から敦賀へ輸送するのに二二一時間三〇分を要す。これは、軌道の幅員が狭小であるため、機関車が小さくて牽引力が不足し速力が遅いことと、軌道が単線であることによる。従って、次のように改良することが必要であり、もしこの改良がなされないならば「仮令他日鉄道網ヲ以テ全国ヲ覆フニ至ルモ、是レカ為メ通常ノ道路益々粗悪トナリ、鉄道ハ軍事ノ無用物トナルノミナラス、反テ大害ヲ来タサンヲ恐ル」と、五項目の改良点を指摘した。

① 軌道の幅員を広めること。
② 車両の幅員を増加し、貨車内部の構造を改良すること。
③ 堤道を改良すること。
④ 複線軌道を布設すること。
⑤ 客車内部の構造を全国一定にすること。

この上申を受け、参謀本部長は、井上鉄道局長官に対し、次のような六項目の鉄道改正建議案を提示し、意見を求めた(15)。

① 線路の位置を努めて海岸から遠ざけること。
② 軌道の幅員を拡張し、一メートル四三五にすること。
③ 幹線は必ず複線にすること。
④ 堤道の高さを車両の床板と水平ならしめ、載卸の便を増すこと。
⑤ 車両の幅員を増広し、その他構造を改めること。
⑥ 陸軍官憲をして大いに鉄道の議に参加せしむること。

これに対し、井上鉄道局長官は、七月十六日次のように答申した(16)。

①については、海岸を避けて内陸の山地を通すと、難工事となり、工事の年月と経費が多くかかるので、採用でき

ない。

②については、鉄道創設の際、日本の地形に適応した三呎六吋（一、〇六七ミリ）を採用したのであって、この方が鉄道経済上適当である。

③については、輸送量の多い路線は複線とすべきであるが、一日数便のような路線は単線でよい。

④⑤については、問題なし。

⑥については、陸軍と協議するのはよいが、その主任者は鉄道に熟知した者であること。

そして最後の結論として「軍備ノ整否ハ鉄道ノ得失ニ従フトハ固ヨリ格言ナリト雖モ、鉄道ノ得失ハ軍備ニ適スルト否トヲ以テ論定スヘキモノニ非ルハ亦論ヲ俟タス。故ニ之ヲ布設スルニハ必スヤ難ヲ避ケ易ニ就キ、工費ノ適当ナランコトヲ図ラサル可ラス。其運輸ヲ営業スルニハ、収入支出相償フテ幾分カ資金ニ利益ヲ得ルノ余裕アルヲ期セサルヘカラス。〔中略〕若シ夫レ地形ノ険易ヲ問ハス、工費ノ多寡ヲ論セス、軍備ニ適スルノミヲ目的ノ主眼トシテ、全国ノ中央ヲ貫キ複線鉄道ヲ布設スルモノトセハ、其線路ハ動モスレハ、殖産興業ノ実用ニ適セサル部分多クシテ、全ク単純ニ軍用ニ供スルモノトシ、之ヲ他ノ普通鉄道ト別ニセサルヲ得サルニ至ルモ、亦未タ知ル可ラス。〔中略〕如此線路布設工費ノ大ナル、施工年月ノ長キ、其維持保全ニ巨費ヲ要スヘキ、殆ント想像シ能ハサル所ナリ」と主張し、鉄道経済上陸軍の要求は受け入れられないと、これを拒否したのである。

これに対して、七月二十五日、参謀本部陸軍部第一局長西寛二郎・第二局長小川又次・第三局長黒田久孝は連名で、批判意見を参謀本部長に提出した(17)。

即ち、鉄道局長の意見は「鉄道ノ主用ハ独リ殖産興業ノ一途ニ在テ、其布設計画ノ如キモ、専ラ鉄道経済ノミヲ主眼トセリ。故ニ其之ヲ国防上ニ利用スヘキノ事ニ至テハ、更ニ意ヲ加ヘサルモノノ如シ」と述べ、この意見は鉄道当局者としては当然であるが、鉄道経済と軍事上において矛盾するものは、国家的見地から政府が決定すべきものであるとして、欧州諸国の例をひきながら、先の建議案で提示した各改正点について、再度その改正の必要を強調したのである。

これを受け、参謀本部長は、同月三十日、「鉄道改良ノ議」及び「副申」を天皇に上奏し、万世太平の基礎を確立するためにも、軍用に適した鉄道に改良することが必要であると、次のように述べた(18)。

「夫レ古今邦国ノ興廃ハ必ス武威ノ盛衰ニ由リ、宇内輓近ノ形勢最モ兵備ノ拡張ヲ競フ。兵備ノ要スル所ノ者、其事一ニシテ足ラサルモ、平時各国ノ優劣ヲ判スルハ、出師準備ノ整否ニ在リ、而シテ有事ノ日、彼我勝敗ノ数ヲ観ルハ、作戦計画ノ当否ニ存ス。作戦計画ヲシテ適当ナラシムルハ、動員聚中ノ迅速ナルニ在リ、動員聚中ノ遅速ハ専ラ交通路ノ便否ニ関シ、交通路ノ最モ便ナル者ハ、汽車鉄道ノ最モ迅速ナルニ如ク者ナシ〔中略〕鉄道ハ則チ交通路ノ尤モ大ナル者、即チ人身ノ大動脈ナリ。動脈ノ通塞、性命ノ殀寿之ニ係リ、鉄道ノ得失、国家ノ安危之ニ従フ。鉄道ノ軍国ニ要用ナル此ノ如シ」と鉄道の重要性をまず述べ、以下の五項目を強調した。

① 普国・仏国における鉄道の軍事的利用状況。
② 敵兵二〜三万の上陸に対し、五個師団を迅速に輸送する鉄道の必要なこと。
③ 青森から馬関・鹿児島に通じる鉄道幹線を、海岸から遠ざけて布設することの必要なこと。
④ 戦術単位（歩兵一大隊・騎兵一中隊・砲兵一中隊及び諸縦列）を一列車で輸送できるよう、軌道の幅員・車両の容積・隧道などを改良し、幹線を複線化すること。
⑤ 陸軍官憲（参謀本部）を鉄道局と協議せしめること

参謀本部長は、さらに十月、「増兵鉄道比較ノ議」を上奏し、増兵により師団を増やすよりも、鉄道を布設して各師団を縦横に輸送する方が、経済的に優れていることを指摘し、軍用に適した鉄道の布設を論じたのである。[19]

このような陸軍の強い要求も、既設の鉄道を大幅に改良するだけの経済的・時間的余裕がなく、採用されるに至らなかった。

翌二十一年四月、参謀本部陸軍部は、鉄道の軍事的重要性について、国民の認識を高めるため『鉄道論』を編纂し出版した。『鉄道論』は、冒頭において「鉄道ノ今世ニ於ケルヤ、実ニ戦略戦術ノ利器ニシテ、最モ軍備ニ必要ナリ。然レトモ人或ハ之ヲ知ラス、徒ラニ以テ交通貿易ノ具ト為スモノアリ。毫釐ノ失千里ノ差、遂ニ国家ノ長計大策ヲ誤ルニ至ラン事ヲ恐ル。是レ本編ノ作ル所以ナリ」と述べ、「兵員徒ラニ衆多ナルモ、鉄道寡短或ハ線路及ヒ構造不良ニシテ、運兵ニ適セサレハ、動員聚中迅速ヲ得ス、多兵ヲシテ反ツテ寡兵ニ劣ラシムル」こととなり、従って「鉄道ヲ延伸スルハ、兵員ヲ増加シ、兵器ヲ増製スルニ同シ、其布設ノ法ヲシテ克ク軍事ノ用ニ適シ、復タ遺憾ナカラシムルハ、即チ士卒ヲ訓練シ兵器ヲ精鋭ニスルト一般ナリ」と、鉄道が軍事上いかに重要であるかを説明し、[20]以下本論において、欧州諸国の例を挙げながら、我国の鉄道を軍用に適するよう改良すべきであると論じたのである。

その結論として、陸軍が従来から主張していた、①陸軍官憲を鉄道の議に参加させること、②本州の幹線（中央縦貫路線）を決定すること、③複線設備を整えること、④従来の軌道・停車場などを改良することを再強調したのである。[21]

陸軍がこのような啓蒙策を採った背景には、官設鉄道に問題があったばかりか、利潤追求のための私設鉄道敷設計画が乱立し始めていたことがあったのである。

私設鉄道は、明治十六年日本鉄道がまず開業し、十八年に阪堺鉄道、二十一年に両毛鉄道・伊予鉄道・山陽鉄道、二十二年に水戸鉄道・甲武鉄道・大阪鉄道・九州鉄道・北海道炭坑鉄道、二十三年に関西鉄道、二十四年に筑豊興業鉄道、二十五年に釧路鉄道がそれぞれ開業し、これらの開業路線は、二、一一二キロメートルに達し、官設鉄道の開

業路線九八一キロメートルをはるかに凌駕したのである。(22)

このような情勢にあって、明治二十四年七月、井上勝鉄道庁長官は「鉄道政略ニ関スル議」を建議し、鉄道が国防上から殖産興業上に至る社会百般の事業に便益を与える「富強の要具・開明の利器」であるので、これを全国枢要の地に拡張し、国家的事業として政府が担当すべきであると主張し、速やかに次の事項に着手すべきであると提議した。(23)

① 全国鉄道敷設見込線路の調査及び測量をすること。

② 拡張敷設すべき線路を選定し、その工事を起こすこと。

③ 私設鉄道を政府に買収すること。

そして今後敷設すべき路線の第一期工事として、①八王子・甲府線、②三原・馬関線、③佐賀・佐世保線、④福島・青森線、⑤敦賀・富山線、⑥直江津・新発田線を建設すべきであるとした。これらの六路線は、いずれも国防上の重要路線として選定されたもので、陸軍のこれまでの要求がある程度取り入れられたのである。

即ち、八王子・甲府線と福島・青森線は、中央縦貫線となるものであり、三原・馬関線、敦賀・富山線、直江津・新発田線も幹線として軍事上重要であり、佐賀・佐世保線は、軍港連絡線となるものであった。

私設鉄道の国有化は、国防上も重大問題であったが、各種の利害が絡み、これが実現するのは、日露戦争が終わった後の明治三十九年であった。

しかし、井上鉄道庁長官の建議により、明治二十五年六月二十日、「鉄道敷設法」が成立し、鉄道国有化への第一歩が進められたのである。

この鉄道敷設法は、敷設予定幹線及びその連絡線を指定するとともに、私設鉄道の協議買収を規定し、さらには、政府に対して鉄道政策を諮詢のため「鉄道会議」を設置することを規定した。

鉄道会議は、予て陸軍が主張していた、鉄道政策への陸軍の関与を、政府が認めて設置されることになったもので、勅令第五一号「鉄道会議規則」によって、その組織と任務が規定された。この鉄道会議は、鉄道敷設法第一五条に規定する鉄道工事着手順序と公債金額の他、新設鉄道の路線・設計・工費予算、私設鉄道の買収方法・順序などを審議し、議長一人、議員二〇人、臨時議員若干人をもって組織し、議員には内務省・鉄道庁・陸軍省・参謀本部・海軍省・大蔵省・農商務省・逓信省の高等官が任命されることになった[24]。

議長には参謀本部次長川上操六中将が任命され、陸軍側の議員には、陸軍次官児玉源太郎中将と参謀本部第二局長高橋惟則大佐、鉄道庁側議員には、井上鉄道庁長官・松本部長が任命された[25]。

かくして鉄道政策決定の主導権は、これまでの鉄道官僚から、新設の鉄道会議に移り、鉄道政策は、国家的総合的観点から決定されることになったのである。

以上のような経過を経て、日清戦争直前までに開通した主要な鉄道路線は、次のとおりである[26]（図二―六―一参照）。

・小樽～札幌～岩見沢～空知太
・室蘭～苫小牧～岩見沢
・東京～宇都宮～仙台～盛岡～青森
・小山～水戸～平～岩沼
・東京～高崎～長野～直江津
・東京～静岡～名古屋～大垣～京都～大阪～神戸～岡山～広島

・米原～敦賀
・草津～亀山～四日市～桑名
・亀山～津～宮川（伊勢）
・門司～博多～久留米～熊本

(二) 道路の整備

明治新政府が道路整備に取り組み始めたのは、明治六年八月二日、大蔵省番外達をもって「河港道路修築規則」を定めた時である。それまでは、幕末以来の旧制度を踏襲していた。

この河港道路修築規則によって、東海・中山・陸羽道などのような全国の大経脈を一等道路、これらに接続する脇往還などを二等道路、村市の経路を三等道路と定め、一等道路の工事費は大蔵省の負担、二等道路は六割を大蔵省、四割を地方庁の負担、三等道路は地元民の負担と定めた(27)。

明治九年六月八日、太政官達第六〇号により、道路を国道・県道・里道に分類し、これらをさらに三等級に分けた。これら国道・県道の等級は次のとおりであった(28)。

○国道

一等　東京より各開港場に達するもの
二等　東京より伊勢の宗廟及び各府・各鎮台に達するもの
三等　東京より各県庁に達するもの及び各府・各鎮台を拘聯するもの

○県道

一等　各県を接続し及び各鎮台より各分営に達するもの

二等　各府県本庁より其支庁に達するもの

三等　著名の区より都府に達し或いは其区に往還すべき便宜の海港などに達するもの

さらに、道路の幅員は、国道一等が七間、国道二等が六間、国道三等が五間、県道が四～五間と規定された。

この国道等級制は、明治十八年一月六日の布達第一号によって廃止され、新たに国道の幅員が、道敷四間以上並木敷など合わせ合計七間以上と改定された(29)。

続いて同年二月二十四日、内務省告示第六号により四四路線が国道に指定され(30)、さらに翌二十年七月一日、勅令第二八号により、東京から鎮守府に達する道路及び鎮守府と鎮台を連絡する道路が国道に編入され、次の路線四線が、同月八日内務省告示第三号により追加された(31)。

・四五号　東京より横須賀鎮守府に達する路線

・四六号　東京より呉鎮守府に達する路線

・四七号　東京より佐世保鎮守府に達する路線

・四八号　佐世保鎮守府と熊本鎮台と拘聯する路線

道路の通行容量は、幅員により規制されるばかりでなく、勾配・屈曲・路面状態・橋梁・隧道などの構造によっても規制される。国道・県道が異なる府県を通るごとに、その構造規格が異なっては、交通の円滑さは保てない。そこで、明治十九年八月五日、内務省訓令第一三号により、幅員以外の道路規格を規定した(32)(幅員は前年の布達第一号によって既に定められていた)。

このようにして、逐次国道・県道の整備は進められていったのであるが、里道は地方的特性があって、その整備は進展しなかった。そこで、参謀総長有栖川宮熾仁親王は、明治二十二年六月二十二日、里道の規格統一化を図るよう大山陸軍大臣に、次のように協議した。[33]

即ち、「交通路ノ軍事ニ緊要ナルハ、多言ヲ贅セスシテ明ナリ。国県両道ノ築造法ハ、已ニ其標準ヲ定メラレタリ。故ニ此両道及其線路ニアル橋梁隧道等ハ、漸次改良セラルヘキモ、里道ハ一定ノ法則無シ。抑モ軍事上、国県両道ヲ使用スル場合ハ、多クハ兵略上ニ在リ。戦術上ニ在テハ、里道ニ依リ軍隊ヲ進退セシムヘキ場合最モ多シトス。例ヘハ輜重ノ行進路、特ニ兵站線ノ如キハ、専ラ運搬ノ便ヲ計リテ其路線ヲ選定シ得ルモ、敵状及地形ニ応シ、戦術上運動スル軍隊ニ在テハ、其行進目標ハ一ニ陣地ニ在リ。〔中略〕陣地ニ近接スル路線ハ、里道最モ多シトス。」従って、軍隊の行進・輸送に支障を来さないよう、里道の幅員・橋梁・隧道などを一定の基準に規定することが必要であると要請した。

これを受けて、陸軍大臣は内務大臣に協議したところ、内務大臣は、この件は市町村に任せてあるので特別の基準は定めないと回答してきた。[34] 里道は、再び従来のように、一定の規格を設けることなく放置されることになった。

参謀本部は、本章の四の(二)で述べたように、国土防衛策の研究に着手していたため、明治二十三年七月一日、参謀総長は、各師団長に対して、各管内の道路状況の調査報告を次のように指令した。[35]

「軍事必須ノ件ヲ蒐集シ、作戦上交通運輸ノ基礎ト為スハ、主トシテ当本部ノ計画スル処有之、就テハ、参謀官其他当該官ノ実査ニ成ル者、或ハ現ニ野砲隊ノ実験ヲ歴タル者等ハ、左ノ道路調査標準ニ基キ、別紙廿万分一図ニ記入シ、本年十月十日ヲ期シ報告スヘシ」と。そして、道路調査標準として、国道・県道その他野砲隊が通過できる道路を、次のように区分して図示するよう示した。

① 野砲兵一中隊が、斉一の歩度をもって通過できる道路
② 坂路・河川などのため局部的に不通箇所のある道路
③ 出水その他により、臨時に通過に支障が生じることが予想される道路
④ 車両を分解せずして人力または時間をかければ通過できる道路

このように陸軍は、国内の道路状況を調査し、作戦計画策定の基礎資料としていたのである。

内務省は、道路行政の統一を図るため道路法制定の準備を進め、明治二十三年十二月、公共道路法案を立案し、陸軍省に協議した。陸軍大臣は参謀総長に意見を求め、これに対し参謀総長は、要旨次のような意見を陸軍大臣に提出した。(36)

まず最初に、「我邦ノ如キハ四面環海、外寇ノ侵入何レノ方位ヨリスルヤ予メ知ル能ハス。而シテ地勢峻険運兵渋滞動モスレハ、離合応援機宜ヲ失ヒ易キノ虞アリ。我邦国防ノ困難ナル此ノ如シ。之ヲ医スルノ法、独リ道路ヲ改良シ、交通ヲ便利ニシ、以テ東西臨機相応スルノ一方アルノミ。故ニ道路改良ノ当局者ハ、地方人民ノ利便ヲ謀ルト同時ニ之ヲ軍事ノ目的ニ適応セシメ、以テ護国ノ大義務ニ協力セサルヘカラサルナリ」と、道路が軍事上極めて重要であるので、軍事目的にも適応するよう改良する必要があると述べ、この法案に対して、修正意見を提起したがその主なものは次のとおりである。

① 各師団司令部所在地よりその所管旅団司令部及び要塞所在地に通じる道路を、国道とすること。
② 府県道の幅員最小限二間を二間半に改正すること。
③ 軍隊または軍隊の用を帯びる軍人軍属からは、路銭・橋銭・渡銭などの通行料を徴収しないこと。

この法案は閣議にかけられたが、議会に提出するに至らなかった。

道路法の制定が進まない状況にあって、明治二十六年四月二十五日、有栖川宮参謀総長は、陸軍大臣に対し、道路法制定の急務を要請するとともに、軍事上の要求事項を提示した[37]。その要旨は次のとおりである。即ち、まず、道路が軍隊の輸送など軍事上極めて重要であることを指摘し、「今ヤ百般ノ制度日ニ成リ、月ニ整フノ際、速カニ此緊要ノ道路法ヲ制定セラレスハ、将タ何ノ時ヲカ待タントスル。若シ従来ノ慣習ニ因循シ、府県区々ノ改築ニ放任セハ、全国共通ノ道路終ニ開ケス。遂ニ軍事ノ進歩ニ伴フ能ハス。国防上大ニ百年ノ長計ヲ誤ルヲ恐ル」と、道路の全国的統一を図るため、道路法の制定の急務を述べ、さらに、この道路法に対する軍事上の要求事項を以下のように提示した。

① 国道の新設・改築の経費は、国庫の負担とすること。
国道工事の経費を地方の負担にすると、地方は経費不足のため、あるいは経費節減のため、工事に着手せず、またはその幅員を減少して着工することになる。

② 東京から各師団司令部所在地及び鎮守府所在地に通じ、または師団司令部所在地から各旅団司令部所在地・各衛戍地及び要塞所在地に通じる道路、その他国防上緊要な道路などを国道とすること。
国防上緊要な道路とは、防禦地帯あるいは敵衝の恐れがある港湾などに通じる道路を意味する。

③ 国道の新設・改築は、内務省の直轄工事とすること。
国道工事の迅速・精確を期すため、直轄工事とすべきである。

④ 市街地を通る国道・府県道も、それぞれ国道・府県道の規格に準ずること。

⑤ 道路の規格を制定すること。

道路の規格即ち道路の幅員・勾配・屈曲・構造等は、軍用に適する性能を具備するよう規定すべきである。
⑥　軍隊または制服を着た軍人軍属及び召集令状を持つ軍人からは、通行料を徴収しないこと。
⑦　道路の保存修理の方法を規定すること。
⑧　国道の変更及び国道への編入については、内務大臣と陸軍大臣が協議の上、連署して勅裁を仰ぐこと。

内務省は、このような陸軍の意見及び地方長官の意見を聴き、また土木会などにも諮問して、公共道路法案を立案して議会に提出したが、各種意見・利害のため成立せず、結局、道路法が制定されたのは、大正八年であった。

(三)　通信網の形成

明治新政府が、電信事業を開始したのは、明治二年であった。明治二年八月、横浜灯明台役所と横浜裁判所間約七町に電信線を架設し、良好な試験結果を得たので、新たに東京築地運上所（税関）と横浜裁判所間の工事を開始し、同年十二月二十五日完成開業した。これが日本における公衆電信の最初であった。[38]

その後明治三年八月、大阪〜神戸間、五年四月には京都〜大阪間が開業した。[39]

これより先の明治三年六月政府は、東京〜長崎間の長距離電信線の建設を決定し、翌四年八月工事を開始し、五年八月関門海峡の海底線を敷設し、六年二月に東京〜長崎間が開通した。東京〜長崎間の電信線建設が急がれたのは、デンマーク電信会社が上海〜長崎間の海底電線を、明治四年六月に完成させていたからである。[40]

また、明治五年六月には、函館〜札幌間が起工され、続いて同年九月には東京〜青森間が起工され、七年八月には、津軽海峡の今別〜福島間の海底電線敷設工事が開始された。これらの工事はそれぞれ難工事であったが、これを克服して完成し、明治八年五月、東京～小樽間が開通したのである[41]［津軽海峡海底線は明治十五年八月、今別東方の一本木～函館大森浜に改設された］。ここに、北海道～東京～大阪～九州を結ぶ幹線が完成したのである。

明治九年十二月に、瀬戸内海の備前国渋川（岡山県玉野市）～讃岐国乃生（香川県坂出市）間の海底電線敷設が竣工し、本州と四国が結ばれた[42]。

明治十年代は、地方線の工事が進められ、明治十八年十二月までに開通した電信線は、図二―六―二のとおりであり、これらの中の主要な地方線の開通時期は、次のとおりである[43]。

○北海道地方
・福山～江差　明治十七年七月
・苫小牧～浦河～釧路～根室　明治十七年十月

○東北地方
・福島～米沢　明治九年八月
・米沢～山形　明治九年十月
・山形～横手　明治十一年十月
・横手～秋田　明治十一年十月
・青森～弘前　明治十三年八月

○甲信・北陸地方
・東京（四谷）～八王子　明治十二年二月
・八王子～甲府　明治十二年六月

・甲府〜名古屋　明治十三年九月
・高崎〜上田　明治十一年六月
・上田〜長野〜直江津〜新潟　明治十一年九月
・新潟〜新発田　明治十三年一月
・新発田〜鶴岡　明治十四年六月
・敦賀〜金沢〜魚津〜直江津　明治十一年九月

○近畿地方

・名古屋〜四日市　明治九年十二月
・四日市〜津　明治十年二月
・津〜山田　明治十三年六月
・山田〜鳥羽　明治十四年六月
・堺〜和歌山　明治十二年二月
・園部〜福知山〜宮津　明治十五年十一月
・宮津〜出石〜豊岡　明治十五年七月
・姫路〜生野〜豊岡　明治十四年六月

○山陰地方

・豊岡〜鳥取　明治十五年九月
・山口〜萩　明治十一年一月

・萩〜浜田　明治十一年十二月
・浜田〜松江　明治十二年五月
・松江〜米子〜鳥取　明治十三年六月
○四国地方
・乃生〜高松　明治十年三月
・乃生〜丸亀　明治十年三月
・高松〜徳島　明治十年十二月
・丸亀〜今治〜松山〜高知　明治十一年九月
・松山〜宇和島　明治十二年四月
○九州地方
・佐賀〜久留米〜熊本　明治八年三月
・熊本〜八代　明治十年五月
・八代〜佐敷　明治十年七月
・佐敷〜鹿児島　明治十年八月
・鹿児島〜都城〜宮崎〜高鍋　明治十年十月
・小倉〜中津〜大分　明治十年七月
・大分〜延岡〜高鍋　明治十年十二月
・伊万里〜唐津〜小友　明治十六年十一月

図二—六—二　電信線建設状況（明治十八年十二月現在）

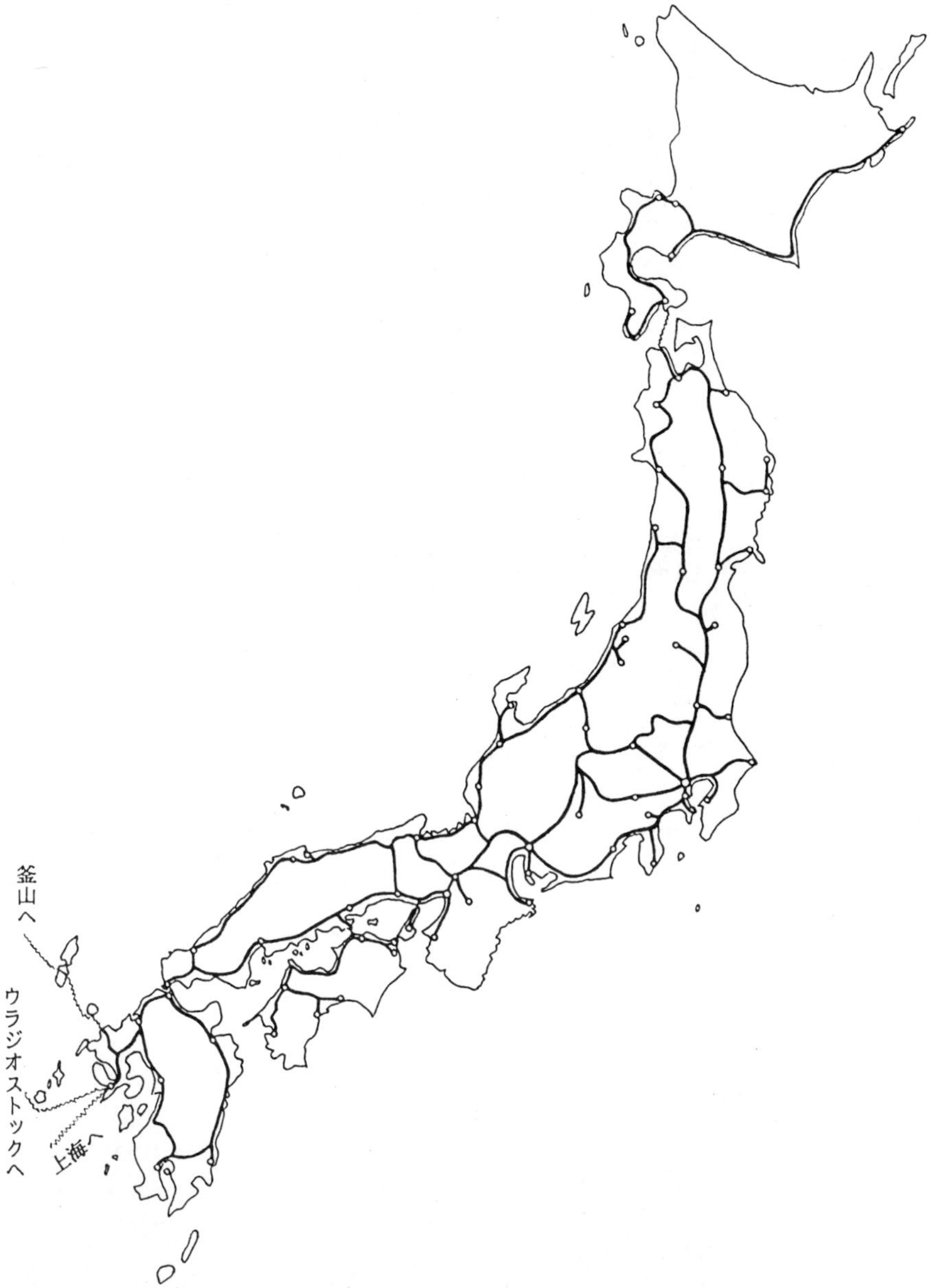

表二―六―一　電信線路延長累計　（単位：km、ケ：ケーブル）

年度	架空裸線	架空ケ	地下ケ	水底ケ	合計
明治二年	三一				三一
明治三年	七五				七五
明治四年	七五				七五
明治五年	六二八			一	六二九
明治六年	一、三八六			二	一、三八八
明治七年	一、六一八			八二	一、七〇〇
明治八年	二、四一九			八二	二、五〇一
明治九年	二、五四五			九三	二、六三八
明治十年	三、六二五			九三	三、七一八
明治十一年	五、〇四二			一〇四	五、一四六
明治十二年	五、八五九			一〇四	五、九六三
明治十三年	六、六六四			九六	六、七六〇
明治十四年	七、二五三			九六	七、三四九
明治十五年	七、七〇五			一〇九	七、八一四
明治十六年	七、九六四			一〇九	八、〇七三
明治十七年	八、五九二			一一一	八、七〇三
明治十八年	八、七〇六			一一三	八、八一九
明治十九年	八、八〇四			一一三	八、九一七
明治二十年	九、一一五			一二二	九、二三七

明治二十一年	九、五二七			一二二	九、六四九
明治二十二年	一〇、〇〇六			一二四	一〇、一三〇
明治二十三年	一一、〇九〇			二二四	一一、三一四
明治二十四年	一二、三四三			三九七	一二、七四〇
明治二十五年	一三、五七二			三九七	一三、九六九
明治二十六年	一四、五六五			四九七	一五、〇六二
明治二十七年	一五、一〇三			五三九	一五、六四二
明治二十八年	一五、二四五			六三四	一五、八七九
明治二十九年	一八、五三五			七一七	一九、二五二
明治三十年	二〇、一八一			二、八七六	二三、〇五七
明治三十一年	二〇、七九七			三、二五八	二四、〇五五
明治三十二年	二二、三三七			三、三一七	二五、六五四
明治三十三年	二三、七一五	九		三、七六三	二七、四八七
明治三十四年	二五、〇四二	一〇		三、八六七	二八、九一九
明治三十五年	二五、九三八	一一	三	三、九三九	二九、八九一
明治三十六年	二六、四九九	一二	一三	四、〇二三	三〇、五四七
明治三十七年	二六、四七六	一二	一三	四、一〇三	三〇、六〇四
明治三十八年	二六、八六一	一三	一六	四、一四五	三一、〇三五

この間にあって、明治十六年十一月二十三日、肥前国小友（佐賀県呼子町）～壱岐初山（郷ノ浦町）～対馬白磯（厳原町）間と、対馬小茂田～釜山間の海底電線敷設が、デンマーク電信会社によって竣工し、続いて陸上線も完成し、

翌十七年二月十五日、釜山への電信が開通した[44]。ところが、我国土である壱岐・対馬への電信を、外国の会社に依存していては、問題も多いので、明治二十四年四月、壱岐・対馬に通じる海底電線を買収したのである[45]。

以上のように、電信線はその主要幹線が、明治十八年までにほとんど完成しており、あとは地方局線の建設と、幹線の拡充を図ることになったのである。明治の始めからの全国の電信線路の延長累計は、表二―六―一のとおりである[46]。

(四)　地図・海図の作成

日本において、最初に全国沿岸測量を実施して、日本全図を完成したのは伊能忠敬であった。この伊能忠敬のいわゆる「伊能図」と、天保期に幕府が諸藩に命じて作成させた「天保国絵図」が、その後、明治期に陸軍の陸地測量部によって全国的な地図が作成されるまでの間、日本の基本地図として活用されたのである。

明治になって、全国的な測量に取り組んだのは、工部省と兵部省であった。工部省は、明治四年七月、測量司を設置し、イギリス人の指導で三角測量を開始した。兵部省は、同年同月、参謀局を新設し、同局に間諜隊を置いて、測量と地図の作成に着手した[47]。

工部省測量司の業務は、明治七年内務省に移管され、以後、その業務は内務省の地理寮が担当することになった。地理寮は、明治十年地理局と改称され、全国三角測量を進めていった[48]。

陸軍の参謀局は、明治六年三月、第六局と改称され、測量・地図ならびに兵史・政誌の蒐集を担当することになったが、明治七年二月再び参謀局と改められ、同年六月参謀局条例によって、地図・政誌を担当する第五課と、測量を担当する第六課が設置された。この両課は、明治十一年十二月五日の参謀本部条例により、それぞれ地図課・測量課と改称された。(49)

測量・地図の業務を担当する官制は、このような変遷をしたものの、業務は研究・調査の段階から、漸く局地の測量を実施する段階に進んだ状況であった。明治十二年十一月、測量課長に就任した小菅智淵少佐は、十二月九日、全国測量の実施について、二つの意見書を山県参謀本部長に提出した。(50)

第一は「全国測量ノ意見」であり、第二は「現今施行スベキ測量ノ意見」である。第一の「全国測量ノ意見」は、冒頭で「測量ハ兵家ノ要務ニシテ、強国ノ基礎ナリ。之ヲ二種ニ分ツ、三角測量及細分測量。〔中略〕此ノ二者ハ、軍旅ノ脈絡・戦略ノ智脳ナリ。苟モ之ヲ有セサレハ、勇敢ナル将アリト雖モ、焉ソ克ク勝ヲ千里ノ外ニ決スルヲ得ンヤ。故ニ図ノ精粗ハ国ノ強弱ニ関スルコト、固ヨリ言ヲ俟タサルナリ」と、全国測量の重要性を述べ、その具体案として、一〇年間で全国の測量を実施し、五千分の一の地図を作成、その経費一、〇〇〇万円という大事業計画を提示したのである。

しかし、この計画は経費面で実行性に難点があったので、実行可能な第二の「現今施行スベキ測量ノ意見」を、併せて提出したのである。第二の意見は、「全国図ヲ製スルハ一大事業ニシテ、巨大ノ費額ヲ要ス。故ニ開明ノ国ト雖モ未タ完全セサルモノアリ。況ンヤ我国ニ於テヲヤ。然リ而シテ現今是ヲ行ンニハ、極メテ費用ヲ減殺スルノ方法ヲ用ヒサルヲ得ス」と述べ、このため、地図作成の基本である三角測量の成果を基にせず、細部測量によって、いわゆる「迅速測図」の二万分の一の地図を作成するというものである。

山県本部長は、十二月十八日この第二の意見を認可し、ここに全国的な測量が実施されることになった。(51)

翌十三年一月、小菅測量課長は、全国測量着手に当り、「測地概則—小地測量ノ部」を制定し、測量実施の準拠とした。(52)

この「測地概則」は、測地の目的を、第一章で次のように規定した。

第一条　凡ソ土地ヲ測量スルニ一定ノ方法ヲ固守シ、務メテ速カニ全国図ヲ完全ス

第二条　凡ソ軍事ニ関スル緊要ノ事物ヲ実査シテ、国土ノ保護ヲ確実ニス

第二章以下では、このような目的を達成するため、迅速法により二万分の一図を作成すること、さらに人員の編制、各員の任務、測量実施要領などを規定した。

かくして、次のように四個班を編成して、まず関東地方から測量を開始したのである。(53)

・第一班　班長工兵大尉　小宮山昌寿　東京府下
・第二班　班長工兵中尉　早川省義　千葉県下
・第三班　班長工兵中尉　渡部当次　埼玉・神奈川県下
・第四班　班長工兵中尉　川村益直　埼玉・神奈川県下

その後着々と測量が進められ、それに応じて地形図が作成されていった。明治十八年までに、関東平地の地図がほぼ完成したのである(54)（図二—六—三参照）。

この間の明治十七年六月二十六日、太政官達により、これまで内務省が担当していた大三角測量業務は参謀本部に移管され、ここに測量業務は参謀本部に一元化されることになったのである。(55)

測量業務の一元化に伴い、同年九月八日、参謀本部条例が改正され、(56)これまでの測量課・地図課は廃止されて、新たに測量局が設置され、測量局は「本邦ノ全国地図及ヒ諸兵要地図ノ編纂ヲ掌リ」と、その任務が規定された。局内

図二—六—三　地形図作成状況

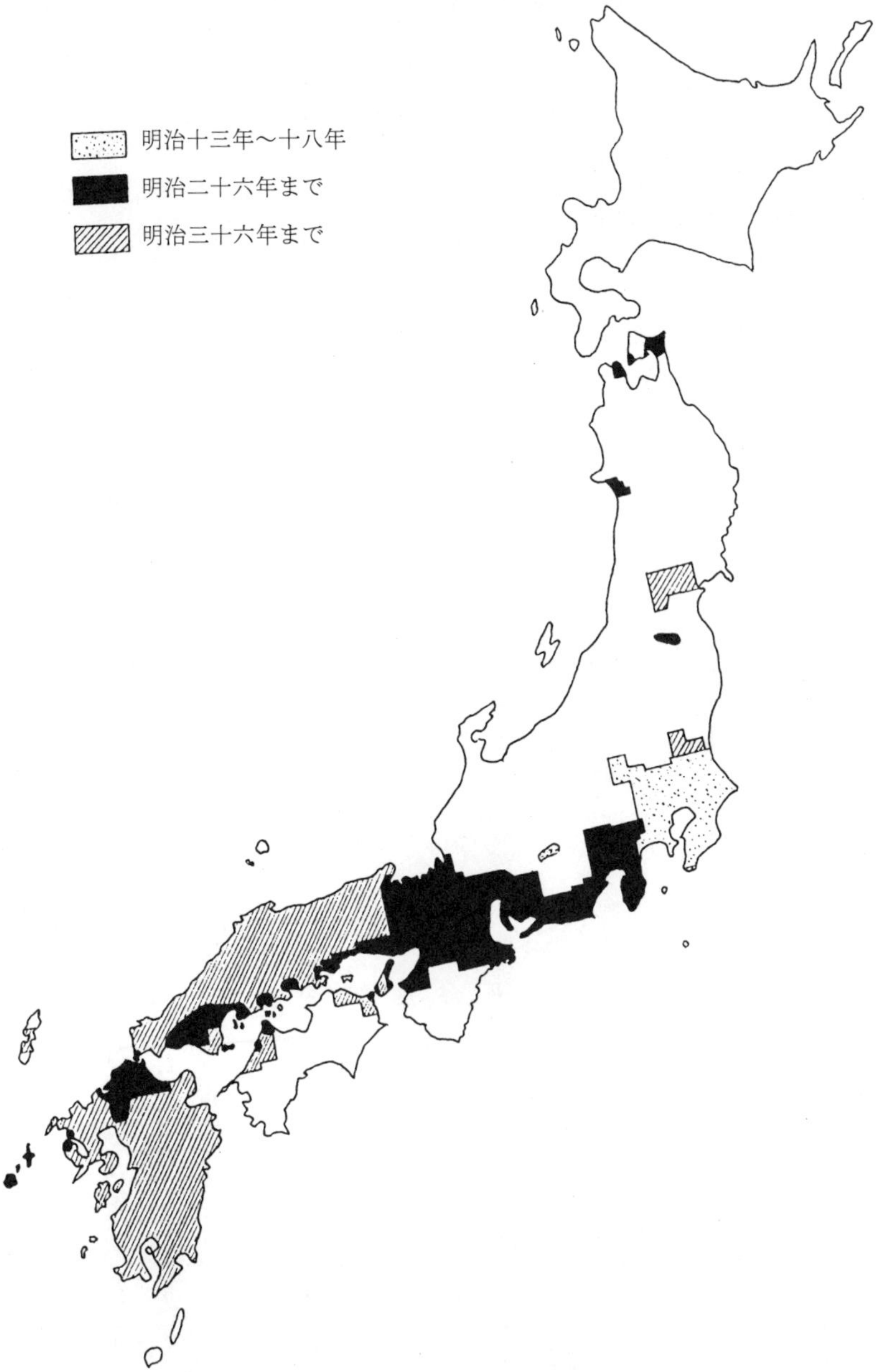

組織としては、三角測量課・地形測量課・地図課の三課が置かれ、新局長には、前測量課長小菅智淵中佐（明治十五年三月中佐に昇任）が任命された。

全国測量の進展に伴い、測量業務組織の拡張整備が必要となり、明治二十一年五月十二日陸地測量部条例（勅令第二五号）が制定され、これまで参謀本部の一局であった測量局が、参謀本部長直属の独立官庁としての陸地測量部となった。ここに明治四年の陸軍参謀局間諜隊以来の測量業務組織は、一応完成したのである。初代部長には、前測量局長の小菅大佐（明治十九年四月大佐に昇任）が就任した。

陸地測量部は、着々と全国測量を進めていったが、従来の二万分の一地図では、測量に要する年月と経費が多大にして、完成期は前途遼遠であるため、明治二十三年八月十六日、地図の縮尺を五万分の一に改定し、全国測量の早期完成を期したのである。この縮尺改定は、測量事業の新時期を開き、その後の測量進度は、従来に比べて二倍の速さで進展していったのである。(57)

明治二十六年までに、東海道一円、伊勢湾・若狭湾・大阪湾沿岸、山陽道・関門海峡・北九州地区の地図が、ほぼ完成した(58)（図二―六―三参照）。

このような地形図の作成整備は、要塞建設・防御地点の選定・作戦計画の策定などには、欠くことのできない必須のものであり、それだけに全国測量が急がれたのであった。

幕末以来、日本の沿海はイギリスを始めとする諸外国船によって測量されていたが、明治新政府は、日本沿海の測量を外国船に任せたままでは、防衛上支障を来すので、自らの手で測量することを計画した。そこで、明治二年十一月、津藩士柳楢悦と田辺藩士伊藤雋吉を兵部省御用掛に任用し、水路測量の計画を担当させた。これが日本における水路測量事業の発端であった(59)。

柳楢悦は、翌三年四月、兵部卿に海軍創立について、次のように建言した(60)。

「海軍ノ創立ハ、必ス航海測量ヲ基トス。然ルニ和船渡海宿弊、未タ去ラス候ヨリ、渡海ノ術全ク行ハレス」と述べ、日本の船で座礁・遭難が多いのは「航海測量ノ術ニ疎ク、器械転用ノ理ヲ暁ラサル」がためであり、従って海軍創立に当っては、まず、これらの教育が必要であると主張し、航海測量の術については、自分は積年苦心して学んだので、なにとぞ自分に任せてもらいたいと述べたのである。

同年七月、柳楢悦は「第一丁卯丸」を率い、イギリス艦「シルビア号」と協同して、瀬戸内海の塩飽諸島付近を測量し、日本最初の海図「塩飽諸島実測図」を作成した(61)。

明治四年二月、柳楢悦は海軍少佐に任ぜられ、「春日」の艦長になった。「春日」は、早速「シルビア号」と協力して、北海道沿海の測量に従事、帰途、独自で宮古・釜石両湾を測量した。これは、日本海軍独力による最初の測量であった(62)。

同四年七月、兵部省職員令によって、兵部省海軍部に水路局が設置され、ここに初めて水路業務を担当する組織ができた。翌五年十月、水路局は水路寮となり、九年八月、海軍省の官制改革で再び水路局（局長に柳楢悦大佐が就任）となり、さらに十九年一月、水路局は廃止され海軍水路部が設置された。初代部長には前水路局長の柳楢悦少将（明治十三年八月海軍少将に昇任）が就任した(63)。

明治二十一年六月二十一日、勅令第四九号「水路部条例」により、海軍水路部は海軍の冠称が除かれ、水路部と改称されるとともに、海軍大臣の隷下から海軍参謀本部長の隷下に変更された。ついで、明治二十二年三月二十二日、海軍参謀本部の廃止とともに海軍省の海軍参謀部長の隷下となり（勅令第四〇号）、さらに明治二十六年五月十九日、

図二―六―四　海岸線測量状況

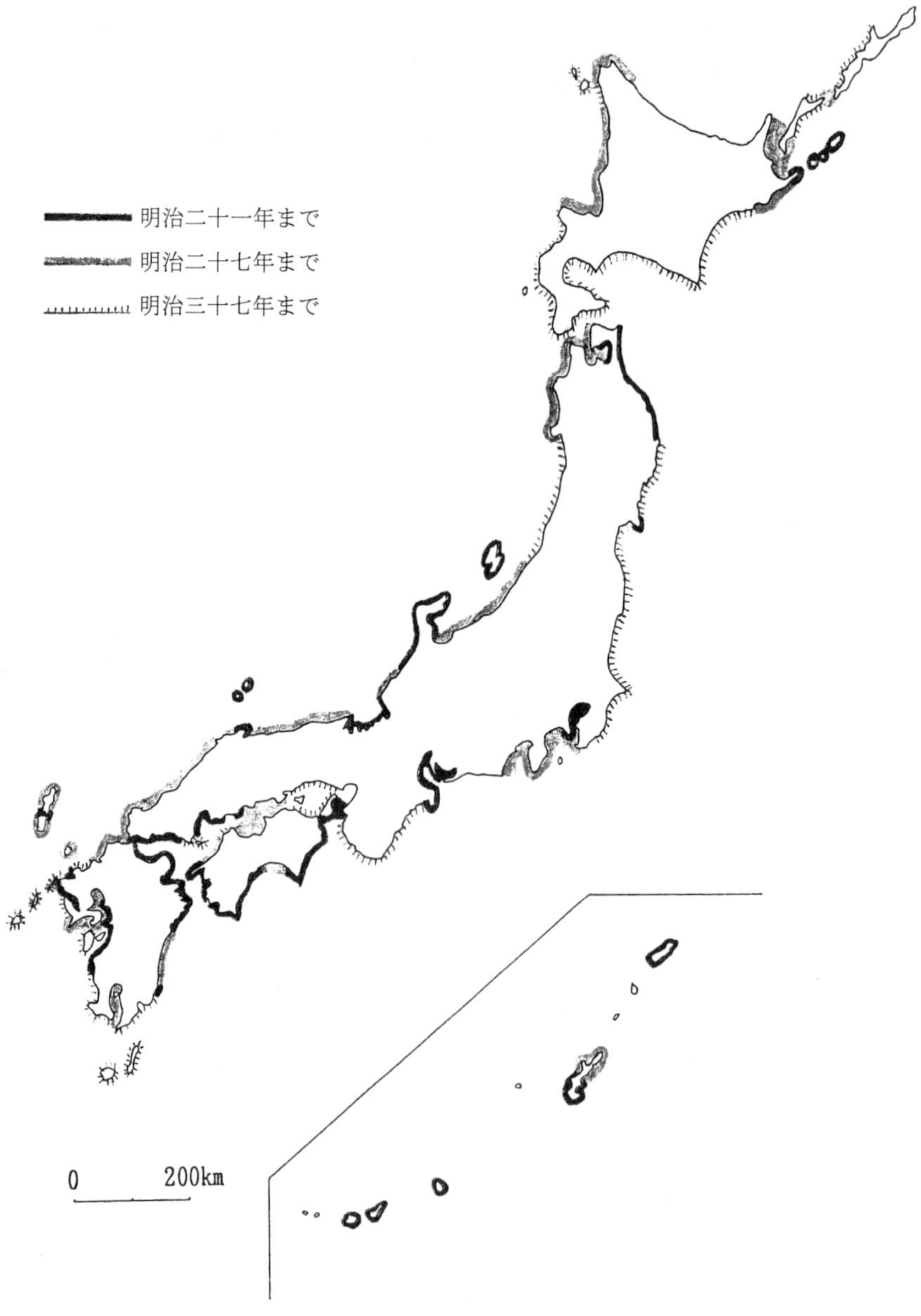

海軍軍令部の設置により、海軍軍令部長の隷下となった（勅令第四六号）。

この間にあって、明治十四年十一月、柳水路局長は、日本の全沿海を測量して海図を作成するため「全国海岸測量一二カ年計画」を立て、その経費を計上し、川村海軍卿に上申した(64)。

この上申において、柳水路局長は、水路測量業務が有事には艦船の進退、平時には航路の安全に極めて重要であるので、全国沿岸の測量を完成したいと述べ、イギリス・アメリカなどの例を挙げて水路測量の急務を強調した。上申は、翌十五年五月承認され、十五年度から実施されることになった。

この全国海岸測量一二カ年計画に基づく測量は、実績としては順調に進んだが、複雑な海岸線のため、日本の全海岸線を測量するには至らなかった。日露戦争までに北海道のオホーツク海沿岸・遠州灘・小笠原諸島・千島列島を除き、全国海岸の測量が終わった。海岸線測量状況は、図二―六―四のとおりである(65)。

第二章　註

一　要塞建設

（1）「陸軍省日誌」明治十一年第二五号（防衛研究所蔵）
内閣記録局編『法規分類大全』兵制門二（原書房、一九七七年）四二〇頁

（2）「参謀本部歴史草案」一〜三、中央−作指−他−1（防衛研究所蔵）
「参謀本部歴史草案（資料）」一〜四、中央−作指−他−4（防衛研究所蔵）

（3）前掲『法規分類大全』兵制門一、三六五頁
『法令全書』明治四年、兵部省第五七、兵部省陸軍部内条例書「省内別局条例」

（4）「公文録」明治八年九〜十月、海軍省、2A−9−公−1434（国立公文書館蔵）
前掲『法規分類大全』兵制門二、四三三頁

（5）前掲「公文録」明治八年九〜十月、海軍省
前掲『法規分類大全』兵制門一、七一頁

（6）前掲「陸軍省日誌」の明治十一年から明治十五年迄
「参謀本部・東中西監軍部月報」明治十二年、M12−132（防衛研究所蔵）
「参謀本部・監軍本部・憲兵本部月報」明治十四年、M14−79（防衛研究所蔵）
「参謀本部・監軍本部月報」明治十五年一〜六月、M15−129（防衛研究所蔵）
児玉幸多他編『日本史総覧』補巻Ⅲ（新人物往来社、一九八六年）二九二頁
これらに基づいて作成した。

（7）陸軍築城部本部編「現代本邦築城史」第一部第一巻、築城沿革付録（国立国会図書館古典籍室蔵。写、防衛研究所蔵）

（8）前掲『法規分類大全』兵制門二、四三一〜四三三頁、五六七〜五六八頁

（9）前掲「参謀本部・監軍本部月報」明治十五年一〜六月、M15−129

(10) 前掲「陸軍省日誌」明治十五年
(11) 『法令全書』明治十六年、陸軍省達乙第九五号
(12) 前掲「現代本邦築城史」第一部第一巻、築城沿革付録
(13) 前掲「参謀本部歴史草案（資料）」五〜六、中央−作指−他−5
(14) 前掲「現代本邦築城史」第一部第一巻、築城沿革付録
(15) 同右
(16) 同右
(17) 同右
陸軍省編『陸軍省沿革史』（陸軍省、一九〇五年）一八七頁
(18) 前掲「現代本邦築城史」第二部第一巻、東京湾要塞築城史付録
ワンスケランベック工兵大尉は、「東京湾巡視復命書」の他、明治十八年三月には「日本国南海海岸防禦ニ付テ復命書」第一篇を、同年六月には「同」第二篇を陸軍卿に提出した。第一篇は、水雷・砲台・大砲についての一般論を述べたものであり、第二篇は、日本の海岸防禦法について述べたものである。

第一篇は、「日本国南海海岸防禦ニ付復命書」本土−全般−82（防衛研究所蔵）及び前掲「現代本邦築城史」第一部第一巻、築城沿革付録に収録されている。

第二篇は、陸軍省「雑書綴」明治十四〜二十三年、M14−100（防衛研究所蔵）及び前掲「現代本邦築城史」第一部第一巻、築城沿革付録に収録されている。
(19) 前掲「現代本邦築城史」第二部第一巻、東京湾要塞築城史付録
(20) 同右
(21) 『法令全書』明治十九年、勅令無号。同、明治二十一年、勅令第二五号
前掲「現代本邦築城史」第一部第一巻、築城沿革付録
前掲「公文録」明治十四年六月、陸軍省、2A−10−公−3049
前掲『法規分類大全』兵制門一、七八〜七九頁

(22) 前掲「現代本邦築城史」第一部第一巻、築城沿革付録
(23) 前掲「公文録」明治十四年六月、陸軍省、2A–10–公–3049
(24) 東京湾要塞司令部「東京湾要塞歴史」第一号（写、防衛研究所蔵）東京湾要塞防御営造物起工竣工期日一覧表
前掲「公文録」明治十八年七〜九月、陸軍省、2A–10–公–3976
『法令全書』明治十九年、閣令第三二号
(25) 対馬警備歩兵大隊「大隊歴史抜粋」（「対馬要塞司令部歴史」、防衛研究所蔵）
(26) 前掲「参謀本部歴史草案（資料）」九〜十一、中央–作指–他–7
(27) 前掲「現代本邦築城史」第一部第一巻、築城沿革付録
(28) 前掲「参謀本部歴史草案（資料）」九〜十一、中央–作指–他–7
(29) 陸軍省「弐大日記」明治二十年乾、M20–22（防衛研究所蔵）
(30) 前掲「現代本邦築城史」第二部第二巻、対馬要塞築城史、対馬要塞築城年表
(31) 同右、第一部第一巻、築城沿革付録
(32) 春畝公追頌会編『伊藤博文伝』中巻、（原書房、一九七〇年復刻）五一二頁
同右
(33) 前掲『陸軍省沿革史』二一四頁
『法令全書』明治二十年、防海費補助ノ詔
(34) 前掲『陸軍省沿革史』二一四〜二一六頁
(35) 前掲『伊藤博文伝』中巻、五一六頁
前掲「現代本邦築城史」第一部第一巻、築城沿革付録
(36) 同右、第二部第三巻、下関要塞築城史
同右、下関要塞築城年表
(37) 前掲「現代本邦築城史」第二部第四巻、由良要塞築城史
(38) 同右、由良要塞築城年表

(39) 前掲「現代本邦築城史」第一部第一巻、築城沿革付録

(40) 前掲「弐大日記」明治二十四年九月、M24−38
参謀本部「大日記」明治二十四年、M24−77（防衛研究所蔵）

(41) 前掲「参謀本部歴史草案（資料）」十二〜十四、中央−作指−他−8

(42) 既述の史料の他、次の史料に基づき作成した。
ワンスケランベック「日本国南海海岸防御復命書第二篇」（陸軍省「雑書綴」明治十四〜二十三年、M14−100（防衛研究所蔵）
「日本国防論」（伊藤博文編『秘書類纂』兵制関係資料、原書房、一九七〇年復刻）

(43) 前掲「現代本邦築城史」第一部第三巻、要塞火砲及経理

(44) 尾野実信編『元帥公爵大山巌』（大山元帥伝刊行会、一九三五年）五一一〜五一二頁

(45) 同右、五一二〜五一三頁
大阪砲兵工廠『大阪砲兵工廠沿革史』（大阪砲兵工廠、一九〇二年）一四〜一五頁

(46) 前掲「公文録」明治十七年四〜五月、陸軍省、2A−10−公−3759
前掲『大阪砲兵工廠沿革史』一五〜一七頁

(47) 前掲『元帥公爵大山巌』五二一頁

(48) 前掲『大阪砲兵工廠沿革史』付表

(49) 前掲「弐大日記」明治二十年五月、M20−26

(50) 同右

(51) 前掲『元帥公爵大山巌』五二二頁

(52) 陸軍省編『兵器沿革史』第三輯（陸軍省、一九一三年）一一六頁
田島応親「幕末以降兵制改革実歴談」（『砲兵会記事』特号、一九二二・六）これは『史談会速記録』第一七二〜一七四輯に連載されたものである。

(53) 前掲「現代本邦築城史」第一部第三巻、要塞火砲及経理
前掲『陸軍省沿革史』二一八〜二二四頁

（54）前掲『元帥公爵大山巌』五二三頁
（55）前掲「参謀本部歴史草案（資料）」九〜十一、中央―作指―他―7
（56）陸軍重砲兵学校編刊『陸軍重砲兵学校回顧史』（一九三九年）五頁
（57）同右、五〜六頁
『法令全書』明治二十二年、勅令第四二号「要塞砲兵幹部練習所条例」
（58）前掲『陸軍重砲兵学校回顧史』六〜七頁
（59）二味篤之助「要塞砲兵沿革ノ二三」（『偕行社記事』第三五〇号、一九〇六年十月）
前掲『陸軍重砲兵学校回顧史』六頁
（60）前掲「参謀本部歴史草案（資料）」十五〜十七、中央―作指―他―9
（61）浄法寺朝美『日本築城史』（原書房、一九七一年）六八頁
（62）同右、六八〜六九頁
（63）前掲「弐大日記」明治二十四年九月、M24―38
（64）前掲「大日記」明治二十四年、参謀本部、M24―77
（65）同右

二　陸軍部隊の増設と師団制への改編

（1）前掲『陸軍省沿革史』一五九〜一七四頁
前掲「参謀本部歴史草案」一〜三、中央―作指―他―1
前掲「参謀本部歴史草案（資料）」一〜四、中央―作指―他―4
大山梓篇『山県有朋意見書』（原書房、一九六六年）九一〜九九頁
『隣邦兵備略』第一版（陸軍文庫版、一八八〇年、国立国会図書館蔵）
（2）前掲「参謀本部歴史草案（資料）」五〜六、中央―作指―他―5
（3）前掲『陸軍省沿革史』一八八〜一九二頁

（4）前掲『山県有朋意見書』一一八〜一二〇頁
（5）多田好問編『岩倉公実記』下巻（原書房、一九六八年復刻）九〇八〜九一〇頁、九四〇〜九四二頁
（6）宮内庁『明治天皇紀』第五、（吉川弘文館、一九七一年）八二〇〜八二一頁
（7）同右、八二一頁
（8）同右
前掲『岩倉公実記』下巻、九四三〜九四四頁
前掲『山県有朋意見書』一九二〜一九六頁。なお一九二頁に此月（十二月）とあるが、これは十一月二十六日の誤記である［前掲『岩倉公実記』下巻、九四三〜九四四頁、及び前掲『明治天皇紀』第五、八二一頁］。
（9）前掲『明治天皇紀』第五、八四二〜八四三頁
（10）同右、八四四頁
（11）藤村通監修『松方正義関係文書』第二巻（大東文化大学東洋研究所、一九八一年）一五三〜一五六頁
（12）「太政官」明治十五年、M15−2（防衛研究所蔵）
「公文別録」明治十五年・十六年、大蔵省、2A−1−別−21（国立公文書館蔵）
伊藤博文編『秘書類纂』兵制関係資料（原書房、一九七〇年復刻）二五六〜二五七頁
（13）陸軍省編『陸軍沿革要覧』（陸軍省、一八九〇年）六七〜六九頁
（14）「陸軍省達全書」明治十六年、M16−5（防衛研究所蔵）
（15）前掲「公文録」明治十六年一〜二月、陸軍省、2A−10−公−3546（国立公文書館蔵）
「公文別録」明治十五年・十六年、太政大臣、2A−1−別−6（国立公文書館蔵）
前掲『秘書類纂』兵制関係資料、二五七頁
（16）前掲「公文録」明治十六年三〜四月、陸軍省、2A−10−公−3547
前掲「公文別録」明治十五年・十六年、太政大臣
前掲『秘書類纂』兵制関係資料、二五七〜二五八頁
（17）『法令全書』明治十七年、陸軍省達乙第三六号

（18）同右、陸軍省達乙第三五号
（19）前掲「陸軍省達全書」明治十七年、M17−3
（20）前掲『陸軍沿革要覧』七二〜八四頁
（21）前掲「陸軍省達全書」明治十七年、M17−3
（22）前掲『陸軍沿革要覧』七三〜八一頁
（23）同右、八一〜八五頁
『陸軍省第六回統計年報』明治二十五年（陸軍省、一八九三年）
『陸軍省第七回統計年報』明治二十六年（陸軍省、一八九四年）
（24）前掲『陸軍沿革要覧』八三〜八五頁
前掲『陸軍省第六回統計年報』明治二十五年
前掲『陸軍省第七回統計年報』明治二十六年
（25）『陸軍省第三回統計年報』明治二十二年（陸軍省、一八九一年）
『陸軍省第四回統計年報』明治二十三年（陸軍省、一八九一年）
『陸軍省第五回統計年報』明治二十四年（陸軍省、一八九二年）
前掲『陸軍省第六回統計年報』明治二十五年
前掲『陸軍省第七回統計年報』明治二十六年
（26）同右『陸軍省第七回統計年報』明治二十六年
（27）ジョルジュ・カステラン（西海太郎・石橋英夫訳）『軍隊の歴史』（白水社、一九五五年）六九頁、九四頁
（28）『法令全書』明治六年、陸軍省第五〇四
（29）同右、明治八年、陸軍省達乙第三九号
（30）陸軍省「軍制綱領」（吉野作造編『明治文化全集』第二三巻、軍事篇・交通篇、日本評論社、一九三〇年。一九六七年の第二版は第二六巻）
（31）「三条家文書」五一—九　山県有朋・鳥尾小弥太意見書（国立国会図書館憲政資料室蔵）

(32) 『法令全書』明治十一年、陸軍省達号外
(33) 同右、明治十二年
(34) 同右、明治十四年、陸軍省達乙第三〇号
(35) 同右、明治十八年、陸軍省達乙第五七号
(36) 前掲「陸軍省達全書」明治十九年、M19－1
(37) 小山弘健『近代日本軍事史概説』(伊藤書店、一九四四年)二二四～二二五頁
徳富猪一郎編『公爵桂太郎伝』乾、(故桂公爵記念事業会、一九一七年。原書房、一九六七年復刻)四三九～四四〇頁
(38) 前掲『秘書類纂』兵制関係資料、七六～七九頁
(39) 桂太郎「軍事行政釐革ノ議」(「桂太郎関係文書」八六―六、国立国会図書館憲政資料室蔵)
前掲『公爵桂太郎伝』乾、四三二～四三三頁
(40) 『法令全書』明治十九年、陸軍省達乙第一〇号
(41) 前掲「参謀本部歴史草案(資料)」七～八、中央－作指－他－6
(42) 『法令全書』明治二十一年、勅令第二七号、勅令第二八号
前掲「弐大日記」乾、明治二十一年五月、M21－23
(43) 陸軍省「陸達日記」明治二十一年六～十二月、M21－5(防衛研究所蔵)

三　対馬・沖縄・北海道の兵備

(1) 拙著『幕末海防史の研究』(名著出版、一九八八年)三八頁
(2) 前掲「陸軍省日誌」明治五年
外務省編『日本外交文書』第五巻(日本外交文書頒布会、一九五五年)三五五頁
(3) 前掲「陸軍省日誌」明治五年。同、明治七年
(4) 前掲「公文録」明治十八年七～九月、陸軍省、2A－10－公－3976
(5) 同右

陸軍省「大日記」明治十八年七月、M18−7（防衛研究所蔵）
歩兵第十二聯隊編『歩兵第十二聯隊史』第一号（写、防衛研究所蔵）

（6）前掲「大日記」明治十九年一月、M19−10
帝国聯隊史刊行会編刊『歩兵第十三聯隊史』（一九二三年）一六一頁
歩兵第十二旅団司令部「歩兵第十二旅団司令部歴史」（防衛研究所蔵）

（7）前掲「参謀本部歴史草案（資料）」七〜八、中央−作指−他−6

（8）同右

（9）同右

（10）陸軍省「壱大日記」明治十九年六月、M19−4（防衛研究所蔵）

（11）『中外兵談』第三号、一八八六年九月

（12）平田骨仙「露人の眼に映ずる対馬島」（『軍事界』第二四号、一九〇四年）
小島泰次郎・木下賢良訳『一島未来記』（日報社、一八八六年）には、ドイツの対馬占領企図が述べられているだけで、ロシアの対馬占領企図については述べられていない。

（13）山県有朋「南航日記」（「公文雑纂」明治十九年、2A−13−纂−9、国立公文書館蔵）。
前掲『明治天皇紀』第六、六六二頁
『東京日々新聞』明治十九年十二月一日

（14）山県有朋「復命書」（前掲「公文雑纂」明治十九年、2A−13−纂−9）

（15）「陸軍省達」明治十九年七月ヨリ、M19−4（防衛研究所蔵）

（16）『官報』第一〇四四号、明治十九年十二月二十一日、第一〇四六号、十二月二十三日

（17）対馬警備歩兵大隊「大隊歴史抜粋」（「対馬要塞司令部歴史」防衛研究所蔵）

（18）『法令全書』明治二十一年、陸達第九四号。同、明治二十二年、陸達第一七六号。同、明治二十三年、勅令第二六七号。
同、明治二十六年、勅令第九二号

（19）前掲「現代本邦築城史」第二部第二巻、対馬要塞築城史、対馬要塞堡塁砲台履歴

（20）下村富士男編『明治文化資料叢書』第四巻、外交編、「琉球処分」（風間書房、一九六二年）一九、二一頁
（21）前掲「公文録」明治七年七月、外務省、2A−9−公−1044
（22）前掲『明治文化資料叢書』第四巻、外交編、「琉球処分」八〜九頁
（23）前掲「公文録」明治七年十二月、内務省、2A−9−公−1107
同右、明治八年三月、内務省、2A−9−公−1488
（24）同右、明治八年五月、課局、2A−9−公−1373
（25）前掲『明治文化資料叢書』第四巻、外交編、「琉球処分」九九頁
（26）同右、一〇三〜一〇七頁
（27）同右、一五六〜一六一頁
（28）前掲「公文録」明治九年五月、陸軍省、2A−9−公−1755
前掲「陸軍省日誌」明治九年
（29）前掲『歩兵第十三聯隊史』一六一頁
前掲「陸軍省日誌」明治九年
（30）東恩納寛惇編『尚泰侯実録』（原書房、一九七一年復刻）三三一〜三三二頁
（31）前掲『日本外交文書』第一〇巻、一九四〜一九八頁
（32）前掲『明治文化資料叢書』第四巻、外交編、「琉球処分」二〇四〜二〇六頁
（33）陸軍省「草案」明治十二年、M12−150（防衛研究所蔵）
（34）同右
陸軍省「密事日記」明治十二年一月、M12−27（防衛研究所蔵）
（35）前掲、陸軍省「草案」明治十二年
前掲、陸軍省「密事日記」明治十二年一月
（36）前掲「参謀本部歴史草案（資料）」一〜四
前掲、陸軍省「密事日記」明治十二年一月

(37) 同右、陸軍省「密事日記」明治十二年一月
(38) 同右
(39) 前掲『明治文化資料叢書』第四巻、外交編、「琉球処分」二一九頁、二二八頁
前掲「参謀本部歴史草案（資料）」一～四
(40) 前掲『明治文化資料叢書』第四巻、外交編、「琉球処分」二二三頁
(41) 前掲「参謀本部歴史草案（資料）」一～四
帝国聯隊史刊行会編刊『歩兵第十四聯隊史』（一九二三年）一七三頁
(42) 前掲『法規分類大全』兵制門三、二〇八頁
(43) 前掲「参謀本部歴史草案（資料）」一～四
(44) 前掲『歩兵第十四聯隊史』一六一～一六二頁
(45) 帝国聯隊史刊行会編『歩兵第二十三聯隊史』（一九二三年）一三四頁
前掲「歩兵第十二旅団司令部歴史」
『官報』第一七七一号、明治二十二年五月二十八日。同、第二六七一号、明治二十五年五月二十六日。同、第三八二八号、明治二九年四月七日
(46) 前掲、山県有朋「南航日記」
(47) 前掲、山県有朋「復命書」
(48) 田代安定「八重山群島急務意見書」（『伝承文化』第七号、一九七一年十一月、成城大学民族学研究室）
(49) 前掲『伊藤博文伝』中巻、五一六頁
『東京日々新聞』明治二十年十一月九日
(50) 陸軍省「弐大日記」明治二十九年七月、M29−23（防衛研究所蔵）
陸軍省「編冊」第四・五・六・七師団、明治二十九年、M29−121（防衛研究所蔵）
(51) 上原轍三郎『北海道屯田兵制度』（北海道庁、一九一四年）一八〇～一八三頁
屯田兵司令部『屯田兵沿革史』（屯田兵司令部、一八八三年）五～七丁

(52)『法令全書』明治十五年、陸軍省達乙第二三号
(53)「陸軍省達全書」明治十六年、M16−7（防衛研究所蔵）
『官報』第一二八号、明治十六年十一月三十日
渡辺祺十郎『歩兵第五聯隊史』（一八九七年）二三頁
(54)前掲「弐大日記」乾、明治二十四年四月、M24−21
『官報』第二四四一号、明治二十四年八月十八日
(55)前掲『北海道屯田兵制度』一七一〜一七二頁
(56)「公文別録」明治十七年、農商務省、2A−1−別−3764
(57)同右
「太政官」明治十七年七〜十二月、M17−2（防衛研究所蔵）
(58)前掲「公文録」明治十七年十一月、陸軍省、2A−10−公−3764
(59)『法令全書』明治十八年、陸軍省達甲第六号
(60)栃内元吉「北海道屯田兵制度考」（『歴史と生活』第六巻第三・第四合併号、一九四三年七月、慶応義塾経済史学会）
(61)同右
(62)前掲『屯田兵沿革史』九〜一一丁
(63)永山武四郎『周遊日記』上、（屯田兵司令部、一八八九年）緒言
(64)同右
(65)「公文類聚」明治二十二年、第一三編巻一〇、兵制門一、2A−11−類−395（国立公文書館蔵）
(66)前掲『北海道屯田兵制度』一七一〜一七三頁、一八〇〜一八三頁
北海道庁編刊『新撰北海道史』第四巻、通説三、（一九三七年）第九六図
(67)前掲「公文録」明治十八年五・六月、陸軍省、2A−10−公−3775
前掲『法規分類大全』兵制門三、七七九〜七八〇頁
(68)『法令全書』明治十八年

（69）前掲「公文類聚」明治二十二年、第一三編巻一〇、兵制門一、2A−11−類−395
前掲「弐大日記」坤、明治二十二年七月、M22−32

（70）同右、明治二十三年九月、M23−37
前掲「大日記」一、明治二十三年一～六月、参謀本部、M23−77

（71）前掲『北海道屯田兵制度』二三七～二三八頁

（72）『法令全書』明治二十四年

（73）前掲「弐大日記」乾、明治二十六年十一月、M26−26

（74）同右

四　国土防衛計画の策定

（1）「国防会議関係書」、中央−重要国策文書−1337（防衛研究所蔵）

（2）同右

（3）「川村伯爵ヨリ還納書類」三、川村還書−M3−1（防衛研究所蔵）

（4）前掲「国防会議関係書」

（5）前掲「公文録」明治十八年三～四月、陸軍省、2A−10−公−3974
前掲『法規分類大全』兵制門一、九五頁

（6）（5）に同じ

（7）前掲「公文録」明治十八年、官吏進退、陸軍省、2A−10−公−4071

（8）国立公文書館、防衛研究所等の関係文書にも、国防会議議長の任命の記録は見当らない。また、『熾仁親王日記』にもこれに関する記録はない。『東京日日新聞』明治十九年十二月二十二日号に「国防会議開始、議長は有栖川宮殿下」という見出しの記事が掲載されている。国防会議は、この日に廃止され、陸海統合の参謀本部が設置された。従って、これはまったく根拠のない記事であることが明白である。

（9）垣田純郎編『日本国防論』（一八八九年）五九頁

小澤武雄「国防会議の必要を論ず」（『国会新聞』明治二十二年十二月二十日）この小澤論文は、海軍省編『軍備論集』第一～第三号合併号に転載されている。

(10) 伊藤博文関係文書研究会編『伊藤博文関係文書』一（塙書房、一九七三年）一九五頁

(11) 大沢博明「明治統合参謀本部の生成解体」（『法学雑誌』第三三巻第四号、一九八七年三月）

(12) 前掲「公文類聚」明治十九年、第一〇編巻一二、兵制門一、2A—11—類—258

前掲『法規分類大全』兵制門一、九七頁

(13) 「日本国防論」（伊藤博文編『秘書類纂』兵制関係資料、原書房、一九七〇年復刻）一〇九～一三六頁

この「日本国防論」は署名はないが、メッケルが明治二十年一月から三月頃に書いたものと判定できる。その根拠は次のとおりである。

① ドイツの例を各所に引用し、ドイツ語の訳がある。

② 野砲は日本の地形に適さないので山砲を用いるべしという、メッケルの持論が述べられている。

③ 一般兵役法施行の緊要を建白したとある。メッケルは明治十九年十二月十八日「一般ノ服役ヲ日本ニ採用スルノ必要」を建白している（前掲『秘書類纂』一〇三～一〇八頁）。

④ 近衛兵の予備・後備を全国から召集する不利を指摘している。児玉第一局長はこれを受けて、明治十九年八月十日、近衛後備隊の廃止を上申している（前掲「参謀本部歴史草案」九～十一。「参謀本部歴史草案（資料）」九～十一）。

⑤ 日本縦断鉄道を中仙道にすべしと持論を述べている。

⑥ 下関海峡、高松・丸亀、対馬の地形を自ら実見していないと述べている。メッケルは明治二十年四月に高松・丸亀、二十一年二～三月に下関海峡を巡視した。

⑦ 昨年戦時編制を確定しと述べられている。明治十九年一月、戦時編制は大幅に改正され、戦時の師団編制が確定された。

※渡辺幾治郎『基礎資料皇軍建設史』は、この「日本国防論」を佐藤鉄太郎海軍少佐の「帝国国防論」として紹介しているが、これは明らかに誤りである。松下芳男『明治軍制史論』下巻も、『基礎資料皇軍建設史』を引用して佐藤鉄太郎海軍少佐の作としている。

伊藤皓文「J・メッケル『日本国防論』について」（『新防衛論集』第二巻第四号、一九七五年三月）は、メッケルが明治

十九年十二月十八日、一般兵役法について建白した日付と署名を、「日本国防論」のものと誤認して論じている。

山中木公男「明治時代のわが国防の概念について」（『防衛大学校紀要』第二九輯、一九七四年九月）は、「注」において、メッケルが明治二十年末から二十一年初頭の間に編さんしたとしているが、これは前述したように、作成年代を誤っている。なお、この「日本国防論」の内容は、次のとおりである。

第一　主嶋即チ本州九州四国ノ防禦
第二　堡塁
第三　交通路　鉄道・街道・電信
第三〔ママ〕　軍及ビ出師準備
第四〔ママ〕　北海道ノ防禦
第五〔ママ〕　対馬ノ防禦

(14) 前掲『秘書類纂』兵制関係資料、一一〇頁
(15) 同右、一一一～一一二頁
(16) 同右、一一四～一三一頁
(17) 同右、一三〇頁
(18) 林三郎『参謀教育～メッケルと日本陸軍』（芙蓉書房、一九八三年）九四～九九頁
(19) 同右、一〇一～一〇七頁
(20) 中村覚「沼津付近参謀旅行ノ方略ヲ読ミ感アリ」（『月曜会記事』第一号、一八八八年一月）
(21) 月曜会記事付録『明治二十年十一月駿甲地方参謀旅行記事』（月曜会文庫、一八八八年）
(22) 前掲「参謀本部歴史草案（資料）」九～十一、中央－作指－他－7
陸軍省編『明治天皇御伝記史料明治軍事史』上（原書房、一九六六年）七六〇～七六一頁
(23) 同右、七六一頁
前掲「参謀本部歴史草案（資料）」九～十一、中央－作指－他－7
(24) 月曜会記事付録『明治二十一年二月九州参謀旅行記事』上陸軍之部、（月曜会文庫、一八八八年）二～四頁

(25) 同右『明治二十一年二月九州参謀旅行記事』上陸軍之部、国防軍之部
この記事の上陸軍之部は、参謀旅行本部将校として本参謀旅行に同行した歩兵大尉長岡外史が編集し、国防軍之部は砲兵大尉藤井茂太が編集した。

(26) 「鉄道改良之議」（陸軍省「条例改正其他要書」明治十八年、M18−6、防衛研究所蔵）
前掲「参謀本部歴史草案（資料）」九〜十一、中央−作指−他−7

(27) 前掲『山県有朋意見書』二三九頁

(28) 前掲『明治二十一年二月九州参謀旅行記事』国防軍之部、四〇頁

(29) 「〈作戦計画材料ノ統計簿ヲ作ル事〉他意見書」（「斉藤実文書」一〇—七、国立公文書館蔵）

(30) 日本史籍協会編『熾仁親王日記』五（東京大学出版会、一九七六年）五〇一頁

(31) 同右『熾仁親王日記』六、一六頁

(32) 同右、二五頁

(33) 同右、二九頁

(34) 陸軍省「密事簿」明治二十六〜二十七年、M26−11（防衛研究所蔵）

(35) 同右

(36) 同右

(37) 同右

(38) 前掲『熾仁親王日記』六、一九二頁

(39) 谷寿夫「日清戦役ニ於ケル我帝国開戦準備実情」（陸軍大学校、一九一七年、防衛研究所蔵陸大図書）

五　海軍の増強

(1) 「川村伯爵ヨリ還納書類」五、製艦、川村還書 M3−3（防衛研究所蔵）

(2) 同右

(3) 同右

（4）海軍大臣官房編『海軍軍備沿革』（巌南堂書店、一九七〇年復刻）五～六頁
（5）同右、付録、一一～一二頁
（6）同右、付録、八～一二頁
（7）前掲「川村伯爵ヨリ還納書類」五、製艦
（8）同右
前掲『海軍軍備沿革』九頁
「公文別録」明治十五・十六年、大蔵省、2A−1−別−21（国立公文書館蔵）
（9）前掲『海軍軍備沿革』一九頁
（10）前掲「川村伯爵ヨリ還納書類」五、製艦
（11）海軍省編『海軍制度沿革史』巻八（原書房、一九七一年）四五頁
（12）前掲『秘書編纂』兵制関係資料、二四二～二四七頁
（13）前掲『海軍軍備沿革』一四頁
（14）前掲「川村伯爵ヨリ還納書類」五、製艦
（15）前掲『海軍軍備沿革』一五～一六頁
（16）同右、一六頁
（17）同右、二四～二六頁
（18）同右、三〇～三一頁、三五頁、三六～三七頁
（19）同右、三三～三四頁
（20）同右、三八～四〇頁
（21）『法令全書』明治二十六年
（22）同右
（23）海軍大臣官房編『海軍軍備沿革付録』（巌南堂書店、一九七〇年復刻）一一～一五頁
（24）広瀬彦太編『近世帝国海軍史要』（海軍有終会、一九三八年）二一一頁

(25) 篠原宏『海軍創設史』(リブロポート、一九八六年)三三七頁
(26) 海軍省編『海軍制度沿革』巻一二(原書房復刻、一九七二年)八一二頁
(27) 維児蘭編(海軍軍務局訳)『艦隊運動規範』(海軍軍務局、一八七九年)
(28) ウィルラン編(海軍軍務局訳)『海軍兵法要略』(海軍軍務局、一八七九年)
(29) 維児蘭編(海軍軍務局訳)『艦隊運動指引』(海軍軍務局、一八八一年)
(30) 維児蘭編(海軍軍務局訳)『艦隊運動規範続篇』(海軍軍務局、一八八二年)
(31) 海軍省『海軍省日誌』第四巻(龍渓書舎復刻、一九八九年)一五五頁
(32) 海軍省「原書類纂」明治十五年二十三ノ下、M15–25(防衛研究所蔵)
(33) 海軍参謀部『大日本海軍艦隊運動程式』第二版(海軍参謀部、一八八八年)
(34) 『法令全書』明治十七年
(35) 同右、明治十八年
(36) 同右、明治二十二年
(37) 島村速雄編『海軍戦術一斑』(一八八七年)
(38) 海軍省「公文備考別輯」明治二十年、演習部、M20–17(防衛研究所蔵)
(39) 海軍省教育局『帝国海軍水雷術史』巻三(一九三三年)四頁(防衛研究所蔵)
吉松茂太郎「帝国海軍戦術研究の創始とその発展の経緯」(『有終』第一七巻第五号、一九三〇年)
中川繁丑『元帥島村速雄伝』(中川繁丑、一九三三年)一七～一八頁
(39) 『法令全書』明治二十一年
(40) 前掲『帝国海軍水雷術史』巻三、一七～二〇頁
(41) 『法令全書』明治二十一年、海軍省達第一五〇号
(42) 海軍参謀部『明治二十二年三月施行大演習記』(海軍参謀部、一八八九年)
(43) 参謀本部『陸海軍聯合大演習記事』(参謀本部、一八九〇年)
(44) 海軍軍令部『明治二十五年海軍大演習記』(海軍軍令部、一八九三年)

(45) 海軍教育本部編『帝国海軍教育史』第五巻（原書房復刻、一九八三年）五三七頁
ジョン・イングルス述（吉田直温訳）『海軍戦術講義録』（水交社、一八九二年）
(46)『法令全書』明治十七年
(47)「樺山資紀日記」五（「樺山資紀関係文書」二六八、国立公文書館蔵）
海軍省編『海軍制度沿革』巻三①、（原書房、一九七一年復刻）七六頁
(48)「西海鎮守府及艦隊屯集場ヲ設置スヘキ意見書」（前掲「樺山資紀関係文書」一八六）
なお、前掲『海軍制度沿革』巻三①、七六～七八頁に、海軍卿より大蔵卿宛明治十八年三月十七日の文書の別紙として「西海鎮守府及艦隊屯集場ヲ設置スヘキ意見書」が載っているが、これは樺山海軍大輔と仁礼軍事部長が連名で海軍卿に提出した前記の呉・佐世保等巡視時の意見書である。本来の別紙は(49)の海軍卿が太政大臣に上申した西海鎮守府設置の文書である。
(49)「西海ニ設置セラルヘキ鎮守府並造船所建築費別途御下付ノ義ニ付第三回ノ上申」（前掲「公文別録」明治十八年、陸軍省・海軍省、2A―1―別―27）
前掲『海軍制度沿革』巻三①、七六頁
(50) 前掲「公文別録」明治十八年、陸軍省・海軍省
(51)「明治十九年三月十日決議」（前掲「樺山資紀関係文書」一八四）
(52) 同右
(53)『法令全書』明治十九年
(54) 同右、明治二十二年
(55) 海軍省告示第八号（『法令全書』明治二十二年）
(56)『法令全書』明治二十三年
(57) 前掲『秘書編纂』兵制関係資料、一二～一六頁
(58) 海軍省告示第一四号（『法令全書』明治三十四年）
(59) 敷設水雷は、当時、視発水雷等の陸地から管制する水雷であったが、日清戦争を経て、非管制の機械水雷が主力を占める

ようになり、一般に機雷と略称されるようになった。また、魚形水雷も魚雷と略称されるようになった。

(60) 前掲『帝国海軍水雷術史』巻三、三七八頁。同、巻一、二～三頁
前掲『近世帝国海軍史要』三一二頁

(61) 前掲『帝国海軍教育史』第五巻、二四一頁
前掲『帝国海軍水雷術史』巻一、六頁

(62) 前掲『帝国海軍教育史』第五巻、二四二～二四四頁
前掲『帝国海軍水雷術史』巻一、六一～七三頁

(63) 前掲「公文録」明治十五年七～八月、海軍省、2A―10―公―3320

(64) 前掲『帝国海軍水雷術史』巻三、一九六頁

(65) 同右、一九六、二〇一頁

(66) 同右、巻三、九頁

(67) 同右、一九七～一九九頁

(68) 同右、二〇〇～二〇一頁

(69) 同右、二二二～二二三頁

(70) 前掲『海軍軍備沿革付録』三六頁

(71) 前掲『帝国海軍水雷術史』巻一、九～一〇頁
海軍水雷史刊行会編刊『海軍水雷史』(一九七九年) 四〇九頁

(72) 『法令全書』明治二十二年

(73) 前掲『帝国海軍水雷術史』巻三、二一五～二一六頁

(74) 前掲『海軍軍備沿革付録』三六～三八頁

(75) 梅溪昇「海軍参謀本部設置論の発生とその歴史的性格」(『日本歴史』第二五二号、一九六九年五月)

(76) 広瀬彦太「大海軍発展秘史」(『有終』第二六四号、一九三五年、海軍有終会)
広瀬彦太『大海軍発展秘史』(弘道館図書、一九四四年) 七八～八〇頁

（77）「上書建言録」2A−1−別−54（国立公文書館蔵）
（78）前掲「公文録」明治十四年三月四月、2A−10−公−3057
（79）東京大学史料編纂所編『保古飛呂比』佐々木高行日記、一〇（東京大学出版会、一九七八年）一五四頁
（80）同右、九、二七八頁、明治十三年九月二日の項
（81）同右、一〇、六八頁、明治十四年一月二十九日の項
（82）同右、一〇、一五一頁、明治十四年四月四日の項
（83）「職員録」海軍武官、明治十三年一月、2A−16−4−職−191（国立公文書館蔵）
同右、海軍文武官、明治十四年四月、2A−16−4−職−264
上法快男・外山操編『陸海軍将官人事総覧』海軍篇
以上に拠る。
（84）大山梓編『山県有朋意見書』（原書房、一九六六年）一〇〇〜一〇二頁
（85）前掲『保古飛呂比』佐々木高行日記、一〇、一五一頁
（86）前掲『大海軍発展秘史』二七〜二八頁
（87）前掲『海軍制度沿革』巻二、九一一、九二七頁
（88）「戦時大本営沿革史」（「大本営編制及勤務令に関する綴」二分冊の一、中央−戦争指導−1199、防衛研究所蔵）
（89）同右

六　国土防衛基盤の整備

（1）大蔵省編「工部省沿革報告」（大内兵衛・土屋喬雄編『明治前期財政経済史料集成』第一七巻、原書房、一九七九年復刻）一四九頁
（2）同右、一八〇〜一八一頁
（3）同右、一八八〜一八九頁
（4）日本国有鉄道総裁室修史課編『工部省記録』鉄道之部第一冊（日本国有鉄道、一九六二年）四〇二〜四〇五頁

（5）「公文別録」明治十五・十六年、太政官、2A－1－別－6（国立公文書館蔵）
（6）同右
（7）前掲『工部省記録』鉄道之部第七冊、五三九頁
（8）前掲「工部省沿革報告」
鉄道省編『日本鉄道史』上篇（鉄道省、一九二一年。清文堂出版、一九七二年復刻）などに拠る。
（9）前掲『日本鉄道史』上篇、五〇一～五〇二頁
（10）同右、五〇三～五〇四頁
（11）同右、四九二頁
「公文類聚」第一〇編巻三四、運輸門四、2A－11－類－280
『法令全書』明治十九年
（12）前掲『日本鉄道史』上篇、四九七頁
（13）前掲「参謀本部歴史草案（資料）」九～十一、中央－作指－他－7
陸軍省「条例改正其他要書」明治十八年、M18－66（防衛研究所蔵）
（14）同右
（15）前掲『日本鉄道史』上篇、六四九頁、六五一頁
（16）同右、六五一～六五八頁
（17）前掲「条例改正其他要書」明治十八年、M18－66
（18）同右
前掲「参謀本部歴史草案（資料）」九～十一、中央－作指－他－7
（19）前掲「条例改正其他要書」明治十八年、M18－66
（20）参謀本部陸軍部編『鉄道論』（参謀本部陸軍部、一八八八年）一～三頁
（21）同右、一一九頁
（22）前掲『日本鉄道史』下篇、鉄道年表

逓信大臣官房編『逓信史要』（逓信大臣官房、一八九八年）二五五頁
（23）前掲『日本鉄道史』上篇、九一六～九三九頁
（24）『法令全書』明治二十五年
（25）前掲『日本鉄道史』上篇、九六五～九六六頁
（26）同右、下篇、鉄道年表及び鉄道線路図
（27）『法令全書』明治六年
（28）同右、明治九年
（29）同右、明治十八年
（30）同右
（31）同右、明治二十年
（32）同右、明治十九年
（33）前掲「参謀本部歴史草案（資料）」十二～十四、中央－作指－他－8
（34）同右
（35）同右
（36）同右
（37）同右、十五～十七、中央－作指－他－9
（38）前掲「工部省沿革報告」二一三頁
（39）同右、二一三～二一四頁
（40）同右、二一三～二一五頁
（41）同右、二一四～二一五頁、二一七～二一八頁
（42）同右、二二〇頁
（43）同右、二一九～二四五頁
（44）同右、二四二頁

(45) 前掲『逓信史要』一九二頁
(46) 逓信省編『逓信事業史』第三巻（逓信協会、一九四〇年）四三四～四三五頁
(47) 陸地測量部編『陸地測量部沿革誌』（陸地測量部、一九二二年）三～四頁
(48) 同右、三六頁
(49) 『法令全書』明治六年、明治七年、明治十一年
(50) 前掲「参謀本部歴史草案」一～三、中央－作指－他－1
(51) 同右
(52) 同右
(53) 前掲『陸地測量部沿革誌』二二頁
(54) 同右「基本測図進程一覧図」
(55) 『法令全書』明治十七年
(56) 同右
(57) 前掲『陸地測量部沿革誌』一〇三頁
(58) 同右「基本測図進程一覧図」
(59) 海上保安庁水路部編『日本水路史』（日本水路協会、一九七一年）一二頁
藤田定市「海図発達史」（『水交社記事』第七第四号、一九一〇年十二月）
(60) 前掲『日本水路史』一三頁、七三頁
(61) 同右、一四頁
(62) 前掲「海図発達史」
(63) 『法令全書』明治五年、明治九年、明治十九年
(64) 前掲『日本水路史』三八～三九頁
(65) 同右、四二頁、一〇一頁、一〇五頁、一一二頁

第三章　日清戦争時の国土防衛

一　陸海軍の防備

(一)　陸軍守備部隊の配置

朝鮮の独立をめぐる日本と清国の対立は、遂に日清両国の戦争に発展した。明治二十七年六月二日、朝鮮国への出兵が閣議決定されて裁可されるや、六月五日大本営が設置され、同日第五師団の一部が動員された。続いて六月十二日第五師団の残部も動員され、同月二十八日に東京湾・紀淡海峡・呉軍港・下関海峡・佐世保軍港・長崎港の防禦計

表三―一―一　師団の動員・出征状況及び後備軍動員状況

年	月	動員	出征	後備軍動員
明治二十七年	六月	（五日）五Ｄ一部、（十二日）五Ｄ残部	五Ｄの一部	
	七月	（二十一日）対馬警備隊、（二十四日）六Ｄ （二十四日）要塞砲兵第一聯隊		（二十三日）五Ｄ （二十四日）六Ｄ
	八月	（四日）三Ｄ、（三十日）一Ｄ		（四日）三Ｄ、（三十日）一Ｄ
	九月	（二十五日）二Ｄ、ＧＤ	三Ｄ・五Ｄの残部	
	十月		一Ｄ・二Ｄ・六Ｄの二分の一	（六日）二Ｄ
	十一月	（二十六日）四Ｄ		
	十二月		六Ｄの残部	
二十八年	一月			（二十八日）四Ｄ
	三月	（四日）屯田兵		
	四月		ＧＤ・四Ｄ	

Ｄ＝師団　ＧＤ＝近衛師団

画及び部隊の派遣準備が各師団長に下令された。[1] 翌月三日、対馬浅海湾の臨時防御工事が下令され、同月十九日、呉・佐世保・長崎の臨時防御工事が下令されるなど、日清開戦に備え本土の防御準備が進められていったのである。[2]

当時既に要塞砲台が建設されていた東京湾要塞と下関要塞には、七月二十四日要塞戦備が下令され、それぞれ戦闘準備に着手した。[3]

八月一日、遂に宣戦布告、日清両国は戦争に突入した。開戦時の陸軍兵力は、第二章で述べたように、六個師団と屯田兵四個大隊及び要塞砲兵一個聯隊と一個大隊であった。各師団は、表三—一—一のように次々と動員され出征していった。[4]

このような各師団の動員出征に対し、本土の守備は、要塞部隊と後備部隊が担当することになったのである。もっとも、本土の沿岸の守備は、要塞部隊と後備部隊が担当することは、当時の作戦計画によって計画されていたのである。開戦前の明治二十七年一月の守備隊配置計画は、表三—一—二及び図三—一—一のとおりである。[5]

この守備隊配置計画は、第二章の四の(三)で述べた作戦計画要領に基づき作成されたものと判断される。当時の作戦計画は、守備隊を沿岸の要地に配置し、各師団を敵の上陸地付近に集中して、上陸部隊を撃破するというものであった。

日清戦争においては、各師団が朝鮮半島及び遼東半島に出兵し、本土は計画どおり、要塞部隊と後備部隊が召集されて、それぞれの守備に就いたのである。

明治二十七年九月における、守備部隊の配備は、表三—一—三のとおりである。[6]

この表で分かるように、実際に守備に就いたのは、配備計画（表三—一—二）で示された第一師管の東京湾・東京の守備部隊、第三師管の名古屋・伊良湖・知多半島・鳥羽・山田・長島・敦賀・金沢の守備部隊、第五師管の全守備部隊、第六師管の歩兵第一四聯隊を除く全守備部隊であった。

第一師管の沼津・清水・小田原・大磯・勝浦・銚子・湊の守備部隊、第二師管の全守備部隊、第三師管の伏木・七尾の守備部隊、第四師管の大阪守備の要塞砲兵を除く全守備部隊は、全般情勢上守備に就かなかった。

本土守備部隊は、以上のように配備に就いたのであるが、九月十七日の黄海海戦において、聯合艦隊が清国艦隊を

表三―一―二　守備隊配置計画（明治二十七年度）

	位置	兵力	原隊	所属師団
第一師管	東京湾防御	歩兵三大隊	後備歩兵第一聯隊 後備歩兵第一大隊	第一師団
		歩兵二大隊	後備歩兵第三聯隊	第二師団
		歩兵二大隊	後備歩兵第五聯隊	第三師団
		騎兵一小隊	後備騎兵中隊	第一師団
		工兵二中隊　一中隊半	後備工兵中隊	
		半中隊	後備工兵中隊	第三師団
		要塞砲兵一聯隊	要塞砲兵第一聯隊	第一師団
		守備砲兵隊		
	沼津	歩兵二中隊	後備歩兵第二聯隊第一大隊	
		騎兵一分隊	後備騎兵中隊	
		工兵二分隊	後備工兵中隊	
	清水	歩兵一中隊	後備歩兵第二聯隊第一大隊	
		騎兵三騎	後備騎兵中隊	
	小田原	歩兵一中隊（三小隊）	後備歩兵第二聯隊第一大隊	
		騎兵三騎	後備騎兵中隊	
	大磯	歩兵一小隊	後備歩兵第二聯隊第一大隊	
	勝浦	歩兵二小隊	後備歩兵第二聯隊第二大隊	
	銚子	歩兵一小隊	同右	
	湊	歩兵一小隊	同右	

	東京	歩兵三中隊	同右	
	東京	騎兵二分隊	後備騎兵中隊	
	東京	工兵一小隊半	後備工兵中隊	
第二師管	野辺地	歩兵一中隊	後備歩兵第七大隊	第二師団
	青森	歩兵一大隊（二中隊）	同右	
	浜須賀	歩兵一中隊	同右	
	女川	歩兵二中隊	後備歩兵第四聯隊第一大隊	
	石巻	歩兵一大隊（二中隊）	同右	
	松島	歩兵一大隊（二中隊）	後備歩兵第四聯隊第二大隊	
	塩釜	歩兵一中隊	同右	
	阿武隈川口	歩兵一小隊	同右	
	仙台	歩兵一大隊	後備歩兵第五大隊	
	仙台	歩兵二小隊	後備歩兵第四聯隊	
第三師管	名古屋・伊良湖 今切・知多半島	歩兵一大隊	後備歩兵第一〇大隊	第三師団
	名古屋	歩兵一聯隊	後備歩兵第六聯隊	
	名古屋	騎兵一小隊	後備騎兵中隊	
	名古屋	工兵半中隊	後備工兵中隊	
	鳥羽・山田・長島	歩兵二中隊	後備歩兵第九大隊	
	敦賀	歩兵三中隊	後備歩兵第一一大隊	
	金沢	歩兵一中隊	後備歩兵第一二大隊	
	伏木	歩兵一中隊	同右	
	七尾	歩兵一中隊	同右	

	位置	兵力	原隊	所属師団
第四師管	姫路・岡山 室津・米子	歩兵一大隊	後備歩兵第八聯隊第一大隊	第四師団
	神戸・明石	歩兵一大隊	後備歩兵第八聯隊第二大隊	
	大阪 布屋新田 天保山 北島新田	歩兵一大隊	後備歩兵第七聯隊第一大隊	
		歩兵二中隊	後備歩兵第一五大隊	
		工兵一中隊	後備工兵中隊	
		要塞砲兵七一名	要塞砲兵第一聯隊	第一師団
		野砲兵一二六名		第四師団
		後備歩一九七名		
	和歌山・大崎 由良・田辺	歩兵一大隊	後備歩兵第七聯隊第二大隊	
	紀淡要塞 深山 友島 由良	歩兵一大隊	後備歩兵第一三大隊	
	舞鶴・宮津・小浜	歩兵二中隊	後備歩兵第一五大隊	
第五師管	呉要塞	歩兵一大隊半	後備歩兵第九聯隊	第五師団
		騎兵一分隊	後備騎兵中隊	
	丸亀	歩兵一中隊	後備歩兵第二〇大隊	
	松山	歩兵二中隊	同右	
	広島	歩兵一大隊	後備歩兵第一七大隊	
		歩兵一大隊	後備歩兵第一八大隊	

師管	地名	部隊	後備部隊	師団
第六師管	広島	歩兵一中隊	後備歩兵第九聯隊	第五師団
		騎兵一小隊	後備騎兵中隊	
	下関要塞	歩兵一聯隊	野戦歩兵第一四聯隊	第六師団
		要塞砲兵一大隊	要塞砲兵第四聯隊	
		歩兵一聯隊	後備歩兵第一二聯隊	
		騎兵一小隊（二分隊）	後備騎兵中隊	
		工兵一中隊	後備工兵中隊	
		臨時守備砲兵隊		
		歩兵三大隊	後備歩兵第一〇聯隊 後備歩兵第一九大隊 後備歩兵第九聯隊の一中隊	第五師団
		工兵一中隊	後備工兵中隊	
		騎兵三分隊	後備騎兵中隊	
	佐世保	歩兵一聯隊	後備歩兵第一一聯隊	第六師団
		騎兵一分隊	後備騎兵中隊	
	長崎	歩兵一大隊	後備歩兵第二一大隊	
		騎兵一分隊	後備騎兵中隊	
		臨時守備砲兵隊		
	小倉	歩兵一大隊（三中隊）	後備歩兵第二三大隊	
	鹿児島	歩兵一中隊	同右	
	熊本	騎兵一小隊	後備騎兵中隊	

図三―――― 守備隊配備計画（明治二十七年）

表三—一—三　日清戦争時の本土守備部隊（明治二十七年九月）

指揮	守備地		編成	守備部隊	備考
第一師団長	東京		第一師団	後備歩兵第二聯隊 後備騎兵一小隊 後備工兵半中隊	九月十一日東京へ
	東京湾口	浦賀		後備歩兵第一聯隊	
		大津		後備歩兵第一大隊 後備騎兵一小隊	
		鴨居		後備工兵一中隊半	
		各砲台		臨時守備砲兵隊 要塞砲兵第一聯隊	
		横須賀 富津	第三師団	後備歩兵第五聯隊	
		鴨居		後備工兵半中隊	
留守第三師団長	名古屋			後備歩第一〇大隊（一中隊欠）	
	武豊・中須 新居・伊良湖崎			後備歩第一〇大隊第二中隊	
	敦賀			後備歩兵第一一大隊	
	金沢			後備歩兵第一二大隊	

師団長	地	師団	部隊	備考
留守第三師団長	鳥羽・山田・長島	第三師団	後備歩兵第九大隊	一中隊は大廟守護
			後備歩兵第六聯隊第一大隊	敦賀発九月二十日広島着
			後備歩兵第六聯隊（一大隊欠）	九月十七日宇品発仁川へ
			後備騎兵一小隊	九月十八日宇品発仁川へ
留守第五師団長	広島	第五師団	後備歩兵第九聯隊の一中隊	
			後備歩兵第一七大隊	
			後備歩兵第一八大隊	
			後備騎兵一小隊	
	呉		後備歩兵第九聯隊（二中隊欠）	
			後備騎兵一分隊	
	丸亀		後備歩兵第二〇大隊の一中隊	
	松山		後備歩第二〇大隊（一中隊欠）	
第六師団長	下関		後備歩兵第一〇聯隊	
			後備歩兵第一九大隊	
			後備歩兵第九聯隊の一中隊	
			後備騎兵一小隊	
			後備工兵一中隊	
		第六師団	臨時守備砲兵隊	
			要塞砲兵第四聯隊第一大隊	
			後備歩兵第一二聯隊	
			後備騎兵一小隊	
			後備工兵一中隊	九月十七日馬関発仁川へ

第六師団長	第六師団	
佐世保	後備歩兵第一一聯隊 後備騎兵一分隊	
長崎	後備歩兵第二一大隊 後備騎兵一分隊 臨時守備砲兵隊	
小倉	後備歩第二三大隊（一中隊欠）	
鹿児島	後備歩第二三大隊の一中隊	
熊本	後備騎兵一小隊	
対馬	対馬警備隊	
沖縄	沖縄分遣中隊	

撃破したため、大本営は、九月二十一日、次のような命令を発し、守備部隊の一部整理集結を命じた。(7)

○参命第一〇六号　訓令

海戦ノ結果ニ依リ、目下一般ノ戦況ヲ判断スルニ、後来我海岸ニ敵ノ来襲ヲ受クベキ公算大ニ減シタリ。顧ミテ目下海岸守備ニ任スル後備諸隊及守備砲兵隊ノ軍紀ヲ維持シ、給養ヲ便ニシ及訓練ヲ完全ナラシメン事ヲ慮レハ、成ルベク之ヲ集団シ置クヲ利アリトス。貴官ハ此主旨ニ従ヒ、命ニ依リ配置セルモノト、師管内防禦ノ為メ自ラ配置セルモノトヲ問ハス、地点ヲ撰ンデ仮リニ之ヲ集屯セシメ、其位置ヲ報告スベシ。但シ軍港ニ関係アルモノハ、鎮守府司令長官ニ協議ノ上決行スベシ。

この命令により、浦賀・富津・武豊・中須・新井・伊良湖崎・鳥羽・長島・鹿児島などに配置されていた部隊は、

表三―一―四　陸軍の守備状況

主要守備地区	守備部隊	砲台火砲等
東京湾	後備歩兵三個聯隊 後備歩兵一個大隊 要塞砲兵一個聯隊 臨時守備砲兵隊	二七K×六　二八H×五二 二四K×二二　二四M×一〇 一九M×一　他×二 一五K×一 一二K×一〇 計　一二四 砲台一七個所
大阪湾	臨時大阪守備砲兵隊	二八H×八　野砲×四 砲台一個所
呉軍港 広島湾	後備歩兵一個聯隊	臨時砲台・堡塁等
下関海峡	後備歩兵二個聯隊 後備歩兵一個大隊 臨時下関守備砲兵隊	二四K×一〇　二八H×三八 一二K×一六　二四M×二四 一五M×八　計　九六門 砲台一一個所
佐世保軍港 長崎港	後備歩兵一個聯隊 後備歩兵一個大隊 臨時長崎守備砲兵隊	臨時砲台・堡塁等 一七個所
対　馬	対馬警備隊	一二K×八　二八H×八 砲台四個所

K：加農砲　H：榴弾砲　M：臼砲

撤収し指定地に集結したのである。[8]
全国的な陸軍の守備状況を要約すると、表三―一―四のとおりである。[9]
この守備状況を見ると、東京湾の守備が最も重視され、次いで下関海峡が重視されていたことが分かるのである。
各地区の細部については後述する。

(二) 海軍の防備

海軍は、開戦直前の明治二十七年六月三十日、海岸望楼条例（勅令第七七号）を制定し、全国海岸の要所に海岸望楼を設置し、陸上と艦船との信号及び海上見張り・気象観測などを担当させることにした。この海岸望楼は、明治三十三年五月、海軍望楼と改称されるが、戦時のみではなく平時にも常設されるものであった。
海軍は開戦直後の八月四日、海軍省告示第九号により、表三―一―五及び図三―一―二のように海岸望楼を設置して沿岸監視体勢をとったのである。[10]
これらの海岸望楼は、望楼長と望楼手二人からなり、鎮守府の望楼監督官の監督下に置かれ、望楼監督官は、鎮守府参謀長の指揮を受けたのである。

日清開戦に備え、海軍は七月十三日、新たに警備艦隊を編成し、同月十九日これを西海艦隊と改称するとともに、常備艦隊と西海艦隊をもって聯合艦隊を編成し、朝鮮西岸を制するため同艦隊の佐世保出港を命じた。[11] 聯合艦隊は、二十三日佐世保を出港し、その任務に就いたのである。

表三―一―五　日清戦争中の海軍望楼

所管	望楼名	所在地	開始年月日
横須賀	布良	千葉県房総半島南岸	明治二十七年八月五日
	観音崎	神奈川県三浦半島	同　年八月十日
	剣崎	神奈川県三浦半島	同　年八月十日
	長津呂	伊豆半島南岸	同　年八月五日
呉	潮岬	和歌山県南端	同　年八月二十日
	日御崎	和歌山県西端	同　年八月二十日
	鶴見崎	大分県東端鶴見崎	同　年八月十五日
	角島	山口県湯谷湾口	同　年八月十五日
佐世保	韓崎	対馬北端	同　年八月十日
	神崎	対馬南端	同　年八月九日
	壱岐崎	壱岐島南端海豚鼻	同　年八月五日
	志自岐	平戸島南端	同　年八月四日
	大瀬崎	五島福江島西端	同　年八月八日
	野母崎	長崎県南端野母崎	同　年八月四日
	佐多岬	鹿児島県大隅半島	同　年八月十四日

一方、各鎮守府司令長官は、海軍大臣の命を受け所管の軍港などの防備に着手した。軍港などの防備手段は、水雷（機雷）の敷設、水雷艇の配備、砲台の建設、警備艦及び浮砲台の配置、湾口閉塞などであるが、これらのうち最も重視されたのは水雷の敷設であった。

図三—一—二　日清戦争中の海軍望楼

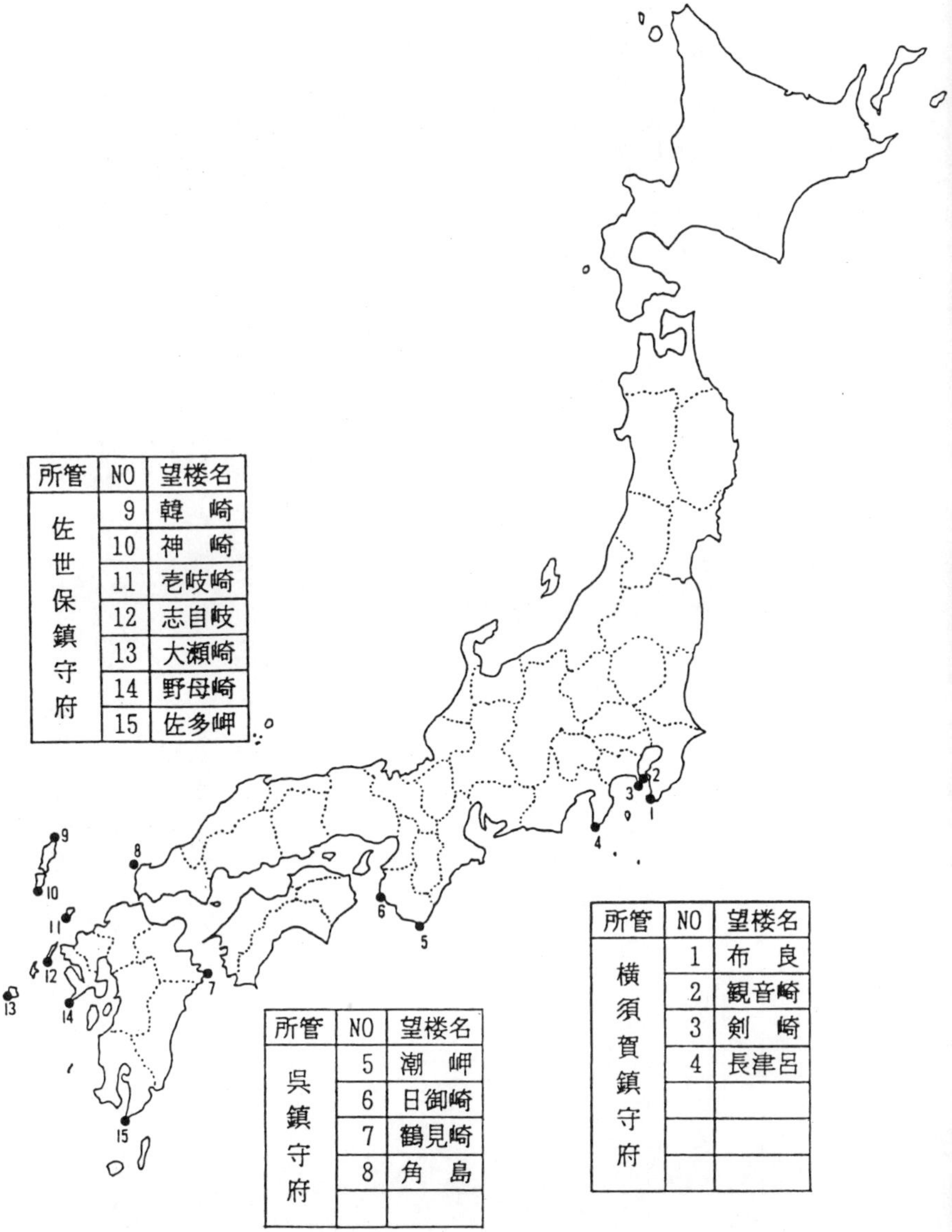

所管	NO	望楼名
横須賀鎮守府	1	布　良
	2	観音崎
	3	剣　崎
	4	長津呂

所管	NO	望楼名
呉鎮守府	5	潮　岬
	6	日御崎
	7	鶴見崎
	8	角　島

所管	NO	望楼名
佐世保鎮守府	9	韓　崎
	10	神　崎
	11	壱岐崎
	12	志自岐
	13	大瀬崎
	14	野母崎
	15	佐多岬

水雷の敷設は、水雷隊敷設部が実施するものであったが、当時、水雷隊敷設部は、横須賀軍港・佐世保軍港・竹敷港に設置されていただけで、呉軍港には未だ設置されていなかったので、開戦前の明治二十七年六月十六日、急遽呉水雷隊敷設部が設置された(12)。

各水雷隊敷設部は、命により水雷の装填に着手し、開戦に伴いそれぞれ水雷の敷設を実施した。各鎮守府海兵団は、これらの水雷に連携して臨時海軍砲台を設置し、中小口径砲を据えたのである。

開戦とともに各鎮守府は、水雷の敷設の他、水雷艇の配備、海軍臨時砲台の建設、湾口閉塞などを実施した。これら防備実施の状況は、表三―一―六のとおりである(13)。

各軍港などの防備状況の細部は、次項において述べる。

表三―一―六　海軍による軍港などの防備状況

		横須賀鎮守府		呉鎮守府	佐世保鎮守府		
		横須賀	東京湾口	呉	佐世保	長崎港	竹敷港
敷設水雷	装填着手	二十七・六・十三	二十七・七・十五	二十七・六・十三	二十七・六・十	二十七・六・二十六	二十七・六・十
	沈置着手	二十七・八・四	二十七・八・二十三	二十七・八・二十三	二十七・七・二十五	二十七・八・二十二	二十七・七・二十四
	沈置完了	二十七・八・三十	二十七・十・三	二十七・九・二十一	二十七・七・二十八	二十七・八・二十五	二十七・八・八
	敷設数	一八四個	二〇三個	二二二個	五六個	六七個	一二七個
海軍砲台備砲		三三門	四門	二六門	四四門	三門	一一門
水雷艇		―	七隻	二隻	七隻	―	四隻
警備艦		―	筑波	館山	―	鳳翔	―
浮砲台		龍驤	―	―	満珠	―	―

二　要地の防備

(一) 東京湾の防備

開戦直前の明治二十七年七月二十四日、臨時東京湾守備隊司令部及び要塞砲兵第一聯隊の動員が令せられるとともに、東京湾要塞の戦備が下令され、臨時東京湾守備隊司令官に要塞砲兵監陸軍少将牧野毅、同参謀に砲兵大尉山口勝が任命され、同守備隊の編成が、次ように定められた(1)。

・守備隊司令部
・後備歩兵三個聯隊と一個大隊（後備歩兵第一・第二・第五聯隊、同第一大隊）
・後備騎兵一小隊
・要塞砲兵第一聯隊
・後備工兵二中隊
・東京湾守備砲兵隊

要塞砲兵は各砲台の配置に就き、八月三日、応急の射撃準備を完了し、十月に防禦工事を完了した。当時の砲台の

状況は、表三―二―一のとおりである。(2)

後備歩兵部隊は、まず八月十七日に後備歩兵第五聯隊（第三師団）が到着し、同聯隊は、第一大隊と第二大隊の一中隊（第八中隊）を横須賀に、第二大隊（二中隊欠）を富津に、第二大隊の一中隊（第七中隊）を浦賀に配備した。続いて九月十六～十七日に後備歩兵第一聯隊が到着して、浦賀の配備に就き、同月十八日に後備歩兵第一大隊が到着して大津の配備に就いた。(3)

黄海海戦の勝利の結果、前述の大本営命令により、後備歩兵第一聯隊と後備歩兵第一大隊は東京に集結することになり、十月一日東京に帰還した。また、後備歩兵第五聯隊も、十一月七日第三師団に復帰し、代って東京に帰還していた後備歩兵第一大隊が再び大津（横須賀市）に配置された。(4)

後備歩兵第二聯隊は、計画では第一大隊が沼津・小田原・清水の配備に、第二大隊が勝浦・銚子・湊の配備に就く予定であったが、終始東京に集結待機したままであった。(5)

一方、海軍は横須賀鎮守府が、東京湾口・横須賀軍港の防備を担当し、開戦前の六月十三日から水雷の敷設準備に着手し、開戦直後の八月四日に敷設を開始した。横須賀軍港方面は、八月三十日に敷設を完了し、東京湾口は、十月三日に敷設を完了した。その敷設状況は、表三―二―二のとおりである。(6)

これらの水雷に連携して、表三―二―三のような海軍砲台を臨時に設置し、それぞれ中・小口径砲を据えたのである。(7)

表三―二―一　日清戦争時の東京湾要塞砲台

砲台	備砲 加農砲	備砲 榴弾砲	備砲 臼砲	備考
夏島			二四M×六	
笹山	二四K×四			
箱崎低	二四K×二			
箱崎高		二八H×八		
波島	二四K×二			
米ケ浜	二四K×二	二八H×六		
猿島	二四K×四 二七K×二			
第一海堡	一二K×四 一九K×一	二八H×一四		
第二海堡	一五K×一 一二K×二	三〇〇斤×一 六〇斤×二		砲台建築中
富津元州	一二K×四	二八H×六		
走水低	二七K×四			
花立台		二八H×八		二門：十月完備
観音崎第一	二四K×二			
観音崎第二	二四K×六			
観音崎第三		二八H×四		
観音崎第四			二四M×四	
千代ケ崎		二八H×四		十一月完備

合計　二七K×六、二四K×二三、一九K×一一、一五K×一、一二K×一〇
二八H×五〇、二四M×一〇、他三

総計　一〇三門

表三―二―二　東京湾口・横須賀軍港水雷敷設状況

敷設方面		水雷の種類	員数	計
東京湾口	第三海堡～旗山崎	触発水雷	九八	二〇三
	第二海堡～第三海堡	触発水雷	一〇五	
横須賀軍港	横須賀港外	浮標水雷	三九	一八四
		触発水雷	一八	
		機械水雷	一四	
	長浦港外	海底水雷	一九	
		浮標水雷	一四	
		触発水雷	一七	
		機械水雷	一九	
	走水～猿島	浮標水雷	二八	
	勝力～猿島	触発水雷	一六	

表三―二―三　東京湾口・横須賀軍港の海軍砲台

守備海面	砲台位置	砲数
東京湾口	第二海堡	四
横須賀軍港	追手浜	七
	黒岩崎	二
	放波島	二
	波島	四
大津湾北西	泊浦	三
	楠ケ浦	二
	白浜	一一
	米ケ浜	三
合計		三七

また、横須賀水雷隊攻撃部には、開戦時の八月一日現在で、次の七隻の水雷艇が配置され、これらの水雷艇は、房総半島南端の布良と伊豆半島南端の長津呂を結ぶ線以内の警備の任に就いたのである。(8)

・第一水雷艇　　水雷発射管　一門
・第二水雷艇　　水雷発射管　一門
・第三水雷艇　　水雷発射管　一門
・第四水雷艇　　水雷発射管　一門
・第一五水雷艇　水雷発射管　二門
・第二〇水雷艇　水雷発射管　二門
・第二震天水雷艇　水雷発射管　一門

さらに、横須賀軍港入口には、軍艦「龍驤」を繋留し、浮砲台とした。

以上の防備を図示すると、付図―一のとおりである。

(二) 大阪湾の防備

大阪湾入口の紀淡海峡地区の砲台（後の由良要塞）は、その半数近くがほぼ完成していたが、備砲工事が間に合わず、砲台として使用できない状態であった。従って、大阪湾防備のため、湾内の天保山旧砲台跡・布屋新田・北島新田に臨時砲台を築き、守備砲兵を配備することになり、開戦直後の八月五日、臨時大阪守備砲兵隊の編制が制定され、八月九日、大阪湾臨時防御工事の着手命令が下った[9]。

臨時大阪守備砲兵隊の編制は、表三―二―四のとおりである。

表三―二―四　臨時大阪守備砲兵隊の編制

砲台名	備砲			人員				
	二八榴	野砲	山砲	将校	下士	兵卒	他	計
天保山	八	四	―	四	二二	一八六	六	二一八
布屋新田	四	―	四	二	一二	一〇四	三	一二一
北島新田	四	四	―	二	一二	一〇四	三	一二一
計	一六	八	四	八	四六	三九四	一二	四六〇

天保山砲台は、明治二十七年十二月二十四日、砲台工事と備砲が完了した[10]。その他の砲台については、史料が無く不明であるが、当時の情勢から判断して、恐らく工事は完成しなかったものと考えられる（付図―二参照）。

(三)　呉軍港・広島湾の防備

呉は、前項で述べたように、佐世保・長崎とともに開戦前の七月十九日、臨時防御工事着手の命が下り、防御工事を実施することになった。呉軍港の防備担当の陸軍部隊は、後備歩兵第九聯隊と計画されており、同聯隊（二個中隊欠）は、八月六日呉に到着し、呉鎮守府司令長官の指揮下に入り、表三—二—五のような配備に就いた。[11]

表三—二—五　呉軍港陸軍部隊防備配置

部隊				配置	守備区域
後備歩兵第九聯隊	第一大隊	第一中隊		警固屋村鍋	呉背後右翼
		第二中隊		和庄町	予備隊
		第三中隊			
		第四中隊		庄山田村	呉背後左翼
	第二大隊	第五中隊	第一小隊	大那沙美島	那沙美瀬戸
			第二小隊	宮島	
			第三小隊	宮島	大野瀬戸
		第六中隊	第一小隊	能美島	那沙美瀬戸
			第二小隊	東能美島	早瀬瀬戸
			第三小隊		

これらの陸上部隊は、それぞれ臨時堡塁・交通路などの築城工事を実施し守備を固めたのである（付図—三参照）。

呉鎮守府で急遽編成された呉水雷隊敷設部は、開戦前の六月十三日、水雷の敷設準備に着手し、八月二十三日に敷設を開始して、九月二十一日に敷設を完了した。水雷敷設の状況は、表三—二—六のとおりである。[12]

表三―二―六　呉軍港水雷敷設状況

敷設方面		水雷の種類	員数	計
呉軍港	能美島～大那沙美島	浮標水雷	二六	二二二
		触発水雷	二〇	
		機械水雷	一八	
	那沙美島～宮島	触発水雷	一五八	

表三―二―七　呉軍港の海軍砲台

守備海面	砲台位置	砲数
宮島瀬戸	宮島鷹ノ巣	六
	大那沙美島	三
那沙美瀬戸	大那沙美島	六
	西能美神称鼻	五
早瀬瀬戸	東能美島	二
隠戸瀬戸	警固屋	二
大野瀬戸	宮島西部	二
合計		二六

さらに海軍自体で表三―二―七のように臨時砲台を設置した。(13)

また、呉水雷隊攻撃部には、八月一日現在で、次の二隻の水雷艇が配置され、各水雷艇は、広島湾内の警備に任じた。(14)

・第一六水雷艇　水雷発射管　二門
・第一七水雷艇　水雷発射管　二門

さらに、警備艦「館山」を配置し、呉軍港の警備に充当した。(15)

以上の防備を図示すると、付図―三のとおりである。

(四)　下関海峡の防備

明治二十七年七月二十四日、下関要塞の戦備が下令され、同日、臨時下関守備隊司令部及び臨時下関守備砲兵隊の編制が定められた。(16) 臨時下関守備隊司令官には、砲兵大佐黒瀬義門が任命された。同隊の編成は次のとおりである。(17)

・臨時下関守備隊司令部
・後備歩兵第一〇聯隊
・後備歩兵第一九大隊（三個中隊編成）
・後備歩兵第九聯隊第七中隊
・後備歩兵第一二聯隊
・第五師団後備騎兵一小隊

表三—二—八　日清戦争時の下関要塞砲台

砲台	備砲 加農砲	備砲 榴弾砲	備砲 臼砲	備考
火ノ山　第一		二八H×四		
火ノ山　第二		二八H×四		
火ノ山　第三	二四K×八			
火ノ山　第四	一二K×四	二八H×四	一五M×四	
戦場ケ野	一二K×八		一五M×四	
金比羅山	一二K×四	二八H×八		
老ノ山		二八H×一〇		
古城山			二四M×一二	
笹尾山		二八H×一〇		
田向山			二四M×一二	

合計　二四K×八、一二K×一六
二八H×三八
二四M×二四、一五M×八　総計　九四門

・第六師団後備騎兵中隊の一小隊
・要塞砲兵第四聯隊第一大隊
・臨時下関守備砲兵隊

・第五師団後備工兵中隊
・第六師団後備工兵中隊
要塞砲兵は、既に完成している砲台の配置に就き、要塞の戦闘準備を進めていった。当時の砲台の状況は、表三―二―八のとおりである。[18]
以上の防備を図示すると、付図―四のとおりである。

(五) 佐世保軍港・長崎港の防備

佐世保及び長崎は、前項で述べたように、呉とともに開戦前の七月十九日、臨時防禦工事着手の命が下り、それぞれ防禦工事を実施することになった。続いて七月二十四日第六師団の後備軍召集が下令されるとともに、臨時長崎守備砲兵隊の編制が定められた。[19]
召集された後備歩兵第一一聯隊（聯隊長歩兵中佐古川氏清）は、七月三十日編成完結するとともに、佐世保鎮守府司令長官の指揮下に入った。同聯隊は表三―二―九のような守備に就き、それぞれ臨時堡塁などを構築した。[20]
各堡塁団の構築した臨時堡塁などは、表三―二―一〇のとおりである。[21]
一方、長崎港は、後備歩兵第二一大隊と臨時長崎守備砲兵隊が守備することになり、これらの部隊は、後備歩兵第二一大隊長高橋種生歩兵少佐の指揮下で、次の堡塁などを構築し、長崎港を守備したのである。[22]
・長崎港入口　神ノ島
・　同　　　蔭ノ尾

表三―二―九　陸軍部隊の佐世保軍港守備

編成	守備区域	守備部隊
		後備歩兵一一聯隊
第一堡塁団	佐世保北方	第一中隊
第二堡塁団	佐世保西南方	第二中隊
第三堡塁団	軍港入口北側	第五中隊
第四堡塁団	軍港入口南側	第六中隊
予備		第一大隊（二個中隊欠） 第二大隊（二個中隊欠）

表三―二―一〇　陸軍の臨時堡塁など

	堡塁団	堡塁など
陸正面	第一堡塁団	田代堡塁
		山中堡塁
		山ノ田砲台
		金比羅框舎
	第二堡塁団	弓鎗堡塁
		日ノ越堡塁
		日ノ越砲台
		大坪框舎
海正面	第三堡塁団	二松堡塁
		白馬堡塁
	第四堡塁団	石原山第一堡塁
		石原山第二堡塁
		寄船框舎

・稲佐山南方　野芋場山
・　同　　西之平

海軍は、佐世保水雷隊敷設部が、開戦前の六月十日から水雷の敷設準備に着手し、七月二十五日に敷設を開始した。佐世保軍港は七月二十八日に敷設を完了し、長崎港は八月二十五日に敷設を完了した。これらの水雷敷設状況は、表三―二―一一のとおりである。[23]

これらの水雷に連携して、表三―二―一二のような臨時海軍砲台が構築された。[24]

また、佐世保水雷隊攻撃部には、開戦時の八月一日現在で、次の七隻の水雷艇が配置される。これらの水雷艇は、佐世保軍港入口外部の海域を警備した。[25]

表三―二―一一　佐世保軍港・長崎港水雷敷設状況

敷設方面		水雷の種類	員数	計
佐世保軍港	向後崎～面高	浮標水雷	二八	五六
		触発水雷	二八	
長崎港	松島～島ノ糞岩	海底水雷	四	六七
	深堀～女島	機械水雷	五	
	神ノ島～蔭ノ尾	浮標水雷	二八	
		浮標水雷	五	
		触発水雷	二五	

表三―二―一二　佐世保軍港・長崎港の海軍砲台

守備海面	砲台位置	砲数	守備海面	砲台位置	砲数
軍港入口	向後崎低地	三	九十九島湾	甲崎	三
	向後崎高地	五		国崎	二
	向後崎鼻	二		七郎崎	二
面高・黒口	松山崎鼻	四		安東寺付近	二
	松山崎低地	二		妙見宮	二
	面高低地	二		観音鼻北	二
	油手	四		観音鼻南	三
	黒口	二		牽牛崎	四
			佐世保軍港	合計	四四
長崎港入口	蔭ノ尾島	三	長崎港	合計	三

・第八水雷艇　水雷発射管　二門
・第九水雷艇　水雷発射管　二門
・第一四水雷艇　水雷発射管　二門
・第一八水雷艇　水雷発射管　二門
・第一九水雷艇　水雷発射管　二門
・第二一水雷艇　水雷発射管　二門
・第一震天水雷艇　水雷発射管　二門

さらに、佐世保軍港入口に、軍艦「満珠」を繋留して浮砲台とし、軍港入口の防備を強化するとともに、長崎港入口には、軍艦「鳳翔」を配置し、港入口付近の警備を強化したのである。(26)

以上の防備を図示すると、付図―五及び付図―六のとおりである。

(六) 対馬の防備

対馬は朝鮮半島に最も近いため、清国との緊張が高まるや、七月三日他の地区に先駆けて、浅海湾の臨時防御工事実施が命ぜられた。続いて、七月二十一日対馬警備隊の動員が下令され、同隊は七月二十四日編成を完結した。(27)

表三―二―一三　日清戦争時の対馬要塞砲台

砲台	備砲			備考
	加農砲	榴弾砲	臼砲	
温江	一二K×四			
大石浦		二八H×六		
大平	一二K×四			
芋崎		二八H×二		

合計　一二K×八、二八H×八　総計一六門

対馬警備隊の歩兵隊は、浅海湾北岸の貝口村及び鶏知村の守備に就き、砲兵隊は表三―二―一三の砲台の守備に就いた。[28]

海軍は、対馬水雷隊敷設部が、開戦前の六月十日から水雷の敷設準備に着手し、七月二十四日に敷設を開始、八月八日に敷設を完了した。これらの水雷敷設状況は、表三―二―一四のとおりである。[29]

表三―二―一四　浅海湾水雷敷設状況

敷設方面		水雷の種類	員数	計
浅海湾	大平崎〜弩崎	浮標水雷	一四	一二七
	名瀬崎〜単崎	浮標水雷	二一	
		触発水雷	二五	
	単崎〜雄現崎	浮標水雷	三五	
		触発水雷	一二	
	ヒモライ崎〜明礬島	機械水雷	二〇	

これらの水雷に連携して、表三―二―一五のような臨時海軍砲台が構築された。[30]

また、対馬水雷隊攻撃部には、八月一日現在で、次の四隻の水雷艇が配置され、各水雷艇は、浅海湾外を警備した。[31]

・第五水雷艇　水雷発射管　二門
・第六水雷艇　水雷発射管　二門
・第一〇水雷艇　水雷発射管　二門

・第一一水雷艇　水雷発射管　二門

表三―二―一五　浅海湾の海軍砲台

守備海面	砲台位置	砲数
黒瀬口	ヒモライ崎	二
仁位口	名瀬崎	二
	明崎	一
漏斗口	大平崎	二
	雄現崎	四
合計		一二

以上の防備を図示すると、付図―七のとおりである。

以上のように、日清戦争において陸海軍とも、大陸への進攻作戦にのみ専念していたのではなく、本土防衛にも力を入れていたのである。

本土の防衛は、陸軍にあっては要塞部隊と後備部隊が担当し、海軍にあっては水雷隊と海兵団が主として担当したのである。

日清戦争は、近代日本にとって最初の大規模な対外戦争であったが、清国の北洋艦隊を撃破したため、日本本土への上陸侵攻を受けることがなくなり、陸海軍のこれら守備部隊は逐次縮小・復員していった。

これらの守備部隊は、それまで懸命に防御準備に取り組んだのであるが、戦うことなくして、戦争は終結した。防御準備を整えることによって任務を全うしたといえるのである。

しかし、東京湾をはじめ要地における陸海軍の統一指揮に関して大きな問題を残すことになった。呉・佐世保軍港地区においては、陸軍部隊が海軍の鎮守府司令長官の指揮下に入り、鎮守府司令長官が統一指揮をとったが、東京湾等その他の要地においては、統一指揮はとられなかった。

この統一指揮に関して、戦争中の明治二十八年一月、防務条例が制定されたが、実施の時期は翌二十九年に見送られてしまったのである。後に、この防務条例と戦時大本営条例をめぐって、陸海軍の主導権争いが展開されるのであるが、この件に関しては、第四章において述べる。

第三章　註

一　陸海軍の防備

（1）陸軍省「廿七八年戦役日記」明治二十七年七月、M27－85（防衛研究所蔵）
（2）同右
（3）同右
（4）陸軍省編『明治二十七八年戦役統計』上巻（陸軍省、一九〇二年）二～三頁
参謀本部編『明治二十七八年日清戦史』第一巻（参謀本部、一九〇四年）
前掲「廿七八年戦役日記」明治二十七年七月、M27－85
（5）「各師管内守備隊配置表」（千代田史料、防衛研究所蔵）
（6）海軍省「旗密書類綴」常備艦隊、日清27－89（防衛研究所蔵）
（7）同右
（8）「団隊所在表」大本営陸軍部副官、M27－136（防衛研究所蔵）
（9）同右
東京湾要塞司令部編「東京湾要塞歴史」第一号（写、防衛研究所蔵）
陸軍省「密大日記」明治二十七年、M27－3（防衛研究所蔵）
前掲『明治二十七八年日清戦史』第一巻、一〇四～一〇六頁
陸軍築城部本部編「現代本邦築城史」第二部第三巻、下関要塞築城史（国立国会図書館古典籍室蔵。写、防衛研究所蔵）
海軍軍令部編刊『極秘廿七八年海戦史』巻八、内国海軍防備、一八四～一八六頁、一九五頁、付図
対馬警備歩兵大隊「大隊歴史抜粋」（対馬要塞司令部「対馬要塞司令部歴史」防衛研究所蔵）
（10）海軍省編『海軍制度沿革』巻三①（原書房、一九七一年復刻）六九六～七〇〇頁
（11）海軍軍令部編『廿七八年海戦史』上巻（春陽堂、一九〇五年）七七頁
海軍軍令部編刊『秘廿七八年海戦史』巻一、朝鮮役（一九〇五年）四五～四六頁

（12）前掲『極秘廿七八年海戦史』巻八、内国海軍防備、二六頁
（13）同右、一九、二二〜二三、一〇八〜一一〇、一二九〜一三〇、二五七〜二五八頁

二　要地の防備

（1）前掲「東京湾要塞歴史」第一号
（2）同右
（3）同右
（4）同右
（5）前掲「団体所在表」大本営陸軍部副官、M27−136
（6）前掲『極秘廿七八年海戦史』巻八、内国海軍防備、一〇八〜一〇九頁
（7）同右、二五七頁
（8）同右、一二九〜一三〇頁
（9）前掲「廿七八年戦役日記」明治二十七年八月、M27−86
（10）「密大日記」明治二十七年、M27−3（防衛研究所蔵）
（11）前掲『明治二十七八年日清戦史』第一巻、一〇四頁
前掲『極秘廿七八年海戦史』巻八、内国海軍防備、一八三〜一八四頁
（12）同右、一〇九頁
（13）同右、二五七頁
（14）同右、一三〇頁
（15）同右、二五頁
（16）前掲「廿七八年戦役日記」明治二十七年七月、M27−85
（17）前掲『明治二十七八年日清戦史』第一巻、一〇五頁
（18）前掲「現代本邦築城史」第二部第三巻、下関要塞築城史

(19) 浄法寺朝美『日本築城史』（原書房、一九七一年）一五五〜一七五頁
(20) 前掲「廿七八年戦役日記」明治二十七年七月、M27−85
(21) 前掲『極秘廿七八年海戦史』巻八、内国海軍防備、一八四〜一八六頁、一九五頁、付図
(22) 前掲「現代本邦築城史」第二部第七巻、佐世保要塞築城史
前掲『明治二十七八年日清戦史』第一巻、一〇六頁
前掲「現代本邦築城史」第二部第六巻、長崎要塞築城史
(23) 前掲『極秘廿七八年海戦史』巻八、内国海軍防備、二三、一〇九〜一一〇頁
(24) 同右、二五七〜二五八頁
(25) 同右、一三〇頁
(26) 同右、二五頁
(27) 前掲「廿七八年戦役日記」明治二十七年七月、M27−85
前掲「大隊歴史抜粋」
(28) 同右
(29) 前掲『極秘廿七八年海戦史』巻八、内国海軍防備、二三、一一〇頁
(30) 同右、二五八頁
(31) 同右、一三〇〜一三一頁

第四章　対露軍備充実期の国土防衛

一　陸軍部隊の増設

(一)　陸軍軍備拡張意見

日清戦争が有利に展開していた折の明治二十八年一月、改進党総理大隈重信は、雑誌『太陽』に日清戦争終決後のことについて意見を発表したが、その中で大隈は、満州を守るためには六個師団の兵力が必要であるので、日清戦争後にはさらに六個師団を増設しなければならないであろうと述べた(1)。日清戦争後の陸軍軍備拡張について論じられたのは、これが最初であった。

その後、日清講和条約が調印される直前の同年四月十五日に、陸軍大臣山県有朋は「軍備拡充意見書」を奏上し、戦勝後の軍備について次のように述べた(2)。

即ち、今後は戦勝により獲得するであろう新領地の守備兵力の必要、清国の復讐戦準備、英仏露の東洋派遣兵力の増大などが当然予想され、このために兵備の増加が必要であると述べ、さらに「抑モ従来ノ軍備ハ専ラ主権線ノ維持ヲ以テ本トシタルモノナリ。然レドモ今回ノ戦勝ヲシテ其効ヲ空フセシメズ、進ンデ東洋ノ盟主トナラント欲セバ、必ラズヤ又利益線の開張ヲ計ラザル可カラザルナリ。然リ而シテ現在ノ兵備ハ以テ今後ノ主権線ヲ維持スルニ足ラズ、何ゾ又利益線ヲ開張シテ以テ東洋ニ覇タルニ足ル可ケンヤ」と、軍備拡張の理由を述べ、このため財政事情も考えて、七個師団の態勢のままで師団の兵力を一倍半に拡張するという案を提示した。

このような折の四月二十三日、露・独・仏三国は、日本に対し、日清講和条約における遼東半島の割譲を放棄すべきであると勧告してきた。いわゆる三国干渉である。その中でロシア公使は「遼東半島ヲ日本ニテ所有スルコトハ、常ニ清国ノ都ヲ危フスルノミナラズ、之ト同時ニ朝鮮国ノ独立ヲ有名無実トナスモノニシテ、右ハ将来永ク極東永久ノ平和ニ対シ障害ヲ与フルモノト認ム」故に遼東半島の領有を放棄すべきであるというものであった(3)。

当時、日本の陸海軍は露国一国にも対抗できない状態であり、日本政府は遂にこの勧告を受け入れたのである。従来から極東方面におけるロシアの南下政策に対し、強い危機感をもっていた日本は、この三国干渉の結果、より一層ロシアに対する警戒心を強め、対露軍備の充実を進めることになった。

陸軍においては、参謀本部次長川上操六(4)を中心にして軍備拡張計画を立案し、同年九月二十九日、陸軍大臣大山巌と参謀総長小松宮彰仁親王が連署して次のように上奏し允裁を得たのである(5)。

「陸軍軍備ノ拡張ハ、帝国カ列国ノ間ニ立チ、方今ノ形勢ニ処シテ、国権ヲ皇張シ国利ヲ保護センカ為メ、実ニ已ム可ラサルノ必要ニ有之、依テ将来ニ於ケル帝国陸軍軍備ハ、精密慎重ノ調査ヲ要スル儀ハ勿論ニ候得共、今茲ニ其大綱ヲ掲ケ豫メ奉仰聖断候」と、別紙「陸軍軍備拡張案」と「陸軍軍備拡張案ノ理由書」を添え上奏し裁可されたのである。

この拡張案によると、師団を七個（北海道の第七師団を含む）増設するとともに、芸予海峡・呉・佐世保及び長崎港・舞鶴港・函館港に要塞砲兵隊を新設、その他徒歩砲兵三個聯隊・鉄道隊一隊・沖縄警備隊・軍楽隊一二隊を新設するというものであった。

しかし、その直後の十月、軍備予算の関係で、増設師団を五個（第七師団は別）とし、徒歩砲兵隊・沖縄警備隊・軍楽隊の新設を止めるなどの変更が行なわれ、結局、五個師団を増設し、芸予海峡・呉軍港・佐世保軍港及び長崎港・舞鶴港・函館港に要塞砲兵隊を新設するとともに鉄道隊一隊を新設することが決定されたのである。(6)

軍備拡張の中心である師団の増設について、前記「陸軍軍備拡張案ノ理由書」は次のように述べている。即ち、日清戦争の結果、列国はますます東洋に対する関心を高める情勢の中、日本は東洋平和の担保者とならなければならない故「帝国ハ自今以後独リ留リテ専ラ内国ヲ防禦スルヲ以テ足レリトセス、他ノ侵略ヲ受クルニ当リテハ蹶然起テ他ヲ撃破スルノ実力ヲ有セサル可ラス、我苟モ進撃ノ実力ヲ有スレハ、他モ亦妄リニ侵害ノ非望ヲ起サス、以テ東洋ノ平和ヲ維持スヘキナリ、是以テ今後帝国陸軍ハ、台湾島ノ兵備ノ外十三個師団以上之実力ヲ備フル事、復已ムヲ得サルナリ」と、師団増設理由を述べている。

また、一三個師団に増設するための兵力的根拠について、「陸軍拡張ノ理由」(7)で次のように述べている。

即ち、近隣諸国のうちで兵力の最も多いのは清国であり、次いでロシアであるが、清国は大敗して士気阻喪し、その海軍力は殆ど撲滅せられたので、当分の間は我が国の兵力を定めるための標準とするに足らない故、ロシアの兵力を標準にして考えるべきである。ロシアは、総兵力が八九七大隊であるが、そのうち、ドイツ・オーストリアに対し五八〇大隊、ルーマニア・スウェーデンなどに対し五六大隊、インド・パキスタン方面に対し一三一大隊、合計七六七大隊をそれぞれの正面に配備しておく必要がある。従って、我に対して動員可能な兵力は、残った一三〇大隊（約一三万）とこれに相応する他兵種を加えて総計一五～一六万である。このロシア軍に対抗するためには、要塞守備部隊四万を加えて概ね二〇万の野戦軍が必要である。このためには、平時一四個師団を設置しておかなければならない。しかし、経費の制限上、止むを得ず一三個師団とするというものである。

以上のような陸軍の軍備拡張意見が議会においても認められ、逐次拡張されていくことになったのである。

(二)　一三個師団に拡張

明治二十八年十二月の第九議会において、陸軍を一三個師団に拡張することが承認され、陸軍は翌二十九年度から、部隊の新設・増設に着手することになった。

即ち、同二十九年二月二十四日、これまで「陸軍定員令」（勅令）によって規定されていた陸軍平時編制が、送乙第六五一号(8)によって改正され、これまで三個聯隊であった要塞砲兵部隊が、六個聯隊と二個大隊に増設されることになり、続いて翌三月三十一日、送乙第一二三五号(9)「陸軍平時編制追加改正」により、第八～第一二師団が新設されることになり、合計一三個師団体制に拡張されることになった。このため歩兵聯隊は、第二五聯隊から第四八聯隊までの二四個聯隊が新設され、また、新設師団の騎兵聯隊・野戦砲兵聯隊・工兵大隊・輜重兵大隊がそれぞれ五個聯・大隊、新設されることになり、さらに、これまでの屯田兵司令部は、第七師団司令部と改称され、近衛師団も、一般の師団と同一の編制に増強されることになった。

部隊の新設に備えて、同年二月二十一日、陸軍次官は各師団の参謀長に対して、次のような「兵営地撰定ニ関スル方針」に基づき、兵営地に適する地区を撰定するよう達した。(10)

兵営地撰定ニ関スル方針

一　可成市外ニ於テ之ヲ撰定スル事
二　可成各兵営ヲ集団シ得ヘキ広大ノ地ヲ撰ム事
三　可成官有地ヲ利用スル事
四　土地高燥清潔水質良好潤沢ニシテ可成運輸交通ノ利アリ給養ニ便ナル事
五　兵営付近ニ於テ小銃射撃諸演習（遊泳・架橋共）ノ便アル事
六　錬兵場ハ可成広大ナルヲ要スル事
七　鉄道水道其他ノ土木工事予定地及公園共同墓地等ヲ避ケル事
八　以上七項ヲ顧慮シ止ムヲ得サレハ指定ノ市街ヲ距ル約二里迄ハ之ヲ許ス事
九　可成一ヶ所以上ヲ撰定スル事
（注意　撰定地地価ノ概略ヲ秘密ニ探知シ置ク事）

新設部隊の兵営地は、このような条件を考慮して撰定され決定されていったのである。また、新設増設部隊の具体的な編成順序は、同年五月一日、送乙第一八〇四号により、新設増設着手順序が定められた。その大要は表四—一—一、表四—一—二のとおりである。(11)

表四—一—一　新設部隊の編成

部　隊	着手年度	完成年度
歩兵聯隊	明治二十九年	明治三十一年
騎兵聯隊	明治二十九年	明治三十五年
野戦砲兵聯隊	明治二十九年	明治三十三年
工兵大隊	明治二十九年	明治三十一年
輜重兵大隊	明治二十九年	明治三十一年
要塞砲兵聯大隊	明治三十年	明治三十三年

これら新設部隊の歩兵・騎兵・野戦砲兵聯隊及び工兵・輜重兵大隊は、第八〜第一二師団のそれぞれの部隊であり、要塞砲兵部隊は、呉・芸予・佐世保要塞砲兵聯隊と舞鶴・函館要塞砲兵大隊である。

増設部隊の騎兵・野戦砲兵聯隊は、第一〜第六師団のそれぞれの部隊であり、要塞砲兵聯隊は、東京湾・由良・下関要塞砲兵聯隊である。近衛師団諸部隊は、前述したとおりである。

表四―一―二　増設部隊の編成

部隊	着手年度	完成年度
近衛歩兵聯隊	明治三十二年	明治三十五年
近衛騎兵聯隊	明治三十三年	明治三十五年
近衛野砲兵聯隊	明治二十九年	明治三十二年
近衛工兵大隊	明治二十九年	明治三十一年
騎兵聯隊	明治三十三年	明治三十五年
野戦砲兵聯隊	明治二十九年	明治三十一年
要塞砲兵聯隊	明治二十九年	明治三十六年

この新設・増設着手順序により、逐次諸部隊の新設・増設が実施されるのであるが、これら諸部隊の編制は、前述の「陸軍平時編制」によって定められており、配置場所も同二十九年三月十六日、送乙第九六三号「陸軍常備団隊配備表」[12]によって定められた。かくして新設の第八〜一二師団は、明治三十一年十月一日開庁した。三年後の明治三十二年十月二十八日、陸軍平時編制が改正され、新たに騎兵二個旅団、野戦砲兵二個旅団が新設されるとともに、対馬警備隊砲兵隊を拡張して対馬要塞砲兵大隊が新設されることになった。[13]また、先に新設が決定されていた第七師団の歩兵・騎兵・野戦砲兵聯隊及び工兵・輜重兵大隊も、明治三十七年までに編制完結することになったのである。[14]

このような部隊の新設・増設に伴い、「陸軍常備団隊配備表」が改正された。[15]改正の結果は、図四―一―一及び表四—一—三のとおりである。

以上のような部隊の新設・増設に並行して、教育機関の新設・拡張が実施された。まず、明治二十九年五月、陸軍大学校の入校学生定員が二倍の五〇名に増員され、士官学校の入校者数も二倍以上の六百数十名に増員された。また、これまでの陸軍幼年学校を廃止して、陸軍中央幼年学校と陸軍地方幼年学校六校が設立され、これまでの一期一〇〇名の生徒数が三〇〇名に増員された。さらに、陸軍砲兵射的学校が陸軍野戦砲兵射撃学校に、要塞砲兵幹部練習所が陸軍要塞砲兵射撃学校にそれぞれ改称・拡張された。また、明治三十一年十月、陸軍乗馬学校が陸軍騎兵実施学校に改称・拡張された。(16)

翌三十二年十一月、これまで教導団で実施していた下士官の教育を廃止し、各部隊で実施することにし、教導団は廃止された。これは、部隊の新設・増設による下士官の大増員のため、教導団での教育が実施困難になったためである。(17)

明治三十一年一月、このような教育機関を統括するため、これまでの監軍部を廃止して教育総監部が新設された。教育総監部は、明治三十三年四月天皇直隷機関となり、陸軍全般の教育の斉一進歩を規画する機関になった。(18)

かくして、部隊の新設・増設と教育機関の拡張・改編により、対露軍備は拡張・充実されていったのである。

図四―――　歩兵聯隊配置図（明治三十二年）

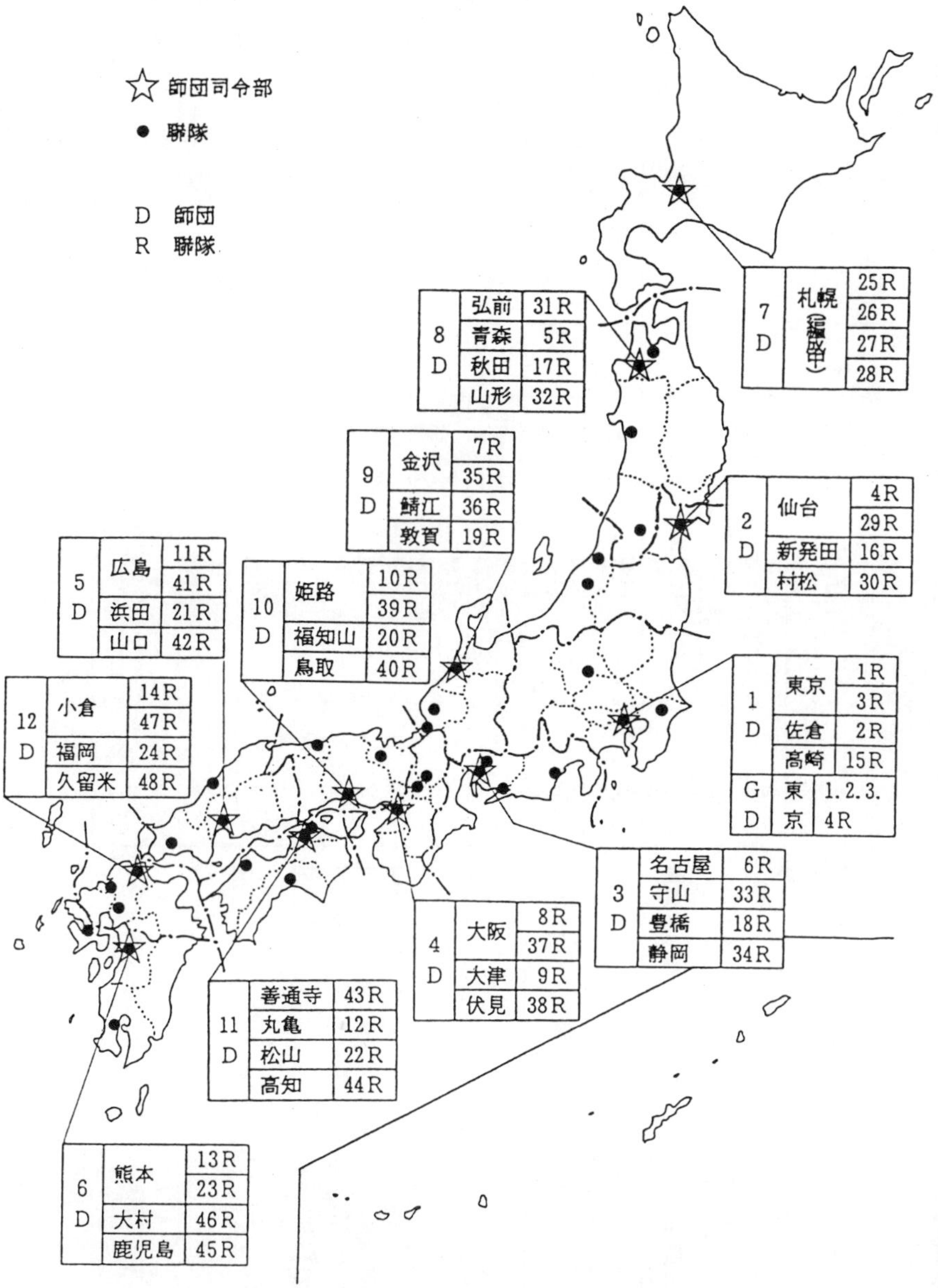
☆ 師団司令部
● 聯隊
D 師団
R 聯隊
7 D 札幌（編成中） 25R 26R 27R 28R
8 D 弘前 31R 青森 5R 秋田 17R 山形 32R
9 D 金沢 7R 35R 鯖江 36R 敦賀 19R
2 D 仙台 4R 29R 新発田 16R 村松 30R
5 D 広島 11R 41R 浜田 21R 山口 42R
10 D 姫路 10R 39R 福知山 20R 鳥取 40R
1 D 東京 1R 3R 佐倉 2R 高崎 15R
G D 東京 1.2.3.4R
12 D 小倉 14R 47R 福岡 24R 久留米 48R
3 D 名古屋 6R 守山 33R 豊橋 18R 静岡 34R
4 D 大阪 8R 37R 大津 9R 伏見 38R
11 D 善通寺 43R 丸亀 12R 松山 22R 高知 44R
6 D 熊本 13R 23R 大村 46R 鹿児島 45R

表四―一―三　陸軍常備団体配備表（明治三十二年）

師団 番号	師団 所在地	旅団 番号	旅団 所在地	歩兵聯隊 番号	歩兵聯隊 所在地	その他の部隊（所在地）
近衛	東京	近衛第一	東京	近衛第一	東京	騎兵・野戦砲兵・工兵・輜重兵（東京）
				近衛第二	東京	
		近衛第二	東京	近衛第三	東京	
				近衛第四	東京	
第一	東京	第一	東京	第一	東京	騎兵（東京） 野戦砲兵（国府台） 工兵・輜重兵（東京） 東京湾要塞砲兵（横須賀）
				第一五	高崎	
		第二	東京	第二	佐倉	
				第三	東京	
第二	仙台	第三	仙台	第四	仙台	騎兵・野戦砲兵・工兵・輜重兵（仙台）
				第二九	仙台	
		第一五	新発田	第一六	新発田	
				第三〇	村松	
第三	名古屋	第五	名古屋	第六	名古屋	騎兵・野戦砲兵・工兵・輜重兵（名古屋）
				第三三	名古屋	
		第一七	豊橋	第一八	豊橋	
				第三四	静岡	
第四	大阪	第七	大阪	第八	大阪	騎兵・野戦砲兵・輜重兵（大阪） 工兵（伏見） 由良要塞砲兵（由良・深山）
				第三七	大阪	
		第一九	伏見	第九	大津	
				第三八	伏見	
第五	広島	第九	広島	第一一	広島	騎兵・野戦砲兵・工兵・輜重兵（広島） 呉要塞砲兵（広島） 芸予要塞砲兵（忠海）
				第四一	広島	
		第二一	山口	第二一	浜田	
				第四二	山口	

第六	熊本	第一一	熊本	第一三	熊本	騎兵・野戦砲兵・工兵・輜重兵（熊本） 佐世保要塞砲兵（佐世保・長崎） 対馬要塞砲兵（鶏知）
				第四五	鹿児島	
		第二三	大村	第二三	熊本	
				第四六	大村	
		対馬警備隊		歩兵大隊	厳原	
第七	旭川	第一三	旭川	第二五	札幌	騎兵・野戦砲兵・工兵・輜重兵（旭川） 函館要塞砲兵（函館）
				第二六	旭川	
		第一四	旭川	第二七	旭川	
				第二八	旭川	
第八	弘前	第四	弘前	第五	青森	騎兵・野戦砲兵・工兵・輜重兵（弘前）
				第三一	弘前	
		第一六	秋田	第一七	秋田	
				第三二	山形	
第九	金沢	第六	金沢	第七	金沢	騎兵・野戦砲兵・工兵・輜重兵（金沢）
				第三五	金沢	
		第一八	敦賀	第一九	敦賀	
				第三六	鯖江	
第一〇	姫路	第八	姫路	第一〇	姫路	騎兵・野戦砲兵・工兵・輜重兵（姫路） 舞鶴要塞砲兵（舞鶴）
				第四〇	鳥取	
		第二〇	福知山	第二〇	福知山	
				第三九	姫路	
第一一	善通寺	第一〇	松山	第二二	松山	騎兵・野戦砲兵・工兵・輜重兵（善通寺）
				第四四	高知	
		第二二	善通寺	第一二	丸亀	
				第四三	善通寺	
第一二	小倉	第一二	小倉	第一四	小倉	騎兵・野戦砲兵・工兵・輜重兵（小倉） 下関要塞砲兵（下関）
				第四七	小倉	
		第二四	久留米	第二四	福岡	
				第四八	久留米	

二　要塞の建設

(一)　要塞司令部の設置と要塞砲兵部隊の配置

日清戦争前既に、東京湾・対馬・下関海峡・紀淡海峡には、それぞれ砲台の建設が進められ、日清戦争時には東京湾・対馬・下関海峡の諸砲台（既に完成していた砲台）は、戦闘準備態勢に就いていたのである。この体験・教訓を基にして、日清戦争終結直前の明治二十八年三月三十日、勅令第三九号により「要塞司令部条例」が制定され(1)、平時から要塞の防御計画を策定し防御資材・建築物・兵器の整備を担当する機関としての要塞司令部が設置されることになった。

この要塞司令部条例第一条において「永久ノ防禦工事ヲ以テ守備スル地ヲ要塞ト称シ、各要塞ニハ其地名ヲ冠シ其要塞ト称ス」と規定され、第二条において「要塞ハ大小ニ従ヒ三等ニ区分シ、各要塞ニ一ノ司令部ヲ置クヲ例トス、其編制ハ別ニ定ムル所ニ拠ル。但其位置及要塞ノ等級ハ陸軍大臣之ヲ定ム」と規定された。また、第四条において、要塞司令官は要塞所在地所管の師団長に隷するとされた。

この条例に基づき同年四月六日東京湾要塞司令部と下関要塞司令部が設置され、東京湾要塞は一等、下関要塞は二等と定められた(2)。続いて翌二十九年七月二十九日、淡路島の由良に由良要塞司令部が設置され、その等級は二等と定められた(3)。対馬要塞には、既に対馬警備隊司令部が設置されていたので、対馬警備隊司令官が、要塞司令官としての職務を担当することになったのである。

日清戦争後、対ロシアに備えて、前述したように陸軍部隊の増強が進められていくとともに、その一方で本土の防衛強化のため、重要地区に要塞が建設され、要塞砲兵部隊が配置されることになり、明治三十年三月に鳴門要塞・芸予要塞・呉要塞、続いて九月に佐世保要塞、十一月に舞鶴要塞、翌三十一年四月に長崎要塞、六月に函館要塞の砲台工事がそれぞれ開始された(4)(建設工事については後述する)。

これら新設の要塞には、明治三十三年四月十二日送乙第一二五二号によって要塞司令部が設置され、呉・舞鶴・佐世保要塞は二等要塞、函館・鳴門・芸予・長崎要塞は三等要塞と定められた(5)。日清戦争前から既に工事の進められていた由良要塞・下関要塞も、同年四月二十一日送乙第一二五三号により、一等要塞に昇格した(6)。

これらの要塞には、表四―二―一のように要塞砲兵部隊が配置された(7)。

要塞司令部の編制は、明治二十八年四月勅令第四〇号（陸軍定員令改正）によって定められていたが、明治二十九年二月「陸軍平時編制」で規定されるようになった(8)。これによると、一等・二等要塞司令官は専任であるが、三等要塞司令官は、その地の衛戍司令官が兼務することになっている。即ち、函館要塞司令官は函館要塞砲兵大隊長が兼務し、鳴門要塞司令官は由良要塞砲兵聯隊第四大隊長が、芸予要塞司令官は芸予要塞砲兵大隊長が、長崎要塞司令官は佐世保要塞砲兵聯隊第二大隊長がそれぞれ兼務することになった。

その後明治三十六年五月、鳴門要塞は由良要塞に合併され、呉要塞は広島湾要塞と改称され、また函館要塞と長崎

表四―二―一　要塞砲兵部隊の配置

要塞		要塞砲兵部隊
一等	東京湾	東京湾要塞砲兵聯隊
	由良	由良要塞砲兵聯隊
	下関	下関要塞砲兵聯隊
二等	呉	呉　要塞砲兵聯隊
	舞鶴	舞鶴要塞砲兵大隊
	佐世保	佐世保要塞砲兵聯隊
三等	函館	函館要塞砲兵大隊
	鳴門	由良要塞砲兵聯隊第四大隊
	芸予	芸予要塞砲兵大隊
	長崎	佐世保要塞砲兵聯隊第二大隊
対馬		対馬要塞砲兵大隊

要塞には専任の司令官が置かれることになった。[9] さらに、明治三十六年十一月、平時編制改正により、長崎の佐世保要塞砲兵聯隊第二大隊は、独立して長崎要塞砲兵大隊となり、これにともない佐世保要塞砲兵聯隊は、佐世保要塞砲兵大隊となった。[10]

各要塞の司令官は、表四―二―二のとおりである。[11]

表四―二―二　要塞司令官一覧

①　東京湾要塞司令官

	任命年月日	氏名	階級	備考
一	明治二十八・四・六	黒田久孝	少将	
二	二十九・五・十	村井長寛	少将	
三	三十・四・八	黒田久孝	中将	
四	三十・十・二十三	勝田四方蔵	少将	
五	三十二・三・十三	塩屋方圀	中将	
六	三十五・五・五	鮫島重雄	少将	三十七・九・三　中将
七	三十七・九・八	福永宗之助	少将	
八	三十八・一・十四	村井長寛	中将	三十八・四・六　没
九	三十八・四・八	多田保房	少将	三十八・四・八　少将
一〇	三十九・四・十六	伊地知幸介	少将	三十九・七・六　中将
一一	四十一・十二・二十一	内山小二郎	中将	
一二	四十二・一・十四	藤井茂太	少将	四十二・八・一　中将
一三	四十三・十一・三十	隈元政次	少将	四十四・九・六　中将

②　函館要塞司令官

	任命年月日	氏名	階級	備考
一	明治三十三・五・四	邨松　雋	少佐	要塞砲兵大隊長（兼）
二	三十四・六・二十八	谷沢鎌太郎	少佐	同右
三	三十六・五・一	秋元盛之	大佐	司令官専任（以下同）
四	三十八・三・二十四	林　錬作	大佐	
五	三十九・七・十一	渡辺忠三郎	大佐	
六	四十・十一・十三	邨松　雋	大佐	
七	四十四・十一・二十二	高瀬清二郎	大佐	

③　舞鶴要塞司令官

	任命年月日	氏名	階級	備考
一	明治三十三・四・二十五	西村精一	少将	
二	三十三・七・二十九	桜井重寿	少将	
三	三十四・六・二十六	柴田正孝	少将	
四	三十五・五・五	牟田敬九郎	少将	
五	三十七・九・十二	隈元政次	少将	三十七・九・十二　少将
六	四十・十一・十三	永田　亀	少将	
七	四十三・十一・三十	佐藤忠義	少将	

④　由良要塞司令官

	任命年月日	氏名	階級	備考
一	明治二十九・六・二十九	竹橋尚文	大佐	二十九・十・十四　少将
二	三十三・四・二十五	鮫島重雄	少将	
三	三十五・五・五	伊地知季清	少将	三十八・十・十五　没
四	三十八・十・十五	菅　孝	大佐	司令官代理
五	三十九・二・十四	楠瀬幸彦	少将	
六	三十九・七・六	石井隼太	少将	
七	四十・十一・十三	内山小二郎	中将	
八	四十一・十二・二十一	楠瀬幸彦	中将	
九	四十四・六・十五	野中勝明	少将	
一〇	四十四・十二・二十七	大沢界雄	少将	四十五・二・十四　中将

⑤　鳴門要塞司令官（由良要塞砲兵聯隊第四大隊長兼務）

	任命年月日	氏名	階級	備考
一	明治三十三・五・四	多田寒水	少佐	
二	三十四・一・十五	小野田健二郎	少佐	
三	三十四・十一・三	奈良武次	少佐	
四	三十六・二・九	上島善重	少佐	

［三十六・五・一　由良要塞に併合］

⑥　芸予要塞司令官（芸予要塞砲兵大隊長兼務）

	任命年月日	氏名	階級	備考
一	明治三十三・五・四	倉橋豊家	少佐	三十四・四・二十二　中佐
二	三十七・五・七	内藤滝蔵	少佐	
三	三十九・四・十三	松丸松三郎	中佐	
四	四十・十・二十一	小林盛衛	少佐	
五	四十・十一・十三	山中　茂	少佐	
六	四十四・十一・二十二	角　徳一	少佐	

⑦　呉（広島湾）要塞司令官　［三十六・五・一　広島湾要塞と改称］

	任命年月日	氏名	階級	備考
一	明治三十三・四・二十五	伊地知季清	少将	
二	三十五・五・五	税所篤文	少将	
三	三十七・三・十一	河井　瓢	大佐	司令官事務取扱
四	三十七・七・七	柴田正孝	少将	
五	三十七・九・十七	田中信隣	大佐	
六	三十九・四・十六	加藤泰久	少将	
七	四十・十一・十三	川合致秀	大佐	四十二・二・八　少将
八	四十三・十一・三十	榊原昇造	少将	

⑧　下関要塞司令官

	任命年月日	氏名	階級	備考
一	明治二十八・四・六	勝田四方蔵	少将	
二	三十・十・二十三	桜井重寿	少将	
三	三十一・二・二	新井晴簡	大佐	三十一・十・一　少将
四	三十二・三・十三	勝田四方蔵	少将	三十三・四・二十五　中将
五	三十四・六・二十六	新井晴簡	少将	三十八・二・六　中将
六	三十九・三・三	牟田敬九郎	少将	
七	三十九・六・十一	山根武亮	少将	三十九・七・六　中将
八	四十一・十二・二十一	牟田敬九郎	中将	
九	四十三・十一・三十	仙波太郎	中将	
一〇	四十四・九・六	南部辰丙	中将	
一一	四十五・二・二十七	内藤新一郎	中将	

⑨　佐世保要塞司令官

	任命年月日	氏名	階級	備考
一	明治三十三・四・二十五	山根武亮	少将	
二	三十五・十二・十九	村田　惇	少将	
三	三十七・七・二	出石猷彦	少将	

四	三十九・三・三	中田時懋	少将	
五	四十一・十二・二十一	柴　五郎	少将	
六	四十二・八・一	加藤政義	少将	
七	四十三・十一・三十	太田正徳	少将	
八	四十四・九・六	鋳方徳蔵	少将	

⑩　長崎要塞司令官

	任命年月日	氏名	階級	備考
一	明治三十三・五・四	野比祐次	少佐	要塞砲兵大隊長（兼）
二	三十六・五・一	西村千里	大佐	司令官専任（以下同）
三	三十九・七・十一	御影池友邦	大佐	
四	四十一・十二・二十一	公平忠吉	大佐	
五	四十三・三・九	鶴見数馬	大佐	
六	四十三・十一・三十	中川元太郎	大佐	
七	四十四・十一・二十二	横山彦六	大佐	

⑪　対馬警備隊司令官

	任命年月日	氏名	階級	備考
一	明治三十・七・七	大島義昌	少将	

二	三十一・三・三	塩屋方圀	少将	
三	三十二・三・十三	新井晴簡	少将	
四	三十二・十・二十八	児玉徳太郎	大佐	三十三・四・二十五　少将
五	三十四・六・二十六	楠瀬幸彦	少将	
六	三十五・五・五	川村益直	少将	
七	四十一・十二・二十一	小原　伝	少将	
八	四十五・四・二十四	阿部貞次郎	少将	

(二)　要塞砲台の建設

東京湾・対馬・下関・由良要塞は、日清戦争開始以前から砲台の建設が進められ、東京湾要塞はそのほとんどが竣工し、対馬要塞は四個所が竣工し、下関要塞は半数以上が竣工し、由良要塞は約三分の一が竣工していた[12]。これらの要塞は、日清戦争後も、未完成の砲台の工事が続行されるとともに、要塞防禦力の充実のため新たな砲台の建設が進められていった。

また、前述したように新たに七要塞即ち函館・舞鶴・鳴門・芸予・呉（広島湾）・佐世保・長崎要塞の設置が決定され、明治三十年三月に鳴門・芸予・呉要塞の工事が開始され、九月に佐世保要塞、十一月に舞鶴要塞、翌三十一年四月に長崎要塞、六月に函館要塞の砲台建設工事が開始された。各要塞の砲台建設状況は、後述するとおりである（付図―八～一七参照）。

これらの砲台建設工事は、これまで工兵方面（陸軍大臣管轄の官衙）が担当していたが、明治三十年九月工兵方面を改編して、新たに築城部が設置され、この築城部が砲台工事を担当することになった[13]。

築城部は、陸軍大臣の管轄下で、本部を東京に置いて砲台建設業務を統轄し、支部を各要塞建設地に置いて砲台建設工事を担当させた。

砲台は、その任務により、次の三種がある。海正面の敵艦船を砲撃する任務をもつ砲台を海岸砲台または単に砲台と称し、陸正面の背面防禦（上陸して砲台の背面から攻撃してくる敵を防禦する）の任務をもつ砲台を堡塁と称し、海正面・陸正面両方に対処する任務をもつ砲台を堡塁砲台と称した。堡塁砲台は単に砲台あるいは堡塁とも称した[14]。

以下各要塞の砲台建設状況について述べる。

(1)　東京湾要塞

東京湾要塞は、首都東京及び横須賀軍港を防衛するために建設されたもので、全国で最も重視された要塞である。従って、明治十三年五月、全国で最初に砲台工事が開始され、日清戦争開始までに、そのほとんどが竣工していた。その状況は、表四―二―三及び付図―八に示すとおりである[15]。

日清戦争開始後に着工された三軒屋砲台及び大浦・腰越堡塁は、戦後の二十九年に竣工したが、開戦前から着工されていた第二海堡・第三海堡は、海中埋め立てという難工事のため、大正期に漸く竣工した。

東京湾要塞の砲台は、付図―八を見れば分かるように、横須賀軍港を直接防禦するものと、東京湾侵入を阻止するもの及びこれらの砲台の背面を防禦するものの三種がある。

表四―二―三　東京湾要塞砲台一覧表

（M：明治　T：大正）

砲台	起工	竣工	備砲 平射砲	備砲 曲射砲	備砲完了
夏島	M二十一・八	M二十二・十一		二四M×一〇	M二十五・十二（六門） 三十四・三（四門）
笹山	二十一・八	二十二・八	二四K×四		二十六・十
箱崎低	二十二・六	二十三・八	二四K×四		二十七・二
箱崎高	二十一・九	二十二・九		二八H×八	二十五・十二
波島	二十二・七	二十三・七	二四K×二		二十六・八
米ケ浜	二十三・四	二十四・十	二四K×二	二八H×六	二十四・十
猿島	十四・十一	十七・六	二四K×四 二七K×二		二十五・三（二四K） 二十六・十二（二七K）
第一海堡	十四・八	二十三・十二	一二K×四	二八H×一四	二十三・十（二八H・一二K二） 二十七・八（一二K二）
第二海堡	二十二・十一	T三・六	一五K×八 二七K×六		T二・二（一五K） T二・二（二七K）
第三海堡	二十五・八	T十・三	一〇K×八 一五K×四		T九・七（一〇K） T九・七（一五K）
富津元州	十五・一	M十七・六	一二K×四	二八H×六	M二十五・三
走水低	十八・四	十九・四	二七K×四		二十六・三
走水高	二十五・十一	二十七・二	二七K×四		二十八・一

小原台	M二十五・十二	M二十七・九	一二K×六	一五M×四	M三十・三（一二K） 三十二・八（一五M）
花立台	二十五・十	二十七・十二	一二K×四	二八×八 一五M×四	二十七・十一（二八H） 三十一・二（一二K） 三十二・九（一五M）
三軒家	二十七・十	二十九・十二	一二K×二 二七K×四		二十八・七（一二K） 二十九・二（二七K）
観音崎第一	十三・六	十七・六	二四K×二		二十七・九
観音崎第二	十三・五	十七・六	二四K×六		二十七・六（三門） 二十七・九（一門） 三十・三（二門）
観音崎第三	十五・八	十七・六		二八H×四	二十七・九
観音崎第四	十九・十一	二十・五	一五K×四	交換↑ 二四M×四	二十四・二 三十四・三
観音崎南門	二十五・十一	二十六・八	九K×四 一二K×四		三十三・二
大浦	二十八・五	二十九・七	九K×二		三十五・三
腰越	二十八・五	二十九・三	九K×二		三十五・三
千代ケ崎	二十五・十二	二十八・二	一二K×四	二八H×六 一五M×四	二十七・十二（二八H四門） 三十・一（二八H二門） 二十八・一（一五M） 三十三・十二（一二K）

横須賀軍港を直接防禦する砲台は、夏島・笹山・箱崎低・箱崎高・波島・米ケ浜砲台であり、東京湾侵入を阻止する砲台は、猿島・第一海堡・第二海堡・第三海堡・富津元州・走水低・走水高・花立台・三軒家・観音崎第一・観音崎第二・観音崎第三・観音崎第四・観音崎南門・千代ヶ崎砲台である。砲台の背面を防禦する堡塁は、小原台・大浦・腰越堡塁である。花立台はいわゆる堡塁砲台で、敵艦船への砲撃と背面防禦の両任務を有していた。

これらの砲台は、表四—二—三のように第二・第三海堡を除き全て日露戦争開戦前に竣工し、砲の据え付けを完了したのである。

(2) 函館要塞

函館要塞は、函館港防衛のため建設されたもので、明治三十一年六月、まず薬師山砲台と御殿山第一砲台の工事が開始され、引き続き同年九月に御殿山第二砲台と千畳敷砲台の工事に着工し、明治三十二年十月に薬師山砲台が竣工、翌三十三年十月に御殿山第一砲台が竣工、さらに三十四年一月に千畳敷砲台、続いて二月に御殿山第二砲台がそれぞれ竣工したのである[16]。これらの砲台は、いずれも敵艦船の函館港侵入を阻止するためのもので、函館山一帯の標高三〇〇メートル前後の所に造られたために、二八センチ榴弾砲と一五センチ臼砲が据えられた（表四—二—四及び付図—九参照）。

また、これらの砲台の背面防禦のため、立待堡塁が明治三十四年九月に着工され翌三十五年十月に竣工した。函館要塞のこれらの五砲台は、表四—二—四のごとく明治三十五年までに全て備砲が完了した[17]。

表四―二―四　函館要塞砲台一覧表

砲台	起工	竣工	備砲 平射砲	備砲 曲射砲	備砲完了
薬師山	M三十一・六	M三十二・十		一五M×四	M三十三・四
御殿山第一	三十一・六	三十三・十		二八H×四	三十四・十一
御殿山第二	三十一・九	三十四・二		二八H×六	三十四・十一
千畳敷	三十一・九	三十四・一		一五M×四 二八H×六	三十四・七（一五M） 三十五・十一（二八H）
立待	三十四・九	三十五・十	九K×四		三十五・十二

(3)　舞鶴要塞

舞鶴要塞は、舞鶴軍港防衛のために建設されたもので、明治三十年十一月に、まず葦谷砲台が起工され、翌三十一年六月に浦入砲台、七月に金岬砲台、十一月に槙山砲台、三十二年九月に建部山堡塁、三十三年七月に吉坂堡塁がそれぞれ起工された。これらの砲台は、全て明治三十五年までに竣工した。(18)

葦谷・浦入・金岬・槙山砲台は、舞鶴軍港に侵入する敵艦船を阻止するためのもので、吉坂堡塁は、舞鶴東方に上陸した敵の舞鶴軍港侵攻を阻止するためのものであり、建部山堡塁は、舞鶴西方に上陸した敵の舞鶴軍港侵攻を阻止するためのものである。

舞鶴要塞の中心をなす槙山砲台は、標高四八〇メートルという日本で最も高い位置に造られた砲台である。大型土木機械のなかった当時は、ほとんど人力による工事であり、標高四八〇メートルの所まで、まず道路を造り、資材を運び、砲台を造り、砲を運ぶという作業は、大変なものであったと想像される。

舞鶴要塞砲台の建設状況は、表四―二―五のとおりである[19]（付図―一〇参照）。

表四―二―五　舞鶴要塞砲台一覧表

砲台	起工	竣工	備砲 平射砲	備砲 曲射砲	備砲完了
吉坂	M三十三・七	M三十五・十一	一二K×八	九M×六	M三十五・七
葦谷	三十・十一	三十二・八		二八H×六	三十三・三
浦入	三十一・六	三十二・二	一二K×四		三十四・九
金岬	三十一・七	三十三・七	一五K×四 二一K×四		三十四・五（一五K） 三十三・十（二一K）
槙山	三十一・十一	三十三・十一		一五M×四 二八H×八	三十三・九（一五M） 四十一・九（二八H）
建部山	三十二・九	三十四・八	一二K×四		三十四・十二

(4)　由良要塞

由良要塞は、敵艦船が紀淡海峡から大阪湾に侵入するのを阻止するために建設されたもので、既に明治二十二年に生石山第一～第四・友ケ島第一砲台の工事が開始され、翌二十三年には友ケ島第三・第四砲台・成山第一・第二砲台

表四—二—六　由良要塞砲台一覧表

砲台	起工	竣工	備砲 平射砲	備砲 曲射砲	備砲完了
佐瀬川	M三十六・五	M三十七・五	九K×六		
西ノ庄	三十五・十一	三十七・二	一二K×六		
大川山	二十九・五	三十・一	九K×二		
深山 第一	二十五・七	三十・九		二八H×六 一五M×四	M三十一・九
深山 第二	二十五・一	二十六・十		二八H×六 一五M×四	三十一・三
男良谷	三十五・十一	三十七・八	一二K×四		三十七・六
加太	三十五・十二	三十七・二	二七K×四		三十八・十二
田倉崎	三十五・十二	三十七・二		二八H×六	三十九・五
友ケ島第一	二十二・九	二十三・十一	二七K×四		二十九・十
友ケ島第二	二十七・八	三十一・四	二七K×四		三十一・十二
友ケ島第三	二十三・十	二十五・五		二八H×八	二十九・六
友ケ島第四	二十三・十一	二十五・五	一二K×二	二八H×六	三十二・十
友ケ島第五	三十三・一	三十八・三	一二K×六		三十七・十一
虎島	二十八・十	三十・二	九K×四		三十四・十一
生石山第一	二十二・五	二十三・七		二八H×六	二十九・十二

生石山第二	二十二・八	二十三・八		二八H×六	二十八・十
生石山第三	二十二・三	二十三・十	二四K×八		三十一・三
生石山第四	二十二・四	二十三・五	二七K×四		二十九・十二
生石山第五	三十二・五	三十二・十二	一二K×四		三十四・六
生石山堡塁	二十八・十二	三十・三		一五M×四	
成山　第一	二十三・八	二十四・九	一五K×二 二一K×六		三十一・四（一五K） 三十二・七（二一K）
成山　第二	二十三・八	二十四・九	一二K×二	二八H×二	三十一・七（一二K） 三十二・一（二八H）
高崎	三十一・三	三十五・十一	二四K×八		三十五・七（六門） 三十六・二（二門）
赤松山	二十六・一	二十七・三	九K×六		三十三・四
伊張山	二十六・五	二十七・八	九K×四		三十三・四

の工事が開始されていた。二十五年には深山第一・第二砲台、二十六年には由良地区の砲台の背面を防御するための赤松山堡塁・伊張山堡塁の工事が開始された。これらの砲台は、日清戦争開始までに竣工したが、備砲工事が遅れ、戦争には間に合わなかった。[20]

日清戦争後、さらにこの方面の防備を強化することになり、二十八年に虎島砲台・生石山堡塁、二十九年に大川山堡塁、三十一年に高崎砲台、三十二年に生石山第五砲台、三十五年に西ノ庄堡塁・男良谷砲台・加太砲台・田倉崎砲台、三十六年に佐瀬川堡塁がそれぞれ起工された。これらの砲台は、日露戦争開始までにほとんどが竣工し、備砲工事も終わっていた。由良要塞砲台の建設状況は、表四―二―六のとおりである[21]（付図―一一参照）。

(5) 鳴門要塞

鳴門要塞は、鳴門海峡を経て大阪湾に侵入する敵艦船を阻止するために建設されたもので、明治三十年三月、まず淡路島西端に門崎砲台の工事が開始され、続いて同年七月に笹山砲台、十月に行者ケ岳砲台、三十二年十二月に柿ケ原堡塁の工事が開始された。これらの砲台は、全て三十五年までに竣工して、日露戦争開始前までに備砲工事も完了

表四―二―七　鳴門要塞砲台一覧表

砲台	起工	竣工	備砲		備砲完了
			平射砲	曲射砲	
柿ケ原	M三十二・十二	M三十四・九	九K×四	二八H×四 一五M×四	M三十六・七
笹山	三十・七	三十三・三		二八H×六	三十三・五
行者ケ岳	三十・十	三十三・三	二四K×六		三十三・三
門崎	三十・三	三十二・八	二四K×二 九K×二		三十二・一（二四K） 三十四・九（九K）

した。[22]

鳴門要塞は、前述したように明治三十六年五月に、由良要塞に合併された。鳴門要塞砲台の建設状況は、表四—二—七のとおりである[23]（付図—一一参照）。

(6) 芸予要塞

芸予要塞は、敵艦船の瀬戸内海の自由航行を阻止して、内海沿岸の大阪等の都市を防護するために建設されたものである。

瀬戸内海への進入路は、紀淡海峡・鳴門海峡・豊予海峡・下関海峡の四海峡である。このうち紀淡海峡・鳴門海峡・下関海峡には、要塞砲台が設けられ、要塞砲によって海峡通過を阻止することが可能であるが、豊予海峡は、海峡幅が広く、当時の要塞砲の射程では、海峡通過を阻止することは不可能であった。従って瀬戸内海の通行阻止のため芸予要塞が建設されることになったのである。

芸予要塞の防御線選定については、明治六年フランスから招聘したマルクリー中佐の海岸防御法案に始まり、表四—二—八のように検討されたが、最終的には明治三十年六月、忠海海峡と来島海峡の線に決定された。[24]

芸予海峡は、図四—二—一のように大小さまざまの多数の島が散在し、何処の線で防御するかを決定するのはなかなか困難であった。このため表四—二—八のようにいろいろの案が提案された。原田大佐らの案は、広島県向島から愛媛県波止浜までのA～G～F～Eという東側の線にさらにDを加えたものであり、ミュニエー中佐の案は、原田大佐の案からDを除いた東側のA～G～F～Eの線であり、今井海防局長の案は、西側のC～D～E～Fの線であり、ワンスケランベック大尉の案は、中央のB～H～F～Eの線であった。

表四―二―八　芸予要塞防御線選定経過

年次	計画＼防御線	A 和布刈海峡	B 忠海海峡	C 臼島海峡	D 大下海峡	E 来島海峡	F 佳列海峡	G 岩城海峡	H 鼻繰海峡
M六	マルクリー中佐案	備後灘と三島灘間の諸海峡							
八	原田大佐・牧野少佐らの案	○			○	○	○	○	
九	ミュニエー中佐案	○				○	○	○	
十五	海防局長今井大佐案			○	○	○	○		
十八	ワンスケランベック大尉案		○			○	○		○
二十六	明治二十六年策定防御計画		○			○	○		○
三十	改正防御計画（決定）		●			●			

（これら諸海峡の位置については、図四―二―一参照）

これらの案を参考にして、明治二十六年一月に決定された防御計画は、ワンスケランベック大尉の提案した中央のB（忠海海峡）～H（鼻操海峡）～F（佳列海峡）～E（来島海峡）の線を防御線とし、忠海海峡を制するために忠海・大久野島・大三島北岸に計一七個所の砲台が計画され、鼻操海峡と佳列海峡を制するために伯方島西南岸に四個所の砲台、来島海峡を制するために大島西南岸・小島・馬島・波止浜に計一七個所の砲台がそれぞれ計画されていた[25]。

図四―二―一　芸予要塞防禦線

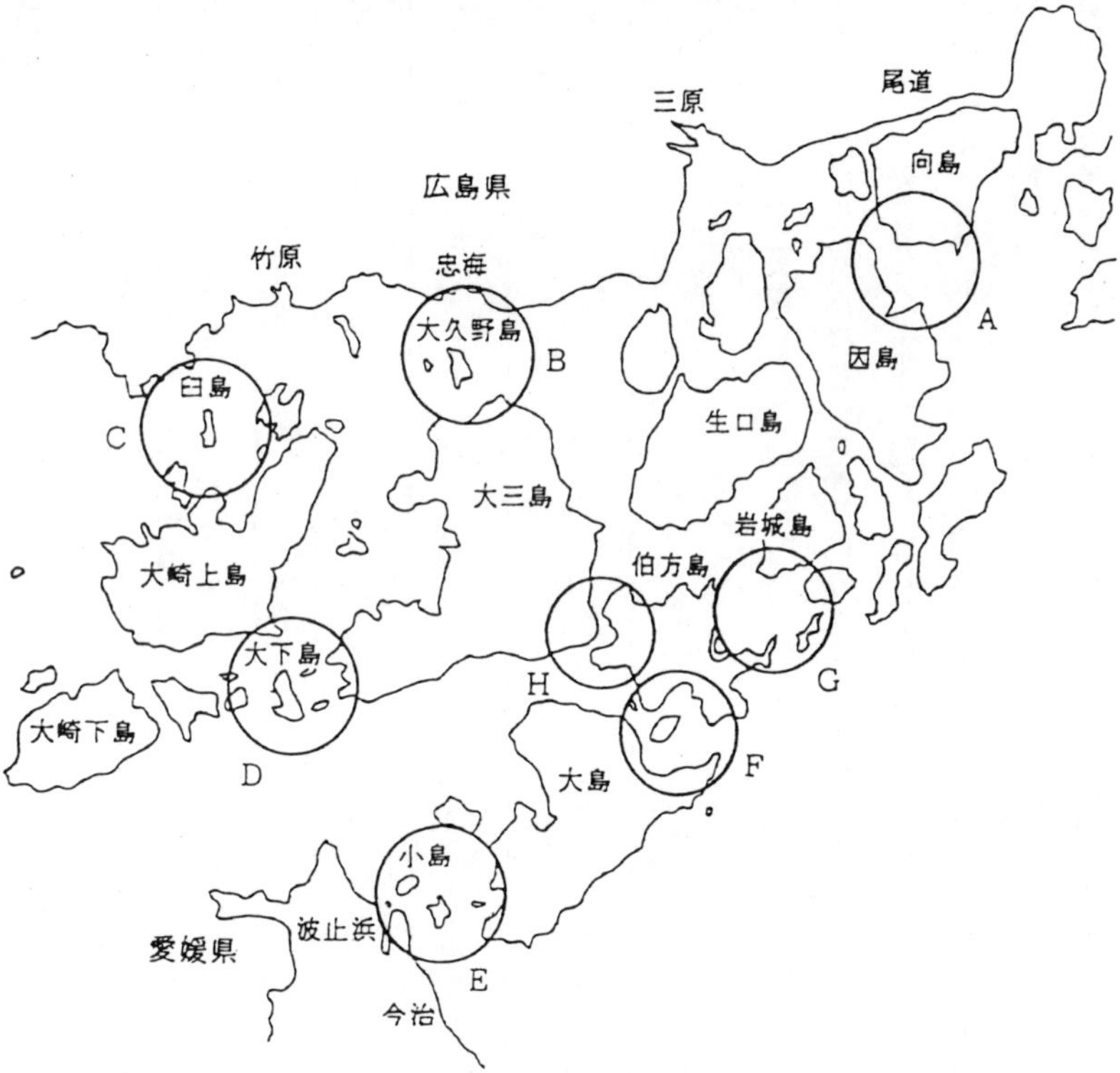

しかし、日清戦争後の明治三十年六月、この計画を再検討した結果、忠海海峡と来島海峡を制すれば十分であるとして、大久野島と小島にそれぞれ三個所の砲台を建設することに改定されたのである。

このような経緯で、明治三十年三月、まず大久野島北部砲台の工事が開始され、翌三十一年二月に同中部砲台、十月に同南部砲台、三十二年三月に来島南部砲台、五月に同中部砲台、十一月に同北部砲台の工事がそれぞれ開始された(26)。

これら芸予要塞砲台の建設状況は、表四―二―九のとおりである(27)。

芸予要塞は、表四―二―九のごとく、明治三十五年までに各砲台とも全て竣工し、備砲工事も完了した（付図―一二参照）。

表四―二―九　芸予要塞砲台一覧表

砲台	起工	竣工	備砲		備砲完了
			平射砲	曲射砲	
大久野島北部	M三十・三	M三十三・六	一二K×四 二四K×四		M三十四・二（一二K） 三十五・七（二四K）
大久野島中部	三十一・十	三十四・三		二八H×六	三十五・十
大久野島南部	三十一・二	三十三・八	九K×四 二四K×四		三十四・七（九K） 三十五・三（二四K）
来島　北部	三十二・十一	三十五・二	九K×四 二四K×四		三十五・七
来島　中部	三十二・五	三十四・三		二八H×六	三十四・十
来島　南部	三十二・三	三十三・六	一二K×二		三十三・七

(7) 呉（広島湾）要塞

呉要塞は、呉軍港及び艦船の大停泊地となる広島湾を防護するために建設された。呉軍港及び広島湾への進入路は、図四―二―二のごとく、東より隠戸（音戸）瀬戸・早瀬瀬戸・那沙美瀬戸・大野瀬戸がある。

明治二十年一月の計画では、那沙美瀬戸と早瀬瀬戸の二瀬戸の防禦案であったが、明治二十六年二月には、これに隠戸瀬戸・大野瀬戸を加えた四瀬戸防禦計画が決定された。(28)

明治二十六年一月、これらの瀬戸にそれぞれ砲台を建設することが決定されたが、具体的位置の検討中に日清戦争

図四―二―二　呉（広島湾）要塞防御線

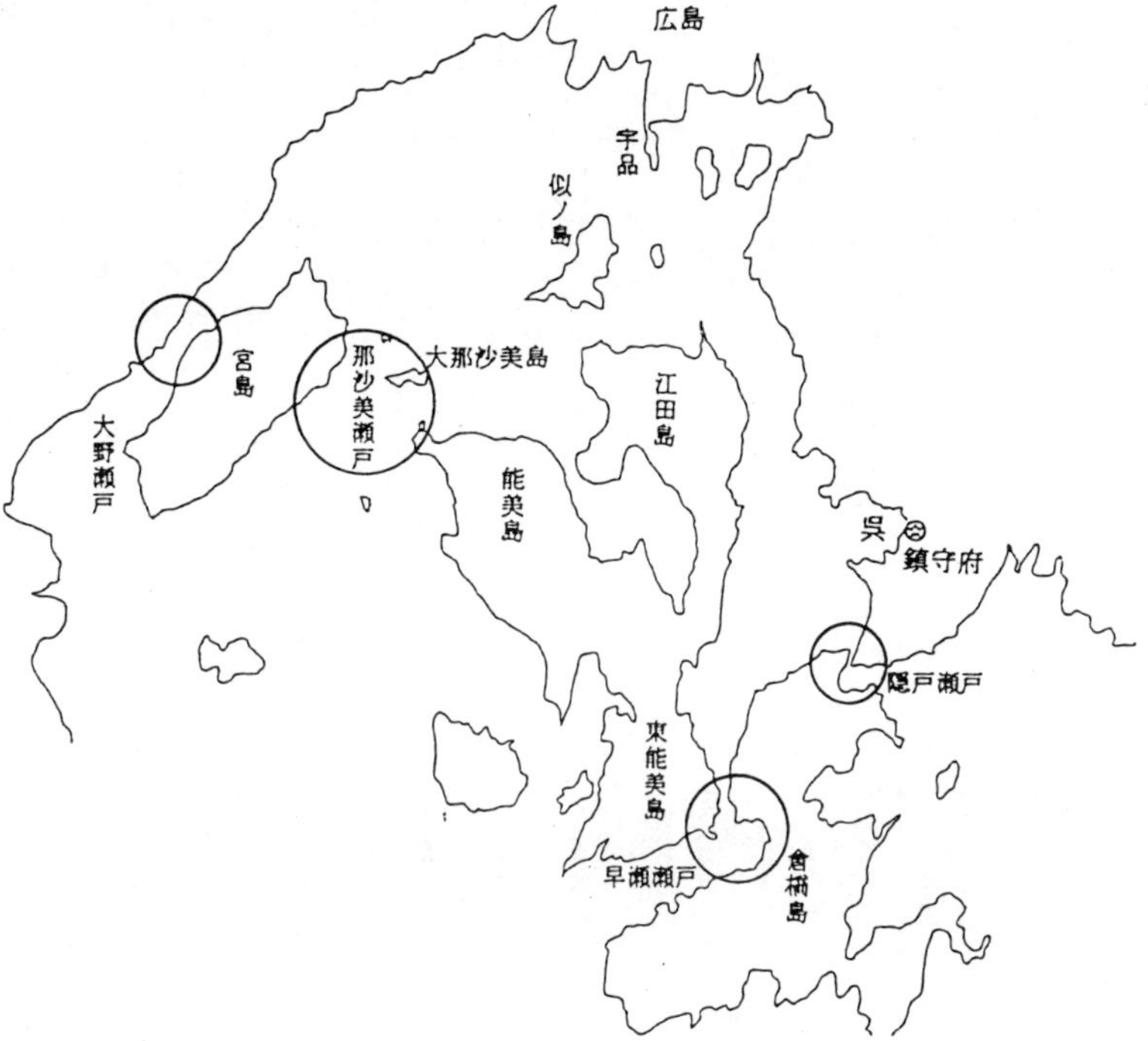

が始まり、砲台の建設は見送られ、日清戦争後の明治三十年漸く工事が開始された。

　これらの瀬戸のうち、那沙美瀬戸が最も重要な進入路であったので、まず那沙美瀬戸沿岸の砲台工事から開始された。即ち、明治三十年三月、大那沙美島砲台の起工に始まり、五月に鶴原山砲台、八月に鷹ノ巣低砲台、翌三十一年六月に岸根砲台、七月に鷹ノ巣高砲台の工事がそれぞれ開始され、続いて三十一年十月に大野瀬戸の室浜砲台、三十二年三月に早瀬瀬戸の三高山堡塁、五月に大君砲台、十月に早瀬第一堡塁・早瀬第二堡塁、三十三年九月に隠戸瀬戸の休石砲台、十二月に高烏堡塁の工事がそれぞれ開始された。三十五年四月には、呉鎮守府の背後を防護するために大空山堡塁の工事が開

表四―二―一〇　広島湾要塞砲台一覧表

砲台	起工	竣工	備砲 平射砲	備砲 曲射砲	備砲完了
大空山	M三十五・四	M三十六・十二		二八H×四	
高烏	三十三・十二	三十五・六		二八H×六	
休石	三十三・九	三十四・三	九K×二		M三十五・十二
早瀬第一	三十二・十	三十四・三		二八H×六	
早瀬第二	三十二・十	三十三・八	九K×六	九M×四	三十五・四
大君	三十二・五	三十三・六	一二K×四		三十四・十二
三高山	三十二・三	三十四・三	九K×四	二八H×六 九M×四	三十六・三（二八H）
鶴原山	三十・五	三十三・三	九K×二 二四K×六		三十四・四
岸根	三十一・六	三十三・九	九K×四 二七K×四		
大那沙美島	三十・三	三十三・三	二四K×四		三十二・十一
鷹ノ巣低	三十・八	三十三・三	九K×四 二七K×四		三十五・九
鷹ノ巣高	三十一・七	三十三・三		二八H×六	三十四・六
室浜	三十一・十	三十二・三	九K×四		三十七・二

始された。これらの砲台は、全て明治三十六年までに竣工し、日露戦争開始までにそのほとんどの備砲工事を完了した。[29]

呉（広島湾）要塞砲台の建設状況は、表四―二―一〇のとおりである[30]（付図―一三参照）。

(8) 下関要塞

下関要塞は、本州と九州との連絡路を防護するとともに、敵艦船の下関海峡通行を阻止するために建設されたもので、東京湾・対馬の砲台工事に次いで着工された。即ち明治二十年に老ノ山・田ノ首・田向山砲台の工事が開始され、以下表四―二―一一のように建設されていった[31]（付図―一四参照）。

表四―二―一一のように、日清戦争までにほとんどの砲台が着工され、その大半が竣工していた。日清戦争後、さらにこれらの砲台の背面防御を強化するために龍司山堡塁と高蔵山堡塁が建設された。

下関海峡は、西側入口が彦島によって、南の大瀬戸と北の小瀬戸に二分され、東側は早鞆瀬戸を経て周防灘に通じる。響灘から大瀬戸に侵入する敵艦船を阻止するために、筋山・田ノ首・笹尾山・田向山砲台が建設され、小瀬戸からの侵入を阻止するために老山砲台が建設された。また、豊予海峡から周防灘を経て早鞆瀬戸に侵入する敵艦船を阻止するために、火ノ山第一～第四・門司・古城山砲台が建設された。

下関側諸砲台の背面防御のために龍司山・一里山・戦場ケ野・金比羅山堡塁が建設され、門司・小倉地区諸砲台の背面防御のために古城山・矢筈山・富野・高蔵山堡塁が建設された。このように背面防御の堡塁が多く建設されたのは、地形上の問題もあるが、この下関海峡地区が、それだけ戦略的に重要視されていたためである。

下関要塞の金比羅山堡塁は、その施設のほとんどが地下構造物として最も堅固に構築され、全国の砲台を代表するものであった。

表四―二―一　下関要塞砲台一覧表

砲台	起工	竣工	備砲 平射砲	備砲 曲射砲	備砲完了
龍司山	M三十・十一	M三十三・二	一二K×六	九M×四 一五M×二	M三十六・二（一二K）
火ノ山第一	二十一・一	二十四・二		二八H×四	二十五・六
火ノ山第二	二十一・一	二十四・二		二八H×四	二十四・十
火ノ山第三	二十一・一	二十四・二	二四K×八		二十六・三
火ノ山第四	二十一・一	二十四・二	一二K×四	二八H×二 一五M×四	二十四・九（二八H）
一里山	二十八・十	三十・七	一二K×四	一五M×四	
戦場ケ野	二十四・四	二十五・十	一二K×八	一五M×四	
金比羅山	二十三・六	二十六・四	一二K×四	二八H×八	二十六・十一（二八H）
老ノ山	二十・十	二十三・一		二八H×一〇	二十五・四
筋山	二十一・四	二十二・八	二四K×六		二十九・四
田ノ首	二十・九	二十一・十二	二七K×四		二十九・九
門司	二十六・十一	二十八・七	二四K×二		
古城山堡塁	二十七・十	二十八・十	機関砲×四		
古城山	二十一・二	二十三・六		二四M×一二	
矢筈山	二十八・八	三十一・三	九K×四	一五M×四	

笹尾山	M二十・十	二十二・九		二八H×一〇	二十四・八
田向山	二十・九	二十二・三		二四M×一二	二十四・十一
富野	二十六・三	二十八・十	一二K×八	一五M×二	
高蔵山	三十二・二	三十三・十二	一二K×六	一五M×六	

(9)　佐世保要塞

佐世保要塞は、佐世保軍港を防衛するために建設されたもので、明治二十四年からその防御計画を検討し、二十六年二月には佐世保軍港防御計画書が決定されたが、日清戦争のため砲台工事が遅れ、日清戦争後の明治三十年九月に高後崎砲台・面高堡塁、十月に石原岳堡塁の工事が漸く開始された。翌三十一年六月に小首堡塁、十一月に丸出山堡塁、三十二年七月に牽牛崎堡塁、三十三年四月に前岳堡塁の工事がそれぞれ開始された。これらの砲台は、全て明治三十四年までに竣工し、三十五年までに備砲工事も完了したのである。その建設状況は、表四―二―一二のとおりである(32)（付図―一五参照）。

これら諸砲台のうち、佐世保軍港入口の海正面を制する任務をもつのが、高後崎砲台・丸出山堡塁・小首堡塁・面高堡塁であり、軍港入口陸正面に上陸してくる敵に対処するのが、丸出山堡塁・小首堡塁・面高堡塁・石原岳堡塁である。また、軍港北正面を防護するのが前岳堡塁と牽牛崎堡塁である。

表四—二—一二　佐世保要塞砲台一覧表

砲台	起工	竣工	備砲 平射砲	備砲 曲射砲	備砲完了
前岳	M三十三・四	M三十四・十一	一二K×六	一五M×四	M三十五・三
牽牛崎	三十二・七	三十四・九	一二K×四	二八H×六 一五M×四	三十五・三
丸出山	三十一・十一	三十四・十一	二四K×四	二八H×四	三十四・四（二四K） 三十五・三（二八H）
小首	三十一・六	三十三・九	一五K×二 二四K×四		三十三・十一
高後崎	三十・九	三十一・十二	九K×四		三十四・十二
面高	三十・九	三十三・八	一二K×四	二八H×四 九M×二	三十四・九（二八H）
石原岳	三十・十	三十二・十二	一〇K×六	九M×四	三十三・九

⑽　長崎要塞

長崎要塞は、長崎港及び港内の造船所などの防衛のために建設されたもので、明治の初期から防御要領が検討されてきたが、日清戦争のため正式決定が遅れ、戦争終了直後の明治二十八年八月漸く防御計画が決定された。しかし、その後もさらに修正され、結局明治三十一年三月に最終決定がなされ、翌四月漸く神ノ島高砲台の工事が開始された。続いて八月に神ノ島低砲台、十月に蔭ノ尾砲台の工事が開始された。長崎要塞砲台の建設状況は、表四—二—一三のとおりである[33]（付図—一六参照）。

表四—二—一三　長崎要塞砲台一覧表

砲台	起工	竣工	備砲		備砲完了
			平射砲	曲射砲	
神ノ島　高	M三十一・四	M三十三・三		二八H×八	M三十四・七
神ノ島　低	三十一・八	三十二・七	九K×四		三十五・二
蔭ノ尾	三十一・十	三十二・十	九K×四		

(11)　対馬要塞

対馬の中央に位置する浅海湾は、対馬海峡を通行する艦船の停泊地として最適であった。対馬要塞は、この浅海湾を防護し、敵に利用させないために建設されたもので、明治二十年四月に砲台工事が開始された。この砲台建設工事は、東京湾に次いで日本で二番目のものであり、当時いかに対馬が重視されていたかを示すものである。

明治二十年四月に浅海湾内の温江・大平・芋崎砲台、続いて九月に大石浦砲台の工事が開始され、これらの砲台は、翌二十一年中に竣工した。日清戦争では、これらの砲台は戦備に就き、浅海湾の防衛に当った[34]。

日清戦争後、さらに浅海湾の防護を強化し、三浦湾・鶏知湾にも防護を施すことになり、表四—二—一四のように砲台が建設された[35]（付図—一七参照）。

表四―二―一四　対馬要塞砲台一覧表

砲台	起工	竣工	備砲 平射砲	備砲 曲射砲	備砲完了
温江	M二十・四	M二十一・八	一二K×四		
大石浦	二十・九	二十一・十		二八H×六	
四十八谷	三十一・八	三十三・三		二八H×六	M三十三・十
大平	二十・四	二十一・十	一二K×四		
大平高	三十一・十	三十四・十	一二K×四		三十五・十一
芋崎	二十・四	二十一・十		二八H×四	三十二・三
城山	三十三・四	三十四・十一		二八H×四	三十五・三
城山付属堡塁	三十三・四	三十四・十一		九M×四	
折瀬鼻	三十三・十二	三十五・四	一二K×二		三十五・三
姫神山	三十三・二	三十四・十一		二八H×六	三十七・一
根緒	三十四・八	三十六・三	一二K×四	二八H×四	三十六・八（二八H）
上見坂	三十四・八	三十五・十一	七K×四 九K×四		
樫岳	三十七・九	三十九・二		二八H×四	
多功崎	三十八・二	三十九・五	二四K×二		
郷山	三十七・八	三十八・十		二八H×四	

表四―二―一四のように、浅海湾の防護を強化するため、第二期工事として明治三十一年八月に四十八谷砲台、十月に大平高砲台、三十三年四月に城山砲台・城山付属堡塁の工事が開始され、さらに三浦湾の防衛のため、三十三年二月に姫神山砲台、十二月に折瀬鼻砲台の工事が開始され、また鶏知湾防衛のために三十四年八月に根緒堡塁、厳原・鶏知・根緒堡塁の背面防護のため三十四年四月に上坂堡塁の工事がそれぞれ開始された。これらの砲台は、日露戦争開始前の明治三十六年までに竣工した。日露戦争中、バルチック艦隊の東航に備え、浅海湾の防備を強化するために、急遽同湾入口の南側に郷山・樫岳・多功崎砲台及び北側に廻砲台の建設が計画され、工事に着手したが、南側の郷山・樫岳・多功崎砲台のみ建設され、廻砲台は中止された(36)。

(三)　要塞地帯法の制定

要塞内にある各砲台の種類・構造・備砲の種類・数などいわゆる要塞の防備状況は、国家機密として厳重な保全措置が講じられるものである。要塞の防備状況が、相手に判明すれば、攻略し易くなり、要塞の防護能力が半減してしまうからである。

要塞砲台の建設が開始されるや、陸軍自体でそれなりの警戒・警備処置をとっていたが、国家機密に関するものである故、法的規制が必要になり、明治二十七年十月、海軍軍港の諸施設の秘密保護を含めた「国防用防禦営造物保護法案」を陸海軍両大臣の連名で提案したが、日清戦争中の諸対応に追われ、またその後の陸海軍両者の意見の相違から、この法案は実現するに至らなかった(37)。

日清戦争後、全国各地で要塞砲台の建設が始まった状況にあって、陸軍は要塞付近の取締規定を立案し、これが、明治三十一年七月勅令第一七六号「要塞近傍ニ於ケル水陸測量等ノ取締ニ関スル件」として公布された[38]。

明治三十二年七月、前記の勅令をより具体化し、要塞の秘密保全を強化するために「要塞地帯法」が法律第一〇五号として制定された[39]。

要塞地帯とは、国防のため建設された諸般の防御営造物の周囲の区域のことであり、この区域は陸地と海面に関係なく三区に区分され、第一区は基線（防御営造物の各突出部を連ねた線）より二五〇間（約四五〇メートル）以内の区域で、第二区は基線より七五〇間（約一、三六〇メートル）以内の区域で、第三区は基線より二、二五〇間（約四、〇九〇メートル）以内の区域である。これらそれぞれの区域は、陸軍大臣が告示し、これらを変更した場合も同様告示する[40]。

要塞の秘密保全のため、要塞地帯各区において、要塞司令官の許可を必要とする各種禁止・制限行為が、表四―二―一五のように定められ、土地の所有者といえどもその所有権に対し制限が課せられた（海軍の防御営造物に係わる地帯については、要塞司令官の職務を鎮守府司令長官が行なう[41]）。

このような禁止・制限行為を犯した者は、重禁固以下の刑罰が科せられたのである。かくして要塞地帯は、一般の国民には秘密のベールに包まれた存在となったのである。これらの各要塞地帯は、図四―二―三のとおりである[42]。

表四―二―一五　要塞地帯における禁止・制限行為

根拠	禁止・制限行為		一区	二区	三区	三区外
七条	測量・撮影・模写など		○	○	○	○
八条	視察のための立入		○	○	○	三区外とは三区の外方三千五百間以内の区域を指す。
九条	漁猟・採藻、艦船の繋泊土砂掘鑿		○			
一〇条	不燃材の家屋・倉庫の新設 高さ二尺以上の不燃建造物新設		○			
一一条	埋葬地、水車風車、井戸の新設 生垣・木造の囲いの新設		○			
一二条	不燃材の家屋・倉庫の新設 埋葬地の新設 高さ三尺以上の不燃建造物新設			○		
一三条	不燃物・石炭類の累積	五尺以上	○			
		八尺以上		○		
	薪炭・竹・木材の累積	一丈三尺以上	○			
		一丈七尺以上		○		
一四条	家屋・倉庫等の改築・増築		○	○		
一五条	地表高低を永久に変更する土工 溝渠・塩田・公園・竹木林・果樹園・耕作地などの新設・変更		○	○	○	
一六条	堤塘・運河・道路・橋梁・鉄道 隧道・永久桟橋の新設・変更		陸軍大臣の許可			

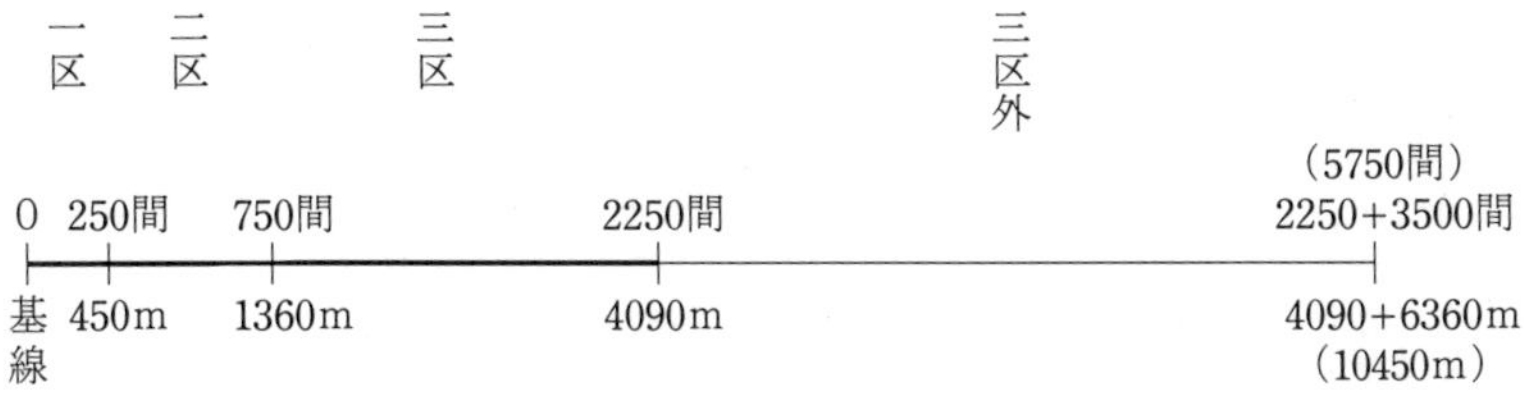

図四―二―三　要塞地帯

① 東京湾要塞地

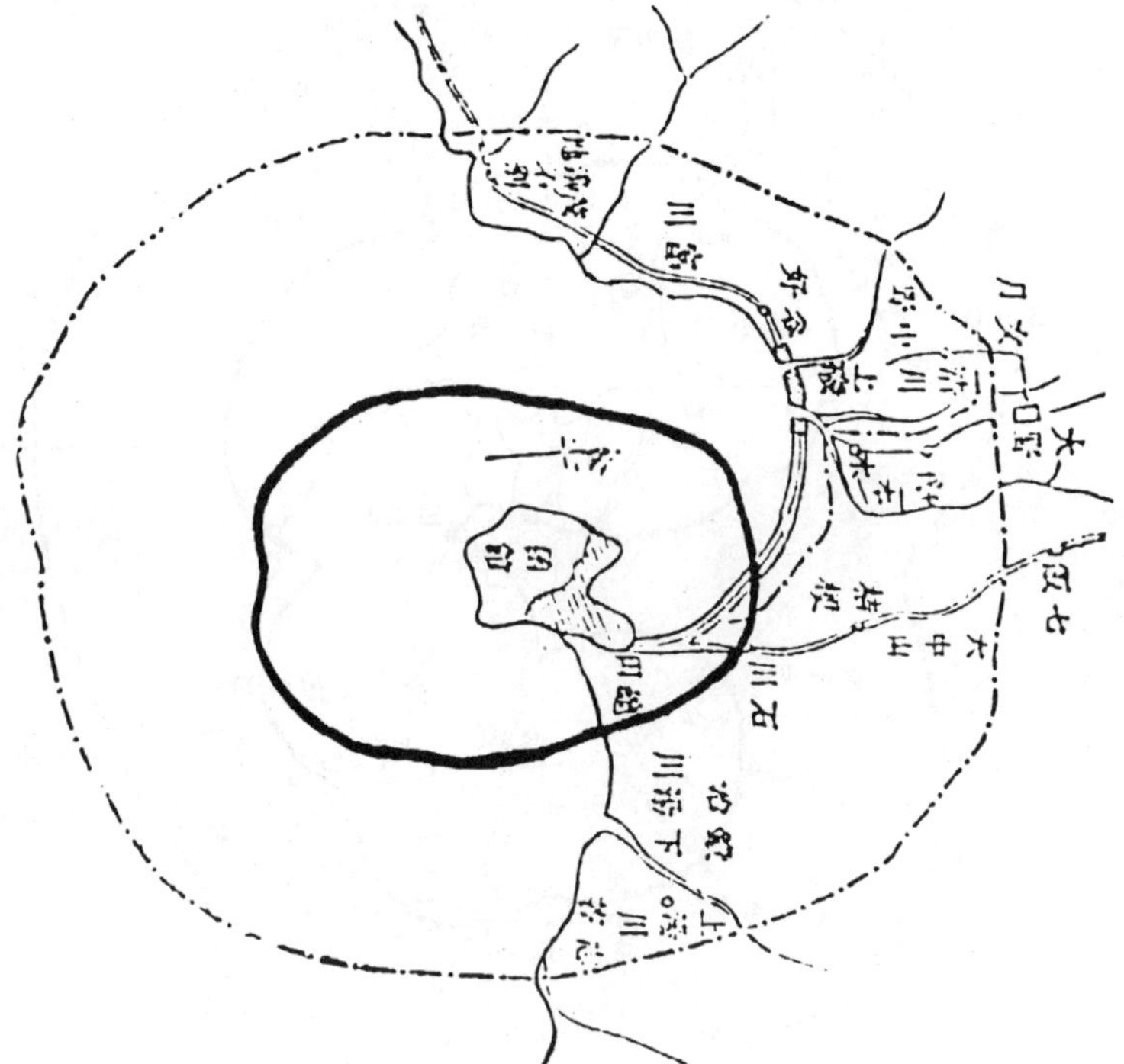

② 函館要塞地

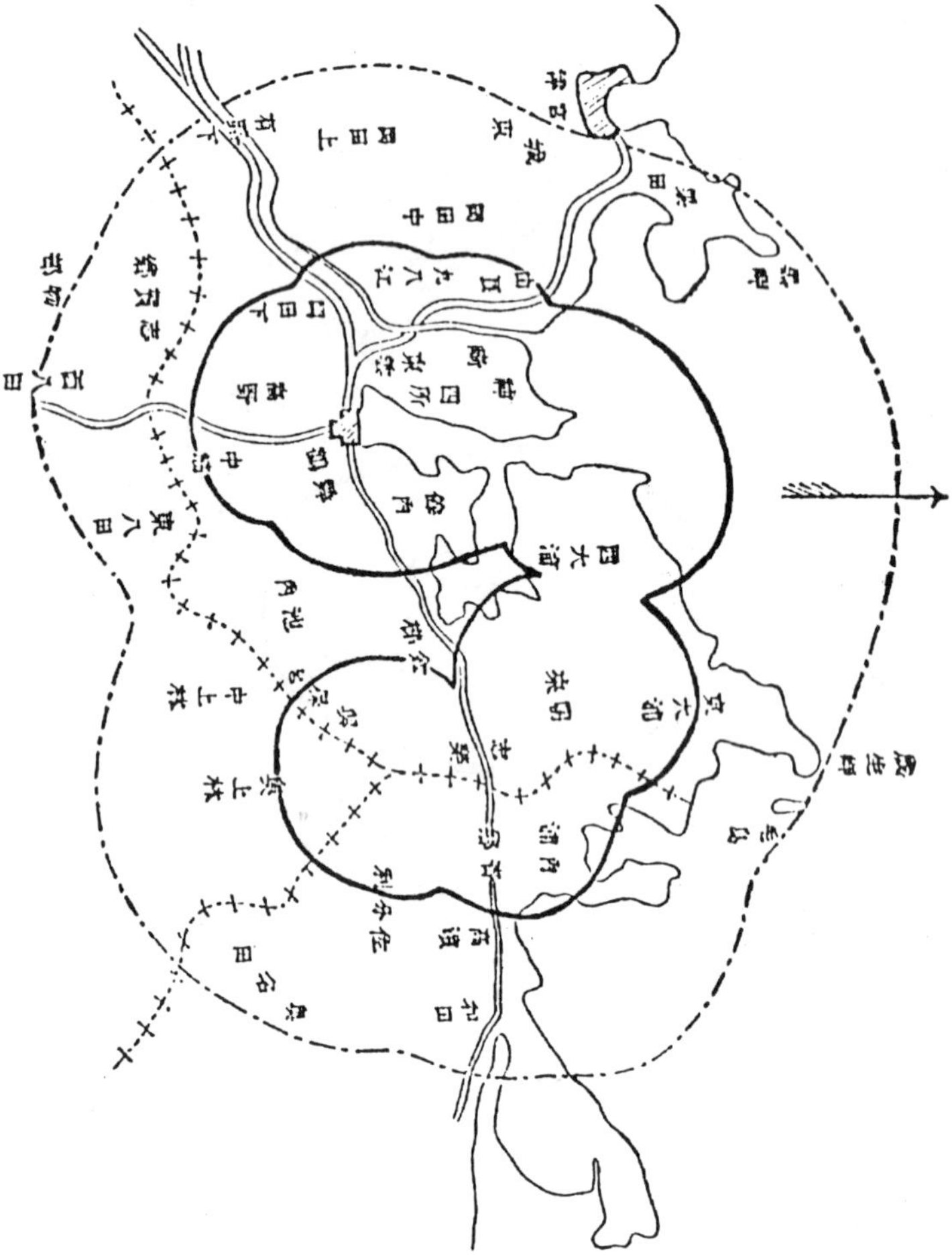

③　舞鶴要塞地

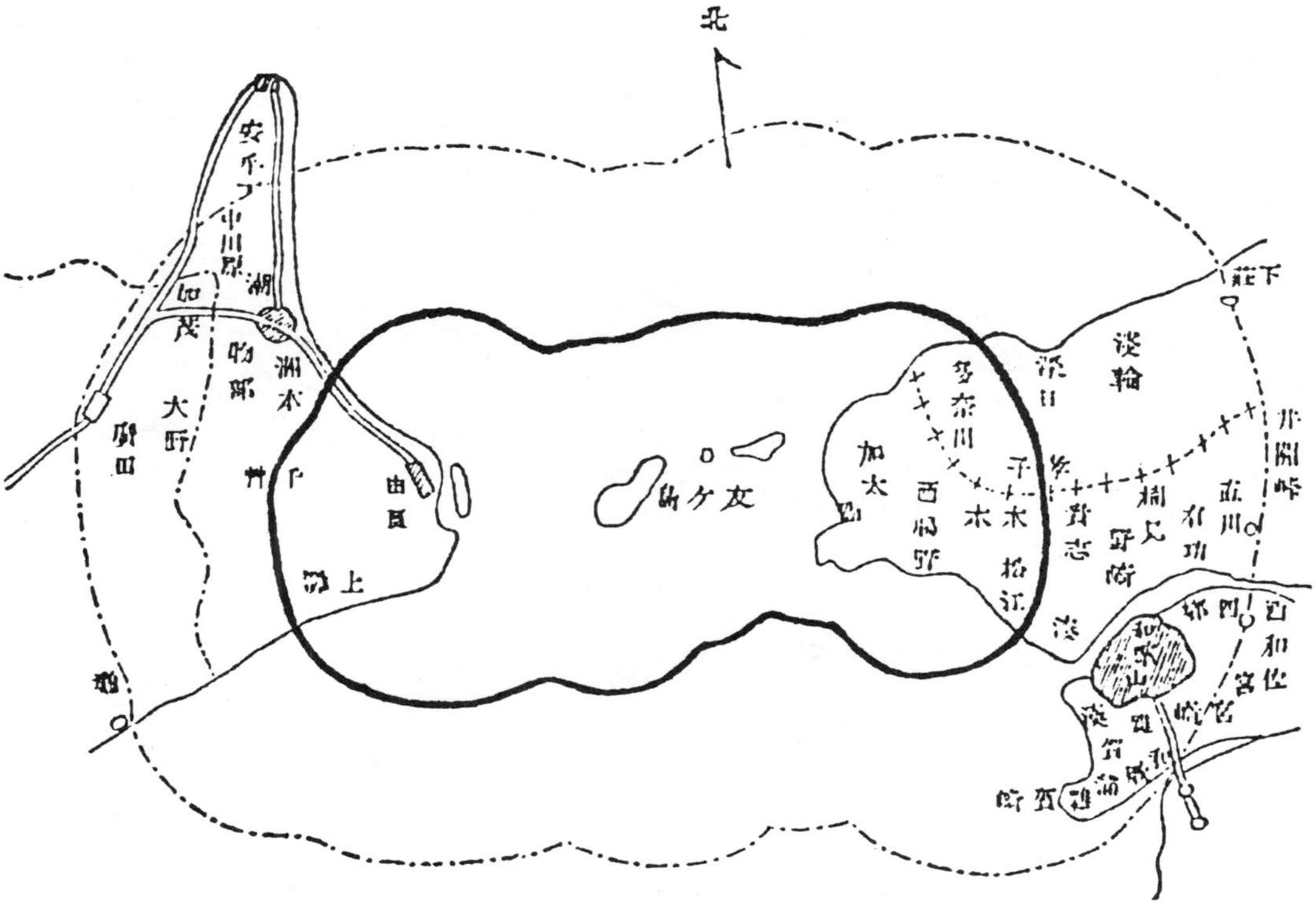

④ 由良要塞地

⑤　鳴門要塞地

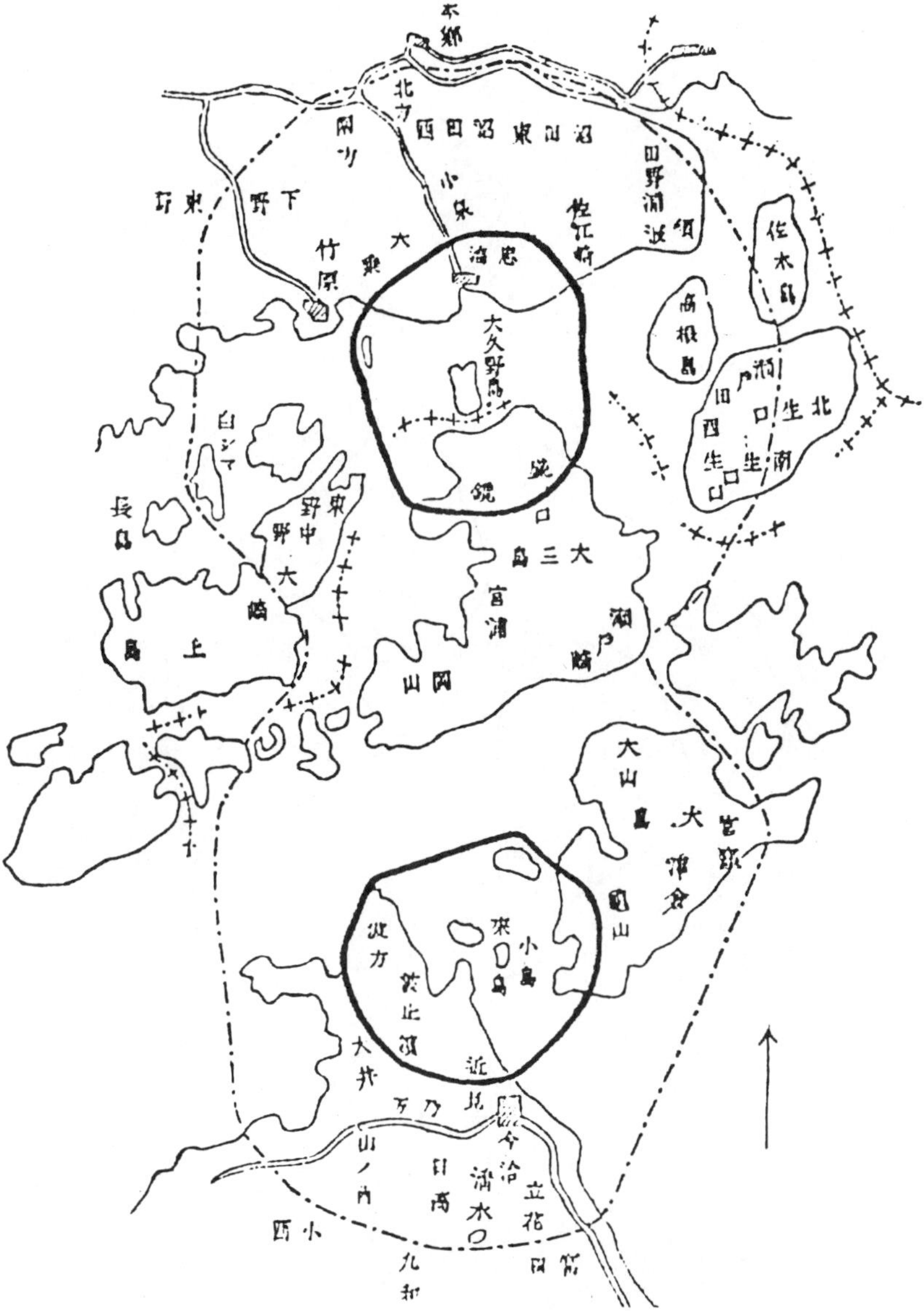

⑥　芸予要塞地

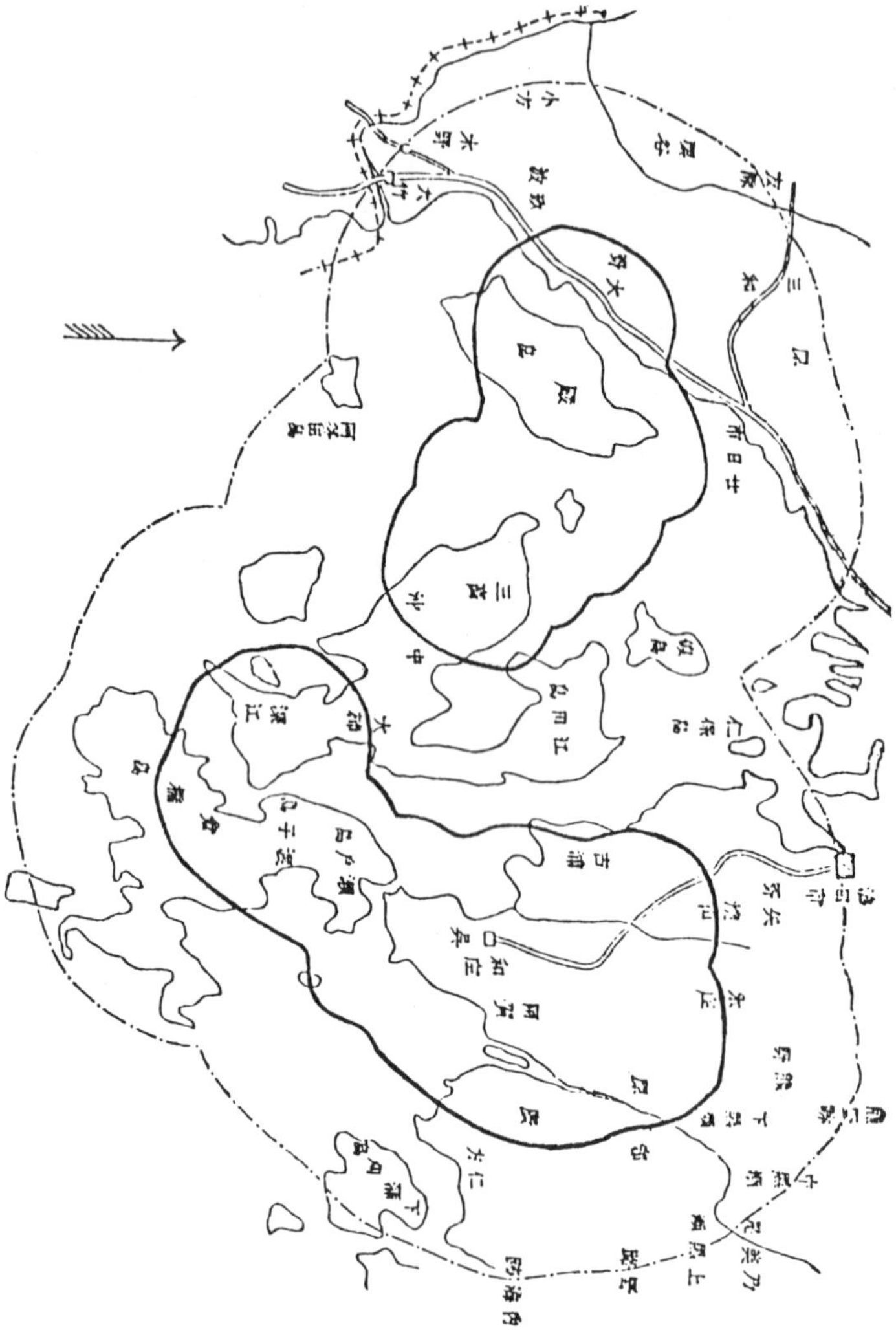

⑦ 呉（広島湾）要塞地

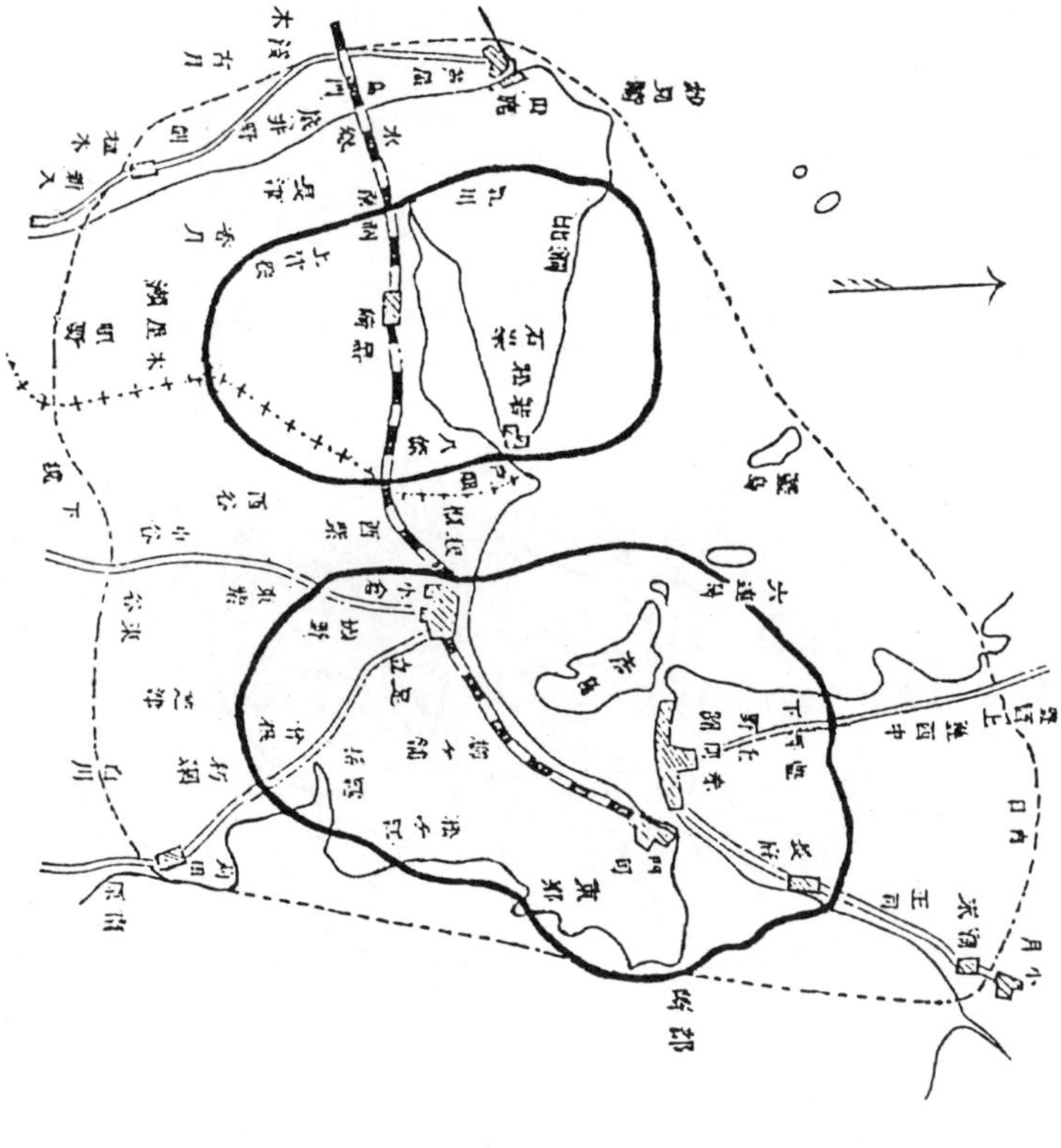

⑧　下関要塞地

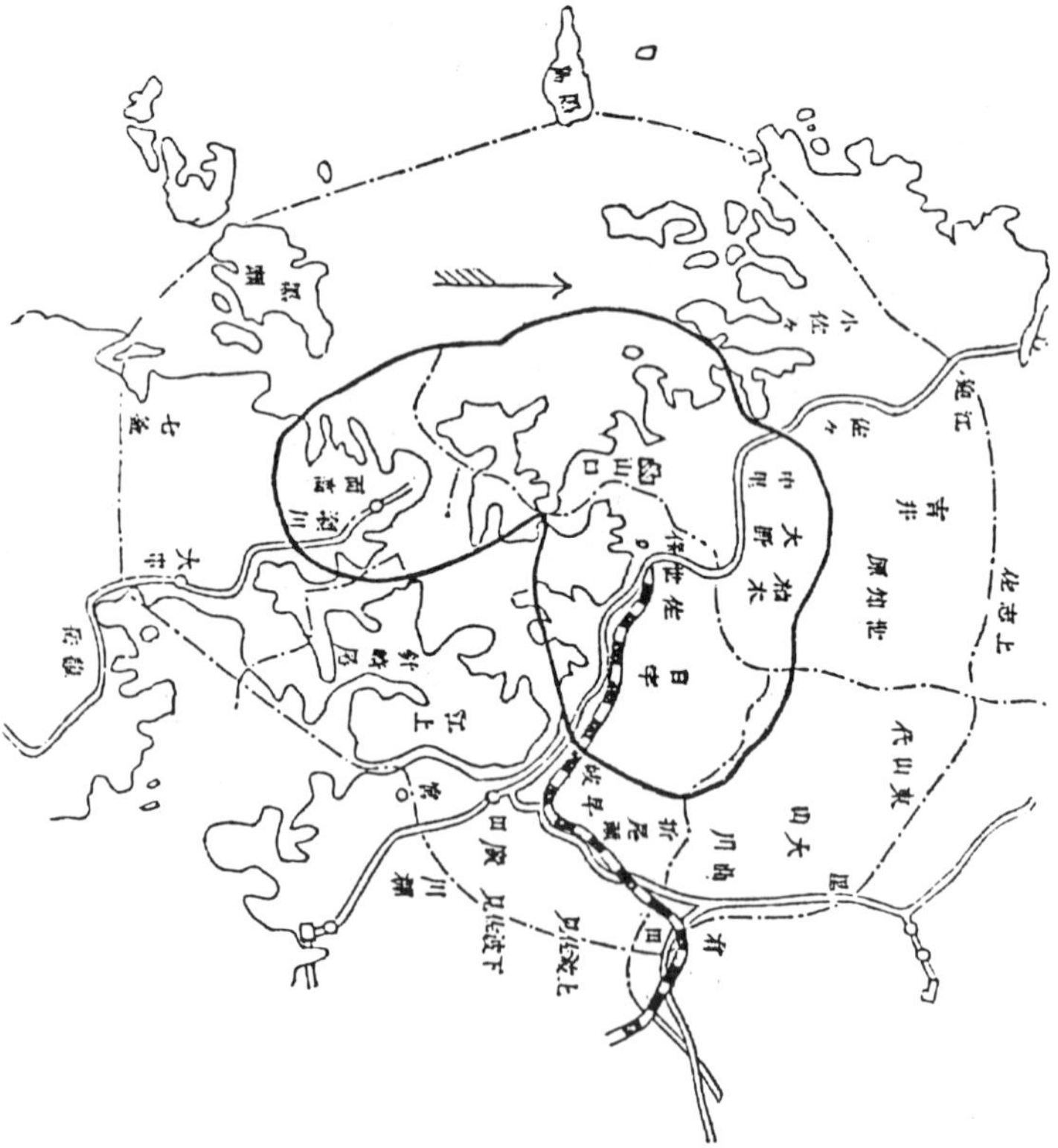

⑨ 佐世保要塞地

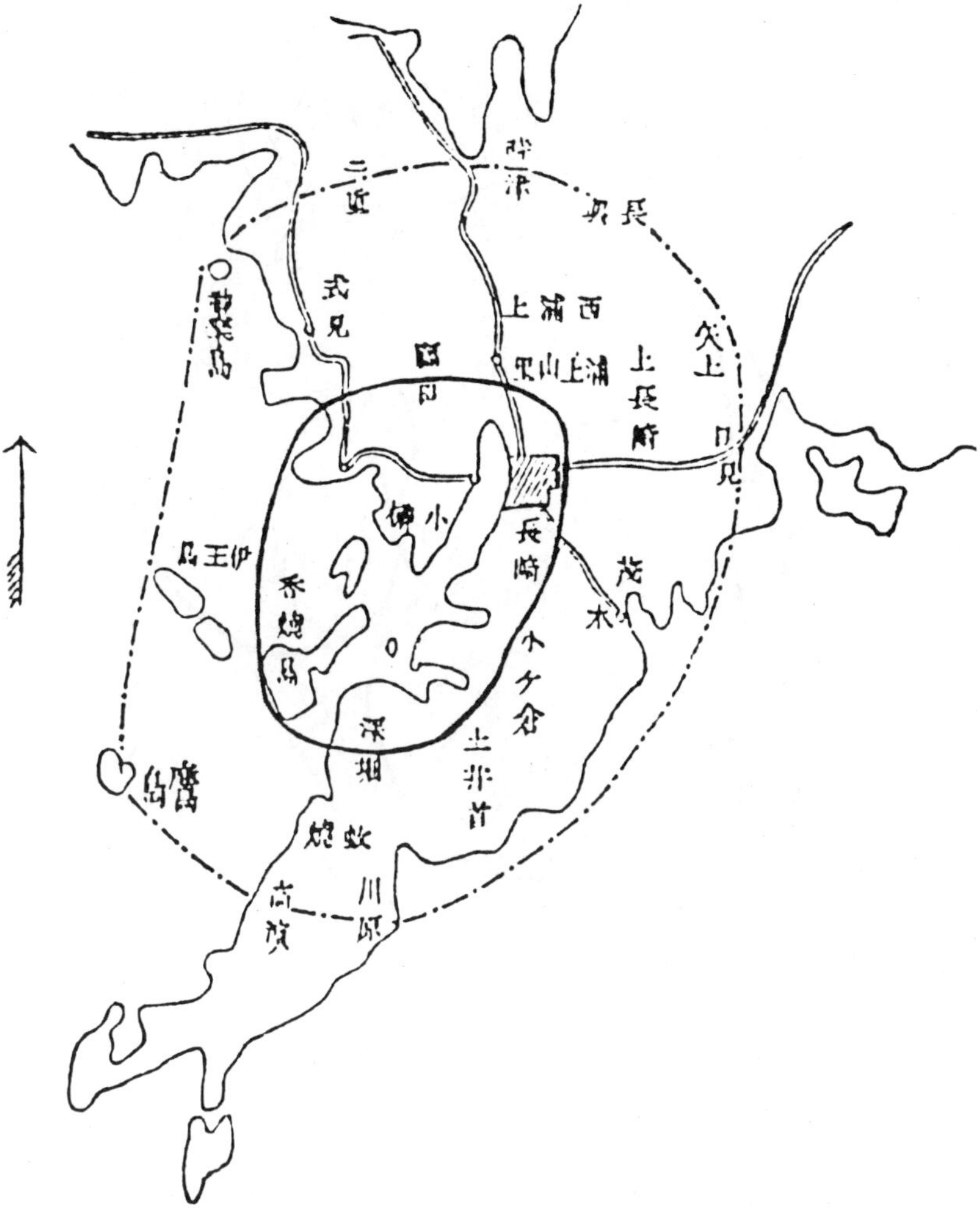

⑩　長崎要塞地

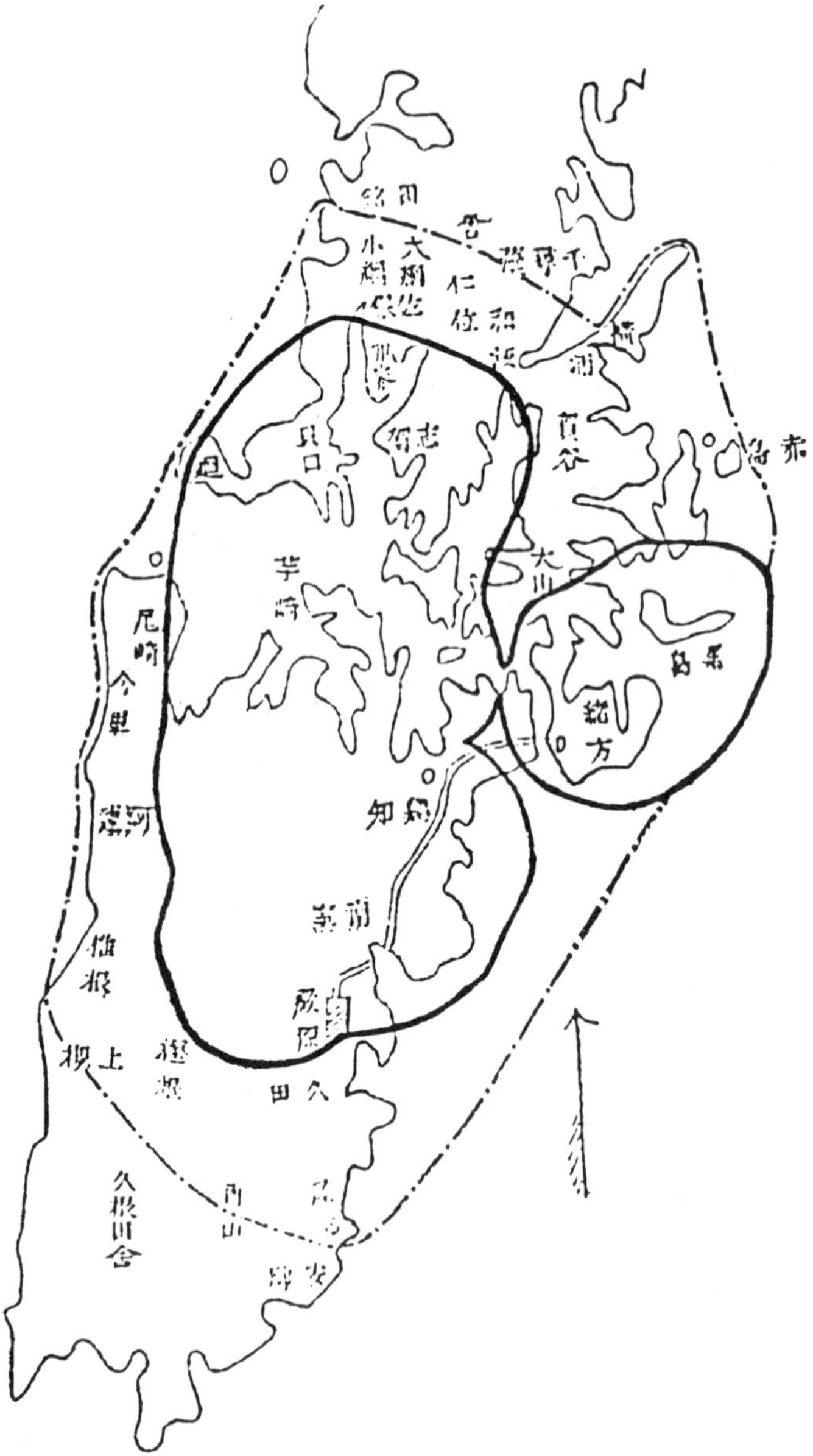

⑪　対馬要塞地

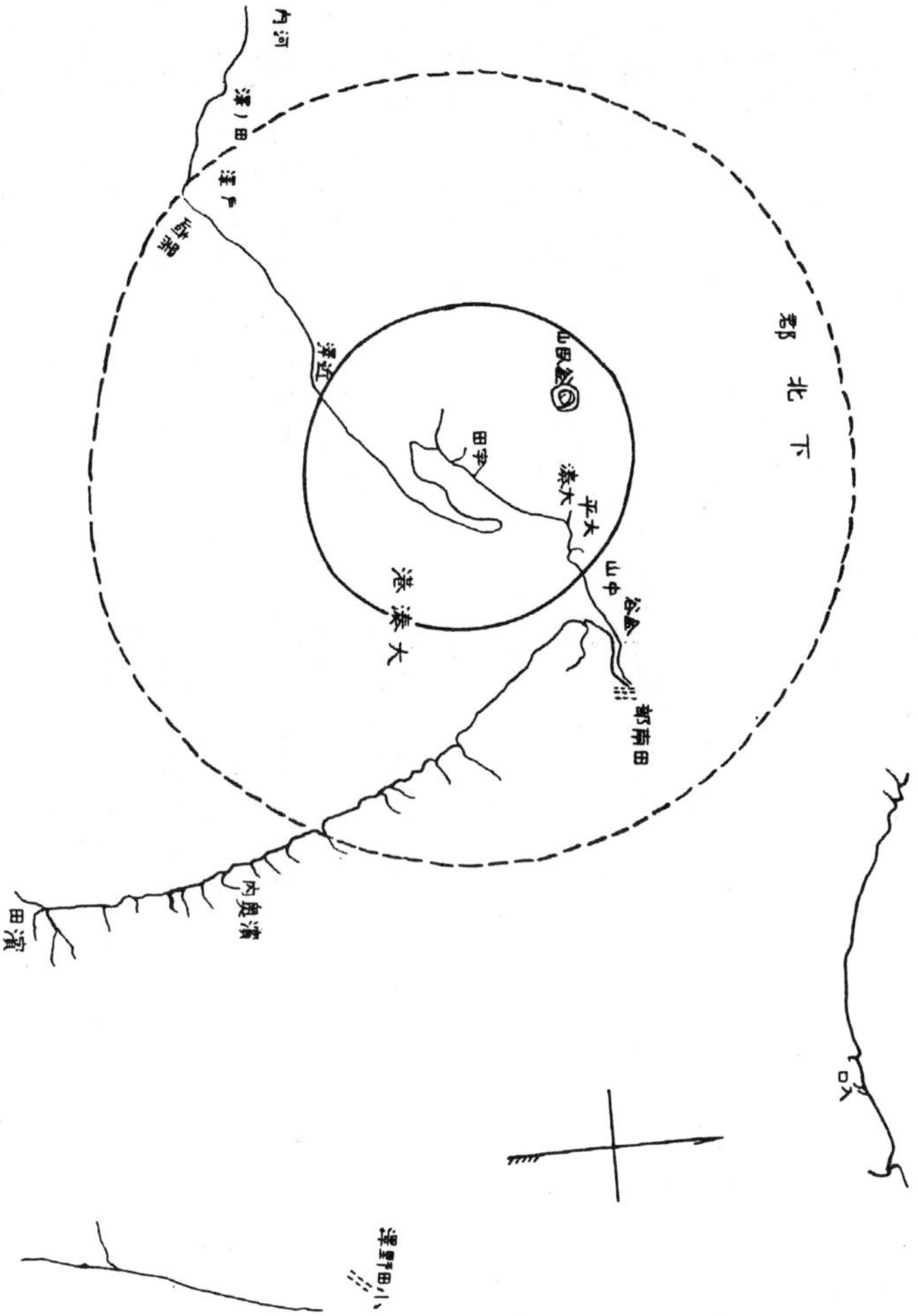

⑫　大湊要塞地

(四) 要塞防禦教令草案の制定

陸軍は、日清戦争前の明治二十五年頃から、国土防衛のための作戦計画要領を策定していたが、日清戦争後さらに検討し、後述するように守勢作戦計画要領を策定し、これに基づき守勢作戦計画訓令及び要塞防禦計画訓令を各師団長・各都督など（東部・中部・西部都督）に達していた。

この要塞防禦計画訓令は、戦時における各要塞の戦備を命じたもので、要塞司令官は、これに基づき要塞の戦備を整えるのである。

ところが、要塞防禦に関して準拠すべき教範などが未だ制定されておらず、研究を重ねた結果、明治三十一年一月漸く「戦時要塞勤務令」を制定したのである。(43)

その後さらに検討され、明治三十五年十月、「戦時要塞勤務令」に替えて、「要塞防禦教令草案」が制定され、同年十一月に陸軍大臣より達せられたのである。(44)

要塞防禦教令草案は、要塞防禦一般の要領及び要塞司令官以下の戦時における勤務の要領を規定したものであるが、まだ検討の余地もあるので、草案という形式をとり試行されたのであった。この草案は、明治四十三年六月、部分修正の上、正式に「要塞防禦教令」として制定された。(45)

要塞防禦教令草案は、次のような内容である。

要塞防禦教令草案

第一篇　総則

第二篇　指揮権ノ関係
第三篇　要塞司令官及其ノ機関
第四篇　守備隊
第五篇　戦備
第六篇　警戒勤務
第七篇　海正面ノ防禦
第八篇　陸正面ノ防禦
第九篇　弾薬補充
第十篇　兵器修理
第十一篇　衛生
第十二篇　給養
第十三篇　宿営
第十四篇　水上警察・軍事警察
第十五篇　要塞内ノ民政

この草案において、各要塞は要塞動員下令により本戦備または準戦備に着手すると規定された。また、情況により要塞動員下令前に警急配備をとらせることができると規定された(46)。

要塞動員とは、要塞に防御上必要な人馬材料を充足具備し、戦備作業を実施し、要塞を平時の体勢より防御に堪える体勢に移すことをいう。

本戦備とは、敵の本格的攻撃に対する場合にとる戦備であり、準戦備とは敵の艦隊の攻撃に対する場合にとる戦備である。警急配備とは、要塞動員によって戦備を整える暇がなく迅速に応急的配備をとることである（後の要塞防御教令では、警急配備は「警急戦備」と改称された）。これらを要塞戦備という。

要塞砲兵部隊は、平時は師団長に隷しているが、要塞動員が下令されると要塞司令官の指揮下に入り要塞の守備に就くのである。

要塞における防御の要領は、第七篇・第八篇にそれぞれ海正面・陸正面について具体的な行動が記されている。要塞における防御戦闘において、最も重要なものは、弾薬の準備である。この要塞防御教令草案では、戦備に当り調整すべき備砲一門当りの弾薬数は、表四―二―一六に示す弾薬基数を基準にして、次に示す順序で実施するよう定められている。(47)

表四―二―一六　弾薬一基数

砲　種	海正面
大口径砲戦砲	三〇
	一〇
中口径砲	八〇
小口径砲	一〇〇

砲　種	陸正面
大口径砲	四〇
	六〇
小口径砲	八〇

準備の順序

①海正面砲台の各砲　一〜三基数
②陸正面堡塁の各砲　一〜二基数
③海正面砲台・弾廠・支庫に貯蔵の定数弾薬全部
④陸正面堡塁に貯蔵の定数弾薬全部
⑤本庫に貯蔵の弾薬

（砲台・堡塁・弾廠・支庫・本庫に貯蔵すべき定数弾薬は、要塞弾薬備付規則〔明治三十二年八月要塞弾薬備付法案を改定〕によって定められている）

この草案は、その他に衛生・給養・宿営・周囲の住民に関することを規定し、いわゆる要塞防御戦実施の一般的準拠になったのである。

三　海軍の拡張

(一)　海軍軍備拡張意見

日清戦争直後のいわゆる三国干渉は、海軍軍備の拡張気運を高めることになり、西郷従道海軍大臣は山本権兵衛軍務局長に、戦後の海軍軍備整備に関する調査研究を内訓した。この内訓を受け山本軍務局長は、日清戦争の教訓と戦後の東洋の趨勢ならびに世界列強の東洋に対する利害関係を考慮し、西郷海軍大臣にその成案を提出した。その概要は次のとおりである。(1)

「将来遠く艦隊を派して我国と拮抗し得べきは英、露、仏にして、其他は是等と聯合して事を為すの外、単独にては我に対抗するの策を執らざるべき歟。故に今日我国力に相当する海軍力に相当する海軍力を決するには、英国か又は露の一国に仏国又は他の劣勢なる一、二箇国が聯合するものとし、其聯合国が東洋に派遣し得べき艦隊の程度を予想し、之に優るの艦隊を備うるを以て急務とすべきなり。」と、日本に対抗する国の東洋派遣海軍力を想定して、それに優る艦隊の整備の必要を述べた。具体的には、主力艦隊は甲鉄戦艦六隻、一等巡洋艦六隻を備えたいわゆる六・六艦隊を編成すべきであるとするものである。甲鉄戦艦は、現在建造中の「富士」・「八島」に加えて新たに一万五千トン級のものを四隻建造し、一等巡洋艦は新たに九千トン以上一万トン未満のものを六隻建造し、その他二等巡洋艦・三等巡洋艦・報知艦・水雷砲艦・水雷母艦兼工作船・水雷駆逐艇・水雷艇などの補助艦艇をも建造すべきとしたのである。

甲鉄戦艦を一万五千トンとしたのは、当時在東洋の最大戦艦であるイギリスの戦艦「センチュリヲン」よりも五千トン大きくし、スエズ運河の通行ができないような戦艦を建造すれば、これに対抗する戦艦を欧州から東洋に派遣することが極めて困難になると判断したためである(2)。その根拠は次の三点である(3)。

①スエズ運河を通行できない軍艦は喜望峰を廻らざるをえず、喜望峰を廻ると日数と経費を要し、しかもイギリス以外の国は途中に石炭補給所を持たないため、イギリスが中立を守る時は途中石炭の補給ができない。

②これを避けるため、平時から喜望峰を廻り予め一万五千トン級の戦艦数隻を東洋に派遣しておくことは、艦隊の維持・整備施設などに莫大の経費を要し、平時東洋で得られる利益に比し、経費とのバランスがとれない。

③従って緩急に応じて東洋に派遣すべき艦隊は、スエズ運河を通行できる次等の戦艦か巡洋艦とみなして大過ない。

このような考えに基づき海軍拡張計画が作成されたのである。

(二)　六・六艦隊の建設

前述の海軍拡張計画（山本案）は、艦艇新造経費及びこれに伴う沿岸防御などに要する経費を積算すると二億円を超過するため、これを二億円以内に縮減する必要からこの海軍拡張計画を次のように改定し、明治二十八年七月西郷海軍大臣は閣議に提出した(4)。主要な改定は一等巡洋艦を六隻から四隻に削減したことである。

甲鉄戦艦	四隻（一万五千トン級）	
一等巡洋艦	四隻（七千トン級）	
二等巡洋艦	三隻	
三等巡洋艦	二隻	
水雷砲艦	三隻	
水雷母艦兼工作船	一隻	
水雷駆逐艇	一二隻	
一等水雷艇	一六隻	
二等水雷艇	三七隻	
三等水雷艇	一〇隻	計　九二隻

西郷海軍大臣が閣議に提出した説明書によると、「海軍主要ノ目的ハ海上ノ権ヲ制スルニ在リ、海上ノ権ヲ制センニハ先ツ充分洋中ノ戦闘航海ニ堪ヘ敵ノ艦隊ヲ洋面ヨリ撃攘スルニ足ルノ主戦艦隊ヲ備ヘサル可ラス、而シテ主戦艦隊ハ甲鉄艦隊ヲ主体トセサル可ラサルハ固ヨリ明カナル所ニシテ、昨年来清国トノ役ニ於テ愈々其然ルヲ実験シタリ」(5)と述べているように、海軍は甲鉄艦を主体にした艦隊決戦により制海権を獲得することを主目的にしているのである。しかし甲鉄戦艦のみでは主戦艦隊を組織できないので補助艦が必要であるとしている。

この海軍拡張計画は、閣議で決定されたが、財政上の都合で二期に分けて帝国議会に提出されることになり、まずその第一期分が、明治二十八年十二月の第九帝国議会に提出され、一部修正の上協賛された。

この第一期分とは、甲鉄戦艦一隻（一五、一四〇トン）、一等巡洋艦二隻（七、三〇〇トン）、二等巡洋艦三隻、水雷砲

艦一隻、駆逐艦八隻、水雷艇三九隻を、二十九年度から三十五年度にわたる七カ年間で建造するというものである。(6)

ところがその後の東洋の情勢変化に応じるため、海軍は第二期分の拡張計画に当り、一等巡洋艦の建造数を二隻増加して計六隻とし、しかもそれらを全て七、三〇〇トンから一万トン弱に設計変更して、明治二十九年十二月の第一〇帝国議会に提出し協賛を得たのである。(7) かくして建造された艦艇は表四―三―一のとおりであり、(8) 明治三十年に竣

表四―三―一 第一・第二期艦艇建造表

艦種	第一期			第二期		
	艦名	排水量(トン)	竣工年月	艦名	排水量(トン)	竣工年月
一等戦艦	敷島	一四、五八〇	明治三十二年十一月	朝日 初瀬 三笠	一四、七六五 一四、七八三 一五、三六二	三十三年七月 三十四年一月 三十五年三月
一等巡洋艦	八雲 吾妻	九、七三五 九、四二六	三十三年六月 三十三年七月	浅間 常磐 出雲 磐手	九、八八五 九、八八五 九、八二六 九、八二六	三十二年三月 三十二年五月 三十三年九月 三十四年三月
二等巡洋艦	笠置・千歳・高砂					
三等巡洋艦				新高・対馬・音羽		
通報艦	千早					
駆逐艦	八隻			一五隻		
砲艦				三隻		

工の「富士」（一二、六四九トン）・「八島」（一二、六四九トン）を加えていわゆる六・六艦隊が、明治三十五年度に完成したのである。

その他一等水雷艇一六隻、二等水雷艇三七隻、三等水雷艇一〇隻が計画どおり建造された。

この六・六艦隊建設に当り、当時の日本の建艦技術は欧米に立ち遅れていたため、また経済コストの面及び早期完成という軍事的必要性から、これらのほとんどをイギリスに発注することになった。表四―三―一のうち、一等巡洋艦「八雲」がドイツに、一等巡洋艦「吾妻」がフランスに、二等巡洋艦「笠置」と「千歳」がアメリカに発注され、通報艦「千早」と三等巡洋艦「新高」「音羽」及び駆逐艦「春雨」「村雨」「速鳥」「朝霧」「有明」が横須賀造船廠で建造され、三等巡洋艦「対馬」と砲艦「宇治」及び駆逐艦「吹雪」「霰」が呉造船廠で建造された以外全てがイギリスに発注された。(9)

第一期・第二期海軍拡張が概ね完成しつつあった明治三十五年十月、一等戦艦（一五、〇〇〇トン）三隻、一等巡洋艦（一〇、〇〇〇トン）三隻、二等巡洋艦（五、〇〇〇トン）二隻、計八五、〇〇〇トンを建造するという第三期海軍拡張案「海軍拡張の議」(10)が、山本海軍大臣から閣議に提出された。この海軍拡張案は、東洋の情勢の変化と同年一月に締結された日英同盟の義務に対応するためのものであったが、最も海軍が重視したのはロシアの海軍増強であった。(11)当時（明治三十五年一月）における列強の海軍勢力と明治四十一年の予想海軍勢力は表四―三―二のとおりであった。(12)

このように当時第四位を占めていた日本海軍も、列強の海軍拡張が進むため、明治四十一年には第七位に落ちることが予想されるという状況であった。なかでも最も憂慮すべきはロシアの海軍拡張とそれに伴う東洋への派遣艦隊の増強であった。

閣議に提出された「海軍拡張の議」によると「欧米列強中強大なる艦隊を東洋に派遣し得べきものは露国なるべし。

表四—三—二　列強の新式装甲艦トン数

国名	明治三十五年一月調査	明治四十一年の予想
英国	五六一、九〇〇	九九万
仏国	二四六、〇九六	四八万
露国	一九三、三一一	三〇万
日本	一二九、七一五	一四万五千
伊国	一二四、九五三	二〇万
米国	一一九、一二〇	三〇万
独国	一一五、九六八	二二万

而して東洋に於て我帝国と最も利害を異にし、特に将来東洋の静謐を撹乱するの虞あるものを想像せば、亦先ず指を露国に屈すべし。故に我に対する勢力の標準之を露国に取らざるを得ず」と、海軍拡張の目標をロシアに置くと述べ、さらに「露国が其の力を東洋の経営に尽くすや久し、西伯利亜鉄道既に成り、浦塩、大連、旅順の設備も亦漸次完成を告げむとし共に東洋の重鎮と為り、優に強大なる艦隊を収容軍装するに足るべく、今や彼が東洋に派遣する勢力は殆ど十三万屯に垂むとす、而して尚彼が計画する所を観るに漸次其の勢力を増加せむとするのみならず、事端の形勢を察し彼が東洋に集中し得べきものは装甲艦のみを計算するも三十九年に至らば二十三隻二十万屯に達せむとす、若し一朝不幸にして宣戦に至るが如きことあらんか、彼又他の方面に現在する強大なる海軍力を率いて来援するに至べし」と、ロシア海軍の東洋派遣艦隊の増強充実状況を述べ、この脅威に対抗するには「一朝事あるに当り東洋に現在

し得べき彼が勢力を算定し、機先を制して彼の強大なる海軍の来援に先じ其の現在実力を撃破するに足るべき勢力を我が最低標準として其の標準の命ずる所に従い時局に応じて国力の許し得べき限り之を整備せざる可らず」と述べ、ロシアの東洋派遣海軍力を海軍拡張の具体的目標とすべきであるとし、ロシアの東洋派遣海軍力の推移を表四―三―三のとおり示している。

表四―三―三　東洋派遣のロシア海軍力と日本の海軍力の推移

年次＼艦種	露国 戦闘艦	露国 装甲巡洋艦	露国 計	日本 戦闘艦	日本 装甲巡洋艦	日本 計
三十四年	七隻	四隻	一一隻	五隻	五隻	一〇隻
三十五年	一〇隻	五隻	一五隻	五隻	六隻	一一隻
三十六年	一二隻	六隻	一八隻	六隻	六隻	一二隻
三十七年	一五隻	六隻	二一隻	―	―	
三十八年	一六隻	六隻	二二隻	―	―	
三十九年	一七隻	六隻	二三隻	―	―	

この表でも分かるように、明治三十六年以降軍艦の建造がなければ、ロシアの東洋派遣海軍力との隔差がますます増大し、三十九年には我が一二艦でロシアの二三艦に対することになる。従って第三期拡張案として、戦闘艦三隻と装甲巡洋艦五隻の建造が必要であるというものである。

この第三期拡張案は、明治三十五年十二月の第一七回帝国議会に提出されたが、衆議院が解散になり、翌三十六年五月の第一八回帝国議会に再提出され協賛された[13]。この計画は三十六年度から一一カ年継続として実行に移されたが、日露の関係が険悪になり、同年十月山本海軍大臣は、急遽戦艦二隻の購入と第三期拡張の戦艦一隻の繰り上げ製造を閣議に提出した(14)。

戦艦二隻は、イギリスで建造中のチリの戦艦「リバータッド」と「コンスティテュウション」を予定し内交渉を始めたが、ロシア筋の運動その他の支障のため交渉を中止した。ところが丁度イタリアで建造中のアルゼンチンの一等巡洋艦「リバダビア」と「モレノ」(各七、七〇〇トン)の購入交渉が進み、緊急勅令により購入が決定された。「リバダビア」は「春日」、「モレノ」は「日進」と命名され、翌三十七年日露開戦直後の二月十六日横須賀に廻航された(15)。

かくして海軍は日露戦争前までに次のような陣容を整えたのである(16)。

・一等戦艦　六隻(「朝日」・「三笠」・「初瀬」・「敷島」・「富士」・「八島」)
・二等戦艦　二隻(「鎮遠」・「扶桑」)
・一等巡洋艦　六隻(「浅間」・「常磐」・「出雲」・「磐手」・「八雲」・「吾妻」)
・二等巡洋艦　九隻(「笠置」・「千歳」・「厳島」・「松島」・「橋立」・「高砂」・「吉野」・「浪速」・「高千穂」)
・三等巡洋艦　八隻(「新高」・「対馬」・「秋津州」・「音羽」・「和泉」・「明石」・「須磨」・「千代田」)
・海防艦　一〇隻　・水雷母艦　一隻
・砲　艦　一一隻　・一等水雷艇　一一隻
・通報艦　四隻　・二等水雷艇　三九隻
・駆逐艦　一九隻　・三等水雷艇　二六隻

さらに開戦直後に購入した一等巡洋艦二隻(「日進」・「春日」)が加わり、合計軍艦五九隻、駆逐艦一九隻、水雷艇七六隻となったのである。

(三)　海軍法案と帝国国防論

六・六艦隊の建設を目指す第一期・第二期海軍拡張計画の立案者であった山本権兵衛軍務局長は、明治三十一年五月海軍中将に昇任し、十一月には西郷従道に代り海軍大臣に就任した。山本海軍大臣は大臣に就任するや、かねてからの宿願であった海主陸従を実現しようとして「海軍法案」の起草に着手した。明治三十二年の第一四議会に提出すべく準備されたこの海軍法案(17)は、軍令部第一局長吉松茂太郎中佐と第二局長心得島村速雄中佐が起草したと考えられる(18)。

この法案の趣旨は、「法律ヲ以テ将来ノ国防方針ハ海軍ヲ第一トナストノ事ヲ一定シ、如何ナル政変幾回ノ内閣更迭アルモ、容易ニ此ノ国是ヲ変更スルコトヲ得サラシムルコト」であり、法案第二条に「海軍ヲ帝国国防ノ最重要器具ト定ム」と規定したのである。さらに第三条には備えるべき海軍の勢力を「軍艦ニ在リテハ、帝国ノ外、東洋ニ艦隊ヲ常置シ且ツ其ノ根拠地ヲ有スル各海軍強国軍艦ノ排水量ヲ積算シ、之ヲ該国ノ数ニテ除シ得タル平均排水量ノ約二分ノ一ヲ標準ト定メ、水雷艇ニ在リテハ、各強国ノ水雷艇の約平均隻数ヲ標準ト定ム」と規定した。具体的数として、列強の勢力が、英国約一六〇万トン、仏国約七二万トン、露国約五四万トン、独国約三一万トン、米国約三一万トンであるので、これらの積算平均の約七〇万トンの二分の一である約三五万トンを標準として備えるべきとした。また、陸軍の反対を考慮して、第六条に「此ノ法律ヲ施行センカ為ニ、既定ノ陸軍々備ヲ縮少スルコト無シ」と規定した(19)。

しかしながら、当時の陸海軍の勢力関係・国民的基盤・財政事情から考えて、このような海軍主体の海軍法案が受け入れられる情勢ではなかった。結局、この法案は議会に提出されずに廃案になった。

海軍法案の準備と並行して山本海軍大臣は、明治三十二年七月、佐藤鉄太郎少佐を英国に派遣し、島国である日本の国防がいかにあるべきかを研究させた。佐藤少佐は英国に引き続き、明治三十四年四～十二月、米国においても研究を重ね、殊に当時アメリカ海軍にとりいれられていたアルフレッド・セイヤー・マハンのシー・パワー思想を学んで帰国し、翌明治三十五年、『帝国国防論』を書き上げた[20]。

この『帝国国防論』は、同年十月二十八日山本海軍大臣から明治天皇に奏呈される[21]とともに、水交社で印刷され、同年十一月非売品として刊行された。その内容は四章一一節から成り、海主陸従の軍備による防勢的戦略を述べたものである[22]。

『帝国国防論』の結論[23]は、「帝国国防ハ防守自衛ヲ旨トシ、帝国ノ威厳ト福利トヲ確保シ平和ヲ維持スルヲ目的」とし、このために「制海権ノ与奪ニ関スル軍備ヲ第一ニ重要視」すべきであるというで、まさに山本海軍大臣の期待に応える内容であった。

この『帝国国防論』が世に発表されるや、これまで陸主海従に馴致していた国民の間に、海主陸従の輿論が勃興してきた[24]。

しかし、海軍が望むこのような海主陸従の軍備は、当時の陸軍としては受け入れ難いものであり、当時の陸海軍の政治的影響力から考えても、その実現には相当の困難があり、精々陸海軍対等にすることが精一杯であった。

(四)　要港部の新設と鎮守府の増設

日清戦争が終わった翌明治二十九年の一月二十一日、勅令第四号によって「要港部条例」が制定され、同時に勅令第三号によって対馬の竹敷が要港と定められた。これにともない、同年四月一日、竹敷要港部が発足し、同司令官に野村貞大佐（同年十一月五日少将）が任命された。(25)

対馬は、日本本土と朝鮮半島、日本海と東支那海を結ぶ、戦略上の重要な位置にあり、また、対馬の中央にある浅海湾は、艦隊の碇泊地・根拠地に適しており、日本にとっては重要な防御地点であった。事実、日清戦争において海軍は、浅海湾内に水雷隊を配備するとともに防御水雷を敷設し、陸軍の要塞と相俟って湾の防御に当ったのである。

要港部は、鎮守府に属し、要港の守備、軍需品の配給、艦船兵器の小修理をする所で、部隊として水雷敷設隊と水雷艇隊が配備された。明治三十二年七月勅令第三二八号によって要港部条例が改正され、要港部司令官は、要港付近の海岸海面の警備をも担当することになった。さらに、明治三十三年五月勅令第二〇六号によって同条例が改正され、要港部司令官は、鎮守府司令長官の隷属を脱し、天皇に直隷することになった。ただし、艦政、兵事、海岸海面の警備に関しては鎮守府司令長官の区処を受けることとされた。

明治三十六年十一月勅令第一七七号による改正により、海岸海面の警備については、鎮守府司令長官の区処を受けないことになった。かくして、要港部司令官は、要港の防御ならびに海岸海面の警備について、鎮守府司令長官から独立してその任務を遂行することになった。

この間、明治三十四年七月、台湾の澎湖島に馬公要港部が設置され、さらに日露戦争が終わった明治三十八年十二月に、青森県の大湊に大湊要港部が設置された。(26)

鎮守府は、日清戦争以前に、横須賀鎮守府（明治九年に設置された東海鎮守府を明治十七年に横須賀鎮守府と改称）と呉・佐世保鎮守府（明治二十二年に設置）の三鎮守府が設置されていた。

日露関係が緊張し出した明治三十四年十月一日、海軍省布告第一四号によって、日本海側の舞鶴に第四番目の鎮守府が設置された。

舞鶴に鎮守府を設置する意見は、既に明治十九年一月、軍事部長仁礼景範が海軍大臣西郷従道に提出した意見書[27]に述べられていたが、明治二十二年五月勅令第七二号の「海軍条例」によって、第四海軍区の鎮守府を舞鶴に置くと定められた。また、翌二十三年二月勅令第七号によって第五海軍区の鎮守府を室蘭港に置くと定められた。

舞鶴・室蘭が鎮守府の位置として選定されたのは、ロシアに備えるためであった。即ち、「舞鶴・室蘭ノ両港ハ、将来等シク鎮守府ノ設置ヲ要スル所ニシテ。其必要ハ即チ主トシテ露国ニ対スルノ戦略上ニ在リ。若シ此両港ノ設ナクンバ、露国艦隊ハ浦塩斯徳港ニ拠リ、我日本海ヲ蹂躙スル、決シテ難キニアラズ」故に、「若シ此地ノ防禦ヲ捨テ顧ミズンバ、露国艦隊ハ若狭湾ヨリ上陸シテ我本州ヲ中断シ、若クハ津軽海峡ヲ遮断シテ、本州ト北海道トノ連絡ヲ絶ツ」であろうから、この二個所に鎮守府を設置する必要があるというのである[28]。

しかし、当時は清国に対する戦備が重視されていたためその設置が遅れ、日清戦争後の明治三十四年十月、漸く舞鶴鎮守府が設置された。室蘭鎮守府の設置は見送られてしまった。これにともない、各鎮守府が担当する海軍区も図四―三―一のように改正された。

図四―三―一　海軍区（第一～第四）
（明治三十六年一月二十一日　勅令第五号）

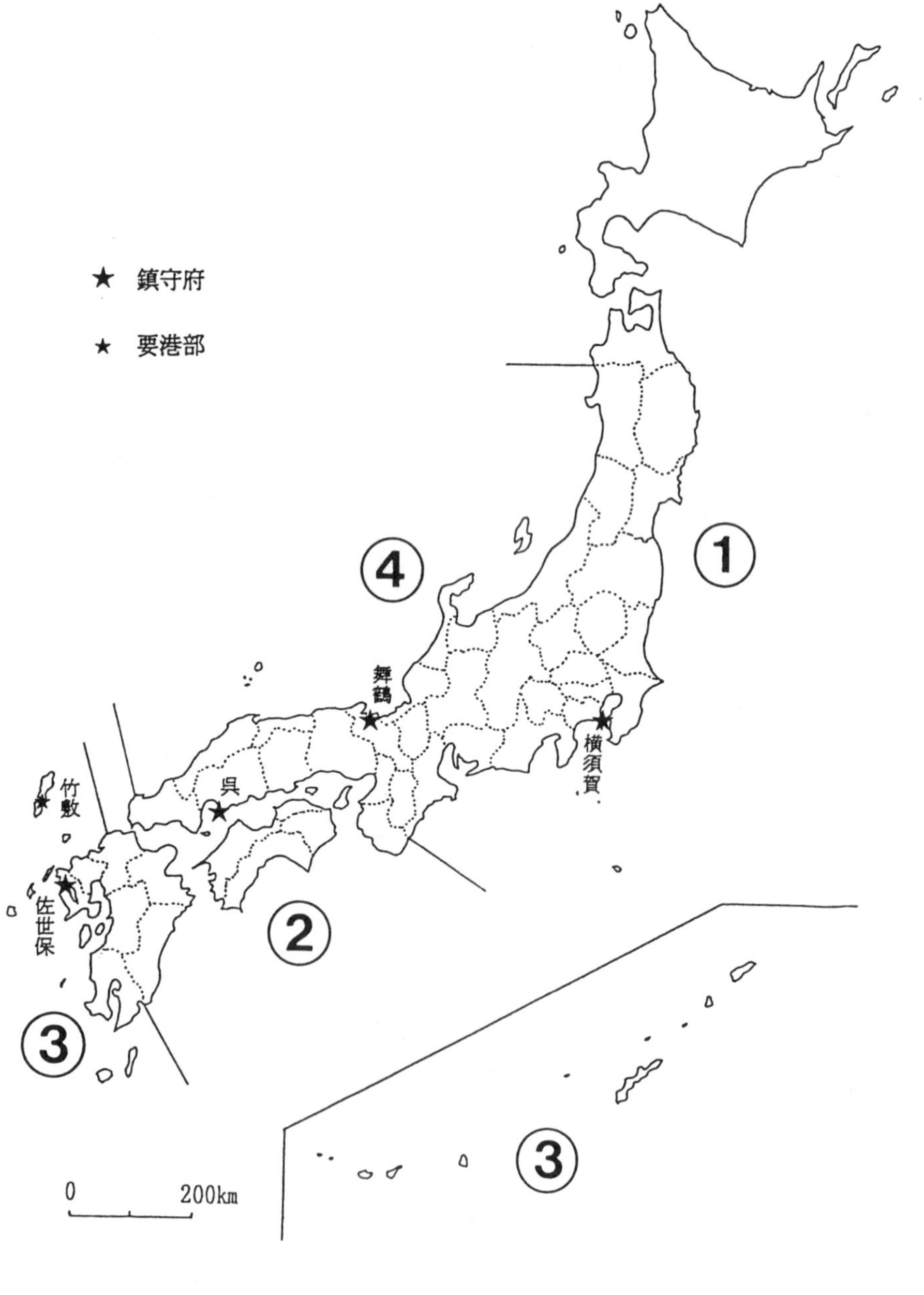

四　沿岸監視態勢の整備

(一)　海軍の望楼

海軍は、日清戦争開戦直前の明治二十七年六月三十日、海岸望楼条例（勅令第七七号）を制定し、全国海岸の要所に海岸望楼を設置し、戦時・平時を問わず陸上と艦船との信号及び海上見張り・気象観測などを担当させることにした。この海岸望楼は、明治三十三年五月二十日、海軍望楼条例（勅令第二〇五号）により海軍望楼と改称された。(1)

明治二十七年八月四日、海軍省告示第九号により設置された海岸望楼は、表四―四―一のとおりである。(2)

これらの海岸望楼は、望楼長と望楼手二人からなり、所管鎮守府の望楼監督官の監督下に置かれた。望楼監督官は、鎮守府参謀長の指揮を受け、所管海軍区内の望楼を監督した。(3)

日清戦争終了後、観音崎と剣崎の望楼は廃止されたが、他の望楼は、常設望楼として存続した。その後設置された常設の海軍望楼は、表四―四―二のとおりである。(4)

この表を見ても分かるように、舞鶴鎮守府所管の望楼が多く設置されたということは、それだけロシアに対する警戒を強化したことを意味するものである。

日露戦争前の常設海軍望楼を図示すると、図四―四―一のとおりである。

表四―四―一　日清戦争中の海岸望楼

所管	望楼名	所在地	開始年月日
横須賀	布良	千葉県房総半島南岸	M二十七・八・五
	観音崎	神奈川県三浦半島	二十七・八・十
	剣崎	神奈川県三浦半島	二十七・八・十
	長津呂	伊豆半島南岸	二十七・八・五
呉	潮岬	和歌山県南端	二十七・八・二十
	日御崎	和歌山県西端	二十七・八・二十
	鶴見崎	大分県東端鶴見崎	二十七・八・十五
	角島	山口県湯谷湾口	二十七・八・十五
佐世保	韓崎	対馬北端	二十七・八・十
	神崎	対馬南端	二十七・八・九
	壱岐崎	壱岐島南端海豚鼻	二十七・八・五
	志自岐	平戸島南端	二十七・八・四
	大瀬崎	五島福江島西端	二十七・八・八
	野母崎	長崎県南端野母崎	二十七・八・四
	佐多岬	鹿児島県大隅半島	二十七・八・十四

表四―四―二　日清戦争後設置の常設海軍望楼

所管	望楼名	所在地	設置年月日
横須賀	宗谷	北海道宗谷岬	M三十五・三・十五
	艫作	青森県艫作崎	三十三・九・十一
	龍飛	青森県龍飛崎	三十四・七・八
	金華山	宮城県金華山	三十五・二・三
	大王	三重県大王崎	三十三・十二・四
舞鶴	弾崎	新潟県佐渡島北端	三十三・十二・十一
	沢崎	新潟県佐渡島南端	三十三・十一・十二
	遭崎	石川県能登半島東端	三十三・九・一
	皆月	石川県能登半島西端	三十一・二・三
	越前崎	福井県越前崎	三十四・十二・十四
	経ケ岬	京都府丹後半島北端	三十四・三・二十三
	西郷	島根県隠岐島島後	三十一・二・三
	美保関	島根県美保関	三十四・十二・十四
呉	室戸	高知県室戸崎	三十二・四・五
	足摺	高知県足摺崎	三十四・三・一
	都井	宮崎県都井崎	三十三・六・十四
	六連島	山口県六連島	三十六・四・二十二
佐世保	天狗鼻	鹿児島県川内川口南	三十三・七・十七
	皆通	奄美大島東岸皆通崎	三十三・七・十七

図四—四—一　常設の海軍望楼

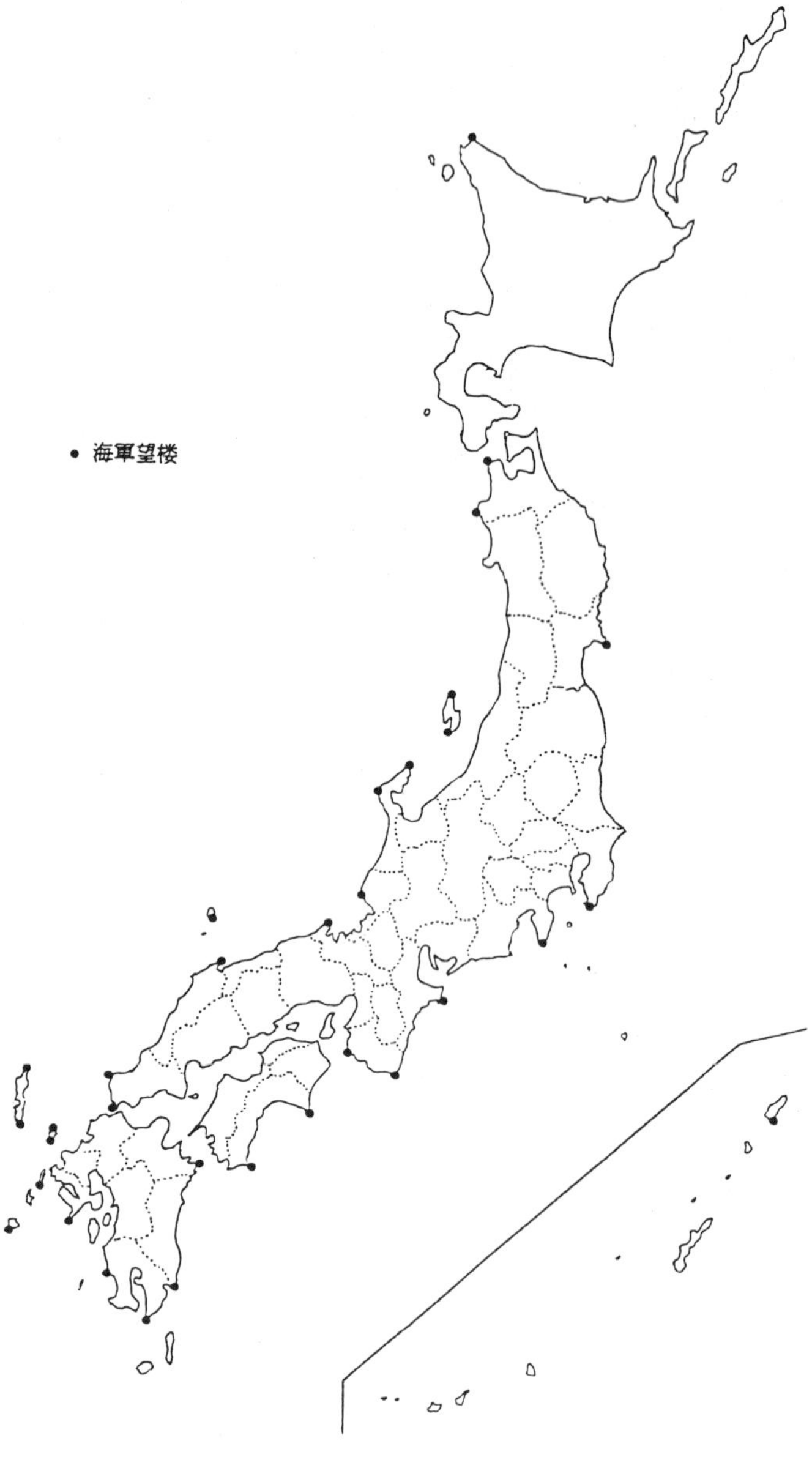

（二）陸軍の海岸監視哨

陸軍は、日清戦争の体験から、戦時または事変に際し海岸の要点に監視哨を配置して、敵情を監視し海岸を警戒することが必要と判断し、明治三十年十二月「海岸監視哨勤務令」を制定し、これに基づき戦時または事変に海岸の緊要地点に監視哨を設置することにした。(5)

海岸監視哨の位置は、陸軍大臣が参謀総長と協議の上、平時から予め指定するものとされ、表四―四―三のように指定された。(6)

海軍の望楼が設置されているにもかかわらず、陸軍が独自の海岸監視哨を設置しようとした理由について、「海岸監視哨勤務令制定の理由」で次のように述べられている。(7)

即ち「海岸望楼ハ主トシテ敵艦船ノ運動ニ関シ遠ク之ヲ監視スルノ能力アリト雖モ、其果シテ何レノ港湾ニ侵入シ、何ノ地点ニ軍隊ヲ揚陸セシムルヤ等ニ至テハ之ヲ知ル事甚タ難キノミナラス、仮令之ヲ察知スルモ、陸軍ノ為メニ適時適切ノ通信ヲ望ムヘカラサルナリ。海岸監視哨ハ則此不完ヲ補ヒ、望楼ト相互情報ヲ交換シ、以テ陸軍ノ為メニ要スル海上及海岸ニ発生スル情況ヲ最モ迅速確実ニ知得センカ為メ肝要不可欠ノ設置ナリ」としている。

これは、敵が何処に上陸してくるかを早く知り、それに対応する行動をとらねばならない陸軍の性格からきているものと考えられる。

陸軍の海岸監視哨予定位置を図に展開すると、図四―四―二のとおりである。これを見ても分かるように、その位置として、敵の上陸が予想されるような所が指定されている。

表四―四―三　陸軍海岸監視哨予定位置（明治三十年指定）

師団	監視哨位置
近衛	湊町
	銚子付近
	勝浦湾
	館山湾
第一	国府津付近
	下田
	江ノ浦湾
	清水港
	直江津付近
第二	阿武隈河口
	石巻港
	女川湾付近
	志津川湾
	釜石港
	鮫港
	野辺地
	大間崎
	土崎付近
	新潟
	夷
第三	御前崎
	新居
	伊良湖崎
	鳥羽港
	五ケ所湾
	長島付近
	尾鷲湾
	伏木
	七尾湾
	緑剛崎
	地頭
	敦賀湾
第四	田辺
	湯浅
	小浜
	宮津
第五	美保関付近
	萩
	仙崎付近
	笠戸浦
	八幡浜湾
	宇和島湾
	須崎湾
	椿泊付近
第六	臼杵湾
	別府湾
	中津付近
	津屋崎
	福岡湾
	船越付近
	唐津
	呼子湾
	伊万里湾
	牛深付近
第七	福山湾
	江差
	寿都湾
	小樽湾
	稚内
	根室港
	厚岸港
	襟裳岬
	苫小牧
	室蘭湾
	森湾

海岸監視哨は、佐尉官の哨長以下下士及び兵の監視員七名と通信員二名で編成され、師団長に隷する。その開設及び閉鎖の時期は、参謀総長が定め、陸軍大臣に移し、陸軍大臣が師団長に指示する。ただし師団長は、事態が急迫し指示を待つ暇がない時は、監視哨を開設することができる。(8)

明治三十一年十月、新設の第八～第一二師団司令部が開庁したので、前記の海岸監視哨の所管が変更された。即ち、第二師団の釜石港・鮫港・大間崎・野辺地・土崎の監視哨は第八師団の所管に、第三師団の伏木・七尾湾・緑剛崎・地頭・敦賀湾の監視哨は第九師団の所管に、第四師団の宮津湾・小浜湾の監視哨は第一〇師団の所管に、第五師団の八幡浜湾・宇和島湾・須崎湾・椿泊の監視哨は第一一師団所管に、第六師団の臼杵湾・別府湾・中津付近・津屋崎・福岡湾・船越付近・唐津・呼子湾・伊万里湾の監視哨は第一二師団の所管に変わった。(9)

日露戦争時には、これらの大半が開設され任務に就いたのである。

図四—四—二　陸軍海岸監視哨予定位置（明治三十年指定）

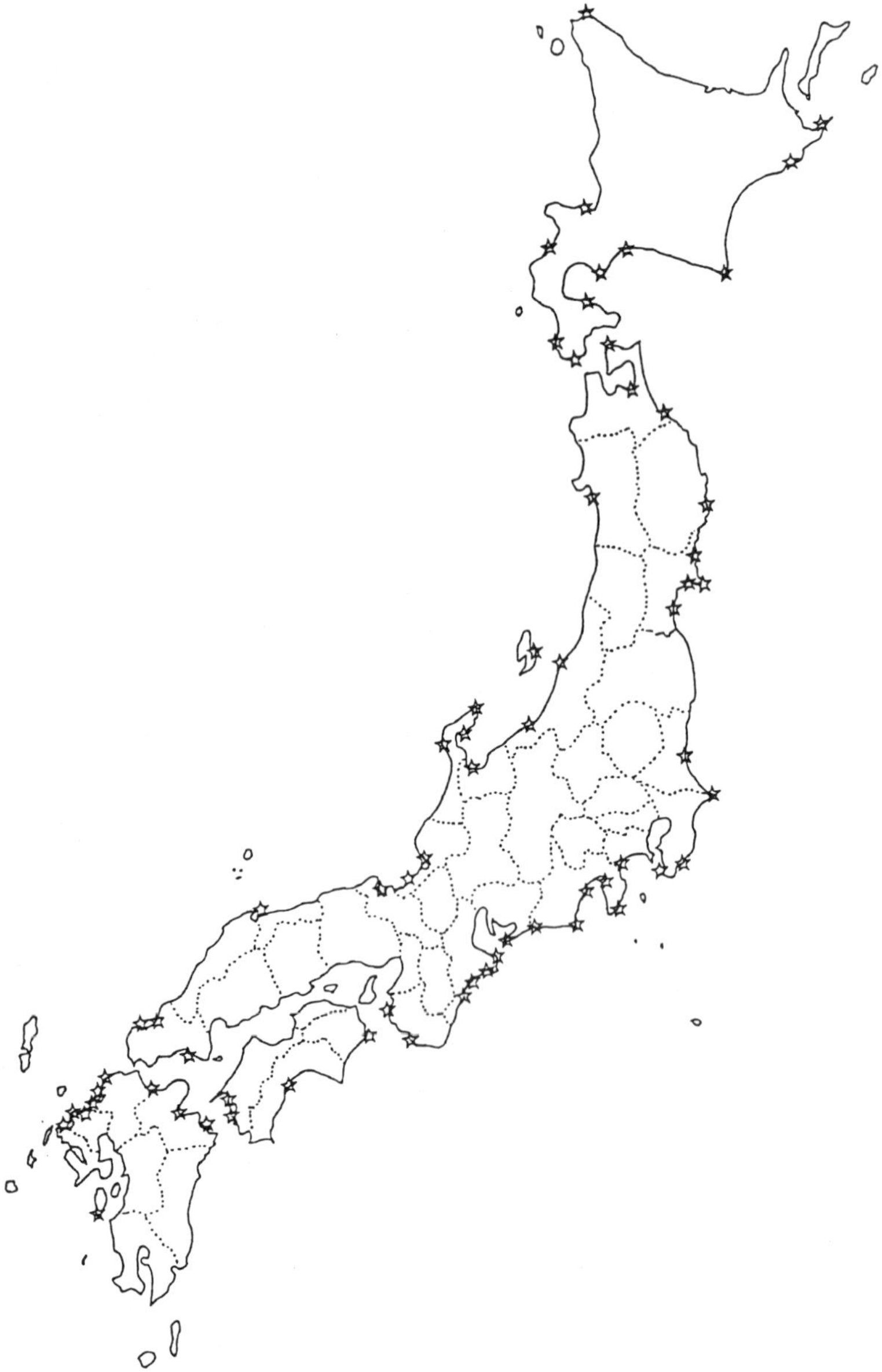

五　守勢作戦計画の策定

(一)　陸軍の守勢作戦計画

日清戦争戦争前の明治二十五年二月、参謀本部は国土防衛のための「作戦計画要領」と「国防ニ関スル施設ノ方針」を作成し、三月八日参謀総長熾仁親王が天皇に上奏し裁可を得た[1]。

この「作戦計画要領」は、敵の予想上陸地点に対する部隊の移動・集中要領、全国の緊要地点とそこに配備すべき兵力、特に監視すべき海岸地点などを示したものであり、「国防ニ関スル施設ノ方針」は、現在及び将来にわたっての海防施設（砲台）を建設すべき地区、部隊の配置及び増設予定などを示したものである[2]。

この作戦計画要領は、各師団の作戦計画の準拠として各師団長に示され、各師団はこれに基づき師団の作戦計画を作成していた。各師団が具体的にどのような作戦計画を作成したかは、史料がなく不明であるが、作戦計画要領で示された事項から判断して、当然自己師団内における防禦作戦計画と他師団地域への増援移動計画であったことは間違いない。

日清戦争後、この作戦計画要領は、「守勢作戦計画要領」と改称されて、明治二十九年七月、「明治二十九年度守勢作戦計画要領」が裁可され、同時にこの守勢作戦計画要領に基づいて各師団長に達する「同守勢作戦計画訓令」も裁可された(3)。

以後、明治三十七年度まで毎年度、守勢作戦計画要領と守勢作戦計画訓令が作成されたのである(4)。

明治二十九年八月、都督部条例（勅令第二八二号）が制定され、これに基づき同年十月、東部都督部・中部都督部・西部都督部が設置された。東部都督部は東京に置き、近衛・第一・第二・第七・第八師管を管轄し、中部都督部は大阪に置き、第三・第四・第九・第一〇師管を管轄し、西部都督部は小倉に置き、第五・第六・第一一・第一二師管を管轄すると定められた(5)。

東部都督には野津道貫大将、中部都督には佐久間佐馬太中将、西部都督には山地元治中将がそれぞれ任命された。都督は、天皇に直隷し、所管内の防禦計画及び所管内各師団の共同作戦の計画に任じるとともに、所管内各師団の教育を斉一進歩させる任務をもつことになった(6)。

このような都督部が設置された理由は、「師団ノ数増加シテ十個以上ト為ルニ当リ戦時大本営ヨリ直接之ヲ統御セン事ハ到底為シ得ヘキ事ニ非ラス、必ス大本営ト師団トノ中間ニ司令部ヲ設ケ之ヲシテ二個乃至四個ノ師団ヲ統轄セシメサルヲ得ス」という、いわゆる中間司令部の必要と、「戦時俄ニ編成シタル司令部ハ部下軍隊トノ関係親密ナラサルノ憾ナキ能ハス、且ツ常設ニ非サレハ其司令官タル高等指揮官ハ常時大兵ヲ統師スルノ術ヲ練習スルノ機会ヲ得サレハナリ、故ニ軍司令部ハ之ヲ常設シテ常ニ戦時部下ト為ルヘキ師団ト親炙シ在ルヲ必要トス」ということであった(7)。

かくして都督部が設置されたため、作戦計画作成の系統は、参謀本部→都督部→師団となったのである。

翌明治三十年六月の参謀長会議において、参謀総長は、各都督・台湾総督の作戦計画の標準を次のように示した(8)。

作戦計画ノ標準

一　上陸点ノ判断

二　共同作戦ノ計画

但シ行軍計画表ヲ附スルヲ要ス

三　動員前後ニ区別［処］シタル監視哨及守備隊ノ配置

守備隊ノ兵力隊号ヲ挙クルヲ要ス

四　特ニ取ラントスル処置

交通路ノ開設、架橋等

五　特ニ訓令ニ依テ示サレタル事項

防御地ノ警急配備ニ充ル隊号、作戦計画ヨリ除外セシ隊号及集中行軍ノ計画等

これによって、各都督・台湾総督などの作成する守勢作戦計画の内容項目が分かるのである。

それでは、参謀本部は如何なる作戦計画を作成していたのであろうか。参謀本部が、毎年度策定し裁可を得た守勢作戦計画要領は、現在のところ見当らないので分からないが、明治三十六年一月に参謀本部で作成した「守勢大作戦計画案」(9)が残されているので、これからその大要は推測でき、守勢作戦計画要領もこの守勢大作戦計画案とほぼ同様の内容であったと考えられるのである。(10)

この計画案は、敵が戦略目標を①東京、②大阪、③下関とする場合を想定し、①の場合の上陸地を駿河湾と房総半島、②の場合の上陸地を若狭湾・伊勢湾・紀州西岸、③の場合の上陸地を伊万里湾・唐津湾・油谷湾（山口県）と予想し、それらに応じた各師団などの機動集中要領と物資の集積要領を計画したものである（図四―五―一を参照）。

図四―五―一　守勢大作戦計画（明治三十六年）

区分	侵攻目標	上陸予想点	集中兵力
第一	東京	駿河湾 房総半島	1D、GD、3D 2D、8D、9D
第二	大阪	志摩半島 若狭湾 田辺湾	4D、3D、10D 9D、5D、11D
第三	下関海峡	伊万里湾 唐津湾 油谷湾	12D、5D、6D 10D、11D

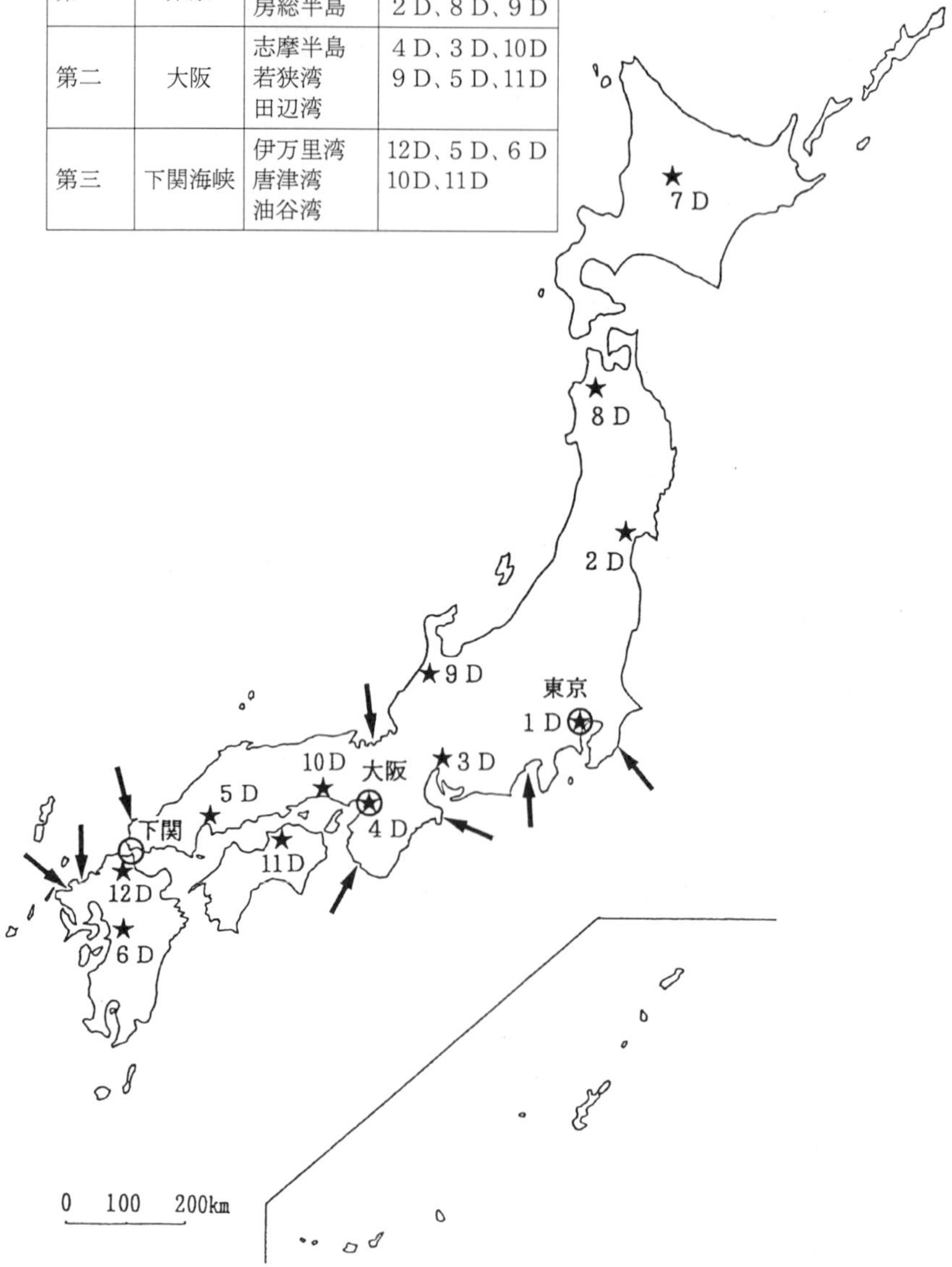

具体的には、次のように敵の上陸を想定し、この区分により部隊の集中と兵站などを計画したのである。

第一　敵ノ主ナル戦略目標東京ニアル時
甲　敵兵単ニ駿河湾ノミヨリ上陸ス
乙　敵兵駿河湾ニ本上陸ヲ為シ、房総半島ニ牽制ノ上陸ヲ為ス
第二　敵ノ主ナル戦略目標大阪ニアル時
甲　敵兵若狭湾ノミニ上陸スルカ若シクハ若狭湾ニ本上陸ヲ為シ宮津若シクハ敦賀付近ニ牽制ノ上陸ヲ為ス
乙　敵兵伊勢湾ニ上陸ス
丙　敵兵伊勢湾ニ本上陸ヲ為シ、紀州ノ西岸ニ牽制ノ上陸ヲ為ス
第三　敵ノ主ナル戦略目標下関ニアル時
甲　敵兵伊万里及唐津方面ニ本上陸ヲ為シ、油谷湾付近ニ牽制ノ上陸ヲ為ス
乙　敵兵油谷湾付近ニ本上陸ヲ為シ、唐津方面ニ牽制ノ上陸ヲ為ス
丙　敵兵伊万里及唐津方面ニノミ上陸ス

第一の甲の場合、騎兵第一旅団は直ちに敵に向かい前進し、第一師団は支隊を編成して箱根足柄山脈の諸山頸を占領して師団の集中を援護し、主力は松田付近に集中、近衛師団・野戦砲兵第一旅団は吉田付近、第三師団は藤枝付近に、第二師団は八王子付近に、第八師団は東京付近に、第九師団は甲府付近に、騎兵第二旅団・野戦砲兵第二旅団は東京付近に集中するという計画である。

同様に、第一の乙、第二の甲・乙・丙、第三の甲・乙・丙について、部隊の集中要領が計画された。またそれぞれの場合の兵站基地・集積場・兵站主地・倉庫などの位置が計画された。

各都督部が、守勢作戦計画訓令を受けてどのような守勢作戦計画を作成し隷下師団に達したかは史料がなく不明であるが、守勢作戦計画を各都督部が作成していたことは事実である。何故ならば、明治三十六年度の中部都督部守勢作戦計画・西部都督部守勢作戦計画などが参謀本部に提出された記録があるからである。[11]

各師団が守勢作戦計画において計画すべき事項は、明治三十六年四月に実施された参謀長会議において、参謀本部が示した「守勢作戦計画作例」により判明するのである。[12] その内容は以下のとおりである。

守勢作戦計画作例

・敵ノ上陸点（侵入路）
・海岸監視哨
　海岸監視哨ノ配置及其運動
・海岸守備隊
　海岸守備隊ノ配置及其運動
・要塞守備隊
　要塞守備ノ為派遣スベキ部隊及其運動
　　警急配備ノ時
　　準戦備ノ時
・初動ニ於ケル団隊ノ位置
・集合・運動・兵站及給養設備ノ計画
　敵兵何地ニ上陸スル場合

集合・運動
兵站ノ設備
給養ノ設備
・衛生ノ設備
・雑件

各師団とも、参謀本部からこの「守勢作戦計画作例」を示されたため、これに基づいて自己師団の守勢作戦計画を作成することになった。

師団の守勢作戦計画は、わずかに明治三十七年一月作成の「第四師団守勢作戦計画」[13]が残存するのみである。この第四師団守勢作戦計画は、前述の「守勢作戦計画作例」に示された各項目のとおり忠実に作成されているのである。各師団も、第四師団同様に「守勢作戦計画作例」のとおりに、自己師団の守勢作戦計画を策定したと判断される。

一般に、日本陸軍は日清戦争以前から大陸進攻の計画を立てていたといわれているが、前述のように参謀本部などが策定していたのは、本土で戦う守勢作戦計画であった。陸軍が、本格的に大陸進行作戦を研究しはじめるのは、明治三十三年以降である[14]。

海軍が、年度作戦計画を策定したのは、大正二年が最初である。陸軍が日清戦争以前から策定していたのに比べはるかに遅い。海軍軍令部第一班第一課部員の岩下保太郎少佐が起案した大正十四年十一月九日付けの「年度作戦計画書捧呈ノ件」（山下源太郎海軍軍令部長宛て）[15]に「大正二年帝国海軍ニ於テ初テ年度作戦計画ノ裁可ヲ奏請セル」と記されていることから、海軍は大正二年に、大正三年度の作戦計画を策定し裁可を得、これが海軍としての最初の年度作戦計画であったことになるのである[16]。

(二) 要塞防禦計画

日清戦争後の要塞の建設状況は、前述（本章二）したとおりであるが、これらの要塞の防御計画は、前述の守勢作戦計画の整備とともに、逐次整備されていったのである。

要塞は、建設に先立って、その要塞の防御要領が決定され、要塞の任務及び建設される各砲台の位置と任務が示される。各要塞は、この基本的任務を基礎に、各年度ごとの要塞防禦計画を策定するのである。

東京湾要塞司令官以下各要塞司令官（対馬は警備隊司令官）は、「要塞司令部条例」及び「防務条例」（後述）に基づき、各要塞の防御計画を策定し、参謀総長などに報告するよう規定されている。また各要塞の防御計画策定の準拠となるべき守備兵力と備砲数等は、年度ごと訓令で令達される。

明治二十九年度の計画については、要塞所在地所管の師団長に対し、訓令が令達された。即ち東京湾要塞については「第一師団長ニ与フル東京湾要塞防禦計画訓令」、下関要塞及び対馬要塞については「第六師団長ニ与フル防禦計画訓令」として裁可され令達された。(17)

明治三十年度〜三十三年度は、各要塞の所管ごとに「〇〇師団長（東京湾要塞については東京防禦総督）ニ与フル要塞動員計画訓令」として裁可・令達された。明治三十四年度は、各要塞を一括して「明治三十四年度要塞動員計画訓令」として裁可・令達され、明治三十五年度以降は「明治〇〇年度要塞防禦計画訓令」と改称して裁可・令達された。(18)

これらの訓令のうち、史料として残存するのは、明治二十九年度と三十一年度〜三十八年度である。(19)

各要塞司令官（対馬は警備隊司令官）は、前述の訓令に基づき、それぞれ担当する要塞の要塞防御計画書を策定したのである。しかし、これら各要塞の防御計画書のうち、史料として残存するのは「明治三十五年度東京湾要塞防御計画書」[20]及び「明治三十五年度下関要塞防御計画書」[21]のみである。

要塞防御計画訓令の内容は、逐次改善され、日露戦争前の「明治三十七年度要塞防御計画訓令」[22]は次のとおりである。

明治三十七年度要塞防御計画訓令

第一条　要塞動員ノ下令ニ方リテハ函館、対馬及澎湖島要塞ハ、直ニ本戦備ヲ採リ、其他ノ要塞ハ先ツ準戦備ヲ採ルヘキモノトス

第二条　要塞守備部隊ノ予定ハ付表第一ニ依ル

第三条　警急配備ノ為臨時要塞ニ配属スヘキ部隊ハ付表第二ニ依ル

第四条　台湾総督ハ基隆及澎湖島要塞防御ノ為所要ノ部隊ヲ第二及第三条ニ準シ、適宜当該要塞ニ配属スヘシ基隆及澎湖島要塞ノ要塞動員下令ニ方リテハ、第一師団ヨリ左ノ部隊及人員ヲ当該要塞ニ分遣シ要塞司令官ノ指揮下ニ入ラシム

基隆要塞ヘ　東京湾要塞砲兵聯隊ノ一大隊（本部及二中隊）

通信員　下士兵卒　四〇

電灯員　下士　一

同　兵卒　四

澎湖島要塞へ　東京湾要塞砲兵聯隊ノ二中隊
　通信員　下士兵卒　一九
　電灯員　下士　一
　同　兵卒　四

第五条　台湾総督及師団長ハ要塞防禦ニ関シ規定シタル事項ヲ、明治三十七年二月尽日迄ニ参謀総長ニ報告スヘシ、但基隆及澎湖島要塞ヘ配属スル部隊ノ報告期日ハ明治三十六年十一月十日迄トス

第六条　要塞司令官及対馬警備隊司令官ハ、防務条例第七条ニ依リ、要塞防禦計画書ヲ策定シ、明治三十七年三月十五日迄ニ参謀総長ニ報告スヘシ

第七条　前諸条ノ外要塞防禦ニ関スル細部ノ事項ハ、陸軍大臣参謀総長協議ノ上之ヲ定ム

付表第一　明治三十七年度要塞守備部隊予定表

要塞	要塞動員ノ下令ニ方リ配属スル部隊	準戦備ヨリ本戦備ニ移ル為ノ増加兵力
東京湾	東京湾要塞司令部 後備歩兵第一聯隊 後備歩兵第三聯隊 後備歩兵第十五聯隊本部及第一大隊 第一師団後備騎兵第一中隊（一小隊欠） 東京湾要塞砲兵聯隊（一大隊欠） 第一師団後備工兵第一中隊 第一師団後備工兵第二中隊 東京湾要塞補助輸卒隊 東京湾要塞病院	歩兵八大隊 騎兵一小隊 野戦砲兵一中隊

由良	由良要塞司令部 後備歩兵第八聯隊 後備歩兵第三十七聯隊第二大隊 後備歩兵第三十八聯隊 第四師団後備騎兵第一中隊(一小隊欠) 第四師団後備野砲兵第一中隊 由良要塞砲兵聯隊 第四師団後備工兵第一中隊 由良要塞補助輸卒隊 由良要塞病院	歩兵八大隊 騎兵一小隊 工兵一小隊
芸予	芸予要塞司令部 後備歩兵第四十一聯隊第一大隊本部及二中隊 芸予要塞砲兵大隊 芸予要塞補助輸卒隊 芸予要塞病院	歩兵一中隊
広島湾	広島湾要塞司令部 後備歩兵第十一聯隊 第五師団後備騎兵第一中隊ノ一小隊 広島湾要塞砲兵聯隊 第五師団後備工兵第一中隊 広島湾要塞補助輸卒隊 広島湾要塞病院	歩兵六大隊
函館	函館要塞司令部 後備歩兵第五聯隊 後備歩兵第三十一聯隊第二大隊 函館要塞砲兵大隊 第八師団後備工兵第一中隊 函館要塞補助輸卒隊	

	函館要塞病院	
舞鶴	舞鶴要塞司令部 後備歩兵第二十聯隊 後備歩兵第三十九聯隊 舞鶴要塞砲兵大隊 第十師団後備工兵第一中隊 舞鶴要塞補助輸卒隊 舞鶴要塞病院	歩兵四大隊 騎兵一中隊（一小隊欠）
下関	下関要塞司令部 後備歩兵第十四聯隊 後備歩兵第四十七聯隊 下関要塞砲兵聯隊 第十二師団後備工兵第一中隊（一小隊欠） 下関要塞補助輸卒隊 下関要塞病院	歩兵八大隊 騎兵一中隊 野戦砲兵一中隊 工兵一中隊ト一小隊
佐世保	佐世保要塞司令部 後備歩兵第二十四聯隊（二中隊欠） 後備歩兵第四十六聯隊本部及第一大隊 佐世保要塞砲兵聯隊 第十二師団後備工兵第一中隊ノ一小隊 佐世保要塞補助輸卒隊 佐世保要塞病院	歩兵六大隊 騎兵一中隊（一小隊欠） 野戦砲兵一中隊 工兵一中隊ト一小隊
長崎	長崎要塞司令部 後備歩兵第四十六聯隊第二大隊 長崎要塞砲兵大隊 長崎要塞補助輸卒隊 長崎要塞病院	歩兵一大隊 騎兵一小隊 工兵一小隊

対馬	対馬警備隊司令部 対馬警備歩兵大隊 後備歩兵第十三大隊 後備歩兵第二十三大隊 対馬要塞砲兵大隊 第六師団後備工兵第一中隊 対馬警備隊補助輸卒隊 対馬警備隊病院
備考	一、舞鶴、下関、佐世保及長崎要塞ニハ動員下令ニ方リ臨時騎兵ヲ配属スルコトアリ 二、準戦備ヨリ本戦備ニ移ル為増加スヘキ部隊号ハ臨機之ヲ定ム 三、基隆及澎湖島要塞守備部隊ハ本表ノ外トス

付表第二　明治三十七年度要塞警急配備臨時配属部隊一覧表

要塞	部隊
東京湾	歩兵第三聯隊ノ一大隊 騎兵第一聯隊ノ一小隊 工兵第一大隊ノ二小隊
由良	歩兵第三十七聯隊ノ一大隊ト一中隊 工兵第四大隊ノ二小隊
函館	歩兵第五聯隊ノ二中隊
舞鶴	歩兵第二十聯隊ノ一大隊 工兵第十大隊ノ一小隊
下関	歩兵第二十四聯隊ノ一大隊 工兵第十二大隊ノ二小隊

佐世保	歩兵第四十六聯隊ノ一大隊 工兵第十二大隊ノ一小隊
長崎	歩兵第四十六聯隊ノ二中隊
備考	長崎屯在ノ佐世保要塞砲兵聯隊第二大隊ノ一中隊ハ 佐世保要塞司令官之ヲ指揮スルモノトス

なお各要塞の、各戦備に応じて準備すべき砲数等は、年度の要塞防御計画訓令付録により示された。各要塞司令官は、このような年度の要塞防御計画訓令に基づき、それぞれ自己の要塞について、その年度の要塞防御計画書を策定するのである。その際、海軍軍港・要港などに所在する要塞は、その鎮守府・要港部の防御計画と調整して策定することになっている。

要塞の防御計画書の具体的な内容は、前述した「明治三十五年度東京湾要塞防御計画書」によると、次のとおりである。

明治三十五年度東京湾要塞防御計画書

第一章　防禦ノ目的

第二章　防禦力

第三章　警急配備

第四章　甲乙両戦備間防禦編成（註：甲乙戦備とは後の要塞防禦教令草案の本戦備・準戦備に相当する）

第一款　敵ノ攻撃方略判断　　第二款　要塞全般ノ配備

第三款　防禦地区ノ配備　　第四款　警戒

第五款　枝隊　　第六款　交通及電灯

第七款　弾薬火具　　第八款　砲兵器具及守城器具材料

第九款　糧秣

第五章　砲兵戦備

第一款　兵器材料ノ授受　　第二款　砲兵工作作業

第三款　兵備作業　　第四款　弾薬ノ調整及補充

第五款　兵器修理所

第六章　工兵戦備

第一款　器具材料ノ授受　　第二款　永久工事補習作業

第三款　臨時築城作業　　第四款　交通路ノ改修

第五款　通信設備

第七章　経理

第一款　宿営　　第二款　給養

第三款　糧秣補充　　第四款　戦備費

第八章　衛生
　第一款　衛生　　　　　　　　　第二款　患者集合所
　第三款　患者輸送
第九章　軍法会議及要塞監獄
第一〇章　民政
　第一款　機関ノ構成　　　　　　第二款　地方警察
　第三款　地方経理　　　　　　　第四款　地方衛生
　第五款　砲撃ノ際ニ於ケル区処
第一一章　雑件
付表　第一～第五三表（守備隊人馬一覧表、火砲一覧表、弾薬火具及砲兵器具員数表、糧秣数額表等）

以上のように、要塞防御計画書は、広範に亘り綿密な計画がされていたのである。他の要塞についても、東京湾と概ね同様の計画が策定されていたものと判断される。

(三)　ヤンシュールの日本攻略案

日清戦争後、日本はロシアを明確な仮想敵国として、営々と陸海軍軍備を増強していたが、当時ロシアも日本の軍備増強を警戒し、日本に派遣滞在中のヤンシュール陸軍大佐[23]に日本の軍事状況の視察を命じた。ヤンシュールは日清戦争後の日本の軍備増強状況及び日本の地勢的特性を偵察し、日本への上陸地点及び攻取地点についての意見書を起草し本国へ報告しようと準備していた。ところが明治三十年六月、日本側がこれを入手し、翻訳して明治天皇にまで上聞した。日本側がこの意見書をどのようにして入手したかは不明である(24)。

この意見書によると、ヤンシュールは日本への上陸地点を駿河湾に、攻取地点(攻略目標)を名古屋に選定している。上陸地点選定上、ヤンシュールが最も恐れたのは、水雷艇の奇襲攻撃と要塞砲台の砲撃であった。日清戦争における日本海軍の水雷艇の活躍が彼の脳裏に焼き付いていたのである。また逐次完成しつつあった日本の要塞にも脅威を抱いたのである。

いずれにせよ、これらの脅威のない駿河湾を上陸地点として選定したのである。彼は、攻取地点を名古屋に選定したので、上陸地点として伊勢湾も一応考えたが、伊勢湾入口の三河と伊勢の島々には、水雷艇が潜伏し奇襲攻撃される恐れがあるとして、伊勢湾を避けたのである。

駿河湾付近には小島もなく水雷艇が潜伏できないし、要塞砲台も無く、今後建設の計画もないので、伊豆半島南端付近及び伊勢湾入口付近に海軍を配置して、日本の増援艦隊を阻止するならば、容易に上陸できると判断したのである。

また日本海側は、道路・鉄道など交通に不便であり、夏季以外は風波のため艦艇の碇泊が困難であり、徴発物資も豊富でない故、上陸地点としては不適であると判断している。

上陸後の攻略目標を、東京ではなく名古屋に選定したのは、名古屋を占領すれば、日本は東西に分断され屈伏すると考えたからである。もし屈伏しない時には、東西両軍の鋭意を挫折させ、国民を迷乱させるために、一個師団を九州佐伯湾に上陸させ熊本を攻略するとともに、一個混成旅団を青森湾に上陸させ盛岡を攻略するというものである。

図四―五―二　ロシア陸軍大佐ヤンシュールの日本攻略案（明治三十年）

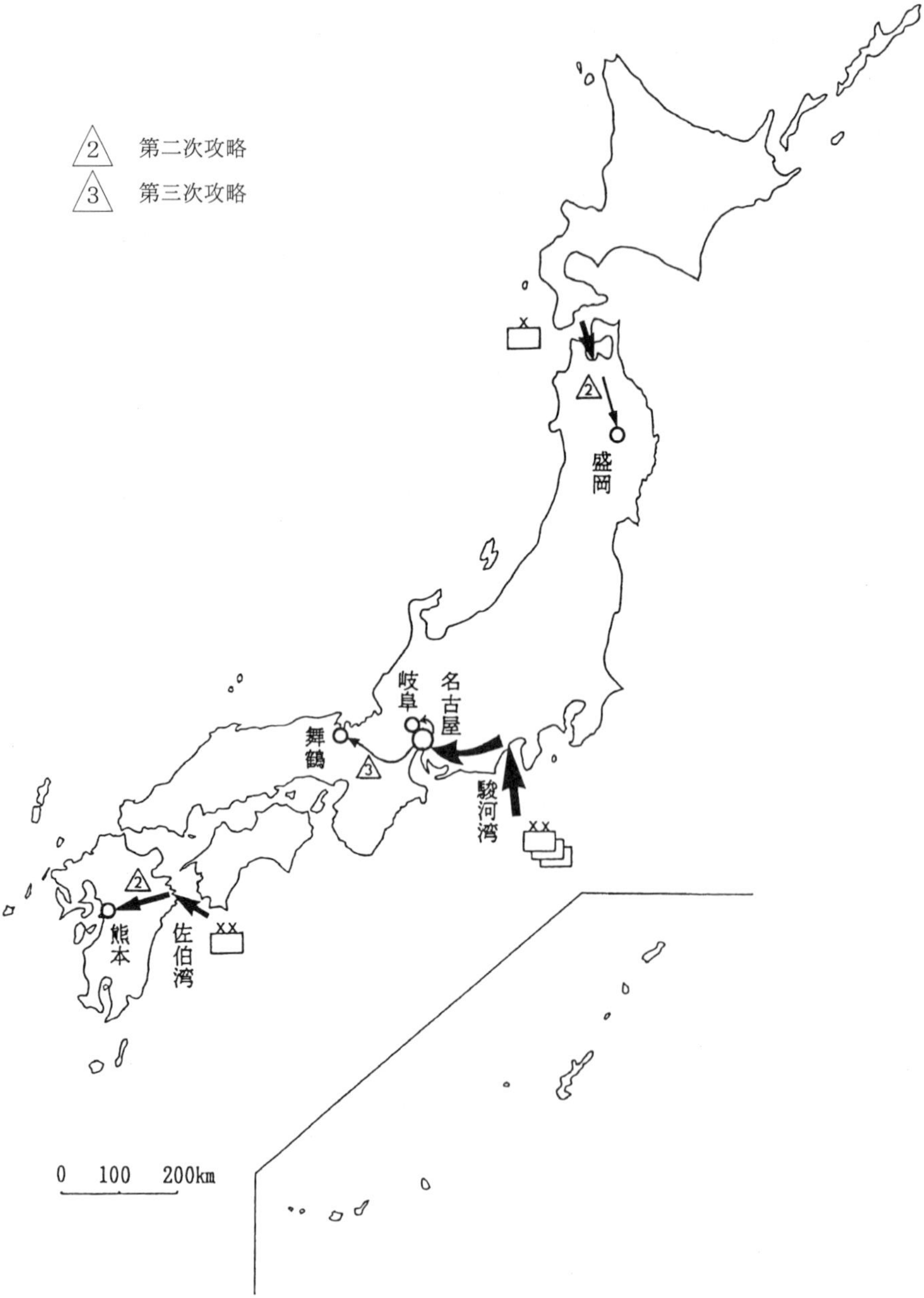

さらに台湾は、日露開戦になれば土匪が蜂起するので顧慮する必要がないとし、北海道の攻略は、艦隊勢力を二分するので、本島の占領を終えるまで手を付ける必要はないとしている。

このようなヤンシュールの意見を、日本の参謀本部がどの程度参考にしたかは不明であるが、前述の守勢作戦計画と対比してみると、類似点は少ないのである。ただ上陸地点を駿河湾としている点が共通する。しかし、上陸した後、ヤンシュールは東海道に沿って西に向かい名古屋を攻略するとし、守勢作戦計画は東に向かい東京を攻略するものとしている。ヤンシュールの案は日本を東西に分断するという点に戦略的意義を置き、参謀本部の守勢作戦計画は首都を陥落させるという点に戦略的意義を置いている。

ヤンシュールの日本攻略案は、北海道とか九州を攻略して領土を掠め取ろうというものではなく、日本を東西に分断して屈伏させ日本全土を手に入れようとするものであるだけに、日本にとっては脅威的な案であったはずである。しかし参謀本部は、戦略目標を名古屋にする侵攻案を、守勢作戦計画に採り入れていないのである。その理由は、史料がなく不明であるが、既存の兵力で十分対処できると考えたのかも知れない。

ヤンシュールの日本攻略案を要図化すると、図四―五―二のようになる。

(四)　海軍の防禦計画

日清戦争後の海軍の拡張は、本章三で述べたように、艦隊決戦による制海権獲得のための艦隊整備が主目的であり、本土沿岸の防御に必要な艦艇や施設等の整備は次等なものであった。

海軍の考えは、国防の三線即ち第一線の海上、第二線の海岸、第三線の内地のうち、第一線の軍備が充実していれば、第二・第三線の軍備は厳ならずとも、敵を一歩も我が国土に踏み入れさせないことができるというもので、海岸防禦は重視されていなかった(25)。

海軍が防御について考慮していたのは、軍港等の要地であった。日清戦争直後の明治二十八年七月三日、海軍軍令部は、今後一〇年間に完備を要する沿岸防御計画を策定した(26)。

この沿岸防御計画によると、横須賀軍港などの要地には、水雷艇隊と水雷隊を配備して、敵の奇襲攻撃を防御しようというものであって、その概要は、表四―五―一のとおりである。

〔水雷艇隊は、魚形水雷（魚雷）の発射管を備えた水雷艇五～六隻で編成され、水雷隊は、敷設水雷（機雷）を敷設する敷設用船艇と陸上から管制する水雷衛所から成っていた。〕

以後概ねこの計画に沿い水雷艇隊などが整備されていくのである。

即ち、明治二十九年一月二十日、勅令第二号により「水雷団条例」が制定され、各軍港に水雷団を置き、各水雷団には水雷敷設隊と水雷艇隊を置くとされた。

水雷団は鎮守府に属して水雷防御を担当し、水雷敷設隊は水雷固定防御、水雷艇隊は水雷移動防御を担当すると規定された(27)。

また、軍港・要港以外の港湾にして水雷防御を要する所には、必要に応じて付近の水雷団より水雷敷設隊及び水雷艇隊を分置することができるとされた(28)。

かくして、明治三十三年に舞鶴水雷団、三十五年に大湊水雷団が編成されたのである。

水雷艇も逐次建造され日露戦争までに、表四―五―二のように一等水雷艇一六隻、二等水雷艇三七隻、三等水雷艇一〇隻が完成した(29)。

表四―五―一　向こう一〇年間に完備を要する沿岸防禦一覧表

水雷隊の根拠地	攻撃水雷艇隊		布設水雷隊	
	隊数	隊名	隊数	隊名
横須賀軍港	三	第一横須賀水雷艇隊 第二 〃 第三 〃	二	第一横須賀布設水雷隊 第二 〃
呉軍港	一	呉水雷隊	三	第一呉布設水雷隊 第二 〃 第三 〃
門司港			一	門司布設水雷隊
由良港	一	由良水雷艇隊	一	由良布設水雷隊
佐世保軍港	二	第一佐世保水雷艇隊 第二 〃	一	佐世保布設水雷隊
長崎港			一	長崎布設水雷隊
竹敷港	二	第一竹敷水雷艇隊 第二 〃	三	第一竹敷布設水雷隊 第二 〃 第三 〃
舞鶴軍港	二	第一舞鶴水雷艇隊 第二 〃	一	舞鶴水雷隊
大湊港	二	第一大湊水雷艇隊 第二 〃	三	第一大湊布設水雷隊 第二 〃 第三 〃
備考	表ノ他 久慈要港・台湾ノ二ヵ所に水雷艇隊 浅海湾及三浦湾ノ連絡ヲ通ズルハ、防禦上必要ナルヲ以テ新ノ浦ヲ 開鑿スルヲ要ス			

表四―五―二　水雷艇の建造数

年（明治）	三十三	三十四	三十五	三十六	三十七	計
一等水雷艇	四	一	○	四	七	一六
二等水雷艇	一六	七	五	七	二	三七
三等水雷艇	二	五	三	○	○	一○
計	二二	一三	八	一一	九	六三

このように建造された水雷艇は、明治三十六年九月に、第一～第二一水雷艇隊に編成され、日露戦争に臨んだ(30)。

以上のような水雷艇隊と敷設水雷隊とによって軍港などの防御を実施するために、毎年度それぞれ各軍港などの防御計画が策定されたのであるが、具体的な防御計画書は史料として残されていないのである。

海軍が、軍港・要港などの防御計画について明文として規定したのは、明治三十年九月二十四日公布の勅令第三一九号「鎮守府条例」が最初である。同条例第三条に「司令長官ハ天皇ニ直隷シ麾下ノ軍隊団隊ヲ統率シ及軍港・要港・防御港ノ防御計画ヲ統理ス」と規定された。明治三十三年五月十九日この条例は改正され、第二条に「鎮守府ハ出師ノ準備、防禦ノ計画、海軍区ノ警備並所轄諸部ノ事務ヲ監督スル所トス」規定するとともに、第四条に司令長官は「出師準備・防禦計画ニ関シテハ海軍軍令部長ノ区処ヲ承ク」と規定されたのである。

このように海軍も軍港・要港などの防御計画策定が義務付けられたのであるが、具体的な防御計画書の策定が確認できるのは、明治三十年度の「広島湾口防禦水雷計画」・「対州水雷防禦計画書」及び明治三十四年度の「横須賀鎮守府防禦計画書」・「舞鶴軍港防禦計画書」・「呉鎮守府防禦計画書」・「佐世保軍港防禦計画書」・「長崎港口防禦計画書」・

「竹敷要港部防御計画書」・「台湾並澎湖島海軍防御計画書」ならびに明治三十五年度の「横須賀鎮守府防御計画書」・「舞鶴軍港防御計画書」・「呉鎮守府防御計画書」・「佐世保鎮守府防御計画書」・「長崎港口防御計画書」・「竹敷要港部防御計画書」・「馬公要港部防御計画書」などである(31)。

これらの防御計画書の具体的内容は、史料が残されていないためによく分からないが、日露戦争時の軍港等の防御態勢から判断すると、艦艇及び水雷艇隊の配置、敷設水雷の敷設位置と敷設数、側防砲台の配置などが計画されていたと考えられる。

また、これらの防御計画書は、防務条例の規定により、陸軍の要塞防御計画と連携させるために、陸軍にも配布されていた。陸軍の要塞防御計画も、海軍の軍港などの防御計画と連携させるため、海軍にも配布されたのである。

六　陸海軍統一指揮問題

(一)　防務条例の改正

日清戦争中の明治二十八年一月、東京及び海岸要地の防衛に関する陸海軍協同作戦の指揮ならびにそれぞれの任務を規定する「防務条例」が制定された。制定の理由は、防御地点における陸海軍に対し「統一ノ号令ヲ以テ防御ノ指揮ヲ敏活ナラシムル為陸海軍各部司令権ノ所在ヲ規定スル(1)」ためであり、簡単に言えば、陸海軍の統一指揮のためであった。

この防務条令により、戦時における首都東京及び海岸要地の防衛は、陸海軍協同してその任に当り、陸海軍の性質によって、その担任が次のように規定された。(2)

・陸軍の担任　①陸地警戒勤務
②陸地防禦工事
③諸砲台の勤務
④堡塁通信勤務

・海軍の担任　①海上警戒勤務
②海中障碍物・水雷の布設及びこれに属する諸勤務
③艦船もしくは水雷艇をもってする諸勤務
④海上通信勤務

また、同条例第三条において、防御地点の防御を四種に分け、それぞれの指揮関係が次のように規定された。

その一　東京防御
陸軍の東京防御総督（後述）が、要塞司令官・師団長（もしくは野戦隊指揮官）及び横須賀鎮守府司令長官を統べ、東京防御全般のことを指揮計画する。横須賀軍港の直接防御は、横須賀鎮守府司令長官が横須賀堡塁団守備諸兵及び海軍各部を統べ、全般のことを計画指揮する。

その二　呉・佐世保防御
当該鎮守府司令長官が、各要塞司令官及び海軍各部を統べ、軍港防御全般のことを計画指揮する。

その三　紀淡・鳴門・芸予・下関海峡の防御
当該要塞司令官が、海上防御司令官及び守備諸兵を統べ、海峡防御全般のことを計画指揮する。

その四　対馬防御
警備隊司令官及び要港司令官のうち高級古参の者が、対馬防御司令官を兼務し、その所属部隊及び他の司令官を統べ、対馬防御全般のことを計画指揮する。

以上のように、陸海軍の指揮関係が規定され、その施行は、明治二十八年四月三十日の陸海軍省告示によって、同年五月十日とされた。

防務条例の制定と同じ日に「東京防禦総督部条例」が制定され(3)、東京防禦総督が東京防禦を担当することになった。東京防禦総督は、陸軍大将もしくは中将をもって任じ、天皇に直隷して東京防禦を担当し、東京の衛戍勤務を統轄し、師団長に命じて之れを実行せしむるとされた。

ところが、明治三十一年十一月八日、西郷従道に代って山本権兵衛が海軍大臣に就任するや、懸案となっていた従来の陸主海従的な戦時大本営条例の参謀総長の規定と防務条例の東京防禦総督の規定などの改正問題に取り組みはじめ、陸海軍の間にこの問題をめぐって紛糾が生じたのである(4)。

戦時大本営条例の改正問題は後述するので、ここでは防務条例の改正問題のみを述べることにする。

明治三十一年十二月二十三日、桂太郎陸軍大臣が、山本海軍大臣に対し、明治三十二年度呉・佐世保両要塞動員計画策定のため両要塞に配属すべき部隊・兵器・弾薬など裁可を得たので、これに基づき両要塞動員計画を策定するよう呉・佐世保鎮守府司令長官に訓示して欲しいと「送甲第二七一七号」文書をもって照会した(5)。

これに対し山本海軍大臣は、翌三十二年一月十九日、要塞動員計画のごときは鎮守府司令長官の策定すべきものではないので訓示することはできないと「機密第五号」文書をもって回答し、関係書類を返却した(6)。

同じ頃の明治三十一年十二月二十六日、東京防禦総督の奥保鞏陸軍大将が、横須賀鎮守府司令長官鮫島員規海軍中将に対し、明治三十二年度の東京防禦計画策定のため、横須賀軍港防禦計画ならびに東京湾口海上防禦計画を策定し報告するよう訓令した（「秘第一号」(7)）。

これに対して横須賀鎮守府司令長官は、翌三十二年一月十日、平時において東京防禦総督の区処を受ける規定がないとして訓令を返却した（「横鎮機密第二五四号の三」）。[8]

これを受け、東京防御総督参謀長は、一月十二日、横須賀鎮守府参謀長宛に、東京防御総督は防務条例により東京防御に関し全責任を負い防御計画を策定することになっていると「秘第四号」文書をもって通牒し、前記の訓令を再送付した。[9]

一月十六日横須賀鎮守府参謀長は、防務条例の規定はあくまで戦時のもので平時に適用すべきものではないと「横鎮機密第二五四号の五」をもって再度訓令を返却した。[10]一月十七日、横須賀鎮守府司令長官は、この訓令返却の件についてその経過を海軍大臣に報告した（「横鎮機密第二五四号の六」）。[11]

このように防務条例の解釈をめぐり、陸軍は平時・戦時に適用するものであるとするのに対し、海軍は戦時のみに適用するものであるとするもので、両者の解釈は平行線をたどった。その原因は、防務条例の規定があいまいで、平時と戦時についていかに適用されるかが明確に規定されていない点と、海軍の計画というものに対する考え方の相違にあったのである。

防務条例には、前述したように各防御地点ごとそれぞれ指定された指揮官が、その地区の防御全般について計画指揮すると規定されているが、この計画指揮について、計画は平時から行なうべきものであり、指揮は戦時になって行なわれるべきものと解釈するのが一般的である。防御の計画は、平時から策定され周到に準備されてはじめて意義があるのであり、戦時になって急遽計画するようでは、本来の計画にならないのである。

この計画ということについて、海軍はその作戦の特質上あまり重要視していないのである。陸軍の作戦は、地上での行動であるため一般に変化が少なく固定的であるのに対し、海軍の作戦は、海上での行動であるため、変化しやすく流動的である。したがって海軍は、計画を策定しても、戦時にはそのまま発動されることは少なく、その時の状況に応じて具体的行動を律していくという考えが強いのである。このため、平時から計画するということについては、極めて消極的なのである。(12)

しかし、このような海軍の計画に対する考えは、外洋作戦中心の考えであり、軍港防御など比較的固定的な作戦には、この考えを適用することはできないのである。軍港防禦のための水雷敷設の位置・数量、側防砲台の位置、監視哨の位置、配置すべき水雷艇隊などは平時から計画準備されていなければならないものである。事実、海軍は、前項で述べたようにこれらの計画を策定していたのである。

にもかかわらず海軍が、平時には適用されないと主張した背景には、以前から懸案であった戦時大本営条例の改正問題に表明されているように、陸主海従的制度を陸海軍対等にしようとする意向が強く働いていたのである。この問題については後述する。

明治三十二年一月十九日、山本海軍大臣は、桂陸軍大臣に防務条例の改正意見を「機密第七号」をもって提示した。その要旨は、東京の防禦と東京湾口及び横須賀の防禦を分離し、東京の防禦は東京防禦総督、東京湾口及び横須賀は横須賀鎮守府司令長官がそれぞれ独立して担任するというものであった。(13)

これに対し桂陸軍大臣は、川上操六参謀総長の意見を徴した後、漸く九月三十日、山本海軍大臣に対し、首府東京の防禦と東京湾の防禦は、戦略上相関連するので、これを分離しては東京防禦を全うすることはできない旨「送甲第一六九二号」をもって回答した。(14)

山本海軍大臣は、戦時大本営条例の改正問題もあり、陸海軍の間ではこの問題は解決しないと判断し、十月二十六日、陸軍大臣の回答に対する反対意見を閣議に提出した。(15) その要旨は、国防の第一線は海軍であり、東京湾口の防禦は国防の第二線であり、横須賀鎮守府司令長官は第一線の海上における移動防禦と湾口における第二線の固定防禦に任じているので、横須賀鎮守府司令長官を海上勤務の素養のない東京防御総督の指揮下に置くのは不適であるとし、また東京湾口と横須賀軍港の防御は唇歯の関係にあるので同一の指揮下に置く必要があるというものである。

この反対意見を閣議に提出したとの通知を受けた桂陸軍大臣は、十一月の初めに（日付不明）、先の海軍大臣への回答をさらに敷衍した弁明書を作成し閣議に提出した。[16] その要点は、横須賀鎮守府司令長官が艦艇をもって東京湾外で海戦（移動防御）を行なうのは変則の場合であり、鎮守府の防御は要塞と同じく固定防御が常則であるので、横須賀鎮守府司令長官が東京防御総督の指揮下に入るのは当然であるというものである。

これに対し、山本海軍大臣は、さらに十一月八日、先に閣議へ提出した反対意見に関係書類と参考書類を付して単独で天皇に上奏を行なった。[17]

山本海軍大臣から単独上奏の通知を受けた桂陸軍大臣は、これに対して十一月十四日、先に閣議に提出した弁明書に関係書類を付し「覚書」として天皇に上奏したのである。[18]

陸海軍両大臣から相反する意見の上奏を受けた天皇は、十二月四日、この問題を元帥府に諮詢された。[19] 元帥府への諮詢を知った山本海軍大臣は、十二月十二日、これまた長文の意見書「弁明書」作成して元帥に送り、陸軍大臣の「覚書」に対する反対意見を述べた。[20]

当時元帥府に列したのは、陸軍の山県有朋、小松宮彰仁親王、大山巌と海軍の西郷従道の四人であった。元帥府は、翌三十三年二月（日付不明）元帥の名で奉答した。[21] 奉答は概ね海軍大臣の意見に沿ったものであり、その要旨は、東京防御計画は、参謀総長・東京防御総督・都督・師団長と重複するので、東京防御総督部を廃止し、東京湾口と横須賀防御の計画及び指揮を主にする東京湾防禦司令部を設置し、東京湾口を除く陸上の防御は参謀総長・都督・師団長が計画指揮するとし、東京湾防禦司令官には、鎮守府司令長官と要塞司令官のうち高級古参の者が兼務するというものであった。

天皇は、同年四月元帥府の奉答を陸海軍大臣に下付して、両大臣協議して実際の運用に支障のないようなものにして提出すべしと命じられた[22]。

両大臣は協議を重ねた結果、成案を得たので、防務条例改正案として、十月十日連署して上奏した。天皇はこの改正案を裁可されず、一部修正して下付し、この修正案で実施すべしと沙汰された[23]。

陸海軍大臣が上奏した防務条例改正案は、第二条に「本条例ハ平戦両時ニ適用スルモノトス」と明記し、防御地点のうち、問題の東京防御を除き、東京湾防御とするとともに、新たな防御地点として舞鶴・長崎・函館・基隆・澎湖島の五個所を追加するなどの改善点があるが、各防御地点の防御については、陸海軍ごと各担任事項を計画指揮するとして、戦時における陸海軍の統一指揮を廃止するというものであった[24]。

天皇は、陸海軍大臣の改正案のうち、平戦時に適用するという条項を削除し、平時における防御計画は陸海軍それぞれで担任計画し、戦時に各防御地点の陸海軍を統一指揮する戦時指揮官を設け、毎年親裁を経て任命すると修正されたのである[25]。

陸海軍大臣は、下付された修正案を、十二月十九日上奏し、同月二十八日裁可を受けた[26]。裁可された防務条例は、翌三十三年一月二十三日勅令第一号として公布された。これにともない、東京防御総督部条例は、同年四月十日勅令第三〇号によって廃止された。

改正された防務条例の要旨は、次のとおりである。

① 東京湾防御を東京防御から分離し、東京湾防御についてのみ本条例の防御地点とする（東京防御は除かれた）。

② 防御地点として新たに舞鶴・長崎・函館・基隆・澎湖島を加える。

③　平時において陸海軍連携する防御計画の要領は、参謀総長と海軍軍令部長が協商し裁定の後、それぞれの大臣に移し、各大臣はそれぞれの該当長官に令達する（平時には、陸軍が海軍を、または海軍が陸軍を区処することがない）。

④　各防御地点には戦時の指揮官を置き、毎年三月親裁を経て任命する。

かくして、二年間にわたる防務条例をめぐる陸海軍の対立は解決したのであるが、この間、元帥府が陸海軍の調整役を果たした点は評価される。また天皇が最高の陸海軍統帥者として、戦時に各防御地点ごと陸海軍を統一指揮する戦時指揮官を設けるよう修正されたことは、高く評価されるべきものであるといえる。

改正防務条例に基づき、明治三十四年度の各防御地点の戦時指揮官が任命されたはずであるが、実際に任命された史料が見当らない。しかし、以下のように任命されたことは間違いない(27)。

東京湾戦時指揮官	横須賀鎮守府司令長官	海軍中将	井上良馨
舞鶴戦時指揮官	舞鶴要塞司令官	陸軍少将	桜井重寿
由良戦時指揮官	由良要塞司令官	陸軍少将	鮫島重雄
鳴門戦時指揮官	鳴門要塞司令官	陸軍少佐	小野田健次郎
芸予戦時指揮官	芸予要塞司令官	陸軍少佐	倉橋豊家
呉戦時指揮官	呉鎮守府司令長官	海軍中将	柴山矢八
下関戦時指揮官	下関要塞司令官	陸軍中将	勝田四方蔵
佐世保戦時指揮官	佐世保鎮守府司令長官	海軍中将	鮫島員規
長崎戦時指揮官	長崎要塞司令官	陸軍中佐	河野通成

対馬戦時指揮官　竹敷要港部司令官　海軍中将　日高壮之丞
函館戦時指揮官　築城本部部員　陸軍大佐　渡瀬昌邦

以後日露戦争開戦時までに、これらの戦時指揮官は一部交代任命があったが、宣戦布告の翌日即ち明治三十七年二月十一日に、東京湾を除き、以下のように任命された。[28]

舞鶴戦時指揮官　舞鶴鎮守府司令長官　海軍中将　日高壮之丞
由良戦時指揮官　由良要塞司令官　陸軍少将　伊地知季清
芸予戦時指揮官　芸予要塞司令官　陸軍中佐　倉橋豊家
広島湾戦時指揮官　呉鎮守府司令長官　海軍中将　柴山矢八
下関戦時指揮官　下関要塞司令官　陸軍少将　新井晴簡
佐世保戦時指揮官　佐世保鎮守府司令長官　海軍中将　鮫島員規
長崎戦時指揮官　長崎要塞司令官　陸軍大佐　西村千里
対馬戦時指揮官　竹敷要港部司令官　海軍中将　角田秀松
函館戦時指揮官　函館要塞司令官　陸軍大佐　秋元盛之

東京湾の戦時指揮官がなぜ任命されなかったかは、史料がなく不明であるが、統一指揮官を置かなくてもそれぞれ独立した体勢で実施可能と判断されたものと考える。これら各防禦地点の戦時指揮官は、日露戦争が終わった後の明治三十八年十月十八日にその職を免ぜられた。[29]

以後、この防務条例は、大東亜戦争が始まる直前まで、改正されることがなかったのであるが、その後、防禦地点の戦時指揮官が任命された形跡はないのである。陸海軍が二年間にわたって対立しながら制定したこの条例も、日露戦争後は、大陸及び外洋での攻勢作戦に重点が置かれたため、死文化してしまったのである。

(二) 戦時大本営条例の改正

戦時大本営条例は、日清戦争前の明治二十六年五月勅令第五二号によって制定され、日清戦争はこの条例のもとで戦われた。しかし、制定時から問題になっていた陸主海従的な参謀総長の権限規定をめぐり、陸海軍の間で、戦後再びこれが問題化したのである。[30]

前述したように山本海軍大臣は、防務条例の改正問題と合わせ、明治三十二年一月十九日、戦時大本営条例の改正を「機密第六号」をもって桂陸軍大臣に提議した。[31]その要旨は、現行条例第二条に「帝国陸海軍ノ大作戦ヲ計画スルハ参謀総長ノ任トス」と規定されている「参謀総長」を「特命ヲ受ケタル将官」に改正するというもので、その理由として、参謀総長と海軍軍令部長は、国防用兵に関して同等の責務をもっており、戦時に海軍軍令部長の責務を参謀総長の所掌に併合するのは秩序を正しくするものではないと主張した。

これに対し陸軍大臣は、同年九月三十日、参謀総長の意見を付して、海軍大臣の改正意見に反対の旨を「送甲第一六九一号」をもって回答した。[32]反対理由として、陸海両軍の大作戦計画は平時から計画すべきで、その責任者は一人であるべきであり、その責任者として臨時に特命を受けた将官が就任するのは甚だ冒険であると主張した。

その後は、防務条例の改正の項で述べたように、海軍大臣が、この問題は陸海軍間では解決しないと判断して、十月二十六日、改正意見を閣議に提出し、これを受け、陸軍大臣もまた反対意見の弁明書を閣議に提出した。[33]海軍大臣は、さらに十一月八日、改正意見を単独で天皇に上奏し、これを受けて陸軍大臣もまた十一月十四日、反対意見を天皇に上奏した。(34)

天皇は、前述したように防務条例の改正問題を元帥府に諮詢したが、戦時大本営条例改正問題は諮詢せず、陸海軍大臣の意見がまとまらないならば、そのままにしておくべしと、裁決を保留した。(35)

その後、日露の関係が険悪になり、元帥の山県有朋と大山巌は、陸海軍の対立状況を憂慮し、明治三十六年十二月（日付不明）、天皇に対して「大本営条例ノ改正及軍事参議院条例制定ニ関スル奏議」を行なった。(36)

その要旨は、参謀総長と海軍軍令部長はともに並立して帷幄の機務に参画させるとともに、両軍の計画の齟齬を調整するために軍事参議院を新設すべきであるというものである。

天皇は、直ちに裁可され、明治三十六年十二月二十八日、「戦時大本営条例」（勅令第二九三号）と「軍事参議院条例」（勅令第二九四号）が公布されたのである。

改正された戦時大本営条例には「参謀総長及海軍軍令部長ハ各其ノ幕僚ニ長トシテ帷幄ノ機務ニ奉仕シ作戦ヲ参画シ終局ノ目的ニ稽ヘ陸海両軍ノ策応協同ヲ図ルヲ任トス」（第三条）と規定され、参謀総長と海軍軍令部長は同等同格で帷幄の機務に参画することになったのである。

ここに、約一〇年にわたる戦時大本営条例の陸主海従的な参謀総長の権限規定問題は解決したのであるが、陸海軍の統一指揮という見地から見ると、後世に大きな問題を残したのであった。

第四章　註

一　陸軍部隊の増設

（1）大隈侯八十五年史会編『大隈侯八十五年史』第二巻（原書房、一九七〇年復刻）二〇〇～二〇一頁
（2）大山梓編『山県有朋意見書』（原書房、一九六六年）二二八～二三三頁
（3）外務省編『日本外交文書』第二八巻第二冊（日本国際連合協会、一九五三年）一七～一八頁
（4）明治二十六年十月四日勅令第一〇七号により、参謀次長は参謀本部次長と改称され、明治四十一年十二月十九日軍令陸第一九号により再び参謀次長に改称された。
（5）陸軍省「秘二十七八年戦役日記」明治二十八年九月（防衛研究所蔵）
参謀本部「参謀本部歴史草案」明治二十八年（防衛研究所蔵）
（6）前掲「秘二十七八年戦役日記」明治二十八年九月
（7）参謀本部「陸軍拡張ノ理由」（陸軍省「密大日記」明治二十九年七～十二月、防衛研究所蔵）
（8）陸軍省「弐大日記」乾、明治二十九年六月（防衛研究所蔵）
（9）陸軍省「送乙号」明治二十九年（防衛研究所蔵）
（10）前掲「弐大日記」乾、明治二十九年六月
（11）前掲「送乙号」明治二十九年
（12）同右
（13）前掲「送乙号」明治三十二年
（14）同右
（15）明治三十二年陸軍省達第八七号（『法令全書』明治三十二年）
「陸軍常備団隊配備表」は明治三十二年以降「陸軍省達」で公布されるようになり、さらに明治四十年以降は「軍令陸」で公布されるようになった。

(16) 明治二十九年送乙第一八一九号（前掲「送乙号」明治二十九年）
陸軍士官学校「陸軍士官学校歴史」明治七～大正十四年（防衛研究所蔵）
明治二十九年勅令第二〇二・二一三・二一八・二二〇号。明治三十一年勅令第二三〇号（『法令全書』明治二十九年、明治三十一年）。以下勅令は全て『法令全書』による。
(17) 明治三十二年勅令第三九三号
前掲「密大日記」明治三十二年
(18) 明治三十一年勅令第七号。明治三十三年勅令第一五七号

二　要塞の建設

(1)『法令全書』明治二十八年
(2) 明治二十八年陸軍省達第二六号（同右）
(3) 明治二十九年送乙第三〇一四号（前掲「送乙号」明治二十九年）
(4) 陸軍築城部本部編「現代本邦築城史」第一部第一巻、築城沿革付録（国立国会図書館古典籍資料室蔵、写防衛研究所蔵）
(5) 陸軍省「送乙日記」明治三十三年（防衛研究所蔵）
(6) 同右
(7)「陸軍平時編制」及び「陸軍常備団隊配備表」
(8) 明治二十九年送乙第六五一号（前掲「弐大日記」乾、明治二十九年六月）。陸軍の平時編制は、明治二十三年以来「陸軍定員令」（勅令）によって公布されていたが、編制は秘密を要するとして明治二十九年二月「陸軍平時編制」（送乙号）として定められるようになった。
(9) 明治三十六年送乙第九四九号（千代田史料「陸軍平時編制の改正」（防衛研究所蔵）
(10) 明治三十六年送乙第二七三九号（前掲「弐大日記」明治三十六年十二月）
(11)『官報』明治十六年七月以降
「陸軍現役将校同相当官実役停年名簿」（防衛研究所蔵）

外山操編『陸海軍将官人事総覧』陸軍篇（芙蓉書房、一九八一年）
井尻常吉『歴代顕官録』（原書房、一九六七年復刻）
(12) 前掲「現代本邦築城史」第二部第一巻、東京湾要塞築城史付録。第二部第二巻、対馬要塞築城史。第二部第三巻、下関要塞築城史。第二部第四巻、由良要塞築城史
(13) 明治三十年勅令第三〇六号「築城部条例」
(14) 浄法寺朝美『日本築城史』（原書房、一九七一年）六九頁
(15) 前掲「現代本邦築城史」第二部第一巻、東京湾要塞築城史付録
東京湾要塞司令部「東京湾要塞歴史」第一号（写防衛研究所蔵）
(16) 前掲「現代本邦築城史」第二部第八巻、津軽要塞築城史
(17) 同右
(18) 前掲「現代本邦築城史」第二部第五巻、舞鶴要塞築城史
(19) 同右
(20) 前掲「現代本邦築城史」第二部第四巻、由良要塞築城史
(21) 同右
(22) 同右
(23) 同右
(24) 前掲「現代本邦築城史」第二部第二〇巻、芸予要塞築城史
(25) 同右
(26) 同右
(27) 同右
(28) 前掲「現代本邦築城史」第二部第一九巻、広島湾要塞築城史
(29) 同右
(30) 同右

（31）前掲「現代本邦築城史」第二部第三巻、下関要塞築城史
（32）前掲「現代本邦築城史」第二部第七巻、佐世保要塞築城史
（33）前掲「現代本邦築城史」第二部第六巻、長崎要塞築城史
（34）前掲「現代本邦築城史」第二部第二巻、対馬要塞築城史
（35）同右
（36）同右
（37）「公文類纂」明治二十七年、陸軍省・海軍省（国立公文書館蔵）
（38）『法令全書』明治三十一年
（39）『法令全書』明治三十二年
（40）要塞地帯法第一～三条
（41）同法第七～二一条
（42）明治三十八年八月陸軍省海軍省告示。明治三十八年陸軍省告示第七号
（43）「戦時要塞勤務令制定ノ件」（前掲「密大日記」明治三十一年七～十二月）
（44）「要塞防禦教令草案」（陸軍省「密受受領編冊」明治三十五年七～十二月、防衛研究所蔵）
（45）明治四十三年軍令陸乙第八号（前掲「密大日記」明治四十三年）
（46）前掲「要塞防禦教令草案」第六項
（47）同右、二三五項

三　海軍の拡張

（1）海軍大臣官房編『山本権兵衛と海軍』（原書房、一九六六年復刻）九九～一〇二頁
（2）海軍大臣官房編『海軍軍備沿革』（巌南堂書店、一九七〇年復刻）六九～七〇頁
　　前掲『山本権兵衛と海軍』三五五～三五六頁
（3）前掲『海軍軍備沿革』六七～七〇頁

（4）前掲『山本権兵衛と海軍』三五五頁
（5）同右、三四八〜三四九頁
（6）同右、三四九頁
（7）前掲『海軍軍備沿革』七四〜七五頁
（8）同右、七六〜八一頁
（9）同右、八一〜八七頁
（10）同右、八四〜八六頁
（11）斉藤実海軍次官起草「海軍拡張についての議」（「斉藤実文書」斉藤実記念館蔵）
前掲『山本権兵衛と海軍』三七〇〜三七九頁
前掲『海軍軍備沿革』九一〜九七頁
（12）前掲『山本権兵衛と海軍』三七三頁
同右、三七一〜三七二頁
（13）前掲『海軍軍備沿革』九二〜九三頁
同右、九八〜一〇一頁
（14）同右、一〇八頁
（15）同右、一一一〜一一二頁
（16）同右、一一三〜一二三頁
（17）「海軍法案ニ関スル書類」（「斉藤実文書」国立国会図書館蔵）
（18）この海軍法案には、島村と吉松の押印がある。島村とは当時軍令部第二局長心得島村速雄海軍中佐であり、吉松とは軍令部第一局長吉松茂太郎海軍中佐である。
（19）前掲「海軍法案ニ関スル書類」
（20）前掲『山本権兵衛と海軍』一三二〜一三三頁
海軍大臣官房編『伯爵山本権兵衛伝』上（原書房、一九六八年復刻）五〇六〜五〇七頁

(21) 前掲『山本権兵衛と海軍』二三八〜二三九頁
前掲『伯爵山本権兵衛伝』上、五〇五〜五〇六頁
(22) 佐藤鉄太郎『帝国国防論』(非売品、一九〇二年)
(23) 同右、二八八〜二八九頁
(24) 前掲『山本権兵衛と海軍』一三三頁
前掲『伯爵山本権兵衛伝』上、五〇七頁
(25) 外山操編『陸海軍将官人事総覧』海軍篇(芙蓉書房、一九八一年)一二頁
(26) 海軍省編『海軍制度沿革』巻三(一)(原書房、一九七一年復刻)一三四六〜一三四七頁
(27) 「明治十九年三月十日決議」中の仁礼景範の意見書(「樺山資紀関係文書」184 国立公文書館蔵)
(28) 伊藤博文編『秘書編纂』兵制関係資料(原書房、一九七〇年復刻)一二〜一六頁

四　沿岸監視態勢の整備

(1) 『法令全書』明治二十七年、明治三十三年
(2) 同右、明治二十七年
(3) 「海岸望楼条例」第四〜五条
「鎮守府条例」の鎮守府定員表
「海軍望楼条例」第三〜五条
(4) 前掲『海軍制度沿革』巻三(一)六九七〜七〇〇頁
(5) 明治三十年送乙第三九三三号(前掲「密大日記」明治三十年七〜十二月)
(6) 「海岸監視哨ノ位置制定ノ件」(同右)
(7) 同右
(8) 「海岸監視哨勤務令」(前掲「密大日記」明治三十年七〜十二月)
(9) 前掲「参謀本部歴史草案」明治三十〜三十一年

五　守勢作戦計画の策定

（1）日本史籍協会編『熾仁親王日記』六（東京大学出版会、一九七六年）二九頁
（2）原剛「日清戦争における本土防衛」（軍事史学会編『軍事史学』第三〇巻第三号、一九九四年十二月）
陸軍省「密事簿」明治二十六〜二十七年（防衛研究所蔵）
前掲「日清戦争における本土防衛」
（3）前掲「参謀本部歴史草案」明治二十八〜二十九年
（4）同右、明治三十年、三十一年、三十二年、三十三年、三十四年、三十五年
前掲「軍事機密文書編冊」参謀本部、明治三十六年
高田甲子太郎「国防方針制定以前の陸軍年度作戦計画」（『軍事史学』第二〇巻第一号、一九八四年六月）
（5）『法令全書』明治二十九年
明治二十九年送乙第三一〇六号（前掲「送乙号」明治二十九年）
（6）「都督部条例」第一〜三条
（7）「都督部編制制定其他平時編制中追加改正ノ件」（前掲「密大日記」明治二十九年一〜六月）
（8）前掲「参謀本部歴史草案」明治三十年
（9）「守勢大作戦計画案」明治三十六年一月三十一日成稿（防衛研究所蔵）
（10）前掲「国防方針制定以前の陸軍年度作戦計画」
明治三十六年一月二十二日、参謀総長が各都督に対し、守勢作戦計画第三款に基づき、東京・大阪・下関をそれぞれ戦略目標として敵が上陸する場合を顧慮し計画するよう指示しているが、その上陸想定の区分は「守勢大作戦計画案」と同じである（前掲「軍事機密文書編冊」参謀本部、明治三十六年）。
（11）前掲「軍事機密文書編冊」参謀本部、明治三十六年
（12）「参謀長会議書類」明治三十六年五月（防衛研究所蔵）
（13）前掲「軍事機密文書編冊」参謀本部、明治三十七年
（14）参謀本部編『明治三十七八年秘密日露戦史』（巌南堂、一九七七年復刻）七九〜八二頁

(15) 軍令部第一課甲部員保管「大正九年以降上裁移牒簿（作戦計画関係）」（霞ケ関史料、防衛研究所蔵）
(16) 防衛研究所戦史部編『史料集海軍年度作戦計画』（朝雲新聞社、一九八六年）三頁
戦史叢書『大本営海軍部・聯合艦隊』（一）（朝雲新聞社、一九七五年）一二五頁
(17) 前掲「参謀本部歴史草案」明治二十八年
(18) 前掲「参謀本部歴史草案」明治二十九～三十五年
前掲「密大日記」明治三十一年一～六月
陸軍省「密受領編冊」明治三十五年七～十二月（防衛研究所蔵）
同「軍事機密受領編冊」明治三十三年七～十二月（防衛研究所蔵）
前掲「軍事機密文書編冊」参謀本部、明治三十六年
陸軍省「軍事機密大日記」明治三十七年一～十二月（防衛研究所蔵）
「要塞防御計画訓令等綴」明治三十五～四十五年（防衛研究所蔵）
(19) 前掲『明治三十七八年秘密日露戦史』
(20) 東京湾要塞司令部「明治三十五年度東京湾要塞防御計画書」（防衛研究所蔵）
(21) 下関要塞司令部「明治三十五年度下関要塞防御計画書」（防衛研究所蔵）
(22) 前掲「要塞防御計画訓令等綴」明治三十五～四十五年
前掲「軍事機密文書編冊」参謀本部、明治三十六年
(23) ド・ヤンシュール陸軍参謀大佐。明治二十九年八月ロシア公使館付武官として来日し、明治三十年十二月陸軍少将に昇任、明治三十二年四月後任者と交代し帰国。この間明治三十年十一月勲三等旭日章、同三十二年四月勲二等旭日章を受賞（「在本邦各国公使館付武官免任雑件」露国之部、「外国人叙勲雑件」露国人之部、第四巻、外交史料館蔵）。
(24) 千代田史料「ヤンシュールノ意見書」（防衛研究所蔵）
(25) 前掲『帝国国防論』一〇三～一〇四、二八八～二八九頁
(26) 海軍教育局編刊『帝国海軍水雷術史』巻三、二〇四頁
「向十年間ニ完備ヲ要スル沿岸防禦一覧表」（前掲「斉藤実文書」）

(27)「水雷団条例」第二条、第一三条
(28)同右　第二四条
(29)海軍大臣官房編『海軍軍備沿革付録』(巌南堂書店、一九七〇年復刻) 三八〜四二頁
(30)前掲『帝国海軍水雷術史』巻一、二七三〜二七四頁
(31)前掲「密大日記」明治三十年一〜六月、明治三十一年一〜六月
前掲「参謀本部歴史草案」明治三十五年
前掲「軍事機密文書編冊」参謀本部、明治三十五年

六　陸海軍統一指揮問題

(1)明治二十八年勅令第八号 (一月十八日公布)
(2)「防務条例」第二条
(3)明治二十八年勅令第九号 (一月十八日公布)
(4)この問題に関する先行研究には、戦史叢書『大本営陸軍部』(1)、六〇〜八八頁及び『大本営海軍部・聯合艦隊』(1)、六九〜八一頁がある。
(5)「大本営条例及防務条例中改正ノ件」の一件文書中の海軍大臣上奏の参考文書 (陸軍省「密受領編冊」明治三十四年一〜六月、防衛研究所蔵)
「海軍大臣上奏の参考書類」(「大本営編制及勤務令に関する綴」二分冊の一、防衛研究所蔵)
(6)(5)に同じ
(7)同右
(8)同右
(9)同右
(10)同右
(11)同右

（12）前項でも述べたように、海軍が年度の作戦計画を初めて策定したのは、大正二年度であり、陸軍が明治二十九年度から策定していたことに比べ、相当遅れているのである。このように、計画に対する海軍の考えは陸軍に比べ消極的であった。
（13）「防務条例中改正ニ係ル協議ノ件」（前掲「密受領編冊」明治三十四年一～六月）
「海軍大臣上奏の関係書類」（前掲「大本営編制及勤務令に関する綴」）

前掲「参謀本部歴史草案」明治三十二年の二月二十四日の項乙の一。なお、この文書は陸軍省編『明治天皇御伝記史料明治軍事史』下（原書房、一九六六年）一〇五三～一〇五四頁に掲載されている。
（14）前掲「防務条例中改正ニ係ル協議ノ件」
前掲「海軍大臣上奏の関係書類」
（15）「陸軍大臣閣議提出の弁明書」（前掲「大本営編制及勤務令に関する綴」）の書出に「閣議ニ提出シタル旨十月二十六日ヲ以テ通知アリ」と記されている。
十一月八日付けの海軍省副官から陸軍省副官宛の文書に「去月二十七日付機密第二一〇号ノ二ヲ以テ戦時大本営条例及防務条例改正ノ件閣議ニ提出ノ儀ニ付当大臣ヨリ貴大臣ヘ御通知相成候」と記されている（前掲「大本営条例及防務条例中改正ノ件」）。
（16）前掲「陸軍大臣閣議提出の弁明書」
前掲『明治天皇御伝記史料明治軍事史』下、一〇五七～一〇六一頁
前掲「参謀本部歴史草案」明治三十二年の二月二十四日の項乙の三
（17）海軍省編『海軍制度沿革史』巻二（一九三九年、原書房復刻、一九七一年）九七六頁
「機密第二一〇号の二」文書によって、上奏の旨を陸軍大臣に通知した（前掲「大本営条例及防務条例中改正ノ件」）
（18）前掲「大本営条例及防務条例中改正ノ件」
前掲「参謀本部歴史草案」明治三十二年の二月二十四日の項乙の三
前掲『明治天皇御伝記史料明治軍事史』下、一〇五七～一〇六一頁
（19）「防務条例改正案御諮詢ニ対スル奉答」（前掲「大本営条例及防務条例中改正ノ件」の一件文書）
前掲『海軍制度沿革史』巻二、九七六頁

（20）前掲「大本営条例及防務条例中改正ノ件」
海軍大臣官房「機密第二一〇号の四」及び「陸軍大臣の覚書に対する海軍大臣の弁明書」（前掲「大本営編制及勤務令に関する綴」）
前掲「参謀本部歴史草案」明治三十二年の二月二十四日の項乙の四
前掲『明治天皇御伝記史料明治軍事史』下、一〇六一～一〇六八頁
（21）前掲「防務条例改正案御諮詢ニ対スル奉答」
（22）前掲『海軍制度沿革史』巻二、九七六～九七七頁。ただし明治三十二年二月となっているが、明治三十三年二月が正しい。
（23）前掲『海軍制度沿革史』巻二、九七六頁
「防務条例ニ関スル件」（前掲「密受領編冊」明治三十四年一～六月）
（24）同右
（25）同右
（26）同右
（27）前掲「参謀本部歴史草案」明治三十四年の四月二日の項に、戦時指揮官の任命について陸海軍大臣で協議している。
（28）前掲「軍事機密文書編冊」参謀本部、明治三十七年
（29）「任免」明治三十八年巻二九（国立公文書館蔵）
（30）註（4）に同じ
（31）註（13）に同じ
（32）前掲「海軍大臣上奏の関係書類」
（33）前掲「陸軍大臣閣議提出の弁明書」
（34）註（17）、（18）に同じ
前掲「大本営条例及防務条例中改正ノ件」
（35）渡辺幾治郎『明治天皇と軍事』（千倉書房、一九三六年）三三九頁
（36）前掲「大本営編制及勤務令に関する綴」

第五章　日露戦争時の国土防衛

一　沿岸監視と防備

(一)　陸・海軍の沿岸監視態勢

朝鮮半島の支配をめぐって日本とロシアの関係が緊迫し、遂に日露戦争に発展した。明治三十七年二月四日、御前会議において開戦が決定され、翌五日、日本はロシアとの国交を断絶するとともに、陸軍部隊の動員と要塞の動員が下令された(1)。同日、聯合艦隊に対しても出動命令が下令され、聯合艦隊は、翌六日佐世保港を出港した(2)。

二月九日、ロシアは日本に対し宣戦を布告し、日本も翌十日ロシアに対し宣戦を布告し、ここに日露戦争が開始され、二月十一日、大本営が宮中に設置された。

この間の二月六日に、陸軍の海岸監視哨開設が下令され、各師管ごとに直ちに開設に着手し、表五—一—一のごとく開設された(3)。

表五—一—一　日露戦争中の陸軍海岸監視哨

師管	海岸監視哨位置
第一師管	銚子
第二師管	新潟　直江津
第三師管	鳥羽
第五師管	萩　仙崎
第七師管	稚内　留萌　小樽　寿都　江差　森湾　室蘭湾　苫小牧
第八師管	大間崎　土崎
第九師管	伏木　七尾湾　地頭　敦賀湾
第一〇師管	小浜湾　宮津湾
第一一師管	椿泊
第一二師管	佐賀関　津屋崎　福岡湾　船越　呼子湾　伊万里湾

同時に台湾にも一〇カ所海岸監視哨が開設された。

海岸監視哨は、第四章四(二)で述べたように、佐尉官の哨長以下下士官及び兵の監視員七名と通信員二名を基準にして編成される。海岸監視哨の開設状況は、当時第一一師管内に設置された椿泊監視哨（現在の徳島県阿南市椿町尻杭の次郎坊山）に勤務した喜田卯吉大佐（当時は中尉）の回想記[4]によると以下のようであった。

喜田中尉は、二月七日午後一時に師団から監視哨勤務の命令を受け、午後五時諸準備を整え、下士官以下一四名を率いて善通寺を出発、善通寺から高松まで約七里は鉄道を利用し、高松以東の約二〇里は人力車を乗り継ぎ、さらに七里は、櫓船を利用して、翌八日午後五時頃漸く目的の山の麓に到着した。その夜は仮眠し、翌朝数十人の人夫を雇い、監視哨予定位置までの通路を切り開きながら、正午頃予定位置に到着し、直ちに監視哨を開設した。主たる監視は、紀伊水道に入る艦船で、携行した敵艦隊艦型図表に照らし逐一報告した。

一方、海軍の望楼は、第四章四(一)で述べた常設の望楼の他に、戦況に応じて以下のように開設されていった。[5]

明治三十七年二月五日内令第七〇号により
・横須賀鎮守府管内　白神、恵山、観音崎、剣崎
・呉鎮守府管内　佐賀関
・竹敷要港部管内　大河内、郷崎、下御崎
・佐世保鎮守府管内　沖ノ島、若宮、城ケ岳、曽津高　・台湾に七個所
明治三十七年三月十七日内令第一五八号により　・朝鮮に一個所
明治三十七年六月二十一日内令第二六九号により
・舞鶴鎮守府管内　高崎山　・朝鮮に一個所

明治三十七年七月五日内令第二八三号により　・遼東半島に一個所
明治三十七年七月九日内令第二九四号により
・横須賀鎮守府管内　安渡移矢、納沙布、襟裳、神威
・舞鶴鎮守府管内　見島　・朝鮮に五個所
明治三十七年七月三十日内令第三一三号により
・横須賀鎮守府管内　焼津
明治三十七年八月九日内令第三二五号により
・横須賀鎮守府管内　野寒、仙法志、稲穂、小島、尻矢、波浮、御前崎、魹崎、塩屋、犬吠、岩和田
・舞鶴鎮守府管内　入道崎、杵築
・呉鎮守府管内　蒲生田
・佐世保鎮守府管内　釣掛、坊ノ岬、浦崎、喜屋武、西表　・朝鮮に五個所
明治三十七年八月二十四日内令第三五三号により
・佐世保鎮守府管内　笠利
・千島に二個所
明治三十七年九月二十日内令第三八八号により
・竹敷要港部管内　神山
・佐世保鎮守府管内　白岳　・朝鮮に二個所
明治三十八年以降も、次のように開設されていった。

二月一日内令第八一号により　・遼東半島に三個所　・台湾に一個所
二月二十七日内令第一四一号により　・朝鮮に一個所
三月十日内令第一五六号により　・朝鮮に一個所
四月二十九日内令第二四七号により　・横須賀鎮守府管内　八丈東、八丈北、八丈西
五月十四日内令第二六七号により　・朝鮮に一個所
六月二十二日内令第三三五号により　・横須賀鎮守府管内　礼文　・樺太に二個所
六月二十四日内令第三四七号により　・朝鮮に三個所
八月十一日内令第四四七号により　・樺太に二個所
十月十九日内令第六〇九号により　・朝鮮に一個所　・台湾に一個所

以上、日露戦争中に開設されていた常設・仮設の望楼をまとめると、表五―一―二及び図五―一―一のとおりである（ただし、樺太・朝鮮・遼東半島・台湾を除く）。

これらの海軍望楼も、戦争終結により、横須賀鎮守府管内の安渡移矢・宗谷・龍飛・尻矢・金華山・布良・長津呂・大王、舞鶴鎮守府管内の遭崎・皆月・経ケ崎・西郷・美保関、呉鎮守府管内の潮岬・日御埼・足摺・都井・鶴見・六連島・角島、竹敷要港部管内の韓崎・神崎、佐世保鎮守府管内の志自岐・大瀬・野母・佐多・喜屋武以外は廃止された(6)。

また、陸軍の海岸監視哨は、日本海海戦においてロシアのバルチック艦隊が撃滅されたため、また、海軍望楼が完備したため、明治三十八年六月九日、呼子を残しその他は撤去するよう達せられた(7)。

表五―一―二　日露戦争中の海軍望楼

所管	NO	望楼名
横須賀鎮守府	一	茂世路
横須賀鎮守府	二	丹根萌
横須賀鎮守府	三	安渡移矢
横須賀鎮守府	四	納沙布
横須賀鎮守府	五	襟裳
横須賀鎮守府	六	＊宗谷
横須賀鎮守府	七	野寒
横須賀鎮守府	八	礼文
横須賀鎮守府	九	仙法志
横須賀鎮守府	一〇	神威
横須賀鎮守府	一一	稲穂
横須賀鎮守府	一二	小島
横須賀鎮守府	一三	白神
横須賀鎮守府	一四	恵山
横須賀鎮守府	一五	＊艫作
横須賀鎮守府	一六	＊龍飛
横須賀鎮守府	一七	尻矢
横須賀鎮守府	一八	魹崎
横須賀鎮守府	一九	＊金華山
横須賀鎮守府	二〇	塩屋
横須賀鎮守府	二一	犬吠
横須賀鎮守府	二二	岩和田
横須賀鎮守府	二三	＊布良
横須賀鎮守府	二四	観音崎
横須賀鎮守府	二五	剣崎
横須賀鎮守府	二六	波浮
横須賀鎮守府	二七	＊長津呂
横須賀鎮守府	二八	焼津
横須賀鎮守府	二九	御前崎
横須賀鎮守府	三〇	＊大王
横須賀鎮守府	三一	八丈東
横須賀鎮守府	三二	八丈北
横須賀鎮守府	三三	八丈西
舞鶴鎮守府	三四	入道崎
舞鶴鎮守府	三五	＊弾崎
舞鶴鎮守府	三六	＊沢崎
舞鶴鎮守府	三七	＊遭崎
舞鶴鎮守府	三八	＊皆月
舞鶴鎮守府	三九	＊越前崎
舞鶴鎮守府	四〇	＊経ケ崎
舞鶴鎮守府	四一	＊西郷
舞鶴鎮守府	四二	高崎山
舞鶴鎮守府	四三	＊美保関
舞鶴鎮守府	四四	杵築
舞鶴鎮守府	四五	見島
呉鎮守府	四六	＊潮岬
呉鎮守府	四七	＊日御崎
呉鎮守府	四八	蒲生田
呉鎮守府	四九	＊室戸
呉鎮守府	五〇	＊足摺
呉鎮守府	五一	＊都井
呉鎮守府	五二	＊鶴見
呉鎮守府	五三	佐賀関
呉鎮守府	五四	＊六連島
呉鎮守府	五五	＊角島
竹敷要港部	五六	＊韓崎
竹敷要港部	五七	大河内
竹敷要港部	五八	下御崎
竹敷要港部	五九	郷崎
竹敷要港部	六〇	神山
	六一	＊神崎
佐世保鎮守府	六二	沖ノ島
佐世保鎮守府	六三	若宮
佐世保鎮守府	六四	＊壱岐崎
佐世保鎮守府	六五	白岳
佐世保鎮守府	六六	＊志自岐
佐世保鎮守府	六七	城ケ岳
佐世保鎮守府	六八	＊大瀬
佐世保鎮守府	六九	＊野母
佐世保鎮守府	七〇	＊天狗鼻
佐世保鎮守府	七一	釣掛
佐世保鎮守府	七二	坊ノ岬
佐世保鎮守府	七三	＊佐多
佐世保鎮守府	七四	浦崎
佐世保鎮守府	七五	笠利
佐世保鎮守府	七六	曽津高
佐世保鎮守府	七七	＊皆通
佐世保鎮守府	七八	喜屋武
佐世保鎮守府	七九	西表

＊印は常設の海軍望楼、無印は仮設の海軍望楼。

図五—一—一　日露戦争中の海軍望楼及び陸軍海岸監視哨

以上のような沿岸監視の他に、陸軍は海底電線揚陸点の警戒監視のための処置を講じた。開戦前の明治三十七年一月十二日、参謀総長は陸軍大臣に、差し当り陸軍で警戒監視できない次の海底電線揚陸点の警戒監視を警察に担当してもらうよう内務大臣に依頼するよう要請した(8)。

台湾九州間海底電線揚陸点　・大隅国大浜
・奄美大島與那可崎
・沖縄県美里
・八重山列島石垣島八重山
壱岐海峡海底電線揚陸点　・肥前国東松浦郡呼子
・壱岐国郷ノ浦

陸軍大臣はこれを受け、十五日内務大臣にこれらの地点の警戒監視処置を依頼した。内務大臣は直ちに翌十六日、長崎・佐賀・鹿児島・沖縄県知事に対し該当箇所の監視警戒を命じた(9)。

陸軍大臣は二月十二日、第五・第六・第七・第八師団長に対し、それぞれ左記の海底電線揚陸点の監視警戒のため監視兵を派遣するよう命じた(10)。

第五師団（隠岐島海底電線揚陸点）
・菱浦（島前）
・西郷（島後）
・本庄（島根半島）
第六師団（沖縄～鹿児島海底電線揚陸点）
・大浜（大隅半島）
・久慈（奄美大島）

・美里（沖縄本島）
第七師団（津軽海峡海底電線揚陸点）　・木古内
第八師団（津軽海峡海底電線揚陸点）　・佐井（下北半島）
・平館（津軽半島）
・今別（津軽半島）

その後、第二師団管内の佐渡～新潟海底電線揚陸点である赤泊と野積にも監視警戒兵が派遣され、先に警察に依頼していた壱岐～呼子の警戒監視も第一二師団の兵隊が派遣されることになった[11]。

これらの海底電線揚陸点の監視警戒兵も、戦争終決後の明治三十八年十月二十日の撤去命令により全て撤去された[12]。

(二)　陸軍守備部隊の配置

前述したように、二月五日、日露の国交が断絶し、陸軍部隊及び要塞の動員が下令され、聯合艦隊も出動が下令された。

動員が下令された要塞は、函館・対馬・佐世保・長崎・澎湖島の各要塞である。これらの要塞は、最もロシア艦隊の脅威を受け易いために、動員が下令されたのである。ロシア艦隊の接近の恐れがある東京湾・由良・広島湾・舞鶴・下関・基隆要塞には、警急配備が下令された。芸予要塞は、瀬戸内海にあってロシア艦隊接近の恐れもないため、動員も警急配備も下令されなかった[13]。

年度要塞防禦計画訓令により、動員下令とともに函館・対馬・澎湖島要塞は、本戦備に就き、その他の要塞は、準戦備に就くことになっていたので、動員が下令された函館・対馬・澎湖島要塞は、本戦備に就き、佐世保・長崎要塞は準戦備に就いたのである。[14]

第一章四(四)で述べたように、要塞動員とは、防御戦闘に必要な人馬弾薬・資材を充足し防御戦闘ができる態勢に移すことであり、本戦備とは、敵の本格的攻撃に対する戦備であり、準戦備とは、敵の艦隊の攻撃に対する戦備であり、警急配備とは、要塞動員の暇がなく迅速に応急的配備をとることである。[15]

本戦備・準戦備・警急配備を下令された各要塞には、明治三十七年度要塞防御計画訓令により、本属の要塞砲兵部隊の他、以下のような部隊が増援されたのである。[16]

［本戦備要塞］
・函館要塞　後備歩兵一個聯隊と一個大隊、後備工兵一個中隊
・対馬要塞　後備歩兵二個聯隊、後備工兵一個中隊

［準戦備要塞］
・佐世保要塞　後備歩兵一個聯隊、後備工兵一個小隊
・長崎要塞　後備歩兵二個中隊

［警急配備要塞］
・東京湾要塞　歩兵一個大隊、騎兵一個小隊、工兵二個小隊
・由良要塞　歩兵一個大隊と一個中隊、工兵二小隊
・舞鶴要塞　歩兵一個大隊、工兵一個小隊
・下関要塞　歩兵一個大隊、工兵二個小隊

これより先、日露関係が緊迫してきた折の明治三十六年十二月三十一日、陸軍大臣は第七師団長と第一二師団長に対し、それぞれ函館要塞と対馬要塞の海正面第一線の砲台の射撃準備を内達し、さらに翌三十七年一月五日、第一師団長に対し東京湾要塞、第四師団長に対し由良要塞、第五師団長に対し広島湾・芸予要塞、第一〇師団長に対し舞鶴要塞、第一二師団長に対し下関・長崎・佐世保要塞、台湾総督に対し基隆・澎湖島要塞の海正面第一線砲台の射撃準備を内達した(17)。

これを受けて各要塞は以下のように射撃準備を完了し、各師団長は陸軍大臣に報告した(18)。

一月十日	舞鶴要塞	葦谷・金岬・槙山砲台
一月十一日	基隆要塞	社寮島・白米甕・万人頭砲台
一月十二日	澎湖島要塞	東・付属・大山・鶏舞山砲台
一月十三日	対馬要塞	城山・芋崎・大平・根緒・折瀬鼻砲台
同	下関要塞	火山・金比羅・老山・筋山砲台
一月十六日	長崎要塞	神ノ島高・神ノ島低・蔭ノ尾砲台
同	由良要塞	生石山第一・同第三・同第四・同第五・友ケ島第三・深山第一・同第二・門崎・笹山・行者ケ嶽砲台
同	東京湾要塞	千代ケ崎・観音崎第二・同第三・三軒家・花立台・走水高・猿島・第一海堡・元州砲台
一月十七日	佐世保要塞	面高・高後崎・小首・丸出砲台
同	函館要塞	千畳敷・御殿山第一・同第二砲台
一月十八日	芸予要塞	大久野島北部・同中部・同南部・来島北部・同中部・同南部砲台

一月二十日　広島湾要塞　室浜・鷹之巣高・同低・大那沙美・岸根鼻・鶴原山・三高山・大君・早瀬・休石砲台

二月四日海軍は、聯合艦隊司令長官・佐世保鎮守府司令長官・対馬要港部司令官に対し、露国艦隊が近づき敵意を表すると認められる時はこれを撃破すべしと命令したのにともない、陸軍も二月六日、露国の軍艦が要塞の射程に入る時は射撃してよいと各師団長に内命した。(19)

各要塞のその後の防備状況は、後述する。

陸軍はこれら要塞の他に、伊勢神宮防護のため歩兵一個中隊を派遣した。明治三十七年一月十四日、陸軍大臣は参謀総長の要請により、動員下令と同時に、伊勢神宮の防護のため第三師団から歩兵一個中隊を山田に派遣するよう第三師団長に内訓した。二月五日動員が下令され、翌六日第三師団長は、歩兵第三三聯隊の一個中隊（中隊長福瀬静也大尉以下一四二名）を山田に派遣した。(20)

その後、三月六日第三師団が動員され出征することになったので、同月九日近衛後備歩兵聯隊の一個中隊が交代し、伊勢神宮の防護に当り、講和条約調印後の十月十日までその任に就いたのである。(21)

また、開戦直後の二月十一日、ロシア海軍のウラジオ艦隊が津軽海峡西方地域に現われ、その報が伝わるや函館・小樽・室蘭などの港湾は人心不穏な情勢になり、陸軍大臣は十二日、第七師団長に対し、函館に歩兵一個大隊、小樽に歩兵二個中隊、室蘭に歩兵一個中隊を派遣し、それぞれ守備に任ずるよう命じた。(22)

第七師団長は、直ちに歩兵第二八聯隊に函館派遣、歩兵二五聯隊に小樽派遣、歩兵第二六聯隊に室蘭派遣を命じた。(23)

函館の守備を命ぜられた歩兵第二八聯隊第二大隊（大隊長三輪光儀少佐）は、旭川から鉄道輸送で室蘭に到着、室蘭から対岸森に船で渡り、後は陸路徒歩で、十三日午後五時函館に到着した。当時函館市内は、後述するように露艦来るの報でパニック状態であり、この歩兵部隊到着で、市民は一安心し逐次平静を取り戻していった。(24)

ウラジオ艦隊の脅威も去り、青函航路が回復するや、要塞防御計画に基づく後備歩兵第五聯隊（青森）と後備歩兵第三一聯隊第二大隊（弘前）が、それぞれ二月十六日と十七日に到着したので、歩兵第二八聯隊第二大隊は、三月七日函館を出発し、翌八日旭川に帰着した。(25)

小樽の守備を命ぜられた歩兵第二五聯隊の臨時守備隊（第一大隊長曽我鏡之助少佐指揮の第一・第二中隊）は、二月十二日札幌を出発、その日に小樽に到着し、守備の任に就いた。五月二十八日、守備隊は第二大隊長平賀正三郎少佐指揮の第五・第七中隊と交代し、さらに十月二十日には後備歩兵大隊と交代した。(26)

室蘭守備を命ぜられた歩兵第二六聯隊の一個中隊（中隊長小川良正大尉）は、二月十二日旭川を出発その日に室蘭に到着し、守備に就いたが、五月末守備の必要がなくなり旭川に復帰した。(27)その後、室蘭には交代の守備兵は派遣されなかった。

第七師団の出征に伴い、十月二十日、北海道内の守備として、後備歩兵大隊が、札幌・月寒・小樽・函館にそれぞれ配備された。その後、十一月五日、小樽の守備は後備歩兵一個中隊に縮小され、さらに明治三十八年一月二十七日には札幌に引き揚げるよう達せられた。(28)

(三)　海軍の要地防備

海軍は、前項で述べたように国交断絶した二月五日以降、常設の海軍望楼の他に逐次海軍望楼を増設し、露国艦隊に対する沿岸監視体勢を整えていった。その増設数は、以下のとおりである。

横須賀鎮守府管内　二六個所

表五―一―三　海軍の軍港などの防備実施状況

要地	水雷敷設 着手	水雷敷設 完了	水雷敷設 敷設数	水雷艇隊	砲台備砲 水雷	砲台備砲 側防	警備艦名
横須賀	二月四日	二月十五日	三九	二個艇隊	五	八	天城
小樽	二月九日	二月十二日	擬製二三	―	―	―	
函館	二月十日	二月二十一日	一〇五	一個艇隊	―	三	高雄
大湊	二月十三日	三月八日	四九	―	―	二	
舞鶴	二月四日	二月二十三日	六二	一個艇隊	―	五	比叡
由良	―	―	準備	一個艇隊	一	―	天龍
呉	―	―	準備	一個艇隊	―	―	
下関	―	―	準備	一個艇隊	―	―	大和
佐賀関	―	―	―	一個艇隊	―	―	
佐世保	二月四日	二月十三日	六七	二個艇隊	―	一〇	
長崎	二月十一日	三月一日	五七	―	―	四	葛城
対馬	二月四日	三月八日	一四三	二個艇隊	―	二七	

舞鶴鎮守府管内　四個所
呉鎮守府管内　二個所
佐世保鎮守府管内　一一個所

竹敷要港部管内　　四個所

各鎮守府司令長官（要港部司令官）は、海軍大臣の命を受け、管内の軍港などの要地の防備態勢を整えていった。防備の手段は、水雷（機雷）敷設、水雷艇隊の配備、臨時砲台の設置、警備艦の配備などである。これら防備の実施状況は、表五—一—三のとおりである。(29)この防備実施状況からも分かるように、軍港の横須賀・舞鶴・佐世保及び対馬・函館などが重視されていたのである。

各軍港などの要地の防備状況は、次項において述べる。

要地の警備に就いた警備艦は、旧式の古い艦でその要目は表五—一—四のとおりである。

表五—一—四　警備艦の要目

（一拇＝一センチ）

艦名	屯数	備砲	竣工年
天城	九二六	一七拇×一、一二拇×五、八拇×三	明治十一年
高雄	一、七七八	一五拇×四、一二拇×一	二十二年
比叡	二、二八四	一七拇×三、一五拇×六	十年
天龍	一、五四三	一七拇×一、一五拇×一、一二拇×四	十一年
大和	一、五〇〇	一七拇×二、一二拇×五	二十年
葛城	一、五〇〇	一七拇×二、一二拇×五	二十年

（横関愛造編『日本軍艦史』海と空社、一九三四年より）

(四) 防禦海面の設定

日露開戦直前の明治三十七年一月二十二日、国土防衛のため、国土の重要沿岸海面を防禦海面に指定して船舶の通行を制限または禁止できるという「防禦海面令」(勅令第一一号) が制定され、翌二十三日公布された。[30]

その要旨は次のとおりである。

① 海軍大臣は、戦時または事変に際し、区域を限って防禦海面を指定することができ、その指定及び解除は告示による (第一条)。

② 緊急の場合は鎮守府司令長官、要港部司令官が指定することができる (第二条)。

③ 防禦海面においては、日没から日の出まで、陸海軍以外の船舶は出入り及び通航を禁止する (第三条)。

④ 防禦海面に属する軍港及び要港の区域内には、陸海軍以外の船舶の出入り及び通航を禁止する (第四条)。

⑤ 防禦海面を出入りもしくは通航または停泊する船舶は、一切の行動について所管鎮守府司令長官、要港部司令官の指示に従う (第五条)。

⑥ 本令または本令に基づく命令に違背した船舶は、防禦海面外に退去を命ずる。退去命令に従わない場合は必要により兵力を用いることができる (第八条)。

この防禦海面は、その後国際的に認知された防衛水域に当るもので、いわば世界の先駆けになったものである。[31]

この防禦海面令に基づいて、戦時に指定された防禦海面は、表五—一—五のとおりである。[32]

開戦初期に指定された防禦海面は、全て領海三海里以内の区域であるが、バルチック艦隊の来航に対処するため、

表五―一―五　防禦海面の指定及び解除

防禦海面	指定年月日	指定告示	解除年月日	解除告示
東京湾口	明治三十七・二・十	一号	明治三十八・十・十九	三〇号
函館湾	三十七・二・十	二号	＊三十八・四・十八	一四号
小樽湾	三十七・二・十	三号	三十八・十・十八	二八号
佐世保軍港	三十七・二・十	四号	三十八・十・十九	三一号
竹敷要港	三十七・二・十	五号	三十八・十・二十	三四号
舞鶴軍港	三十七・二・十	六号	三十八・十・二十六	三六号
長崎湾口	三十七・二・十三	九号	三十八・十・十九	三二号
豆酘湾	三十七・二・十四	＊＊	三十八・十・二十	＊＊
紀淡海峡	三十七・二・十七	一一号	三十七・四・二十三	一八号
馬公要港	三十七・三・七	一二号	＊三十八・四・十五	一〇号
基　隆	三十七・十二・二十三	三一号	三十八・七・三	一九号
澎湖列島	三十七・四・十五	一一号	三十八・十・二十三	三五号
沖縄島	三十八・四・十五	一二号	三十八・七・三	一九号
奄美大島	三十八・四・十五	一三号	三十八・七・三	一九号
津軽海峡	三十八・四・十八	一四号	三十八・十・十九	三二号

＊函館湾防禦海面を解除して津軽海峡防禦海面を指定、馬公要港防禦海面を解除して澎湖島列島防禦海面を指定した。
＊＊竹敷要港部司令官が指定・解除した。

海軍大臣・陸軍大臣・外務大臣の連名で「我国沿岸六海里以内ニ防禦海面ヲ設定スルノ件」を明治三十七年十一月二十七日閣議に請議した。[33] その要点は次のとおりである。

① 澎湖島に敵の近接を防止するため、沿岸六海里以内を防禦海面とする。

② 津軽海峡は東口一〇海里、西口一一海里で中央部は航行自由であるが、ここを防禦海面とし、夜間の航行を禁止し、昼間は海軍の指導を受けさせる。

③ 戦局の経過により、我沿岸六海里以内に必要に応じ防禦海面を設定する。

これに対し内閣総理大臣は、翌年の四月十八日、以下のような閣議決定の結果を陸海両大臣に通知した。[34]

①については、沿岸三海里以内に限る。

②については、請議のとおり。

③については、沿岸三海里以内に限る。

この閣議決定に基づき、澎湖列島・沖縄島・奄美大島・津軽海峡の防禦海面が、表五―一―五のように指定された。

各防禦海面の区域は、図五―一―二のとおりである。[35]

図五—一—二　防禦海面区域図

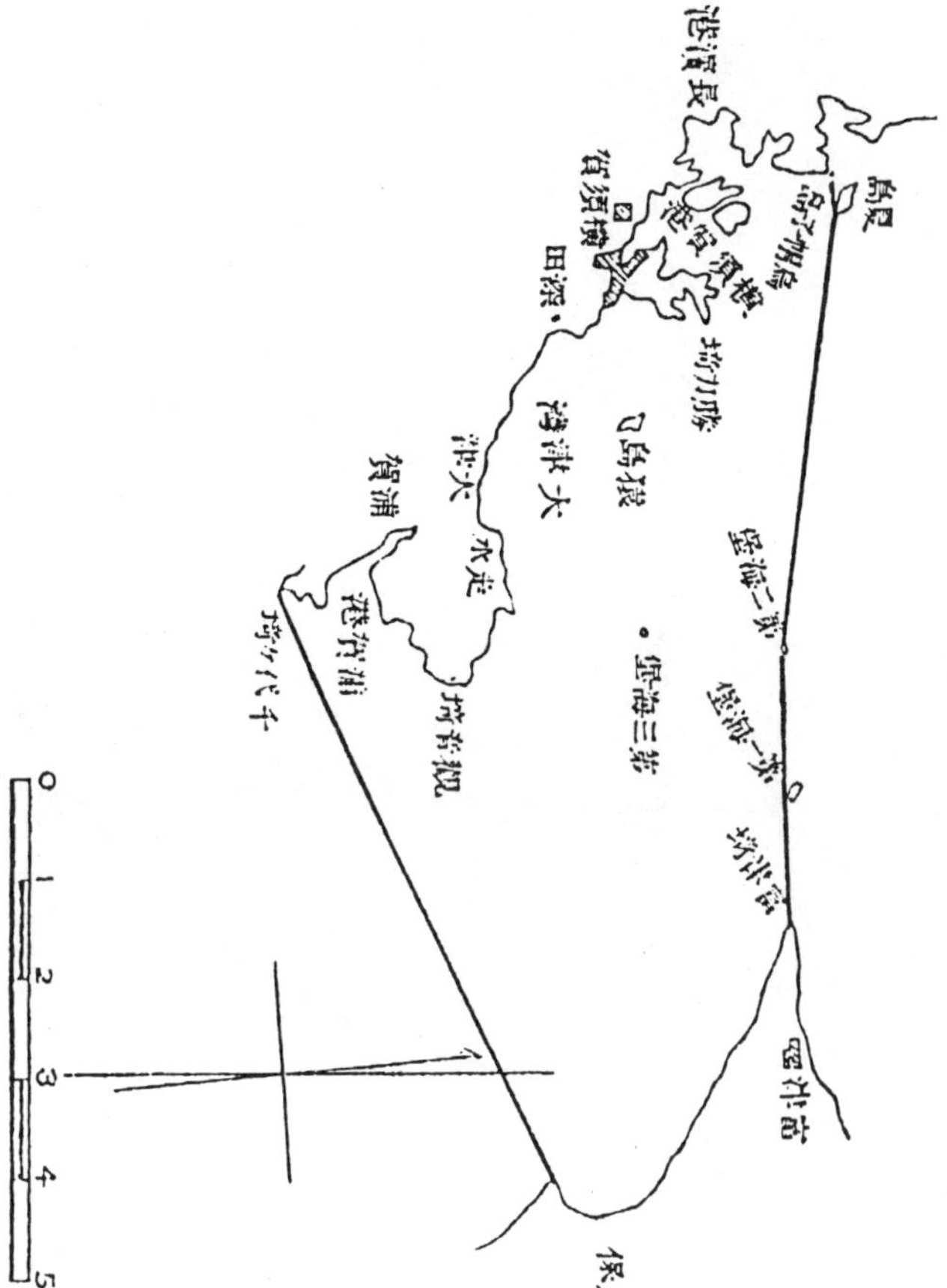

①　東京湾口防禦海面区域

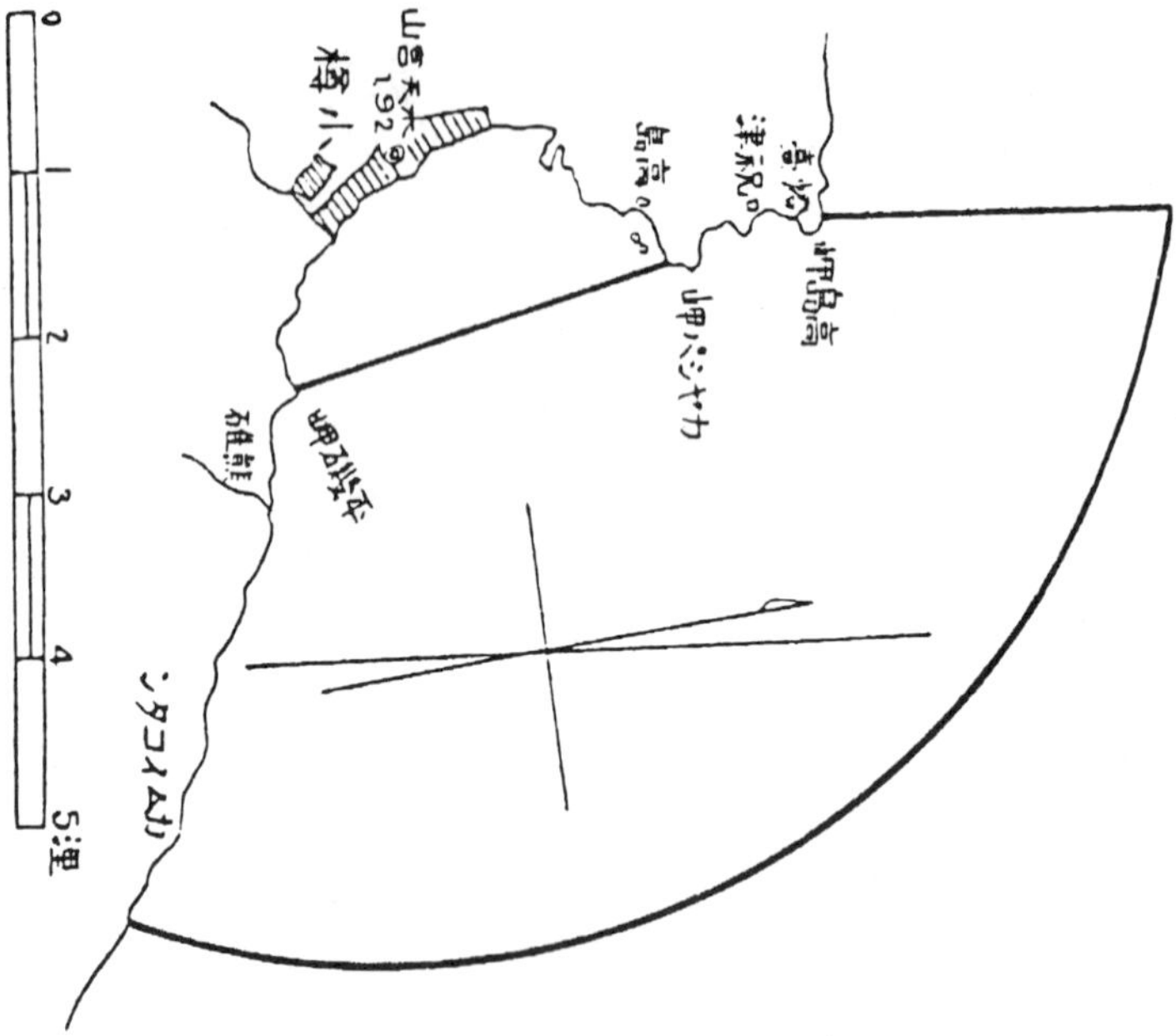

② 小樽湾防禦海面区域

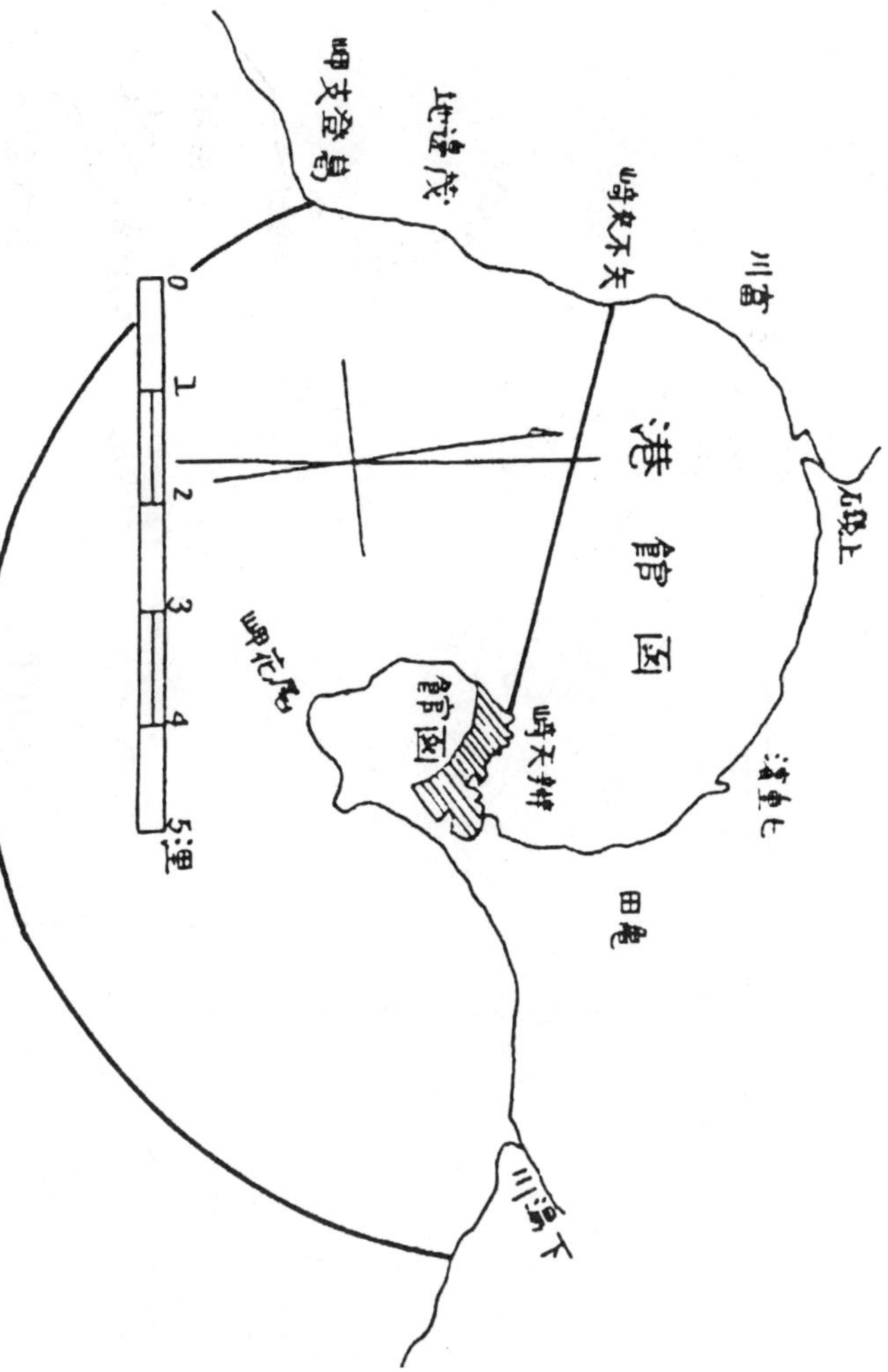

③　函館湾防禦海面区域

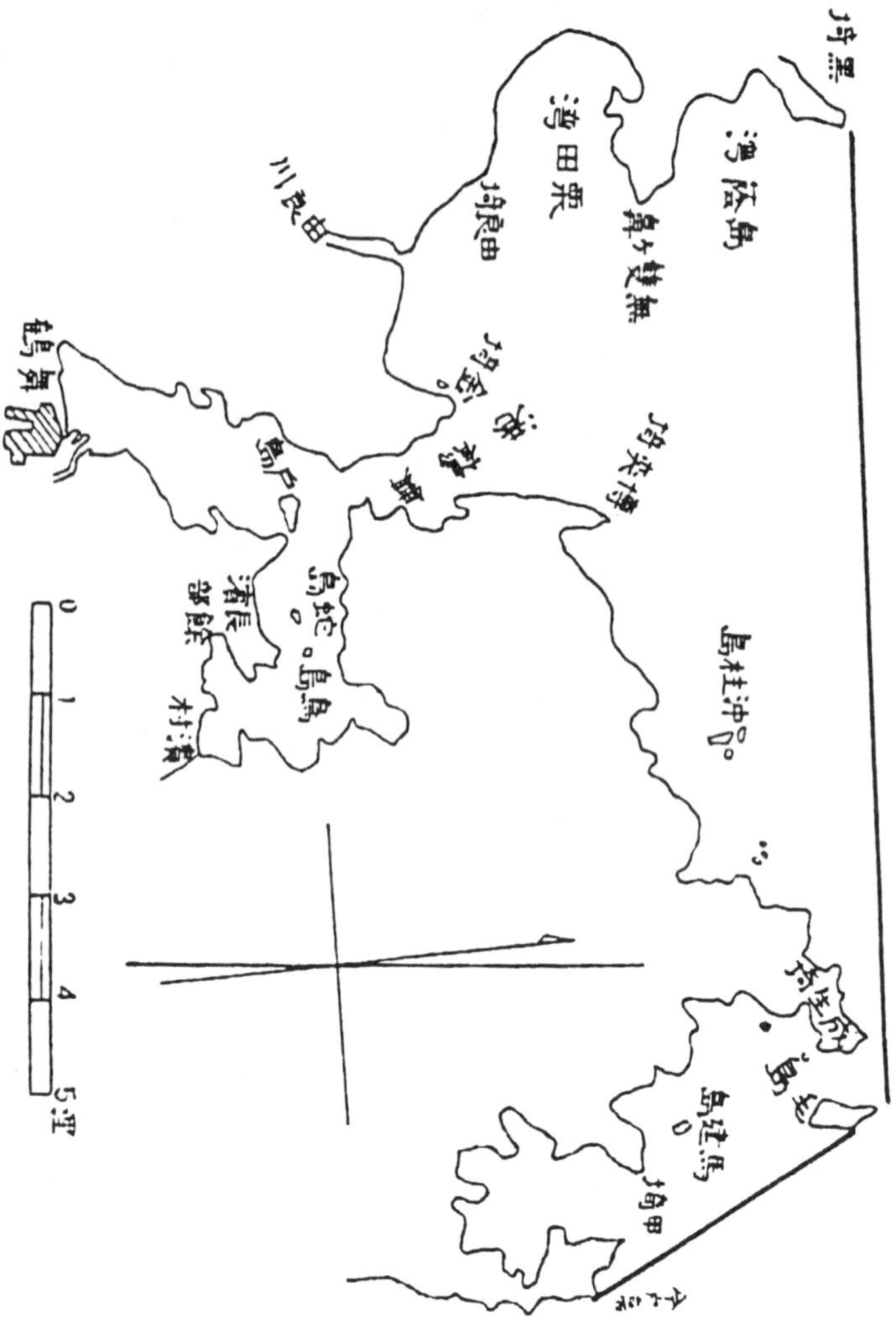

④　舞鶴軍港防禦海面区域

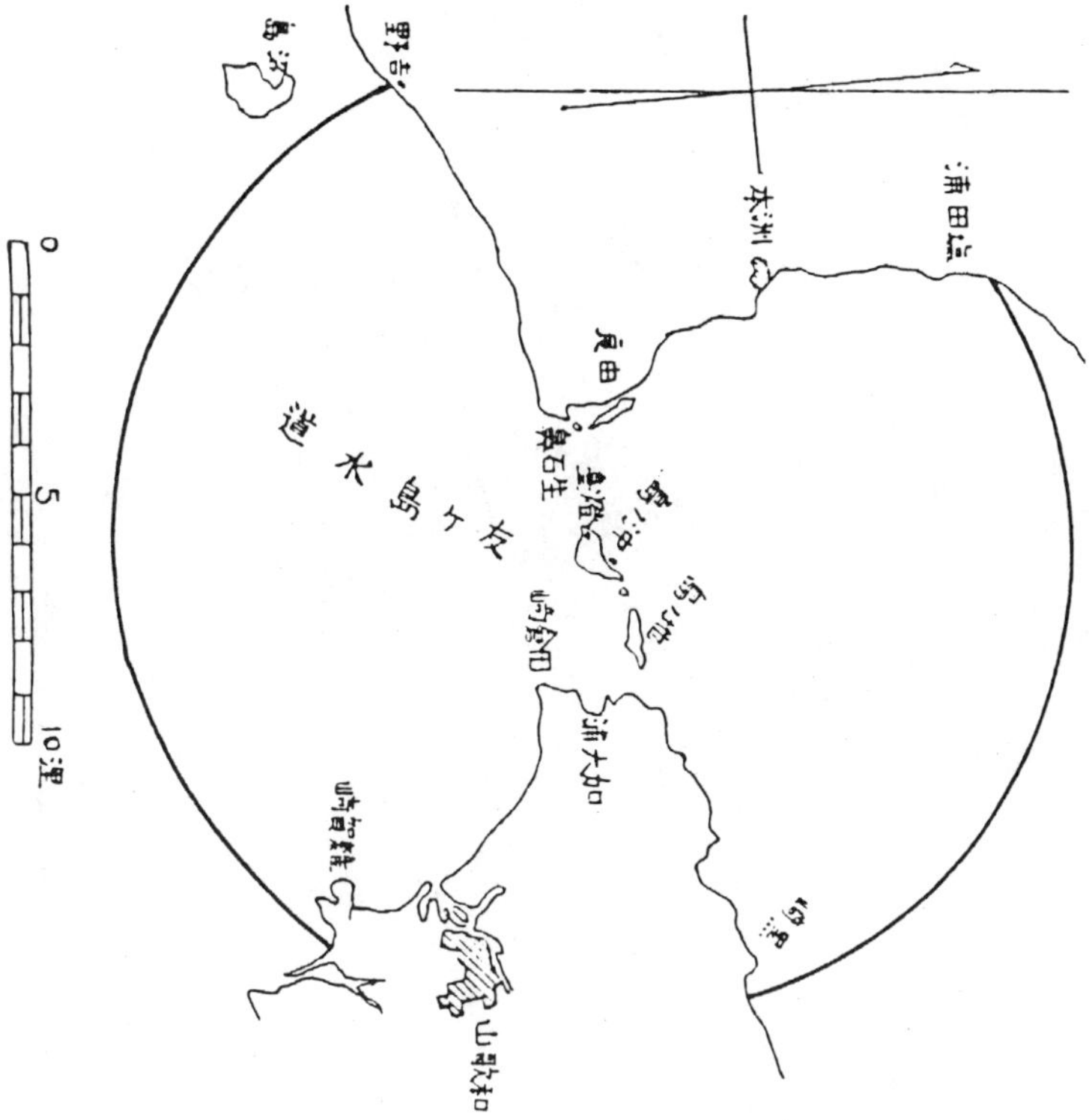

⑤　紀淡海峡防禦海面区域

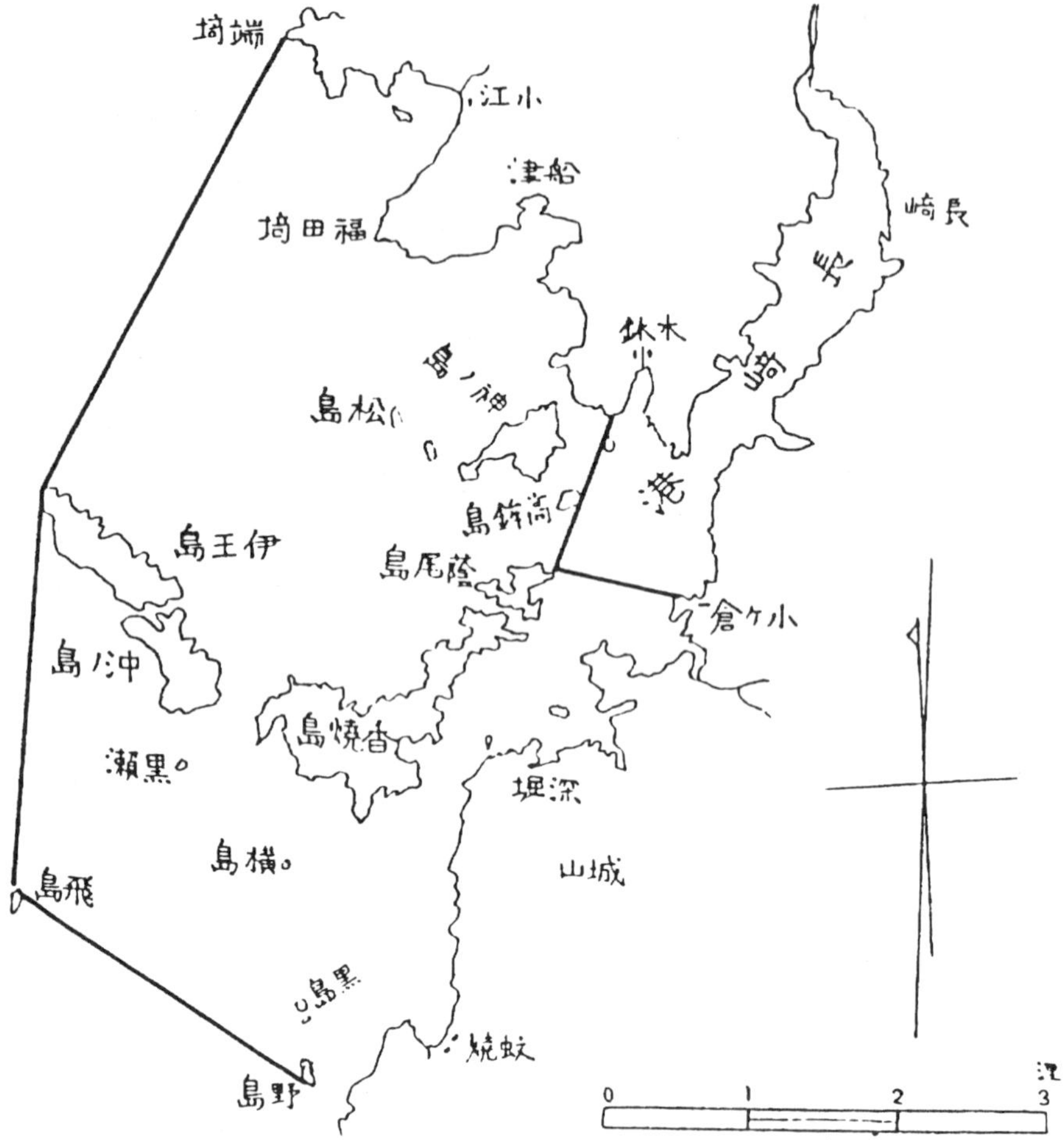

⑥　長崎湾口防禦海面区域

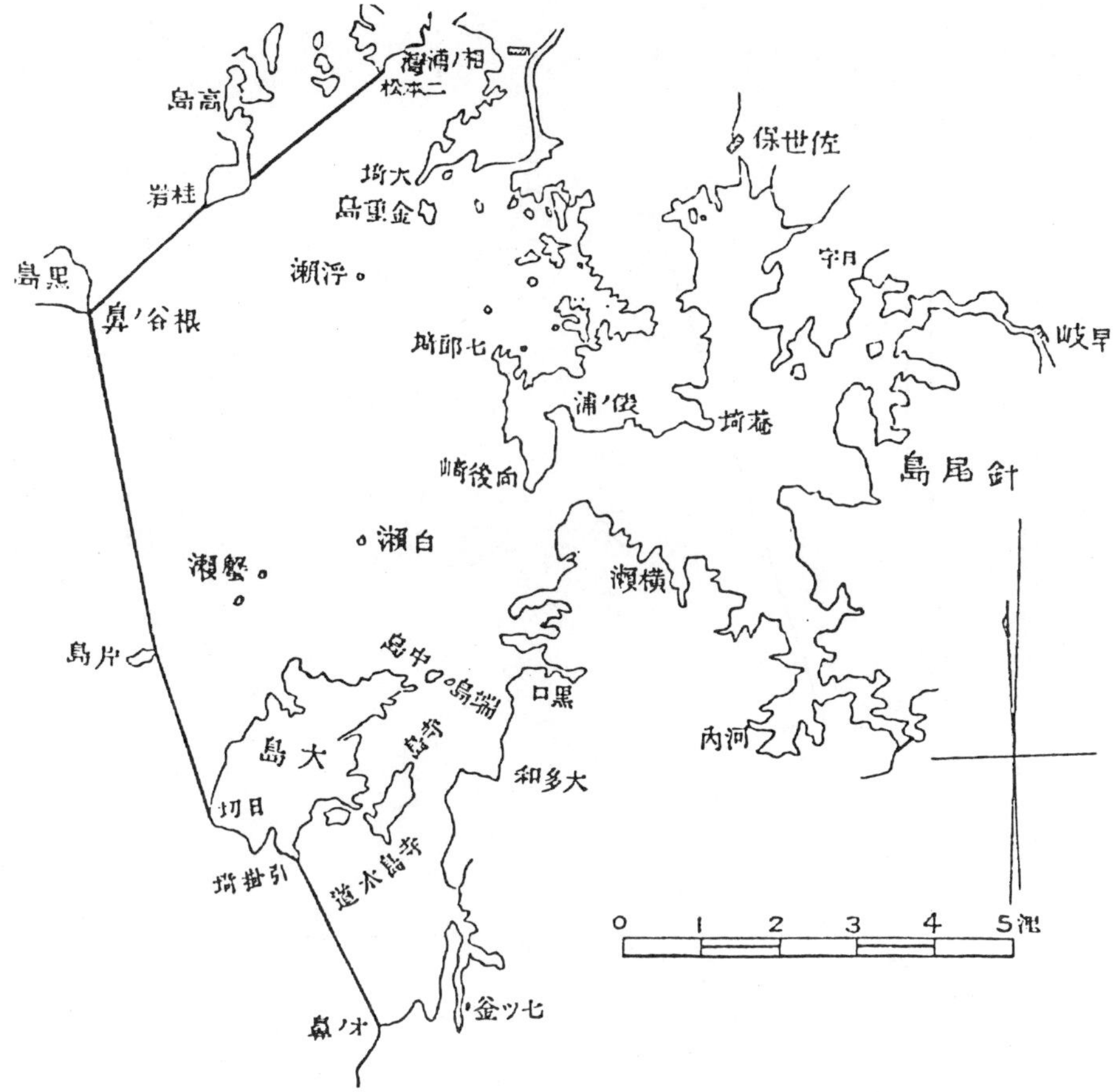

⑦　佐世保軍港防禦海面区域

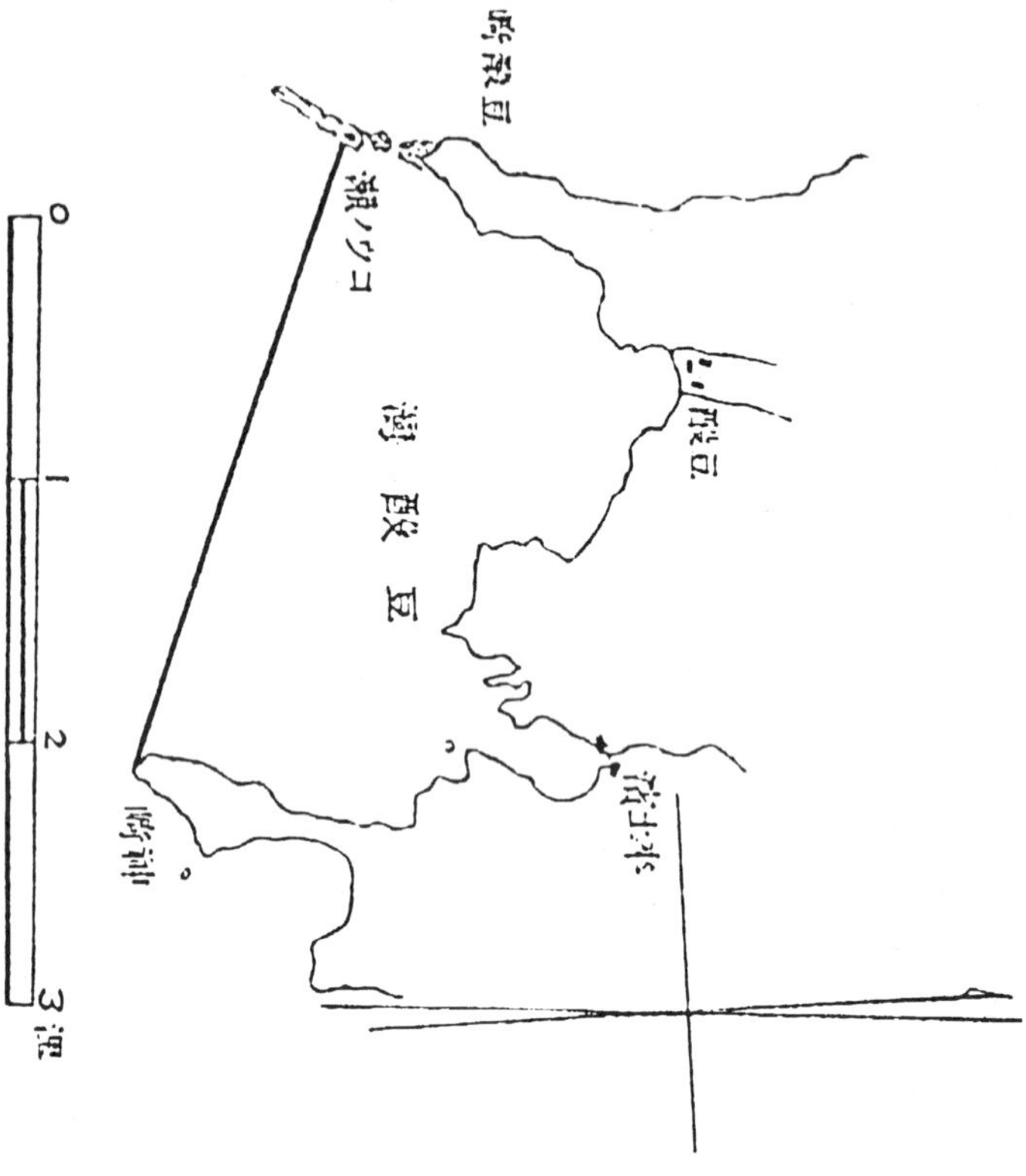

⑧　豆酘湾防禦海面区域

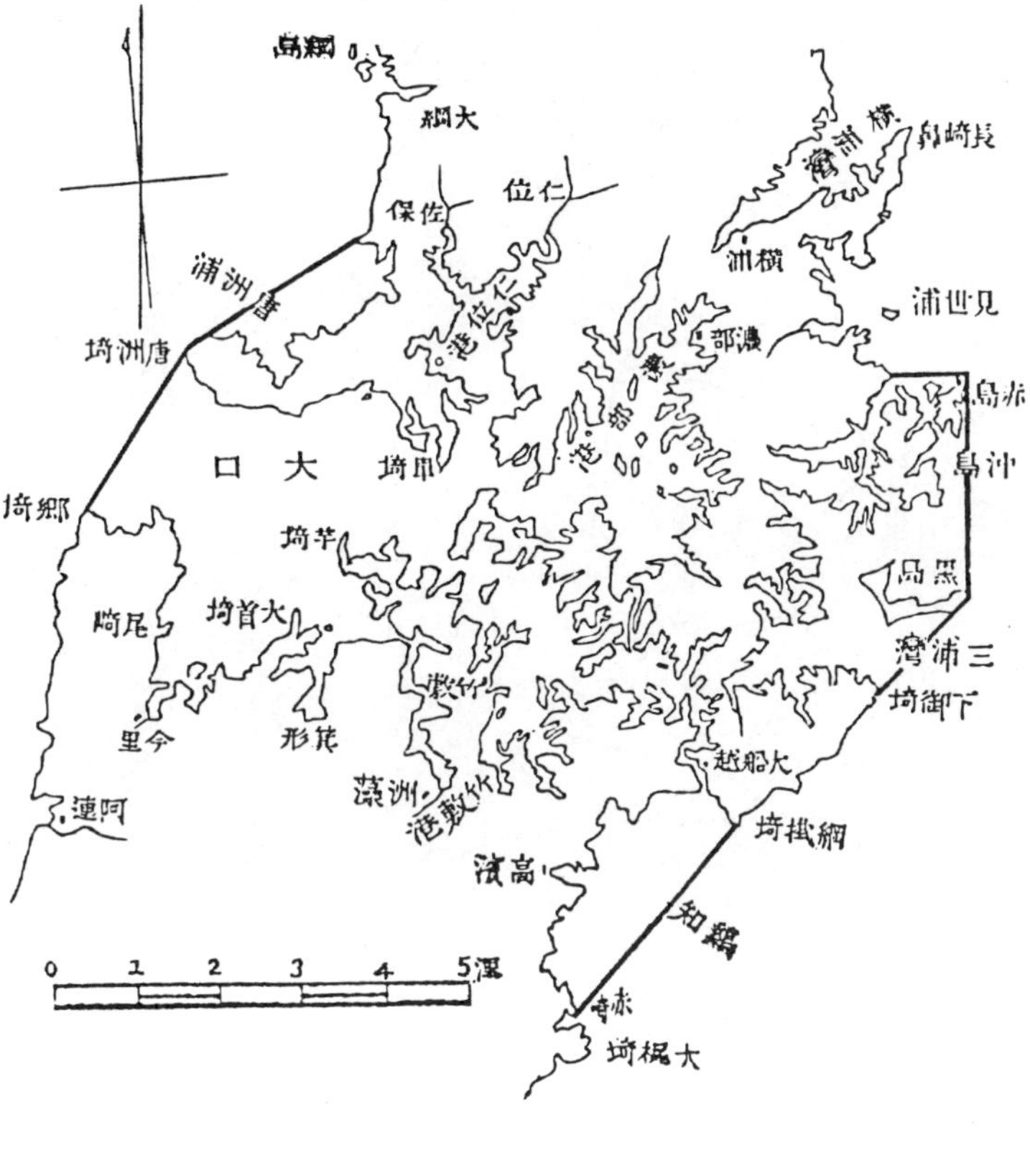

⑨　竹敷要港防禦海面区域

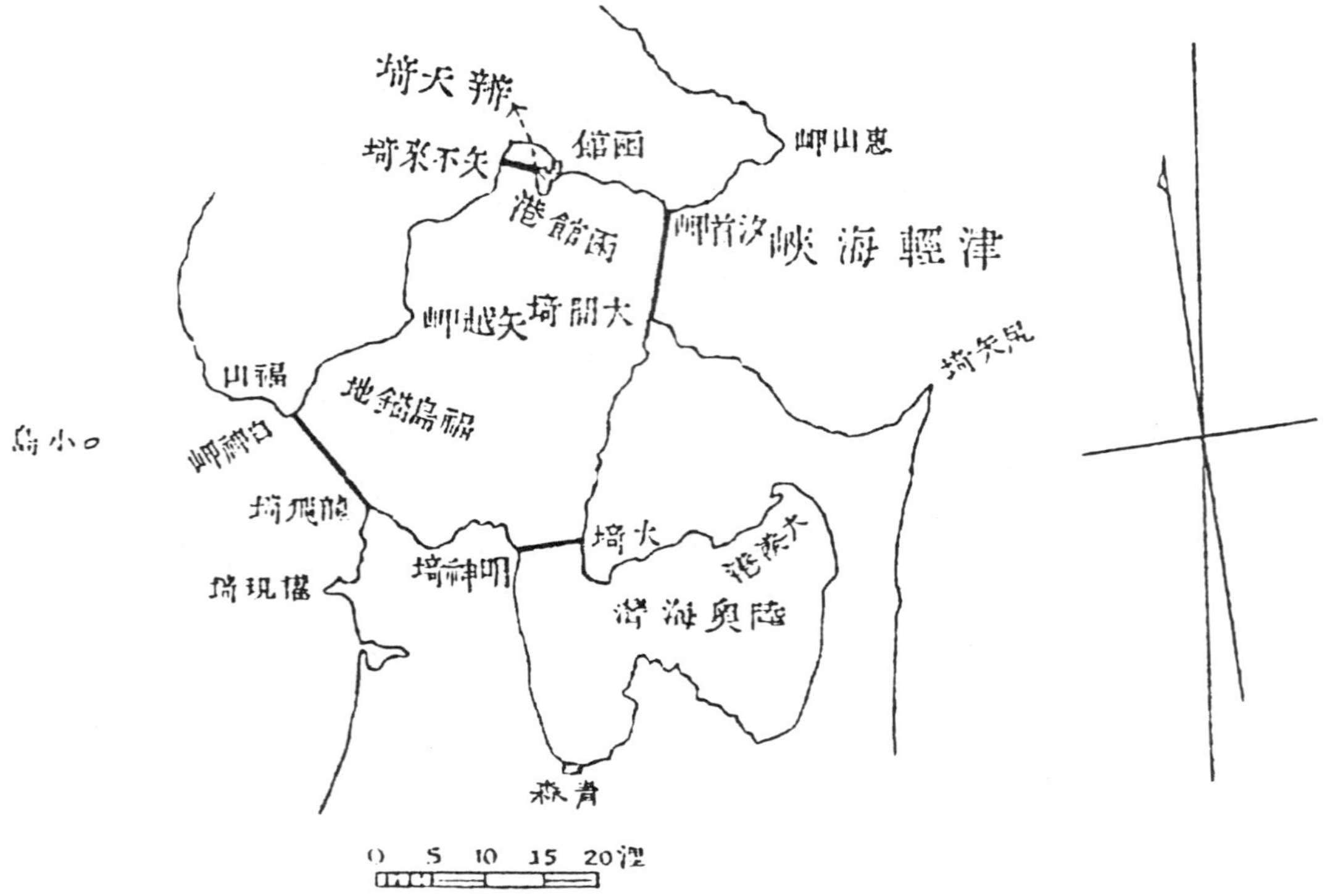

⑩　津軽海峡防禦海面区域

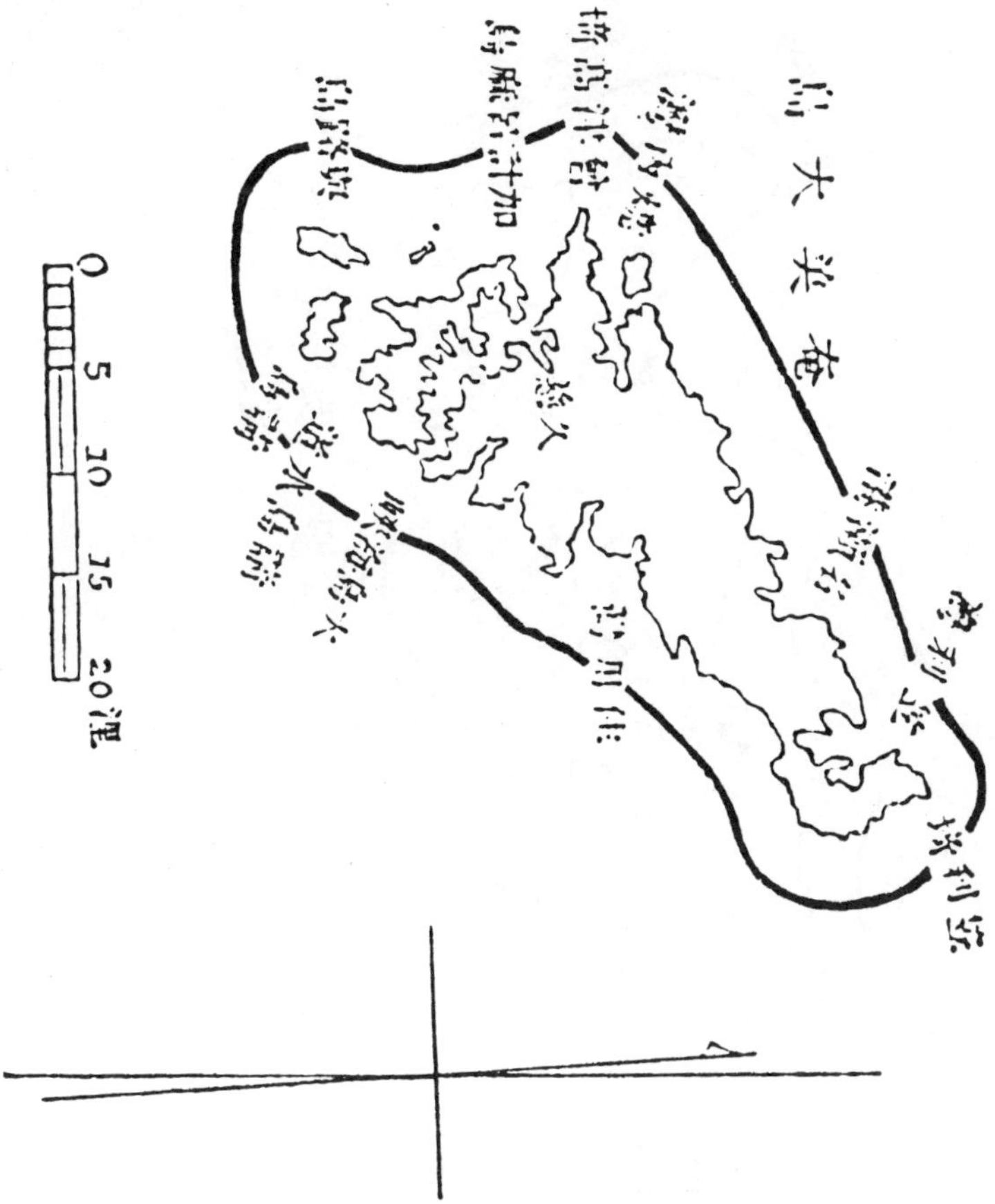

⑪　奄美大島防禦海面区域

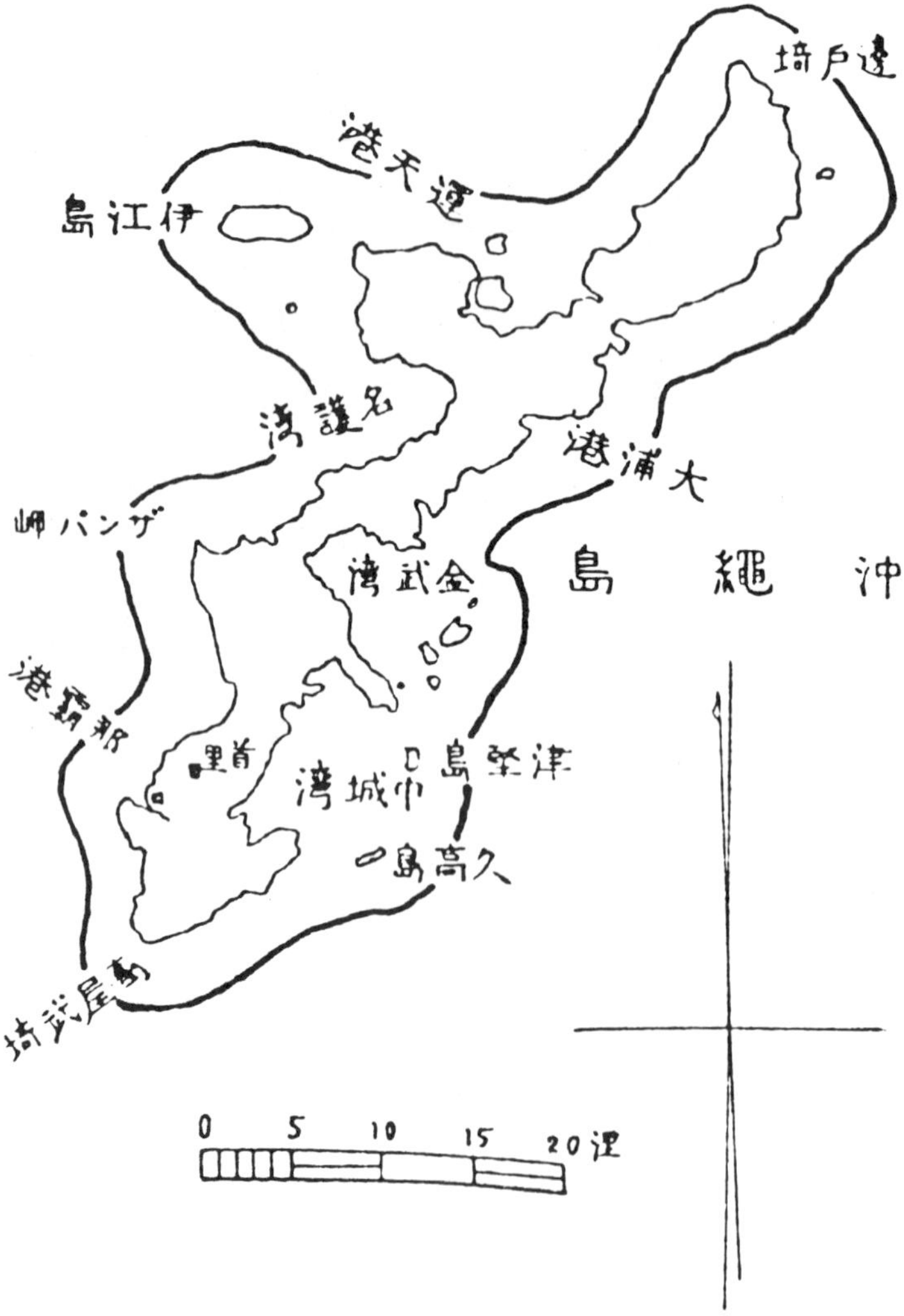
辺戸崎
運天港
伊江島
名護湾
ザンパ岬
大浦港
沖縄島
金武湾
那覇港
首里
中城湾
津堅島
久高島
喜屋武崎
0 5 10 15 20浬

⑫　沖縄島防禦海面区域

二　要地の防備

（一）東京湾の防備（付図一八参照）

東京湾は、湾内に首都東京及び横須賀軍港があるため、陸海軍とも最も防備を重視する地区であった。明治三十七年一月五日、前項で述べたように、要塞の海正面第一線砲台の射撃準備が内達され、東京湾要塞は直ちにその準備に着手し、一月十六日、射撃準備完了を表五―二―一のとおり報告した。(1)

表五―二―一　東京湾要塞射撃準備完了状況

砲台	砲種	数	砲台	砲種	数	砲台	砲種	数
千代ケ崎	二八榴	六	三軒家	二七加	四	第一海堡	二八榴	六
	一二加	四	花立台	二八榴	八	元州	二八榴	四
観音崎第二	二四加	六	走水高	二七加	四		一二加	二
観音崎第三	二八榴	四	猿島	二七加	二			

計　二八榴二八門、二七加一〇門、二四加六門、一二加六門、合計五〇門

表五―二―二　東京湾要塞守備状況

地区	砲台	砲種	数	守備部隊
観音崎地区	第二	二四加	六	要塞砲兵第三大隊 歩兵一小隊
	第三	二八榴	四	
	南門	一二加	四	
		九加	四	
	三軒家	二七加	四	
		一二加	二	
猿島	猿島	二七加	二	要砲第六中隊
		二四加	四	
横須賀	波島	七野	四	要塞砲兵残員
	箱崎	二八榴	六	
走水地区	花立台	二八榴	八	要塞砲兵第一大隊 歩兵一中隊 騎兵二分隊
	走水高	二七加	四	
	走水低	二七加	二	
	千代崎	二八榴	六	
		一二加	四	
		七野	四	
元州	元州	二八榴	六	要砲第四中隊 歩兵一小隊
		一二加	二	
海堡	海堡	二八榴	六	要砲第五中隊
		一二加	四	

この準備中の二月五日、警急配備が下令され、第一章五(二)で述べた要塞防御計画訓令に基づき、歩兵第三聯隊第一大隊（一一一名）、騎兵第一大隊の一小隊、工兵第一大隊の二小隊が、二月八日守備勤務に就いた。(2)

二月十三日警急配備を完了したが、その状況は表五―二―二のとおりである。(3)

三月六日第一師団が動員されたので、警急配備のため派遣されていた歩兵・騎兵・工兵部隊は本隊に帰還し、代って後備歩兵第一五聯隊第一中隊と後備騎兵第一中隊の二個分隊が派遣され、それぞれ三月十八日と二十日に到着した。

しかし、この後備部隊も五月十三日に原隊に復帰した(4)。

また、要塞砲兵部隊も三分の一を守備に就け他は予備として兵営に帰還させたが、七月二十日、ウラジオ艦隊が津軽海峡を通過との情報により、再びこれらの部隊も守備に就いた。七月三十日、ウラジオ艦隊が津軽海峡を西航して帰航したので、観音崎第二砲台の二四加四門、南門砲台の九加二門、三軒家砲台の二七加四門・一二加二門、走水低砲台の二七加四門、千代ケ崎砲台の二八榴四門・七野四門を警戒配備に就け、以後概ねこの状態で戦争終結を迎えた(5)。

なおこの間に、旅順要塞攻撃のため、箱崎砲台の二八榴八門と米ケ浜砲台の二八榴六門が撤去され、芸予要塞の二八榴四門とともに、旅順攻撃中の第三軍に送付された(6)。

一方海軍は、横須賀鎮守府部隊が防備を担当し、二月四日に湾口の水雷敷設に着手して十五日に敷設完了、二月八日に側防砲台・水雷砲台の工事に着手してそれぞれ二月二十六日と四月二十四日に完成した。横須賀軍港入口にも水雷敷設の準備をしたが、その必要もなくなり中止された。また、警備艦「天城」を横浜港に配備するとともに、水雷

表五―二―三　東京湾水雷防御

	数	位置
浮標水雷	三九	観音崎北方及び第三海堡の東部
水雷砲台	五	伊勢山崎に一、第三海堡に四
水雷艇隊	第二艇隊（三七・三八・四五・四六号艇） 第三艇隊（「小鷹」・五・一五・二〇・五四・五五号艇）	浦賀

表五―二―四　海軍側防砲台

砲台位置	砲種	数	砲台位置	砲種	数
伊勢山崎	一二斤	二	放波島	四七密	二
第三海堡	四七密	二		六斤	二

一斤＝一ポンド、一密＝一ミリ

艇第二・第三艇隊を浦賀に配備し湾口の防備に充てた。これらの状況は表五―二―三及び表五―二―四のとおりである(7)。

第二艇隊は三十七年四月第三艦隊に編入され朝鮮に向かった。

この他、修理のため函館から横須賀に廻航されていた第四艇隊に代って第三艇隊の一五・五四・五五号艇が函館に臨時派遣された。この間にウラジオ艦隊が東京湾口に現われ、修理を終えたばかりの第四艇隊は、第三艇隊の残部とともに東京湾口の警備に当った。

ウラジオ艦隊が、東京湾口付近を遊弋した際における東京湾口の防備の状況については、後述する。

(二)　函館・小樽港の防備（付図—一九参照）

日露関係が緊迫してきた明治三十六年十二月三十一日、陸軍大臣は函館及び対馬要塞の海正面第一線砲台の射撃準備を内達した。函館要塞（司令官秋元盛之大佐）は、一月十七日、海正面の千畳敷・御殿山第一・第二砲台の射撃準備を完了した(8)。

二月五日、函館要塞に動員が下令され、要塞防御計画訓令により本戦備に就くことになり、その準備に着手した。

二月十日いよいよロシアに対し宣戦が布告されるや、早くも翌十一日、ロシアのウラジオ艦隊は、津軽海峡西方地域に出現し、汽船「奈古浦丸」を撃沈した。この報が函館に伝わるや市内は人心不穏な情勢になり、本章一(二)で述べたように旭川の歩兵第二八聯隊第一大隊が急遽函館に派遣された。当時、函館市内はパニック状態に陥っていたが、その状況については後述する。

また、小樽も人心不穏になり、前述したように札幌の歩兵第二五聯隊の二個中隊が派遣された。

二月十二日、防務条例に基づき函館戦時指揮官に函館要塞司令官秋元盛之大佐が任命され、函館港防御に関し陸海軍を指揮することになった(9)。

函館要塞は、二月十四日、本戦備を完成し、十六日に部隊の動員を完結したが、戦備の状況は表五—二—五のとおりである(10)。

函館警備のため臨時に派遣されていた歩兵第二八聯隊の第二大隊は、後備歩兵部隊と交代し、三月七日函館を出発旭川に帰還した。要塞防御計画訓令に基づく後備歩兵第五聯隊（青森）と後備歩兵第三一聯隊（弘前）は、それぞれ

表五―二―五　函館要塞砲台

砲台	砲種	数	砲台	砲種	数
御殿山第一	二八榴	四	千畳敷	二八榴	六
御殿山第二	二八榴	六	立待	九加	四

二月十六日と十七日に函館に到着し、守備の任に就いた。その後、後備歩兵第五聯隊は十月二十八日に、後備歩兵第三一聯隊は十二月九～十二日に帰還し、代って後備歩兵第二七聯隊（旭川）が十二月二日に函館に到着し守備任務に就いた。[11]

表五―二―六　函館・小樽港水雷防御

	数	位置
浮標水雷	五六	函館湾入口
触発水雷	四九	函館湾入口
擬製水雷	二三	小樽港北方
水雷艇隊	第四艇隊（二一・二四・二九・三〇号艇） 第三艇隊（一五・五四・五五号艇）	函館

第三艇隊は、三十七年四～八月、第四艇隊が横須賀に廻航され修理中の間函館に派遣されていた。

一方海軍は、大湊水雷団（団長宮岡直記大佐）が、二月十日に函館湾口の水雷敷設に着手して二十一日に浮標水雷五六個、触発水雷四九個の敷設を完了、小樽港に擬製水雷二三個の敷設を二月十二日に完了した。この敷設水雷に連携した海軍側防砲台は、二月十一日に工事に着手、十五日に完成した。これらの状況は表五―二―六、表五―二―七のとおりである。[12] また、警備艦「高雄」及び水雷艇第四艇隊を函館に配備し、津軽海峡の防備を担当させた。

バルチック艦隊の東航に際して、津軽海峡の防備を強化するが、これについては、次項で述べる。

表五―二―七　海軍側防砲台

砲台位置	砲種	数	砲台位置	砲種	数
函館第一	一二斤	二	函館第三	一二斤	二
函館第二	一二斤	二	その他大湊に	一二斤	四

(三) 舞鶴軍港の防備（付図―二〇参照）

舞鶴軍港は、日本海に面し、ロシアの軍港ウラジオストックに相対する位置にあって、ロシア艦隊の脅威を直接受けるところであった。一月五日舞鶴鎮守府より、ウラジオ艦隊は出師準備を始めたとの通報を受け、舞鶴要塞は翌六日、同艦隊の不意急襲に備えるため湾口砲台の金岬砲台と浦入砲台に演習として要塞砲兵大隊の一部を配置し射撃準備に着手した。浦入砲台の一二加四門は、夕刻までに射撃準備を完了したが、金岬砲台は積雪三尺のため準備が遅れた。一月八日陸軍大臣の海正面砲台の射撃準備内達を受領し、さらに準備作業を進めていった(13)。

一月十日、金岬・葦谷・槙山砲台の射撃準備が完了し、さらに二月五日警急配備が下令され、十二日には舞鶴戦時指揮官に舞鶴鎮守府司令長官日高壮之丞海軍中将が任命された(14)。

舞鶴要塞は、十三日に警急配備を完了した。その状況は、表五―二―八のとおりである(15)。

明治三十七年度要塞防御計画訓令によると、舞鶴要塞の警急配備時には、歩兵第二〇聯隊（福知山）の一個大隊と工兵第一〇大隊の一個小隊が増援配備される予定であったが、実際に計画どおり配備されたかどうか、またその後の後備歩兵部隊との交代状況についても、史料がなく不明である。

一方海軍は、舞鶴鎮守府部隊が防備を担当し、二月四日に水雷敷設に着手し、二月五日湾口に二七個の浮標水雷の敷設を完了し、二月二十三日湾外の博奕崎東北方に三五個の浮標水雷の敷設を完了した。湾口の敷設水雷に連携した海軍側防砲台は、二月五日工事を開始し、十三日に完成した。また、警備艦「比叡」と第二一水雷艇隊が配備され、舞鶴湾口及びその周辺地域の警戒に当った。これらの状況は表五―二―九及び一〇のとおりである(16)。

表五―二―八　舞鶴要塞砲台の状況

砲台	砲種	数	砲台	砲種	数
金岬	二一加	四	葦谷	二八榴	六
	一五加	四	浦入	一二加	四
槙山	二八榴	五			

表五―二―九　舞鶴軍港水雷防禦

	数	位置
浮標水雷	二五	舞鶴軍港入口
	三五	博奕崎東北方海面
水雷艇隊	第二一艇隊（四四・四七・四八・四九号艇）	

表五―二―一〇　海軍側防砲台

砲台位置	砲種	数
浦入第一	四七密	三
浦入第二	四七密	二

第二一艇隊は、三十七年二～四月の間、舞鶴軍港の防備に任じたがその後第三艦隊に編入された。翌三十八年六月再び舞鶴軍港の防備に任じた。この間舞鶴軍港には水雷艇隊は不在であった。

(四)　紀淡海峡・鳴門海峡の防備（付図―二一参照）

紀淡海峡・鳴門海峡は、大阪湾・瀬戸内海の入口に当り、ここに陸軍の由良要塞と鳴門要塞が建設されたが、明治三十六年五月一日鳴門要塞は由良要塞に併合された。三十七年一月五日陸軍大臣から、海正面第一線砲台の射撃準備が内達され、由良要塞は直ちにその準備に着手し、一月十六日に生石山第一・第三・第四・第五・友ケ島第三・深山第一・第二・門崎（二四加）・笹山・行者ケ嶽砲台の射撃準備を完了し、さらに一月二十三日に生石山第二・高崎・友ケ島第一・第四・柿ケ原砲台、一月二十八日に成山第一・第二・友ケ島第二・虎島・門崎（九加）砲台の射撃準備を表五―二―一一のとおり完成した。また、二月五日警急配備が下令され、二月七日同表のように配備完了した。[17]

警急配備の下令により、歩兵第八聯隊の第一大隊と第二大隊の第五中隊及び工兵第四大隊の二個小隊が増援され、深山地区・由良地区・鳴門地区に配備された。[18]

その後、第四師団が動員されたため後備部隊と交代するが、その状況は史料がなく不明である。

二月十二日、由良戦時指揮官に由良要塞司令官伊地知季清少将が任命され紀淡海峡・鳴門海峡地区の陸海軍部隊を統一指揮することになった。[19]

海軍は呉水雷団の一部を紀淡海峡に派遣し、水雷敷設の準備をしたが、敷設の必要なしとして中止された。しかし、水雷防禦として、紀淡海峡の男良谷に水雷砲台を設置することとし、六月一日に水雷砲台が完成した。また、警備艦「天龍」が神戸に配置され、三十八年六月まで紀淡海峡周辺地域の警戒に当り、その後は警備艦「筑紫」が交代してその任に就いた。水雷艇隊は、当初二～四月の間、第五艇隊と第六艇隊が紀淡・鳴門両海峡の防備に当っていたが、四月二十三日第六艇隊は第三艦隊に編入され防備任務を解かれた。五月以後は、第五・第七・第八艇隊が交代で紀淡海峡の防備に就いた。[20]

表五―二―一　由良要塞砲台の状況

砲台	砲種	数	警急配備
深山第一	二八榴	六	四
深山第二	二八榴	六	四
友ケ島第一	二七加	四	四
友ケ島第二	二七加	四	―
友ケ島第三	二八榴	八	四
友ケ島第四	二八榴	六	四
虎島	九加	四	―
生石山第一	二八榴	六	四
生石山第二	二八榴	六	―
生石山第三	二四加	四	四
生石山第四	二七加	四	四
生石山第五	一二加	四	―
成山第一	一五加	二	―
	二一加	六	―
成山第二	二八榴	二	―
高崎	二四加	六	―
柿ケ原	二八榴	八	四
笹山	二八榴	六	―
行者ケ嶽	二四加	六	四
門崎	九加	二	―
	二四加	二	二

(五) 芸予海峡の防備（付図―一二参照）

芸予要塞は、瀬戸内海にあってロシア艦隊の脅威の最も少ないところであったが、開戦前の一月五日、他の要塞同様に海正面第一線砲台の射撃準備が内達された。一月十一日、中口径の一二加砲台を除き表五―二―一二のように射撃準備を完了した[21]。

芸予要塞は、開戦後も警急配備は下令されなかったで、戦争間平時態勢で終始した。

なお、旅順要塞の攻撃のため、大久野島中部砲台の二八榴二門と来島中部砲台の二八榴二門が、前述した東京湾要塞の二八榴一四門とともに旅順攻撃中の第三軍に送付された[22]。

表五―二―一二　芸予要塞砲台の状況

砲台	砲種	数
大久野島北部	二四加	四
大久野島中部	二八榴	六
大久野島南部	二四加	四
	九加	四
来島北部	二四加	四
	九加	四
来島中部	二八榴	六

(六) 呉軍港・広島湾の防備（付図―一三参照）

海軍の根拠地呉軍港及び艦船の大停泊地となる広島湾ならびに陸軍の輸送基地宇品港を防護するための広島湾要塞は、開戦前の明治三十七年一月五日陸軍大臣から、海正面第一線砲台の射撃準備が内達された。広島湾要塞は直ちにその準備に着手し、一月二十日に、室浜・鷹之巣高・同低・大那沙美島・岸根鼻・鶴原山・三高山・大君・早瀬第二・休石砲台の射撃準備を表五―二―一三のとおり完成した。また、二月五日警急配備が下令され、二月十三日同表のように警急配備を完了した。(23)

表五―二―一三 広島湾要塞砲台の状況

砲台	砲種	数	警急配備	
			二月	五月
室浜	野砲	四	―	一
鷹ノ巣高	二八榴	六	四	三
鷹ノ巣低	二七加	四	二	一
	九加	四	二	―
大那沙美島	二四加	四	四	一
岸根	二七加	四	二	一
鶴原山	二四加	六	四	三
三高山	九加	四	―	―
	九臼	四	―	―
早瀬	九加	六	―	―
	九臼	四	―	―
大君	一二加	四	四	一
休石	九加	二	二	二

要塞防禦計画訓令では、広島湾要塞は警急配備が下令されても、歩兵部隊などは増援されないことになっていたので、同要塞は広島湾要塞砲兵聯隊のみで警急配備に就いたのである。また、五月十一日の警急配備緩和命令により、表五―二―一三のごとく配備を縮小した[24]。

開戦直後の二月十二日に、広島湾戦時指揮官として呉鎮守府司令長官柴山矢八海軍中将が任命され、この地域の陸海軍部隊を統一指揮することになった[25]。

海軍は呉水雷団が、宮島瀬戸・那沙美瀬戸・早瀬瀬戸・隠戸瀬戸にそれぞれ水雷を敷設する準備をしたが、その必要なしとして中止された。また、呉鎮守府管下として、水雷艇隊が配置され、それぞれ表五―二―一四のように各地区の防備を担当した[26]。

表五―二―一四　水雷艇隊の防備状況

艇隊	所属艇号	二月四日	二月九日	二月十三日	三十七年五月以降
第六	五六・五七・五八・五九	豊後水道交互警戒	呉	鳴門海峡	四月第三艦隊へ
第五	福龍・二五・二六・二七			紀淡海峡	豊後水道・下関海峡・紀淡海峡に一艇隊ずつ輪番警備
第七	一一・一二・一三・一四	呉	豊後水道交互警戒	同上	
第八	六・一七・一八・一九				

(七)　下関海峡の防備（付図—二四参照）

下関要塞は、本州と九州との連絡路を防護するとともに敵艦船の瀬戸内海侵入を阻止するために建設されたもので、開戦前の明治三十七年一月五日、海正面第一線砲台の射撃準備が内達された。同要塞は、一月十三日、表五—二—一五のように四砲台の射撃準備を完了した[27]。

下関要塞は、二月五日に警急配備が下令された。要塞防御計画訓令により警急配備下令とともに歩兵第二四聯隊（福岡）の一個大隊と工兵第一二大隊の二個小隊が増援され、二月十八日に配備を完了した[28]。

その後、第一二師団が動員されたため、後備部隊が交代して配備に就くのであるが、その状況は史料がなく不明である。

二月十二日、下関戦時指揮官に、下関要塞司令官新井晴簡少将が任命され下関海峡地区の陸海軍部隊を統一指揮することになった[29]。

表五—二—一五　下関要塞砲台の射撃準備状況

砲台	砲種	数	砲台	砲種	数
火ノ山第一	二八榴	二	老山	二八榴	一〇
金毘羅山	二八榴	二	筋山	二四加	六

海軍は、呉において門司臨時敷設隊を編成して、下関海峡東口と西口に水雷敷設の準備をしたが、その必要なしとのことで敷設を中止した。また、警備艦「大和」が門司に配置され、海峡地区の警備に当るとともに、第八水雷艇隊が二月十三日にこの地区に配備され、五月まで海峡の防備に任じ、以後は第五・第七・第八艇隊が交代で海峡地区の防備に任じた。(30)

これらの警備艦「大和」及び水雷艇隊は、明治三十八年五月二十七〜二十八日の日本海海戦において、聯合艦隊に撃破されたロシア艦の兵士が、山口・島根県の海岸に上陸したので、これらの収容に当った。この件に関しては次項で述べる。

(八)　佐世保軍港・長崎港の防備（付図―二五・二六参照）

佐世保要塞・長崎要塞ともに、開戦前の明治三十七年一月五日、海正面第一線砲台の射撃準備が内達され、直ちに準備に着手し、佐世保要塞は一月十七日に、面高・高後崎・小首・丸出山砲台の射撃準備を完了し、長崎要塞は一月十六日に、神ノ島高・神ノ島低・蔭ノ尾砲台の射撃準備を完了した。(31)

二月五日、両要塞に動員が下令され、要塞防禦計画訓令により両要塞とも準戦備に就くことになり、その準備に着手した。動員下令とともに佐世保要塞には、後備歩兵第四五聯隊第一大隊本部と二個中隊・後備歩兵第四六聯隊（三個中隊欠）及び第六師団後備工兵第一中隊の一個小隊が増援され、長崎要塞には、後備歩兵第四六聯隊の二個中隊が増援され、二月十八日両要塞とも動員を完結した。(32)両要塞とも、準戦備のために準備した砲台の砲数及び配備部隊の状況についてはは史料がなく不明である。

二月十二日、防務条例に基づき佐世保戦時指揮官に佐世保鎮守府司令長官鮫島員規海軍中将が任命され、長崎戦時指揮官には長崎要塞司令官西村千里陸軍大佐が任命され、それぞれ所在の陸海軍部隊を統一指揮することになったのである。(33)

一方海軍は、佐世保水雷団が、二月四日佐世保軍港入口に水雷敷設を開始し、二月九日に敷設を完了、さらに軍港入口西方及び南方に、敷設を完了した。また、長崎港口などにも二月十一日に敷設を開始し、三月一日までに敷設を完了した。その状況は表五―二―一六のとおりである。(34)

表五―二―一六　佐世保軍港・長崎港の水雷敷設

敷設方面・位置		水雷の種類	数
佐世保軍港	軍港入口	浮標水雷	二五
	軍港入口西方と南方	浮標水雷	四二
長崎港	長崎港口蔭尾北方	浮標水雷	二〇
	香焼瀬戸	海底水雷	四
		機械水雷	五
	福田崎～伊王島	機械水雷	二一
	大中瀬戸	浮標水雷	七

敷設水雷に連携した海軍側防砲台は、一月十六日に工事に着手、佐世保方面は二月十九日に完成し、長崎方面は三

月四日に完成した。その状況は、表五―二―一七のとおりである。[35]

表五―二―一七　海軍側防砲台

佐世保軍港	砲種	数
向後崎第一	一二斤	二
向後崎第二	一二斤	二
向後崎第三	四七密	二
向後崎第四	四七密	二
向後崎第五	四七密	二

長崎港	砲種	数
香　焼	一二斤	二
栗ノ浦	四七密	二

佐世保軍港には、水雷艇隊の第一二艇隊（五〇・五一・五二・五三号艇）、第一三艇隊（七・八・九・一〇号艇）が配備された。第一二艇隊は四月二十三日第三艦隊に編入され、翌三十八年三月佐世保に復帰し、第一三艇隊は戦争間終始佐世保軍港に在って軍港防備の任に就いていた。[36]

また、長崎港には警備艦「葛城」が配備され、戦争間終始同港の警備に当ったのである。[37]

(九)　対馬の防備（付図―二―七参照）

対馬は朝鮮海峡（対馬海峡）の中央に位置し、国防の第一線としての意義を有するとともに、海峡地域を制するための艦隊の根拠地としての意義がより重要になってきた。対馬の中央にある浅海湾は、艦隊の停泊地として最適であった。また、浅海湾の反対側の三浦湾も停泊地として利用できた。このため明治二十年代から、これらの湾を防護し、外国の艦艇の侵入を阻止するため、前章で述べたように陸軍の要塞が建設されたのである。

日露関係が緊迫してきた明治三十六年十二月三十一日、陸軍大臣は第一二師団長に対して対馬要塞の海正面第一線砲台の射撃準備を内達した。第一二師団長は翌一月一日、対馬要塞の警急配備を命じた。対馬要塞は直ちに、城山・芋崎・大平高・根緒・姫神山・折瀬鼻砲台に守備兵を配備し、一月十三日城山・芋崎・大平高・根緒・折瀬鼻砲台の射撃準備を完了した。(38)

二月五日対馬要塞に動員が下令され、要塞防御計画訓令により本戦備に就くことになった。後備歩兵第一三聯隊と第二三聯隊などの増援部隊が到着、二月十八日に動員を完結した。その状況は表五—二—一八のとおりである。(39)

表五—二—一八　対馬要塞砲台の状況

砲台	砲種	数
四十八谷	二八榴	六
大平高	一二加	四
大平低	一二加	四
芋崎	二八榴	四
城山	二八榴	四
折瀬鼻	一二加	二
砲種	砲種	数
姫神山	二八榴	六
根緒	二八榴	二
	一二加	四
上見坂	七加	二
	九加	四

二月十二日、防務条例に基づき対馬戦時指揮官に竹敷要港部司令官角田秀松海軍中将が任命され、対馬所在の陸海軍部隊を統一指揮することになったのである。(40)

その後、浅海湾入口の防備を強化するための砲台建設が決定され、九月に郷山（二八榴四門）・樫岳砲台（二八榴四門）の工事が開始され、翌年の二月には多功崎砲台（二四加二門）の建設が開始された。これらの砲台はいずれも戦争終結後に完成した。(41)

一方海軍は、竹敷敷設隊が、二月四日浅海湾入口及び湾内に水雷敷設を開始し、二月十日に敷設を完了、さらに同日三浦湾及び鶏知湾に敷設を開始、二月十二日に三浦湾の敷設を完了し、三月八日に鶏知湾の敷設を完了した。これらの敷設状況は表五―二―一九のとおりである。また、豆酘湾にも水雷敷設の準備をしたが、その必要なしとのことで中止された。(42)

敷設水雷に連携した海軍側防砲台は、一月二十一日に工事に着手、聖山・三浦・太田崎・根曽崎砲台が三月中に完成した。その後九月三日に芋崎砲台工事が追加着工され十月十五日に完成した。これらの状況は、表五―二―二〇のとおりである。(43)

竹敷要港には、水雷艇隊の第一七艇隊（三一・三二・三三・三四号艇）及び第一八艇隊（三五・三六・六〇・六一号艇）が配備され、明治三十八年一月に第一六艇隊（「白鷹」・三九・六六・七一号艇）がさらに配備された。(44)

三十八年五月二十七〜二十八日の日本海海戦において敗北したバルチック艦隊の将兵が、対馬の東海岸に上陸するが、これについては、次項で述べる。

表五―二―一九　対馬の水雷敷設状況

敷設方面・位置		水雷の種類	数
浅海湾	湾口入口	浮標水雷	七〇
	単崎～ユーラン鼻	浮標水雷	四二
三浦湾入口		浮標水雷	三一
鶏知湾入口		浮標水雷	三五

表五―二―二〇　海軍側防砲台

砲台	砲種	数
聖山第一	一二斤	二
聖山第二	一二斤	三
聖山第三	一二斤	一
	四七密	一
砲台	砲種	数
三浦第一	四七密	六
三浦第二	機関砲	五
根曽崎	四七密	三
太田崎	七五密	二
芋崎	四七密	四

三　沿海防備問題

(一)　ウラジオ艦隊による函館パニック

日露戦争開戦時、日本海軍は全力をもって、旅順・仁川・朝鮮海峡方面に行動中であった。ロシア太平洋艦隊の主力は旅順港を根拠にしていたが、巡洋艦「ロシア」・「グロモボイ」・「リューリック」・「ボカツィリ」などは、ウラジオストックを根拠にしていた。これら巡洋艦四隻からなるウラジオ艦隊は、日本海軍を北方に誘引すべく、早くも二月十一日、津軽海峡西方地域に姿を現わした。

このウラジオ艦隊を最初に発見した青森県西端の艫作《へなし》崎の海軍望楼は、十一日午後三時大本営へ、次のような電報を発した。「敵ノ艦隊ト認ムルモノ四隻、北西北ヨリ現ハレ、コレニ商船一隻付属シ、当望楼沖合ニ於テ徘徊シツツアリ、船体ハ黒四本煙突二隻、三本煙突一隻、二本煙突一隻(1)」

函館に在って、津軽海峡の防備に当っていた海防艦「高雄」艦長矢代中佐は、前記の報に接し、直ちに函館支庁長に通報し、付近は危険であるので船舶の出港を停止するよう申し入れた(2)。

陸軍の函館要塞司令部には、大本営から同様の通報とともに「敵艦隊ハ本夜、津軽海峡ヲ通過セントスルカ、或イ

ハ明朝、小樽・函館付近ヲ攻撃スルナラン」という警告が伝えられた。(3)

このような敵艦隊来襲の情報は、警察をはじめ公私の諸機関から、直接間接に市民に伝わり、これに憶測や誇張も加わって、市民は非常な不安に陥ったのである。

折しも十一日夜中に「酒田から小樽へ航行中の『奈古浦丸』（一〇八四トン）と『全勝丸』（三一九トン）が、午後一時、青森県へなし崎沖において露艦四隻に取り巻かれ、砲撃を受け、『奈古浦丸』は沈没、『全勝丸』は無事午後八時三〇分福島に入港せり」という電報が、福島村（現松前郡福島町）長から函館支庁長に届いた。支庁長は、十二日午前〇時、この情報を函館区長など関係諸機関に通報した。(4)

函館港において、海防艦「高雄」とともに津軽海峡防備の任をもつ大湊水雷団長宮岡大佐は、この報を受け、港内の船舶は出港を停止するよう、また付近航行中の船舶は十分警戒するよう、関係諸機関を経て警告を発した。(5)

「奈古浦丸」が撃沈されたとの情報は、函館地区内の各官公庁や会社などへも、あちこちから続々と連絡があり、これが次第に増幅されて広まり、市民の不安は益々大きくなっていった。

加えて、函館区役所が「明朝敵艦隊ノ砲撃ハ保シ難シ」との警報を発したため、市街はたちまち一大混乱と化し、「敵艦隊の攻撃により、福山は陥落し、市街は兵火のため全滅した」という噂が乱れ飛んだ。(6)

いつ敵艦隊に砲撃されるか分からないという恐怖が、市街全域に広まり、市民は寒空の闇夜に、先を争って避難を始めた。人口八万七千の函館は、夜明けとともに避難者が増大し、市街は大混乱におちいった。

家財・寝具を背負って避難する者、荷車に積んで避難する者、泣き叫ぶ老幼婦女子などが街路に溢れ、押すな押すなと湯川・七飯方面へと避難していった。

函館駅は、夜明けの一番列車以後、列車を利用して避難する市民で混雑した。巡査の整理も聞かず、我先にと乗り

込む者の大半が三〇歳前後の壮年男子であったと、当時の新聞は報じている。(7)

商店街も、丸井呉服店をはじめ、ほとんどが閉店した。銀行は、取り付けのため繁忙を極めた。

このように事態収拾のつかなくなった折、函館支庁長・区長・警察署長らは、なんとか確報を得て市民の不安を鎮めたいと、海軍に対して敵艦隊の確かな情報を要求することしばしばであった。

十二日午前一〇時、水雷団長は、水雷艇・海防艦「高雄」による前夜来の偵察結果及び同日朝までに入港した商船などから得た情報を総合評価して、「昨夜来、海峡ニアリシ露国軍艦ハ遠ク去リタルモノノ如ク、刻下危険ノ虞ナキト信ジ候」との通牒を関係機関に発した。(8)

一方、陸軍の函館要塞も、その守備を逐次整え、前夜来、三〇〇人の在郷軍人を召集するとともに、第七師団（旭川）・第八師団（弘前）へ増援を要請するなどの処置をとり、市民の鎮静化に努めた。(9)

十三日の『函館新聞』も、「函館要塞隊は、時局問題の切迫とともに、総ての準備を全く整え終わり、今日にては、手を拱して敵の攻撃を待ち居れり」と要塞の準備状況を報じるとともに、「露艦四隻の我が砲台に向ふるは、蟷螂の斧竜車に向ふが如きものなることは、如何に遅鈍なる露国軍人と雖も、疾く承知して居る筈なれば、決して我が砲台に砲撃するの愚を演ずるものにあらず。仮に彼等悉く愚物のみにして無鉄砲に砲撃するが最期、我が砲台の一撃の下に粉砕せられ終わり、徒らに津軽海峡の藻屑となるは必然のみ」と、露艦来襲の恐れなきことを報じた。(10)

十三日夕刻、旭川第七師団の歩兵第二八聯隊第二大隊が到着し、十四日には戒厳令が施行され、市街は平穏化していった。避難していた市民も、逐次帰来し、平常の落ち着きを取り戻した。(11)

このように函館市民の間にパニックが発生した原因は何であろうか。次の二点が考えられる。即ち情報連絡の不統一と函館守備兵力に対する市民の不安感である。

ウラジオ艦隊来襲の情報は、前述のように軍事的情報処理もされず、官公庁・会社など各所から不統一に、しかもそれぞれの憶測を含んで市民に伝達された。このため、市民は戸惑い、不安は募るばかりであった。江差や福山が砲撃され焼けてしまったという虚報まで広まり、いよいよ函館も砲撃されると思い込んだ市民は、遂にパニックに陥ってしまった。

当時（開戦当初）まだ戒厳令は施行されておらず、軍が情報を統一する状態にはなかった。市民への伝達責任は、区役所であった。しかし、区役所には、陸海軍・警察・報道機関などと連絡調整して、統一情報を流すという機能はなかった。

一般にパニックは、その問題の重要度とその論拠の曖昧さに比例すると言われている。従って、パニックを防ぎあるいはその規模を縮小化するには、情報の曖昧さを少なくすることが不可欠である。そのためには統一機関によって、総合的判断をし、より確度の高い統一情報を伝達することが重要である。

函館守備兵力は、前述のとおりであったが、市民の間には、陸軍の要塞砲は旧式で射程が短く、とてもロシア艦隊の大砲には太刀打ちできないのではないか、海軍も、旧式の海防艦一隻と水雷艇四隻では、とてもロシア艦隊の相手にならないのではないかという噂が流れていた。また動員とともに、陸軍兵が全て要塞守備に就いたため、街には兵隊がいなくなり、市民も不安になってきた。

市民は、平時ベールに包まれている要塞が、いかなる威力を発揮するのか知るすべもなく、また海軍の敷設水雷や魚形水雷（魚雷）についての認識も十分ではなかった。従って、敵艦来襲の報に接するや、今にも頭上に敵砲弾が落ちてくると思い込み、パニックに陥った。

そのうち、要塞などの戦備の整ったことや、増援部隊の来ることが分かり、逐次鎮静化していった。旭川聯隊一個大隊の到着は、鎮静化に決定的効果をもたらした。

(二) ウラジオ艦隊の東京湾口付近遊弋

前述したロシア太平洋艦隊の一部である巡洋艦四隻からなるウラジオ艦隊は、ウラジオストック港を根拠に、開戦劈頭から日本海方面において、その高速を利用して行動し、輸送船などを次々に撃沈・だ捕していった。その行動は図五―三―一のとおりである。[12]

中でも、六月十五日、玄界灘において、兵員及び攻城資材を輸送中の「佐渡丸」(六、二二六トン)・「常陸丸」(六、一七五トン)及び輸送を終えて帰航中の「和泉丸」(三、九六七トン)が、ウラジオ艦隊に襲撃され、「常陸丸」と「和泉丸」が撃沈され、「佐渡丸」が大破されたことは、国民に一大衝撃を与えた。[13] ウラジオ艦隊に対する警戒を担当していた第二艦隊(司令長官上村彦之丞中将)に対して国民の非難が巻き起こった。

その一カ月余り後の七月二十日、ウラジオ艦隊(「ロシア」・「グロモボイ」・「リューリック」)は、津軽海峡を西から東に通過して太平洋に出て、汽船「高島丸」(三一八トン)を撃沈、続いて英国汽船「サマーラ号」(二、八三二トン)を臨検・解放、さらに帆船「喜賓丸」(一四〇トン)を撃沈し、汽船「共同運輸丸」(一四七トン)を解放、帆船「第二北生丸」(九一トン)を撃沈した。その後、南下して七月二十二日、塩屋崎(現いわき市)沖で、独国汽船「アラビヤ号」(二、八六三トン)を拿捕しウラジオストックに回航、さらに南下して房総半島を廻り、七月二十四日御前崎沖で英国汽船「ナイト・コマンダー号」を撃沈、続いて東方に向かい伊豆半島沖で帆船「自在丸」(一九九トン)・帆船「福就丸」(一三〇トン)を撃沈し、英国汽船「図南号」(二、二六九トン)を臨検・解放した。続いて東京湾口を遊弋し、翌二十五日には房総半島野島崎沖で、独国汽船「テア号」（一、六一三トン）を撃沈し、英国汽船「カルカス号」（六、七四八トン）を拿捕しウラジオストックに回航した。その後北上して宗谷海峡経由ウラジオストックに帰港の予定であったが、歯舞諸島付近で濃霧のため引き返し、七月三十日再び津軽海峡を通過し、八月一日ウラジオストックに帰港した。(14)

このようなウラジオ艦隊の行動により、太平洋沿岸航路は途絶し、三陸・茨城・千葉・伊勢地区から京浜地区への廻米が停止し、米価の騰貴をもたらした。幸いウラジオ艦隊の行動期間が一週間ほどであったので、大きな影響を受けずに済んだ。(15)

当時の新聞は、先の「常陸丸」などが撃沈された時ほどではないが、海軍に対し非難の論を展開した。『東京日日』は社説で「已に一週日を越え本土近海を遊弋して、或は南し或は東し、商船を剽掠して至らざる所なきも、我海軍は長時日の間曾て之を抗撃するの挙あらず、独り露艦をして為す所を縦にせしむるが如き、抑々何の策する所ありてや、（中略）上村艦隊果して無能にして其の任務を果す能はずんば、当局者別に其の後を善くするの道を取らざるべからず」と批判した。(16)

また、『都新聞』は「露艦の目的夫れ或は東海道鉄路の破壊にあらんか、敵にして一度び駿遠の海に迫り、海岸に露出せるトンネル若しくば線路に砲弾を注ぐに至らば、東海の交通海陸共に絶断せられ、非常の困難を我国に与ふるに至らん」と述べ、「上村艦隊は猶ほ明［空］巣の番人を為しつつあるや、国民皆跣［跂］足して其の消息を待つ、我の実益保護のため又我海軍の威信保持のため、一大鉄案下さんことを、敢て我信頼する海軍当局者に希ふ」と、ウラジオ艦隊への対処を要望した。(17)

ウラジオ艦隊が、『都新聞』の心配のように駿河湾もしくは相模湾に入り、海岸近くを走る鉄道線を砲撃破壊していたならば、日本は軍隊輸送・物資輸送に相当の打撃を被ったであろう。

当時、海軍は、津軽海峡地区に警備艦「高雄」と「武蔵」及び第三水雷艇隊の第一五・五四・五五号艇、東京湾に警備艦「天城」及び第三水雷艇隊の「小鷹」・第五・二〇号艇ならびに第四水雷艇隊（第二一・二四・二九・三〇号艇）を配備していたが、警備艦はいずれも老朽艦であり、ウラジオ艦隊と戦える艦ではなかった。このため、これらの艦艇には監視警戒を命じ、対馬海峡警戒中の第二艦隊を招致し対処させることにした[18]。

第二艦隊上村司令長官は、装甲巡洋艦「出雲」・「吾妻」・「常磐」・「磐手」などを率いて、七月二十四日午後三時、対馬の浅海湾を出航し、南九州の都井岬に向かった。二十五日午後都井岬沖に達したが、室戸崎にて命を待つべしとの訓令により、室戸崎に向かい、さらに房総半島南端の布良付近に向かうべしとの訓令により、東航を続け、二十八日正午過ぎ布良沖に到着した。この間伊豆七島付近を捜索し、さらに翌日も再度捜索したが、ウラジオ艦隊の影を見掛けることはできなかった。ウラジオ艦隊は既に北に去っていた。第二艦隊は、結局ウラジオ艦隊の影を見ることなく対馬に引き上げた[19]。

一方、陸軍の東京湾要塞は、七月二十日ウラジオ艦隊が津軽海峡を通過したとの情報により、戦闘配備に就く準備を命じ、二十二日に表五―三―一のような戦闘配備を完了した[20]。

三十日、ウラジオ艦隊が津軽海峡を通過し西航したので戦闘配備を解き、警戒配備に復した。

ウラジオ艦隊が、東京湾に侵入し、東京・横浜などを砲撃したならば、日本国内は大パニックを起こしたであろうが、同艦隊は東京湾要塞砲台ならびに湾内に潜む水雷艇と戦ってまで湾内に侵入しようとはしなかった。東京湾要塞砲台は、十分抑止力を発揮したのである。

図五—三——　ウラジオ艦隊の本土近海出撃状況

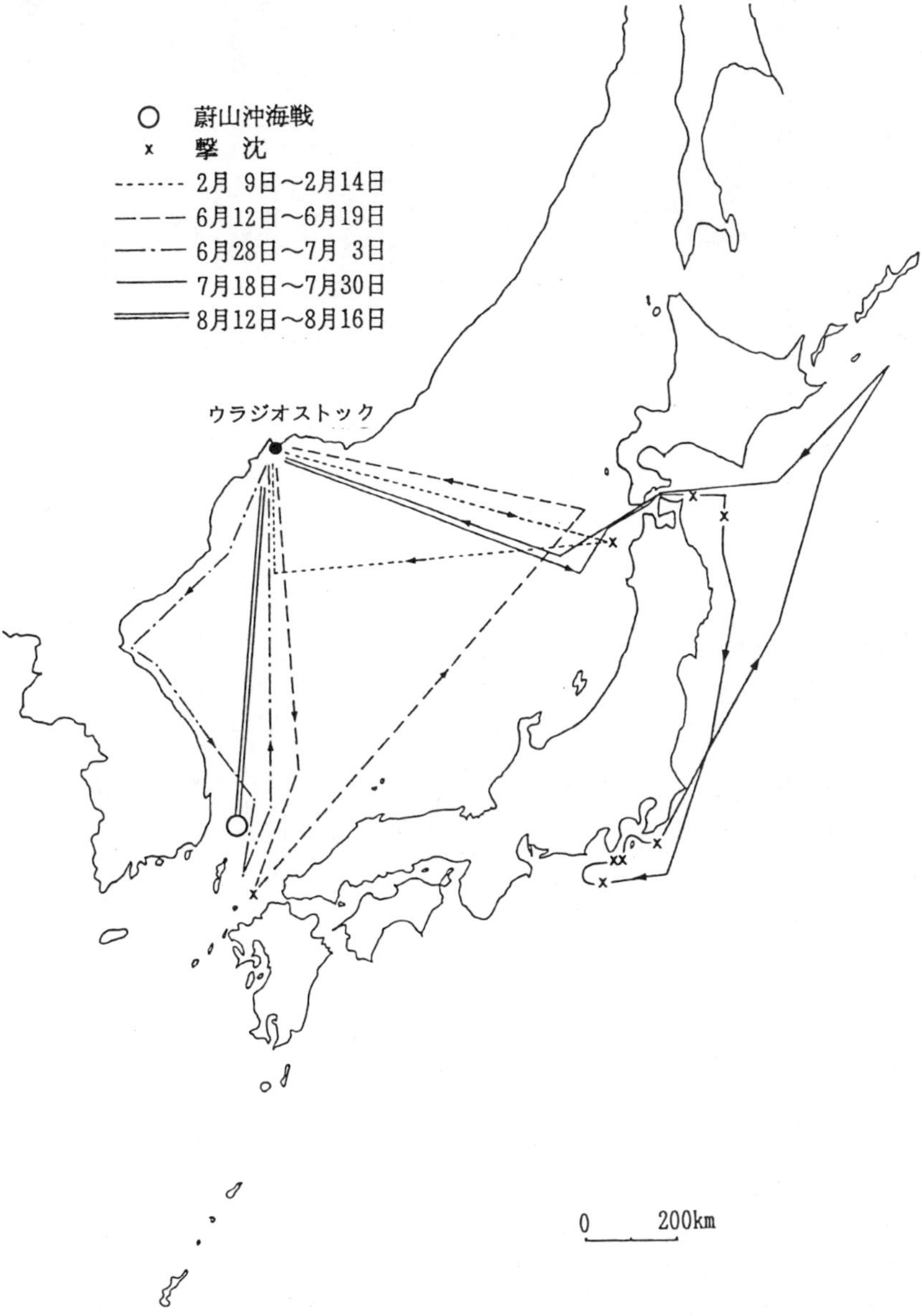

表五―三―一　東京湾要塞の戦闘配備

砲台	砲種	数
千代ケ崎	二八榴	四
	七野	六
観音崎第二	二四加	六
観音崎第三	二八榴	四
観音崎南門	一二加	四
	九加	四
三軒家	二七加	四
	一二加	二
花立台	二八榴	四
走水高	二七加	四
走水低	二七加	四
猿島	二七加	二
	二四加	四
第一海堡	二八榴	六
元州	二八榴	六

(三)　二八センチ榴弾砲の旅順移送問題

明治三十七年八月、バルチック艦隊の来援が確実となり、その対処方策を考慮中であった大本営は、八月五日、朝鮮海峡の制海権を確実にするため、鎮海湾及び対馬の大口湾（浅海湾）に、要塞砲の二八センチ榴弾砲を移設するに決した。移設する二八センチ榴弾砲は、本土防衛上比較的影響度の低い東京湾要塞の箱崎砲台の八門、米ケ浜砲台の六門、芸予要塞の大久野島中部砲台の二門、来島中部砲台の二門、合計一八門が、鎮海湾に一二門、対馬の大口湾に六門充用されることになった[21]。

ところが、八月二十一日の旅順要塞総攻撃が失敗したため、寺内陸軍大臣は予てから要塞攻撃に二八センチ榴弾砲を使用すべきであると主張していた技術審査部長の有坂成章少将を招いて二十五・二十六日の両日意見を聞き、二十六日にこの意見を採用することを決断し、山県参謀総長と協議して、先に鎮海湾に移設予定の二八榴六門を旅順に送ることを決定した。この件は二十七日、参謀総長から天皇にその旨上聞された[22]。

二八榴六門は、九月上旬に第三軍に送られたが、九月二十三日、満州軍総司令官から、さらに六門増加の要請があり、鎮海湾移設予定の残りの六門を追加送付した。十月三日、満州軍総参謀長から、さらに六門の追加要請があり、対馬の大口湾移設予定の六門を追加送付した。結局、旅順要塞攻撃のため合計一八門の二八榴が送られたのである[23]。

旅順要塞の攻撃に二八榴を使用すべきであるという意見は、既に第三軍の編成以前の五月十日に技術審査部が砲兵課長に具申し、陸軍大臣以下これを認め、参謀本部に申し入れたが、参謀本部は、中小口径砲の砲撃に次ぐに強襲をもってすれば旅順要塞を陥落させることができると、陸軍省の提案は取り入れられなかったのである[24]。

谷寿夫の『機密日露戦史』には、長岡参謀次長の談として、長岡参謀次長が、有坂少将の意見を聞き、二八榴を旅順要塞攻撃に使用するよう陸軍大臣を説得したとあるが、これは長岡参謀次長の記憶違いである。前述したように、陸軍大臣が有坂少将を招いて意見を聞き、参謀本部側を説得したのである[25]。

二八榴が旅順要塞攻撃のために送られたという話は、由良要塞や下関要塞についても地元で言い伝えられている。しかし、前述したように、旅順に送られたのは、東京湾要塞の箱崎砲台と米ケ浜砲台及び芸予要塞の大久野島中部砲台と来島中部砲台の二八榴である。

由良要塞と下関要塞の二八榴も、その後撤去されて鎮海湾・対馬・大連・澎湖島などに移設されたため、これが旅順に送られたと間違って伝えられたのであろう。

表五―三―二　二八センチ榴弾砲の移設状況

撤去砲台		砲数	撤去開始時期	移設先
東京湾	箱崎	八	明治三十七年八月十日	当初鎮海湾に一二門、対馬に六門予定したが後に全て旅順に変更移設した
	米ケ浜	六		
芸予	大久野島中部	二		
	来島中部	二		
下関	笹尾山	六	十月十日	対馬
東京湾	第一海堡	六	十一月十八日	澎湖島　八 大連湾　四 鎮海湾　一二
	富津元州	二		
芸予	大久野島中部	四		
	来島中部	四		
下関	笹尾山	二		
	老ノ山	四		
	金毘羅山	二		
由良	深山第一	四	三十八年二月十四日	永興湾
	友ケ島第三	二		

ロシアの太平洋艦隊が、八月十日の黄海海戦と八月十四日の蔚山沖海戦でほとんど壊滅したので、後はバルチック艦隊に対処することが重要問題となり、本土の要塞砲は、朝鮮海峡・台湾海峡方面の防備充実のため移設されることになった。その移設の状況は、表五—三—二のとおりである。(26)

(四) 津軽海峡防備強化問題

バルチック艦隊の来航が近くなり、陸海軍とも津軽海峡の防備強化策が採られることになった。海軍は、明治三十八年四月、潮流の急激な津軽海峡に、水雷の敷設が可能かどうか実験することになり、海軍軍令部参謀森越太郎中佐が主務者となり、大湊水雷団長などと協力のもと実験を実施した。実験の結果、大間崎西北方を敷設面とすれば、東方の尻矢崎及び西方の龍飛崎いずれから侵入してきても、その時点から、連繋水雷を南北六海里に四線に敷設すれば十分阻止効果があると判明し、その旨海軍大臣と海軍軍令部長に報告した。(27)

海軍軍令部長は、連繋水雷で海峡防御が可能であると判定し、津軽海峡防御を統括する司令部の設置を海軍大臣に提議した。その結果五月十九日、内令第二八〇号によって津軽海峡防禦司令部条例が制定され、大湊水雷団長宮岡直記大佐が津軽海峡防禦司令官に兼補された。津軽海峡防禦司令官は、横須賀鎮守府司令長官の指揮を受け、津軽海峡方面の海上防禦を統轄するが、函館港の防禦に関しては函館戦時指揮官（陸軍砲兵大佐林錬作）の指揮を受けることになった。(28)

津軽海峡防禦司令部の策定した津軽海峡防禦計画要領は、次のとおりである（付図—一八参照）。

津軽海峡防御計画要領[29]

① 津軽海峡ノ水雷防御ハ東口ニ於テシ連繋水雷ヲ使用ス
② 連繋水雷ノ敷設面ハ六海里に亘ル長サヲ有スル六条ノ平行線ヨリ成リ、各線ノ水雷数ヲ百三十個トス
③ 水雷敷設ノ位置ト時機トハ当時ノ海流及ヒ敵ノ速力ニ関係スルヲ以テ、二、三ノ敷設位置ヲ予定シ置キ、東口ノ最狭部ニ敵ノ入リタル後、水雷ノ触撃ヲ与フル如ク時機ヲ計リ、且海峡ノ中央航路ニ浮流セシムル如キ位置ヲ選ヒテ敷設スルモノトス
④ 敷設面ノ南北両端ハ水雷敷設ト同時ニ擬水雷ヲ撒布浮遊セシム、其ノ数二百個

（以下略）

海軍は、このような応急防御によりバルチック艦隊の来航に備えたが、同艦隊は、対馬海峡を通過し五月二十七～二十八日の日本海海戦において聯合艦隊に撃滅されてしまった。しかし、津軽海峡防御司令官は、ウラジオストックに遁走した残存艦艇の決死の行動に備え、引き続き警戒を続けていった。

津軽海峡防御司令部は、日露講和条約調印後の十一月十五日にその編制を解かれ、翌年の八月二十二日内令第二六六号により津軽海峡防御司令部条例は廃止された[30]。

一方、陸軍においては、明治三十八年五月十九日参謀総長が、津軽海峡防御のため砲台を建設することについて陸軍大臣に協議し、五月二十四日、次のような津軽海峡防御設備要領が決定された[31]（付図―二八参照）。

津軽海峡防御設備要領

① 敵艦ノ津軽海峡通過ヲ妨害スル目的ヲ以テ　津軽海峡東西両口ニ防備ヲ施ス

② 前項ノ目的ヲ達スル為メ左ノ海岸砲台ヲ築設シ、函館要塞司令官ヲシテ之ヲ指揮セシム

東口	大間崎付近	十五速加	六
	戸井付近	同	四
西口	龍飛崎付近	同	四
	白神崎付近	同	四

③ 前項ノ火砲ハ旅順ノ戦利火砲中ヨリ応用シ、一門ニ対シ約百発分ノ弾薬ヲ準備ス　（以下略）

陸軍大臣は、同日築城部本部長に対し、至急工事を実施するよう命じ、用地徴発のため小島工兵大佐を現地に派遣した(32)。

ところが、バルチック艦隊が撃滅されたため、砲台建設工事は中止されることになり、六月二十八日、陸軍大臣は工事中止を関係機関に命令し、工事は中止された(33)。

しかし、これらの砲台は、昭和期になり、再び津軽海峡防衛のために建設されたのである。

(五)　日本海海戦に敗れたロシア兵の日本上陸

日露戦争における最大の海戦でしかも最後の海戦となった日本海海戦は、明治三十八年五月二十七日午後から翌二十八日にわたって、対馬海峡の東水道において、聯合艦隊とロシアのバルチック艦隊によって戦われた。聯合艦隊は、ウラジオストックに向かうバルチック艦隊を、対馬海峡で迎え撃ち、大激戦の末、同艦隊三八隻中一

九隻を撃沈、五隻を捕獲する壊滅的打撃を与え、大勝利を収めた。[34]

聯合艦隊に完敗したバルチック艦隊の将兵の大部分は、戦死するかもしくは救助されて捕虜となったが、一部は難を逃れ、敗残兵として、島根県・山口県・対馬などの海岸に上陸してきたのである。その状況は、次のとおりである（図五―三―二参照）。

① 島根県和木（江津市）に二四四人上陸[35]

五月二十八日午後、バルチック艦隊特務艦「イルティシュ」は、被弾した状態で島根県都濃村和木海岸に逃れたが、浸水が激しく、艦長以下将兵は、ボート六隻に乗り移り、和木海岸に上陸した。艦はその後、沈没した。

近くの真島監視哨で海岸監視の任についていた江津警察署の警官は、ロシア兵の上陸を発見し、その報を村に伝えた。これを聞いた村民は、山の手へ避難したり、有り合わせの農具や棒を持って海岸に駆け付けたりして、村中は一時混乱に陥った。駆け付けた村人は、ボートが白旗を掲げていることから投降と分かり安心し、ボートを引っ張って陸に着けたり、負傷兵に手を貸したりしてロシア兵の上陸を援助した。

上陸したロシア兵は、将校一三人、准士官六人、下士卒二二五人合計二四四人であった。[36]

警察からの通報を受けた浜田の歩兵第二一聯隊補充大隊長は、直ちに第一中隊を現場に派遣した。部隊が到着した時には、既に村役場職員と警察官の尽力で、ロシア兵の将校は民家に、負傷者は和木小学校に、その他は嘉久志小学校にそれぞれ収容されていた。それぞれの収容所において、食物・煙草を与え、負傷兵には救急処置をするなど、日本側の親切な処置に、ロシア兵も感激しつつ一夜を明かした。

翌二十九日、負傷兵を船で、健康者を陸路徒歩で浜田へ送り、同地の真光寺などに一時収容し、六月二日、軍艦「八重山」・仮装巡洋艦「佐渡丸」で、佐世保へ回航し、その後、門司の大里俘虜収容所に収容した。

② 島根県土田（益田市）に二一人上陸[37]

五月二十七日、沖の島沖で撃沈された仮装巡洋艦「ウラル」の乗組員二一人は、一隻のボートに身を託し一晩漂流の後、二十八日午後五時頃島根県鎌手村土田の海岸に上陸した。折しも田植えの時期で、村人は彼らの上陸に気付かなかった。

上陸したロシア兵は、将校一人、下士卒二〇人であった。このうち二人の兵士が水を求めて一軒の農家に飛び込んだ。留守をしていた主婦は仰天し、一目散に逃げ、急を告げた。村人は警鐘を乱打し、勇敢な者は猟銃や鍬や鎌を持って海岸に駆け付けた。海岸に上陸したロシア兵が白旗を立てて、武器を投げ捨てる真似をしたので、村人もやっと彼らの降伏に気付いた。

駆け付けた土田小学校土岐訓導が、英語で話しかけたが、英語を解する者がいなかった。益田警察署長が現場に駆け付け、身振り手真似で、ロシア兵を整列させ武装解除し、取りあえず民家に収容した。

捕虜となった彼らは、ひどく疲労していたので、酒と梅干しの握り飯を与えたが、疑って食べようともしなかった。巡査がまず酒を飲んで見せたので、彼らもやっと安心して飲みかつ食べた。夜は青年が歩哨に立ち警戒に当った。

翌二十九日朝、浜田の歩兵第二一聯隊補充大隊の第三中隊が到着し、捕虜を引き取り、益田の妙義寺に収容した。翌三十日浜田へ送り、前述の「イルティシュ」の捕虜と同じ真光寺に収容、六月二日佐世保に回送、その後は大里俘虜収容所に収容した。

③　山口県須佐に三三人上陸(38)

五月二十七日、沖の島沖で撃沈された戦艦「スワロフ」及び仮装巡洋艦「ウラル」の乗組員三三人は、二十八日夜ボートで須佐に上陸した。将校二人、准士官一人、下士卒三〇人であった。

須佐警察分署の適切な処置で寺院に収容、飲食を与えた。一等水兵カイランスキーの手記(39)によると、日本人は実に親切で、歓待至らざるなく、罵倒あるいは不快な動作を為す者はなく、その待遇は自己の兄弟を遇する如くであったという。

三十一日、水雷艇「福龍」及び二五号艇によって大里俘虜収容所に送られた。

④　山口県萩の越ケ浜に八人上陸(40)

二十七日の戦闘で撃沈された特務艦「カムチャッカ」の乗組員下士官以下八人は、漂流の後、萩の北方越ケ浜に上陸したが、三十一日、水雷艇「福龍」及び二五号艇に収容され、大里俘虜収容所に送られた。

⑤　山口県見島に五五人上陸(41)

前記特務艦「カムチャッカ」の乗組員五五人は、二十八日午前十一時頃、見島の宇津海岸にボートで上陸した。

海軍望楼員が、駆け付けて捕虜とした。島民が、握り飯を持ってきて与えたが、割ってみるばかりで食べようとしない。島民の一人が、彼らの目の前で食べてみせたら、やっと口に入れ食べ始めた。

海軍望楼からの連絡で、水雷艇「福龍」及び二五号艇が来港し、同日午後七時全員を収容し、大里俘虜収容所に送った（見島の宇津海岸に「露兵漂着之碑」が建てられている）。

⑥　対馬の茂木に九九人上陸(42)

二十七日の海戦で、被弾の少なかった巡洋艦「ナヒモフ」は、同日夜水雷攻撃を受け、二十八日午前九時、対馬の東海岸で沈没した。乗組員の九九人は、三隻のボートで対馬の琴村茂木浜に上陸した。報せを受けた琴村は大騒ぎとなり、男は猟銃・斧・鎌などを持って海岸に駆け付け、女子供は山に避難した。丁度、琴村に出張中の対馬島庁中原書記が、村長らと海岸に急行し、英語を解する将校と話して、彼らを村内に収容した。上陸したロシア兵は、将校二人、下士卒九七人で内一人は死亡していた。

将校は小学校に、下士卒は四軒の民家に収容し、それぞれ親切なもてなしをした。ロシア兵は、敵国に上陸したにもかかわらず、予想外の厚遇に感激し、出された酒や食事に舌鼓を打った。

佐須奈警察分署長からの報告により、同夜、海軍の竹敷要港部から「第一竹敷丸」が来港し、捕虜は一旦竹敷に輸送され、大里俘虜収容所に送られた。

この茂木浜に上陸したロシア兵は、ポケットに英金貨を持っていたため、後に「ナヒモフの金塊引揚事件」として有名になった。茂木浜には「日本海大海戦記念碑」が建てられている。

⑦　対馬の殿崎に一四三人上陸(43)

二十七日の海戦で軽易な損害であった巡洋艦「モノマフ」は、同日夜、水雷攻撃を受け、二十八日午後二時三十分頃対馬の東海岸で沈没した。乗組員一四三人がボートで対馬の豊崎村殿崎に上陸した。

村人たちは、敵が上陸したと一時大騒ぎとなったが、佐須奈警察分署長や対馬島庁の中原書記が、現場に駆け付け、

図五—三—二　日本海海戦に敗れたロシア兵の日本上陸

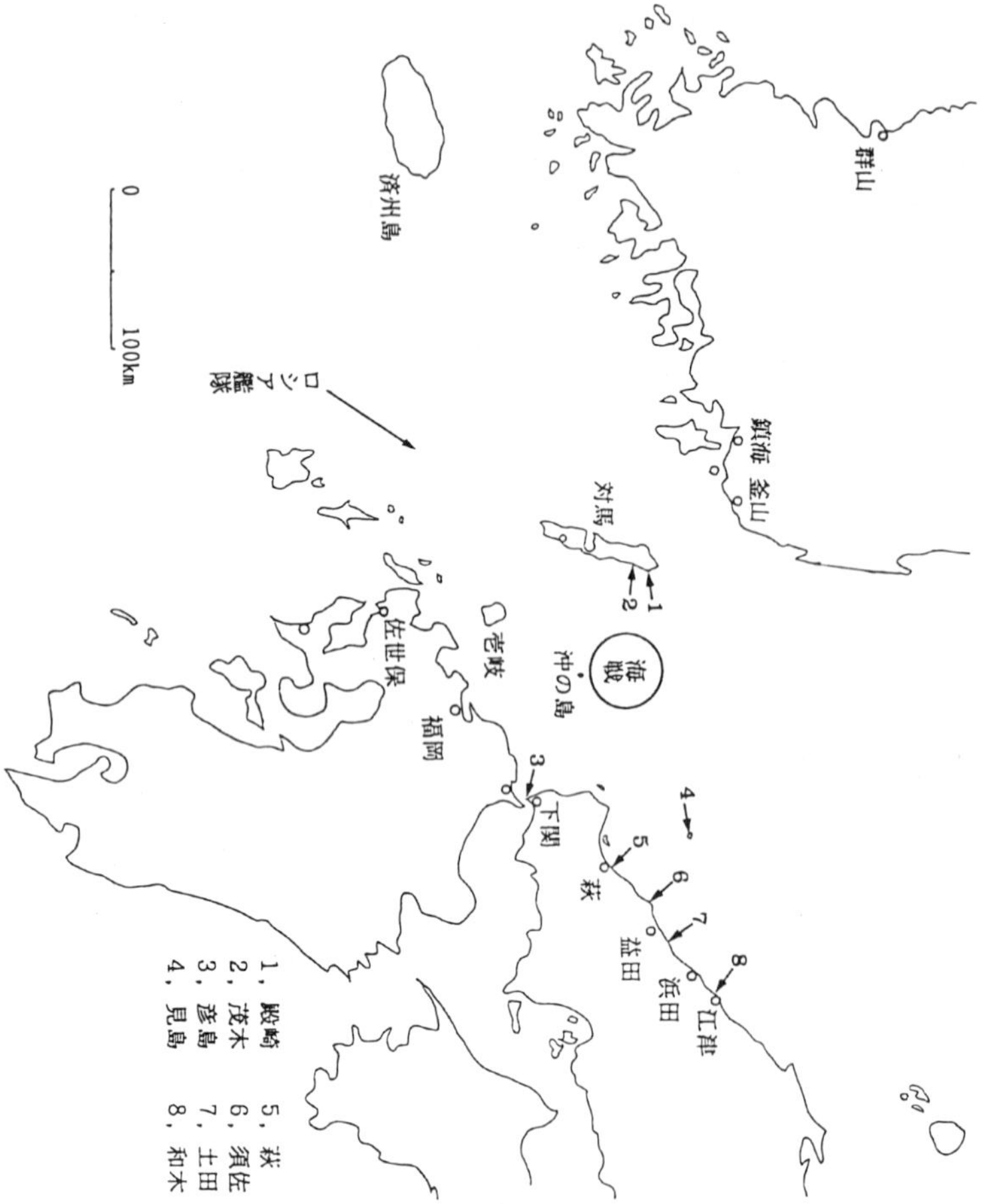

英語を話す将校と話し、騒ぎは治まった。

ロシア兵は民家に収容され、食事や煙草が与えられ、負傷者は手当てを受けるなど親切なもてなしを受けたので、彼らの中には、涙を流して感謝する者もいた。彼らも前述の「ナヒモフ」の乗組員と同様、竹敷から派遣された舟艇に乗せられ、大里俘虜収容所に送られた。

殿崎には、東郷元帥題字の「露敗兵上陸記念碑」が建てられている。

⑧　その他

関門海峡の彦島の南風泊に、漁船に収容された「ナヒモフ」の艦長と航海長が上陸し、大里俘虜収容所に送られた。(44)

また、朝鮮の東海岸竹辺（蔚珍北側）に約八三人、欝陵島に九一五人が上陸した。(45)

以上のように、日本海海戦で敗退し日本に漂着上陸したロシア兵は、満州で捕虜になった多数のロシア兵とともに、俘虜収容所に収容され、好待遇を受け、講和条約の成立の後、本国に引き渡された。

第五章　註

一　沿岸監視と防備

(1) 参謀本部編「明治三十七八年秘密日露戦史」第二、二頁(防衛研究所蔵)、巌南堂書店が「明治三十七八年秘密日露戦史」第一、第二、第三及び「日露戦役回想談」を一冊にまとめ『明治三十七八年秘密日露戦史』として一九七七年に復刻(以下『秘密日露戦史』と略記)

陸軍省編『明治天皇御伝記史料明治軍事史』下(原書房、一九六六年)一三一〇頁

(2) 「聯合艦隊戦時日誌」(防衛研究所蔵)

(3) 陸軍省編刊『明治三十七八年戦役陸軍政史』第二巻(一九〇七年)一一九～一二〇頁(以下『陸軍政史』と略記)

(4) 喜田卯吉「日露戦役当初の海岸監視勤務の実況」(軍事普及会編刊『戦陣叢書』第四輯、一九一九年)

(5) 海軍省編『海軍制度沿革』巻三(一)(原書房、一九七一年復刻)六九七～七〇〇頁

(6) 同右

(7) 前掲『陸軍政史』第二巻、一四九頁

(8) 陸軍省「満密大日記」明治三十七年一月(防衛研究所蔵)

(9) 同右

(10) 前掲『陸軍政史』第二巻、一二〇～一二一頁

(11) 前掲「満密大日記」明治三十七年十～十一月

大本営副官部「副臨号書類綴」第二号、明治三十七年二月二十六日～三月十七日(防衛研究所蔵)

(12) 前掲『陸軍政史』第二巻、一五八頁

(13) 前掲「秘密日露戦史」第二、二頁

(14) 「明治三十七年度要塞防禦計画訓令」(「軍事機密文書編冊」参謀本部、明治三十六年、防衛研究所蔵)、(千代田史料「要塞防禦計画訓令等綴」明治三十五～四十五年、防衛研究所蔵)

(15)「要塞防御教令草案」二〜四頁（陸軍省「密受受領編冊」明治三十五年七〜十二月、防衛研究所蔵）
(16) 前掲「明治三十七年度要塞防御計画訓令」
(17)「要塞備砲射撃準備ニ関シ第七（第十二）師団長へ電報内達ノ件」（陸軍省「軍事機密大日記」第一号、防衛研究所蔵）
「各要塞射撃準備ノ件」（前掲「満密大日記」明治三十七年三月）
(18) 同右「満密大日記」明治三十七年三月
(19) 同右「満密大日記」明治三十七年二月
前掲『陸軍政史』第二巻、六六頁
(20) 前掲「満密大日記」明治三十七年二月
前掲『陸軍政史』第二巻、一二〇頁
前掲「副臨号書類綴」第二号
(21) 同右「副臨号書類綴」第二号
前掲『陸軍政史』第二巻、一五七頁
(22) 同右『陸軍政史』第二巻、一二一頁
(23) 第七師団「第七師団歴史」第一号の一（写防衛研究所蔵）
(24) 歩兵第二十八聯隊編刊『歩兵第二十八聯隊史』（一九三三年）三四頁
大村斎「非常事態における混乱に想う」（『偕行』一九五六年七月）
(25)「函館要塞戦時報告」第一号（前掲「満密大日記」明治三十八年五〜六月）
前掲『歩兵第二十八聯隊史』三四頁
(26) 歩兵第二十五聯隊編刊『歩兵第二十五聯隊史』（一九三六年）七頁
高橋憲一『札幌歩兵第二十五聯隊誌』（大昭和興産株式会社、一九九三年）二九頁
前掲「満密大日記」明治三十七年六〜七月
(27) 前掲「第七師団歴史」第一号の一
(28) 前掲『陸軍政史』第二巻、一三八頁、一三九頁、一四二頁

(29) 海軍軍令部編刊『極秘明治三十七八年海戦史』第四部巻一・巻二の各軍港などの防備を基に作成
(30) 『法令全書』明治三十七年
(31) 山口開治「日露戦争におけるわが国防禦海面の国際法上の意義」(『防衛論集』第一一巻第二号、一九七二年九月、防衛研修所)
(32) 前掲『極秘明治三十七八年海戦史』第九部巻一、一九四～二〇六頁
前掲『海軍制度沿革』巻一五、八五頁
(33) 前掲『極秘明治三十七八年海戦史』第九部巻一、一九七～二〇三頁
前掲『海軍制度沿革』巻一五、八五～八七頁
(34) 前掲『極秘明治三十七八年海戦史』第九部巻一、二〇四頁
前掲『海軍制度沿革』巻一五、八八頁
(35) 『法令全書』明治三十七年、明治三十八年

二　要地の防備

(1) 前掲「各要塞射撃準備ノ件」
(2) 東京湾要塞司令部「東京湾要塞歴史」第一号（写防衛研究所蔵）
(3) 同右
(4) 同右
(5) 同右
(6) 陸軍省「明治三十七八年戦役陸軍省軍務局砲兵課業務詳報」（防衛研究所蔵）
前掲『陸軍政史』第三巻、二五〇頁、付表第五其一
(7) 前掲『極秘明治三十七八年海戦史』第四部巻一第三章第二節東京湾ノ警備、第四部巻二第四章第三節横須賀軍港ノ防備
(8) 前掲「要塞備砲射撃準備ニ関シ第七（第十二）師団長ヘ電報内達ノ件」
前掲「各要塞射撃準備ノ件」

（9）「軍事機密文書編冊」参謀本部、明治三十七年（防衛研究所蔵）

（10）前掲「函館要塞戦時報告」第壱号

（11）同右

（12）前掲『極秘明治三十七八年海戦史』第四部巻一第三章第三節津軽海峡ノ警備、第四部巻二第七章第一節津軽海峡方面ノ防備

（13）「舞鶴湾口砲台守備ニ関スル件」（前掲「満密大日記」明治三十七年一月）

（14）前掲「各要塞射撃準備ノ件」
前掲「軍事機密文書編冊」参謀本部、明治三十七年

（15）前掲「秘密日露戦史」第二、二頁
砲の数は、前掲「舞鶴湾口砲台守備ニ関スル件」、前掲「各要塞射撃準備ノ件」及び「明治三十五年度要塞防禦計画訓令」付表第三」を基に推定したものである。

（16）前掲『極秘明治三十七八年海戦史』第四部巻一第三章第六節舞鶴鎮守府管区内ノ警備、第四部巻二第四章第四節舞鶴軍港ノ防備

（17）前掲「各要塞射撃準備ノ件」

（18）前掲「副臨号書類綴」第一号

（19）前掲「軍事機密文書編冊」参謀本部、明治三十七年

（20）前掲『極秘明治三十七八年海戦史』第四部巻一第三章第四節呉鎮守府管区内ノ警備、第四部巻二第七章第三節由良ノ防備

（21）前掲「各要塞射撃準備ノ件」

（22）前掲「明治三十七八年戦役陸軍省軍務局砲兵課業務詳報」

（23）前掲「各要塞射撃準備ノ件」

（24）前掲「満密大日記」明治三十七年六～七月

（25）前掲「軍事機密文書編冊」参謀本部、明治三十七年

（26）前掲『極秘明治三十七八年海戦史』第四部巻一第三章第四節呉鎮守府管区内ノ警備、第四部巻二第四章第二節呉軍港ノ防

備
(27) 前掲「各要塞射撃準備ノ件」
(28)「下関要塞諸部隊集積場諸廠及第一軍兵站監部動員完結ノ件」（前掲「満密大日記」明治三十七年二月）
(29) 前掲「軍事機密文書編冊」参謀本部、明治三十七年
(30) 前掲『極秘明治三十七八年海戦史』第四部巻一第三章第四節呉鎮守府管区内ノ警備、第四部巻二第七章第二節門司ノ防備
(31) 前掲「各要塞射撃準備ノ件」
(32)「要塞諸部隊動員完結ノ件」（前掲「満密大日記」明治三十七年二月）
(33) 前掲「軍事機密文書編冊」参謀本部、明治三十七年
(34) 前掲『極秘明治三十七八年海戦史』第四部巻二第四章第一節佐世保軍港ノ防備、第四部巻二第七章第四節長崎ノ防備
(35) 同右
(36) 同右、第四部巻一第三章第五節佐世保鎮守府管区内ノ警備
(37) 同右
(38) 前掲「要塞備砲射撃準備ニ関シ第七（第十二）師団長ヘ電報内達ノ件」
前掲「各要塞射撃準備ノ件」
鶏知重砲兵聯隊「鶏知重砲兵聯隊歴史」一（防衛研究所蔵）
(39) 前掲「要塞諸部隊動員完結ノ件」
前掲「鶏知重砲兵聯隊歴史」一
砲数は、明治三十五年度要塞防禦計画訓令を基に推定した。
(40) 前掲「軍事機密文書編冊」参謀本部、明治三十七年
(41) 陸軍築城部本部編「現代本邦築城史」第二部第二巻対馬要塞築城史の対馬要塞築城年表
(42) 前掲『極秘明治三十七八年海戦史』第四部巻二第五章第一節竹敷要港ノ防備
(43) 同右
(44) 前掲『極秘明治三十七八年海戦史』第四部巻一第三章第七節竹敷要港ノ警備

三　沿海防備問題

(1)「望楼報告」明治三十七年二月十～二十四日（防衛研究所蔵）
(2)「高雄戦時日誌」明治三十六～三十八年（防衛研究所蔵）
(3)前掲「非常事態における混乱に想う」
(4)同右
「浦塩露艦動作綴」（防衛研究所蔵）
「鎮守府・要港部・水雷団報告」明治三十七年二～三月（防衛研究所蔵）
(5)同右「鎮守府・要港部・水雷団報告」
(6)前掲「非常事態における混乱に想う」
中島峻蔵『北方文明史話』（北海出版社、一九二九年）二六二頁
(7)『函館新聞』明治三十七年二月十三～十六日号
(8)前掲「鎮守府・要港部・水雷団報告」明治三十七年二～三月
(9)前掲「非常事態における混乱に想う」
(10)前掲『函館新聞』明治三十七年二月十三日号
(11)前掲「非常事態における混乱に想う」
(12)海軍軍令部編『明治三十七八年海戦史』第二巻（春陽堂、一九〇九年）付図
(13)同右、二七一～二七六頁
(14)同右、三〇三、三〇七頁
(15)『東京日々新聞』明治三十七年七月二十六日、二十七日号
(16)同右、七月二十八日号
(17)『都新聞』明治三十七年七月二十七日号
(18)前掲『極秘明治三十七八年海戦史』第四部巻一、八一、八五、九四頁

同右、第一部巻一一、一三～一五頁
(19) 同右、巻一部巻一一、一五～三六頁
(20) 前掲「東京湾要塞歴史」第一号、明治三十七年七月二十～三十一日
なお七月二十五日の項の戦闘配備に、花立台砲台の二八榴四門が記載されていないが、花立台砲台は東京湾要塞の中核砲台であり、かつ八月三日の項の戦闘配備には記載されていることから、ウラジオ艦隊来航時には戦闘配備についたはずであると判断した。
(21) 前掲『陸軍政史』第三巻、二五〇～二五二頁
陸軍省編『明治天皇御伝記史料明治軍事史』下（原書房、一九六六年）一三九五頁（以下『明治軍事史』と略記）
(22) 山本四郎編『寺内正毅日記』（京都女子大学、一九八〇年）二六三～二六四頁
前掲『明治軍事史』下、一四〇九～一四一〇頁
前掲『陸軍政史』第三巻、二五三頁
(23) 前掲『明治軍事史』下、一四〇九～一四一〇頁
(24) 同右、一四一〇頁
山県保二郎「廿八糎榴弾砲行路」（『軍事と技術』第一四四号、一九三八年十二月）
前掲『陸軍政史』第三巻、二五三頁
(25) 谷寿夫『機密日露戦史』（原書房、一九六六年）二〇七～二一〇頁
大江志乃夫『日露戦争の軍事史的研究』（岩波書店、一九七六年）一一一頁
前掲『寺内正毅日記』二六三頁の八月二十五日の項に「午前有坂少将ヲ招キ旅順攻撃ノ形勢ヲ語リ大口径砲送付ノ件ニ就キ意見ヲ叩ク」とあり、二六四頁の翌二十六日の項に「午前八時半ヨリ有坂少将来リ二十八センチ榴弾砲ノ件意見ヲ述フ、之ヲ採用ス」とあること、及び『明治軍事史』下、一四〇九～一四一〇頁、『陸軍政史』第三巻、二五三頁などから判断すると、明らかに長岡外史次長の記憶違いであるといえる。
(26) 前掲『陸軍政史』第三巻、付表第五其一
(27) 前掲『極秘明治三十七八年海戦史』第四部巻二、四七〇～四七二頁

（28）同右、四七二頁
（29）同右、四七二～四七三頁
（30）同右、四九二頁
前掲『海軍制度沿革』巻三、一五九四頁
（31）「津軽海峡防禦ノ為砲台築設ノ件」（前掲「満密大日記」明治三十七年六～七月）
前掲『陸軍政史』第五巻、七三～七四頁
（32）前掲「津軽海峡防禦ノ為砲台築設ノ件」
前掲『陸軍政史』第五巻、七六頁
（33）前掲「津軽海峡防禦ノ為砲台築設ノ件」
（34）前掲『明治三十七八年海戦史』第三巻、二四五頁
広瀬彦太編『近世帝国海軍史要』（海軍有終会、一九三八年）六六三頁
（35）歩兵第二十一聯隊編『日露戦役に於ける歩兵第二十一聯隊歴史』（歩兵第二十一聯隊将校集会所、一九一三年）三五九～三六三頁
（36）「日本海海戦に関する電報」明治三十八年五月二十七日～六月七日、八重山艦長六月二日発電（防衛研究所蔵）
（37）前掲『日露戦役に於ける歩兵第二十一聯隊歴史』三六二頁
矢富熊一郎『益田市史』（益田郷土史矢富会、一九六三年）四九五～四九八頁
（38）戦記名著刊行会編『日露戦争当時の内外新聞抄』（戦記名著刊行会、一九二九年）三二五～三三〇頁
（39）同右
（40）前掲『極秘明治三十七八年海戦史』第四部巻二、二〇六頁
（41）瀬川清子『見島聞書』（民間伝承の会、一九三八年）七～八頁
前掲『極秘明治三十七八年海戦史』第四部巻二、二〇四頁
（42）田島士『対馬郷土史』（一九三六年）二六三～二六四頁
対馬教育会編『対馬島誌』（名著出版、一九七三年復刻）九七四頁

(43) 前掲『対馬郷土史』二六四〜二六五頁
前掲『対馬島誌』一〇五〇頁
(44) 前掲『極秘明治三十七八年海戦史』第四部巻二、二〇六頁
(45) 前掲「日本海海戦に関する電報」聯合艦隊長官五月三十一日発電
同右、第三艦隊司令長官五月三十一日発電

終章　守勢作戦から攻勢作戦へ

日本は、日清戦争の結果、東洋における確たる地位を獲得し、さらに一〇年後の日露戦争の結果、世界における日本の国際的地位を確立した。

日清戦争・日露戦争時には、既述したように国土の防衛態勢を整えたが、国土で戦うことなく外征作戦によって勝利を得ることができた。両戦争の戦費・兵力・犠牲者数などは次表のとおりである。(1)

表　日清・日露戦争の戦費・兵力・犠牲者数など

	日清戦争	日露戦争
戦費	約二億円	約一五億円
動員兵力	二四〇、〇〇〇人	一、〇八八、〇〇〇人
出征兵力	一七四、〇〇〇人	九四五、〇〇〇人
死者	一三、一六四人	八二、二五二人
傷病者	一一五、〇〇〇人	三九〇、〇〇〇人

日露戦争の勝利により世界の列強に仲間入りした日本は、今後の国防をいかにすべきか再検討することになった。陸軍は、既述のように日清戦争前の明治二十五年から対外防衛戦のための作戦計画を策定していたが、それは本土防衛のための「守勢作戦計画」であった。日清戦争後の明治三十三年頃から参謀本部において、満州における作戦を研究し始めたが、陸軍として正式に決定した作戦計画ではなく、研究段階のものであった。

日露戦争の結果、朝鮮における優越権を獲得し、樺太の南半分の割譲、南満州鉄道の譲渡を受け、さらに遼東半島を租借することができ、ここに大陸進出の基盤を得ることになった。その代償は、前表に示すとおりである。

日露戦争で、これだけの戦費と犠牲を払って獲得したこれらの利権を守るため、またこれらの利権をさらに拡張して海外に発展するため、陸海軍は積極的な攻勢作戦を採用することにした。陸軍は、租借した遼東半島、保護国とした朝鮮半島を基盤に、大陸での攻勢作戦を採用することとし、海軍も、最大の脅威であったロシア艦隊を撃滅したため、新たに想定敵をアメリカ海軍とし、東洋において攻勢をとることを目標にして、それぞれ軍備の整備拡張を目指していったのである。

明治四十年四月に、「帝国国防方針」、「国防ニ要スル兵力」、「帝国軍ノ用兵綱領」が制定され、国軍としての攻勢主義が決定された(2)。

国防方針では「明治三十七・八年戦役ニ於テ、幾万ノ生霊及巨万ノ財貨ヲ抛テ、満州及韓国ニ扶植シタル利権ト亜細亜ノ南方並太平洋ノ彼岸ニ皇張シツツアル民力ノ発展トヲ擁護スルハ勿論益々之ヲ拡張スルヲ以テ、帝国施政ノ大方針ト為サヽルヘカラス」とし、これがため「我国権ヲ侵害セントスル国ニ対シ、少クモ東亜ニ在リテハ攻勢ヲ取リ得ル如クスルヲ要ス」として、「一旦有事ノ日ニ当リテハ、島帝国内ニ於テ作戦スルカ如キ国防ヲ取ルヲ許サス、必スヤ海外ニ於テ攻勢ヲ取ルニアラサレハ我国防ヲ全フスル能ハス」と規定した。そして「将来ノ敵ト想定スヘキモノハ露国ヲ第一トシ、米・独・仏ノ諸国之ニ次ク」と、想定敵国の第一位に露国を挙げ、第二位に米国・独国・仏国を挙げたのである。

この国防方針に基づく用兵綱領では、「我国防方針ニ従テ作戦スル帝国軍ハ、攻勢ヲ以テ本領トス、乃チ海軍ハ敵手ニ対シ努メテ機先ヲ制シ、其海上勢力ヲ殲滅スルコトヲ目的トシ、陸軍ハ敵ニ先チテ所望ノ兵力ヲ速カニ一地方ニ集合シ、以テ先制ノ利ヲ占ムルヲ目的トシテ作戦ス」と、海外において攻勢作戦をとることを明記したのである。(3)

そして国防所要兵力として、この攻勢作戦を遂行するため、陸軍は平時二五個師団、戦時五〇個師団必要とし、海軍は二万トン級戦艦八隻、一万八千トン級装甲巡洋艦八隻のいわゆる八・八艦隊が必要であるとしたのである。(4)

これより先の明治三十九年二月二十六日、陸軍はこれまでの守勢作戦を改め攻勢作戦をとるという「明治三十九年度帝国陸軍作戦計画要領」を策定して天皇の裁可を得ていた。(5)

作戦計画を守勢作戦から攻勢作戦に改めた理由を次のように改正理由書で述べている。(6)「日本帝国ノ守勢作戦計画ヲ改正シテ、帝国作戦ノ本領ヲ攻勢ト為セリ、夫レ日英協約ノ新ニ成立シタル今日ニ於テ、帝国ノ海軍ヲ凌キ攻勢ヲ取リ得ル国ハ蓋シ之アラサルヘシ、若シ万一ニモ帝国ニ対シ攻勢ヲ取リ得ルノ敵アラハ、帝国軍ハ臨機容易ニ之ニ応スルヲ得ヘシ、(中略)我ハ安全ナル陸上ノ根拠地ヲ有スル形勢ニ在リテハ、今回ノ日露戦役ニ比シ、一層容易ニ攻勢ヲ取リ得ヘケレハナリ」と。

このような理由から、この作戦計画要領は、その綱領において「明治三十九年度に於ける帝国陸軍の作戦計画は、攻勢を取るを本領となす」とし、その作戦方針として「我作戦方針は、主作戦を満州に導き、敵の主力を求めて之を攻撃し、成るへく速に哈爾賓を奪略して、烏蘇里地方と露国本土との首要交通線を遮断するに在り、又要すれは、浦塩要塞を攻略す、別に一軍を北関地方より烏蘇里地方に進め敵を牽制す」として、満州における攻勢作戦をとることを定めたのである。

また、国防方針制定に当り山県有朋元帥は、明治三十九年十月に、私案として上奏した「帝国国防方針案」において、従来の守勢作戦を攻勢作戦に転換した理由として、次のように述べている。(7)

「明治三十七・八年戦役ノ結果トシテ海外ニ保護国ト租借地トヲ有スルニ方リ、東洋ニ及ホス諸国ノ形勢ヲ考察セハ、我国防ノ方針ハ進テ敵ヲ攻撃シ若クハ敵ノ根拠ヲ覆滅スルノ策ヲ採ラサル可ラス、彼ノ戦役前ニ於ケルカ如キ守勢作戦ノ方針ハ、以テ我国権ヲ擁護シ、領土ヲ保持スルニ適セサルノミナラス、日英攻守同盟ノ締結以来、我帝国ハ大陸的作戦ヲ為スノ責務ヲ有スルニ至レリ」と。

以上のように、日本軍が国土防衛を中心にした守勢作戦から外征作戦による攻勢作戦に転換したのは、日露戦争の結果獲得した領土・租借地・保護国及び鉄道などの利権ならびに南方に発展しつつある民力を守るためであって、従来のような守勢作戦ではなく積極的な攻勢作戦でなければ、これらを守りきれないというものであった。さらに日英同盟の関係からも海外での積極的攻勢作戦が必要であるというものであった。その背景には、ロシア海軍が壊滅し、さらには日英同盟の関係から、東洋において絶対的優勢となった日本海軍をもって、随時攻勢をとるための戦力を輸送できる態勢になったことが大きく影響している。

そしてこの攻勢作戦を支える教義として、陸軍は攻撃至上主義（火力よりも白兵主義）を、海軍は大艦巨砲主義を採用していったのである。

日露戦争の各作戦において、砲弾の欠乏に悩まされた陸軍は、国力の限界を痛感するとともに砲兵火力への信頼感を失い、火力よりも白兵を重視する戦法を採用することにした。

明治四十二年十一月八日、軍令陸第七号によって改正された「歩兵操典」は、その改正の根本主義として「歩兵ハ戦闘ノ主兵ナリトノ主義ヲ一層明確ニシ、之ニ基キ他兵種トノ協同動作ヲ規定スルコト」、「攻撃精神ヲ基礎トシ、白兵主義ヲ採用シ、歩兵ハ常ニ優秀ナル射撃ヲ以テ敵ニ近接シ、白兵ヲ以テ最後ノ決ヲ与フヘキモノナリトノ意味ヲ明確ニスルコト」を揚げているのである。(8)

その結果、「明治三十一年歩兵操典」に規定されていた第二百三十二項の「歩兵戦闘ハ火力ヲ以テ決戦スルヲ常トス」、第三百一項の「予メ計画シタル攻撃ハ敵ニ優ルノ射撃ヲ行フニ非ラサレハ其奏功期ス可ラス、先ス砲兵ノ火力ヲシテ敵ニ優ラシムル事ヲ勉メ、此ノ火力ニ依リ歩兵ノ攻撃進路ヲ開カシム可シ（中略）最後ノ突撃ヲ行フニハ火力ノ成果ヲ待ツ可シ」という火力重視の思想は後退し、改正の「歩兵操典」では、第二部第三十三項に「地形ヲ利用シ又ハ工事ヲ施セル敵ニ対シテハ、適時ニ砲火ノ効果ヲ収メ難キヲ以テ、歩兵ハ徒ニ砲戦ノ結果ヲ待ツコトナク却テ彼我砲戦間ニ於テ前進スルヲ要ス」及び同第三十八項に「敵ハ単ニ射撃ノ効果ニ依リ駆逐シ得ルモノニアラス、故ニ攻者ハ常ニ突撃ヲ実施シ以テ最後ノ勝利ヲ期セサルヘカラス」という歩兵中心の白兵主義を採用したのである。

しかし、日露戦争の現実は、次表のように、銃砲の威力が圧倒的で、死傷者の九五パーセント以上が銃砲弾によるもので、白兵などによる死傷者は数パーセントに過ぎなかったのである。

表　戦死傷者の創種別割合（パーセント）(9)

戦争		銃創	砲創	爆創	白兵創	その他
日清戦争（日本軍）		八九・〇	八・七	—	二・三	—
日露戦争	日本軍	七六・九	一八・九	二・五	〇・九	〇・八
	露軍	七三・七	二四・六		一・七	
第一次世界大戦（英軍）		三九・〇	六〇・七	—	〇・三	—

一方、海軍においては、バルチック艦隊を迎え撃った日本海海戦の大勝利が、不滅の戦例とされ、大艦巨砲こそが戦勝の決め手であると認識され、いわゆる大艦巨砲による艦隊決戦主義を定着させていった。

しかし、実際の日本海海戦では、戦艦、装甲巡洋艦などの主力艦以外の駆逐艦・水雷艇などが、主力艦に劣らぬ活躍をしていたのである。

日露戦争後に確立されたこのような日本陸海軍の攻勢主義に基づく戦略・戦術は、その後の陸海軍に引き継がれ、欧米諸国が第一次世界大戦を経て、国家総力戦時代へと進んでいったにもかかわらず、その進展に応じた改善がされることなく日本は大東亜戦争に突入したのである。

また、攻勢主義に基づく「攻撃は最良の防禦」という思想から、防禦は消極退嬰であるとして、防禦を軽視したのである。国土防衛も、攻勢主義により全うできると考え、国土の直接防衛は二の次として、防衛態勢の整備が軽んじられるようになった。

鋭意建設してきた国内の要塞も、日露戦争中に建設された朝鮮半島・遼東半島の要塞も、攻勢作戦採用により検討整理することが必要になった。

明治四十二年十二月、参謀本部は要塞整理方針案を策定し、陸軍大臣に協議し、大臣の異存なしとの回答を得て、ここに要塞整理が進められることになった。その要旨は次のとおりである(10)。

「帝国現時ノ要塞ハ、曩ニ守勢作戦的国防方針ニ基キ設定セルモノニシテ、爾来国勢著シク発展シ、且攻勢作戦ヲ以テ国防ノ本領トスルニ至リタル今日ニ於テハ、作戦上ノ要求ニ適合セサルモノ少カラス、従テ之カ配置ニ改変ヲ加フルノ必要ヲ認ム」として、第一に「大陸ニ拡張シタル帝国保護ノ国土及利権ヲ擁護シ、且大陸ニ向テスル作戦ヲ容易ナラシムル目的ヲ以テ、韓国南岸ニ堅固ナル陸海軍ノ根拠地ヲ設定スルヲ要ス」とし、第二に「兵略上重要ナル海峡ニハ新ニ防備ヲ施シ、以テ国土相互ノ連絡ヲ保持シ且海峡内面ニ於ケル制海権ノ掌握ヲ確実ニシ、以テ艦隊ノ策動ヲ容易ナラシムルヲ要ス」と整理の方針を掲げたのである。

この方針に基づき、参謀本部は要塞整理案を策定した[11]。

この整理案は、ウラジオ方面に対処する根拠地として羅津湾要塞、津軽海峡を守るため津軽要塞、瀬戸内海を安全にするため豊予要塞を新設し、広島湾要塞と芸予要塞は廃止するとした。防備を変更するものとして、対馬要塞・鎮海湾要塞・旅順要塞はさらに防備を強化し、東京湾要塞の横須賀方面の砲台と下関要塞の瀬戸内海側砲台及び各要塞の陸正面砲台を廃止することにしたのである。このように、要塞についても攻勢主義に適合するように整理されることになったのである。しかし、実際の要塞整理は、その後修正されながら、本格的に整理されたのは、第一次世界大戦後である。

海軍においても、大艦巨砲による艦隊決戦を追求する攻勢第一主義の軍備が整備されていくのである。当時海軍における戦略・戦術研究の大家といわれた佐藤鉄太郎大佐が、『帝国国防史論』を著述し、「海権ノ与奪ニ関スル軍備ヲ第一ニ重視シ、主トシテ之ガ完整ヲ力メ沿岸ノ防禦ハ制海艦隊ノ実力ヲ顧慮シ、然ル後之ヲ備フベキ[12]」と述べているように、海軍は鋭意攻勢のための艦隊決戦兵力の整備を続け、防備関係兵力の整備は次等に扱われたのである。

以上のように陸海軍がともに攻勢主義を定着させたのは、陸海軍が統帥権独立を掲げて、戦争を軍部の独占物と考え、しかも戦争が総力戦形態に変化しているにもかかわらず、戦争を作戦・戦闘中心に矮小化して理解し、さらには日露戦争に参戦した指揮官・参謀などが、戦後に陸海軍省・参謀本部・軍令部・陸海軍大学校などの要職を占め、戦勝の体験を吹聴することにより、間接的に日露戦争の研究・批判を封じ込め、日露戦争の教訓を学びとることをしなかった結果であった。

国防方針の制定においても、国防をいかにするかという国家としての大方針が、政治家を交えて論議されることなく、陸海軍で決定され、しかも陸海軍は、国家の戦略としてではなく、単なる軍備拡張の目標に矮小化して決定したのであった。その結果、国防方針に規定された攻勢主義をとるために必要な軍備拡張の予算をめぐって、陸海軍の対立、政治家と軍部の対立が表面化し、大正・昭和期に至って益々その対立を深めていったのである。

陸海軍は、日本の国力・国情に応じた国家戦略を追求することなく、ひたすら攻勢主義をとるための軍備拡張に奔走し、政治家やマスコミもこれに対抗する勇気と責任感に欠け遂には国民に多大の犠牲を強いて、敗戦という結果を招いてしまったのである。

終章　註

（1）大江志乃夫『日露戦争と日本軍隊』（立風書房、一九八七年）八九、九一頁
（2）「明治四十年日本帝国ノ国防方針」（防衛研究所蔵）、この綴は「帝国国防方針・国防ニ要スル兵力及帝国軍用兵綱領策定顛末」、「日本国ノ国防方針」、「帝国軍ノ用兵綱領」、「国防ニ要スル兵力」などが綴られている。国防方針に関する体系的研究書として、黒野耐『帝国国防方針の研究』（総和社、二〇〇〇年）がある。
（3）「帝国軍ノ用兵綱領」（前掲「明治四十年日本帝国ノ国防方針」）
（4）「国防ニ要スル兵力」（前掲「明治四十年日本帝国ノ国防方針」）
（5）陸軍省編『明治天皇御伝記史料　明治軍事史』下（原書房、一九六六年）一五六三頁
（6）同右
（7）戦史叢書『大本営陸軍部（1）』（朝雲新聞社、一九六七年）一四五〜一四六頁
（8）教育総監部第一課「歩兵操典ニ関スル訓示及講話筆記」（「陸軍省弐大日記」明治四十三年三月、防衛研究所蔵）
（9）安井洋『戦傷の統計的観察』（南江堂支店、一九二一年）及び参謀本部編『日露戦争における露軍の後方勤務』（東京偕行社、一九一五年）を基に作成。
（10）「要塞整理方針按ニ関スル件」（陸軍省「軍事機密大日記」明治四十二年、第一号、防衛研究所蔵）
（11）陸軍築城部本部編「現代本邦築城史」第一部第一巻、築城沿革付録（国立国会図書館古典籍室蔵。写、防衛研究所蔵）
（12）佐藤鉄太郎『帝国国防史論』（水交社、一九〇八年）七九二頁

表目次

図表目次

図目次

〈し〉

〈す〉

〈せ〉

〈そ〉

〈た〉

〈つ〉

〈て〉

〈と〉

〈な〉

〈れ〉

〈ろ〉

人 名 索 引

〈あ〉

〈い〉

〈う〉

〈え〉

〈お〉

〈も〉

〈や〉

〈ゆ〉

〈よ〉

〈り〉

〈な〉

〈に〉

〈ね〉

〈の〉

〈は〉

〈ひ〉

〈て〉

〈と〉

〈せ〉

〈そ〉

〈た〉

〈ち〉

〈つ〉

〈し〉

〈す〉

〈く〉

〈け〉

〈こ〉

〈さ〉

〈き〉

索　　引

事 項 索 引

あとがき

明治初期の国内治安重視期、国土防衛重視への転換期、日清戦争時、さらに日清戦争後の対露軍備充実期、日露戦争時と経過を追って各期の国土防衛態勢について論じ、最後に日露戦争後の攻勢作戦への転換について論じてきたが、「はじめに」に述べたように、このような国土の防衛態勢に関する研究は、極めて少ないのが現状である。

このような研究の空白を埋めるためにも、この種の研究が必要であると痛感し、本研究に取り組んできたのである。特に陸軍の要塞に関しては、最も力点を置いて研究・調査を実施した。要塞は、戦前には秘密のベールに包まれ、戦後には軍事アレルギーのためすっかり見捨てられていたため、その実態が不明の状態であった。要塞に関する書としては、浄法寺朝美『日本築城史—近代の沿岸築城と要塞』が刊行されているに過ぎない。

明治期に建設された要塞砲台は全国で一二七個所であり、その大半が何らかの形で現存している。その状況は次表のとおりである。これらの砲台のうち一一三個所に足を踏み入れ現状を確認してきた。その結果を二万五千分の一の地図に展開したのが付図—一八〜二七である。

本研究に当り、防衛研究所の史料はもちろん、国立公文書館・国立国会図書館などの史料を調べ、さらに砲台などの現地調査を実施した。史料調査・現地調査において多くの方々にお世話になった。厚くお礼申し上げます。

本研究を通じて強く感じたことは、国際社会に一人前として生きていくための国家として絶大な防衛努力、なかで

表　明治期要塞砲台の現状

要塞名	砲台名　（合計一二七個所）	
函館	薬師山・御殿山第一・御殿山第二・千畳敷・立待	（五）
東京湾	夏島・笹山・箱崎低・箱崎高・波島・米ケ浜・猿島・第一海堡・第二海堡・第三海堡・富津元州・走水低・走水高・小原台・花立台・三軒家・観音崎第一・観音崎第二・観音崎第三・観音崎第四・観音崎南門・大浦・腰越・千代ケ崎	（二四）
舞鶴	吉坂・葦谷・浦入・金岬・槙山・建部山	（六）
由良（鳴門）	佐瀬川・西ノ庄・大川山・深山第一・深山第二・男良谷・加太・田倉崎・友ケ島第一・友ケ島第二・友ケ島第三・友ケ島第四・友ケ島第五・虎島・生石山第一・生石山第二・生石山第三・生石山第四・生石山第五・生石山堡塁・成山第一・成山第二・高崎・赤松山・伊張山・柿ケ原・笹山・行者ケ岳・門崎	（二九）
芸予	大久野島北部・大久野島中部・大久野島南部・来島北部・来島中部・来島南部	（六）
広島湾	大空山・高烏・休石・早瀬第一・早瀬第二・大君・三高山・鶴原山・岸根・大那沙美島・鷹ノ巣低・鷹ノ巣高・室浜	（一三）
下関	竜司山・火ノ山第一・火ノ山第二・火ノ山第三・火ノ山第四・一里山・戦場ケ野・金比羅山・老ノ山・筋山・田ノ首・門司・古城山堡塁・古城山・矢筈山・笹尾山・田向山・富野・高蔵山	（一九）
長崎	神ノ島高・神ノ島低・蔭ノ尾	（三）
佐世保	前岳・牽牛崎・丸出山・小首・高後崎・面高・石原岳	（七）
対馬	温江・大石浦・四十八谷・大平・大平高・芋崎・城山・城山付属・折瀬鼻・姫神山・根緒・上見坂・樫岳・多功崎・郷山	（一五）

―― ほぼ原形を残す　〰〰 一部原形を残す　無印はほとんど原形を残さない

も政治家や軍の指導者のリーダーシップならびに実務者の献身的努力と専門家意識のすばらしさである。

当時の日本は、欧米の知識と技術を導入し、近代化を進めていったが、その知識と技術を学んだ実務者の近代化への努力と熱意が、日本の近代化の推進力となったのである。そしてこれらの実務者の能力を十分に活かした指導者の見識とリーダーシップが、日本の近代化を進展させたのである。

このような明治期の人と比較した時、現在の日本に欠けているのは、指導者の見識とリーダーシップではないだろうか。

本書が日本の防衛を考える場合の歴史的示唆を得る上において、なんらかの参考になることを願っている。

平成十四年一月二十一日

著者

著者略歴

原剛（はらたけし）防衛研究所戦史部調査員（非常勤）

1937年香川県に生まれ、県立観音寺第一高等学校を経て、1960年防衛大学校卒業、陸上自衛隊第10普通科連隊、第28普通科連隊に勤務、以後、防衛大学校・少年工科学校・幹部候補生学校の教官を歴任。この間、日本大学法学部政治経済学科（通信教育）を卒業するとともに、国士舘大学で１年間歴史学研修。1980年防衛研究所戦史部所員、1991年自衛官退官、引き続き防衛庁教官として防衛研究所戦史部勤務、1998年定年退官し非常勤調査員として戦史部勤務、現在に至る。軍事史学会理事。

著書・編書等

- 『幕末海防史の研究』（名著出版、1988年）
- 『日本陸海軍事典』（安岡昭男氏と共編、新人物往来社、1997年）
- 『大本営陸軍部戦争指導班　機密戦争日誌』軍事史学会編（錦正社、1998年）
- 「対馬及び対馬海峡の防衛」（『新防衛論集』第15巻第４号、1988年３月）
- 「沖縄戦における住民避難」（桑田悦編『近代日本戦争史』第1編、同台経済懇話会、1995年）
- 「陸海軍文書について」（『防衛研究所戦史部年報』第３号、2000年３月）
- 「日露戦争の影響―戦争の矮小化と中国人蔑視感―」（『軍事史学』第36巻第3・4合併号、2001年3月）

明治期国土防衛史《めいじきこくどぼうえいし》

〈錦正社史学叢書〉

平成十四年一月二十八日　印刷
平成十四年二月四日　発行

定価：本体九五〇〇円（税別）

著者　原《はら》　剛《たけし》
発行者　中藤政文

〒162―0041
東京都新宿区早稲田鶴巻町五四四―六
電話　〇三（五二六一）二八九一
FAX　〇三（五二六一）二八九二
URL　http://www.kinseisha.jp/
錦正社

URL　http://www5a.biglobe.ne.jp/~kinsei/

印刷　㈱平河工業社
製本　山田製本印刷社㈱

ISBN4－7646－0314－4

明治期国土防衛史

付　図

錦　正　社

付図一覧

（日露戦争時の防備）

東京湾の防備（日清戦争）

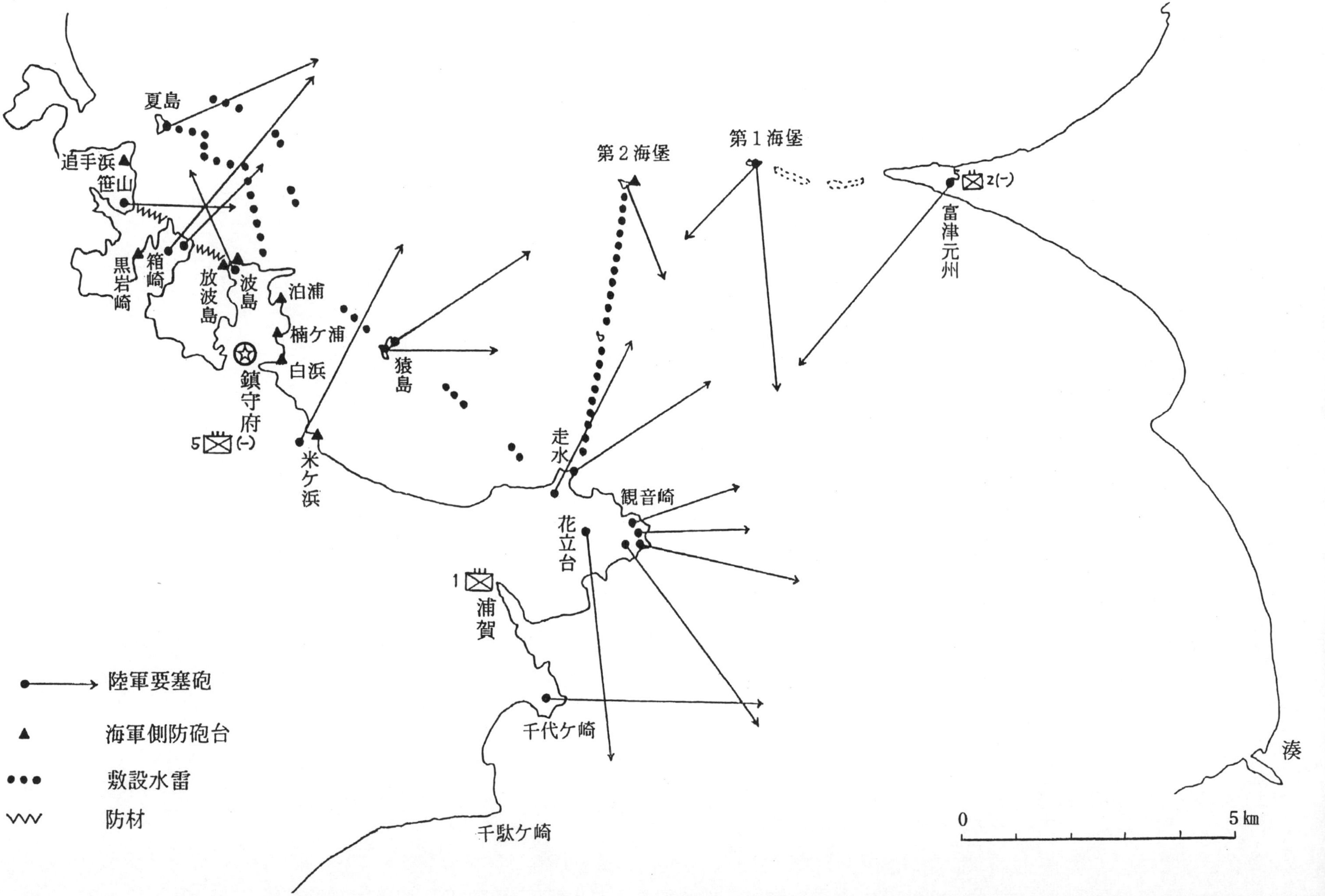

夏島
追手浜
笹山
黒岩崎
箱崎
放波島
波島
泊浦
楠ケ浦
白浜
鎮守府
5 (-)
米ケ浜
猿島
走水
観音崎
花立台
1
浦賀
千代ケ崎
千駄ケ崎
第2海堡
第1海堡
2(-)
富津元州
湊
0
5㎞
陸軍要塞砲
海軍側防砲台
敷設水雷
防材

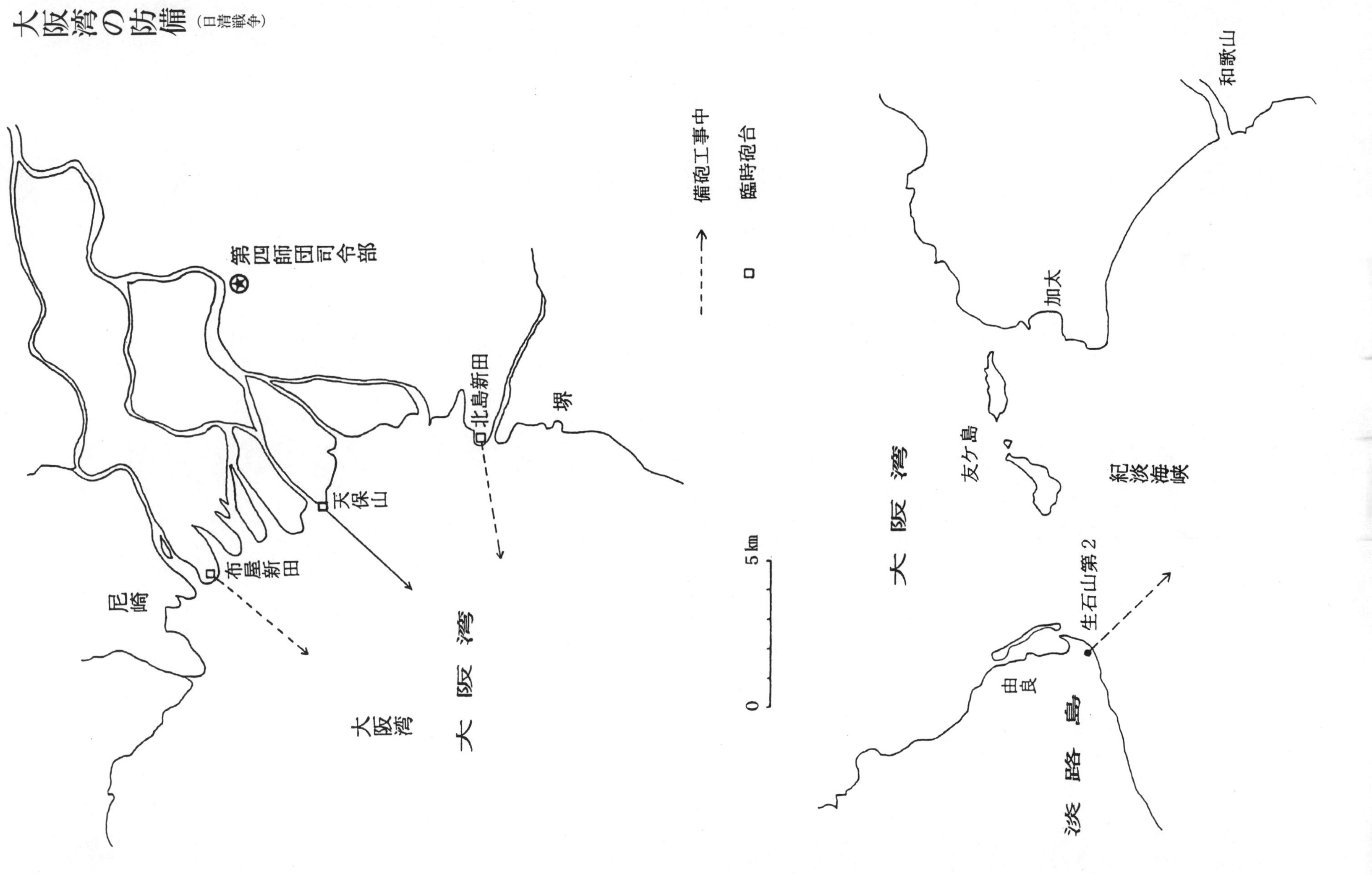
大阪湾の防備（日清戦争）
第四師団司令部
北島新田
堺
天保山
布屋新田
尼崎
大阪湾
備砲工事中
臨時砲台
0
5㎞
友ケ島
紀淡海峡
加太
和歌山
生石山第2
由良
淡路島

呉軍港・広島湾の防備（日清戦争）

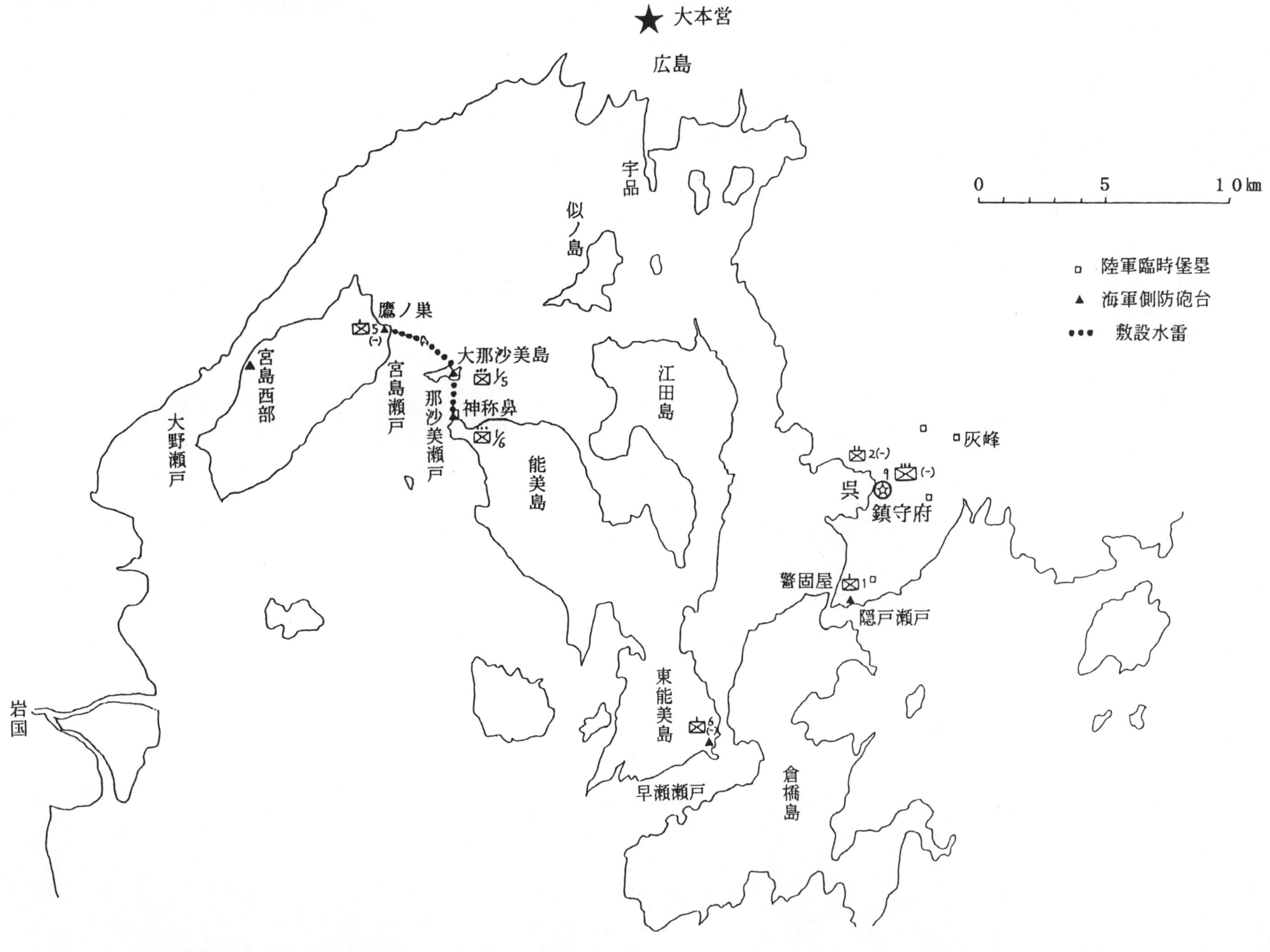

下関海峡の防備（日清戦争）

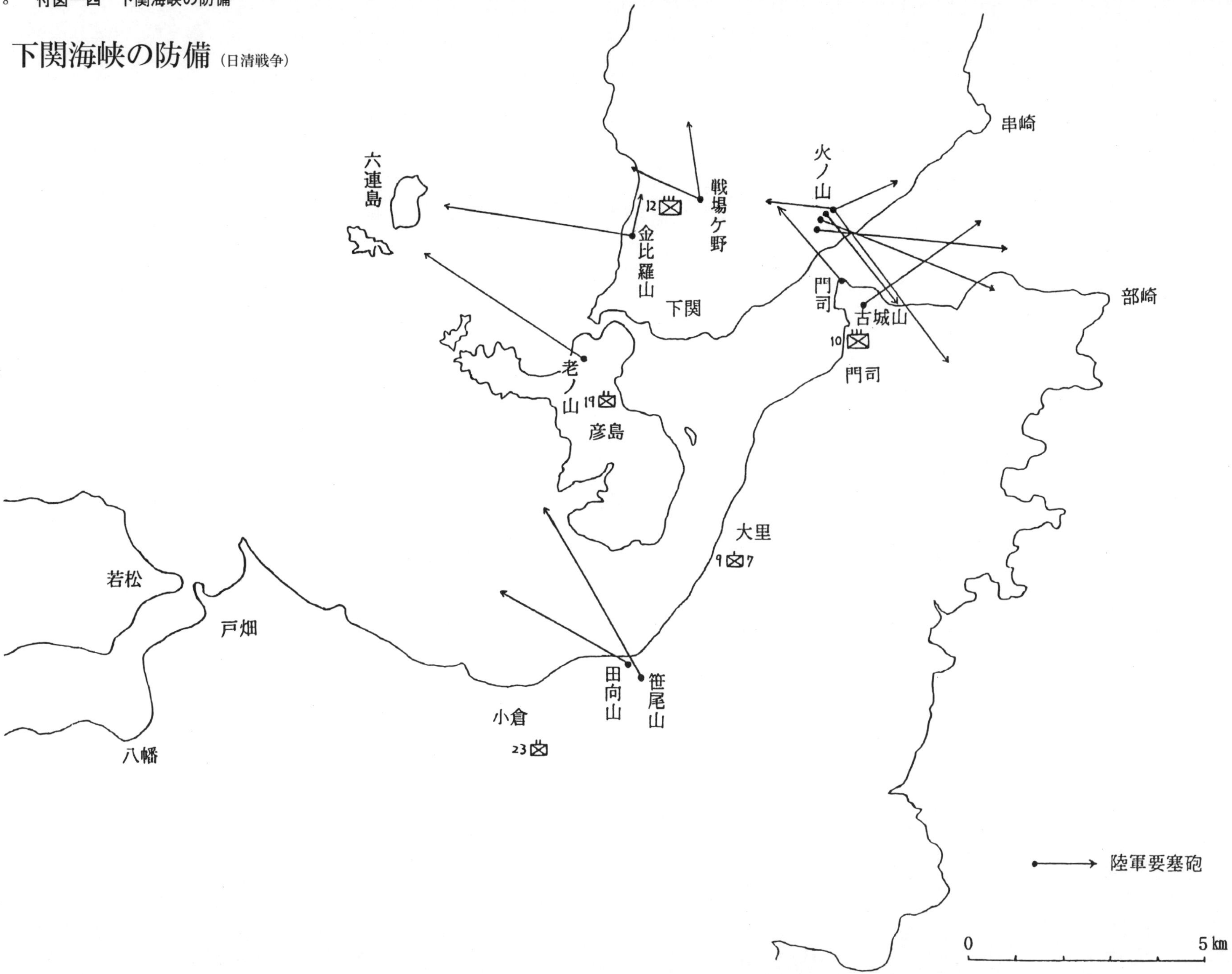

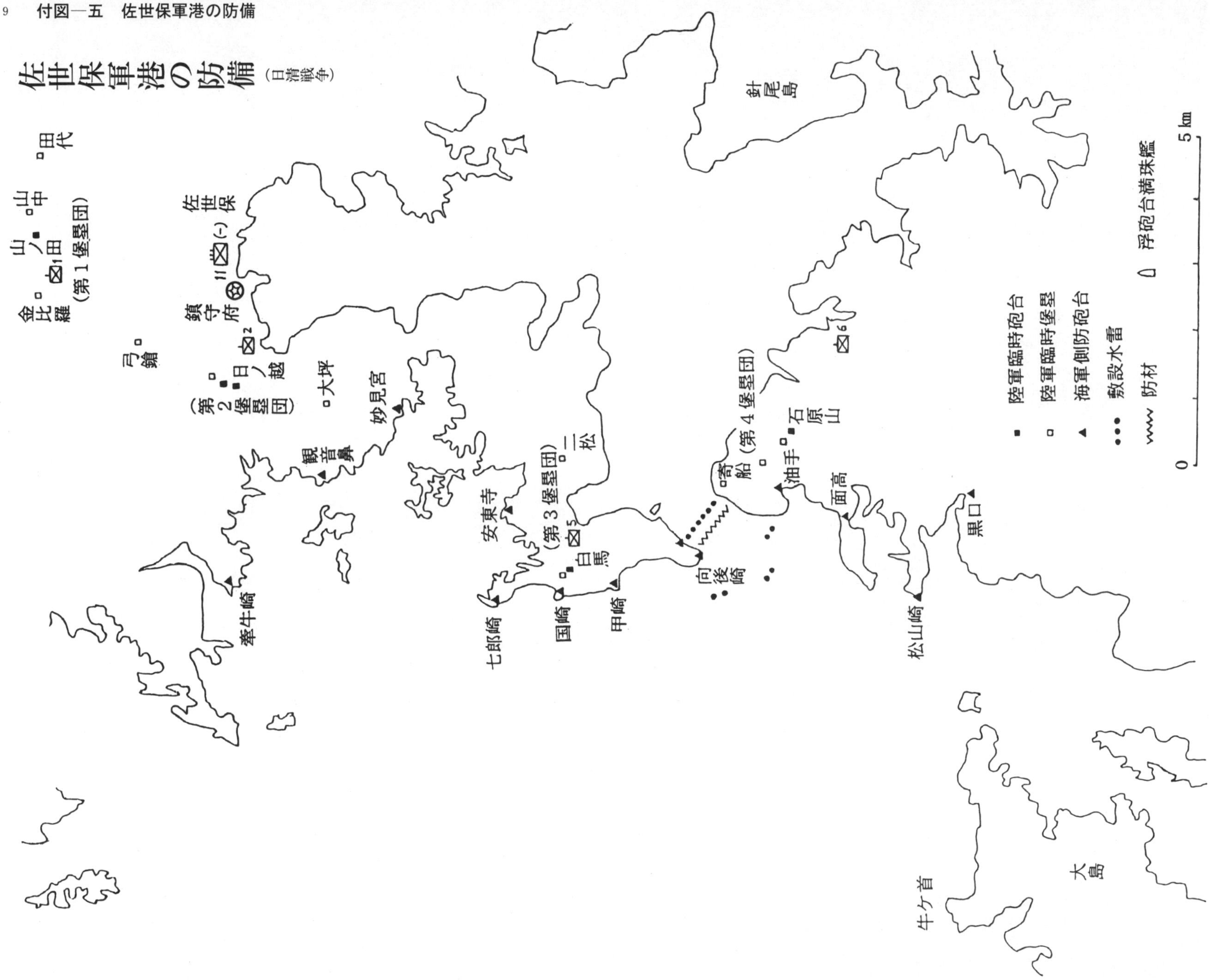

佐世保軍港の防備（日清戦争）
陸軍臨時砲台
陸軍臨時堡塁
海軍側防砲台
敷設水雷
防材
浮砲台満珠艦
0
5km
佐世保
鎮守府
針尾島
田代
山中
山ノ田
金比羅
（第1堡塁団）
弓鎗
日ノ越
（第2堡塁団）
大坪
妙見宮
観音鼻
二松
（第3堡塁団）
安東寺
白馬
牽牛崎
七郎崎
国崎
甲崎
向後崎
寄船
（第4堡塁団）
石原山
油手
面高
黒口
松山崎
牛ケ首
大島

長崎港の防備（日清戦争）

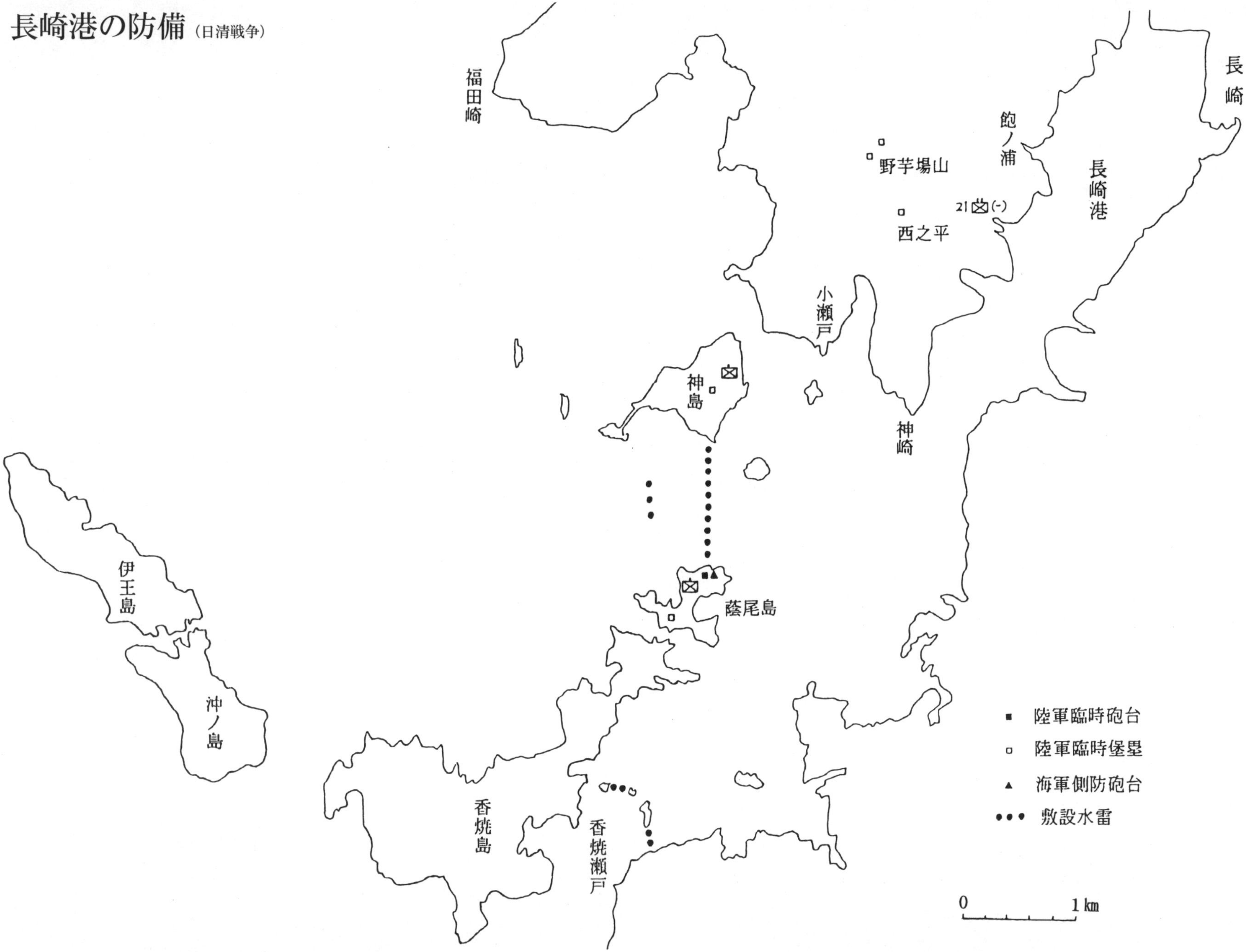

福田崎
長崎
飽ノ浦
野芋場山
長崎港
21
(-)
西之平
小瀬戸
神島
神崎
伊王島
蔭尾島
沖ノ島
香焼島
香焼瀬戸
陸軍臨時砲台
陸軍臨時堡塁
海軍側防砲台
敷設水雷
0
1 km

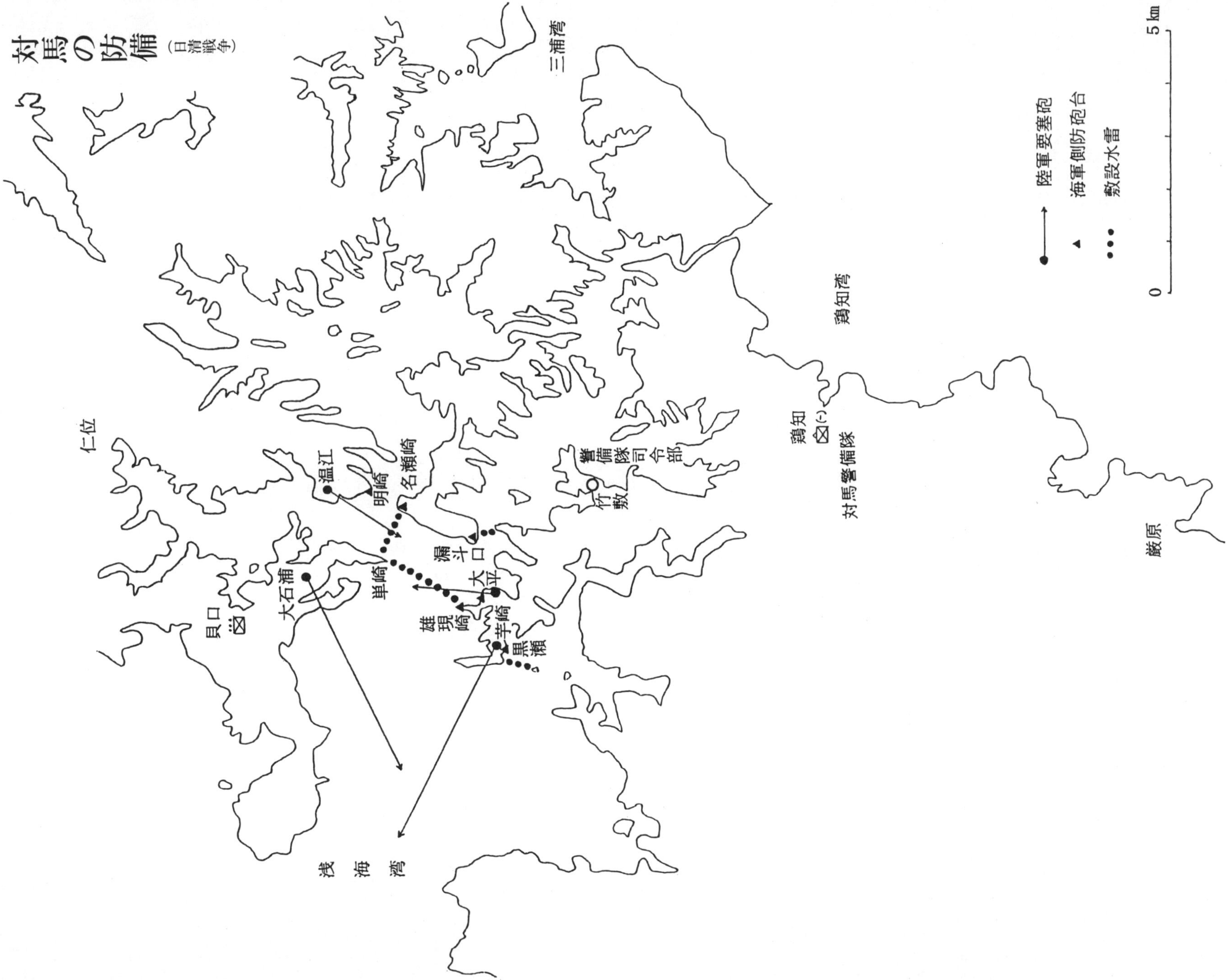

対馬の防備（日清戦争）
三浦湾
陸軍要塞砲
海軍側防砲台
敷設水雷
0
5 km
鶏知湾
鶏知
対馬警備隊
厳原
警備隊司令部
竹敷
仁位
温江
明崎
名瀬崎
漏斗口
単崎
大平
雄現崎
芋崎
黒瀬
大石浦
貝口
浅海湾

東京湾要塞―一

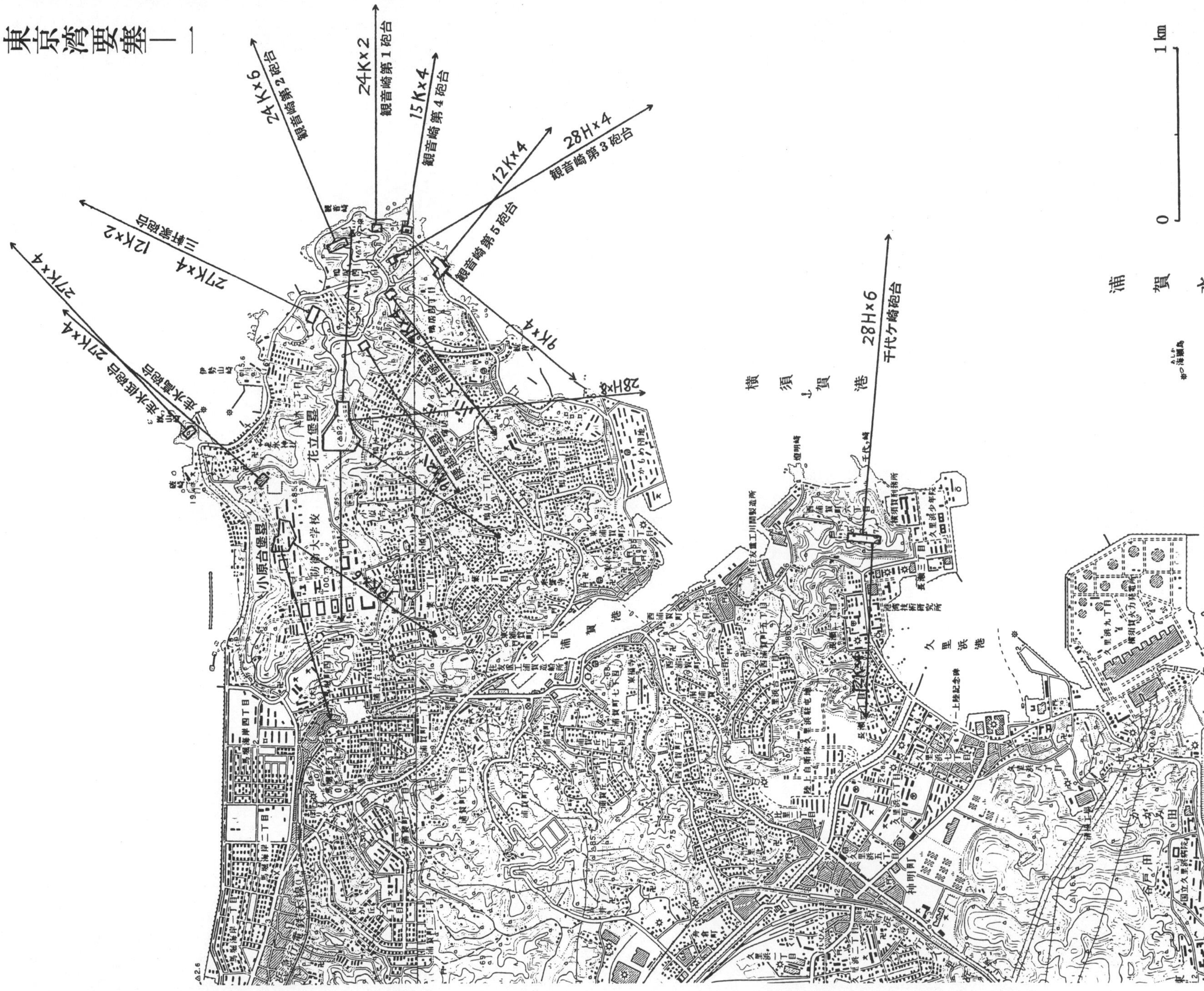

この地図は、国土地理院長の承認（平１３総複第２８４号）を得て同院発行の２万５千分の１地形図を使用したものである。

東京湾要塞—二

この地図は、国土地理院長の承認（平１３総複第２８４号）を得て同院発行の２万５千分の１地形図を使用したものである。

東京湾要塞―三

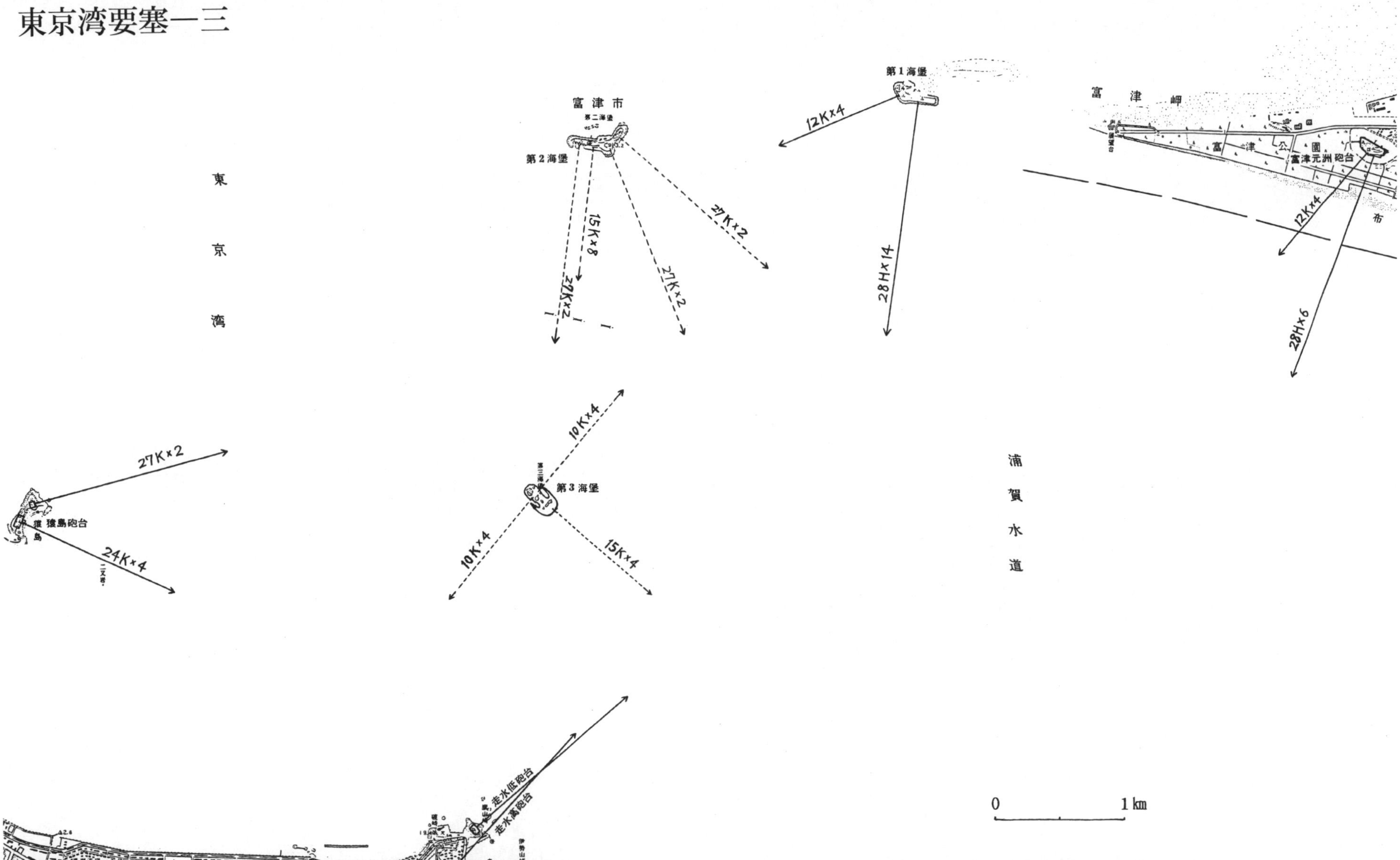

この地図は、国土地理院長の承認（平１３総複第２８４号）を得て
同院発行の２万５千分の１地形図を使用したものである。

付図一九　函館要塞

この地図は、国土地理院長の承認（平13総複第284号）を得て同院発行の2万5千分の1地形図を使用したものである。

舞鶴要塞——一

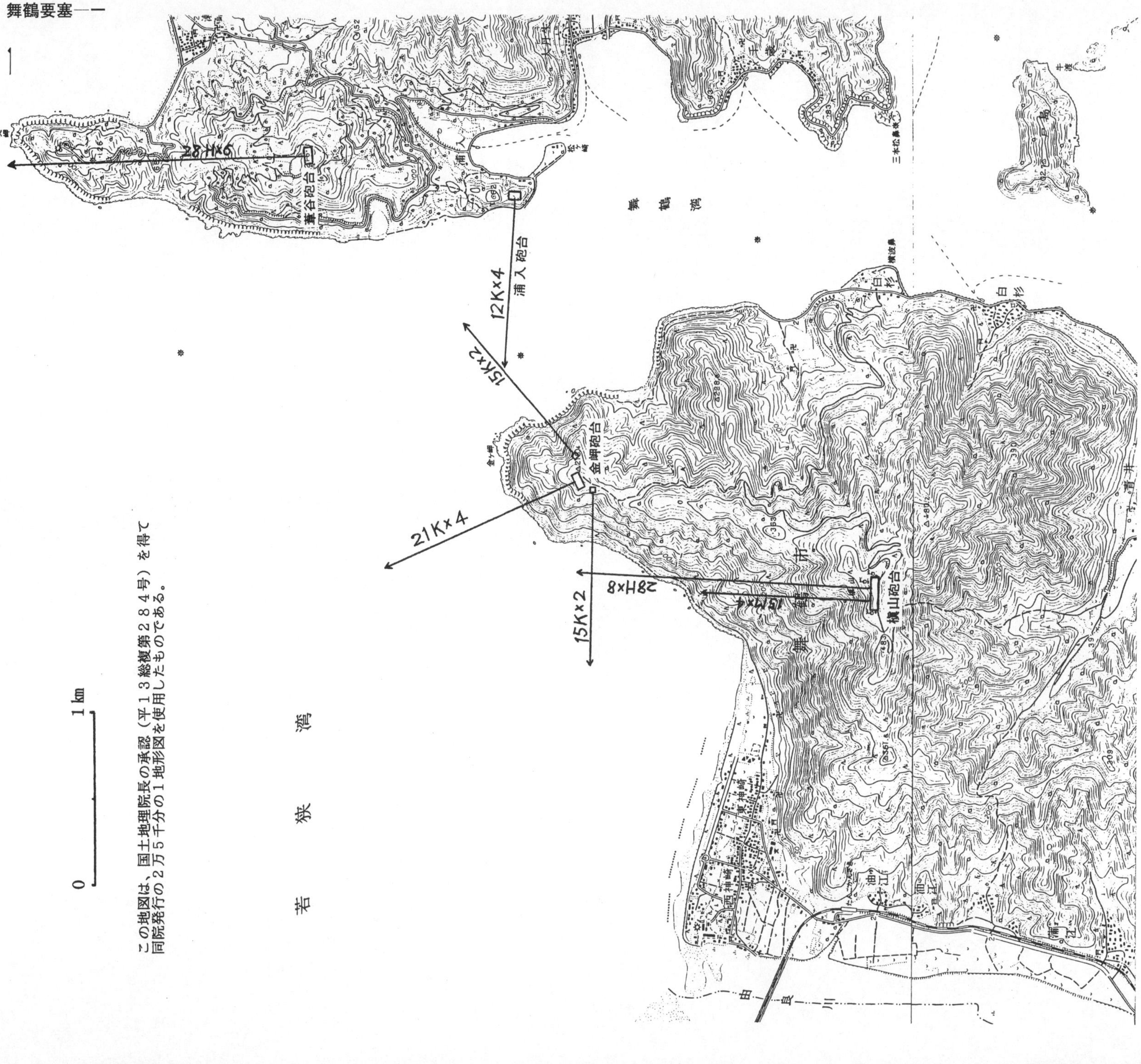

この地図は、国土地理院長の承認（平１３総複第２８４号）を得て同院発行の２万５千分の１地形図を使用したものである。

この地図は、国土地理院長の承認（平１３総複第２８４号）を得て同院発行の２万５千分の１地形図を使用したものである。

付図—一〇—三　舞鶴要塞—三

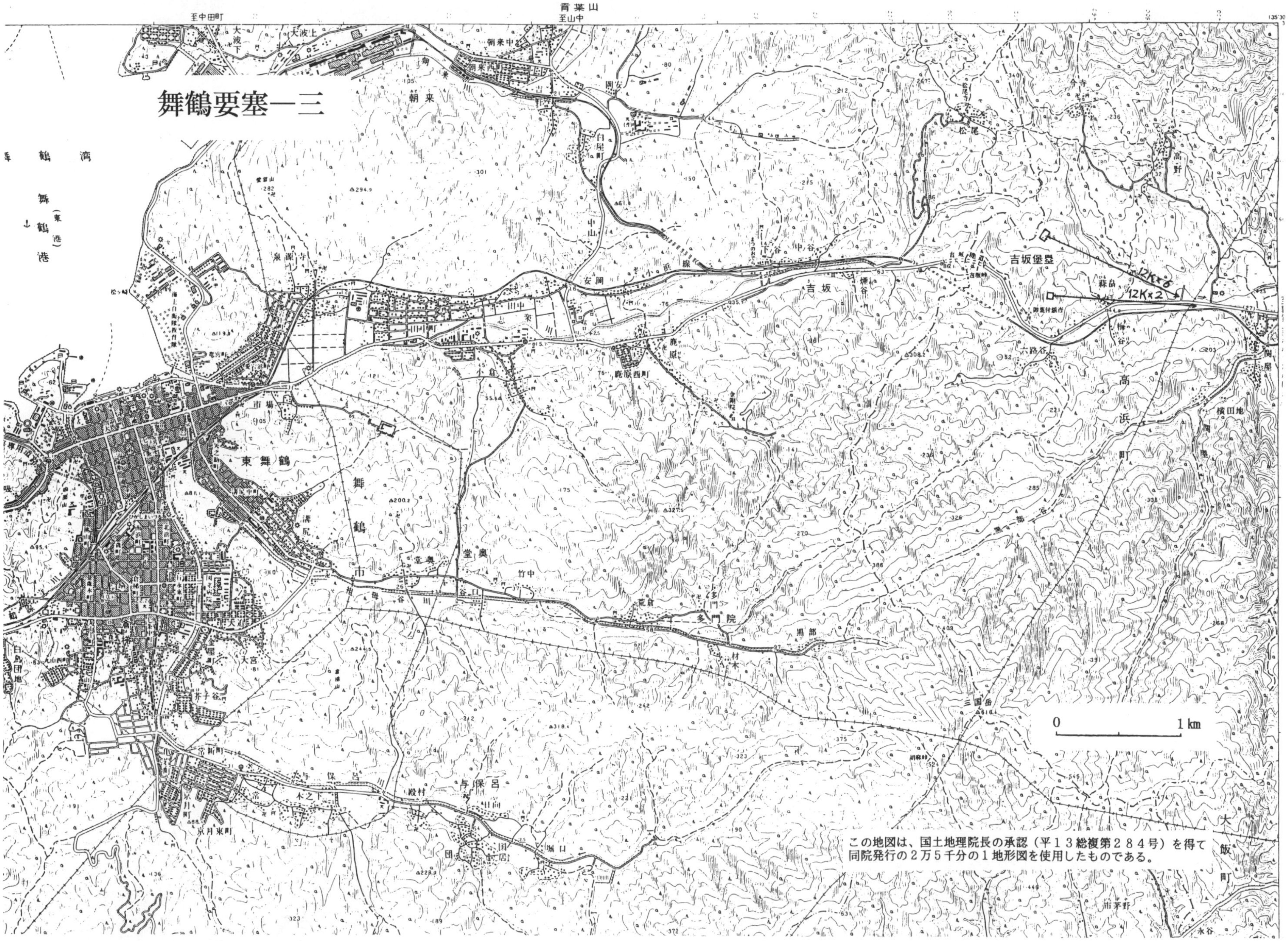
舞鶴要塞—三
青葉山
至中田町
至山中
舞鶴湾
舞鶴港
東舞鶴
舞鶴市
朝来
朝来中
朝来西
松尾
高野
吉坂堡塁
吉坂
12K×6
12K×2
鹿原
鹿原西町
高浜町
多門院
黒部
与保呂
常新町
京月東町
大宮
三国岳
大飯町
0
1 km
この地図は、国土地理院長の承認（平１３総複第２８４号）を得て同院発行の２万５千分の１地形図を使用したものである。

この地図は、国土地理院長の承認（平１３総複第２８４号）を得て同院発行の２万５千分の１地形図を使用したものである。

由良要塞―二

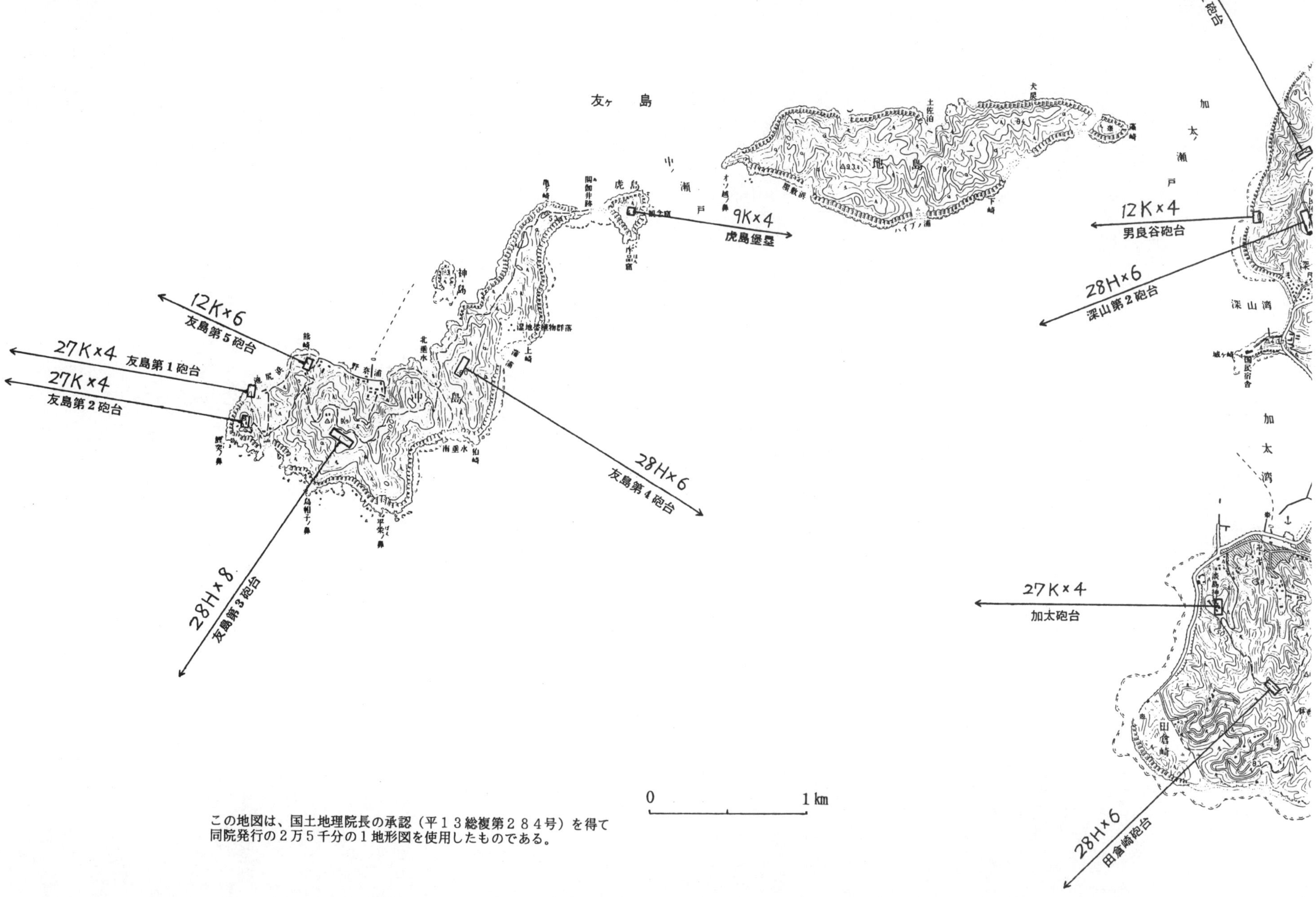
友ヶ　島
28H×6
深山第1砲台
12K×4
男良谷砲台
28H×6
深山第2砲台
深山湾
加太ノ瀬戸
加太湾
虎島
9K×4
虎島堡塁
12K×6
友島第5砲台
27K×4
友島第1砲台
27K×4
友島第2砲台
28H×6
友島第4砲台
28H×8
友島第3砲台
27K×4
加太砲台
28H×6
田倉崎砲台
0
1 km

この地図は、国土地理院長の承認（平１３総複第２８４号）を得て同院発行の２万５千分の１地形図を使用したものである。

由良要塞—四

この地図は、国土地理院長の承認（平１３総複第２８４号）を得て
同院発行の２万５千分の１地形図を使用したものである。

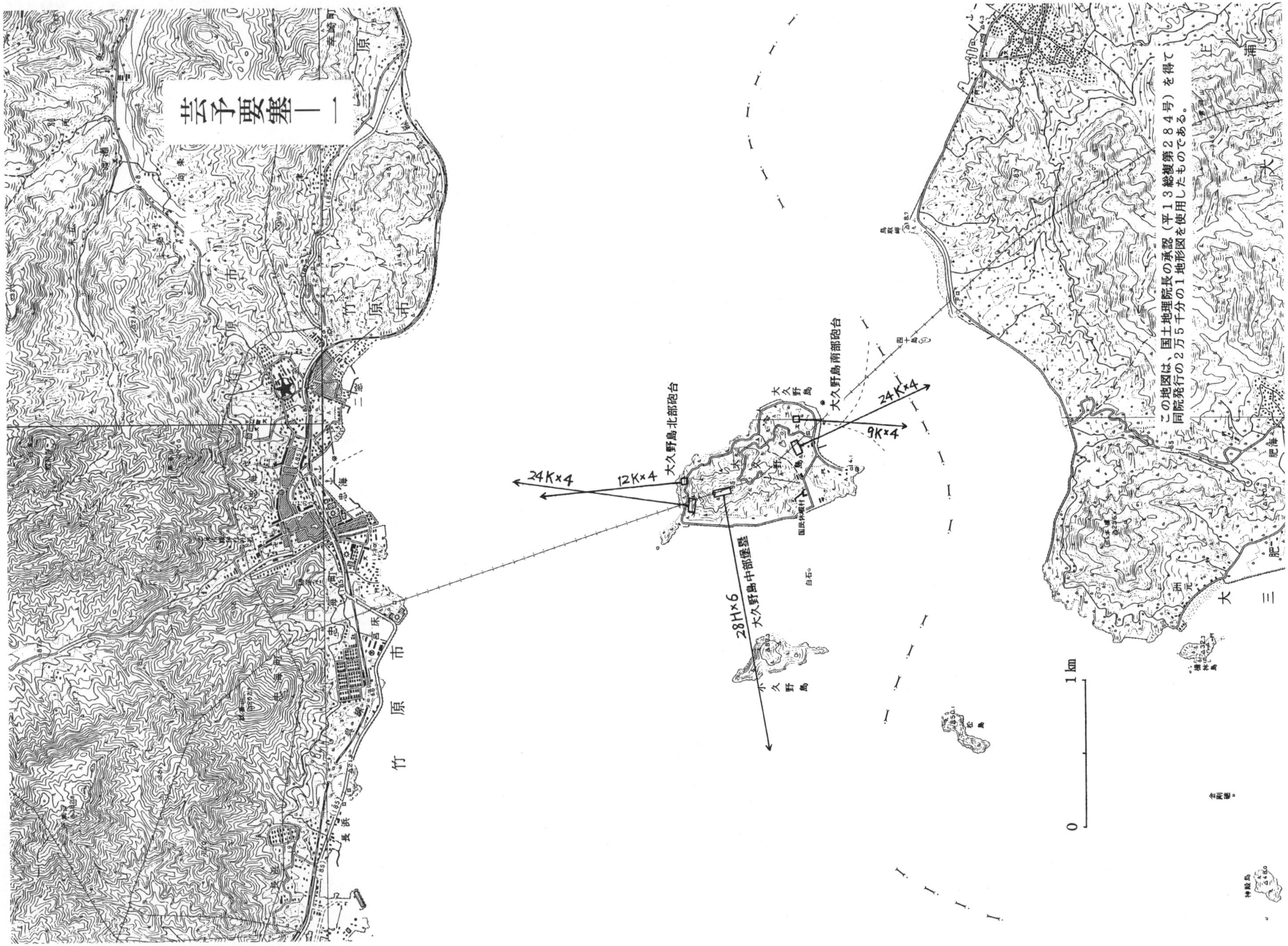

芸予要塞―一
大久野島北部砲台
24K×4
12K×4
大久野島南部砲台
24K×4
9K×4
28H×6
大久野島中部堡塁
大久野島
小久野島
竹原市
竹原市
大三島
0
1km
この地図は、国土地理院長の承認（平１３総複第２８４号）を得て
同院発行の２万５千分の１地形図を使用したものである。

芸予要塞一二

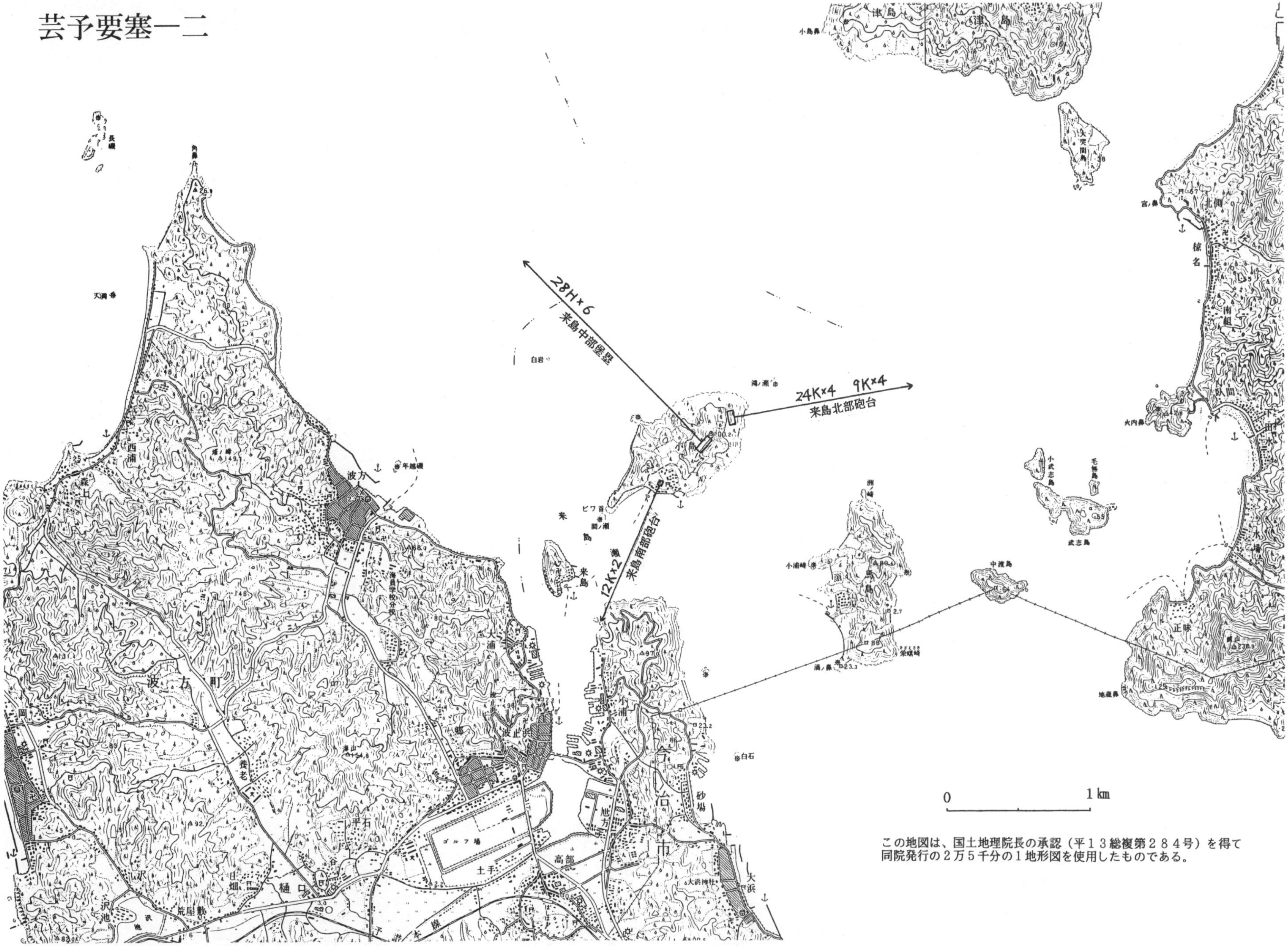

この地図は、国土地理院長の承認（平１３総複第２８４号）を得て同院発行の２万５千分の１地形図を使用したものである。

この地図は、国土地理院長の承認（平１３総複第２８４号）を得て
同院発行の２万５千分の１地形図を使用したものである。

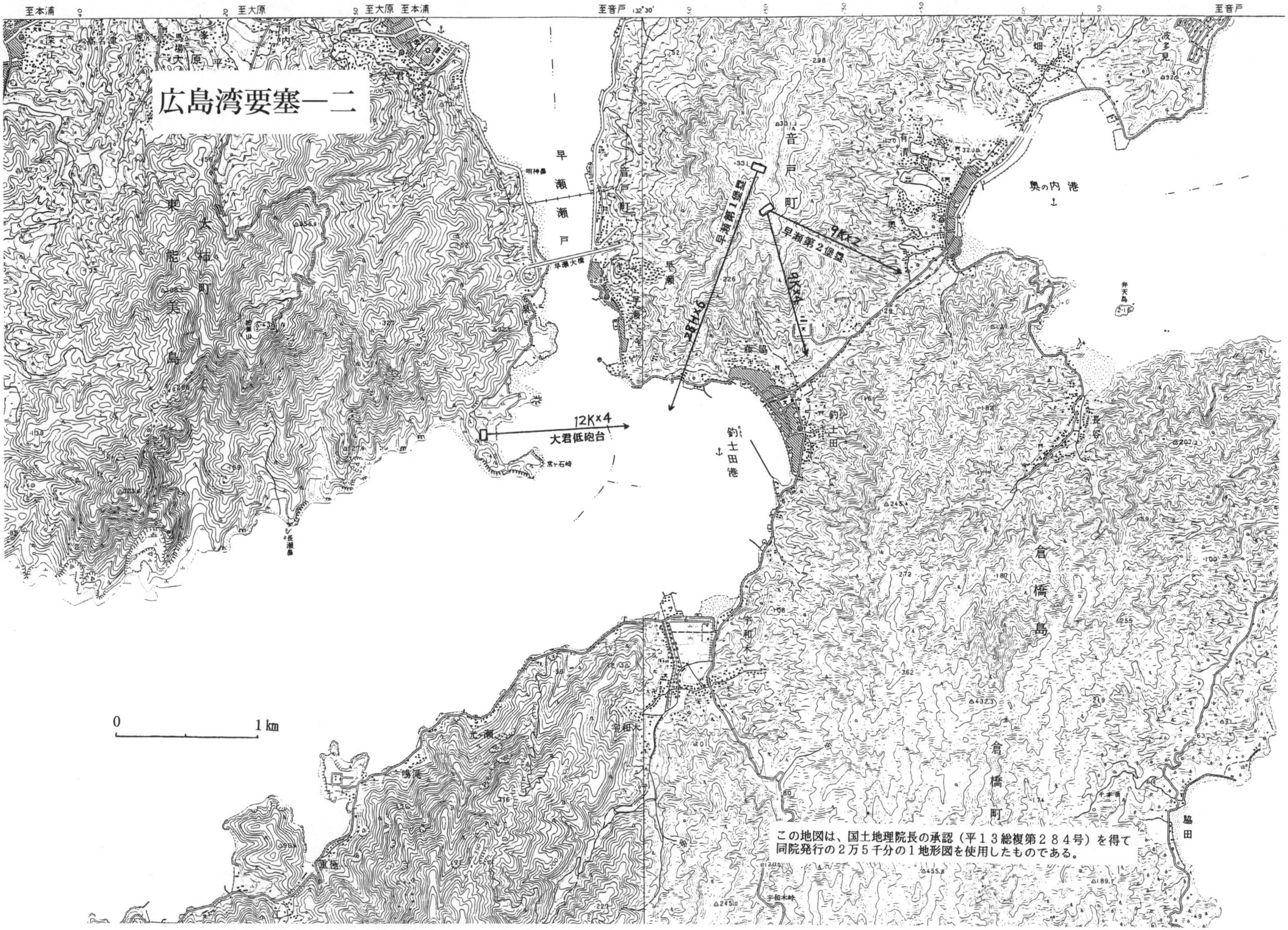
至本浦
至大原
至大原 至本浦
至音戸
132°30′
至音戸
広島湾要塞―二
早瀬瀬戸
早瀬大橋
音戸町
早瀬第１堡塁
早瀬第２堡塁
28H×6
9K×2
9K×4
12K×4
大君低砲台
奥の内港
釣士田港
釣士田
東能美島
大柿町
倉橋島
倉橋町
脇田
0
1㎞
この地図は、国土地理院長の承認（平１３総複第２８４号）を得て
同院発行の２万５千分の１地形図を使用したものである。

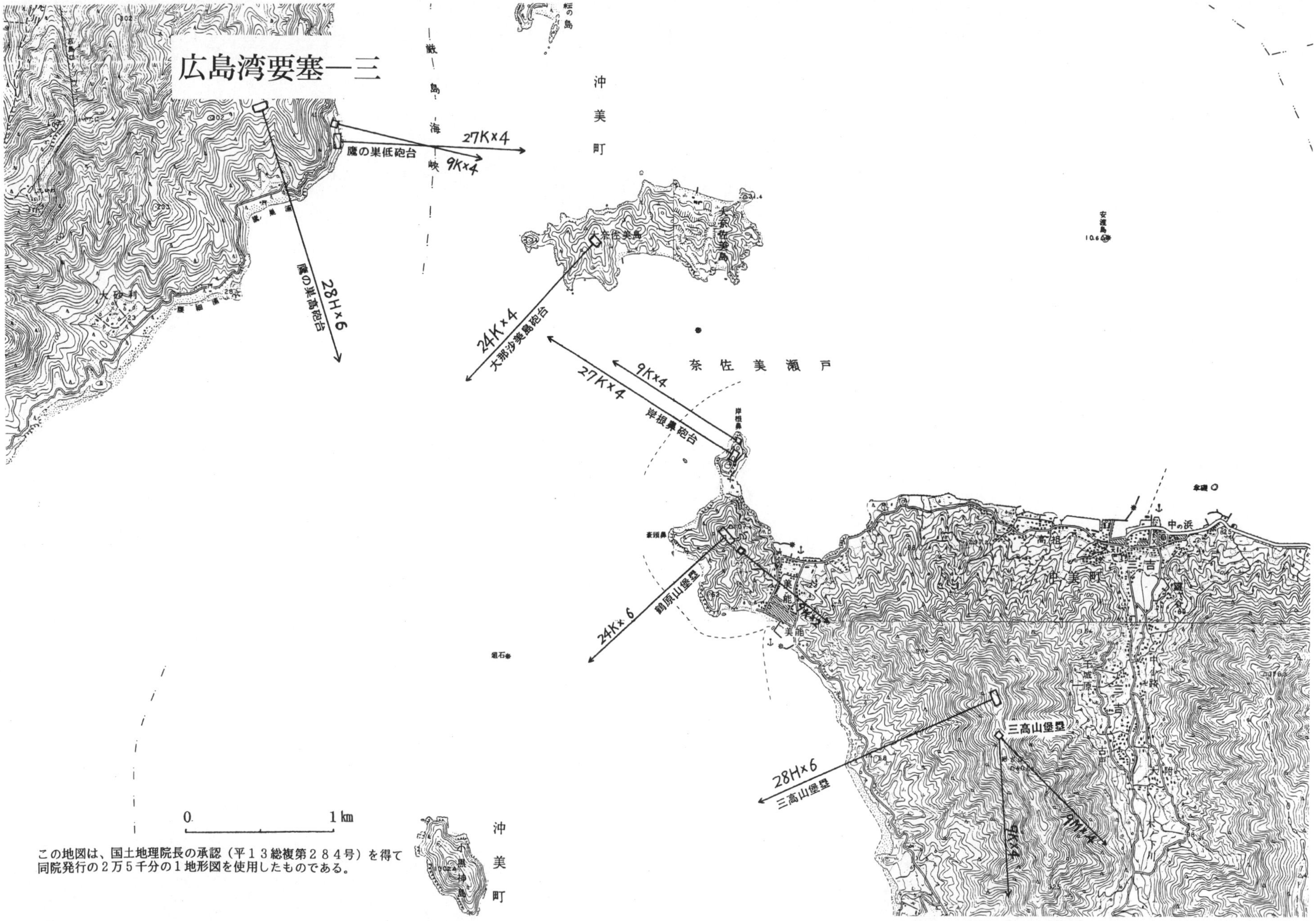

この地図は、国土地理院長の承認（平１３総複第２８４号）を得て同院発行の２万５千分の１地形図を使用したものである。

この地図は、国土地理院長の承認（平１３総複第２８４号）を得て同院発行の２万５千分の１地形図を使用したものである。

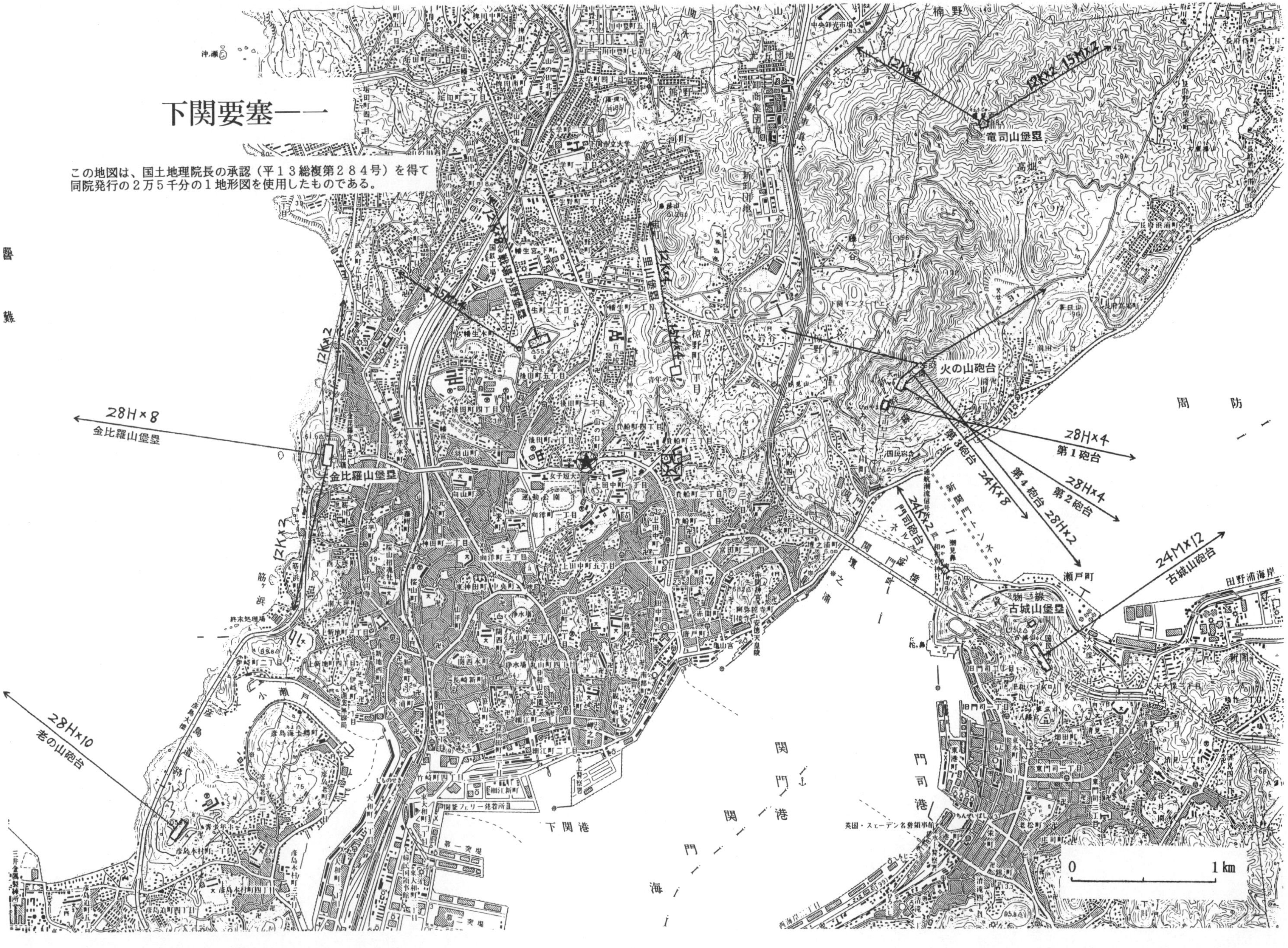
下関要塞一一
この地図は、国土地理院長の承認（平１３総複第２８４号）を得て
同院発行の２万５千分の１地形図を使用したものである。
竜司山堡塁
火の山砲台
28H×8
金比羅山堡塁
28H×4
第１砲台
28H×4
第２砲台
第３砲台
24K×8
第４砲台
28H×2
門司砲台
24M×12
古城山砲台
古城山堡塁
瀬戸町
田野浦海岸
28H×10
老の山砲台
周防
関門港
門司港
下関港
0
1km

下関要塞—二
矢筈山堡塁
9K×4
24M×2
高蔵山堡塁
12K×2
笹尾山砲台
28H×10
田向山砲台
24M×12
田の首砲台
27K×4
24K×6
富野堡塁
この地図は、国土地理院長の承認（平１３総複第２８４号）を得て
同院発行の２万５千分の１地形図を使用したものである。
0
1km

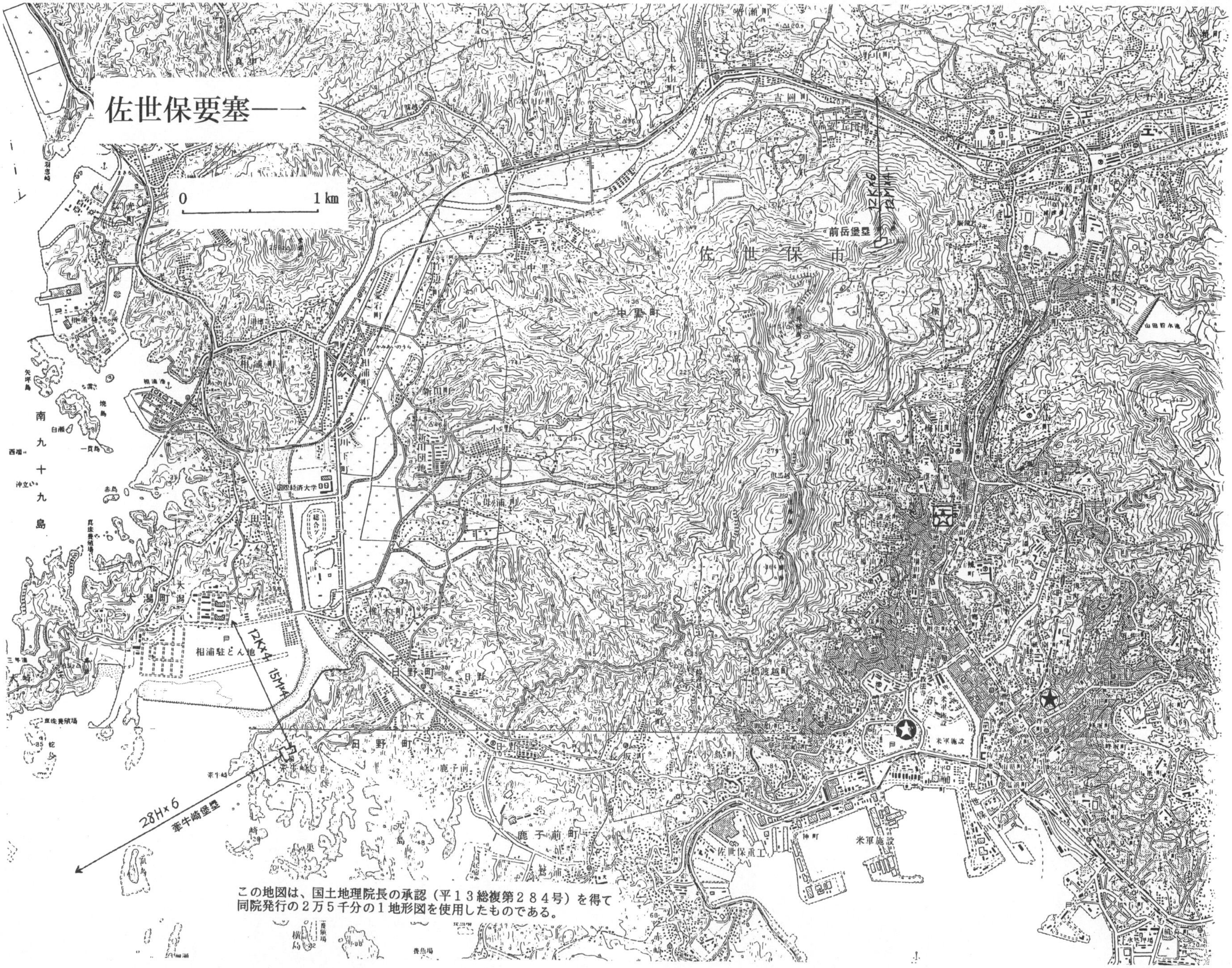
佐世保要塞——
0
1 km
前岳堡塁
佐　世　保　市
中里町
相浦駐とん地
日野町
鹿子前町
米軍施設
佐世保重工
28H×6
牽牛崎堡塁
南九十九島
この地図は、国土地理院長の承認（平１３総複第２８４号）を得て
同院発行の２万５千分の１地形図を使用したものである。

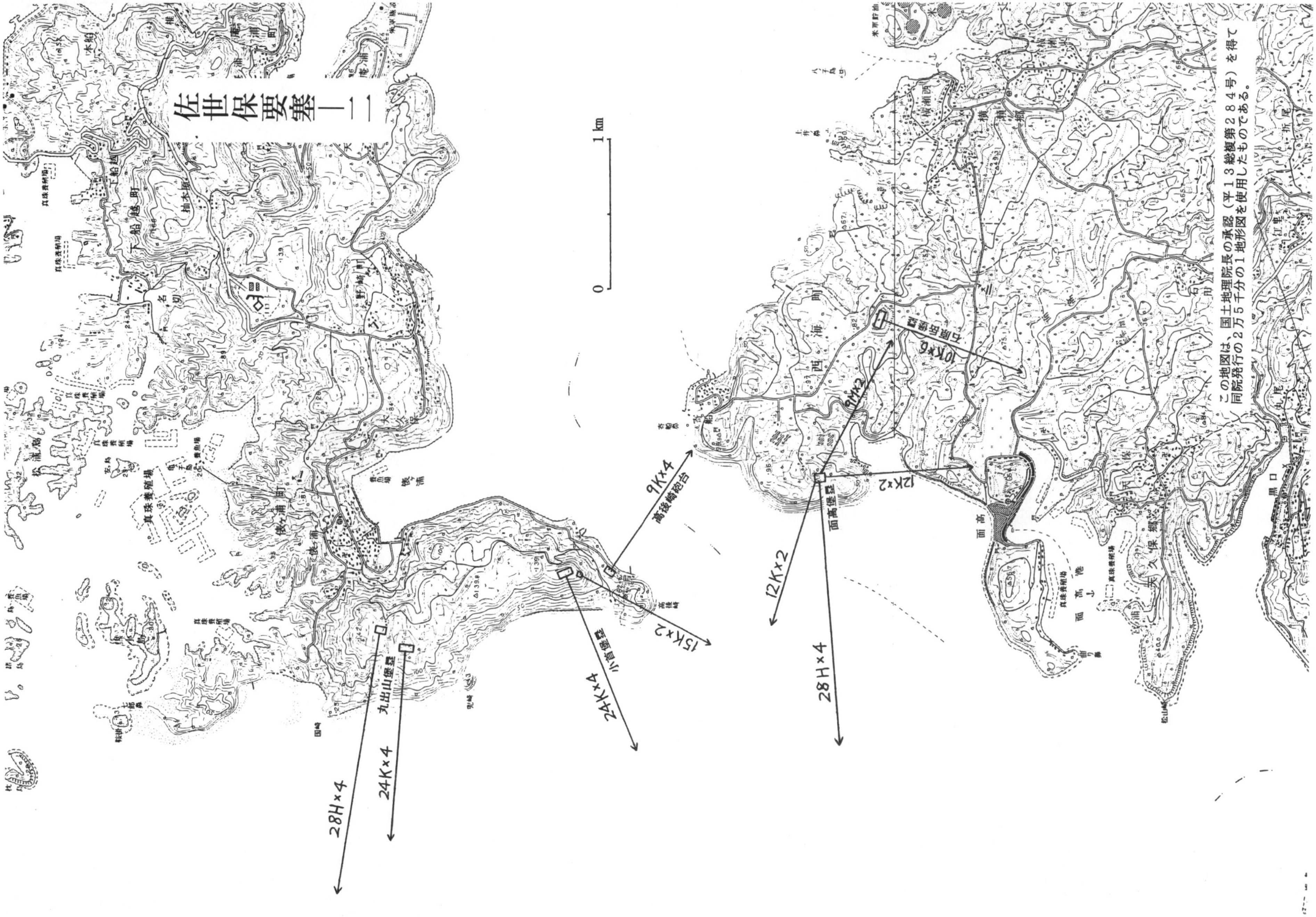

佐世保要塞―二
0
1km
高後崎砲台
9K×4
小首堡塁
24K×4
15K×2
丸出山堡塁
28H×4
24K×4
面高堡塁
12K×2
28H×4
12K×2
9M×2
石原岳堡塁
10K×6
この地図は、国土地理院長の承認（平１３総複第２８４号）を得て
同院発行の２万５千分の１地形図を使用したものである。

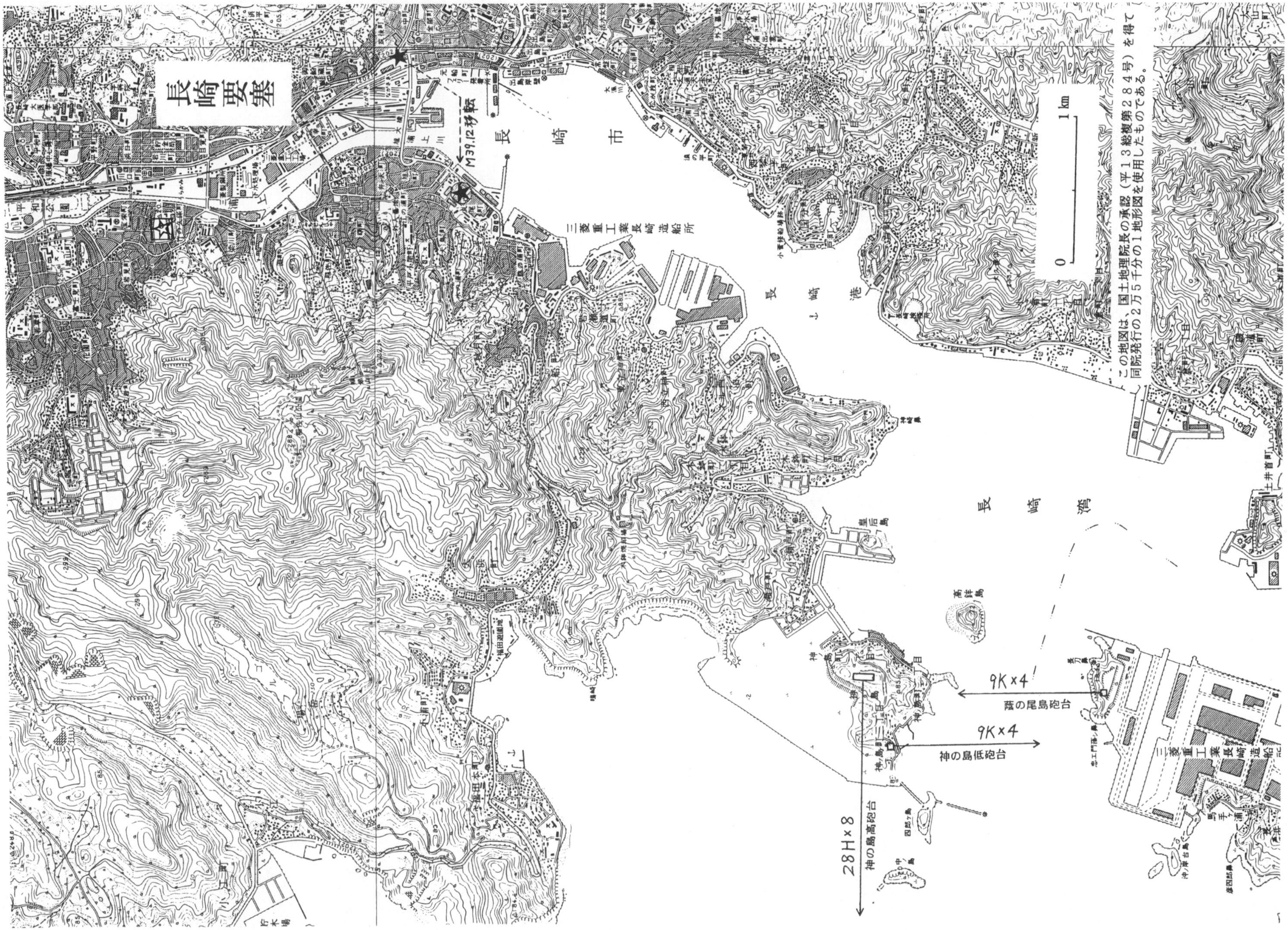
長崎要塞
M39.12移転
長崎市
三菱重工業長崎造船所
長崎港
長崎湾
1km
0
この地図は、国土地理院長の承認（平13総複第284号）を得て同院発行の2万5千分の1地形図を使用したものである。
9K×4
蔭の尾島砲台
9K×4
神の島低砲台
28H×8
神の島高砲台

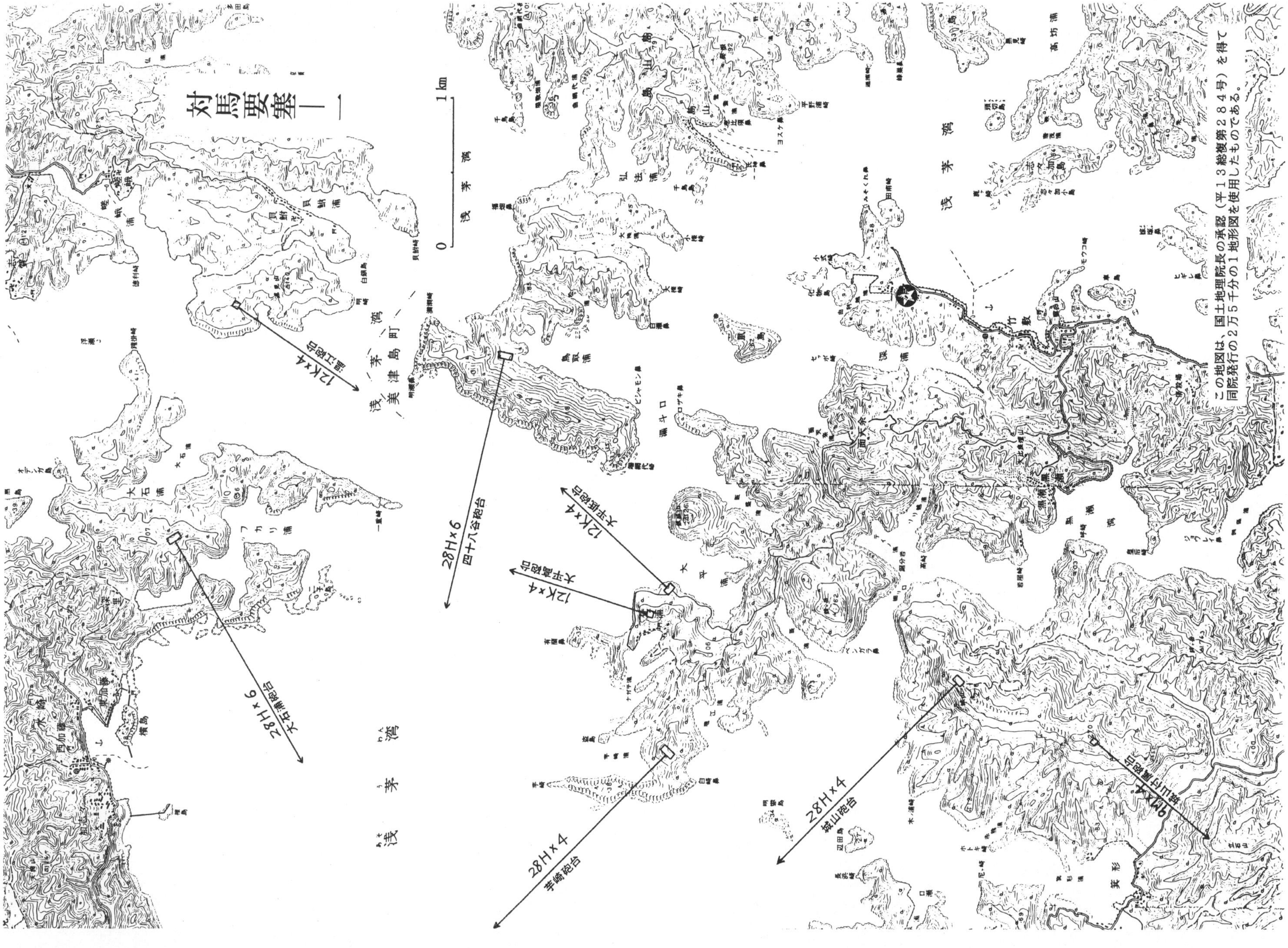

対馬要塞—一
28H×6 四十八谷砲台
12K×4 大平低砲台
12K×4 大平高砲台
28H×6 大石浦砲台
28H×4 芋崎砲台
28H×4 城山砲台
浅茅湾
0　1 km
この地図は、国土地理院長の承認（平13総複第284号）を得て同院発行の2万5千分の1地形図を使用したものである。

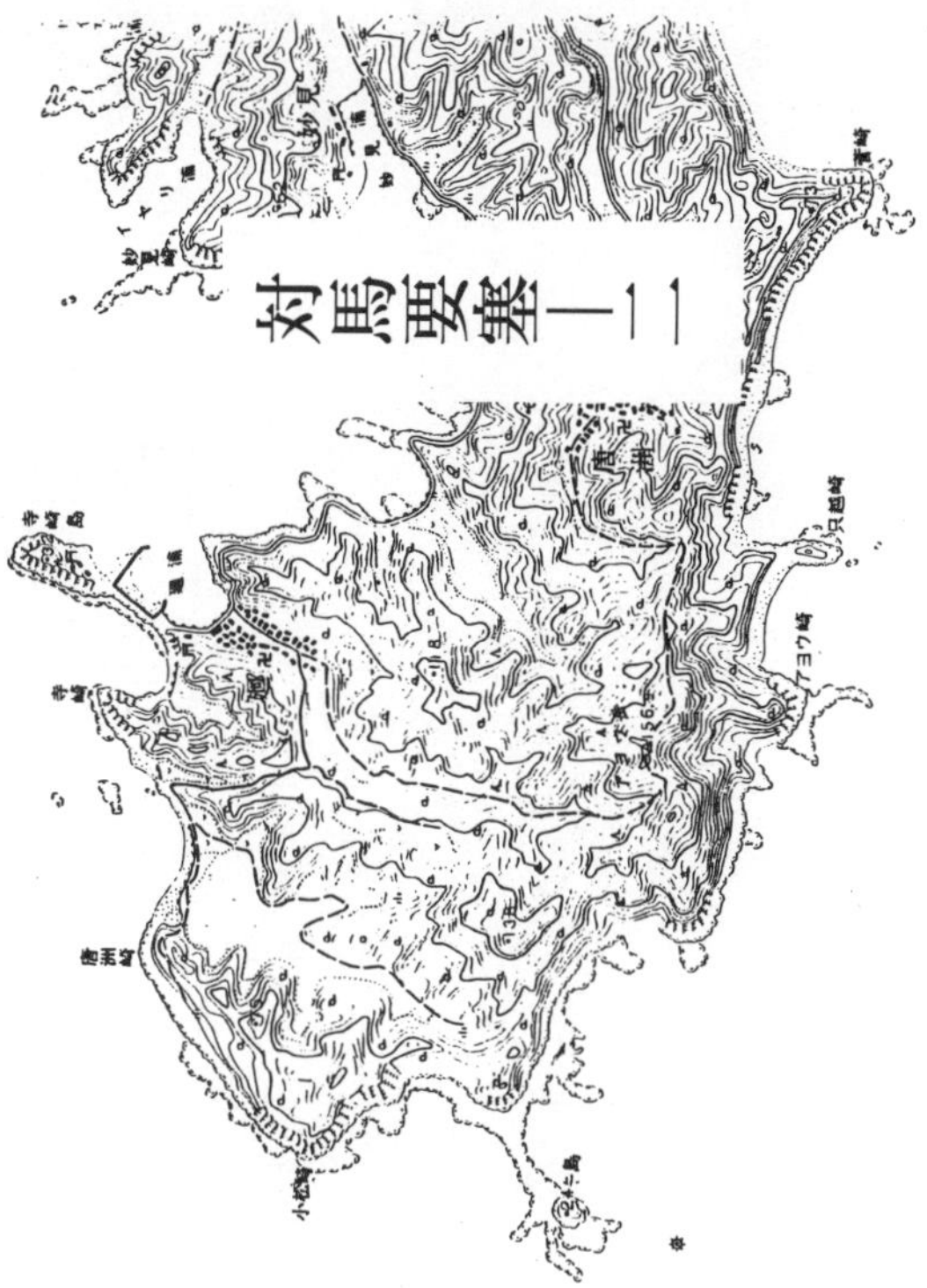

この地図は、国土地理院長の承認（平１３総複第２８４号）を得て同院発行の２万５千分の１地形図を使用したものである。

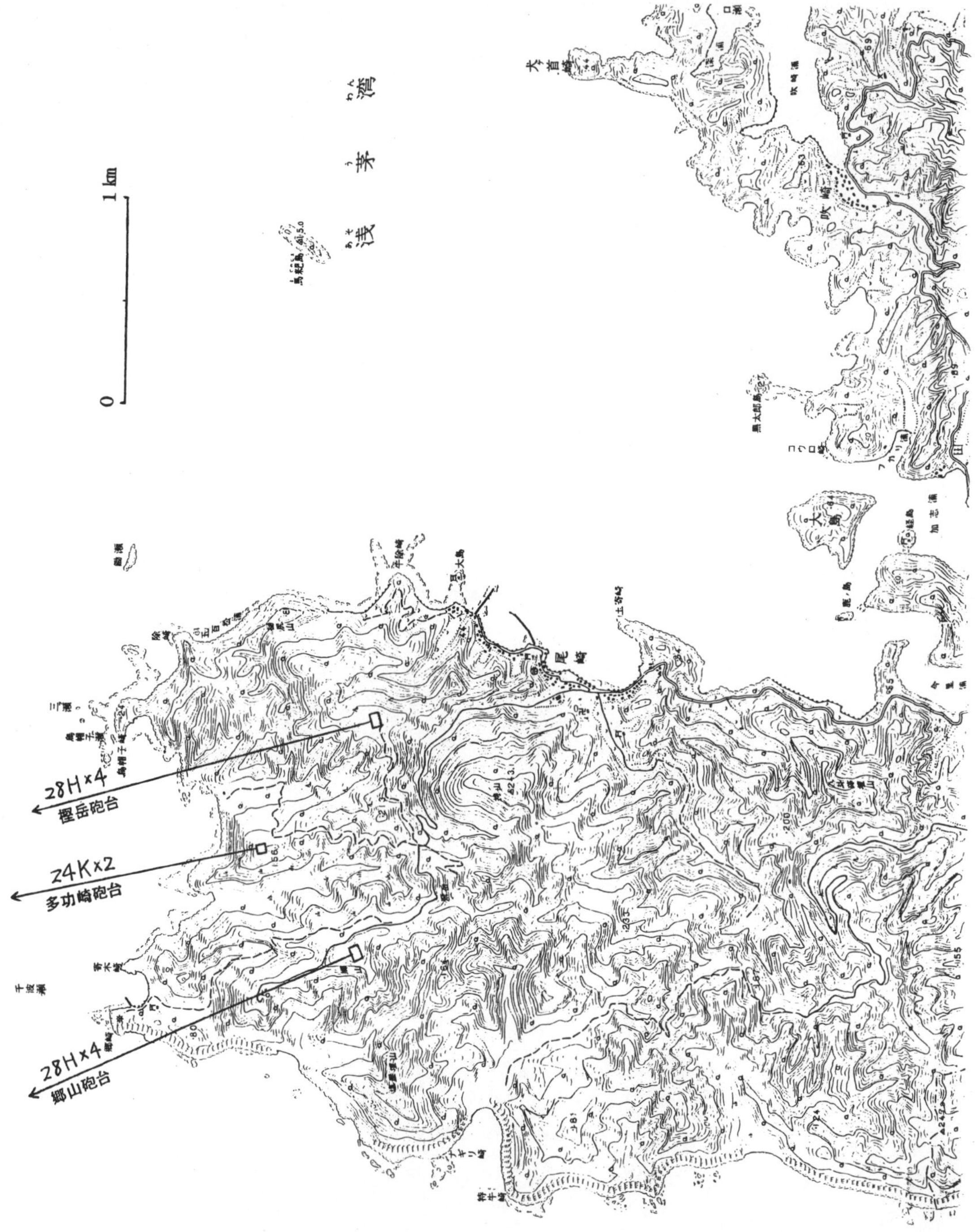

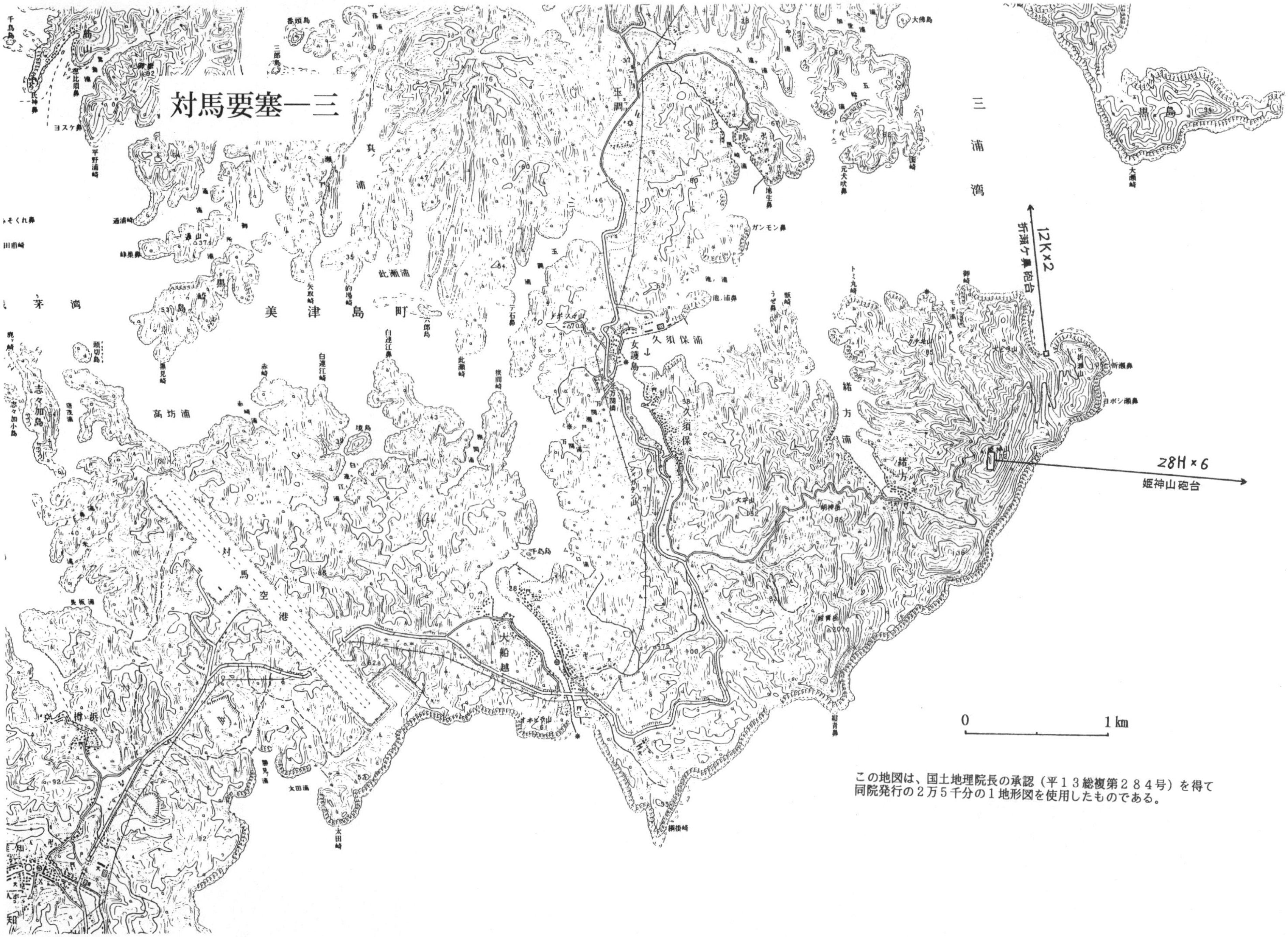

この地図は、国土地理院長の承認（平１３総複第２８４号）を得て
同院発行の２万５千分の１地形図を使用したものである。

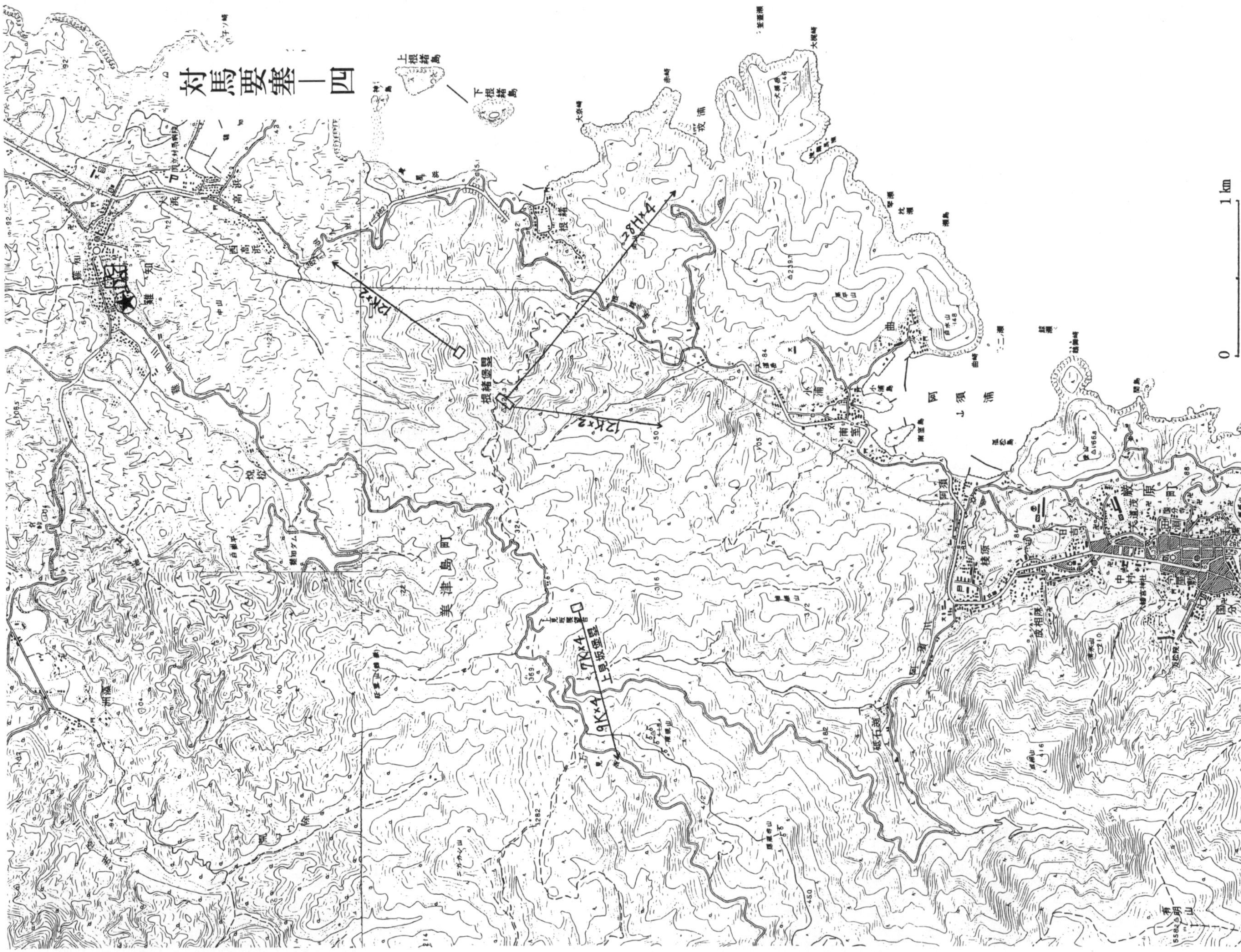

この地図は、国土地理院長の承認（平１３総複第２８４号）を得て同院発行の２万５千分の１地形図を使用したものである。

東京湾の防備（日露戦争）

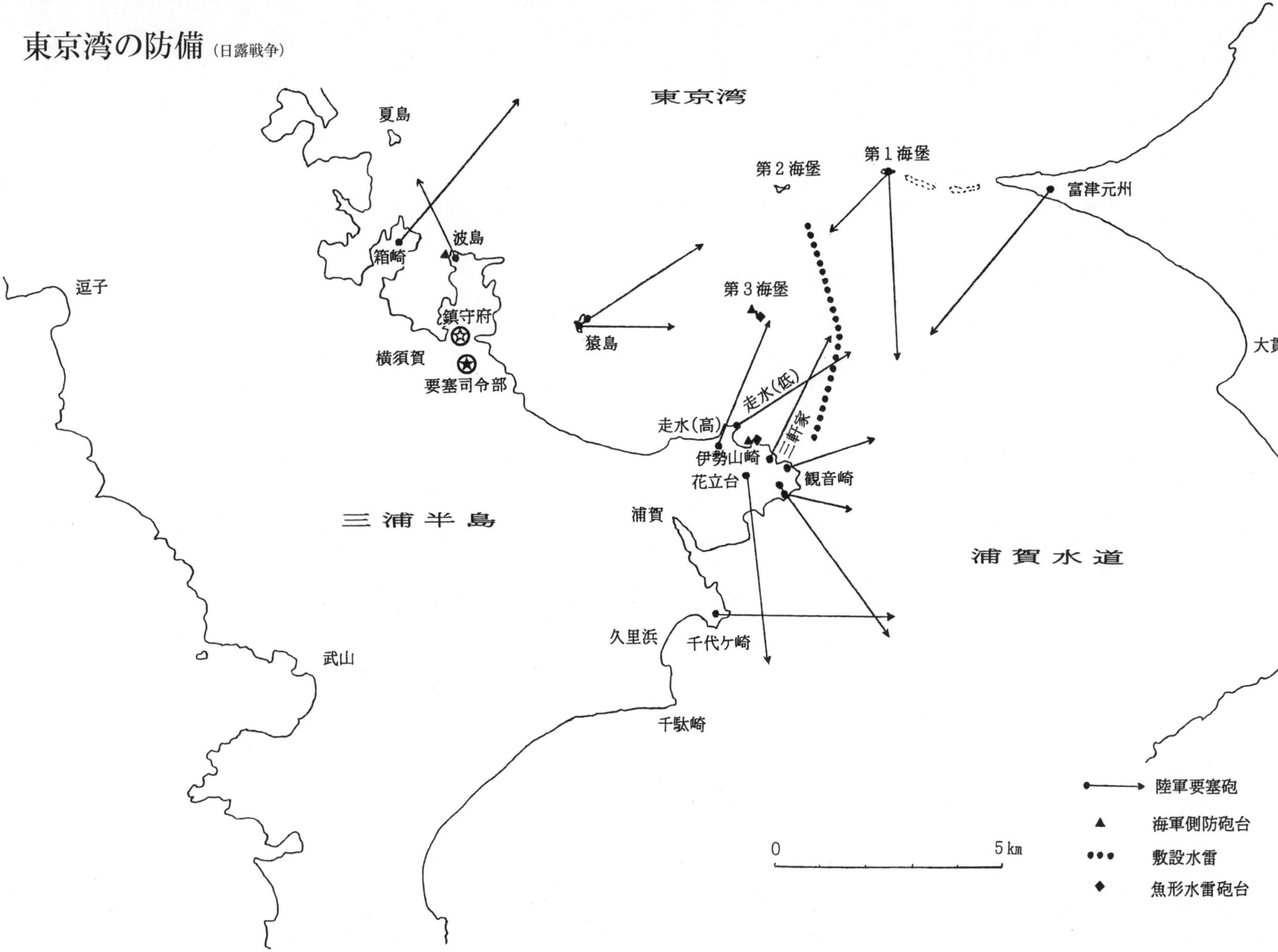
東京湾
夏島
第2海堡
第1海堡
富津元州
箱崎
波島
逗子
第3海堡
鎮守府
猿島
横須賀
要塞司令部
大貫
走水(低)
三軒家
走水(高)
伊勢山崎
観音崎
花立台
浦賀
三浦半島
浦賀水道
久里浜
千代ケ崎
武山
湊
千駄崎
陸軍要塞砲
海軍側防砲台
敷設水雷
魚形水雷砲台
0
5 km

小樽・函館港の防備 (日露戦争)

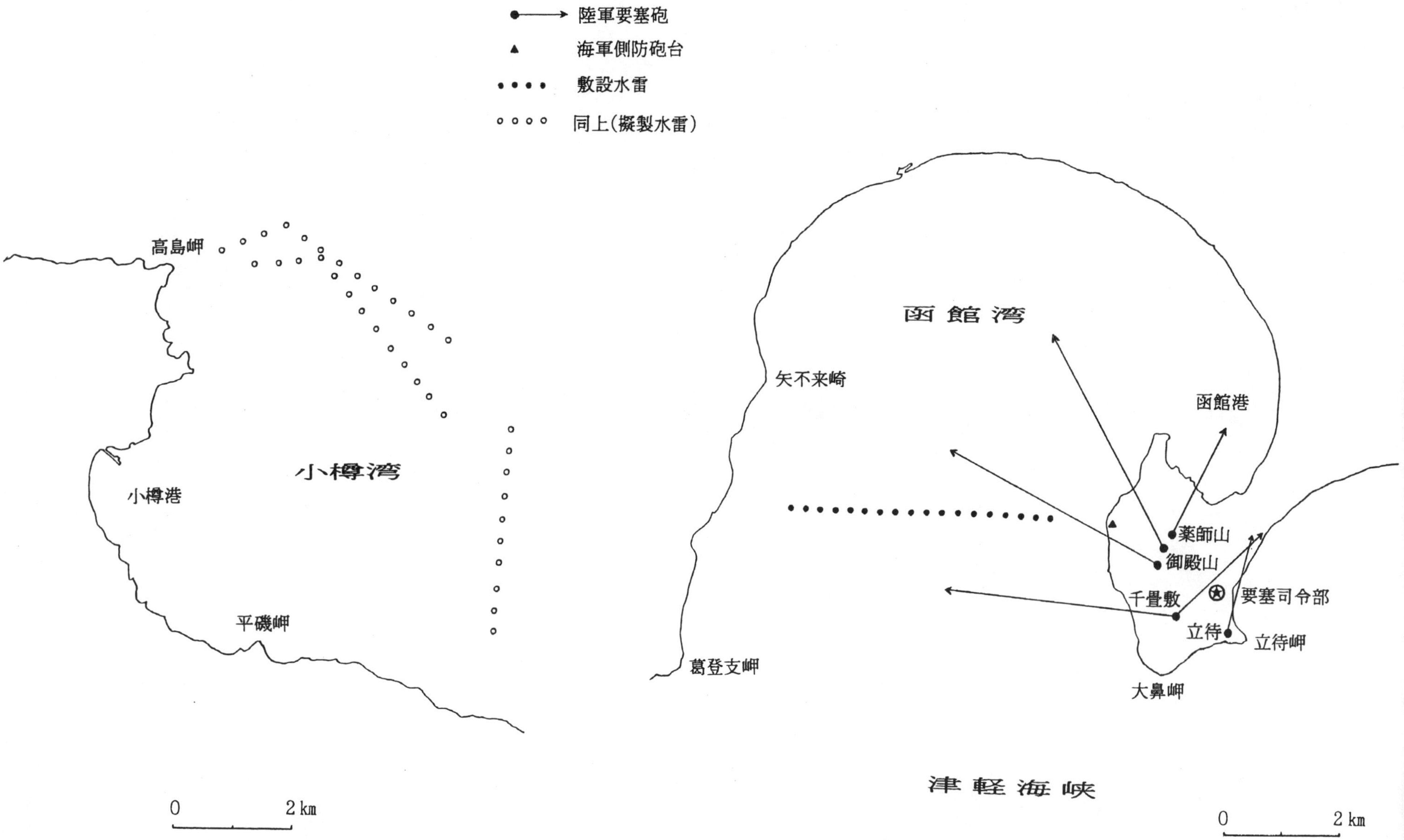

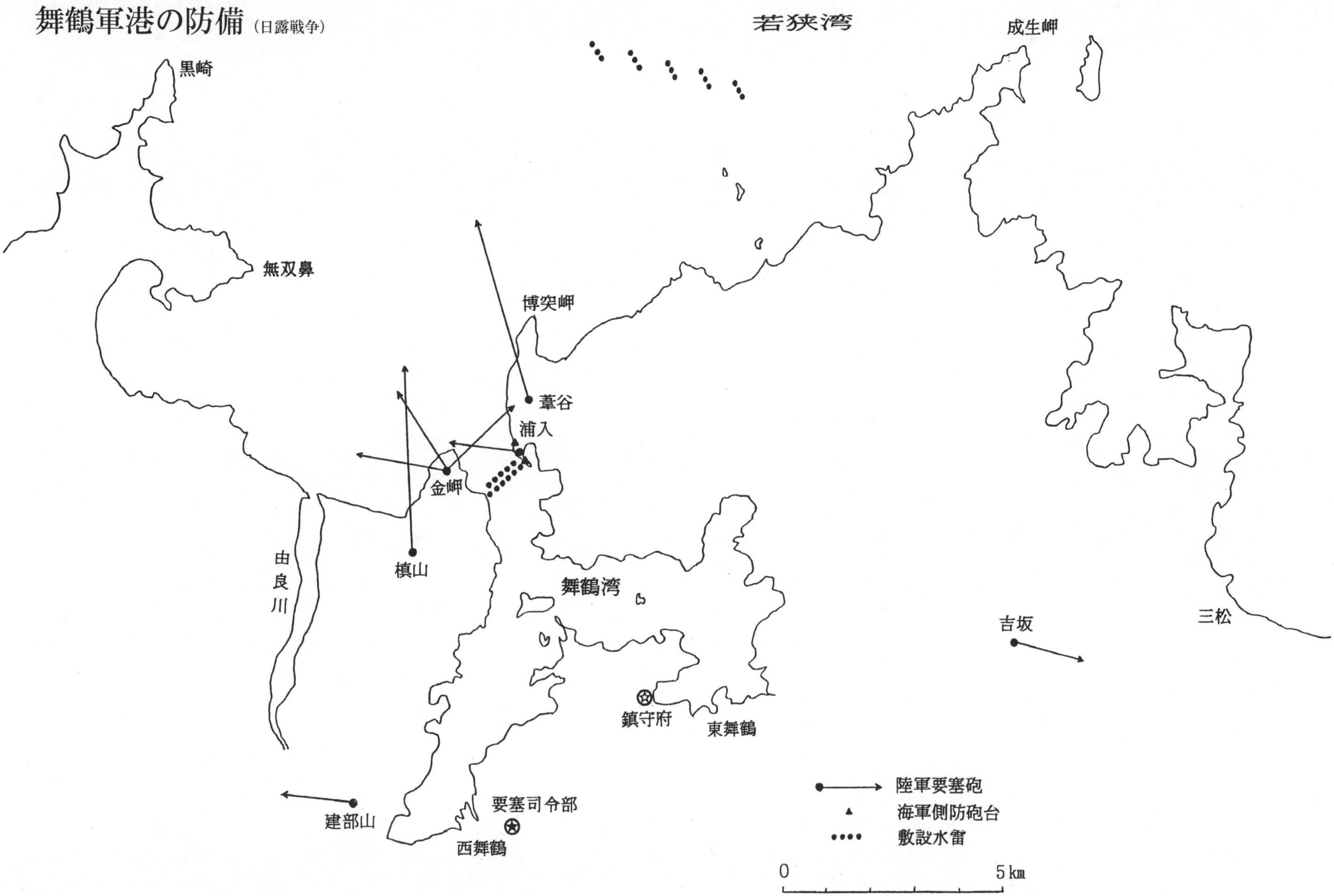
舞鶴軍港の防備（日露戦争）
若狭湾
成生岬
黒崎
無双鼻
博奕岬
葦谷
浦入
金岬
槙山
由良川
舞鶴湾
吉坂
三松
鎮守府
東舞鶴
要塞司令部
西舞鶴
建部山
陸軍要塞砲
海軍側防砲台
敷設水雷
0
5㎞

紀淡海峡・鳴門海峡の防備（日露戦争）

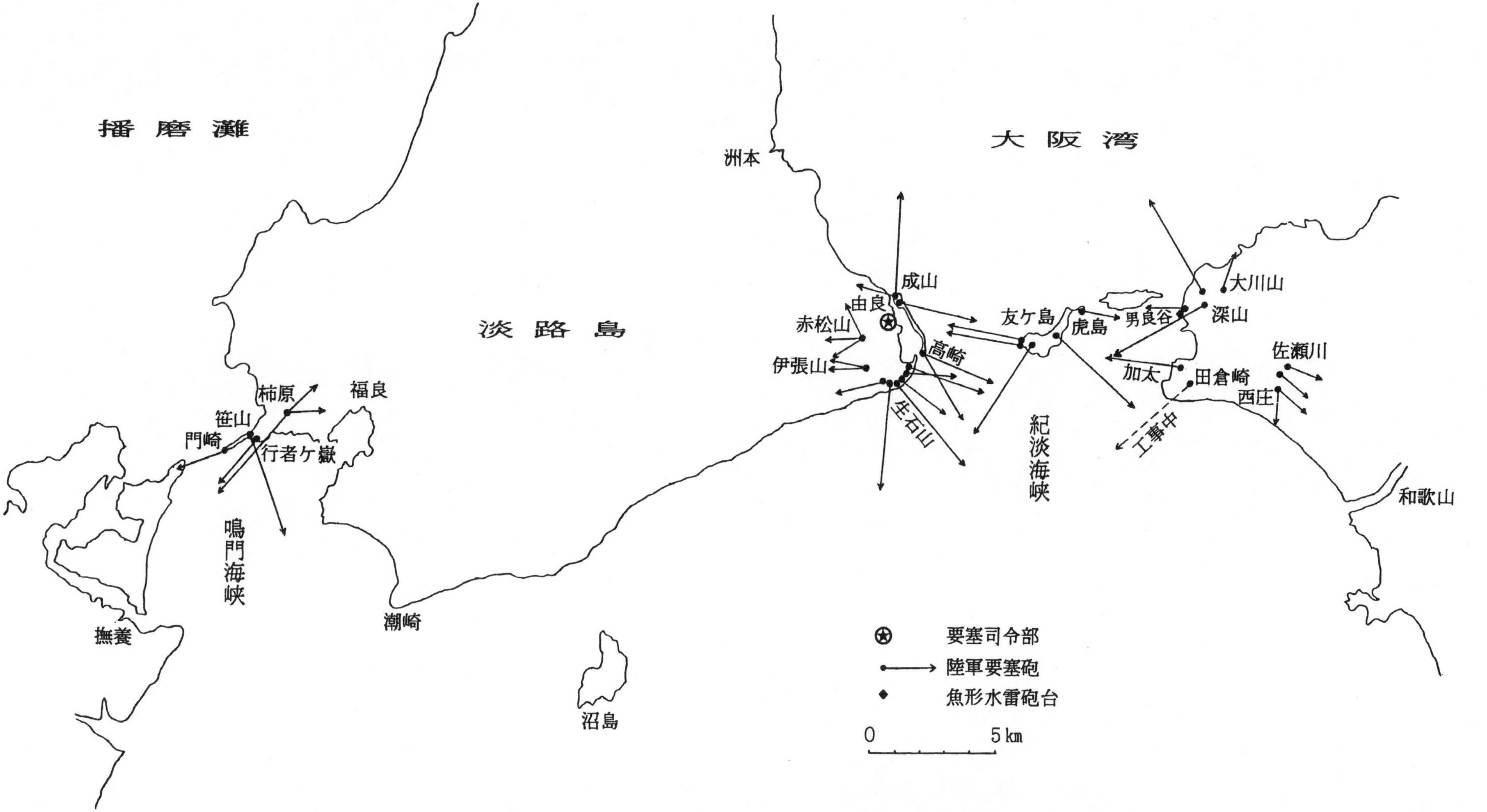

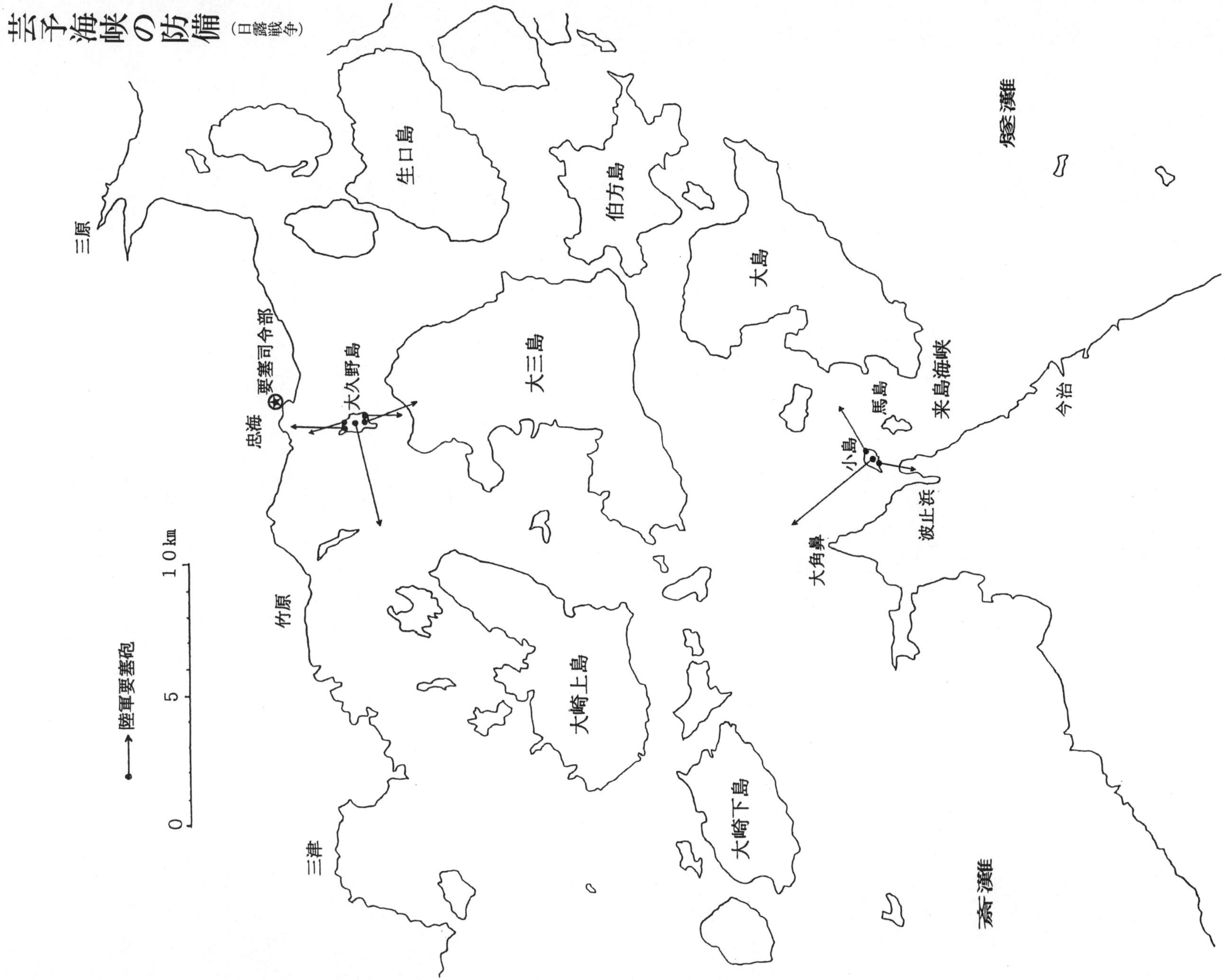
芸予海峡の防備（日露戦争）
陸軍要塞砲
0
5
10㎞
三原
生口島
伯方島
大島
燧灘
要塞司令部
大久野島
忠海
大三島
来島海峡
馬島
小島
今治
波止浜
大角鼻
竹原
大崎上島
大崎下島
三津
斎灘

呉軍港・広島湾の防備 (日露戦争)

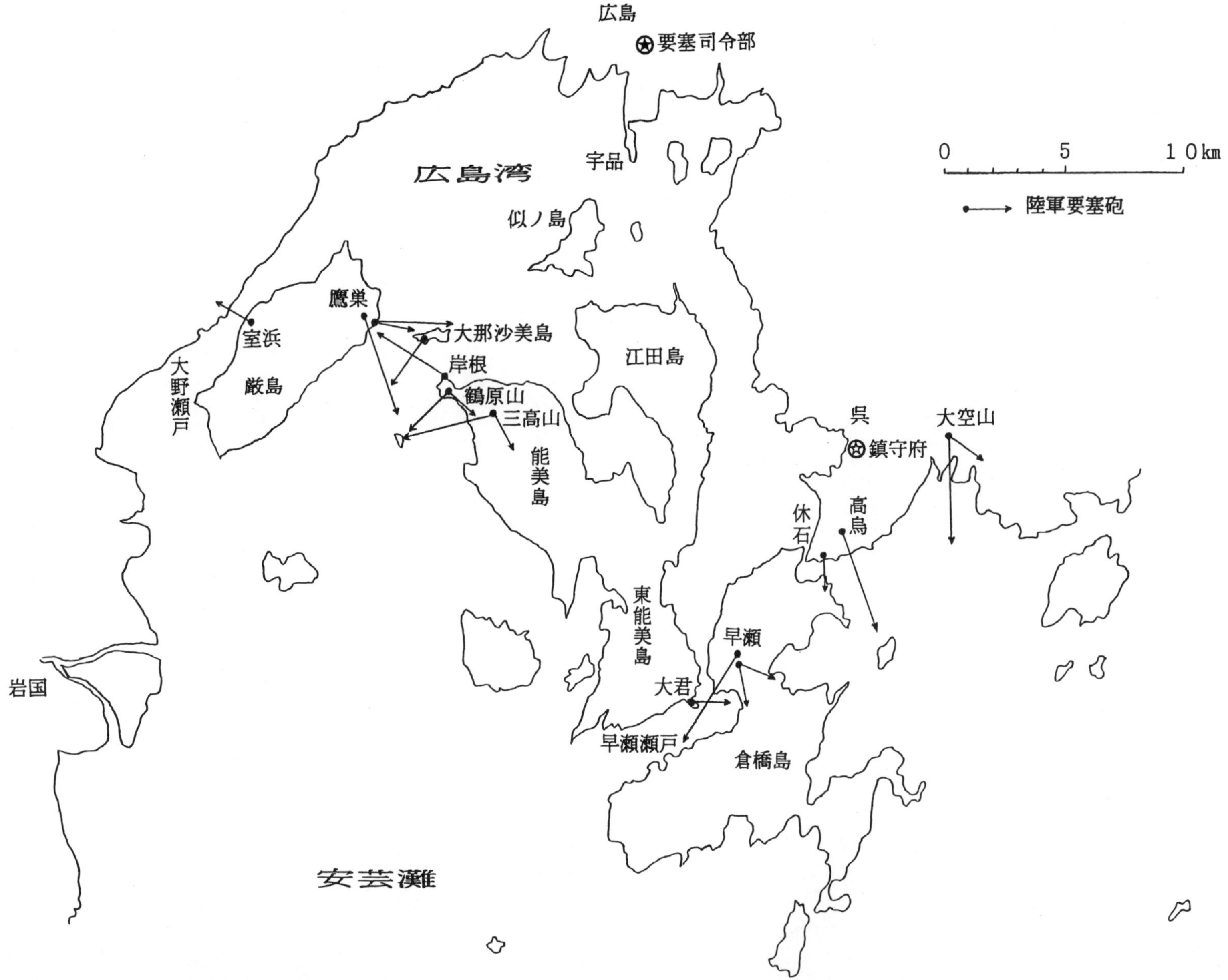

下関海峡の防備（日露戦争）

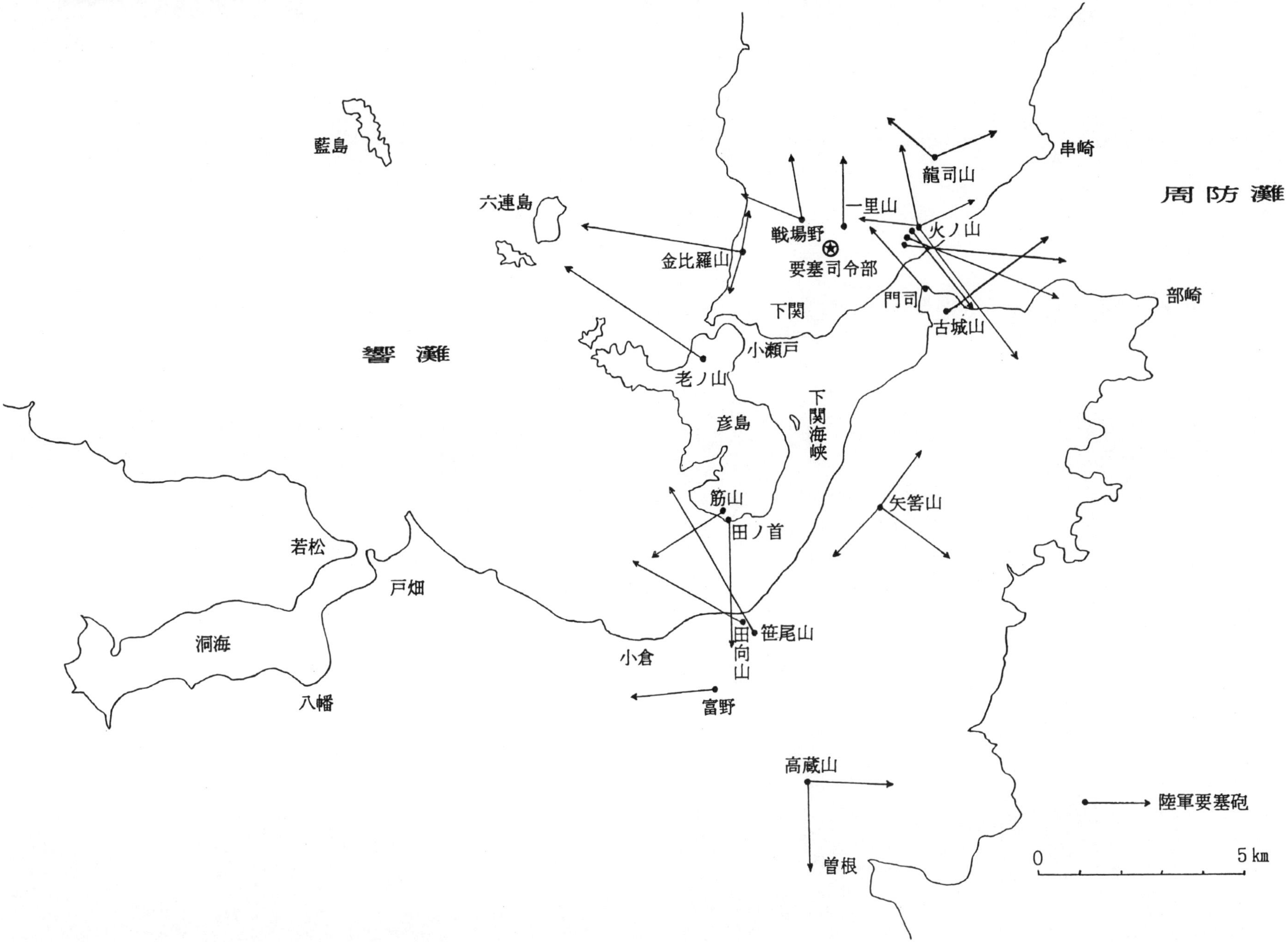

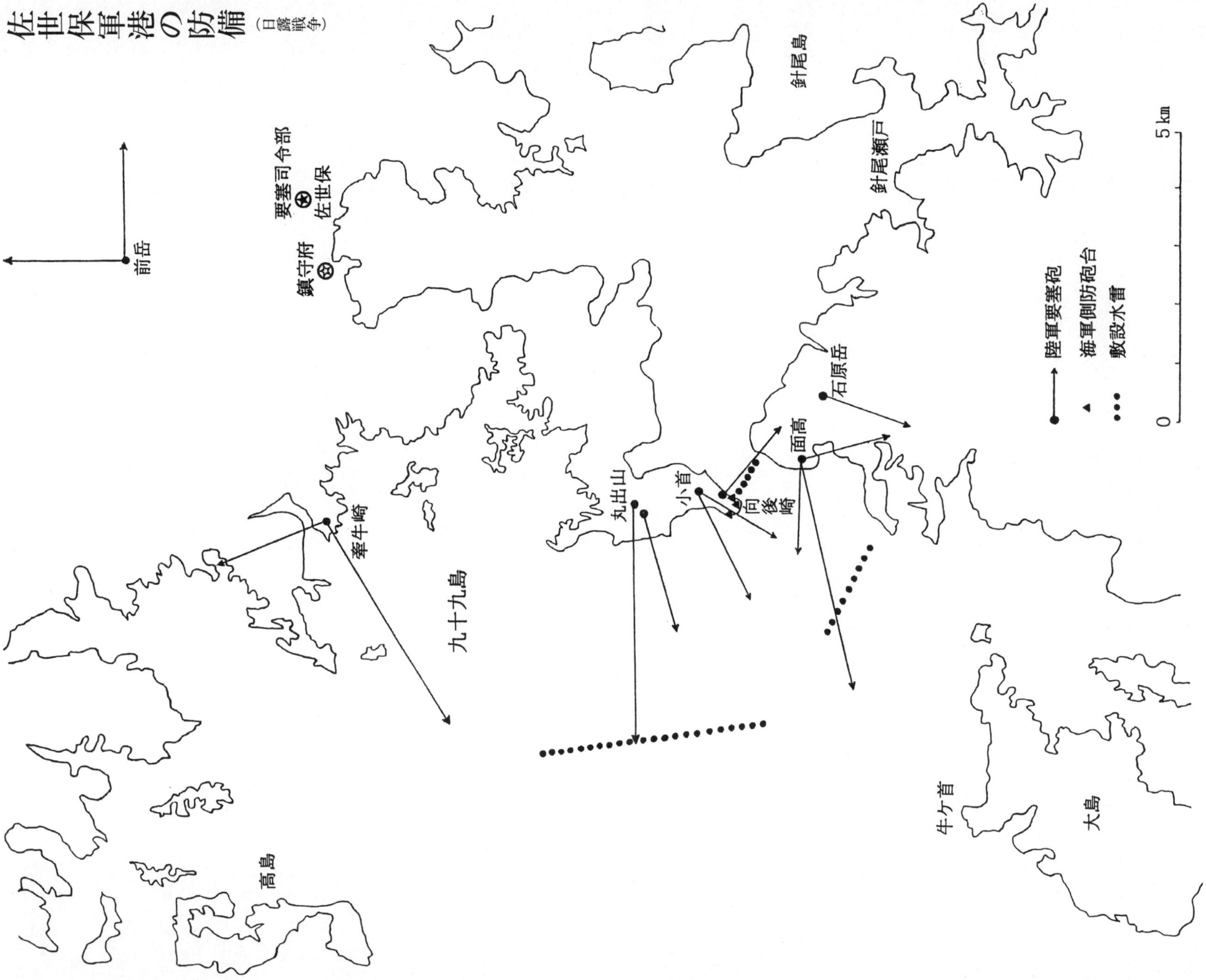
佐世保軍港の防備
（日露戦争）
前岳
鎮守府
要塞司令部
佐世保
針尾島
針尾瀬戸
5 ㎞
0
石原岳
面高
向後崎
小首
丸出山
峯牛崎
九十九島
陸軍要塞砲
海軍側防砲台
敷設水雷
牛ケ首
大島
高島

長崎港の防備（日露戦争）

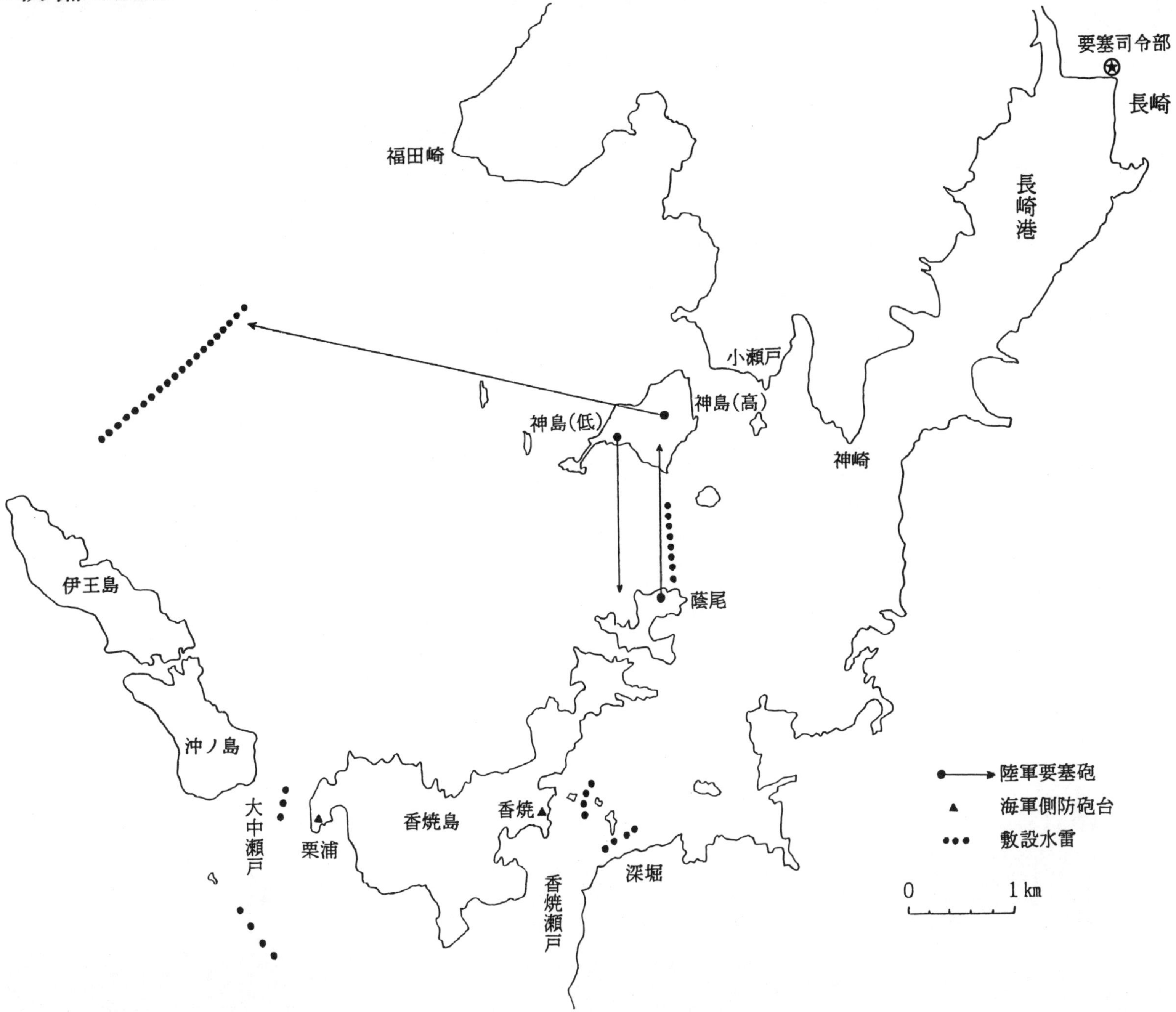
要塞司令部
長崎
福田崎
長崎港
小瀬戸
神島(高)
神島(低)
神崎
伊王島
蔭尾
沖ノ島
大中瀬戸
栗浦
香焼島
香焼
深堀
香焼瀬戸
陸軍要塞砲
海軍側防砲台
敷設水雷
0
1 km

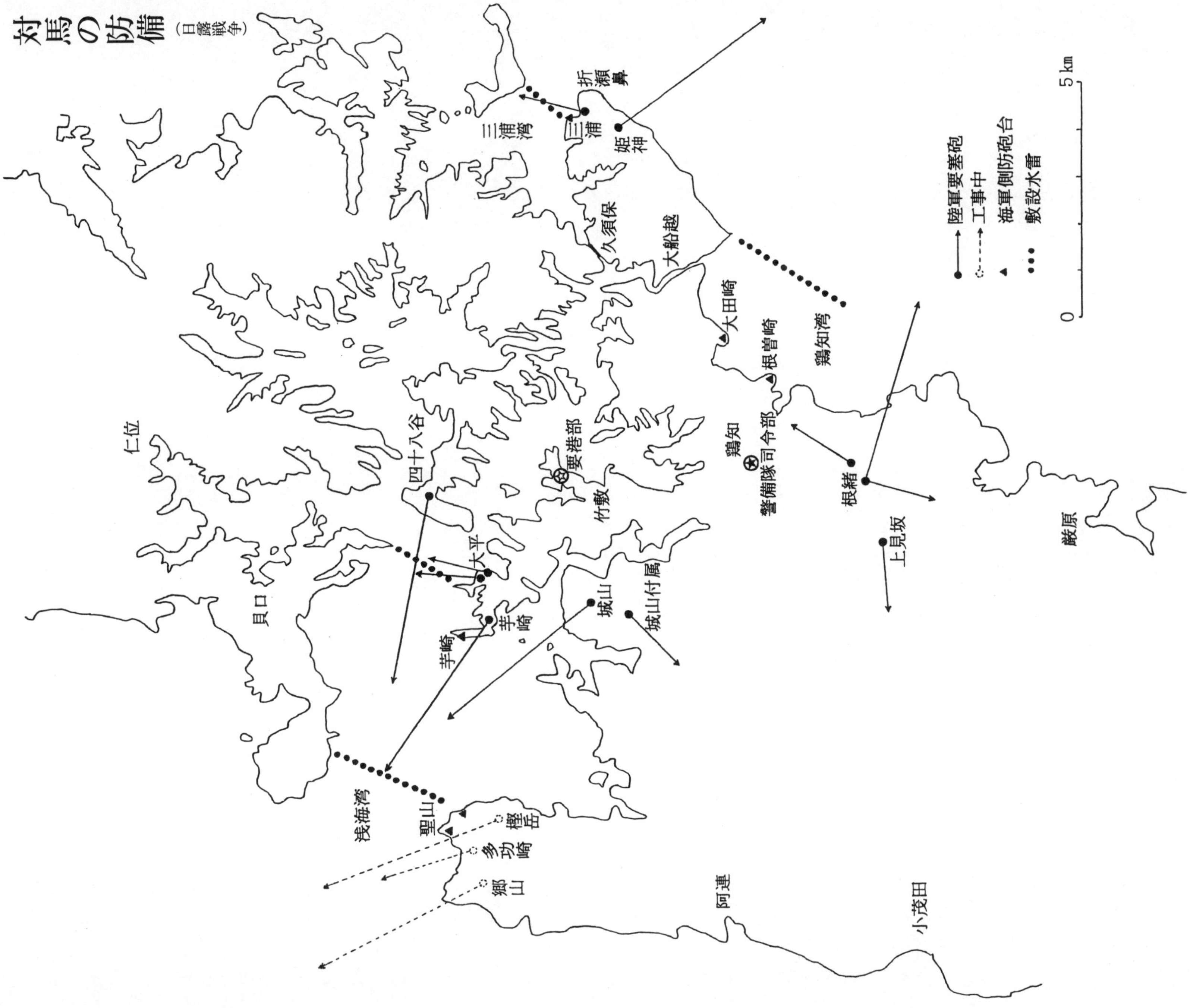
対馬の防備（日露戦争）
折瀬鼻
三浦湾
三浦
姫神
久須保
大船越
大田崎
根曽崎
鶏知湾
鶏知
警備隊司令部
要港部
竹敷
四十八谷
仁位
大平
貝口
芋崎
芋崎
城山
城山付属
根緒
上見坂
厳原
浅海湾
聖山
樫岳
多功崎
郷山
阿連
小茂田
陸軍要塞砲
工事中
海軍側防砲台
敷設水雷
0
5 km

津軽海峡の防備計画（明治三十八年）

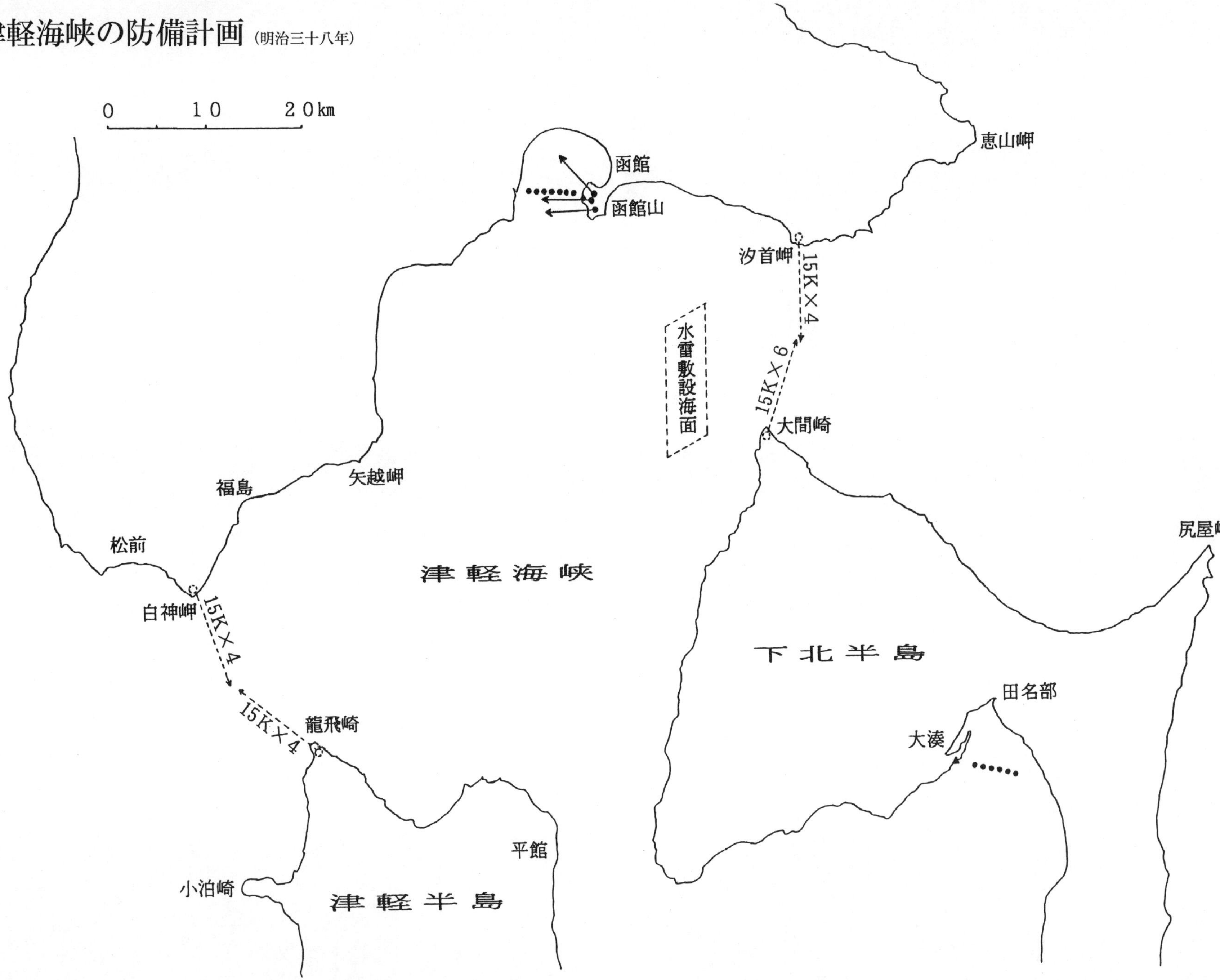